电子工程师自学成才手册

（基础篇）

蔡杏山　主编

电子工业出版社.
Publishing House of Electronics Industry
北京·BEIJING

内 容 简 介

《电子工程师自学成才手册》分为基础篇、提高篇、精通篇三册。本书为基础篇，主要包括电子技术基础，万用表的使用，电阻器，电容器，电感器与变压器，二极管，三极管，晶闸管、场效应管与 IGBT，继电器与干簧管，过流、过压保护器件，光电器件，电声器件，压电器件，显示器件，常用传感器，贴片元器件，基础电子电路，无线电广播与收音机电路，电子技能实践，集成电路的识别、检测与拆焊，信号发生器，毫伏表，示波器，频率计，扫频仪，Q 表与晶体管图示仪等内容。

本书具有基础起点低、内容由浅入深、语言通俗易懂、结构安排符合学习认知规律的特点，适合作为电子工程师入门的自学图书，也适合作为职业学校和社会培训机构的电子技术入门教材。

图书在版编目（CIP）数据

电子工程师自学成才手册. 基础篇/蔡杏山主编. —北京：电子工业出版社，2019.1

ISBN 978-7-121-35872-2

Ⅰ. ①电… Ⅱ. ①蔡… Ⅲ. ①电子技术－技术手册 Ⅳ. ①TN-62

中国版本图书馆 CIP 数据核字（2019）第 001760 号

策划编辑：张　楠
责任编辑：夏平飞
印　　刷：北京天宇星印刷厂
装　　订：北京天宇星印刷厂
出版发行：电子工业出版社
　　　　　北京市海淀区万寿路 173 信箱　邮编：100036
开　　本：787×1092　1/16　印张：32　字数：819 千字
版　　次：2019 年 1 月第 1 版
印　　次：2025 年 3 月第 13 次印刷
定　　价：118.00 元

凡所购买电子工业出版社图书有缺损问题，请向购买书店调换。若书店售缺，请与本社发行部联系，联系及邮购电话：（010）88254888，88258888。

质量投诉请发邮件至 zlts@phei.com.cn，盗版侵权举报请发邮件至 dbqq@phei.com.cn。

本书咨询联系方式：88254498。

前　言

随着科学技术的发展，社会各领域的电气化程度越来越高，这使得电气电子及相关行业需要越来越多的电子技术人才。对于一些对电子技术一无所知或略有一点基础的人来说，要想成为一名电子工程师或达到相同的技术程度，既可以在培训机构培训，也可以在职业学校系统学习，还可以自学成才；不管是哪种情况，都需要一些合适的学习图书。选择一些好图书，不但可以让学习者轻松迈入电子技术大门，而且能让学习者的技术水平迅速提高，快速成为电子技术领域的行家里手。

《电子工程师自学成才手册》是一套零基础起步、由浅入深、知识技能系统全面的电子技术学习图书，读者只要具有初中文化水平，通过系统阅读本套图书，就能很快达到电子工程师的技术水平。**本套图书分为基础篇、提高篇、精通篇三册，其内容说明如下。**

《电子工程师自学成才手册（基础篇）》主要包括电子技术基础，万用表的使用，电阻器，电容器，电感器与变压器，二极管，三极管，晶闸管，场效应管与IGBT，继电器与干簧管，过流、过压保护器件，光电器件，电声器件，压电器件，显示器件，常用传感器，贴片元器件，基础电子电路，无线电广播与收音机电路，电子技能实践，集成电路的识别、检测与拆焊，信号发生器，毫伏表，示波器，频率计，扫频仪，Q表与晶体管图示仪等内容。

《电子工程师自学成才手册（提高篇）》主要包括电路分析基础，放大电路，集成运算放大器，选频电路，正弦波振荡器，调制与解调电路，频率变换与反馈控制电路，电源电路，数字电路基础与门电路，数制、编码与逻辑代数，组合逻辑电路，时序逻辑电路，脉冲电路，D/A转换器和A/D转换器，半导体存储器，电力电子电路，常用芯片（集成电路）及其应用电路等内容。

《电子工程师自学成才手册（精通篇）》主要包括单片机快速入门，51单片机的硬件系统，STC89C5x系列单片机介绍，51单片机编程软件的使用，单片机驱动LED的电路及编程，单片机驱动LED数码管的电路及编程，中断与中断编程，定时器/计数器的使用及编程，按键电路及编程，点阵和液晶显示屏的使用及编程，步进电机的使用及编程，串行通信的使用及编程，I^2C总线通信的使用及编程，A/D与D/A转换电路及编程，电路绘图设计软件入门，设计电路原理图，制作新元件，手工设计PCB图，自动设计PCB图，制作新元件封装等内容。

《电子工程师自学成才手册》主要有以下特点：

◆**基础起点低。**读者只需具有初中文化程度即可阅读本套图书。

◆**语言通俗易懂。**书中少用专业化的术语，遇到较难理解的内容用形象比喻说明，尽量避免复杂的理论分析和烦琐的公式推导，图书阅读起来感觉会十分顺畅。

◆**内容解说详细。**考虑到自学时一般无人指导，因此在编写过程中对书中的知识技能进行详细解说，让读者能轻松理解所学内容。

◆**采用图文并茂的表现方式。**书中大量采用读者喜欢的直观形象的图表方式表现内容，使阅读变得非常轻松，不易产生阅读疲劳。

◆**内容安排符合认识规律。**图书按照循序渐进、由浅入深的原则来确定各章节内容的先后顺序，读者只需从前往后阅读图书，便会水到渠成。

◆**突出显示知识要点。**为了帮助读者掌握书中的知识要点，书中用阴影和文字加粗的方法突出显示知识要点，指示学习重点。

◆**网络免费辅导。**读者在阅读时遇到难理解的问题，可登录易天电学网：www.xxITee.com，观看有关辅导材料或向老师提问进行学习，读者也可以在该网站了解本套图书的新书信息。

参加本书编写的人员还有蔡玉山、詹春华、黄勇、何慧、黄晓玲、蔡春霞、刘凌云、刘海峰、刘元能、邵永亮、朱球辉、蔡华山、蔡理峰、万四香、蔡理刚、何丽、梁云、唐颖、王娟、戴艳花、邓艳姣、何彬、何宗昌、蔡理忠、黄芳、谢佳宏、李清荣、蔡任英和邵永明等。由于编者水平有限，书中的错误和疏漏在所难免，望广大读者和同仁予以批评指正。

编　者

目　　录

第1章 电子技术基础

1.1 基本常识

1.1.1 电路与电路图

图 1-1（a）是一个简单的实物电路，该电路由电源、开关、导线和灯泡组成。电源的作用是提供电能；开关、导线的作用是控制和传递电能，称为中间环节；灯泡是消耗电能的用电器，它能将电能转变为光能，称为负载。因此，**电路是由电源、中间环节和负载组成的。**

图 1-1（a）为实物电路，但使用实物图来绘制电路很不方便。为此，人们就**用一些简单的图形符号代替实物的方法来画电路**，这样画出的图形就称为**电路图**。图 1-1（b）所示的图形就是与图 1-1（a）对应的电路图。不难看出，用电路图来表示实际的电路非常方便。

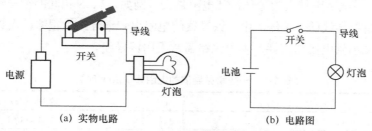

（a）实物电路   （b）电路图

图 1-1 一个简单的电路

1.1.2 电流与电阻

1. 电流

在图 1-2 电路中，将开关闭合，灯泡会发光。为什么会这样呢？当开关闭合时，电源正极会流出大量的电荷，它们经过导线、开关流进灯泡，再从灯泡流出，回到电源的负极。这些电荷在流经灯泡内的钨丝时，钨丝会发热，温度急剧上升而发光。

大量的电荷朝一个方向移动（也称定向移动）就形成了电流，这就像公路上有大量的汽车朝一个方向移动就形成"车流"一样。**一般把正电荷在电路中的移动方向规定为电流的方向。**图 1-2 电路的电流方向是：电源正极→开关→灯泡→电源负极。

电流通常用字母"I"表示，单位为安（培），用 A 表示，比安（培）小的单位有毫安（mA）、微安（μA），它们之间的关系：$1A=10^3 mA=10^6 μA$。

2. 电阻

在图 1-3（a）电路中，给电路增加一个元器件——电阻器，发现灯光会变暗，该电路的电路图如图 1-3（b）所示。为什么在电路中增加了电阻器后，灯泡会变暗呢？原来电阻器对电流有一定的阻碍，从而使流过灯泡的电流减小，灯泡就会变暗。

1

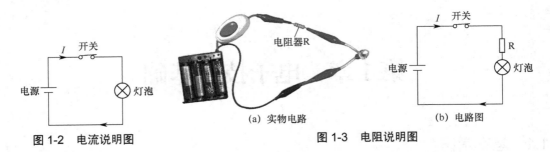

图 1-2　电流说明图　　　　　　　　　　　　图 1-3　电阻说明图

导体对电流的阻碍称为该导体的电阻，电阻通常用字母"R"表示，电阻的单位为欧（姆），用 Ω 表示，比欧（姆）大的单位有千欧（kΩ）、兆欧（MΩ），它们之间关系是：$1M\Omega = 10^3 k\Omega = 10^6 \Omega$。

导体的电阻计算公式为

$$R = \rho \frac{L}{S}$$

式中，L 为导体长度（m）；S 为导体的横截面积（m^2）；ρ 为导体的电阻率（$\Omega \cdot m$），不同的导体，ρ 值一般不同。表 1-1 列举了一些常见导体的电阻率（20℃时）。在长度 L 和横截面积 S 相同的情况下，电阻率越大的导体，其电阻越大。例如，L、S 相同的铁导线和铜导线，铁导线的电阻约是铜导线的 5.9 倍，由于铁导线的电阻率较铜导线大很多，所以为了使负载得到较大电流和减小供电线路损耗，供电线路通常采用铜导线。

表 1-1　一些常见导体的电阻率（20℃时）

导体	电阻率/（Ω·m）	导体	电阻率/（Ω·m）
银	1.62×10^{-8}	锡	11.4×10^{-8}
铜	1.69×10^{-8}	铁	10.0×10^{-8}
铝	2.83×10^{-8}	铅	21.9×10^{-8}
金	2.4×10^{-8}	汞	95.8×10^{-8}
钨	5.51×10^{-8}	碳	3500×10^{-8}

导体的电阻除了与材料有关外，还受温度影响。一般情况下，导体温度越高，其电阻越大。例如，常温下灯泡（白炽灯）内部钨丝的电阻很小，通电后钨丝的温度升到 1000℃以上，其电阻急剧增大；导体温度下降，其电阻减小，某些金属材料在温度下降到某一值（如 −109℃）时，电阻会突然变为零，这种现象称为超导现象，具有这种性质的材料称为超导材料。

1.1.3　电位、电压和电动势

电位、电压和电动势对初学者较难理解，下面通过图 1-4 来说明这些术语。

在图 1-4（a）中，水泵将河中的水抽到山顶的 A 处，水到达 A 处后再流到 B 处，水到 B 处后流往 C 处（河中），然后水泵又将河中的水抽到 A 处，这样使得水不断循环流动。水为什么能从 A 处流到 B 处，又从 B 处流到 C 处呢？这是因为 A 处水位较 B 处水位高，B 处水位较 C 处水位高。

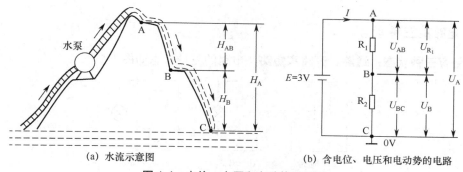

(a) 水流示意图　　　　　　　(b) 含电位、电压和电动势的电路

图 1-4　电位、电压和电动势说明图

要测量 A 处和 B 处水位的高度，必须先找一个基准点（零点），就像测量人身高要选择脚底为基准点一样，这里以河的水面为基准（C 处）。A、C 之间的垂直高度为 A 处水位的高度，用 H_A 表示；B、C 之间的垂直高度为 B 处水位的高度，用 H_B 表示。由于 A 处和 B 处水位高度不一样，它们之间存在着水位差。该水位差用 H_{AB} 表示，它等于 A 处水位高度 H_A 与 B 处水位高度 H_B 之差，即 $H_{AB}=H_A-H_B$。为了让 A 处源源不断有水往 B、C 处流，需要水泵将低水位的河中的水抽到高处的 A 点，但水泵这样做是需要消耗能量的（如耗油）。

1. 电位

电路中的电位、电压和电动势与上述水流情况很相似。如图 1-4（b）所示，电源的正极输出电流，流到 A 点，再经 R_1 流到 B 点，然后通过 R_2 流到 C 点，最后流到电源的负极。

与图 1-4（a）水流示意图相似，图 1-4（b）电路中的 A、B 点也有高低之分，只不过不是水位，而称作电位，A 点电位较 B 点电位高。为了计算电位的高低，也需要找一个基准点作为零点。为了表明某点为零基准点，通常在该点处画一个"⊥"符号，该符号称为接地符号。接地符号处的电位规定为 0V。电位单位不是米，而是伏（特），用 V 表示。在图 1-5（b）电路中，以 C 点为 0V（该点标有接地符号），A 点的电位为 3V，表示为 $U_A=3V$；B 点电位为 1V，表示为 $U_B=1V$。

2. 电压

图 1-4（b）电路中的 A 点和 B 点的电位是不同的，有一定的差距，这种**电位之间的差距称为电位差，又称电压。**A 点和 B 点之间的电位差用 U_{AB} 表示，它等于 A 点电位 U_A 与 B 点电位 U_B 的差，即 $U_{AB}=U_A-U_B=3V-1V=2V$。因为 A 点和 B 点电位差实际上就是电阻器 R_1 两端的电位差（即电压），R_1 两端的电压用 U_{R_1} 表示，所以 $U_{AB}=U_{R_1}$。

3. 电动势

为了让电路中始终有电流流过，电源需要在内部将流到负极的电流源源不断"抽"到正极，使电源正极具有较高的电位，这样正极才会输出电流。当然，电源内部将负极的电流"抽"到正极需要消耗能量（如干电池会消耗掉化学能）。**电源消耗能量在两极建立的电位差称为电动势**，电动势的单位也为伏（特），图 1-4（b）电路中电源的电动势为 3V。

由于电源内部的电流方向是由负极流向正极，故**电源的电动势方向规定为从负极指向正极。**

1.1.4 电路的三种状态

电路有三种状态：通路、开路和短路，电路的三种状态如图 1-5 所示。

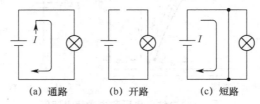

图 1-5 电路的三种状态

（1）通路

图 1-5（a）中的电路处于通路状态。**电路处于通路状态的特点是：电路畅通，有正常的电流流过负载，负载正常工作。**

（2）开路

图 1-5（b）中的电路处于开路状态。**电路处于开路状态的特点是：电路断开，无电流流过负载，负载不工作。**

（3）短路

图 1-5（c）中的电路处于短路状态。**电路处于短路状态的特点是：电路中有很大电流流过，但电流不流过负载，负载不工作。**由于电流很大，很容易烧坏电源和导线。

1.1.5 接地与屏蔽

1. 接地

接地在电子电路中应用广泛，电路中常用图 1-6 所示的符号表示接地。

在电子电路中，接地的含义不是表示将电路连接到大地，而是表示：

① **在电路中，接地符号处的电位规定为 0V。**在图 1-7（a）所示的电路中，A 点标有接地符号，规定 A 点的电位为 0V。

图 1-6 接地符号

② **在电路中，标有接地符号处的地方都是相通的。**如图 1-7（b）所示的两个电路，虽然从形式上看不一样，但电路实际连接是一样的，故两个电路中的灯泡都会亮。

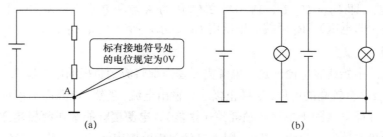

图 1-7 接地符号含义说明图

2. 屏蔽

在电子设备中，为了防止某些元器件和电路工作时受到干扰，或者为了防止某些元器件和电路在工作时所产生的信号干扰其他电路的正常工作，通常对这些元器件和电路采取隔离措施，这种隔离称为屏蔽。屏蔽常用图 1-8 所示的符号表示。

屏蔽的具体做法是用金属材料（称为屏蔽罩）将元器件或电路封闭起来，再将屏蔽罩接地。图 1-9 为带有屏蔽罩的元器件和导线，外界干扰信号无法穿过金属屏蔽罩干扰内部元件和线路。

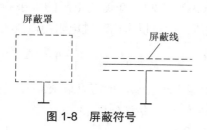

图 1-8　屏蔽符号

图 1-9　带有屏蔽罩的元器件和导线

1.2　欧姆定律

欧姆定律是电子技术中的一个最基本的定律，它反映了电路中电阻、电流和电压之间的关系。欧姆定律分为部分电路欧姆定律和全电路欧姆定律。

1.2.1　部分电路欧姆定律

欧姆定律内容是：在电路中，流过电阻的电流 I 的大小与电阻两端的电压 U 成正比，与电阻 R 的大小成反比，即

$$I = \frac{U}{R}$$

也可以表示为 $U=IR$ 和 $R = \dfrac{U}{I}$。

为了更好地理解欧姆定律，下面以图 1-10 为例来进行说明。

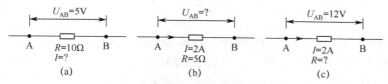

图 1-10　欧姆定律的几种形式

在图 1-10（a）中，已知电阻 $R=10\Omega$，电阻两端电压 $U_{AB}=5V$，那么流过电阻的电流 $I = \dfrac{U_{AB}}{R} = \dfrac{5}{10}A = 0.5A$。

在图 1-10（b）中，已知电阻 $R=5\Omega$，流过电阻的电流 $I=2A$，那么电阻两端的电压 $U_{AB}=IR=2\times5V=10V$。

在图 1-10（c）中，已知流过电阻的电流 $I=2A$，电阻两端的电压 $U_{AB}=12V$，那么电阻的大小 $R = \dfrac{U}{I} = \dfrac{12}{2}\Omega = 6\Omega$。

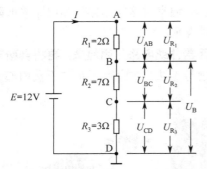

图 1-11　利用欧姆定律计算电路中的电压和电流

下面以图 1-11 所示的电路来说明如何利用欧姆定律计算电路中的电压和电流。

在图 1-11 中，电源的电动势 E=12V，它与 A、D 之间的电压 U_{AD} 相等，三个电阻 R_1、R_2、R_3 串接起来，可以相当于一个电阻 R，$R = R_1+R_2+R_3 = 2\Omega + 7\Omega + 3\Omega = 12\Omega$。知道了电阻的大小和电阻两端的电压，就可以求出流过电阻的电流 I：

$$I = \frac{U}{R} = \frac{U_{AD}}{R_1 + R_2 + R_3} = \frac{12}{12}A = 1A$$

求出了流过 R_1、R_2、R_3 的电流 I，并且它们的电阻大小已知，就可以求 R_1、R_2、R_3 两端的电压 U_{R_1}（U_{R_1} 实际上就是 A、B 两点之间的电压 U_{AB}）、U_{R_2} 和 U_{R_3}：

$$U_{R_1} = U_{AB} = IR_1 = 1 \times 2V = 2V$$

$$U_{R_2} = U_{BC} = IR_2 = 1 \times 7V = 7V$$

$$U_{R_3} = U_{CD} = IR_3 = 1 \times 3V = 3V$$

从上面可以看出：$U_{R_1} + U_{R_2} + U_{R_3} = U_{AB} + U_{BC} + U_{CD} = U_{AD} = 12V$

在图 1-11 中如何求 B 点电位呢？首先要明白，求**电路中某点电位指的就是求该点与地之间的电压**，所以 B 点电位 U_B（习惯上称为电压 U_B）实际就是电压 U_{BD}。求 U_B 有两种方法。

方法一：$U_B = U_{BD} = U_{BC} + U_{CD} = U_{R_2} + U_{R_3} = 7V + 3V = 10V$。

方法二：$U_B = U_{BD} = U_{AD} - U_{AB} = U_{AD} - U_{R_1} = 12V - 2V = 10V$。

1.2.2　全电路欧姆定律

全电路是指含有电源和负载的闭合回路。**全电路欧姆定律又称闭合电路欧姆定律，其内容是：闭合电路中的电流与电源的电动势成正比，与电路的内、外电阻之和成反比**，即

$$I = \frac{E}{R + R_0}$$

利用全电路欧姆定律计算电路中的电压和电流如图 1-12 所示。

图 1-12 中点画线框内为电源，R_0 表示电源的内阻，E 表示电源的电动势。当开关 S 闭合后，电路中有电流 I 流过，根据全电路欧姆定律可求得 $I = \frac{E}{R + R_0} = \frac{12}{10 + 2}A = 1A$。电源输出电压（即电阻 R 两端的电压）$U = IR = 1 \times 10V = 10V$，内阻 R_0 两端的电压 $U_0 = IR_0 = 1 \times 2V = 2V$。如果将开关 S 断开，电路中的电流 $I = 0A$，那么内阻 R_0 上消耗的电压 $U_0 = 0V$，电源输出电压 U 与电源电动势相等，即 $U = E = 12V$。

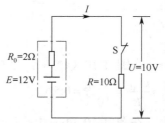

图 1-12　利用全电路欧姆定律计算电路中的电压和电流

根据全电路欧姆定律，不难看出以下几点：

① 在电源未接负载时，不管电源内阻多大，内阻消耗的电压始终为 0V，电源两端电压

与电动势相等。

② 当电源与负载构成闭合电路后，由于有电流流过内阻，所以内阻会消耗电压，从而使电源输出电压降低。内阻越大，内阻消耗的电压越大，电源输出电压就越低。

③ 在电源内阻不变的情况下，外阻越小，电路中的电流越大，内阻消耗的电压也越大，电源输出电压也会降低。

由于正常电源的内阻很小，内阻消耗的电压很低，故一般情况下可认为电源的输出电压与电源电动势相等。

利用全电路欧姆定律可以解释很多现象。比如，用仪表测得旧电池两端电压与正常电压相同，但将旧电池与电路连接后除了输出电流很小外，电池的输出电压也会急剧下降；这是因为旧电池内阻变大的缘故。又如，将电源正、负极直接短路时，电源会发热甚至烧坏；这是因为短路时流过电源内阻的电流很大，内阻消耗的电压与电源电动势相等，大量的电能在电源内阻上消耗并转换成热能，故电源会发热。

1.3 电功、电功率和焦耳定律

1.3.1 电功

电流流过灯泡，灯泡会发光；电流流过电炉丝，电炉丝会发热；电流流过电动机，电动机会运转。由此可以看出，**电流流过一些用电设备时是会做功的，电流所做的功称为电功。**用电设备做功的大小，不但与加到用电设备两端的电压和流过的电流有关，还与通电时间长短有关。电功可用下面的公式计算：

$$W = UIt$$

式中，W 表示电功（J）；U 表示电压（V）；I 表示电流（A）；t 表示时间（s）。

电功的单位是焦（耳），用 J 表示，在电学中还常用到另一个单位——千瓦时（kW·h），也称度。 1kW·h=1 度。千瓦时与焦耳的换算关系是：

$$1kW \cdot h=1×10^3W×(60×60)s=3.6×10^6W \cdot s=3.6×10^6J$$

1kW·h 可以这样理解：一个电功率为 100W 的灯泡连续使用 10h，所消耗的电功为 1kW·h（即消耗 1 度电）。

1.3.2 电功率

电流需要通过一些用电设备才能做功。为了衡量这些设备做功能力的大小，引入"电功率"的概念。**电流在单位时间内所做的功称为电功率。电功率用 P 表示，单位是瓦（W）。** 此外，电功率单位还有千瓦（kW）和毫瓦（mW），它们之间的换算关系是

$$1kW=10^3W=10^6 mW$$

电功率的计算公式是

$$P=UI$$

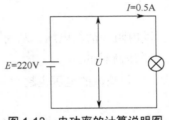

图 1-13　电功率的计算说明图

根据欧姆定律可知 $U=IR$，$I=U/R$，所以电功率还可以用公式 $P=I^2R$ 和 $P=U^2/R$ 来求。

下面以图 1-13 所示电路来说明电功率的计算方法。

在图 1-13 所示电路中，白炽灯两端的电压为 220V（它与电源的电动势相等），流过白炽灯的电流为 0.5A，求白炽灯的功率、电阻和白炽灯在 10s 内所做的功。

白炽灯的功率　　$P = UI = 220 \times 0.5W = 110W$

白炽灯的电阻　　$R = U/I = 220/0.5\Omega = 440\Omega$

白炽灯在 10s 内所做的功　　$W = UIt = 220 \times 0.5 \times 10J = 1100J$

1.3.3　焦耳定律

电流流过导体时导体会发热，这种现象称为电流的热效应。电热锅、电饭煲和电热水器等，都是利用电流的热效应来工作的。

英国物理学家焦耳通过实验发现：电流流过导体，导体发出的热量与导体流过的电流、导体的电阻和通电的时间有关。**焦耳定律具体内容是：电流流过导体产生的热量，与电流的平方和导体的电阻成正比，与通电时间也成正比。**由于这个定律除了由焦耳发现外，俄国科学家楞次也通过实验独立发现，故该定律又称焦耳-楞次定律。

焦耳定律可用下面的公式表示：

$$Q = I^2Rt$$

式中，Q 表示热量（J）；R 表示电阻（Ω）；t 表示时间（s）。

举例：某台电动机额定电压是 220V，线圈的电阻为 0.4Ω，当电动机接 220V 的电压时，流过的电流是 3A，求电动机的功率和电动机线圈每秒发出的热量。

电动机的功率　　$P = UI = 220 \times 3W = 660W$

电动机线圈每秒发出的热量　　$Q = I^2Rt = 3^2 \times 0.4 \times 1J = 3.6J$

1.4　电阻的连接方式

电阻是电路中应用最多的一种元器件，电阻在电路中的连接形式主要有串联、并联和混联三种。

1.4.1　电阻的串联

两个或两个以上的电阻头尾相连串接在电路中，称为电阻的串联，如图 1-14 所示。

电阻串联有以下特点：

① **流过各串联电阻的电流相等，都为 I。**

② **电阻串联后的总电阻 R 增大，总电阻等于各串联电阻之和，**即

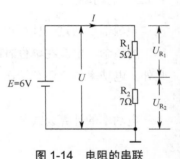

图 1-14　电阻的串联

$$R=R_1+R_2$$

③ **总电压 U 等于各串联电阻上电压之和，**即

$$U=U_{R_1}+U_{R_2}$$

④ **串联电阻越大，两端电压越高。** 因为 $R_1<R_2$，所以 $U_{R_1}<U_{R_2}$。

在图 1-14 所示电路中，两个串联电阻上的总电压 U 等于电源电动势，即 $U=E=6V$；电阻串联后总电阻 $R=R_1+R_2=12\Omega$；流过各电阻的电流 $I=\dfrac{U}{R_1+R_2}=\dfrac{6}{12}A=0.5A$；电阻 R_1 上的电压 $U_{R_1}=IR_1=0.5\times5V=2.5V$，电阻 R_2 上的电压 $U_{R_2}=IR_2=0.5\times7V=3.5V$。

1.4.2　电阻的并联

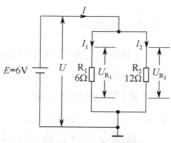

两个或两个以上的电阻头头相接、尾尾相连并接在电路中，称为电阻的并联， 如图 1-15 所示。

电阻并联有以下特点：

① **并联的电阻两端的电压相等，** 即

$$U_{R_1}=U_{R_2}$$

② **总电流等于流过各个并联电阻的电流之和，** 即

$$I=I_1+I_2$$

③ **电阻并联总电阻减小，总电阻的倒数等于各并联电阻的倒数之和，** 即

$$\frac{1}{R}=\frac{1}{R_1}+\frac{1}{R_2}$$

图 1-15　电阻的并联

该式可变形为

$$R=\frac{R_1R_2}{R_1+R_2}$$

④ **在并联电路中，电阻越小，流过的电流越大。** 因为 $R_1<R_2$，所以流过 R_1 的电流 I_1 大于流过 R_2 的电流 I_2。

在图 1-15 所示电路中，并联的电阻 R_1、R_2 两端的电压相等，$U_{R_1}=U_{R_2}=U=6V$；流过 R_1 的电流 $I_1=\dfrac{U_{R_1}}{R_1}=\dfrac{6}{6}A=1A$，流过 R_2 的电流 $I_2=\dfrac{U_{R_2}}{R_2}=\dfrac{6}{12}A=0.5A$，总电流 $I=I_1+I_2=1A+0.5A=1.5A$；R_1、R_2 并联总电阻为

$$R=\frac{R_1R_2}{R_1+R_2}=\frac{6\times12}{6+12}\Omega=4\Omega$$

1.4.3　电阻的混联

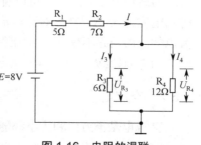

一个电路中的电阻既有串联又有并联时，称为电阻的混联， 如图 1-16 所示。

对于电阻混联电路，总电阻可以这样求：先求并联电阻的总电阻，然后再求串联电阻与并联电阻的总电阻之和。在图 1-16 所示电路中，并联电阻 R_3、R_4 的总电阻为

图 1-16　电阻的混联

$$R_0 = \frac{R_3 R_4}{R_3 + R_4} = \frac{6 \times 12}{6 + 12} \Omega = 4\Omega$$

电路的总电阻为

$$R = R_1 + R_2 + R_0 = 5\Omega + 7\Omega + 4\Omega = 16\Omega$$

类似地，可求图 1-16 所示电路中的总电流 I，R_1 两端电压 U_{R_1}，R_2 两端电压 U_{R_2}，R_3 两端电压 U_{R_3}，以及流过 R_3、R_4 的电流 I_3、I_4 的大小。

1.5 直流电与交流电

1.5.1 直流电

直流电是指方向始终固定不变的电压或电流。能产生直流电的电源称为直流电源，常见的干电池、蓄电池和直流发电机等都是直流电源，直流电源常用图 1-17（a）所示的符号表示。**直流电的电流方向总是由电源正极输出，再通过电路流到负极。** 在图 1-17（b）所示的直流电路中，电流从直流电源正极流出，经电阻 R 和灯泡流到负极结束。

直流电又分为稳定直流电和脉动直流电。

1. 稳定直流电

稳定直流电是指方向固定不变并且大小也不变的直流电。 稳定直流电可用图 1-18（a）所示波形表示，稳定直流电的电流 I 的大小始终保持恒定（始终为 6mA），在图中用直线表示；直流电的电流方向保持不变，始终是从电源正极流向负极，图中的直线始终在 X 轴上方，表示电流的方向始终不变。

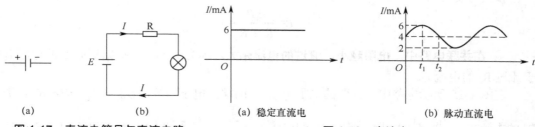

| (a) | (b) | (a) 稳定直流电 | (b) 脉动直流电 |

图 1-17　直流电符号与直流电路　　　　图 1-18　直流电

2. 脉动直流电

脉动直流电是指方向固定不变，但大小随时间变化的直流电。 脉动直流电可用如图 1-18（b）所示的波形表示，从图中可以看出，脉动直流电的电流 I 的大小随时间而波动变化（如在 t_1 时刻电流为 6mA，在 t_2 时刻电流变为 4mA），电流大小波动变化在图中用曲线表示；脉动直流电的方向始终不变（电流始终从电源正极流向负极），图中的曲线始终在 X 轴上方，表示电流的方向始终不变。

1.5.2 交流电

交流电是指方向和大小都随时间做周期性变化的电压或电流。 交流电类型很多，其中最常见的是正弦交流电，因此这里就以正弦交流电为例来介绍交流电。

1．正弦交流电

正弦交流电的符号、电路和波形如图 1-19 所示。

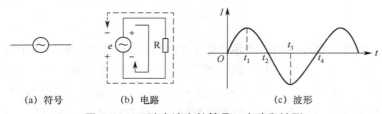

(a) 符号　　　(b) 电路　　　　　　(c) 波形

图 1-19　正弦交流电的符号、电路和波形

下面以图 1-19（b）所示的交流电路来说明图 1-19（c）所示正弦交流电波形。

① 在 $0 \sim t_1$ 期间：交流电源 e 的电压极性是上正下负，电流 I 的方向是：交流电源上正→电阻 R→交流电源下负，并且电流 I 逐渐增大，电流的逐渐增大在图 1-19（c）中用波形逐渐上升表示，在 t_1 时刻电流达到最大值。

② 在 $t_1 \sim t_2$ 期间：交流电源 e 的电压极性仍是上正下负，电流 I 的方向仍是从交流电源上正→电阻 R→交流电源下负，但电流 I 逐渐减小，电流的逐渐减小在图 1-19（c）中用波形逐渐下降表示，在 t_2 时刻电流为 0。

③ 在 $t_2 \sim t_3$ 期间：交流电源 e 的电压极性变为上负下正，电流 I 的方向也发生改变，图 1-19（c）中的交流电波形由时间轴上方转到下方，表示电流方向发生改变，电流 I 的方向是：交流电源下正→电阻 R→交流电源上负，电流反方向逐渐增大，在 t_3 时刻反方向的电流达到最大值。

④ 在 $t_3 \sim t_4$ 期间：交流电源 e 的电压极性为上负下正，电流仍是反方向，电流的方向是由交流电源下正→电阻 R→交流电源上负，电流反方向逐渐减小，在 t_4 时刻电流减小到 0。

从 t_4 时刻以后，电流大小和方向变化与 $0 \sim t_4$ 期间变化相同。实际上，交流电源不但电流大小和方向按正弦波变化，其电压大小和方向变化也像电流一样按正弦波变化。

2．周期和频率

周期和频率是交流电最常用的两个概念，下面以图 1-20 所示的正弦交流电波形图来说明周期和频率。

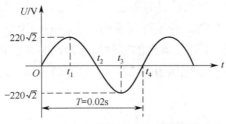

图 1-20　正弦交流电的周期和频率说明图

（1）周期

从图 1-20 可以看出，交流电变化过程是不断重复的，**交流电重复变化一次所需的时间称为周期，周期用 T 表示，单位是秒（s）**。图 1-20 所示交流电的周期为 $T=0.02\mathrm{s}$，说明该交流电每隔 0.02s 就会重复变化一次。

（2）频率

交流电在一秒内重复变化的次数称为频率，频率用 f 表示，它是周期的倒数，即

$$f = \frac{1}{T}$$

频率的单位是赫（兹），用 Hz 表示。图 1-20 所示交流电的周期为 $T=0.02s$，那么它的频率就是 $f=1/T=1/0.02Hz = 50Hz$。该交流电的频率 $f=50Hz$，说明在一秒内交流电能重复 0～t_4 这个过程 50 次。交流电变化越快，变化一次所需要的时间越短，周期就越短，频率就越高。

根据频率的高低不同，交流信号分为高频信号、中频信号和低频信号。高频、中频和低频信号划分没有严格的规定，**一般认为：频率在 3MHz 以上的信号称为高频信号，频率在 300kHz～3MHz 范围内的信号称为中频信号，频率低于 300kHz 的信号称为低频信号。**

高频、中频和低频是一个相对概念，在不同的电子设备中，它们范围是不同的。例如在调频（FM）收音机中，88～108MHz 称为高频，10.7MHz 称为中频，20Hz～20kHz 称为低频；而在调幅（AM）收音机中，525～1605kHz 称为高频，465kHz 称为中频，20Hz～20kHz 称为低频。

3．瞬时值和有效值

（1）瞬时值

交流电的大小和方向是不断变化的，**交流电在某一时刻的值称为交流电在该时刻的瞬时值。**以图 1-20 所示的交流电压为例，它在 t_1 时刻的瞬时值为 $220\sqrt{2}$（约为 311V），该值为最大瞬时值；而在 t_2 时刻瞬时值为 0V，该值为最小瞬时值。

（2）有效值

交流电的大小和方向是不断变化的，这给电路计算和测量带来不便，为此引入有效值。下面以图 1-21 所示电路来说明有效值的含义。

图 1-21 两个电路中的电热丝完全一样，现分别给电热丝通交流电和直流电，如果两电路通电时间相同，并且电热丝发出热量也相同，对电热丝来说，这里的交流电和直流电是等效的，那么就将图 1-21（b）中直流电的电压值或电流值称为图 1-21（a）中交流电的有效电压值或有效电流值。

交流市电电压为 220V，指的就是有效值，其含义是虽然交流电的电压时刻变化，但它的效果与 220V 直流电是一样的。若无特别说明，交流电的大小通常是指有效值，测量仪表的测量值一般也是指有效值。正弦交流电的有效值与瞬时最大值的关系是：最大瞬时值=$\sqrt{2}$ ×有效值。例如，交流市电的有效电压值为 220V，它的最大瞬时电压值为 $220\sqrt{2}$ V≈311V。

4．相位与相位差

（1）相位

正弦交流电的电压或电流值变化规律与正弦波一样。下面以图 1-22 所示的正弦交流电来说明相位。

图 1-22 中画出了交流电的一个周期，一个周期的角度为 2π，一个周期的时间为 $T = 0.02s$。从图中可以看出，在不同的时刻，交流电压所处的角度不同，如在 $t = 0$ 时刻的角度为 0，在 $t = 0.005s$ 时刻的角度为 $\pi/2$，在 $t = 0.01s$ 时刻的角度为 π。

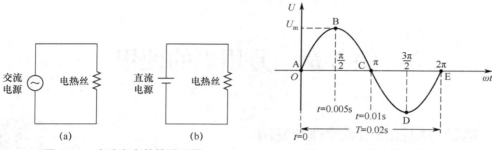

图 1-21　交流电有效值说明图　　　　　图 1-22　坐标中的正弦交流电

交流电在某时刻的角度称为交流电在该时刻的相位。 如图 1-22 中的交流电在 $t = 0.005s$ 时刻的相位为 π/2（或 90°），在 $t = 0.01s$ 时刻的相位为 π（或 180°）。交流电在 $t = 0$ 时刻的角度称交流电的初相位，图 1-22 中的交流电初相位为 0。

（2）相位差

相位差是指两个同频率交流电的相位之差。 下面以图 1-23 来说明相位差。

图 1-23（a）所示的两个同频率交流电流 i_1、i_2 分别从两条线路流向 A 点，在同一时刻，到达 A 点的 i_1、i_2 交流电流的相位并不相同，即两个交流信号存在相位差。

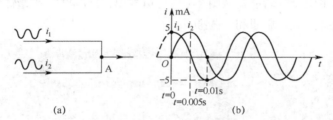

图 1-23　交流电相位差说明图

i_1、i_2 电流变化如图 1-23（b）所示。当 $t = 0$ 时，i_1 的相位为 π/2，而 i_2 相位为 0；当 $t = 0.01s$ 时，i_1 的相位为 3π/2，而 i_2 相位为 π。两个电流的相位差为（π/2-0）=π/2 或（3π/2-π）=π/2，即 i_1、i_2 的相位差始终是 π/2。在图 1-23（b）中，若将 i_1 的前一段补充出来，也可以看出 i_1、i_2 的相位差是 π/2，并且 i_1 超前 i_2（超前 π/2，也可说超前 90°）。

两个交流电存在相位差，实际上就是两个交流电变化存在着时间差。 在图 1-23（b）中，当 $t = 0$ 时，i_1 电流的值为 5mA，i_2 电流的值为 0；而当 $t = 0.005s$ 时，i_1 电流的值变为 0，i_2 电流的值变为 5mA。也就是说，i_2 电流变化总是滞后 i_1 电流的变化。

第2章　万用表的使用

2.1　指针万用表的测量原理与使用

2.1.1　面板说明

指针万用表是一种广泛使用的电子测量仪表，它由一只灵敏度很高的直流电流表（微安表）做表头，再加上挡位选择开关和相关的电路组成。 指针万用表可以测量电压、电流、电阻，还可以测量电子元器件的好坏。指针万用表种类很多，使用方法都大同小异，本节以 MF-47 新型指针万用表为例进行介绍。

MF-47 新型指针万用表外观如图 2-1 所示。它在早期 MF-47 型万用表的基础上增加了很多新的测量功能，如增加了电容量、电池电量、稳压二极管稳压值的测量功能，另外还有电路通路蜂鸣测量和电阻箱等功能。从图 2-1 中可以看出，MF-47 新型指针万用表面板上主要有刻度盘、挡位选择开关、旋钮和一些插孔。

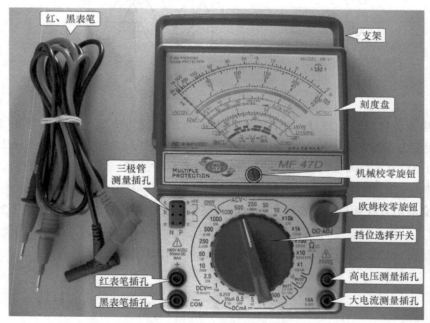

图 2-1　MF-47 新型指针万用表外观

1. 刻度盘

刻度盘如图 2-2 所示，它由 9 条刻度线组成。

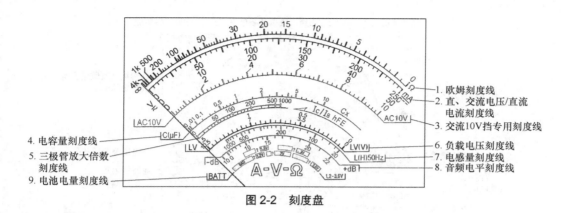

图 2-2　刻度盘

第 1 条标有 "Ω" 符号的为欧姆刻度线。 在测量电阻阻值时察看该刻度线。**这条刻度线最右端刻度表示的阻值最小，为 0；最左端刻度表示的阻值最大，为 ∞（无穷大）。** 在未测量时表针指在左端无穷大处。

第 2 条标有 "$\underset{\sim}{V}$" 和 "mA" 符号的为直、交流电压/直流电流刻度线。 在测量直、交流电压和直流电流时都察看这条刻度线。**该刻度线最左端刻度表示最小值，最右端刻度表示最大值，** 该刻度线下方标有三组数，它们的最大值分别是 250、50 和 10。当选择不同挡位时，要将刻度线的最大刻度看作该挡位最大量程数值（其他刻度也要相应变化）。如挡位选择开关拨至 50V 挡测量时，表针指在第二刻度线最大刻度处，表示此时测量的电压值为 50V（而不是 10V 或 250V）。

第 3 条标有 "AC10V" 字样的为交流 10V 挡专用刻度线。 在挡位开关拨至交流 10V 挡测量时察看该刻度线。

第 4 条标有 "C（μF）" 字样的为电容量刻度线。 在测量电容容量时察看该刻度线。

第 5 条标有 "I_C/I_B hFE" 字样（在刻度线右方）的为三极管放大倍数刻度线。 在测量三极管放大倍数时察看该刻度线。

第 6 条标有 "LV" 字样的为负载电压刻度线。 在测量稳压二极管稳压值和一些非线性元件（如整流二极管、发光二极管和三极管的 PN 结）正向压降时察看该刻度线。

第 7 条标有 "L（H）50Hz" 字样的为电感量刻度线。 在测量电感的电感量时察看该刻度线。

第 8 条标有 "dB" 字样的为音频电平刻度线。 在测量音频信号电平时察看该刻度线。

第 9 条标有 "BATT" 字样的为电池电量刻度线。 在测量 1.2～3.6V 电池是否可用时察看该刻度线。

2. 挡位选择开关

当用万用表测量不同的量时，应将挡位选择开关拨至不同的挡位。 挡位选择开关如图 2-3 所示，它可以分为多类挡位，除通路蜂鸣挡和电池电量挡外，其他挡位根据测量值的大小又细分成多挡。

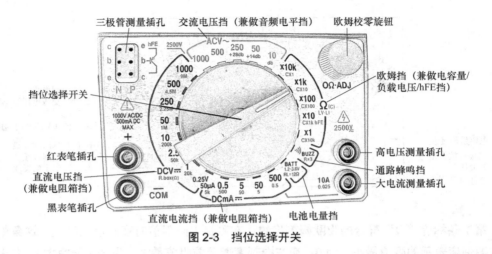

图 2-3　挡位选择开关

3. 旋钮

指针万用表面板上的旋钮有机械校零旋钮和欧姆校零旋钮，其中机械校零旋钮参见图 2-1，欧姆校零旋钮参见图 2-1 和图 2-3。

机械校零旋钮的作用，是在使用万用表测量前将表针调到刻度盘电压刻度线（第 2 条刻度线）的"0"刻度处（或欧姆刻度线的"∞"刻度处）。

欧姆校零旋钮的作用，是在使用欧姆挡或通路蜂鸣挡测量挡时，按一定的方法将表针调到欧姆刻度线的"0"刻度处。

4. 插孔

万用表的插孔参见图 2-3。

在图 2-3 中左下角**标有"COM"字样的为黑表笔插孔，标有"+"字样的为红表笔插孔**；图 2-3 中右下角**标有"2500$\underline{V}$"字样的为高电压测量插孔**（在测量大于 1000V 而小于 2500V 的电压时，红表笔须插入该插孔），**标有"10A"字样的为大电流测量插孔**（在测量大于 500mA 而小于 10A 的直流电流时，红表笔须插入该插孔）；图 2-3 中左上角**标有"P"字样的为 PNP 型三极管插孔，标有"N"字样的为 NPN 型三极管插孔**。

2.1.2　测量原理

指针万用表内部有一只直流电流表，为了让它不但能测直流电流还能测电压、电阻等电量，需要给万用表加相关的电路。下面就介绍万用表内部各种电路如何与直流电流表配合进行各种电量的测量。

1. 直流电流的测量原理

万用表直流电流的测量原理如图 2-4 所示，图中右端虚线框内的部分为万用表测直流电流时的等效电路，左端为被测电路。

在图 2-4 中，如果想测量流过灯泡的电流大小，首先要将电路断开，然后将万用表的红表笔接 A 点（断口的高电位处），黑表笔接 B 点（断口的低电位处）。这时被测电路的电流经 A 点、红表笔流进万用表。在万用表内部，电流经挡位开关 S 的"1"端后分为两路：一路流经电阻 R_1、R_2，另一路流经电流表，两电流在 F 点汇合后再从黑表笔流出而进入被测电路。

因为有电流流经电流表，电流表表针偏转，从而指示被测电流的大小。

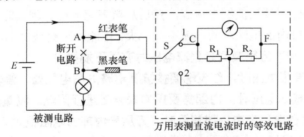

图 2-4　直流电流测量原理说明图

如果被测电路的电流很大，为了防止流过电流表的电流过大而表针无法正常指示或电流表被烧坏，可以将挡位开关 S 拨至"2"端（大电流测量挡），这时从红表笔流入的大电流经开关 S 的"2"端到达 D 点，电流又分作两路：一路流经 R_2，另一路流经 R_1、电流表，两电流在 F 点汇合后再从黑表笔流出。因为在测大电流时分流电阻小（测小电流时分流电阻为 R_1+R_2，而测大电流时分流电阻为 R_2），被分流掉的电流大，再加上 R_1 的限流，所以流过电流表的电流不会很大，电流表不会被烧坏，表针仍可以正常指示。

从上面的分析可知，**万用表测量直流电流时有以下规律：**

① 用万用表测直流电流时，需要将电路断开，并且红表笔接断口的高电位处，黑表笔接断口的低电位处。

② 用万用表测直流电流时，内部需要并联电阻进行分流，测量的电流越大，要求分流电阻越小，所以在选用大电流挡测量时，万用表内部的电阻很小。

2. 直流电压的测量原理

万用表直流电压的测量原理如图 2-5 所示，图中右端虚线框内的部分为万用表测直流电压时的等效电路，左端为被测电路。

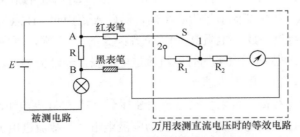

图 2-5　直流电压测量原理说明图

在图 2-5 中，如果要测量被测电路中电阻 R 两端的电压（即 A、B 两点之间的电压），应将红表笔接 A 点（R 的高电位端），黑表笔接 B 点（R 的低电位端）。这时从 A 点会有一路电流流进红表笔，在万用表内部经挡位开关 S 的"1"端和限流电阻 R_2 后流经电流表，再从黑表笔流出到达 B 点。A、B 之间的电压越高（即 R 两端的电压越高），则流过电流表的电流就越大，表针摆动幅度越大，指示的电压值也就越高。

如果 A、B 之间的电压很高，流过电流表的电流就会很大，则会出现表针摆动幅度超出指示范围而无法正常指示或者电流表被烧坏的情况。为避免这种情况的发生，在测量高电压时，可以将挡位开关 S 拨至"2"端（高电压测量挡），这时从红表笔流入的电流经开关 S 的"2"端，再由 R_1、R_2 限流后流经电流表，然后从黑表笔流出。因为测高电压时万用表内部的限流电阻大，故流进内部电流表的电流不会很大，电流表不会被烧坏，表针可以正常指示。

从上面的分析可知，**万用表测量直流电压时有以下规律：**

① 用万用表测直流电压时，红表笔要接被测电路的高电位处，黑表笔接低电位处。

② 用万用表测直流电压时，内部需要用串联电阻进行限流，测量的电压越高，就要求限流电阻越大。所以在选用高电压挡测量时，万用表内部的电阻很大。

3. 交流电压的测量原理

万用表交流电压的测量原理如图 2-6 所示，图中右端虚线框内的部分为万用表测交流电压时的等效电路，左端为被测交流信号。

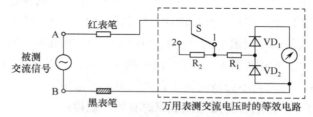

图 2-6　交流电压测量原理说明图

从图 2-6 中可以看出，万用表测交流电压与测直流电压时的等效电路大部分是相同的，但在测交流电压时增加了由 VD_1、VD_2 构成的半波整流电路。因为交流信号的极性是随时变化的，所以红、黑表笔可以随意接在 A、B 点。为了叙述方便，将红表笔接 A 点，黑表笔接 B 点。

在测量时，如果交流信号为正半周，那么 A 点为正，B 点为负，则有电流从红表笔流入万用表，再经挡位开关 S 的"1"端、电阻 R_1 和二极管 VD_1 流经电流表，然后由黑表笔流出到达交流信号的 B 点。如果交流信号为负半周，那么 A 点为负，B 点为正，则有电流从黑表笔流入万用表，经二极管 VD_2、电阻 R_1 和挡位开关 S 的"1"端，再由红表笔流出到达交流信号的 A 点。测交流电压时只有半周有电流流过电流表，表针会摆动，并且交流电压越高，表针摆动的幅度越大，指示的电压越高。

如果被测交流电压很高，可以将挡位开关 S 拨至"2"端（高电压测量挡），这时从红表笔流入的电流需要经过限流电阻 R_2、R_1，因为限流电阻大，故流过电流表的电流不会很大，电流表不会被烧坏，表针可以正常指示。

从上面的分析可知，**万用表测量交流电压时有以下规律：**

① 用万用表测交流电压时，因为交流电压极性随时变化，故红、黑表笔可以任意接在被测交流电压两端。

② 用万用表测交流电压时，内部需要用串联电阻进行限流，测量的电压越高，就要求限流电阻越大。另外内部还需要整流电路。

4. 电阻阻值的测量原理

万用表测量电阻阻值的原理如图 2-7 所示，图中右端虚线框内的部分为万用表测电阻阻值时的等效电路，左端为被测电阻 R_x。由于电阻不能提供电流，所以在测电阻时，万用表内部需要使用直流电源（电池）。

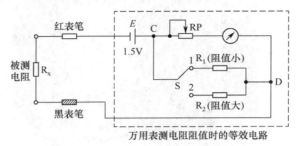

万用表测电阻阻值时的等效电路

图 2-7　电阻测量原理说明图

电阻无正、负之分，故在测电阻阻值时，红、黑表笔可以随意接在被测电阻两端。在测量电阻时，红表笔接在被测电阻 R_x 的一端，黑表笔接另一端，这时万用表内部电路与 R_x 构成回路，有电流流过电路，电流从电池的正极流出，在 C 点分作两路：一路经挡位开关 S 的"1"端、电阻 R_1 流到 D 点，另一路经电位器 RP、电流表流到 D 点，两电流在 D 点汇合后从黑表笔流出，再流经被测电阻 R_x，然后由红表笔流入，回到电池的负极。

被测电阻 R_x 的阻值越小，回路的电阻也就越小，流经电流表的电流就越大，表针摆动的幅度也就越大，指示的阻值越小。这一点与测电压、电流是相反的（测电压、电流时，表针摆动幅度越大，指示的电压或电流值越大），所以万用表刻度盘上电阻刻度线标注的数值大小与电压、电流刻度线是相反的。

如果被测电阻阻值很大，则流过电流表的电流就很小，这样表针摆动幅度很小，读数困难且不准确。为此，在测量高阻值电阻时，可以将挡位开关 S 拨至"2"端（高阻值测量挡），接入的电阻 R_2 的阻值比低挡位的电阻 R_1 大。因为 R_2 阻值较大，所以经 R_2 分流掉的电流较小，流过电流表的电流较大，表针摆动的幅度较大，使得测量高阻值电阻时也可以很容易从刻度盘准确读数。

从上面的分析可知，**万用表测量电阻阻值时有以下规律：**

① 在测电阻阻值时，万用表内部需要用到电池（在测电压、电流时，电池处于断开状态）。

② 在测电阻阻值时，万用表的红表笔接内部电池的负极，黑表笔接内部电池的正极。

③ 在测电阻阻值时，被测电阻阻值越大，表针摆动的幅度就越小；被测电阻阻值越小，表针摆动的幅度就越大。

2.1.3　使用方法

本节以 MF-47 新型指针万用表为例来说明指针万用表的使用方法。

1. 使用前的准备工作

指针万用表在使用前需要安装电池、机械校零和安插表笔。

（1）安装电池

指针万用表工作时需要安装电池，电池的安装如图 2-8 所示。

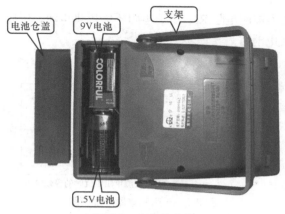

图 2-8　电池的安装

　　在安装电池时，先将万用表后面的电池盖取下，然后将一节 2 号 1.5V 电池和一节 9V 电池分别安装在相应的电池插座中，安装时要注意：两节电池的正负极性必须与电池盒标注极性一致。如果万用表不安装电池，则电阻挡（兼做电容量/负载电压/hFE 挡）和通路蜂鸣挡将无法使用，而电压、电流挡仍可使用。

　　（2）机械校零

　　机械校零操作图如图 2-9 所示。

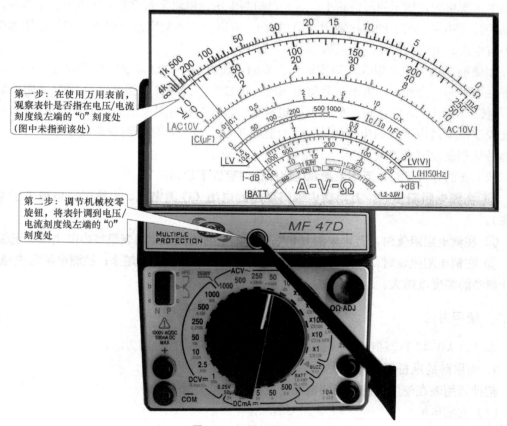

图 2-9　机械校零操作图

　　将万用表平放在桌面上,观察表针是否指在电压/电流刻度线左端"0"位置(即欧姆刻度线左端"∞"位置);如果未指向该位置,可用螺丝刀(俗称起子)调节机械校零旋钮,让表针指在电压/电流刻度线左端"0"处即可。

　　(3)安插表笔

　　万用表有红、黑两根表笔,测量时应将红表笔插入标"+"字样的插孔中,黑表笔插入标"COM"字样的插孔中。

　　2. 直流电压的测量

　　MF-47 新型指针万用表的直流电压挡位可细分为 0.25V、1V、2.5V、10V、50V、250V、500V、1000V、2500V 挡。

用指针万用表
测量直流电压

　　(1)直流电压的测量步骤

　　直流电压的测量步骤如下:

　　① 测量前,先估计被测电压的最大值,选择合适的挡位,即选择的挡位要大于且最接近所估计的最大电压值,这样测量值更准确。若无法估计,可先选最高挡测量,再根据大致测量值重新选取合适的低挡位进行测量。

　　② 测量时,将红表笔接被测电压的高电位处,黑表笔接被测电压的低电位处。

　　③ 读数时,找到刻度盘上直流电压刻度线,即第 2 条刻度线,观察表针指在该刻度线何处。 由于第 2 条刻度线标有 3 组数(3 组数公用一条刻度线),读哪一组数要根据所选择的电压挡位来确定。例如,测量时选择的是 250V 挡,读数时就要读最大值为 250 的那一组数;在选择 2.5V 挡时仍读该组数,只不过要将 250 看成是 2.5,该组其他数也要做相应变化。同样地,在选择 10V、1000V 挡测量时要读最大值为 10 的那组数,在选择 50V、500V 挡位测量时要读最大值为 50 的那组数。

　　直流电压测量补充说明:

　　① 如果要测量 1000~2500V 电压,挡位选择开关应拨至 1000V 挡,红表笔插入 2500V 专用插孔,黑表笔仍插在"COM"插孔中,读数时选择最大值为 250 的那一组数。

　　② 直流电压 0.25V 挡与直流电流 50μA 挡是公用的。在选择该挡测直流电压时,可以测量 0~0.25V 范围内的电压,读数时选择最大值为 250 的那一组数;在选择该挡测直流电流时,可以测量 0~50μA 范围内的电流,读数时选择最大值为 50 的那一组数。

　　(2)直流电压测量举例

　　一节干电池电压的测量操作图如图 2-10 所示。

　　估计一节电池的电压不会超过 2V,因此将挡位选择开关拨至直流电压 2.5V 挡,然后将红表笔接电池的正极,黑表笔接电池的负极。读数时,察看表针在第 2 条刻度线所指的刻度,并观察该刻度对应的数值(最大值为 250 那组数),发现表针所指刻度对应数值为 155,那么该电池电压为 1.55V(250 看成 2.5,155 相应地要看成 1.55)。

　　当然也可以选择 10V、50V 挡甚至更高的挡位来测量电池的电压,但准确度会下降;挡位偏离电池实际电压越大,准确度就越低。这与用大秤称小物体不准确的道理是一样的。

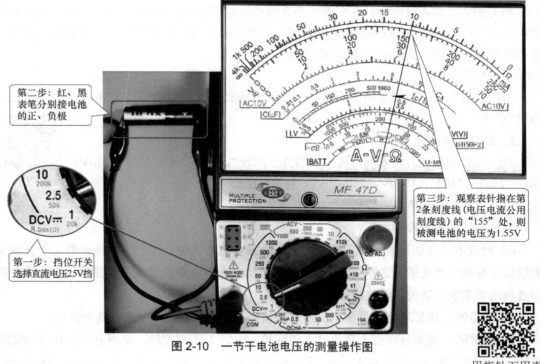

第二步：红、黑表笔分别接电池的正、负极

第一步：挡位开关选择直流电压2.5V挡

第三步：观察表针指在第2条刻度线（电压电流公用刻度线）的"155"处，则被测电池的电压为1.55V

图 2-10　一节干电池电压的测量操作图

用指针万用表测量直流电流

3. 直流电流的测量

MF-47 新型指针万用表的直流电流挡位可细分为 50μA、0.5mA、5mA、50mA、500mA、10A 挡。

（1）直流电流的测量步骤

直流电流的测量步骤如下：

① 先估计被测电路电流可能的最大值，然后选取合适的直流电流挡位，选取的挡位应**大于并且最接近估计的最大电流值。**

② 测量时，先要将被测电路断开，再将红表笔接断开位置的高电位处，黑表笔接断开**位置的另一端。**

③ 读数时，察看第 2 条刻度线，读数方法与直流电压测量时相同。

直流电流测量补充说明：当测量 500mA～10A 电流时，红表笔应插入 10A 专用插孔，黑表笔仍插在"COM"插孔中不动，挡位选择开关拨至 500mA 挡；测量时，察看第 2 条刻度线，并选择最大值为 10 的那组数进行读数，单位为 A。

（2）直流电流测量举例

下面以测量流过一只灯泡的电流大小来说明直流电流的测量方法。灯泡电流的测量示意图如图 2-11 所示。

估计流过灯泡的电流不会超过 250mA，故将挡位选择开关拨至 250mA 挡，再将被测

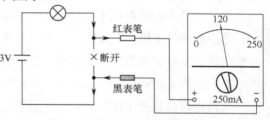

红表笔

3V　×断开

黑表笔

图 2-11　灯泡电流的测量示意图

电路断开，然后将红表笔接断开位置的高电位处，黑表笔接断开位置的另一端。这样才能保证电流由红表笔流进，从黑表笔流出，表针才能朝正方向摆动；否则表针会反偏。读数时发现表针所指刻度对应的数值为 120，故流过灯泡的电流为 120mA。

4. 交流电压的测量

MF-47 新型指针万用表的交流电压挡位可细分为 10V、50V、250V、500V、1000V、2500V 挡。

（1）交流电压的测量步骤

交流电压的测量步骤如下：

① 先估计被测交流电压可能的最大值，然后选取合适的交流电压挡位，选取的挡位应大于并且最接近所估计的最大电压值。

② 红、黑表笔分别接被测电压两端（交流电压无正负之分，故红、黑表笔可随意接）。

③ 读数时，察看第 2 条刻度线，读数方法与直流电压测量时相同。

交流电压测量补充说明：

① 当选择交流 10V 挡测量时，应察看第 3 条刻度线（10V 交流电压挡测量专用刻度线），读数时选择最大值为 10 的一组数。

② 在测量 1000～2500V 交流电压时，挡位选择开关应拨至交流 1000V 挡，红表笔要插入 2500V 专用插孔，黑表笔仍插在"COM"插孔中，读数时选择最大值为 250 的那组数。

（2）交流电压测量举例

下面以测量市电电压的大小来说明交流电压的测量方法，测量操作图如图 2-12 所示。估计市电电压不会大于 250V 且最接近 250V，故将挡位选择开关拨至交流 250V 挡，然后将红、黑表笔分别插入交流市电插座，读数时发现表针指在第 2 条刻度线的"230"处（读最大值为 250 那组数），则市电电压为 230V。

5. 电阻阻值的测量

测量电阻的阻值要用到欧姆挡，MF-47 新型指针万用表的欧姆挡可细分为 ×1Ω、×10Ω、×100Ω、×1kΩ、×10kΩ 挡。

（1）电阻阻值的测量步骤

电阻阻值的测量步骤如下：

① 选择挡位。 先估计被测电阻的阻值大小，选择合适的欧姆挡位。挡位选择的原则是：在测量时尽可能让表针指在欧姆刻度线的中央位置，因为表针指在刻度线中央位置时的测量值最准确。若不能估计电阻的阻值，可先选高挡位测量；当发现阻值偏小时，再换成合适的低挡位重新测量。

② 欧姆校零。 挡位选好后要进行欧姆校零，欧姆校零过程如图 2-13 所示，先将红、黑表笔短接，观察表针是否指到"Ω"刻度线（即第 1 条刻度线）的"0"刻度处；如果表针没有指在"0"刻度处，则可调节欧姆校零旋钮，将表针调到"Ω"刻度线的"0"刻度处即可。

③ 红、黑表笔分别接被测电阻的两端。

④ 读数时，察看第 1 条刻度线，观察表针所指刻度数值，然后将该数值与挡位数相乘，得到的结果就是该电阻的阻值。

用指针万用表
测量交流电压

用指针万用表
测量电阻

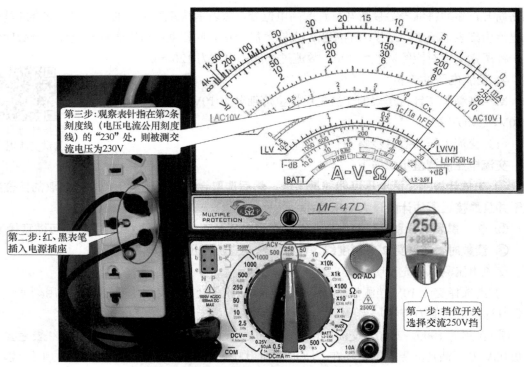

第三步：观察表针指在第2条刻度线（电压电流公用刻度线）的"230"处，则被测交流电压为230V

第二步：红、黑表笔插入电源插座

第一步：挡位开关选择交流250V挡

图 2-12　市电电压的测量操作图

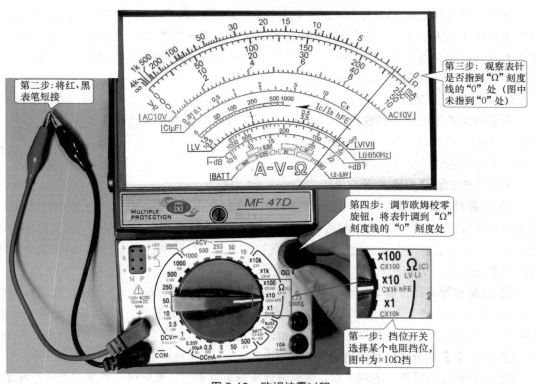

第二步：将红、黑表笔短接

第三步：观察表针是否指到"Ω"刻度线的"0"处（图中未指到"0"处）

第四步：调节欧姆校零旋钮，将表针调到"Ω"刻度线的"0"刻度处

第一步：挡位开关选择某个电阻挡位，图中为×10Ω挡

图 2-13　欧姆校零过程

（2）欧姆挡使用举例

下面以测量一个标称阻值为 120Ω 的电阻为例来说明欧姆挡的使用方法。

由于电阻的标称阻值为 120Ω，为了使表针能尽量指到刻度线中央，可选择×10Ω挡，然后进行欧姆校零，再将红、黑表笔分别接被测电阻两端并观察表针在欧姆刻度线的所指位置，发现表针指在数值"12"位置，则该电阻的阻值为 12×10Ω=120Ω，如图 2-14 所示。

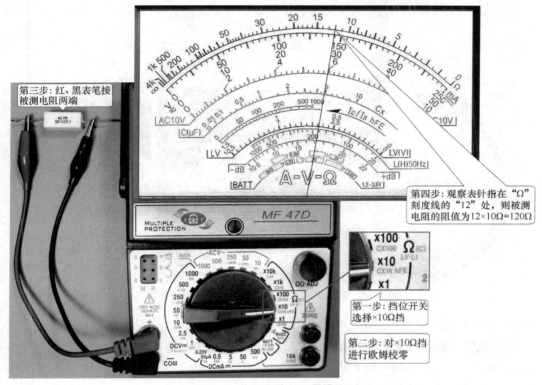

图 2-14　电阻阻值的测量操作图

6. 通路蜂鸣测量

通路蜂鸣测量是 MF-47 新型指针万用表新增的功能，利用该功能可以测量电路是否处于通路状态。若处于通路状态（电路阻值低于 10Ω），万用表会发出 1kHz 的蜂鸣声，这样用户测量时不用察看刻度盘即能了解电路通断情况。

MF-47 新型指针万用表的"BUZZ（R×3）"挡用作通路蜂鸣测量。下面以测量一根导线为例来说明通路蜂鸣的测量方法，测量导线操作图如图 2-15 所示。**通路蜂鸣挡测量导线的步骤如下：**

① 将挡位开关拨至"BUZZ（R×3）"挡（即通路蜂鸣测量挡）。

② 将红、黑表笔短接进行欧姆校零。

③ 将红、黑表笔接被测导线的两端。

④ 如果万用表有蜂鸣声发出，表明导线处于通路状态。此时，若想知道该导线的电阻，可察看表针在"Ω"刻度线所指数值，该数值乘以 3 即为被测导线的电阻。

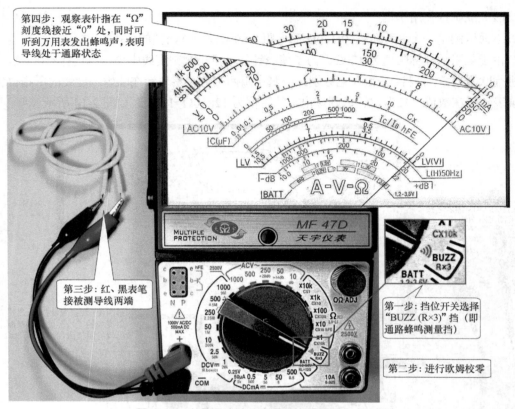

图 2-15 利用通路蜂鸣测量挡测量导线的操作图

7. 电池电量的测量（BATT 测量）

电池电量测量挡用来测量电池电量情况，以确定被测电池是否可用。 该挡可以测量 1.2～3.6V 各类电池（不含纽扣电池）的电量。

（1）电池电量判断方法

任何一种电池，都可以看成是由图 2-16 所示的电动势 E 和内阻 r 组成的。对于电量充足的电池，其内阻很小，当电池接入电路时，内阻上的压降很小，电池两端的电压 U 与电动势 E 基本相等，所以用万用表测电池电压时，测得实际电压为 U。但电池用久后，其内阻增大，输出电流 I 变小，如果此时电池外接的负载电阻 R_L 阻值很大，$U=IR_L$ 值仍较大，则电池两端的电压 U 下降还不明显；若 R_L 阻值较小，则 $U=IR_L$ 值很小。

总之，**电量不足的电池的特征是：当接相同的负载时，其输出电流较新电池小。当接阻值小的负载时，其输出电压与新电池相比会明显下降；但接阻值大的负载时，输出电压下降不明显。**

（2）电池电量测量原理

电池电量测量原理如图 2-17 所示，其中右端虚线框内部分为测量电池电量时万用表内部电路等效图。

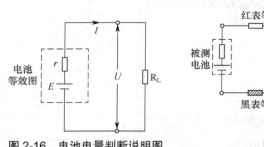

图 2-16　电池电量判断说明图

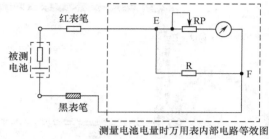

测量电池电量时万用表内部电路等效图

图 2-17　电池电量测量原理

在测量电池电量时，红、黑表笔分别接被测电池的正、负极，被测电池输出的电流流经万用表内部的电流表，表针会发生摆动。若被测电池电量充足，其内阻很小，输出电压很高，E、F 两点间的电压高，电流表两端电压高，流过电流表的电流大，表针摆动幅度大，表示被测电池电量充足；若被测电池电量不足，其内阻很大，内阻上的压降增大，电池输出电流小，输出电压低，流过电流表的电流小，表针摆动幅度小，表示被测电池电量不足。电池电量测量与直流电压测量原理很相似，但实际两者存在较大的差别，在使用直流电压挡测量时，万用表的内阻很大（红、黑表笔之间万用表内部电路的总电阻）。例如，万用表选择直流电压 2.5V 挡时，其内阻为 50kΩ；而选择电池电量测量挡时，万用表的内阻约为 8～12Ω。

总之，**电池电量测量原理是：在测量电池电量时，万用表为被测电池提供一个合适的负载，再将被测电池在该负载下对电流表表针驱动能力展现出来，从而判断电池电量是否充足。**

（3）电池电量测量步骤

电池电量测量步骤如下：

① 将挡位开关拨到"BATT"挡（电池电量测量挡）。

② 将红、黑表笔分别接被测电池的正、负极。

③ 根据被测电池的标称值观察表针所指的位置。若指在绿框范围内，则表示电池电量充足；若指在"？"范围内，则表示电池尚可使用；若指在红框范围内，则表示电池电量不足。

补充说明：电池电量测量挡可以测量 1.2～3.6V 各类电池（但不含纽扣电池）的电量；对于纽扣电池，可用直流电压 2.5V 挡（该挡提供的负载 R_L 为 50kΩ）测量。

（4）电池电量测量举例

下面以测量一节 1.5V 电池电量来说明电池电量的测量方法，测量操作图如图 2-18 所示。

先将万用表的挡位开关拨到"BATT"挡，再将红、黑表笔分别接被测电池的正、负极，然后观察表针指示位置，发现表针指在"1.5V"绿框范围内，说明被测电池电量充足。

2.1.4　指针万用表使用注意事项

在使用指针万用表时要按正确的方法操作；否则，轻则会出现测量值不准确，重则会烧坏万用表，甚至发生触电事故，危害人身安全。使用指针万用表时的具体注意事项如下：

① 测量时不能选错挡位，特别是不能用电流挡或电阻挡来测电压，这样极易烧坏万用表。万用表不用时，可将其挡位拨至交流电压最高挡（如 1000V 挡）。

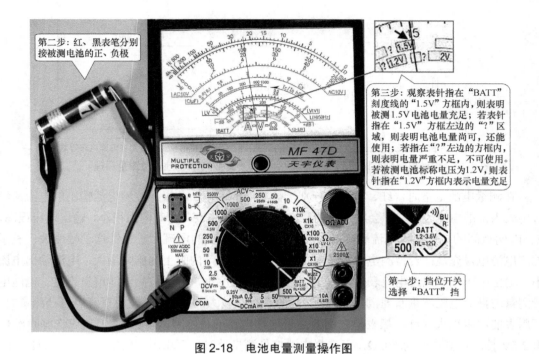

图 2-18　电池电量测量操作图

② 在测量直流电压或直流电流时，注意红表笔接电源或电路的高电位，黑表笔接低电位。若表笔接错，则测量表针会反偏，可能会损坏万用表。

③ 若不能估计被测电压、电流或电阻值的大小，应先用最高挡测量，再根据测得值的大小，换至合适的低挡位进行测量。

④ 测量时，手不要接触表笔金属部位，以免触电或影响测量精确度。

⑤ 测量电阻阻值和三极管放大倍数时要进行欧姆校零。如果欧姆校零旋钮无法将表针调到欧姆刻度线的"0"处，一般是因为万用表内部电池用久了，应及时更换电池。

2.2　数字万用表的测量原理与使用

指针万用表是一种平均值式测量仪表，具有结构简单、成本低、读数直观形象（用表针摆动幅度反映测量值大小），且测量时可输出较高的电压（最高可达 9V 以上），特别适合测量一些需要较高电压才能导通的半导体元器件（如发光二极管、MOS 管和 IGBT 等）；但由于指针万用表内阻小，在测量时对被测电路具有一定的分流作用，会影响测量精度。数字万用表是一种瞬时取样式测量仪表，它采用每隔一定时间来显示当前测量值，测量时常出现数值不稳定的情况，需要数值稳定后才能读数；但数字万用表的内阻大，对被测电路分流小，故测量精度高。由于采用数字测量技术，数字万用表具有较多的测量功能（如对电容量、温度和频率的测量）。

2.2.1　面板介绍

数字万用表的种类很多，但使用方法大同小异，本节以应用广泛的 VC890C+型数字万用表为例来说明数字万用表的使用方法。VC890C+型数

数字万用表介绍

字万用表及其配件如图 2-19 所示。

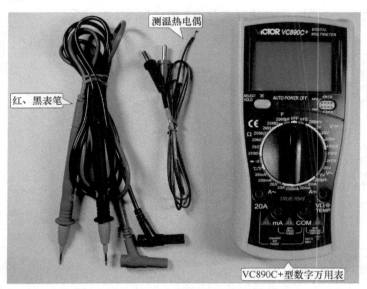

测温热电偶

红、黑表笔

VC890C+型数字万用表

图 2-19　VC890C+型数字万用表及其配件

1. 面板说明

VC890C+型数字万用表的面板说明如图 2-20 所示。

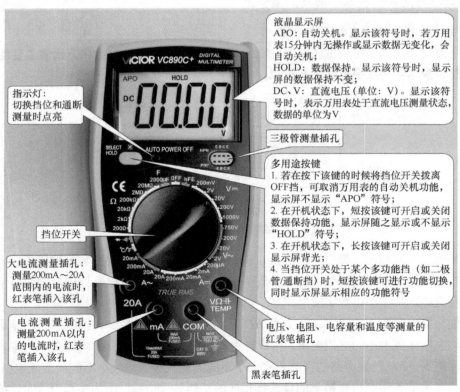

液晶显示屏
APO: 自动关机。显示该符号时，若万用表15分钟内无操作或显示数据无变化，会自动关机；
HOLD: 数据保持。显示该符号时，显示屏的数据保持不变；
DC、V: 直流电压（单位: V）。显示该符号时，表示万用表处于直流电压测量状态，数据的单位为V

三极管测量插孔

指示灯:
切换挡位和通断测量时点亮

多用途按键
1. 若在按下该键的时候将挡位开关拨离OFF挡，可取消万用表的自动关机功能，显示屏不显示"APO"符号；
2. 在开机状态下，短按该键可开启或关闭数据保持功能，显示屏随之显示或不显示"HOLD"符号；
3. 在开机状态下，长按该键可开启或关闭显示屏背光；
4. 当挡位开关处于某个多功能挡（如二极管/通断挡）时，短按该键可进行功能切换，同时显示屏显示相应的功能符号

挡位开关

大电流测量插孔:
测量200mA～20A范围内的电流时，红表笔插入该孔

电流测量插孔:
测量200mA以内的电流时，红表笔插入该孔

电压、电阻、电容量和温度等测量的红表笔插孔

黑表笔插孔

图 2-20　VC890C+型数字万用表的面板说明

2. 挡位开关及各功能挡

VC890C+型数字万用表的挡位开关及各功能挡如图 2-21 所示。

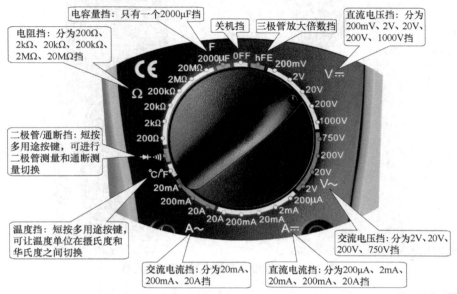

图 2-21　VC890C+型数字万用表的挡位开关及各功能挡

2.2.2　数字万用表的基本组成及测量原理

1. 数字万用表的组成和工作原理

数字万用表的基本组成框图如图 2-22 所示，从图可以看出，**数字万用表主要由挡位开关、功能转换电路和数字电压表等组成。**

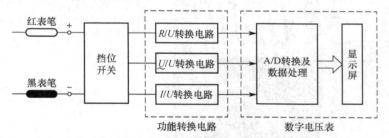

图 2-22　**数字万用表的基本组成框图**

数字电压表只能测直流电压，由 A/D 转换电路、数据处理电路和显示屏等构成。它通过 A/D 转换电路将输入的直流电压转换成数字信号，再经数据处理电路处理后送到显示屏，将输入的直流电压的大小以数字的形式显示出来。

功能转换电路主要由 R/U、U/U 和 I/U 等转换电路组成。R/U 转换电路的功能是将电阻的大小转换成相应大小的直流电压，U/U 转换电路的功能是将大小不同的交流电压转换成相应的直流电压，I/U 转换电路的功能是将大小不同的电流转换成大小不同的直流电压。

挡位开关的作用是根据待测的量选择相应的功能转换电路。例如在测电流时，挡位开关

将被测电流送至 I/U 转换电路。

以测电流来说明数字万用表的工作原理：在测电流时，电流由表笔、插孔进入数字万用表，在内部经挡位开关（开关置于电流挡）后，电流送到 I/U 转换电路，转换电路将电流转换成直流电压再送到数字电压表，最终在显示屏显示数字。被测电流越大，转换电路转换成的直流电压就越高，显示屏显示的数字就越大，指示出的电流数值也就越大。

由上述可知，**数字万用表不管是在测电流、电阻时，还是在测交流电压时，在其内部都要转换成直流电压。**

2. 数字万用表的测量原理

数字万用表对各种量的测量，其区别主要在于功能转换电路。

（1）直流电压的测量原理

直流电压的测量原理示意图如图 2-23 所示。被测电压通过表笔送入万用表，如果被测电压低，则直接送到电压表 IC 的 IN+（正极输入）端和 IN−（负极输入）端，被测电压经 IC 进行 A/D 转换和数据处理后在显示屏上显示出被测电压的大小。

如果被测电压很高，可将挡位开关 S 置于"2"，被测电压经电阻 R_1 降压后再通过挡位开关送到数字电压表的 IC 输入端。

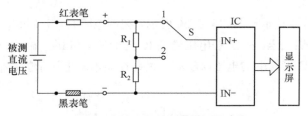

图 2-23　直流电压的测量原理示意图

（2）直流电流的测量原理

直流电流的测量原理示意图如图 2-24 所示。被测电流通过表笔送入万用表，电流在流经电阻 R_1、R_2 时，在 R_1、R_2 上有直流电压。

如果被测电流很小，可将挡位开关 S 置于"1"，取 R_1 和 R_2 上的电压送到 IC 的 IN+端和 IN−端。被测电流越大，R_1、R_2 上的直流电压就越高，送到 IC 输入端的电压就越高，显示屏显示的数字也就越大（因为挡位选择的是电流挡，故显示的数值读作电流值）。

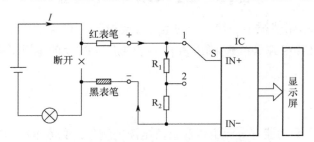

图 2-24　直流电流的测量原理示意图

如果被测电流很大，可将挡位开关 S 置于"2"，只取 R_2 上的电压送到数字电压表的 IC

输入端，这样可以避免被测电流很大时电压过高而超出电压表显示范围。

（3）交流电压的测量原理

交流电压的测量原理示意图如图 2-25 所示。被测交流电压通过表笔送入万用表，交流电压正半周经 VD_1 对电容 C_1 充得上正下负的电压，负半周则由 VD_2、R_1 旁路，C_1 上的电压经挡位开关直接送到 IC 的 IN+端和 IN−端，被测电压经 IC 处理后在显示屏上显示出被测电压的大小。

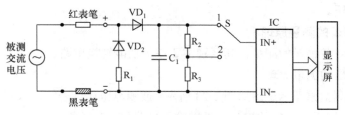

图 2-25　交流电压的测量原理示意图

如果被测交流电压很高，则 C_1 上充得电压很高，这时可将挡位开关 S 置于"2"，C_1 上的电压经 R_2 降压，再通过挡位开关送到数字电压表的 IC 输入端。

（4）电阻阻值的测量原理

电阻阻值的测量原理示意图如图 2-26 所示。在测电阻时，万用表内部的电源 V_{DD} 经 R_1、R_2 为被测电阻 R_x 提供电压，R_x 上的电压送到 IC 的 IN+端和 IN−端，R_x 阻值越大，R_x 两端的电压就越高，送到 IC 输入端的电压就越高，最终在显示屏上显示的数值也就越大。

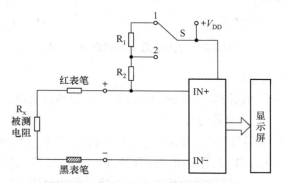

图 2-26　电阻阻值的测量原理示意图

如果被测电阻 R_x 阻值很小，它两端的电压就会很低，IC 无法正常处理，这时可将挡位开关 S 置于"2"，这样电源只经 R_2 降压为 R_x 提供电压，R_x 上的电压不会很低，IC 就可以正常处理并显示出来。

2.2.3　使用方法

数字万用表的主要功能有直流电压和直流电流的测量，交流电压和交流电流的测量，电阻阻值的测量，二极管和三极管的测量；一些功能较全的数字万用表还具有测量电容、电感、温度和频率等的功能。VC890C+型数字万用表具有上述大多数测量功能，下面以该型号的数字万用表为例来说明数字万用表各测量功能的使用。

1. 直流电压的测量

VC890C+型数字万用表的直流电压挡位可分为 200mV、2V、20V、200V 和 1000V 挡。

（1）直流电压的测量步骤

① 将红表笔插入"VΩ┤├TEMP"插孔，黑表笔插入"COM"插孔。

② 测量前先估计被测电压可能的最大值，选取比估计电压高且最接近的电压挡位，这样测量值更准确。若无法估计，可先选最高挡测量，再根据大致测量值重新选取合适的低挡位进行测量。

③ 测量时，红表笔接被测电压的高电位处，黑表笔接被测电压的低电位处。

④ 读数时，直接从显示屏读出的数字就是被测电压值。读数时要注意小数点。

（2）直流电压测量举例

下面以测量一节标称电压为 9V 的电池的电压来说明直流电压的测量方法，其操作图如图 2-27 所示。

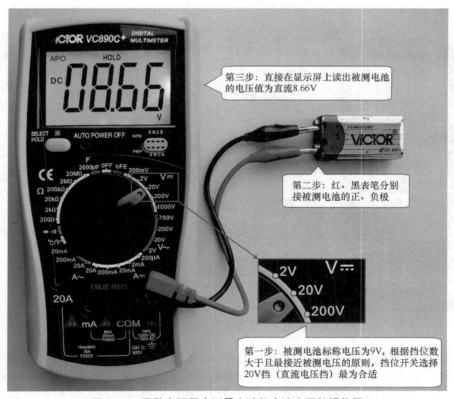

图 2-27　用数字万用表测量电池的直流电压的操作图

由于被测电池标称电压为 9V，根据选择的挡位高于且最接近被测电压的原则，将挡位开关选择直流电压的 20V 挡最为合适，然后红表笔接电池的正极，黑表笔接电池的负极，再从显示屏直接读出数值即可。如果显示数据有变化，则待其稳定后读值。图 2-27 中显示屏显示值为"08.66"，说明被测电池的电压为8.66V。当然，也可以将挡位开关选择200V挡、1000V挡测量，但准确度会下降。挡位偏离被测电压越大，测量出来的电压值误差越大。

2. 直流电流的测量

VC890C+型数字万用表的直流电流挡位可分为 200μA、2mA、20mA、200mA和20A挡。

（1）直流电流的测量步骤

① 将黑表笔插入"COM"插孔，红表笔插入"mA"插孔；如果测量200mA～20A电流，红表笔应插入"20A"插孔。

用数字万用表测量直流电流

② 测量前先估计被测电流的大小，选取合适的挡位，选取的挡位应大于且最接近被测电流值。

③ 测量时，先将被测电路断开，再将红表笔置于断开位置的高电位处，黑表笔置于断开位置的低电位处。

④ 直接从显示屏上读出电流值。

（2）直流电流测量举例

下面以测量流过一只灯泡的工作电流为例来说明直流电流的测量方法，其操作图如图2-28所示。

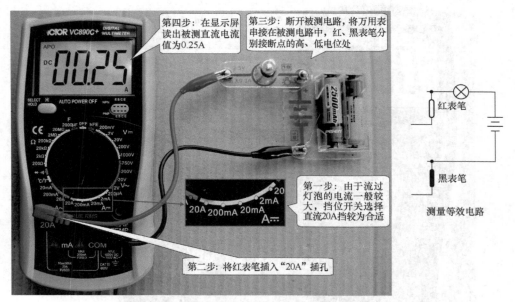

图2-28 用数字万用表测量灯泡工作电流的操作图

灯泡的工作电流较大，一般会超过200mA，故挡位开关选择直流20A挡，并将红表笔插入"20A"插孔。再将电池连接灯泡的一根线断开，红表笔置于断开位置的高电位处，黑表笔置于断开位置的低电位处，这样才能保证电流由红表笔流进，从黑表笔流出。然后观察显示屏，发现显示的数值为"00.25"，则被测电流的大小为0.25A。

3. 交流电压的测量

VC890C+型数字万用表的交流电压挡位可分为2V、20V、200V和780V挡。

用数字万用表
测量交流电压

（1）交流电压的测量步骤

① 将红表笔插入"VΩ┤┠TEMP"插孔，黑表笔插入"COM"插孔。

② 测量前，估计被测交流电压可能出现的最大值，选取合适的挡位，选取的挡位要大于且最接近被测电压值。

③ 红、黑表笔分别接被测电压两端（交流电压无正、负之分，故红、黑表笔可随意接）。

④ 直接从显示屏上读出被测电压值。

（2）交流电压测量举例

下面以测量市电电压的大小为例来说明交流电压的测量方法，其操作图如图 2-29 所示。

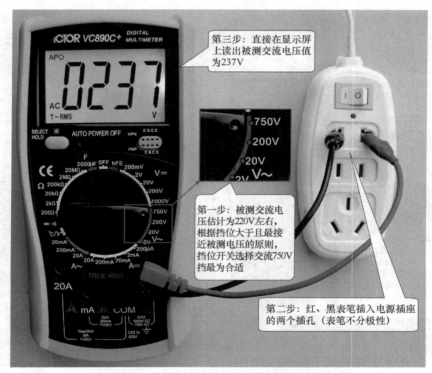

图 2-29　用数字万用表测量市电电压的操作图

市电电压的标准值应为 220V，万用表交流电压挡只有 750V 挡大于且最接近该数值，故将挡位开关选择交流 750V 挡，然后将红、黑表笔分别插入交流市电的电源插座，再从显示屏读出显示的数字。图中显示屏显示的数值为"237"，故市电电压为 237V。

数字万用表显示屏上的"T-RMS"表示真有效值。在测量交流电压或电流时，万用表测得的电压或电流值均为有效值。对于正弦交流电，其有效值与真有效值是相等的；对于非正弦交流电，其有效值与真有效值是不相等的，故对于无真有效值测量功能的万用表，在测量非正弦交流电时，所测得的电压值（有效值）是不准确的，仅供参考。

4. 交流电流的测量

VC890C+型数字万用表的交流电流挡位可分为 20mA、200mA 和 20A 挡。

（1）交流电流的测量步骤

① 将黑表笔插入"COM"插孔，红表笔插入"mA"插孔；如果测量 200mA～

用数字万用表
测量交流电流

35

20A 电流，红表笔应插入"20A"插孔。

② 测量前先估计被测电流的大小，选取合适的挡位，选取的挡位应大于且最接近被测电流值。

③ 测量时，先将被测电路断开，再将红、黑表笔接断开位置的两端。

④ 从显示屏上直接读出电流值。

（2）交流电流测量举例

下面以测量一个电烙铁的工作电流为例来说明交流电流的测量方法，其操作图如图 2-30 所示。

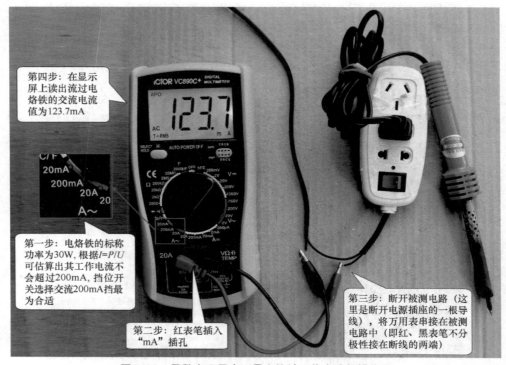

图 2-30　用数字万用表测量电烙铁工作电流的操作图

被测电烙铁的标称功率为 30W，根据 $I=P/U$ 可估算出其工作电流不会超过 200mA，挡位开关选择交流 200mA 挡最为合适，再按图 2-30 所示的方法将万用表的红、黑表笔与电烙铁连接起来，然后观察显示屏显示的数字为"123.7"，则流经电烙铁的交流电流大小为 123.7mA。

5. 电阻阻值的测量

VC890C+型数字万用表的交流电阻挡位可分为 200Ω、2kΩ、20kΩ、200kΩ、2MΩ 和 20MΩ 挡。

用数字万用表测量电阻的阻值

（1）电阻阻值的测量步骤

① 将红表笔插入"VΩ⊣⊢TEMP"插孔，黑表笔插入"COM"插孔。

② 测量前先估计被测电阻的大致阻值范围，选取合适的挡位，选取的挡位要大于且最

接近被测电阻的阻值。

　　③ 红、黑表笔分别接被测电阻的两端。

　　④ 从显示屏上直接读出阻值大小。

　　（2）欧姆挡测量举例

　　下面以测量一个标称阻值为 1.5kΩ 的电阻为例来说明电阻挡的使用方法，其操作图如图 2-31 所示。

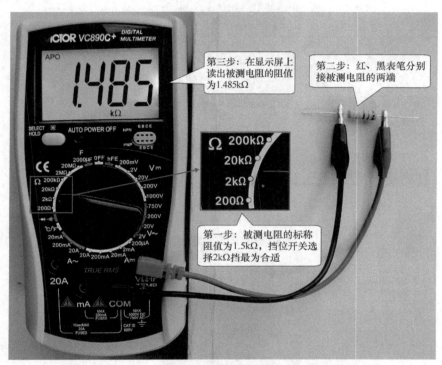

第三步：在显示屏上读出被测电阻的阻值为1.485kΩ

第二步：红、黑表笔分别接被测电阻的两端

第一步：被测电阻的标称阻值为1.5kΩ，挡位开关选择2kΩ挡最为合适

图 2-31　用数字万用表测量电阻阻值的操作图

　　由于被测电阻的标称阻值（电阻标示的阻值）为 1.5kΩ，根据选择的挡位大于且最接近被测电阻值的原则，挡位开关选择 2kΩ挡最为合适。然后红、黑表笔分别接被测电阻两端，观察显示屏显示的数字为"1.485"，则被测电阻的阻值为 1.485kΩ。

　　6. 线路通断的测量

　　VC890C+型数字万用表有一个二极管/通断测量挡，利用该挡除了可以测量二极管外，还可以测量线路的通断。当被测线路的电阻低于 50Ω 时，万用表上的指示灯会亮，同时发出蜂鸣声。由于使用该挡测量线路时万用表会发出声光提示，故无须察看显示屏即可知道线路的通断，适合快速检测大量线路的通断情况。

　　下面以测量一根导线为例来说明数字万用表通断测量挡的使用，其操作图如图 2-32 所示。

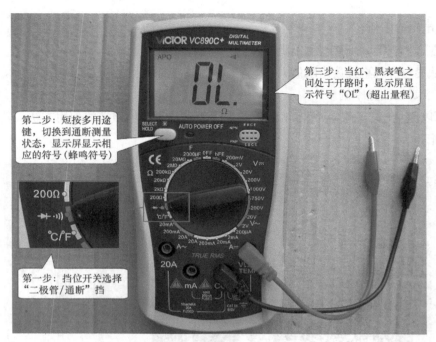

(a) 线路断时

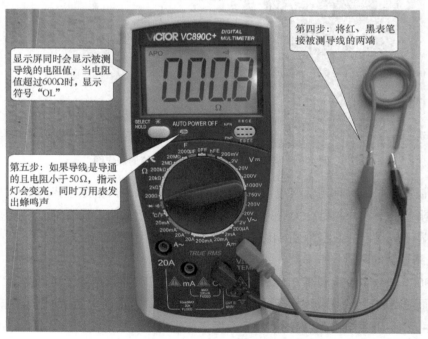

(b) 线路通时

图 2-32　通断测量挡的使用操作图

7. 温度的测量

VC890C+型数字万用表有一个摄氏温度/华氏温度测量挡，温度测量范围是−20～1000℃，短按多用途键可以将显示屏的温度单位在摄氏度和华氏度之间切换，如图 2-33 所示。

摄氏温度与华氏温度的关系是：华氏温度值=摄氏温度值×(9/5)+32。

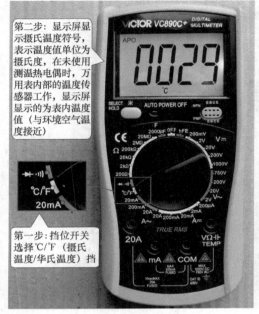

第二步：显示屏显示摄氏温度符号，表示温度值单位为摄氏度，在未使用测温热电偶时，万用表内部的温度传感器工作，显示屏显示的为表内温度值（与环境空气温度接近）

第一步：挡位开关选择℃/℉（摄氏温度/华氏温度）挡

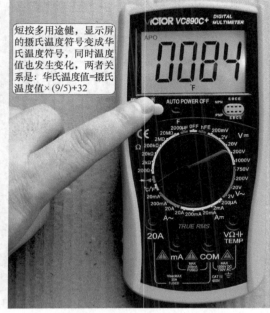

短按多用途键，显示屏的摄氏温度符号变成华氏温度符号，同时温度值也发生变化，两者关系是：华氏温度值=摄氏温度值×(9/5)+32

（a）默认为摄氏温度单位　　　　　（b）短按多用途键可切换到华氏温度单位

图 2-33　两种温度单位的切换

（1）温度测量的步骤

① 将万用表附带的测温热电偶（见图 2-34）的红插头插入"VΩ⊣⊦TEMP"插孔，黑插头插入"COM"插孔。测温热电偶是一种温度传感器，能将不同的温度转换成不同的电压。如果不使用测温热电偶，万用表也会显示温度值，该温度为表内传感器测得的环境温度值。

测温热电偶的测温端：测温时将该端接触被测物

图 2-34　测温热电偶

② 挡位开关选择温度测量挡。

③ 将热电偶测温端接触被测温的物体。

④ 读取显示屏显示的温度值。

（2）温度测量举例

下面以测一只电烙铁的温度为例来说明温度的测量方法，其操作图如图 2-35 所示。测量时将热电偶的黑插头插入"COM"插孔，红插头插入"VΩ⊣⊦TEMP"插孔，并将挡位开关置于"℃/℉"挡，然后将热电偶测温端接触电烙铁的发热部位（烙铁头），再观察显示屏显示的数值为"0230"，则说明电烙铁烙铁头的温度为230℃。

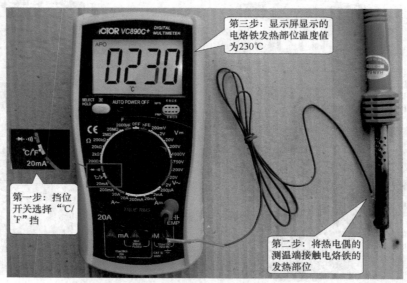

图 2-35　电烙铁温度的测量操作图

2.2.4　数字万用表使用注意事项

在使用数字万用表时要注意以下事项：

① 选择各量程测量时，严禁输入的电参数值超过量程的极限值。

② 36V 以下的电压为安全电压，在测高于 36V 的直流电压或高于 25V 的交流电压时，要检查表笔是否可靠接触、是否正确连接、是否绝缘良好等，以免触电。

③ 当转换功能和量程时，表笔应离开测试点。

④ 选择正确的功能和量程，谨防操作失误。数字万用表内部一般都设有保护电路，但为了安全起见，仍应正确操作。

⑤ 在电池没有装好和电池后盖没安装时，不要进行测试操作。

⑥ 测量电阻时，请不要将电压输入万用表。

⑦ 在更换电池或保险丝（熔丝的俗称）前，请先将测试表笔从测试点移开，再关闭电源开关。

第3章 电 阻 器

3.1 固定电阻器

3.1.1 外形与符号

固定电阻器是指生产出来后阻值就固定不变的电阻器。固定电阻器如图 3-1 所示。

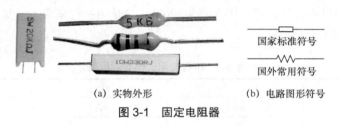

(a) 实物外形　　　　(b) 电路图形符号

图 3-1　固定电阻器

3.1.2 降压限流、分流和分压功能说明

电阻器的功能主要有降压限流、分流和分压。电阻器的功能如图 3-2 所示。

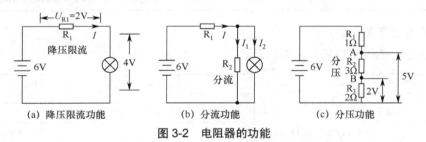

(a) 降压限流功能　　　(b) 分流功能　　　(c) 分压功能

图 3-2　电阻器的功能

在图 3-2（a）电路中，电阻器 R_1 与灯泡串联，如果用导线直接代替 R_1，加到灯泡两端的电压有 6V，流过灯泡的电流很大，灯泡将会很亮。串联电阻 R_1 后，由于 R_1 上有 2V 电压，灯泡两端的电压就被降低到 4V，同时由于 R_1 对电流有阻碍作用，流过灯泡的电流也就减小。电阻器 R_1 在这里就起着降压和限流作用。

在图 3-2（b）电路中，电阻器 R_2 与灯泡并联在一起，流过 R_1 的电流 I 除了一路流过灯泡外，还有一路经 R_2 流回到电源，这样流过灯泡的电流减小，灯泡变暗。R_2 的这种功能称为分流。

在图 3-2（c）电路中，电阻器 R_1、R_2 和 R_3 串联在一起，从电源正极出发，每经过一个电阻器，电压会降低一次，电压降低多少取决于电阻器阻值的大小，阻值越大，电压降低越多，图中的 R_1、R_2 和 R_3 将 6V 电压降为 5V 和 2V 的电压。

3.1.3 阻值与误差的表示方法

为了表示阻值的大小，电阻器在出厂时会在表面标注阻值。**标注在电阻器上的阻值称为标称阻值。电阻器的实际阻值与标称阻值往往有一定的差距，这个差距称为误差。电阻器标注阻值和误差的方法主要有直标法和色环法。**

1. 直标法

直标法是指用文字符号（数字和字母）在电阻器上直接标注出阻值和误差的方法。直标法的阻值单位有欧姆（Ω）、千欧姆（kΩ）和兆欧姆（MΩ）。

（1）误差表示方法

直标法表示误差一般采用两种方式：一是用罗马数字Ⅰ、Ⅱ、Ⅲ分别表示误差为±5%、±10%、±20%，如果不标注误差，则误差为±20%；二是用字母来表示（见表3-1），如J、K分别表示误差为±5%、±10%。

表 3-1　字母与阻值误差对照表

字母	对应误差/%	字母	对应误差/%
W	±0.05	G	±2
B	±0.1	J	±5
C	±0.25	K	±10
D	±0.5	M	±20
F	±1	N	±30

（2）直标法常见的表示形式

直标法常见的表示形式如图3-3所示。

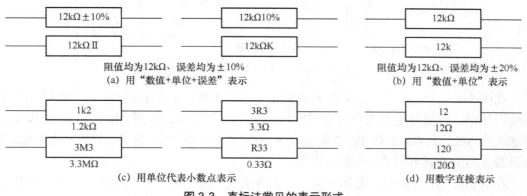

图 3-3　直标法常见的表示形式

2. 色环法

色环法是指在电阻器上标注不同颜色圆环来表示阻值和误差的方法。图3-4中的两个电阻器就采用了色环法来标注阻值和误差。其中，一只电阻器上有四条色环，称为四环电阻器；另一只电阻器上有五条色环，称为五环电阻器，五

图 3-4　色环电阻器

环电阻器的阻值精度较四环电阻器更高。

（1）色环含义

要正确识读色环电阻器的阻值和误差，必须先了解各种色环代表的意义。四环电阻器各色环颜色代表的意义及数值如表 3-2 所示。

表 3-2　四环电阻器各色环颜色代表的意义及数值

色环颜色	第一环（有效数）	第二环（有效数）	第三环（倍乘数）	第四环（误差数）
棕	1	1	$\times 10^1$	±1%
红	2	2	$\times 10^2$	±2%
橙	3	3	$\times 10^3$	
黄	4	4	$\times 10^4$	
绿	5	5	$\times 10^5$	±0.5%
蓝	6	6	$\times 10^6$	±0.2%
紫	7	7	$\times 10^7$	±0.1%
灰	8	8	$\times 10^8$	
白	9	9	$\times 10^9$	
黑	0	0	$\times 10^0 = 1$	
金				±5%
银				±10%
无色环				±20%

（2）四环电阻器的识读

四环电阻器的识读如图 3-5 所示。**四环电阻器的识读过程如下：**

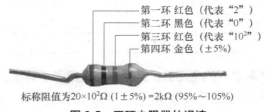

第一环 红色（代表"2"）
第二环 黑色（代表"0"）
第三环 红色（代表"10^2"）
第四环 金色（±5%）

标称阻值为 $20 \times 10^2 \Omega$ $(1 \pm 5\%) = 2k\Omega$ （95%～105%）

图 3-5　四环电阻器的识读

第一步：判别色环排列顺序。

四环电阻器的色环顺序判别规律有：

① 四环电阻的第四条色环为误差环，一般为金色或银色，因此如果靠近电阻器一个引脚的色环颜色为金、银色，该色环必为第四环，从该环向另一引脚方向排列的三条色环顺序依次为三、二、一。

② 对于色环标注标准的电阻器，一般第四环与第三环间隔较远。

第二步：识读色环。

按照第一、二环为有效数环，第三环为倍乘数环，第四环为误差数环，再对照表 3-2 各色环代表的数字识读出色环电阻器的阻值和误差。

（3）五环电阻器的识读

五环电阻器阻值与误差的识读方法与四环电阻器基本相同，不同在于**五环电阻器的第一、二、三环为有效数环，第四环为倍乘数环，第五环为误差数环。另外，五环电阻器的误差数环颜色除了有金、银色外，还可能是棕、红、绿、蓝和紫色。**五环电阻器的识读如图 3-6所示。

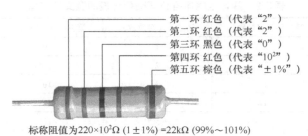

第一环 红色（代表"2"）
第二环 红色（代表"2"）
第三环 黑色（代表"0"）
第四环 红色（代表"10^2"）
第五环 棕色（代表"$\pm1\%$"）

标称阻值为$220\times10^2\Omega$（$1\pm1\%$）=22kΩ（99%～101%）

图 3-6　五环电阻器的识读

3.1.4　标称阻值系列

电阻器是由厂家生产出来的，但厂家是不能随意生产任何阻值的电阻器的。**为了生产、选购和使用的方便，国家规定了电阻器阻值的系列标称值，该标称值分 E-24、E-12 和 E-6三个系列，**具体如表 3-3 所示。

表 3-3　电阻器的标称阻值系列

标称阻值系列	允许误差（%）	误差等级	标称值
E-24	±5	I	1.0，1.1，1.2，1.3，1.5，1.6，1.8，2.0，2.2，2.4，2.7，3.0，3.3，3.6，3.9，4.3，4.7，5.1，5.6，6.2，6.8，7.5，8.2，9.1
E-12	±15	II	1.0，1.2，1.5，1.8，2.2，2.7，3.3，3.9，4.7，5.6，6.8，8.2
E-6	±20	III	1.0，1.5，2.2，3.3，4.7，6.8

国家标准规定，生产某系列的电阻器，其标称阻值应等于该系列中标称值的 10^n（n 为正整数）倍。如 E-24 系列的误差等级为 I，允许误差范围为±5%，若要生产 E-24 系列（误差为±5%）的电阻器，厂家可以生产标称阻值为 1.3Ω、13Ω、130Ω、1.3kΩ、13kΩ、130kΩ、1.3MΩ 等的电阻器，而不能生产标称阻值是 1.4Ω、14Ω、140Ω 等的电阻器。

3.1.5　额定功率

额定功率是指在一定的条件下元件长期使用允许承受的最大功率。电阻器额定功率越大，允许流过的电流越大。固定电阻器的额定功率也要按国家标准进行标注，其标称系列有1/8W、1/4W、1/2W、1W、2W、5W 和 10W 等。小电流电路一般采用功率为 1/8W～1/2W的电阻器，而大电流电路中常采用 1W 以上的电阻器。

电阻器额定功率识别方法如下：

① 对于标注了功率的电阻器，可根据标注的功率值来识别功率大小。图 3-7 中的电阻器标注的额定功率值为 10W，阻值为 330Ω，误差为±5%。

② **对于没有标注功率的电阻器，可根据长度和直径来判别其功率大小。长度和直径值越大，功率越大，** 图 3-8 中的一大一小两个色环电阻器，大电阻的功率更大。碳膜、金属膜电阻器的长度、直径与功率对照表如表 3-4 所示。例如，一个长度为 8mm、直径为 2.6mm 的金属膜电阻器，其功率为 0.25W。

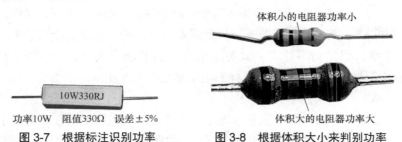

功率10W　阻值330Ω　误差±5%

图 3-7　根据标注识别功率　　　图 3-8　根据体积大小来判别功率

表 3-4　碳膜、金属膜电阻器的长度、直径与功率对照表

碳膜电阻器		金属膜电阻器		额定功率/W
长度/mm	直径/mm	长度/mm	直径/mm	
8	2.5			0.06
12	2.5	7	2.2	0.125
15	4.5	8	2.6	0.25
25	4.5	10.8	4.2	0.5
28	6	13	6.6	1
46	8	18.5	8.6	2

③ **在电路图中，为了表示电阻器的功率大小，一般会在电阻器符号上标注一些标志。** 电路图中电阻器的功率标志如图 3-9 所示，1W 以下用线条表示功率大小，1W 以上的直接用数字表示功率大小（旧标准用罗马数字表示）。

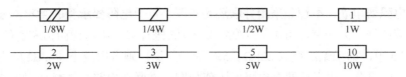

图 3-9　电路图中电阻器的功率标志

3.1.6　电阻器的选用

电子元器件的选用是学习电子技术一个重要的内容。在选用元器件时，不同技术层次的人考虑问题不同，从事电子产品研发的人员需要考虑元器件很多参数，这样才能保证生产出来的电子产品性能好，并且不易出现问题；而对大多数从事维修、制作和简单设计的电子爱好者来说，只要考虑元器件的一些重要参数就可以解决实际问题。本书中介绍的各种元器件的选用方法主要是针对广大初、中级层次的电子技术人员。

1. 电阻器选用举例

在选用电阻器时，主要考虑电阻器的阻值、误差、额定功率和极限电压。

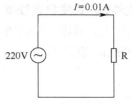

图 3-10　电阻选用例图

在图 3-10 中，要求通过电阻器 R 的电流 $I=0.01\text{A}$，请选择合适的电阻器来满足电路实际要求。电阻器的选用过程如下：

① 确定阻值。用欧姆定律可求出电阻器的阻值 $R=U/I=220/0.01\Omega=22000\Omega=22\text{k}\Omega$。

② 确定误差。对于电路来说，误差越小越好，这里选择电阻器误差为±5％，若难于找到误差为±5％的，也可选择误差为±10％的。

③ 确定功率。根据功率计算公式可求出电阻器的功率大小为 $P=I^2R=0.01^2\times22000\text{W}=2.2\text{W}$，为了让电阻器能长时间使用，选择的电阻器功率应在实际功率的两倍以上，这里选择电阻器功率为 5W。

④ 确定被选电阻器的极限电压是否满足电路需要。当电阻器用在高电压小电流的电路时，可能功率满足要求，但电阻器的极限电压小于电路加到它两端的电压，电阻器会被击穿。

电阻器的极限电压可用 $U=\sqrt{PR}$ 来求，这里的电阻器极限电压 $U=\sqrt{5\times22000}\text{ V}\approx331\text{V}$，该值大于两端所加的 220V 电压，故可正常使用。当电阻器的极限电压不够时，为了保证电阻器在电路中不被击穿，可根据情况选择阻值更大或功率更大的电阻器。

综上所述，为了让图 3-10 电路中电阻器 R 能正常工作并满足要求，应选择阻值为 22kΩ、误差为±5％、额定功率为 5W 的电阻器。

2. 电阻器选用技巧

在实际工作中，经常会遇到所选择的电阻器无法与要求一致，这时可按下面方法解决。

① 对于要求不高的电路，在选择电阻器时，其阻值和功率应与要求值尽量接近，并且额定功率只能大于要求值。若小于要求值，则电阻器容易被烧坏。

② 若无法找到某个阻值的电阻器，可采用多个电阻器并联或串联的方式来解决。 电阻器串联时阻值增大，并联时阻值减小。

③ 若某个电阻器功率不够，可采用多个大阻值的小功率电阻器并联，或采用多个小阻值小功率的电阻器串联，不管是采用并联还是串联，每个电阻器承受的功率都会变小。 至于每个电阻器应选择多大功率，可用 $P=U^2/R$ 或 $P=I^2R$ 来计算，再考虑两倍左右的余量。

在图 3-10 中，如果无法找到 22kΩ、5W 的电阻器，则可用两个 44 kΩ 的电阻器并联来充当 22kΩ 的电阻器。由于这两个电阻器阻值相同，并联在电路中消耗功率也相同，单个电阻器在电路中承受功率 $P=U^2/R=220^2/44000\text{W}=1.1\text{W}$，考虑两倍的余量，功率可选择 2.5W。也就是说，将两个 44kΩ、2.5W 的电阻器并联，可替代一个 22kΩ、5W 的电阻器。

如果采用两个 11kΩ 电阻器串联来替代图 3-10 中的电阻器，两个阻值相同的电阻器串联在电路中，它们消耗功率相同，单个电阻器在电路中承受的功率 $P=(U/2)^2/R=110^2/11000\text{W}=1.1\text{W}$，考虑两倍的余量，功率选择 2.5W。也就是说，将两个 11 kΩ、2.5W 的电阻器串联，同样可替代一个 22kΩ、5W 的电阻器。

3.1.7　用指针万用表检测固定电阻器

固定电阻器常见故障有开路、短路和变值。 检测固定电阻器使用万用表的欧姆挡。

在检测时，先识读出电阻器上的标称阻值，然后选用合适的挡位并进行欧姆校零，最后开始检测电阻器。测量时，为了减小测量误差，应尽量让万用表指针指在欧姆刻度线中央，若表针在刻度线上过于偏左或偏右时，应切换更大或更小的挡位重新测量。

固定电阻器的检测如图 3-11 所示，具体过程如下：

第一步：将万用表的挡位开关拨至×100Ω 挡。

第二步：进行欧姆校零。将红、黑表笔短路，观察表针是否指在"Ω"刻度线的"0"刻度处，若未指在该处，则应调节欧姆校零旋钮，让表针准确指在"0"刻度处。

第三步：将红、黑表笔分别接电阻器的两个引脚，再观察表针指在"Ω"刻度线的位置，图 3-11 中表针指在刻度"20"，那么被测电阻器的阻值为 20×100 Ω= 2kΩ。

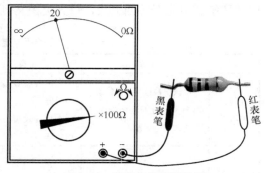

图 3-11　固定电阻器的检测

若万用表测量出来的阻值与电阻器的标称阻值（2kΩ）相同，说明该电阻器正常（若测量出来的阻值与电阻器的标称阻值有些偏差，但在误差允许范围内，电阻器也算正常）。

若测量出来的阻值无穷大，说明电阻器开路。

若测量出来的阻值为 0，说明电阻器短路。

若测量出来的阻值大于或小于电阻器的标称阻值，并超出误差允许范围，说明电阻器变值。

3.1.8　用数字万用表检测固定电阻器

用数字万用表检测固定电阻器如图 3-12 所示，被测电阻器的色环标注值为 1.5kΩ，测量时挡位开关选择 2kΩ 挡。

固定电阻器的检测

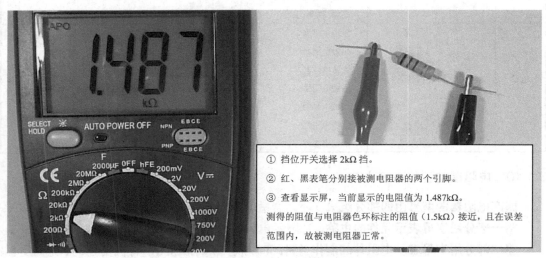

① 挡位开关选择 2kΩ 挡。

② 红、黑表笔分别接被测电阻器的两个引脚。

③ 查看显示屏，当前显示的电阻值为 1.487kΩ。

测得的阻值与电阻器色环标注的阻值（1.5kΩ）接近，且在误差范围内，故被测电阻器正常。

图 3-12　用数字万用表检测固定电阻器

3.1.9　电阻器种类

电阻器种类很多，根据构成形式不同，通常可以分为碳质电阻器、薄膜电阻器、线绕电阻器和敏感电阻器等四大类，每大类中又可分几小类。电阻器种类及特点如表 3-5 所示。

表 3-5　电阻器种类及特点

大类	构成	小类	特点
碳质电阻器	用碳质颗粒等导电物质、填料和黏合剂混合制成一个实体的电阻器	无机合成实心碳质电阻器 有机合成实心碳质电阻器	碳质电阻器价格低廉，但其阻值误差、噪声电压都大，稳定性差，目前较少采用
薄膜电阻器	用蒸发的方法将一定电阻率材料蒸镀于绝缘材料表面制成	碳膜电阻器 金属膜电阻器 金属氧化膜电阻器 合成碳膜电阻器 化学沉积膜电阻器 玻璃釉膜电阻器 金属氮化膜电阻器	碳膜电阻器成本低、性能稳定、阻值范围宽、温度系数和电压系数低，但承受功率较小，这种电阻器是目前应用最广泛的电阻器。 金属膜电阻器比碳膜电阻器的精度高，稳定性好，噪声小，温度系数小，在仪器仪表及通信设备中大量采用。 金属氧化膜电阻器高温下稳定，耐热冲击，过载能力强，耐潮湿，但阻值范围比较小。 合成碳膜电阻器价格低、阻值范围宽，但噪声大、精度低、频率特性较差，一般用来制作高压、高阻的小型电阻器，主要用在要求不高的电路中。 玻璃釉膜电阻器耐潮湿、耐高温，噪声小，温度系数小，主要应用于厚膜电路
线绕电阻器	用高阻合金线绕在绝缘骨架上制成，外面涂有耐热的釉绝缘层或绝缘漆	通用线绕电阻器 精密线绕电阻器 大功率线绕电阻器 高频线绕电阻器	绕线电阻具有较低的温度系数，阻值精度高，稳定性好，耐热耐腐蚀，主要做精密大功率电阻使用；缺点是高频性能差，时间常数大
敏感电阻器	由具有相关特性的材料制成	压敏电阻器 热敏电阻器 光敏电阻器 力敏电阻器 气敏电阻器 湿敏电阻器 磁敏电阻器	各种敏感电阻器介绍见 3.3 节内容

3.1.10　电阻器的型号命名方法

国产电阻器的型号由四部分组成（不适合敏感电阻器的命名）：

第一部分用字母表示元件的主称。 R 表示电阻，W（或 RP）表示电位器。

第二部分用字母表示电阻体的制作材料。 T-碳膜、H-合成膜、S-有机实心、N-无机实心、J-金属膜、Y-氮化膜、C-沉积膜、I-玻璃釉膜、X-线绕。

第三部分用数字或字母表示元件的类型。 1-普通、2-普通、3-超高频、4-高阻、5-高温、

6-精密、7-精密、8-高压、9-特殊、G-高功率、T-可调。

第四部分用数字表示序号。用不同序号来区分同类产品中的不同参数，如元件的外形尺寸和性能指标等。

国产电阻器的型号命名方法如表 3-6 所示。

表 3-6　国产电阻器的型号命名方法

第一部分		第二部分		第三部分		第四部分
用字母表示主称		用字母表示材料		用数字或字母表示分类		用数字表示序号
符号	意义	符号	意义	符号	意义	
R	电阻器	T	碳膜	1	普通	主称、材料相同，仅性能指标、尺寸大小有差别，但基本不影响互换使用的元件，给予同一序号；若性能指标、尺寸大小明显影响互换使用时，则在序号后面用大写字母作为区别代号
		P	硼碳膜	2	普通	
		U	硅碳膜	3	超高频	
		H	合成膜	4	高阻	
		I	玻璃釉膜	5	高温	
		J	金属膜（箔）	7	精密	
		Y	氧化膜	8	电阻：高压 电位器：特殊	
W	电位器	S	有机实心	9	特殊	
		N	无机实心	G	高功率	
		X	线绕	T	可调	
		C	沉积膜	X	电阻：小型	
		G	光敏	L	电阻：测量用	
				W	电位器：微调	
				D	电位器：多圈	

举例：

RJ75 表示精密金属膜电阻器	RT10 表示普通碳膜电阻器
R–电阻器（第一部分）	R–电阻器（第一部分）
J–金属膜（第二部分）	T–碳膜（第二部分）
7–精密（第三部分）	1–普通（第三部分）
5–序号（第四部分）	0–序号（第四部分）

3.2　电位器

3.2.1　外形与符号

电位器是一种阻值可以通过调节而变化的电阻器，又称可变电阻器。电位器外形与符号如图 3-13 所示。

(a) 实物外形　　　　　　(b) 电路图形符号

图 3-13　电位器外形与符号

3.2.2　结构与工作原理

电位器种类很多，但基本结构与原理是相同的。电位器的结构如图 3-14 所示，电位器有 A、C、B 三个引出极，在 A、B 极之间连接着一段电阻体，该电阻体的阻值用 R_{AB} 表示。对于一个电位器，R_{AB} 的值是固定不变的，该值为电位器的标称阻值。C 极连接一个导体滑动片，该滑动片与电阻体接触。A 极与 C 极之间电阻体的阻值用 R_{AC} 表示，B 极与 C 极之间电阻体的阻值用 R_{BC} 表示，$R_{AC}+R_{BC}=R_{AB}$。

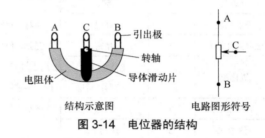

结构示意图　　　　　　电路图形符号

图 3-14　电位器的结构

当转轴逆时针旋转时，滑动片往 B 极滑动，R_{BC} 减小，R_{AC} 增大；当转轴顺时针旋转时，滑动片往 A 极滑动，R_{BC} 增大，R_{AC} 减小；当滑动片移到 A 极时，$R_{AC}=0$，而 $R_{BC}=R_{AB}$。

3.2.3　应用电路

电位器与固定电阻器一样，都具有降压、限流和分流的功能，不过由于电位器具有阻值可调性，故它可随时调节阻值来改变降压、限流和分流的程度。电位器的典型应用电路如图 3-15 所示。

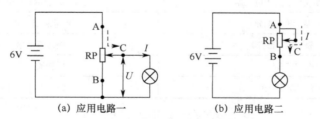

(a) 应用电路一　　　　　　(b) 应用电路二

图 3-15　电位器的典型应用电路

（1）应用电路一

在图 3-15（a）电路中，电位器 RP 的滑动端与灯泡连接，当滑动端向下移动时，灯泡会变暗。灯泡变暗的原因有：

① 当滑动端下移时，AC 段的阻体变长，R_{AC} 增大，对电流阻碍大，流经 AC 段阻体的

电流减小，从 C 端流向灯泡的电流也随之减小；同时，由于 R_{AC} 增大，使 AC 段阻体降压增大，加到灯泡两端的电压 U 降低。

② 当滑动端下移时，在 AC 段阻体变长的同时，BC 段阻体变短，R_{BC} 减小，流经 AC 段的电流除了一路从 C 端流向灯泡时，还有一路经 BC 段阻体直接流回电源负极，由于 BC 段电阻变短，分流增大，使 C 端输出流向灯泡的电流减小。

电位器 AC 段的电阻起限流、降压作用，而 CB 段的电阻起分流作用。

（2）应用电路二

在图 3-15（b）电路中，电位器 RP 的滑动端 C 与固定端 A 连接在一起，由于 AC 段阻体被 A、C 端直接连接的导线短路，电流不会流过 AC 段阻体，而是直接由 A 端经导线到 C 端，再经 CB 段阻体流向灯泡。当滑动端下移时，CB 段的阻体变短，R_{BC} 阻值变小，对电流阻碍小，流过的电流增大，灯泡变亮。

电位器 RP 在该电路中起着降压、限流作用。

3.2.4　电位器种类

电位器种类较多，通常可分为普通电位器、微调电位器、带开关电位器和多联电位器等。

1. 普通电位器

普通电位器一般是指带有调节手柄的电位器，常见有旋转式电位器和直滑式电位器，如图 3-16 所示。

图 3-16　普通电位器

2. 微调电位器

微调电位器又称微调电阻器，通常是指没有调节手柄的电位器，并且不经常调节，如图 3-17 所示。

图 3-17　微调电位器

3. 带开关电位器

带开关电位器是一种将开关和电位器结合在一起的电位器，收音机中调音量兼开关机的部件就是带开关电位器。

带开关电位器外形和符号如图 3-18 所示，带开关电位器由开关和电位器组合而成，其电路符号中的虚线表示电位器和开关同轴调节。从实物图可以看出，带开关电位器将开关和电位器连为一体，共同受转轴控制。当转轴顺时针旋到一定位置时，转轴凸起部分顶起开关，E、F 间就处于断开状态；当转轴逆时针旋转时，开关依靠弹力闭合，继续旋转转轴时，就开始调节 A、C 和 B、C 间的电阻。

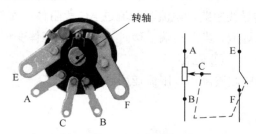

图 3-18　带开关电位器外形和符号

4. 多联电位器

多联电位器是将多个电位器结合在一起同时调节的电位器。常见的多联电位器实物外形如图 3-19（a）所示，从左至右依次是双联电位器、三联电位器和四联电位器，图 3-19（b）为双联电位器的电路图形符号。

（a）实物外形　　　　　　　（b）电路图形符号

图 3-19　多联电位器

3.2.5　主要参数

电位器的主要参数有标称阻值、额定功率和阻值变化特性。

1. 标称阻值

标称阻值是指电位器上标注的阻值，该值就是电位器两个固定端之间的阻值。与固定电阻器一样，电位器也有标称阻值系列，电位器采用 E-12 和 E-6 系列。电位器有线绕和非线绕两种类型，对于线绕电位器，允许误差有±1%、±2%、±5%和±10%；对于非线绕电位器，允许误差有±5%、±10%和±20%。

2. 额定功率

额定功率是指在一定的条件下电位器长期使用允许承受的最大功率。电位器功率越大，允许流过的电流也越大。

电位器功率也要按国家标称系列进行标注，并且对非线绕和线绕电位器标注有所不同，非线绕电位器的标称系列有 0.25W、0.5W、1W、1.6W、2W、3W、5W、0.5W、1W、2W、30W 等，线绕电位器的标称系列有 0.025W、0.05W、0.1W、0.25W、2W、3W、5W、10W、16W、25W、40W、63W 和 100W 等。从标称系列可以看出，线绕电位器功率可以做得更大。

3. 阻值变化特性

阻值变化特性是指电位器阻值与转轴旋转角度（或触点滑动长度）的关系。根据阻值变化特性不同，电位器可分为直线式（X）、指数式（Z）和对数式（D），三种类型电位器的转角与阻值变化规律如图 3-20 所示。

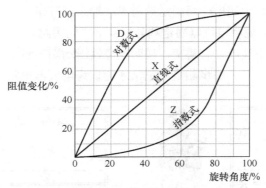

图 3-20　三种类型电位器的转角与阻值变化规律

直线式电位器的阻值与旋转角度呈直线关系，当旋转转轴时，电位器的阻值会匀速变化，即电位器的阻值变化与旋转角度大小成正比。 直线式电位器阻体上的导电物质分布均匀，所以具有这种特性。

指数式电位器的阻值与旋转角度呈指数关系，在刚开始转动转轴时，阻值变化很慢，随着转动角度增大，阻值变化很大。 指数式电位器的这种性质是因为阻体上的导电物质分布不均匀。指数式电位器通常用在音量调节电路中。

对数式电位器的阻值与旋转角度呈对数关系，在刚开始转动转轴时，阻值变化很快，随着转动角度增大，阻值变化变慢。 指数式电位器与对数式电位器性质正好相反，因此常用在与指数式电位器要求相反的电路中，如电视机的音调控制电路和对比度控制电路。

3.2.6　用指针万用表检测电位器

电位器检测使用万用表的欧姆挡。 在检测时，先测量电位器两个固定端之间的阻值，正常测量值应与标称阻值一致，然后再测量一个固定端与滑动端之间的阻值，同时旋转转轴，正常测量值应在 0～标称阻值范围内变化。若是带开关电位器，还要检测开关是否正常。电位器的检测如图 3-21 所示。

电位器的检测步骤如下：

第一步：测量电位器两个固定端之间的阻值。 将万用表拨至 ×1kΩ 挡（该电位器标称阻值为 20kΩ），红、黑表笔分别与电位器两个固定端接触，如图 3-21（a）所示，然后在刻度盘上读出阻值大小。

若电位器正常，测得的阻值应与电位器的标称阻值相同或相近（在误差范围内）。

若测得的阻值为∞，说明电位器两个固定端之间开路。

若测得的阻值为0，说明电位器两个固定端之间短路。

若测得的阻值大于或小于标称阻值，说明电位器两个固定端之间阻体变值。

第二步：测量电位器一个固定端与滑动端之间的阻值。 万用表仍置于×1kΩ挡，红、黑表笔分别接电位器任意一个固定端和滑动端接触，如图 3-21（b）所示，然后旋转电位器转轴，同时观察刻度盘表针。

若电位器正常，表针会发生摆动，指示的阻值应在 0～20kΩ 范围内连续变化。

若测得的阻值为∞，说明电位器固定端与滑动端之间开路。

若测得的阻值为0，说明电位器固定端与滑动端之间短路。

若测得的阻值变化不连续、有跳变，说明电位器滑动端与阻体之间接触不良。

电位器检测分两步，只有每步测量均正常才能认为电位器正常。

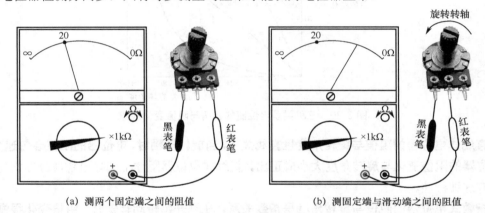

(a) 测两个固定端之间的阻值 　　　(b) 测固定端与滑动端之间的阻值

图 3-21　电位器的检测

对于带开关电位器，除了要检测电位器部分是否正常外，还要检测开关部分是否正常。
带开关电位器的检测如图 3-22 所示。

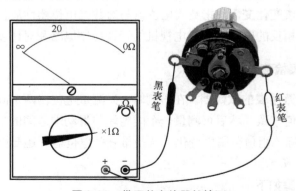

图 3-22　带开关电位器的检测

将万用表置于×1Ω挡，把电位器旋至"关"位置，红、黑表笔分别接开关的两个端子，正常测量出来的阻值应为无穷大，然后把电位器旋至"开"位置，测出来的阻值应为 0。如果在开或关位置测得的阻值均为无穷大，说明开关无法闭合；若测得的阻值均为 0，说明开关无法断开。

3.2.7　用数字万用表检测电位器

电位器的检测

用数字万用表检测电位器如图 3-23 所示，图 3-23（a）为测量电位器两个固定端之间的电阻，图 3-23（b）为测量电位器滑动端与固定端之间的电阻。

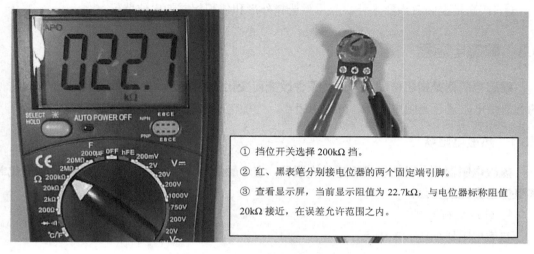

① 挡位开关选择 200kΩ 挡。

② 红、黑表笔分别接电位器的两个固定端引脚。

③ 查看显示屏，当前显示阻值为 22.7kΩ，与电位器标称阻值 20kΩ 接近，在误差允许范围之内。

（a）测量电位器两个固定端之间的电阻

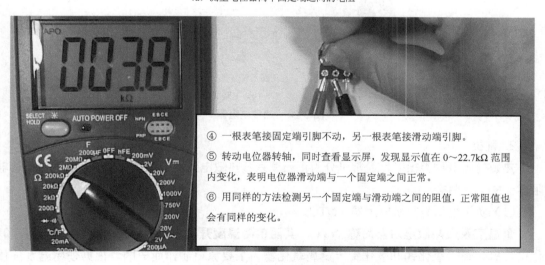

④ 一根表笔接固定端引脚不动，另一根表笔接滑动端引脚。

⑤ 转动电位器转轴，同时查看显示屏，发现显示值在 0~22.7kΩ 范围内变化，表明电位器滑动端与一个固定端之间正常。

⑥ 用同样的方法检测另一个固定端与滑动端之间的阻值，正常阻值也会有同样的变化。

（b）测量电位器滑动端与固定端之间的电阻

图 3-23　用数字万用表检测电位器

3.2.8　电位器的选用

在选用电位器时，主要考虑标称阻值、额定功率和阻值变化特性应与电路要求一致，如果难于找到各方面都符合要求的电位器，可按下面的原则用其他电位器替代。

① 标称阻值应尽量相同，若无标称阻值相同的电位器，则可以用阻值相近的替代，但标称阻值不能超过要求阻值的±20%。

② 额定功率应尽量相同，若无功率相同的电位器，则可以用功率大的电位器替代，一般不允许用小功率的电位器替代大功率的电位器。

③ 阻值变化特性应相同，若无阻值变化特性相同的电位器，在要求不高的情况下，则可用直线式电位器替代其他类型的电位器。

④ 在满足上面三点要求外，应尽量选择外形和体积相同的电位器。

3.3 敏感电阻器

敏感电阻器是指阻值随某些外界条件改变而变化的电阻器。敏感电阻器种类很多，常见的有热敏电阻器、光敏电阻器、湿敏电阻器、力敏电阻器和磁敏电阻器等。

3.3.1 热敏电阻器

热敏电阻器是一种对温度敏感的电阻器，它一般由半导体材料制作而成，当温度变化时其阻值也会随之变化。

1. 外形与符号

热敏电阻器如图 3-24 所示。

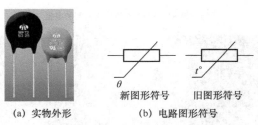

(a) 实物外形　　　　(b) 电路图形符号

图 3-24　热敏电阻器

2. 种类

热敏电阻器种类很多，通常可分为正温度系数热敏电阻器（PTC）和负温度系数热敏电阻器（NTC）两类。

（1）负温度系数热敏电阻器（NTC）

负温度系数热敏电阻器简称 NTC，其阻值随温度升高而减小。NTC 是由氧化锰、氧化钴、氧化镍、氧化铜和氧化铝等金属氧化物为主要原料制作而成的。根据使用温度条件不同，负温度系数热敏电阻器可分为低温（−60～300℃）、中温（300～600℃）、高温（>600℃）三种。

NTC 的温度每升高 1℃，阻值会减小 1%～6%，阻值减小程度视不同型号而定。NTC 广泛用于温度补偿和温度自动控制电路，如冰箱、空调、温室等温控系统常采用 NTC 作为测温元件。

（2）正温度系数热敏电阻（PTC）

正温度系数热敏电阻器简称 PTC，其阻值随温度升高而增大。 PTC 是在钛酸钡（$BaTiO_3$）中掺入适量的稀土元素制作而成的。

PTC 可分为缓慢型和开关型。 缓慢型 PTC 的温度每升高 1℃，其阻值会增大 0.5%～8%。开关型 PTC 有一个转折温度（又称居里点温度，钛酸钡材料 PTC 的居里点温度一般为 120℃左右），当温度低于居里点温度时，阻值较小，并且温度变化时阻值基本不变（相当于一个闭合的开关）；一旦温度超过居里点温度，其阻值会急剧增大（相关于开关断开）。

缓慢型 PTC 常用在温度补偿电路中，开关型 PTC 由于具有开关性质，常用在开机瞬间接通而后又马上断开的电路中，如彩电的消磁电路和冰箱的压缩机启动电路就用到开关型 PTC。

3. 应用电路

热敏电阻器具有阻值随温度变化而变化的特点，一般用在与温度有关的电路中。热敏电阻器的应用电路如图 3-25 所示。

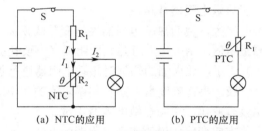

(a) NTC 的应用   (b) PTC 的应用

图 3-25 热敏电阻器的应用电路

在图 3-25（a）中，R_2（NTC）与灯泡相距很近，当开关 S 闭合后，流过 R_1 的电流分为两路，一路流过灯泡，另一路流过 R_2。由于开始 R_2 温度低，阻值大，经 R_2 分掉的电流小，灯泡流过的电流大而很亮。因为 R_2 与灯泡距离近，受灯泡的烘烤而温度上升，阻值变小，分掉的电流增大，流过灯泡的电流减小，灯泡变暗，回到正常亮度。

在图 3-25（b）中，当合上开关 S 时，有电流流过 R_1（开关型 PTC）和灯泡，由于开始 R_1 温度低，阻值小（相当于开关闭合），流过电流大，灯泡很亮。随着电流流过 R_1，R_1 温度升高，当 R_1 温度达到居里点温度时，R_1 的阻值急剧增大（相当于开关断开），流过的电流很小，灯泡无法被继续点亮而熄灭。在此之后，流过的小电流维持 R_1 为高阻值，灯泡一直处于熄灭状态。如果要灯泡重新亮，可先断开 S，然后等待几分钟，让 R_1 冷却下来，然后闭合 S，灯泡会亮一下又熄灭。

4. 用指针万用表检测热敏电阻器

热敏电阻器检测分两步，只有两步测量均正常，才能说明热敏电阻器正常。在这两步测量时，还可以判断出电阻器的类型（NTC 或 PTC）。热敏电阻器检测如图 3-26 所示。

热敏电阻器的检测步骤如下：

第一步：测量常温下（25℃左右）的标称阻值。 根据标称阻值选择合适的欧姆挡，图中的热敏电阻器的标称阻值为 25Ω，故选择 ×1Ω 挡，将红、黑表笔分别接触热敏电阻器两个电极，如图 3-26（a）所示，然后在刻度盘上察看测得阻值的大小。

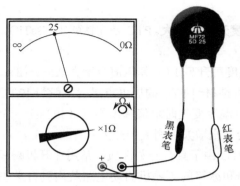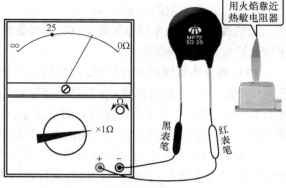

(a) 测量常温下（25℃左右）的标称阻值　　　　　　(b) 改变温度测量阻值

图 3-26　热敏电阻器检测

若阻值与标称阻值一致或接近，说明热敏电阻器正常。

若阻值为 0，说明热敏电阻器短路。

若阻值为无穷大，说明热敏电阻器开路。

若阻值与标称阻值偏差过大，说明热敏电阻器性能变差或损坏。

第二步：改变温度测量阻值。 用火焰靠近热敏电阻器（不要让火焰接触电阻器，以免烧坏电阻器），如图 3-26（b）所示，让火焰的热量对热敏电阻器进行加热，然后将红、黑表笔分别接触热敏电阻器两个电极，再在刻度盘上察看测得阻值的大小。

若阻值与标称阻值比较有变化，说明热敏电阻器正常。

若阻值往大于标称阻值方向变化，说明热敏电阻器为 PTC。

若阻值往小于标称阻值方向变化，说明热敏电阻器为 NTC。

若阻值不变化，说明热敏电阻器损坏。

5. 用数字万用表检测热敏电阻器

热敏电阻器的检测

用数字万用表检测热敏电阻器如图 3-27 所示，图 3-27（a）为测量热敏电阻器常温时的阻值，图 3-27（b）为改变温度时测量阻值有无变化。

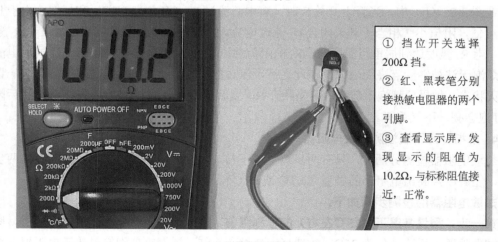

① 挡位开关选择 200Ω 挡。

② 红、黑表笔分别接热敏电阻器的两个引脚。

③ 查看显示屏，发现显示的阻值为 10.2Ω，与标称阻值接近，正常。

（a）测量常温时的阻值

图 3-27　用数字万用表检测热敏电阻器

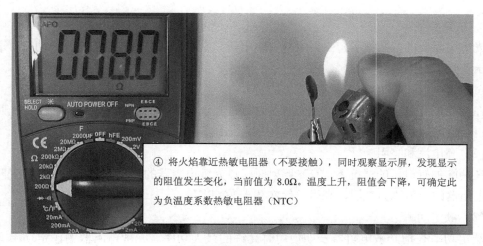

④ 将火焰靠近热敏电阻器（不要接触），同时观察显示屏，发现显示的阻值发生变化，当前值为 8.0Ω。温度上升，阻值会下降，可确定此为负温度系数热敏电阻器（NTC）

（b）改变温度时测量阻值有无变化

图 3-27 用数字万用表检测热敏电阻器（续）

3.3.2 光敏电阻器

光敏电阻器是一种对光线敏感的电阻器，当照射的光线强弱变化时，阻值也会随之变化，通常光线越强，阻值越小。 根据光的敏感性不同，光敏电阻器可分为可见光光敏电阻器（硫化镉材料）、红外光光敏电阻器（砷化镓材料）和紫外光光敏电阻器（硫化锌材料）。其中硫化镉材料制成的可见光光敏电阻器应用最广泛。

1. 外形与符号

光敏电阻器如图 3-28 所示。

2. 应用电路

光敏电阻器的功能与固定电阻器一样，不同在于它的阻值可以随光线强弱变化而变化。光敏电阻器的应用电路如图 3-29 所示。

（a）实物外形　　（b）电路图形符号

国内常用符号　国外常用符号

图 3-28 光敏电阻器

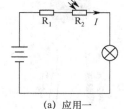 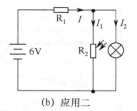

（a）应用一　　　　　　（b）应用二

图 3-29 光敏电阻器的应用电路

在图 3-29（a）中，若光敏电阻器 R_2 无光线照射，R_2 的阻值会很大，流过灯泡的电流很小，灯泡很暗。若用光线照射 R_2，R_2 的阻值变小，流过灯泡的电流增大，灯泡变亮。

在图 3-29（b）中，若光敏电阻器 R_2 无光线照射，R_2 的阻值会很大，经 R_2 分掉的电流少，流过灯泡的电流大，灯泡很亮。若用光线照射 R_2，R_2 的阻值变小，经 R_2 分掉的电流多，流过灯泡的电流减小，灯泡变暗。

3. 主要参数

光敏电阻器的参数很多，主要参数有暗电流和暗阻、亮电流与亮阻、额定功率、最大工作电压及光谱响应等。

（1）暗电流和暗阻

在两端加有电压的情况下，无光照射时流过光敏电阻器的电流称暗电流；在无光照射时光敏电阻器的阻值称为暗阻，暗阻通常在几百 kΩ 以上。

（2）亮电流和亮阻

在两端加有电压的情况下，有光照射时流过光敏电阻器的电流称亮电流；在有光照射时光敏电阻器的阻值称为亮阻，亮阻一般在几十 kΩ 以下。

（3）额定功率

额定功率是指光敏电阻器长期使用时允许的最大功率。光敏电阻器的额定功率有 5～300mW 多种规格选择。

（4）最大工作电压

最大工作电压是指光敏电阻器工作时两端允许的最高电压，一般为几十伏至上百伏。

（5）光谱响应

光谱响应又称光谱灵敏度，它是指光敏电阻器在不同颜色光线照射下的灵敏度。

光敏电阻器除了有上述参数外，还有光照特性（阻值随光照强度变化的特性）、温度系数（阻值随温度变化的特性）和伏安特性（两端电压与流过电流的关系）等。

4. 用指针万用表检测光敏电阻器

光敏电阻器检测分两步，只有两步测量均正常，才能说明光敏电阻器正常。光敏电阻器的检测如图 3-30 所示。

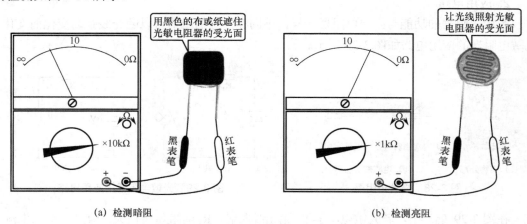

(a) 检测暗阻　　　　　　　　　　　　　　(b) 检测亮阻

图 3-30　光敏电阻器的检测

光敏电阻器的检测步骤如下：

第一步：测量暗阻。万用表拨至×10kΩ 挡，用黑色的布或纸将光敏电阻器的受光面遮住，如图 3-30（a）所示，再将红、黑表笔分别接光敏电阻器两个电极，然后在刻度盘上察看测得暗阻的大小。

若暗阻大于 100kΩ，说明光敏电阻器正常。

若暗阻为 0，说明光敏电阻器短路损坏。

若暗阻小于 100kΩ，通常是光敏电阻器性能变差。

第二步：测量亮阻。万用表拨至×1kΩ 挡，让光线照射光敏电阻器的受光面，如图 3-30（b）所示，再将红、黑表笔分别接光敏电阻器两个电极，然后在刻度盘上察看测得亮阻的大小。

若亮阻小于 10kΩ，说明光敏电阻器正常。

若亮阻大于 10kΩ，通常是光敏电阻器性能变差。

若亮阻为无穷大，说明光敏电阻器开路损坏。

光敏电阻器的检测

5. 用数字万用表检测光敏电阻器

用数字万用表检测光敏电阻器如图 3-31 所示，图 3-31（a）为测量光敏电阻器的亮阻，图 3-31（b）为测量暗阻。

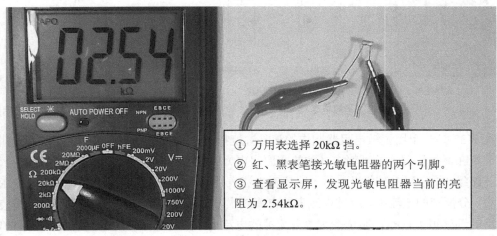

① 万用表选择 20kΩ 挡。

② 红、黑表笔接光敏电阻器的两个引脚。

③ 查看显示屏，发现光敏电阻器当前的亮阻为 2.54kΩ。

（a）测量亮阻

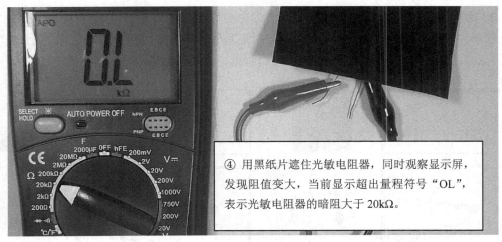

④ 用黑纸片遮住光敏电阻器，同时观察显示屏，发现阻值变大，当前显示超出量程符号"OL"，表示光敏电阻器的暗阻大于 20kΩ。

（b）测量暗阻

图 3-31　用数字万用表检测光敏电阻器

3.3.3 湿敏电阻器

湿敏电阻器是一种对湿度敏感的电阻器，当湿度变化时其阻值也会随之变化。湿敏电阻器可分为正温度特性湿敏电阻器（阻值随湿度增大而增大）和负温度特性湿敏电阻器（阻值随湿度增大而减小）。

1. 外形与符号

湿敏电阻器如图 3-32 所示。

2. 应用电路

湿敏电阻器具有湿度变化时阻值也会变化的特点，利用该特点，可以用湿敏电阻器作传感器来检测环境湿度大小。湿敏电阻器的典型应用电路如图 3-33 所示。

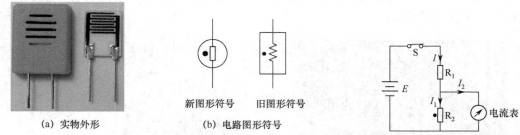

（a）实物外形　　　　　（b）电路图形符号

图 3-32　湿敏电阻器　　　　　　图 3-33　湿敏电阻器的典型应用电路

图 3-33 是一个用湿敏电阻器制作的简易湿度指示表。R_2 是一个正温度系数湿敏电阻器，将它放置在需检测湿度的环境中（如放在厨房内），当闭合开关 S 后，流过 R_1 的电流分为两路：一路经 R_2 流到电源负极，另一路流过电流表回到电源负极。若厨房的湿度较低，R_2 的阻值小，分流掉的电流大，流过电流表的电流较小，指示的电流值小，表示厨房内的湿度小；若厨房的湿度很大，R_2 的阻值变大，分流掉的电流小，流过电流表的电流增大，指示的电流值大，表示厨房内的湿度大。

3. 检测

湿敏电阻器检测分两步，在这两步测量时还可以检测出其类型（正温度系数或负温度系数），只有两步测量均正常，才能说明湿敏电阻器正常。湿敏电阻器的检测如图 3-34 所示。

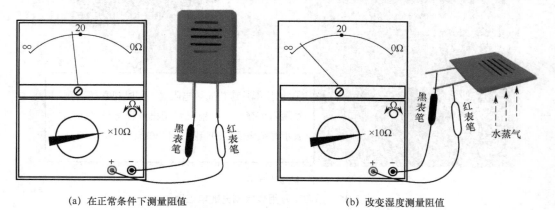

（a）在正常条件下测量阻值　　　　　（b）改变湿度测量阻值

图 3-34　湿敏电阻器的检测

湿敏电阻器的检测步骤如下：

第一步：在正常条件下测量阻值。根据标称阻值选择合适的欧姆挡，如图 3-34（a）所示，图中的湿敏电阻器标称阻值为 200Ω，故选择×10Ω 挡，将红、黑表笔分别接湿敏电阻器两个电极，然后在刻度盘上察看测得阻值的大小。

若湿敏电阻器正常，测得的阻值与标称阻值一致或接近。

若阻值为 0，说明湿敏电阻器短路。

若阻值为无穷大，说明湿敏电阻器开路。

若阻值与标称阻值偏差过大，说明湿敏电阻器性能变差或损坏。

第二步：改变湿度测量阻值。将红、黑表笔分别接湿敏电阻器两个电极，再把湿敏电阻器放在水蒸气上方（或者用嘴对湿敏电阻器哈气），如图 3-34（b）所示，然后再在刻度盘上察看测得阻值的大小。

若湿敏电阻器正常，测得的阻值与标称阻值比较应有变化。

若阻值往大于标称阻值方向变化，说明湿敏电阻器为正温度系数。

若阻值往小于标称阻值方向变化，说明湿敏电阻器为负温度系数。

若阻值不变化，说明湿敏电阻器损坏。

3.3.4 力敏电阻器

力敏电阻器是一种对压力敏感的电阻器，当施加给它的压力变化时，其阻值也会随之变化。

1. 外形与符号

力敏电阻器如图 3-35 所示。

2. 结构原理

力敏电阻器的压敏特性是由内部封装的电阻应变片来实现的。电阻应变片有金属电阻应变片和半导体应变片两种，这里简单介绍金属电阻应变片。金属电阻应变片的结构如图 3-36 所示。

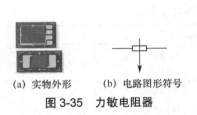

(a) 实物外形　　(b) 电路图形符号

图 3-35　力敏电阻器

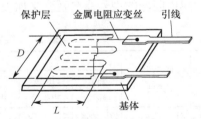

图 3-36　金属电阻应变片的结构

从图中可以看出，金属电阻应变片主要由金属电阻应变丝构成，当对金属电阻应变丝施加压力时，应变丝的长度和截面积（粗细）就会发生变化，施加的压力越大，应变丝越细越长，其阻值就越大。在使用应变片时，一般将电阻应变片粘贴在某物体上，当对该物体施加压力时，物体会变形，粘贴在物体上的电阻应变片也一起产生形变，应变片的阻值就会发生改变。

3. 应用电路

力敏电阻器具有阻值随施加的压力变化而变化的特点，利用该特点，可以用力敏电阻器作传感器来检测压力的大小。力敏电阻器的典型应用电路如图 3-37 所示。

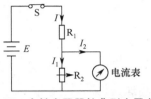

图 3-37 是一个用力敏电阻器制作的简易压力指示器。在制作压力指示器前，先将力敏电阻器 R_2（电阻应变片）紧紧粘贴在钢板上，然后按图 3-37 将力敏电阻器引脚与电路连接好，再对钢板施加压力让钢板变形，由于力敏电阻器与钢板紧贴在一起，所以力敏电阻器也随之变形。对钢

图 3-37 力敏电阻器的典型应用电路

板施加压力越大，钢板变形越严重，力敏电阻器 R_2 变形也严重，R_2 的阻值增大，对电流分流少，流过电流表的电流增大，指示电流值越大，表明施加给钢板的压力越大。

4. 检测

力敏电阻器的检测通常分两步：

第一步：在未施加压力的情况下测量其阻值。 正常阻值应与标称阻值一致或接近，否则说明力敏电阻器损坏。

第二步：将力敏电阻器放在有弹性的物体上，然后用手轻轻挤压力敏电阻器（切不可用力过大，以免力敏电阻器过于变形而损坏），再测量其阻值。 正常阻值应随施加的压力大小变化而变化，否则说明力敏电阻器损坏。

3.3.5 敏感电阻器的型号命名方法

敏感电阻器的型号命名分为四部分：

第一部分用字母表示主称。 用字母"M"表示主称为敏感电阻器。

第二部分用字母表示类别。

第三部分用数字或字母表示用途或特征。

第四部分用数字或字母、数字混合表示序号。

敏感电阻器的型号命名及含义如表 3-7 所示。

表 3-7 敏感电阻器的型号命名及含义

第一部分 主称		第二部分 类别		第三部分：用途或特征													第四部分 序号
				热敏 电阻器		压敏 电阻器		光敏 电阻器		湿敏 电阻器		气敏 电阻器		磁敏元件		力敏元件	
字母	含义	字母	含义	数字	用途或特征	字母	用途或特征	数字	用途或特征	字母	用途或特征	字母	用途或特征	字母	用途或特征	数字	用途或特征
M	敏感元件	Z	正温度系数热敏电阻器	1	普通用	W	稳压用	1	紫外光	C	测湿用	Y	烟敏	Z	电阻器	1	硅应变片	用数字或数字、字母混合表示
		F	负温度系数热敏电阻器	2	稳压用	G	高压保护用	2	紫外光			J	酒精			2	硅应变梁	

续表

第一部分 主称		第二部分 类别		第三部分：用途或特征														第四部分 序号
				热敏电阻器		压敏电阻器		光敏电阻器		湿敏电阻器		气敏电阻器		磁敏元件		力敏元件		
字母	含义	字母	含义	数字	用途或特征	字母	用途或特征	数字	用途或特征	字母	用途或特征	字母	用途或特征	字母	用途或特征	数字	用途或特征	
M	敏感元件	Y	压敏电阻器	3	微波测量用	P	高频用	3	紫外光			K	可燃性			3	硅林	用数字或数字、字母混合表示
		S	湿敏电阻器	4	旁热式	N	高能用	4	可见光							4		
		Q	气敏电阻器	5	测温用	K	高可靠用	5	可见光			N	N型			5		
		G	光敏电阻器	6	控温用	L	防雷用	6	可见光							6		
		C	磁敏电阻器	7	消磁用	H	灭弧用	7	红外光	K	控湿用	P	P型	W	电位器	7		
		L	力敏电阻器	8	线性用	Z	消噪用	8	红外光							8		
				9	恒温用	B	补偿用	9	红外光							9		
				0	特殊用	C	消磁用	0	特殊							0		

举例：

RRC5 （温度测量与控制用热敏电阻器）	MG45-14 （可见光敏电阻器）	MS01-A （通用型号湿敏电阻器）	MY31-270/3 （270V/3kA 普通压敏电阻器）
R——电阻器	M——敏感电阻器	M——敏感电阻器	M——敏感电阻器
R——热敏	G——光敏电阻器	S——湿敏电阻器	Y——压敏电阻器
C——温度测量与控制	4——可见光	01-A——序号	31——序号
5——序号	5-14——序号		270——标称电压为270V
			3——通流容量为3kA

3.4 排阻

排阻又称网络电阻，它是由多个电阻器按一定的方式制作并封装在一起而构成的。排阻具有安装密度高和安装方便等优点，广泛用在数字电路系统中。

3.4.1 实物外形

常见的排阻实物外形如图 3-38 所示，前面两种为直插封装式（SIP）排阻，后一种为表面贴装式（SMD）排阻。

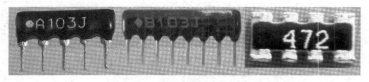

图 3-38 常见的排阻实物外形

3.4.2 命名方法

排阻命名一般由四部分组成：
第一部分为内部电路类型；
第二部分为引脚数（由于引脚数可直接看出，故该部分可省略）；
第三部分为阻值；
第四部分为阻值误差。

排阻命名方法如表 3-8 所示。

表 3-8　排阻命名方法

第一部分 电路类型	第二部分 引脚数	第三部分 阻值	第四部分 误差
A：所有电阻公用一端，公共端从左端（第 1 引脚）引出 B：每个电阻有各自独立引脚，相互间无连接 C：各个电阻首尾相连，各连接端均有引脚 D：所有电阻公用一端，公共端从中间引出 E、F、G、H、I：内部连接较为复杂，详见表 3-9	4～14	3 位数字 （第 1、2 位为有效数，第 3 位为有效数后面 0 的个数，如 102 表示 1000Ω）	F：±1% G：±2% J：±5%

举例：排阻 A08472J——八个引脚、4700（1±5%）Ω 的 A 类排阻。

3.4.3 种类与结构

根据内部电路结构不同，排阻种类可分为 A、B、C、D、E、F、G、H。排阻虽然种类很多，但最常用的为 A、B 两类。排阻的种类及结构如表 3-9 所示。

表 3-9　排阻的种类及结构

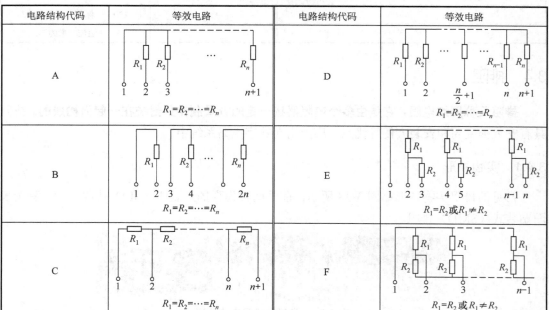

续表

电路结构代码	等效电路	电路结构代码	等效电路
G	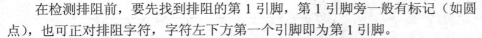 $R_1=R_2$ 或 $R_1 \neq R_2$	H	$R_1=R_2$ 或 $R_1 \neq R_2$

3.4.4　用指针万用表检测排阻

1. 好坏检测

在检测排阻前，要先找到排阻的第 1 引脚，第 1 引脚旁一般有标记（如圆点），也可正对排阻字符，字符左下方第一个引脚即为第 1 引脚。

排阻的检测

在检测时，根据排阻的标称阻值，将万用表置于合适的欧姆挡，图 3-39 是测量一只 10kΩ 的 A 型排阻（A103J），万用表选择×1kΩ 挡，将黑表接排阻的第 1 引脚不动，红表笔依次接第 2、3、…、8 引脚，如果排阻正常，第 1 引脚与其他各引脚的阻值均为 10kΩ；如果第 1 引脚与某引脚的阻值为无穷大，则该引脚与第 1 引脚之间的内部电阻开路。

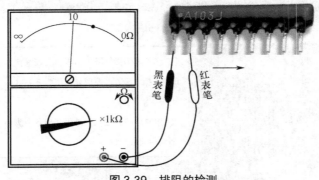

图 3-39　排阻的检测

2. 类型判别

在判别排阻的类型时，可以直接察看其表面标注的类型代码，然后对照表 3-9 就可以了解该排阻的内部电路结构。如果排阻表面的类型代码不清晰，可以用万用表检测来判断其类型。

在检测时，将万用表拨至×10Ω 挡，用黑表笔接第 1 引脚，红表笔接第 2 引脚，记下测量值；然后保持黑表笔不动，红表笔再接第 3 引脚，并记下测量值；再用同样的方法，依次测量并记下其他引脚阻值。分析第 1 引脚与其他引脚的阻值规律，对照表 3-9 判断出所测排阻的类型。比如，第 1 引脚与其他各引脚阻值均相等，所测排阻应为 A 型；如果第 1 引脚与第 2 引脚之后所有引脚的阻值均为无穷大，则所测排阻为 B 型。

3.4.5　用数字万用表检测排阻

用数字万用表检测 A 型 10kΩ 的排阻如图 3-40 所示，图中的排阻标注 A103J 表示其标称阻值为 10kΩ，误差为±5%，图 3-40（a）是测量排阻 1、2 引脚的电阻，图 3-40（b）是测量 1、3 引脚的电阻。

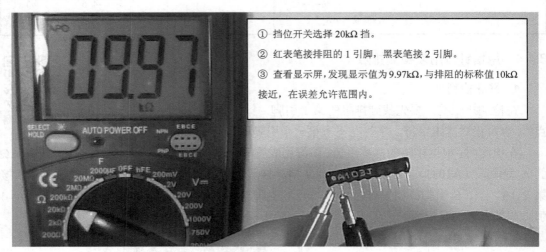

① 挡位开关选择 20kΩ 挡。

② 红表笔接排阻的 1 引脚，黑表笔接 2 引脚。

③ 查看显示屏，发现显示值为 9.97kΩ，与排阻的标称值 10kΩ 接近，在误差允许范围内。

（a）测量 1、2 引脚的电阻

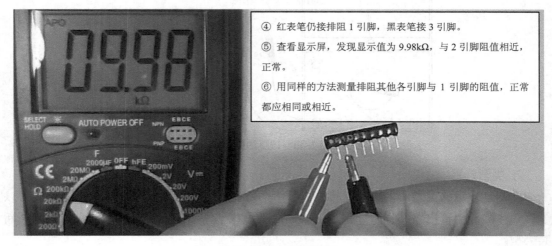

④ 红表笔仍接排阻 1 引脚，黑表笔接 3 引脚。

⑤ 查看显示屏，发现显示值为 9.98kΩ，与 2 引脚阻值相近，正常。

⑥ 用同样的方法测量排阻其他各引脚与 1 引脚的阻值，正常都应相同或相近。

（b）测量 1、3 引脚的电阻

图 3-40　用数字万用表检测 A 型 10kΩ 的排阻

第4章 电 容 器

4.1 固定电容器

4.1.1 结构、外形与符号

电容器是一种可以储存电荷的元器件。相距很近且中间隔有绝缘介质（如空气、纸和陶瓷等）的两块导电极板就构成了电容器，电容器也简称电容。固定电容器是指容量固定不变的电容器。固定电容器如图 4-1 所示。

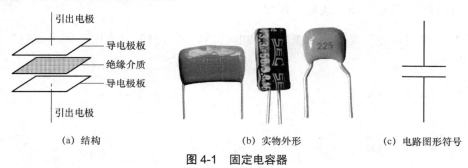

（a）结构　　　　　　　　　　（b）实物外形　　　　　　　　（c）电路图形符号

图 4-1　固定电容器

4.1.2 主要参数

电容器主要参数有标称容量、允许误差、额定电压和绝缘电阻等。

1. 容量与允许误差

电容器能储存电荷，其储存电荷的多少称为容量。这一点与蓄电池类似，不过蓄电池储存电荷的能力比电容器大得多。电容器的容量越大，储存的电荷越多。电容器的容量大小与下面的因素有关。

① 两导电极板相对面积。相对面积越大，容量越大。

② 两极板之间的距离。极板相距越近，容量越大。

③ 两极板中间的绝缘介质。在极板相对面积和距离相同的情况下，绝缘介质不同的电容器，其容量不同。

电容器的容量单位有法拉（F）、毫法（mF）、微法（μF）、纳法（nF）和皮法（pF），它们的关系是

$$1F=10^3mF=10^6\mu F=10^9nF=10^{12}pF$$

标注在电容器上的容量称为标称容量。允许误差是指电容器标称容量与实际容量之间允许的最大误差范围。

2. 额定电压

额定电压又称电容器的耐压值，它是指在正常条件下电容器长时间使用两端允许承受的最高电压。 一旦加到电容器两端的电压超过额定电压，两极板之间的绝缘介质就容易被击穿而失去绝缘能力，造成两极板短路。

3. 绝缘电阻

电容器两极板之间隔着绝缘介质，绝缘电阻用来表示绝缘介质的绝缘程度。 绝缘电阻越大，表明绝缘介质绝缘性能越好。如果绝缘电阻比较小，绝缘介质绝缘性能下降，就会出现一个极板上的电流会通过绝缘介质流到另一个极板上，这种现象称为漏电。由于绝缘电阻小的电容器存在着漏电，故不能继续使用。

一般情况下，无极性电容器的绝缘电阻为无穷大，而有极性电容器（电解电容器）绝缘电阻很大，但一般达不到无穷大。

4.1.3 电容器"充电"和"放电"说明

"充电"和"放电"是电容器非常重要的性质。电容器的"充电"和"放电"说明如图 4-2 所示。

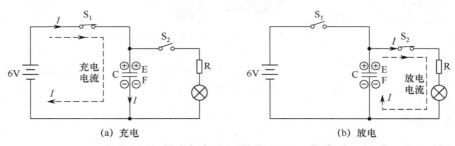

图 4-2　电容器的"充电"和"放电"说明

在图 4-2（a）电路中，当开关 S_1 闭合后，从电源正极输出电流经开关 S_1 流到电容器的金属极板 E 上，在极板 E 上聚集了大量的正电荷，由于金属极板 F 与极板 E 相距很近，又因为同性相斥，所以极板 F 上的正电荷受到很近的极板 E 上正电荷的排斥而流走，这些正电荷汇合形成电流到达电源的负极，极板 F 上就剩下很多负电荷，结果在电容器的上下极板就储存了大量的上正下负的电荷。（注：在常态时，金属极板 E、F 不呈电性，但上下极板上都有大量的正负电荷，只是正负电荷数相等呈中性。）

电源输出电流流经电容器，在电容器上获得大量电荷的过程称为电容器的"充电"。

在图 4-2（b）电路中，先闭合开关 S_1，让电源对电容器 C 充得上正下负的电荷，然后断开 S_1，再闭合开关 S_2，电容器上的电荷开始释放，电荷流经途径是：电容器极板 E 上的正电荷流出，形成电流→开关 S_2→电阻 R→灯泡→极板 F，中和极板 F 上的负电荷。大量的电荷移动形成电流，该电流流经灯泡，灯泡发光。随着极板 E 上的正电荷不断流走，正电荷的数量慢慢减少，流经灯泡的电流减小，灯泡慢慢变暗。当极板 E 上先前充得的正电荷全放完后，无电流流过灯泡，灯泡熄灭。此时，极板 F 上的负电荷也完全被中和，电容器两极板上先前充得的电荷消失。

　　电容器一个极板上的正电荷经一定的途径流到另一个极板，中和该极板上负电荷的过程称为电容器的"放电"。

　　电容器充电后两极板上储存了电荷，两极板之间也就有了电压，这就像杯子装水后有水位一样。电容器极板上的电荷数与两极板之间的电压有一定的关系，具体可这样概括：**在容量不变情况下，电容器储存的电荷数与两端电压成正比**，即

$$Q=CU$$

式中，Q 表示电荷数（C）；C 表示容量（F）；U 表示电容器两端的电压（V）。

　　这个公式可以从以下两个方面来理解：

　　① 在容量不变的情况下（C 不变），电容器充得电荷越多（Q 增大），两端电压越高（U 增大）。这就像杯子大小不变时，杯子中装得水越多，杯子的水位越高一样。

　　② 若向容量一大一小的两只电容器充相同数量的电荷（Q 不变），那么容量小的电容器两端的电压更高（C 小 U 大）。这就像往容量一大一小的两只杯子装入同样多的水时，小杯子中的水位更高一样。

4.1.4　电容器"隔直"和"通交"说明

　　电容器的"隔直"和"通交"是指直流不能通过电容器，而交流能通过电容器。电容器的"隔直"和"通交"说明如图 4-3 所示。

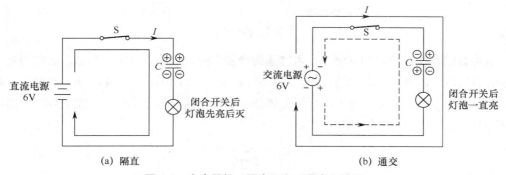

图 4-3　电容器的"隔直"和"通交"说明

　　在图 4-3（a）电路中，电容器与直流电源连接，当开关 S 闭合后，直流电源开始对电容器充电，充电途径是：电源正极→开关 S→电容器的上极板获得大量正电荷→通过电荷的排斥作用（电场作用），下极板上的大量正电荷被排斥流出形成电流→灯泡→电源的负极，有电流流过灯泡，灯泡亮。随着电源对电容器不断充电，电容器两端电荷越来越多，两端电压越来越高。当电容器两端电压与电源电压相等时，电源不能再对电容器充电，无电流流到电容器上极板，下极板也就无电流流出，无电流流过灯泡，灯泡熄灭。

　　以上过程说明：**在刚开始时直流可以对电容器充电而通过电容器，该过程持续时间很短，充电结束后，直流就无法通过电容器，这就是电容器的"隔直"性质。**

　　在图 4-3（b）电路中，电容器与交流电源连接，由于交流电的极性是经常变化的，上一段时间极性是上正下负，下一段时间极性变为下正上负。开关 S 闭合后，当交流电源的极性

是上正下负时，交流电源从上端输出电流，该电流对电容器充电，充电途径是：交流电源上端→开关 S→电容器→灯泡→交流电源下端，有电流流过灯泡，灯泡发光，同时交流电源对电容器充得上正下负的电荷；当交流电源的极性变为上负下正时，交流电源从下端输出电流，它经过灯泡对电容器反充电，电流流经途径是：交流电源下端→灯泡→电容器→开关 S→交流电源上端，有电流流过灯泡，灯泡发光，同时电流对电容器反充得上负下正的电荷，这次充得的电荷极性与先前充得电荷极性相反，它们相互中和抵消，电容器上的电荷消失。当交流电源极性重新变为上正下负时，又可以对电容器进行充电，以后不断重复上述过程。

从上面的分析可以看出，**由于交流电源的极性不断变化，使得电容器充电和反充电（中和抵消）交替进行，从而始终有电流流过电容器，这就是电容器"通交"性质。**

电容器虽然能通过交流，但对交流也有一定的阻碍，这种阻碍称之为容抗，用 X_C 表示，容抗的单位是欧姆（Ω）。在图 4-4 电路中，两个电路中的交流电源电压相等，灯泡也一样，但由于电容器的容抗对交流有阻碍作用，故图 4-4（b）中的灯泡要暗一些。

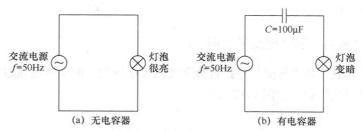

图 4-4　容抗说明

电容器的容抗与交流信号频率、电容器的容量有关，交流信号频率越高，电容器对交流信号的容抗越小，电容器容量越大，它对交流信号的容抗越小。在图 4-4（b）电路中，若交流电频率不变，电容器容量越大，灯泡就越亮；或者电容器容量不变，交流电频率越高，灯泡就越亮。这种关系可用下列式子表示：

$$X_C = \frac{1}{2\pi fC}$$

式中，X_C 表示容抗；f 表示交流信号频率；π 为常数 3.14。

在图 4-4（b）电路中，若交流电源的频率 f=50Hz，电容器的容量 C=100μF，那么该电容器对交流电的容抗为

$$X_C = \frac{1}{2\pi fC} = \frac{1}{2 \times 3.14 \times 50 \times 100 \times 10^{-6}} \Omega \approx 31.8\Omega$$

4.1.5　电容器"两端电压不能突变"说明

电容器两端的电压是由电容器充得的电荷建立起来的，电容器充得的电荷越多，两端电压越高，电容器上没有电荷，电容器两端就没有电压。由于电容器充电（电荷增多）和放电（电荷减少）都需要一定的时间，不能瞬间完成，所以电容器两端的电压不能突然增大很多，也不能突然减小到零，这就是电容器"两端电压不能突变"特性。下面用图 4-5 来说明电容器"两端电压不能突变"特性。

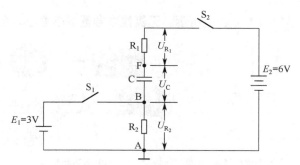

图 4-5　电容器"两端电压不能突变"说明

先将 S_2 开关闭合，在闭合 S_2 的瞬间，电容器 C 还未来得及充电，故两端电压 U_C 为 0V。随后，电源 E_2 开始对电容器 C 充电，充电途径是：E_2 正极→开关 S_2→R_1→C→R_2→E_2 负极。随着充电的进行，电容器上充得的电荷慢慢增多，电容器两端的电压 U_C 慢慢增大。一段时间后，当 U_C 增大到 6V 与 E_2 电源电压相等时，充电过程结束。这时，流过 R_1、R_2 的电流为 0，故 U_{R_1}、U_{R_2} 均为 0，A 点电压为 0（A 点接地固定为 0V），B 点电压 U_B 为 0V（$U_B=U_{R_2}$），F 点电压 U_F 为 6V（$U_F=U_{R_2}+U_C$）。

接着将开关 S_1 闭合，E_1 电源直接加到 B 点，B 点电压 U_B（等于 U_{R_2}）马上由 0V 变为 3V。由于电容器还没来得及放电，其两端电压 U_C 仍为 6V，那么 F 点电压（$U_F=U_{R_2}+U_C=$ 3V+6V）变为 9V，也就是说，由于电容器两端电压不能突变，一端电压上升（U_B 由 0V 突然上升到 3V），另一端电压也上升（U_F 由 6V 上升到 9V）。因为 U_F 为 9V，大于电源 E_2 电压，电容器 C 开始放电，放电途径为：C 上正→R_1→S_2→电源 E_2 内阻→R_2→C 下负。随着放电的进行，电容器 C 两端电压 U_C 不断下降，当 U_C=3V 时，F 点电压 $U_F=U_{R_2}+U_C$=3V+3V=6V，与电源 E_2 电压相同，放电结束。

然后将开关 S_1 断开，B 点电压 U_B（与 U_{R_2} 相等）马上由 3V 变为 0V，由于电容器还没有来得及充电，其两端电压 U_C 仍为 3V，那么 F 点电压（$U_F=U_{R_2}+U_C=$0V+3V）变为 3V，即由于电容器两端电压不能突变，电容器一端电压下降（U_B 由 3V 突然下降到 0V），另一端电压也下降（U_F 电压由 6V 下降到 3V）。因为 U_F 为 3V，小于电源 E_2 电压，电容器 C 开始充电，充电途径为：E_2 正极→S_2→R_1→电容器 C→R_2→电源 E_2 负极。随着充电的进行，电容器 C 两端电压 U_C 不断上升，当 U_C=6V 时，F 点电压 $U_F=U_{R_2}+U_C$=0V+6V=6V，与电源 E_2 电压相同，充电结束。

综上所述，由于电容器充、放电都需要一定的时间（电容器容量越大，所需时间越长），电容器上的电荷数量不能突然变化，故电容器两端电压也不能突然变化，当电容器一端电压上升或下降时，另一端电压也随之上升或下降。

4.1.6　无极性电容器和有极性电容器

固定电容器可分为无极性电容器和有极性电容器。

1. 无极性电容器

无极性电容器的引脚无正负极之分。无极性电容器的电路图形符号如图 4-6（a）所示，常见无极性电容器外形如图 4-6（b）所示。**无极性电容器的容量小，但耐压高。**

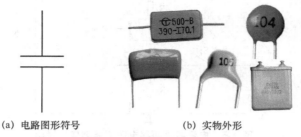

(a) 电路图形符号　　　　　(b) 实物外形

图 4-6　无极性电容器

2. 有极性电容器

有极性电容器又称电解电容器，引脚有正负之分。 有极性电容器的电路图形符号如图 4-7（a）所示，常见有极性电容器外形如图 4-7（b）所示。**有极性电容器的容量大，但耐压较低。**

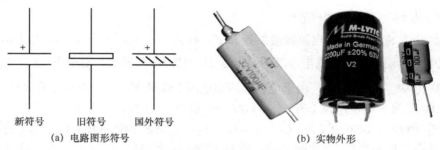

　新符号　　旧符号　　国外符号　　　　　　　　　　　
(a) 电路图形符号　　　　　　　　　　　　(b) 实物外形

图 4-7　有极性电容器

有极性电容器引脚有正负之分，在电路中不能乱接，若正负位置接错，轻则电容器不能正常工作，重则电容器炸裂。**有极性电容器正确的连接方法是：电容器正极接电路中的高电位，负极接电路中的低电位。** 有极性电容器在电路中的正确和错误接法方式如图 4-8 所示。

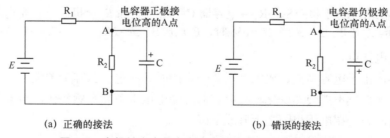

(a) 正确的接法　　　　　　　　　　(b) 错误的接法

图 4-8　有极性电容器在电路中的正确与错误连接方式

3. 有极性电容器的引脚极性判别

由于有极性电容器有正负之分，在电路中又不能乱接，所以在使用有极性电容器前需要判别出正负极。**有极性电容器的正负极判别方法如下。**

方法一：**对于未使用过的新电容，可以根据引脚长短来判别。引脚长的为正极，引脚短的为负极，**如图 4-9 所示。

方法二：**根据电容器上标注的极性判别。电容器上标"+"为正极，标"–"为负极，**如图 4-10 所示。

图 4-9　引脚长的引脚为正极　　　　　图 4-10　标"–"的引脚为负极

方法三：**用万用表判别。**万用表拨至×10kΩ 挡，测量电容器两极之间阻值，正反各测一次，每次测量时表针都会先向右摆动，然后慢慢往左返回，待表针稳定不移动后再观察阻值大小，两次测量会出现阻值一大一小，如图 4-11 所示，以阻值大的那次为准，如图 4-11（b）所示，黑表笔接的为正极，红表笔接的为负极。

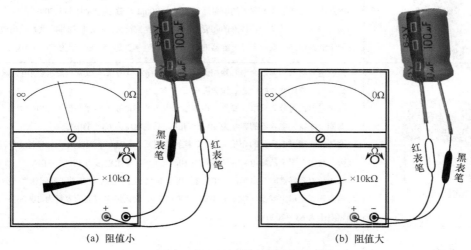

(a) 阻值小　　　　　　　　　　　　　(b) 阻值大

图 4-11　用万用表判别有极性电容器引脚的极性

4.1.7　固定电容器种类

固定电容器种类很多，按极性可分为无极性电容器和有极性电容器；按应用材料可分为纸介电容器（CZ）、高频瓷片电容器（CC）、低频瓷片电容器（CT）、云母电容器（CY）、聚苯乙烯薄膜电容器（CB）、玻璃釉电容器（CI）、漆膜电容器（CQ）、玻璃膜电容器（CO）、涤纶薄膜电容器（CL）、云母纸电容器（CV）、金属化纸电容器（CJ）、复合介质电容器（CH）、铝电解电容器（CD）、钽电解电容器（CA）、铌电解电容器（CN）、合金电解电容器（CG）和其他材料电解电容器（CE）等。不同材料的电容器有不同的结构与特点，表 4-1 列出了常见类型电容器的结构与特点。

表 4-1　常见类型电容器的结构与特点

常见类型的电容器	结构与特点
纸介电容器	纸介电容器是以两片金属箔做电极，中间夹有极薄的电容纸，再卷成圆柱形或者扁柱形芯，然后密封在金属壳或者绝缘材料壳（如陶瓷、火漆、玻璃釉等）中制成。它的特点是体积较小，容量可以做得较大，但固有电感和损耗都比较大，用于低频比较合适。 　　金属化纸介电容器和油浸纸介电容器是两种较特殊的纸介电容器。金属化纸介电容器是在电容器纸上覆上一层金属膜来代替金属箔，其体积小、容量较大，一般用在低频电路中。油浸纸介电容器是把纸介电容器浸在经过特别处理的油里，以增强它的耐压性，其特点是耐压高、容量大，但体积也较大
云母电容器	云母电容器是以金属箔或者在云母片上喷涂的银层做极板，极板和云母片一层一层叠合后，再压铸在胶木粉或封固在环氧树脂中制成。 　　云母电容器的特点是介质损耗小、绝缘电阻大、温度系数小、体积较大。云母电容器的容量一般为 10pF～0.1μF，额定电压为 100V～7kV，因其高稳定性和高可靠性特点，故常用于高频振荡等要求较高的电路中
陶瓷电容器	陶瓷电容器是以陶瓷做介质，在陶瓷基体两面喷涂银层，然后烧成银质薄膜做极板制成。 　　陶瓷电容器的特点是体积小、耐热性好、损耗小、绝缘电阻高，但容量较小，一般用在高频电路中。高频瓷介电容器的容量通常为 1～6800pF，额定电压为 63～500V。 　　铁电陶瓷电容器是一种特殊的陶瓷电容器，其容量较大，但是损耗和温度系数也较大，适宜于低频电路。低频瓷介电容器的容量为 10pF～4.7μF，额定电压为 50～100V
薄膜电容器	薄膜电容器结构和纸介电容器相同，但介质是涤纶或者聚苯乙烯。涤纶薄膜电容器的介电常数较高，稳定性较好，适宜做旁路电容。 　　薄膜电容器可分为聚酯（涤纶）电容器、聚苯乙烯薄膜电容器和聚丙烯电容器。 　　聚酯（涤纶）电容器的容量为 40pF～4μF，额定电压为 63～630V。 　　聚苯乙烯薄膜电容器的介质损耗小、绝缘电阻高，但温度系数较大，体积也较大，常用在高频电路中。聚苯乙烯电容器的容量为 10pF～1μF，额定电压为 100V～30kV。 　　聚丙烯电容器性能与聚苯乙烯电容器相似，但体积小，稳定性稍差，可代替大部分聚苯乙烯电容器或云母电容器，常用于要求较高的电路。聚丙烯电容器的容量为 1000pF～10μF，额定电压为 63～2000V
玻璃釉电容器	玻璃釉电容器由一种浓度适于喷涂的特殊混合物喷涂成薄膜作为介质，再以银层电极经烧结而成。 　　玻璃釉电容器能耐受各种气候环境，一般可在 200℃或更高温度下工作，其特点是稳定性较好，损耗小。玻璃釉电容器的容量为 10pF～0.1μF，额定电压为 63～400V
独石电容器	独石电容器又称多层瓷介电容器，可分 I、II 两种类型，I 型性能较好，但容量一般小于 0.2μF；II 型容量大，但性能一般。独石电容器具有正温系数，而聚丙烯电容器具有负温系数，两者用适当比例并联使用，可使温漂降到很小。 　　独石电容器具有容量大、体积小、可靠性高、容量稳定，耐湿性好等特点，广泛用于电子精密仪器和各种小型电子设备作谐振、耦合、滤波、旁路。独石电容器容量范围为 0.5pF～1μF，耐压可为二倍额定电压

续表

常见类型的电容器	结构与特点
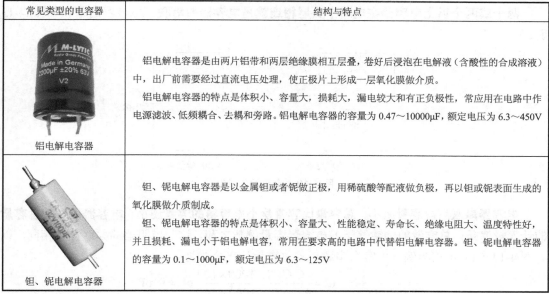 铝电解电容器	铝电解电容器是由两片铝带和两层绝缘膜相互层叠，卷好后浸泡在电解液（含酸性的合成溶液）中，出厂前需要经过直流电压处理，使正极片上形成一层氧化膜做介质。 　铝电解电容器的特点是体积小、容量大，损耗大，漏电较大和有正负极性，常应用在电路中作电源滤波、低频耦合、去耦和旁路。铝电解电容器的容量为 0.47～10000μF，额定电压为 6.3～450V
钽、铌电解电容器	钽、铌电解电容器是以金属钽或者铌做正极，用稀硫酸等配液做负极，再以钽或铌表面生成的氧化膜做介质制成。 　钽、铌电解电容器的特点是体积小、容量大、性能稳定、寿命长、绝缘电阻大、温度特性好，并且损耗、漏电小于铝电解电容，常用在要求高的电路中代替铝电解电容器。钽、铌电解电容器的容量为 0.1～1000μF，额定电压为 6.3～125V

4.1.8　电容器的串联与并联

　　在使用电容器时，如果无法找到合适容量或耐压的电容器，可将多个电容器进行并联或串联来得到需要的电容器。

1. 电容器的并联

　　两个或两个以上电容器头头相连、尾尾相接称为电容器并联。电容器的并联如图 4-12 所示。

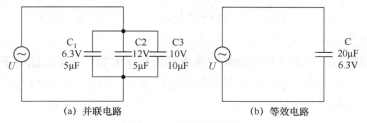

(a) 并联电路　　　　　　　　　　(b) 等效电路

图 4-12　电容器的并联

　　电容器并联后的总容量增大，总容量等于所有并联电容器的容量之和，以图 4-12（a）电路为例，并联后总容量为

$$C = C_1 + C_2 + C_3 = (5 + 5 + 10)\mu F = 20\mu F$$

　　电容器并联后的总耐压以耐压最小的电容器的耐压为准，仍以图 4-12（a）电路为例，C_1、C_2、C_3 耐压不同，其中 C_1 的耐压最小，故并联后电容器的总耐压以 C_1 耐压 6.3V 为准，加在并联电容器两端的电压不能超过 6.3V。

　　根据上述原则，图 4-12（a）的电路可等效为图 4-12（b）所示电路。

2. 电容器的串联

两个或两个以上电容器在电路中头尾相连就是电容器的串联。电容器的串联如图 4-13 所示。

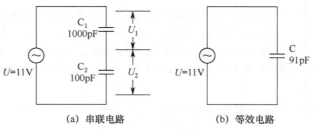

（a）串联电路   （b）等效电路

图 4-13 电容器的串联

电容器串联后总容量减小，总容量比容量最小电容器的容量还小。电容器串联后总容量的计算规律是：总容量的倒数等于各电容器容量倒数之和，这与电阻器的并联计算相同，以如图 4-13（a）电路为例，电容器串联后的总容量计算公式为

$$\frac{1}{C} = \frac{1}{C_1} + \frac{1}{C_2} \Rightarrow C = \frac{C_1 C_2}{C_1 + C_2} = \frac{1000 \times 100}{1000 + 100}\text{pF} = 91\text{pF}$$

所以图 4-13（a）电路与图 4-13（b）电路是等效的。

在电路中，串联的各电容器两端的电压与容量成反比，即容量越大，电容器两端电压越低，这个关系可用公式表示为

$$\frac{C_1}{C_2} = \frac{U_2}{U_1}$$

以图 4-13（a）所示电路为例，C_1 的容量是 C_2 容量的 10 倍，用上述公式计算可知，C_2 两端的电压 U_2 应是 C_1 两端电压 U_1 的 10 倍，如果交流电压 U 为 11V，则 U_1=1V，U_2=10V，若 C_1、C_2 都是耐压为 6.3V 的电容器，就会出现 C_2 先被击穿短路（因为它两端有 10V 电压），11V 电压马上全部加到 C_1 两端，接着 C_1 被击穿损坏。

当电容器串联时，容量小的电容器应尽量选用耐压大的，以接近或等于电源电压为佳，因为当电容器串联时，容量小的电容器两端电压较容量大的电容器两端电压大，容量越小，两端承受的电压越高。

4.1.9 容量与误差的标注方法

1. 容量的标注方法

电容器容量标注方法很多，下面介绍一些常用的容量标注方法。

（1）直标法

直标法是指在电容器上直接标出容量值和容量单位。电解电容器常采用直标法。图 4-14 左方的电容器的容量为 2200μF，耐压为 63V，误差为±20%；右方电容器的容量为 68nF，J 表示误差为±5%。

图 4-14　采用直标法标注容量和误差

（2）小数点标注法

容量较大的无极性电容器常采用小数点标注法。小数点标注法的容量单位是 μF。图 4-15 中的两个实物电容器的容量分别是 0.01μF 和 0.033μF。有的电容器用 μ、n、p 来表示小数点，同时指明容量单位，如图 4-15 中的 p1、4n7、3μ3 分别表示容量 0.1pF、4.7nF、3.3μF；如果用 R 表示小数点，单位则为 μF，如 R33 表示容量是 0.33μF。

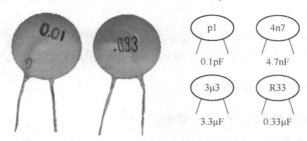

图 4-15　采用小数点法标注容量

（3）整数标注法

容量较小的无极性电容器常采用整数标注法，单位为 pF。若整数末位是 0，如标"330"，则表示该电容器容量为 330pF；若整数末位不是 0，如标"103"，则表示容量为 10×10^3 pF。图 4-16 中的几个电容器的容量分别是 180pF、330pF 和 22000pF。如果整数末尾是 9，不是表示 10^9，而是表示 10^{-1}，如 339 表示 3.3pF。

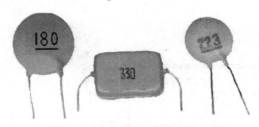

图 4-16　采用整数标注法标注容量

2. 误差表示法

电容器误差表示方法主要有罗马数字表示法、字母表示法和直接表示法。

（1）罗马数字表示法

罗马数字表示法是在电容器上标注罗马数字来表示误差大小。这种方法用 0、Ⅰ、Ⅱ、Ⅲ分别表示误差±2%、±5%、±10%和±20%。

（2）字母表示法

字母表示法是在电容器上标注字母来表示误差的大小。字母及其代表的误差数如表 4-2 所示。例如，某电容器上标注"K"，表示误差为±10%。

表 4-2　字母及其代表的误差数

字母	允许误差	字母	允许误差
L	±0.01%	B	±0.1%
D	±0.5%	V	±0.25%
F	±1%	K	±10%
G	±2%	M	±20%
J	±5%	N	±30%
P	±0.02%	不标注	±20%
W	±0.05%		

（3）直接表示法

直接表示法是指在电容器上直接标出误差数值。如标注"68pF±5pF"表示误差为±5pF，标注"±20%"表示误差为±20%，标注"0.033/5"表示误差为±5%（%号被省掉）。

4.1.10　用指针万用表检测电容器

电容器常见的故障有开路、短路和漏电。

1．无极性电容器的检测

检测无极性电容器时，万用表拨至×10kΩ 或×1kΩ 挡（对于容量小的电容器选×10kΩ 挡位），测量电容器两引脚之间的阻值。

如果电容器正常，表针先往右摆动，然后慢慢返回到无穷大处，容量越小，向右摆动的幅度越小，该过程如图 4-17 所示。表针摆动过程实际上就是万用表内部电池通过表笔对被测电容器充电的过程，被测电容器容量越小，充电越快，表针摆动幅度越小，充电完成后表针就停在无穷大处。

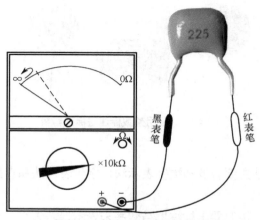

图 4-17　无极性电容器的检测

若检测时表针无摆动过程，而是始终停在无穷大处，说明电容器不能充电，该电容器开路。

若表针能往右摆动，也能返回，但回不到无穷大，说明电容器能充电，但绝缘电阻小，该电容器漏电。

若表针始终指在阻值小或 0 处不动，这说明电容器不能充电，并且绝缘电阻很小，该电容器短路。

注：对于容量小于 $0.01\mu F$ 的正常电容器，在测量时表针可能不会摆动，故无法用万用表判断是否开路，但可以判别是否短路和漏电。如果怀疑容量小的电容器开路，万用表又无法检测时，可找相同容量的电容器代换，如果故障消失，就说明原电容器开路。

2. 有极性电容器的检测

在检测有极性电容器时，万用表拨至×1kΩ 或×10kΩ 挡（对于容量很大的电容器，可选择×100Ω 挡），测量电容器正、反向电阻。

如果电容器正常，在测正向电阻（黑表笔接电容器正极引脚，红表笔接负极引脚）时，表针先向右做大幅度摆动，然后慢慢返回到无穷大处（用×10kΩ 挡测量可能到不了无穷大处，但非常接近也是正常的），如图 4-18（a）所示；在测反向电阻时，表针也是先向右摆动，也能返回，但一般回不到无穷大处，如图 4-18（b）所示。也就是说，正常电解电容器的正向电阻大，反向电阻略小，它的检测过程与判别正负极是一样的。

若正、反向电阻均为无穷大，表明电容器开路。

若正、反向电阻都很小，说明电容器漏电。

若正、反向电阻均为 0，说明电容器短路。

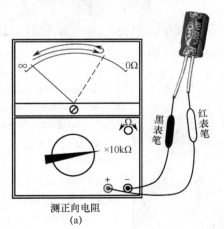 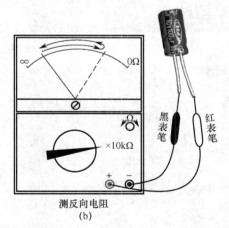

图 4-18　有极性电容器的检测

4.1.11　用数字万用表检测电容器

1. 无极性电容器的检测

用数字万用表检测无极性电容器如图 4-19 所示，图 4-19（a）为测量电容量，图 4-19（b）、（c）为测量绝缘电阻。

固定电容器的检测

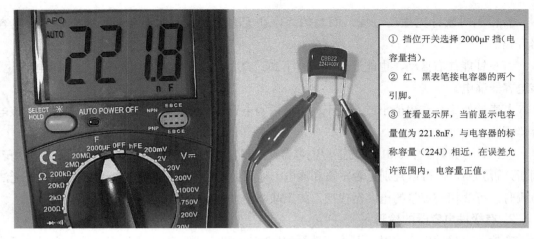

① 挡位开关选择2000μF挡（电容量挡）。

② 红、黑表笔接电容器的两个引脚。

③ 查看显示屏，当前显示电容量值为221.8nF，与电容器的标称容量（224J）相近，在误差允许范围内，电容量正值。

（a）测量电容量

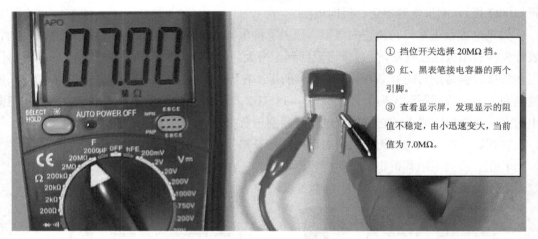

① 挡位开关选择20MΩ挡。

② 红、黑表笔接电容器的两个引脚。

③ 查看显示屏，发现显示的阻值不稳定，由小迅速变大，当前值为7.0MΩ。

（b）测量绝缘电阻（开始阻值小且不断变大）

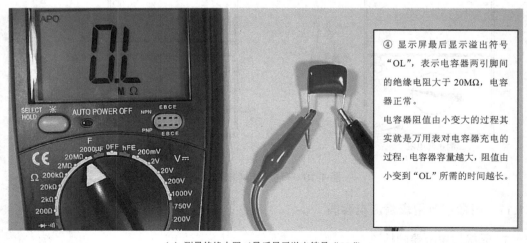

④ 显示屏最后显示溢出符号"OL"，表示电容器两引脚间的绝缘电阻大于20MΩ，电容器正常。

电容器阻值由小变大的过程其实就是万用表对电容器充电的过程，电容器容量越大，阻值由小变到"OL"所需的时间越长。

（c）测量绝缘电阻（最后显示溢出符号"OL"）

图4-19　用数字万用表检测无极性电容器

2. 有极性电容器的检测

用数字万用表检测有极性电容器如图 4-20 所示，图 4-20（a）为测量电容量，图 4-20（b）、（c）为测量绝缘电阻。

① 挡位开关选择 2000μF 挡（电容量挡）。

② 红表笔接电容器的正极引脚，黑表笔接负极引脚。

③ 查看显示屏，显示电容量为 31.83μF，与标称电容量 33μF 接近，在误差允许范围内。

（a）测量电容量

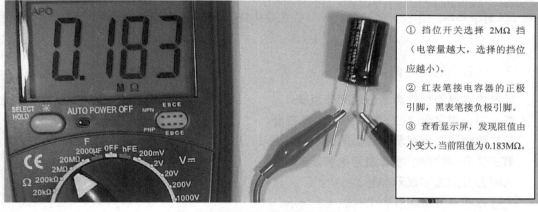

① 挡位开关选择 2MΩ 挡（电容量越大，选择的挡位应越小）。

② 红表笔接电容器的正极引脚，黑表笔接负极引脚。

③ 查看显示屏，发现阻值由小变大，当前阻值为 0.183MΩ。

（b）测量绝缘电阻（开始阻值小且不断变大）

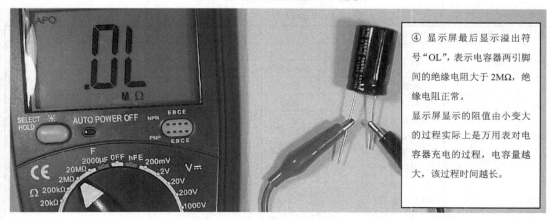

④ 显示屏最后显示溢出符号"OL"，表示电容器两引脚间的绝缘电阻大于 2MΩ，绝缘电阻正常。

显示屏显示的阻值由小变大的过程实际上是万用表对电容器充电的过程，电容量越大，该过程时间越长。

（c）测量绝缘电阻（最后显示溢出符号"OL"）

图 4-20　用数字万用表检测有极性电容器

4.1.12　电容器的选用

电容器是一种较常用的电子元器件，在选用时可遵循以下原则。

（1）标称容量要符合电路的需要。 对容量大小有严格要求的电路（如定时电路、延时电路和振荡电路等），选用的电容器其容量应与要求相同；对容量要求不高的电路（如耦合电路、旁路电路、电源滤波和电源退耦等），选用的电容器其容量与要求相近即可。

（2）工作电压要符合电路的需要。 为了保证电容器能在电路中长时间正常工作，选用的电容器其额定电压应略大于电路可能出现的最高电压，约大于 10%～30%。

（3）电容器特性尽量符合电路需要。 不同种类的电容器有不同的特性，为了让电路工作状态尽量达到最佳，可针对不同电路的特点来选择适合种类的电容器。下面是一些电路选择电容器的规律。

① 对于电源滤波、退耦电路和低频耦合、旁路电路，一般选择电解电容器。

② 对于中频电路，一般可选择薄膜电容器和金属化纸介电容器。

③ 对于高频电路，应选用高频特性良好的电容器，如瓷介电容器和云母电容器。

④ 对于高压电路，应选用工作电压高的电容器，如高压瓷介电容器。

⑤ 对于频率稳定性要求高的电路（如振荡电路、选频电路和移相电路），应选用温度系数小的电容器。

4.1.13　电容器的型号命名方法

国产电容器的型号命名由四部分组成：
第一部分用字母"C"表示主称为电容器。
第二部分用字母表示电容器的介质材料。
第三部分用数字或字母表示电容器的类别。
第四部分用数字表示序号。

电容器的型号命名及含义如表 4-3 所示。

表 4-3　电容器的型号命名及含义

第一部分：主称		第二部分：介质材料		第三部分：类别					第四部分：序号
字母	含义	字母	含义	数字或字母	含义				
					瓷介电容器	云母电容器	有机电容器	电解电容解	
C	电容器	A	钽电解	1	圆形	非密封	非密封	箔式	用数字表示序号，以区别电容器的外形尺寸及性能指标
		B	聚苯乙烯等非极性有机薄膜（常在"B"后面再加一字母，以区分具体材料，例如"BB"为聚丙烯，"BF"为聚四氟乙烯）	2	管形	非密封	非密封	箔式	
				3	叠片	密封	密封	烧结粉，非固体	
				4	独石	密封	密封	烧结粉，固体	

第一部分：主称		第二部分：介质材料		第三部分：类别					第四部分：序号
字母	含义	字母	含义	数字或字母	含义				
					瓷介电容器	云母电容器	有机电容器	电解电容解	
C	电容器	C	高频陶瓷						用数字表示序号，以区别电容器的外形尺寸及性能指标
		D	铝电解	5	穿心		穿心		
		E	其他材料电解	6	支柱等				
		G	合金电解						
		H	纸膜复合	7				无极性	
		I	玻璃釉	8	高压	高压	高压		
		J	金属化纸介	9			特殊	特殊	
		L	涤纶等极性有机薄膜（常在"L"后面再加一字母，以区分具体材料，例如"LS"为聚碳酸酯）	G	高功率型				
				T	叠片式				
		N	铌电解	W	微调型				
		O	玻璃膜						
		Q	漆膜	J	金属化型				
		T	低频陶瓷						
		V	云母纸	Y	高压型				
		Y	云母						
		Z	纸介						

4.2　可变电容器

可变电容器又称可调电容器，是指容量可以调节的电容器。可变电容器主要分为微调电容器、单联电容器和多联电容器。

4.2.1　微调电容器

1. 外形与和符号

微调电容器又称半可变电容器，其容量不经常调节。图 4-21（a）是两种常见微调电容器实物外形，微调电容器用图 4-21（b）电路图形符号表示。

2. 结构

微调电容器是由一片动片和一片定片构成。微调电容器的结构如图 4-22 所示，动片与转轴连接在一起，当转动转轴时，动片也随之转动，动、定片的相对面积就会发生变化，电容器的容量就会变化。

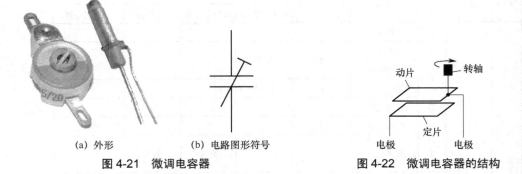

　(a) 外形　　　　　(b) 电路图形符号

图 4-21　微调电容器　　　　　　　　图 4-22　微调电容器的结构

3. 种类

微调电容器可分为云母微调电容器、瓷介微调电容器、薄膜微调电容器和拉线微调电容器等。

云母微调电容器一般是通过螺钉调节动、定片之间的距离来改变容量。

瓷介微调电容器、薄膜微调电容器一般是通过改变动、定片之间的相对面积来改变容量。

拉线微调电容器是以瓷管内壁镀银层为定片，外面缠绕的细金属丝为动片，减小金属丝的圈数，就可改变容量。这种电容器的容量只能从大调到小。

4. 检测

在检测微调电容器时，万用表拨至×10kΩ 挡，测量微调电容器两引脚之间的电阻，如图 4-23 所示，正常测得的阻值应为无穷大。然后转动旋钮，同时观察阻值大小，正常阻值应始终为无穷大，若转动时出现阻值为 0 或阻值变小，说明电容器动、定片之间存在短路或漏电。

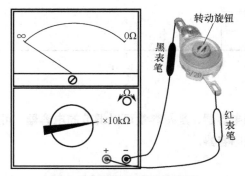

图 4-23　微调电容器的检测

4.2.2　单联电容器

1. 外形与符号

单联电容器是由多个连接在一起的金属片为定片，以多个与金属转轴连接的金属片为动片构成。单联电容器如图 4-24 所示。

2. 结构

单联电容器的结构如图 4-25 所示，它是由多个连接在一起的金属片为定片，而将多个与金属转轴连接的金属片为动片，再将定片与动片的金属片交差且相互绝缘叠在一起，当转动转轴时，各个定片与动片之间的相对面积就会发生变化，整个电容器的容量就会变化。

(a) 外形　　(b) 电路图形符号
图 4-24　单联电容器

图 4-25　单联电容器的结构

4.2.3　多联电容器

1. 外形与符号

多联电容器是指将两个或两个以上的可变电容器结合在一起而构成的电容器，在调节时，这些电容器容量会同时变化。 常见的多联电容器有双联电容器和四联电容器。多联电容器如图 4-26 所示。

2. 结构

多联电容器虽然种类较多，但结构大同小异，下面以图 4-27 所示的双联电容器为例说明。双联电容器有两组动片和两组定片构成，两组动片都与金属转轴相连，而各组定片都是独立的，当转动转轴时，与转轴连动的两组动片都会移动，它们与各自对应定片的相对面积会同时变化，两个电容器的容量被同时调节。

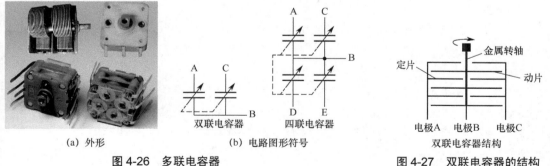

(a) 外形　　　　　　(b) 电路图形符号
图 4-26　多联电容器

双联电容器结构
图 4-27　双联电容器的结构

3. 用数字万用表检测双联可变电容器

用数字万用表检测双联可变电容器的电容量如图 4-28 所示。双联可变电容器内部有两个可变电容器，图 4-28（a）是测量其中一个可变电容器，另一个可变电容器可用同样的方法测量。

可变电容器
的检测

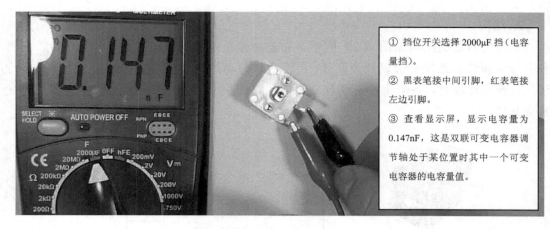

① 挡位开关选择 2000μF 挡（电容量挡）。

② 黑表笔接中间引脚，红表笔接左边引脚。

③ 查看显示屏，显示电容量为0.147nF，这是双联可变电容器调节轴处于某位置时其中一个可变电容器的电容量值。

（a）测量双联电容器其中一个可变电容器的电容量

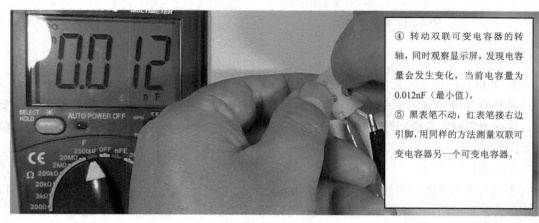

④ 转动双联可变电容器的转轴，同时观察显示屏，发现电容量会发生变化，当前电容量为0.012nF（最小值）。

⑤ 黑表笔不动，红表笔接右边引脚，用同样的方法测量双联可变电容器另一个可变电容器。

（b）调节转轴察看可变电容器的电容量是否变化

图 4-28　用数字万用表检测双联可变电容器的电容量

第5章　电感器与变压器

5.1　电感器

5.1.1　外形与符号

将导线在绝缘支架上绕制一定的匝数（圈数）就构成了电感器。常见的电感器的实物外形如图 5-1（a）所示，**根据绕制的支架不同，电感器可分为空心电感器（无支架）、磁芯电感器（磁性材料支架）和铁芯电感器（硅钢片支架），**电感器的电路符号如图 5-1（b）所示。

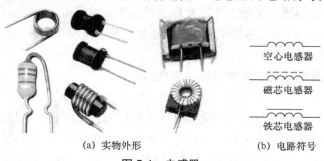

空心电感器

磁芯电感器

铁芯电感器

（a）实物外形　　　　　　　　（b）电路符号

图 5-1　电感器

5.1.2　主要参数与标注方法

1. 主要参数

电感器的主要参数有电感量、误差、品质因数和额定电流等。

（1）电感量

电感器由线圈组成，当电感器通过电流时就会产生磁场，电流越大，产生的磁场越强，穿过电感器的磁场（又称为磁通量 Φ）就越大。实验证明，通过电感器的磁通量 Φ 和通入的电流 I 成正比关系。**磁通量 Φ 与电流的比值称为自感系数，又称电感量 L，**用公式表示为

$$L = \frac{\Phi}{I}$$

电感量的基本单位为亨（利），用 H 表示，此外还有毫亨（mH）和微亨（μH）。它们之间的关系为

$$1H = 10^3 mH = 10^6 \mu H$$

电感器的电感量大小主要与线圈的匝数（圈数）、绕制方式和磁芯材料等有关。线圈匝数越多、绕制的线圈越密集，电感量就越大；有磁芯的电感器比无磁芯的电感量大；电感器的磁芯磁导率越高，电感量就越大。

（2）误差

误差是指电感器上标称电感量与实际电感量的差距。对于精度要求高的电路，电感器的

允许误差范围通常为±0.2%～±0.5%，一般的电路可采用误差为±10%～±15%的电感器。

（3）品质因数（Q值）

品质因数也称 Q 值，是衡量电感器质量的主要参数。品质因素是指当电感器两端加某一频率的交流电压时，其感抗 X_L（$X_L=2\pi fL$）与直流电阻 R 的比值。 用公式表示为

$$Q = \frac{X_L}{R}$$

从上式可以看出，感抗越大或直流电阻越小，品质因素就越大。电感器对交流信号的阻碍称为感抗，其单位为欧姆（Ω）。电感器的感抗大小与电感量有关，电感量越大，感抗越大。

提高品质因素既可通过提高电感器的电感量来实现，也可通过减小电感器线圈的直流电阻来实现。例如，粗线圈绕制而成的电感器，直流电阻较小，其 Q 值高；有磁芯的电感器较空心电感器的电感量大，其 Q 值也高。

（4）额定电流

额定电流是指电感器在正常工作时允许通过的最大电流值。 电感器在使用时，流过的电流不能超过额定电流，否则电感器就会因发热而使性能参数发生改变，甚至会因过流而烧坏。

2. **参数标注方法**

电感器的参数标注方法主要有直标法和色标法。

（1）直标法

电感器采用直标法标注时，一般会在外壳上标注电感量、误差和额定电流值。图 5-2 列出了几个采用直标法标注的电感器。在标注电感量时，通常会将电感量值及单位直接标出。在标注误差时，用Ⅰ、Ⅱ、Ⅲ分别表示±5%、±10%、±20%。在标注额定电流时，用 A、B、C、D、E 分别表示 50mA、150mA、300mA、0.7A 和 1.6A。

（2）色标法

色标法是采用色点或色环标在电感器上来表示电感量和误差的方法。色码电感器采用色标法标注，其电感量和误差标注方法同色环电阻器，单位为 μH。色码电感器的各种颜色含义及代表的数值与色环电阻器相同，具体如表 3-2 所示。色码电感器颜色的排列顺序方法也与色环电阻器相同。色码电感器与色环电阻器识读不同仅在于单位不同。

色码电感器的识别如图 5-3 所示，图中的色码电感器上标注"红棕黑银"表示电感量为 21μH，误差为±10%。

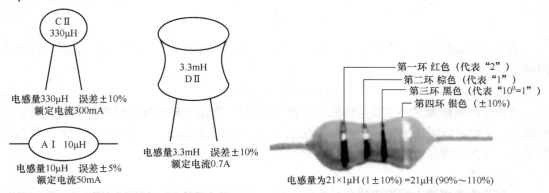

图 5-2　采用直标法标注电感的参数　　　图 5-3　色码电感器的识别

5.1.3　电感器"通直阻交"与感抗说明

电感器具有"通直阻交"的性质。电感器的"通直阻交"是指电感器对通过的直流信号阻碍很小，直流信号可以很容易通过电感器，而交流信号通过时会受到较大的阻碍。

电感器对通过的交流信号有较大的阻碍，这种阻碍称为感抗，感抗用 X_L 表示，感抗的单位是欧姆（Ω）。电感器的感抗大小与自身的电感量和交流信号的频率有关，感抗大小可以用以下公式计算：

$$X_L = 2\pi f L$$

式中，X_L 表示感抗（Ω）；f 表示交流信号的频率（Hz）；L 表示电感器的电感量（H）。

由上式可以看出：交流信号的频率越高，电感器对交流信号的感抗越大；电感器的电感量越大，对交流信号感抗也越大。

举例：在图 5-4 所示的电路中，交流信号的频率为 50Hz，电感器的电感量为 200mH，那么电感器对交流信号的感抗就为

$$X_L = 2\pi f L = 2\times3.14\times50\times200\times10^{-3}\Omega = 62.8\Omega$$

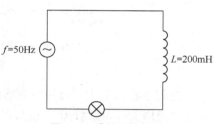

图 5-4　感抗计算例图

5.1.4　电感器"阻碍变化的电流"说明

电感器具有"阻碍变化的电流"性质，当变化的电流流过电感器时，电感器会产生自感电动势来阻碍变化的电流。电感器"阻碍变化的电流"性质说明如图 5-5 所示。

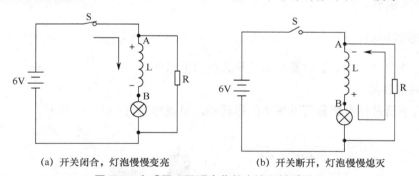

(a) 开关闭合，灯泡慢慢变亮　　　　　(b) 开关断开，灯泡慢慢熄灭

图 5-5　电感器"阻碍变化的电流"性质说明

在图 5-5（a）中，当开关 S 闭合时，会发现灯泡不是马上亮起来，而是慢慢亮起来。这是因为当开关闭合后，有电流流过电感器，这是一个增大的电流（从无到有），电感器马上产生自感电动势来阻碍电流增大，其极性是 A 正 B 负，该电动势使 A 点电位上升，电流从 A 点流入较困难，也就是说电感器产生的这种电动势对电流有阻碍作用。由于电感器产生 A 正 B 负自感电动势的阻碍，流过电感器的电流不能一下子增大，而是慢慢增大，所以灯泡慢慢变亮。当电流不再增大（即电流大小恒定）时，电感器上的电动势消失，灯泡亮度也就不变了。

如果将开关 S 断开，如图 5-5（b）所示，会发现灯泡不是马上熄灭，而是慢慢暗下来。

这是因为当开关断开后，流过电感器的电流突然变为 0，也就是说流过电感器的电流突然变小（从有到无），电感器马上产生 A 负 B 正的自感电动势，由于电感器、灯泡和电阻器 R 连接成闭合回路，电感器的自感电动势会产生电流流过灯泡，电流方向是：电感器 B 正→灯泡→电阻器 R→电感器 A 负。开关断开后，该电流维持灯泡继续发光，随着电感器上的电动势逐渐降低，流过灯泡的电流慢慢减小，灯泡也就慢慢变暗。

从上面的电路分析可知，**只要流过电感器的电流发生变化（不管是增大还是减小），电感器都会产生自感电动势，电动势的方向总是阻碍电流的变化。**

电感器"阻碍变化的电流"性质非常重要，在以后的电路分析中经常要用到该性质。为了让大家能更透彻理解电感器这个性质，再来看图 5-6 中两个例子。

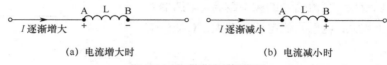

(a) 电流增大时　　　　　　　　　(b) 电流减小时

图 5-6　电感器性质解释图

在图 5-6（a）中，流过电感器的电流是逐渐增大的，电感器会产生 A 正 B 负的电动势阻碍电流增大（可理解为 A 点为正，A 点电位升高，电流通过较困难）；在图 5-6（b）中，流过电感器的电流是逐渐减小的，电感器会产生 A 负 B 正的电动势阻碍电流减小（可理解为 A 点为负时，A 点电位低，吸引电流流过来，阻碍它减小）。**电感器产生的自感电动势大小与电感量及流过的电流变化有关，电流变化率（$\Delta I/\Delta t$）越大，产生的电动势越高。如果流过电感器的电流恒定不变，电感器就不会产生自感电动势。在电流变化率一定时，电感量越大，产生的电动势越高。**

5.1.5　电感器种类

电感器种类较多，下面主要介绍几种典型的电感器。

1. 可调电感器

可调电感器是指电感量可以调节的电感器。 可调电感器如图 5-7 所示。

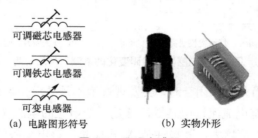

可调磁芯电感器

可调铁芯电感器

可变电感器

(a) 电路图形符号　　　　　　　　(b) 实物外形

图 5-7　可调电感器

可调电感器是通过调节磁芯在线圈中的位置来改变电感量，磁芯进入线圈内部越多，电感器的电感量越大。 如果电感器没有磁芯，可以通过减少或增多线圈的匝数来降低或提高电感器的电感量。另外，改变线圈之间的疏密程度也能调节电感量。

2. 高频扼流圈

高频扼流圈又称高频阻流圈，它是一种电感量很小的电感器，常用在高频电路中，其电路符号如图 5-8（a）所示。

图 5-8　高频扼流圈

高频扼流圈又分为空心和磁芯，空心高频扼流圈多用较粗铜线或镀银铜线绕制而成，可以通过改变匝数或匝距来改变电感量；磁芯高频扼流圈用铜线在磁芯材料上绕制一定的匝数构成，其电感量可以通过调节磁芯在线圈中的位置来改变。

高频扼流圈在电路中的作用是"阻高频，通低频"。 如图 5-8（b）所示，当高频扼流圈输入高、低频信号和直流信号时，高频信号不能通过，只有低频和直流信号能通过。

3. 低频扼流圈

低频扼流圈又称低频阻流圈，是一种电感量很大的电感器，常用在低频电路（如音频电路和电源滤波电路）中，其电路符号如图 5-9（a）所示。

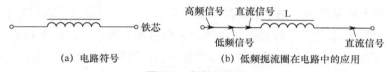

图 5-9　低频扼流圈

低频扼流圈是用较细的漆包线在铁芯（硅钢片）或铜芯上绕制很多匝数制成的。**低频扼流圈在电路中的作用是"通直流，阻低频"。** 如图 5-9（b）所示，当低频扼流圈输入高、低频和直流时，高、低频信号均不能通过，只有直流信号才能通过。

4. 色码电感器

色码电感器是一种高频电感线圈，它是在磁芯上绕上一定匝数的漆包线，再用环氧树脂或塑料封装而制成的。 色码电感器的工作频率范围一般在 10kHz～200MHz 之间，电感量在 0.1～3300μH 范围内。色码电感器是具有固定电感量的电感器，其电感量标注与识读方法与色环电阻器相同，但色码电感器的电感量单位为 μH。

5.1.6　电感器的串联与并联

1. 电感器的串联

电感器的串联如图 5-10 所示。

电感器串联时具有以下特点：

① 流过每个电感器的电流大小都相等；

② 总电感量等于每个电感器电感量之和，即 $L=L_1+L_2$；

③ 电感器两端电压大小与电感量成正比，即 $U_1/U_2=L_1/L_2$。

2. 电感器的并联

电感器的并联如图 5-11 所示。

电感器并联时具有以下特点：

① 每个电感器两端电压都相等；

② 总电感量的倒数等于每个电感器电感量倒数之和，即 $1/L=1/L_1+1/L_2$；

③ 流过电感器的电流大小与电感量成反比，即 $I_1/I_2=L_2/L_1$。

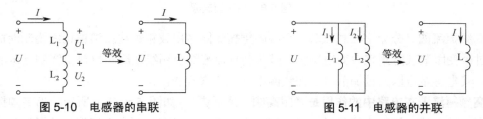

图 5-10　电感器的串联　　　　　　图 5-11　电感器的并联

5.1.7　用指针万用表检测电感器

电感器的电感量和 Q 值一般用专门的电感测量仪和 Q 表来测量，一些功能齐全的万用表也具有电感量测量功能。电感器常见的故障有开路和线圈匝间短路。

电感器实际上就是线圈，由于线圈的电阻一般比较小，测量时一般用万用表的×1Ω挡，电感器的检测如图 5-12 所示。线径粗、匝数少的电感器电阻小，接近于 0Ω，线径细、匝数多的电感器阻值较大。在测量电感器时，万用表可以很容易检测出是否开路（开路时测出的电阻为无穷大），但很难判断它是否匝间短路，因为电感器匝间短路时电阻减小很少，解决方法是：当怀疑电感器匝间有短路，万用表又无法检测出来时，可更换新的同型号电感器，故障排除则说明原电感器已损坏。

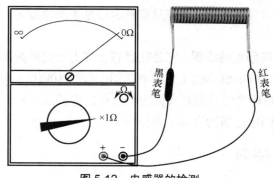

图 5-12　电感器的检测

电感器的检测

5.1.8　用数字万用表检测电感器的通断

用数字万用表检测电感器的通断如图 5-13 所示，图中测得电感器的电阻值为 0.04Ω，电感器正常。若测量显示溢出符号"OL"，则电感器开路。

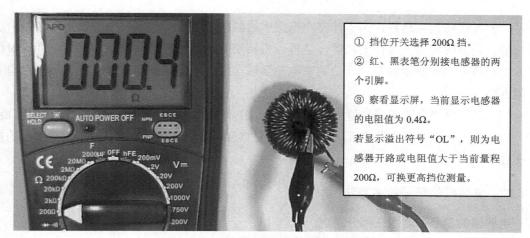

① 挡位开关选择 200Ω 挡。

② 红、黑表笔分别接电感器的两个引脚。

③ 察看显示屏，当前显示电感器的电阻值为 0.4Ω。

若显示溢出符号 "OL"，则为电感器开路或电阻值大于当前量程 200Ω，可换更高挡位测量。

图 5-13　用数字万用表检测电感器的通断

5.1.9　用电感表测量电感器的电感量

测量电感器的电感量可使用电感表，也可以使用具有电感量测量功能的数字万用表。图 5-14 是用电感电容两用表测量电感器的电感量，测量时选择 2mH 挡，红、黑表笔接电感器的两个引脚，显示屏显示电感量为 0.343mH，即 343μH。

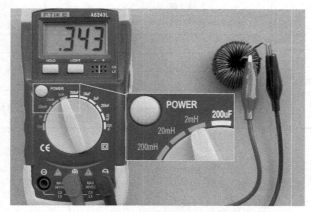

图 5-14　用电感电容两用表测量电感器的电感量

5.1.10　电感器的选用

在选用电感器时，要注意以下几点：

（1）选用电感器的电感量必须与电路要求一致，额定电流选大一些不会影响电路。

（2）选用电感器的工作频率要适合电路。低频电路一般选用硅钢片铁芯或铁氧体磁芯的电感器，而高频电路一般选用高频铁氧体磁芯或空心的电感器。

（3）对于不同的电路，应该选用相应性能的电感器；在检修电路时，如果遇到损坏的电感器，并且该电感器功能比较特殊，通常需要用同型号的电感器更换。

（4）在更换电感器时，不能随意改变电感器的线圈匝数、间距和形状等，以免电感器的电感量发生变化。

（5）对于可调电感器，为了让它在电路中达到较好的效果，可将电感器接在电路中进行调节。调节时可借助专门的仪器，也可以根据实际情况凭直觉调节，如调节电视机中与图像处理有关的电感器时，可一边调节电感器磁芯，一边观察画面质量，质量最佳时调节就最准确。

（6）对于色码电感器或小型固定电感器，当电感量、额定电流相同时，一般可以代换。

（7）对于有屏蔽罩的电感器，在使用时需要将屏蔽罩与电路地连接，以提高电感器的抗干扰性。

5.1.11 电感器的型号命名方法

电感器的型号命名由三部分组成：

第一部分用字母表示主称为电感线圈。

第二部分用字母与数字混合或数字来表示电感量。

第三部分用字母表示误差范围。

电感器的型号命名及含义如表 5-1 所示。

表 5-1　电感器的型号命名及含义

第一部分：主称		第二部分：电感量			第三部分：误差范围	
字母	含义	数字与字母	数字	含义	字母	含义
L 或 PL	电感线圈	2R2	2.2	2.2μH	J	±5%
		100	10	10μH	K	±10%
		101	100	100μH		
		102	1000	1mH	M	±20%
		103	10000	10mH		

5.2　变压器

5.2.1　外形与符号

变压器可以改变交流电压或交流电流的大小。变压器如图 5-15 所示。

(a) 实物外形　　　　(b) 电路图形符号

图 5-15　变压器

5.2.2　结构原理

1. 结构

两组相距很近、又相互绝缘的线圈就构成了变压器。变压器的结构如图 5-16 所示，从图中可以看出，**变压器主要是由绕组和铁芯组成**。绕组通常是由漆包线（在表面涂有绝缘层的导线）或纱包线绕制而成，**与输入信号连接的绕组称为一次绕组（或称为初级线圈），输出信号的绕组称为二次绕组（或称为次级线圈）。**

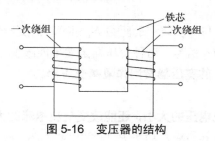

图 5-16　变压器的结构

2. 工作原理

变压器是利用电-磁和磁-电转换原理工作的。下面以图 5-17 所示电路来说明变压器的工作原理。

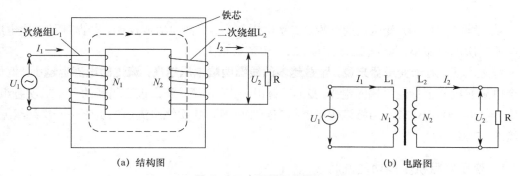

（a）结构图　　　　　　　　　　　（b）电路图

图 5-17　变压器工作原理

当交流电压 U_1 送到变压器的一次绕组 L_1 两端时（L_1 的匝数为 N_1），有交流电流 I_1 流过 L_1，L_1 马上产生磁场，磁场的磁感线沿着导磁良好的铁芯穿过二次绕组 L_2（其匝数为 N_2），有磁感线穿过 L_2，L_2 上马上产生感应电动势，此时 L_2 相当一个电源，由于 L_2 与电阻 R 连接成闭合电路，L_2 就有交流电流 I_2 输出并流过电阻 R，R 两端的电压为 U_2。

变压器的一次绕组进行电-磁转换，而二次绕组进行磁-电转换。

5.2.3　变压器"变压"和"变流"说明

变压器可以改变交流电压大小，也可以改变交流电流大小。

1. 改变交流电压

变压器既可以升高交流电压，也能降低交流电压。在忽略电能损耗的情况下，变压器一次电压 U_1、二次电压 U_2 与一次绕组匝数 N_1、二次绕组匝数 N_2 的关系为

$$\frac{U_1}{U_2} = \frac{N_1}{N_2} = n$$

式中，n 称作匝数比或电压比。由上面的式子可知：

① 当二次绕组匝数 N_2 多于一次绕组的匝数 N_1 时，二次电压 U_2 就会高于一次电压 U_1。

即 $n=\dfrac{N_1}{N_2}<1$ 时，变压器可以提升交流电压，故电压比 **$n<1$ 的变压器称为升压变压器**。

② 当二次绕组匝数 N_2 少于一次绕组的匝数 N_1 时，变压器能降低交流电压，故 **$n>1$ 的变压器称为降压变压器**。

③ 当二次绕组匝数 N_2 与一次绕组的匝数 N_1 相等时，变压器不会改变交流电压的大小，即一次电压 U_1 与二次电压 U_2 相等。这种变压器虽然不能改变电压大小，但能对一次、二次电路进行电气隔离，故 **$n=1$ 的变压器常用作隔离变压器**。

2. 改变交流电流

变压器不但能改变交流电压的大小，还能改变交流电流的大小。由于变压器对电能损耗很少，可忽略不计，故变压器的输入功率 P_1 与输出功率 P_2 相等，即

$$P_1=P_2$$
$$U_1 \cdot I_1 = U_2 \cdot I_2$$
$$\frac{U_1}{U_2}=\frac{I_2}{I_1}$$

从上面公式可知，变压器的一次、二次电压与一、二次电流成反比。若提升了二次电压，就会使二次电流减小；降低二次电压，二次电流会增大。

综上所述，**对于变压器来说，匝数越多的线圈两端电压越高，流过的电流也越小**。例如，某个电源变压器上标注"输入电压 220V，输出电压 6V"，那么该变压器的一、二次绕组匝数比 $n=220/6=110/3\approx37$，当将该变压器接在电路中时，二次绕组流出的电流是一次绕组流入电流的 37 倍。

5.2.4　变压器阻抗变换功能说明

1. 阻抗变换原理

根据最大功率传输定理可知：**负载要从信号源获得最大功率的条件是负载的电阻（阻抗）与信号源的内阻相等。负载的电阻与信号源的内阻相等又称两者阻抗匹配**。但很多电路的负载阻抗与信号源的内阻并不相等，这种情况下可采用变压器进行阻抗变换，同样可实现最大功率传输。下面以图 5-18 所示电路为例来说明变压器的阻抗变换原理。

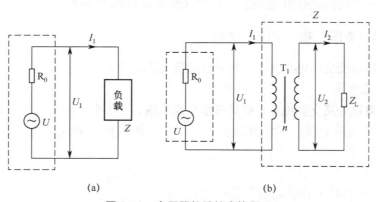

(a)　　　　　　　　　　　　(b)

图 5-18　变压器的阻抗变换原理

在图 5-18（a）中，要负载从信号源中获得最大功率，需让负载的阻抗 Z 与信号源内阻 R_0 相等，即 $Z=R_0$。这里的负载可以是一个元件，也可以是一个电路，它的阻抗可以用 $Z=\dfrac{U_1}{I_1}$ 表示。现假设负载是图 5-18（b）虚线框内由变压器和电阻组成的电路，该负载的阻抗 $Z=\dfrac{U_1}{I_1}$，变压器的匝数比为 n，电阻的阻抗为 Z_L，根据变压器改变电压的规律 $\left(\dfrac{U_1}{U_2}=\dfrac{I_2}{I_1}=n\right)$ 可得到下式，即

$$Z = \frac{U_1}{I_1} = \frac{nU_2}{\frac{1}{n}I_2} = n^2\frac{U_2}{I_2} = n^2 Z_L$$

从上式可以看出，变压器与电阻组成电路的总阻抗 Z 是电阻阻抗 Z_L 的 n^2 倍，即 $Z=n^2 Z_L$。如果让总阻抗 Z 等于信号源的内阻 R_0，变压器和电阻组成的电路就能从信号源获得最大功率。又因为变压器不消耗功率，所以功率全传送给真正负载（电阻），达到功率最大程度传送目的。由此可以看出：通过变压器的阻抗变换作用，真正负载的阻抗不须与信号源内阻相等，同样能实现功率最大传输。

2. 变压器阻抗变换的应用举例

如图 5-19 所示，音频信号源内阻 $R_0=72\Omega$，而扬声器的阻抗 $Z_L=8\Omega$，如果将两者按图 5-19（a）的方法直接连接起来，扬声器将无法获得最大功率。这时可使用变压器进行阻抗变换来让扬声器获得最大功率，如图 5-19（b）所示。至于选择匝数比 n 为多少的变压器，可用 $R_0=n^2 Z_L$ 计算，结果可得到 $n=3$。也就是说，只要在音频信号源和扬声器之间接一个匝数比 $n=3$ 的变压器，扬声器就可以从音频信号源获得最大功率的音频信号，从而发出最大的声音。

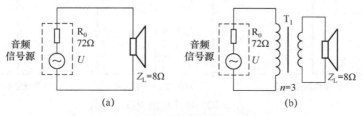

图 5-19　变压器阻抗变换应用举例

5.2.5　特殊绕组变压器

前面介绍的变压器一、二次绕组分别只有一组绕组，实际应用中经常会遇到其他一些形式绕组的变压器。

1. 多绕组变压器

多绕组变压器的一、二次绕组由多个绕组组成，图 5-20（a）是一种典型的多个绕组的变压器，如果将 L_1 作为一次绕组，那么 L_2、L_3、L_4 都是二次绕组，L_1 绕组上的电压与其他绕组的电压关系都满足 $\dfrac{U_1}{U_2}=\dfrac{N_1}{N_2}$。

例如，$N_1=1000$、$N_2=200$、$N_3=50$、$N_4=10$，当 $U_1=220V$ 时，U_2、U_3、U_4 电压分别是 44V、

11V 和 2.2V。

对于多绕组变压器，各绕组的电流不能按 $\dfrac{U_1}{U_2}=\dfrac{I_2}{I_1}$ 来计算，而遵循 $P_1=P_2+P_3+P_4$，即 $U_1I_1=U_2I_2+U_3I_3+U_4I_4$， 当某个二次绕组接的负载电阻很小时，该绕组流出的电流会很大，其输出功率就增大，其他二次绕组输出电流就会减小，功率也相应减小。

2. 多抽头变压器

多抽头变压器的一、二次绕组由两个绕组构成，除了本身具有四个引出线外，还在绕组内部接出抽头，将一个绕组分成多个绕组。图 5-20（b）是一种多抽头变压器。从图中可以看出，多抽头变压器由抽头分出的各绕组之间电气上是连通的，并且两个绕组之间公用一个引出线，而多绕组变压器各个绕组之间电气上是隔离的。如果将输入电压加到匝数为 N_1 的绕组两端，该绕组称为一次绕组，其他绕组就都是二次绕组，各绕组之间的电压关系都满足 $\dfrac{U_1}{U_2}=\dfrac{N_1}{N_2}$。

3. 单绕组变压器

单绕组变压器又称自耦变压器，它只有一个绕组，通过在绕组中引出抽头而产生一、二次绕组。 单绕组变压器如图 5-20（c）所示。如果将输入电压 U_1 加到整个绕组上，那么整个绕组就为一次绕组，其匝数为（N_1+N_2），匝数为 N_2 的绕组为二次绕组，U_1、U_2 电压关系满足 $\dfrac{U_1}{U_2}=\dfrac{N_1+N_2}{N_2}$。

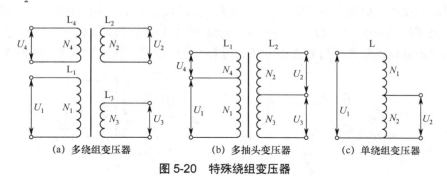

(a) 多绕组变压器　　(b) 多抽头变压器　　(c) 单绕组变压器

图 5-20　特殊绕组变压器

5.2.6　变压器种类

变压器种类较多，可以根据铁芯、用途及工作频率等进行分类。

1. 按铁芯种类分类

变压器按铁芯种类不同，可分为空心变压器、磁芯变压器和铁芯变压器，它们的电路符号如图 5-21 所示。

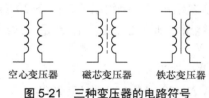

空心变压器　　磁芯变压器　　铁芯变压器

图 5-21　三种变压器的电路符号

空心变压器是指一、二次绕组没有绕制支架的变压器。磁芯变压器是指一、二次绕组绕在磁芯（如铁氧体材料）上构成的变压器。铁芯变压器是指一、二次绕组绕在铁芯（如硅钢片）构成的变压器。

2. 按用途分类

变压器按用途不同，可分为电源变压器、音频变压器、脉冲变压器、恒压变压器、自耦变压器和隔离变压器等。

3. 按工作频率分类

变压器按工作频率不同，可分为低频变压器、中频变压器和高频变压器。

（1）低频变压器

低频变压器是指用在低频电路中的变压器。低频变压器铁芯一般采用硅钢片，常见的铁芯形状有 E 形、C 形和环形，如图 5-22 所示。

E 形铁芯优点是成本低，缺点是磁路中的气隙较大，效率较低，工作时电噪声较大。C 形铁芯是由两块形状相同的 C 形铁芯组合而成，与 E 形铁芯相比，其磁路中气隙较小，性能有所提高。环形铁芯由冷轧硅钢带卷绕而成，磁路中无气隙，漏磁极小，工作时电噪声较小。

常见的低频变压器有电源变压器和音频变压器，如图 5-23 所示。

图 5-22　常见的变压器铁芯　　　　图 5-23　常见的低频变压器

电源变压器的功能是提升或降低电源电压。其中降低电压的降压变压器最为常见，一些手机充电器、小型录音机的外置电源内部都采用降压电源变压器，这种变压器一次绕组匝数多，接 220V 交流电压，而二次绕组匝数少，输出较低的交流电压。在一些优质的功放机中，常采用环形电源变压器。

音频变压器用在音频信号电路中起阻抗变换作用，可让前级电路的音频信号能最大限度传送到后级电路。

（2）中频变压器

中频变压器是指用在中频电路中的变压器。无线电设备采用的中频变压器又称中周，中周是将一、二次绕组绕在尼龙支架（内部装有磁芯）上，并用金属屏蔽罩封装起来而构成的。中周的外形、结构与电路图形符号如图 5-24 所示。

中周常用在收音机和电视机等无线电设备中，主要用来选频（即从众多频率的信号中选出需要频率的信号），调节磁芯在绕组中的位置可以改变一、二次绕组的电感量，就能选取不同频率的信号。

（3）高频变压器

高频变压器是指用在高频电路中的变压器。高频变压器一般采用磁芯或空心，其中采用磁芯的更为多见，最常见的高频变压器就是收音机的磁性天线，其外形和电路图形符号如图 5-25 所示。

外形　　结构　　电路图形符号

图 5-24　中周（中频变压器）

外形　　　　　电路图形符号

图 5-25　磁性天线（高频变压器）

磁性天线的一、二次绕组都绕在磁棒上，一次绕组匝数很多，二次绕组匝数很少。磁性天线的功能是从空间接收无线电波，当无线电波穿过磁棒时，一次绕组上会感应出无线电波信号电压，该电压再感应到二次绕组上，二次绕组上的信号电压送到电路进行处理。磁性天线的磁棒越长，截面积越大，接收下来的无线电波信号也越强。

5.2.7　主要参数

变压器的主要参数有电压比、额定功率、频率特性和效率等。

（1）电压比

变压器的电压比是指一次绕组电压 U_1 与二次绕组电压 U_2 之比，它等于一次绕组匝数 N_1 与二次绕组 N_2 的匝数比，即 $n=\dfrac{U_1}{U_2}=\dfrac{N_1}{N_2}$。

降压变压器的电压比 $n>1$，升压变压器的电压比 $n<1$，隔离变压器的电压比 $n=1$。

（2）额定功率

额定功率是指在规定工作频率和电压下，变压器能长期正常工作时的输出功率。变压器的额定功率与铁芯截面积、漆包线的线径等有关，变压器的铁芯截面积越大、漆包线线径越粗，其输出功率就越大。

一般只有电源变压器才有额定功率参数，其他变压器由于工作电压低、电流小，通常不考虑额定功率。

（3）频率特性

频率特性是指变压器有一定的工作频率范围。不同工作频率范围的变压器，一般不能互换使用，如不能用低频变压器代替高频变压器。当变压器在其频率范围外工作时，会出现温度升高或不能正常工作等现象。

（4）效率

效率是指在变压器接额定负载时，输出功率 P_2 与输入功率 P_1 的比值。变压器效率可用下面的公式计算：

$$\eta=\frac{P_2}{P_1}\times100\%$$

η 值越大，表明变压器损耗越小，效率就越高。变压器的效率值一般在 60%～100% 之间。

5.2.8　用指针万用表检测变压器

在检测变压器时，通常要测量各绕组的电阻、绕组间的绝缘电阻、绕组与铁芯之间的绝缘电阻。下面以图 5-26 所示的电源变压器为例来说明变压器的检测方法。（注：该变压器输入电压为 220V、输出电压为 3V-0V-3V、额定功率为 3VA。)

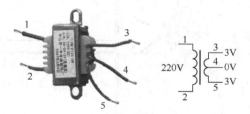

图 5-26 一种常见的电源变压器

变压器的检测步骤如下：

第一步：测量各绕组的电阻。

万用表拨至×100Ω 挡，红、黑表笔分别接变压器的 1、2 端，测量一次绕组的电阻，如图 5-27（a）所示，然后在刻度盘上读出阻值大小。图中显示的是一次绕组的正常阻值，为 1.7kΩ。

若测得的阻值为∞，说明一次绕组开路。

若测得的阻值为 0，说明一次绕组短路。

若测得的阻值偏小，则可能是一次绕组匝间出现短路。

然后万用表拨至×1Ω 挡，用同样的方法测量变压器的 3、4 端和 4、5 端的电阻，正常约几 Ω。

一般来说，变压器的额定功率越大，一次绕组的电阻越小，变压器的输出电压越高，其二次绕组电阻越大（因匝数多）。

第二步：测量绕组间绝缘电阻。

万用表拨至×10kΩ 挡，红、黑表笔分别接变压器一、二次绕组的一端，如图 5-27（b）所示，然后在刻度盘上读出阻值大小。图中显示的阻值为无穷大，说明一、二次绕组间绝缘良好。

若测得的阻值小于无穷大，说明一、二次绕组间存在短路或漏电。

第三步：测量绕组与铁芯间的绝缘电阻。

万用表拨至×10kΩ 挡，红表笔接变压器铁芯或金属外壳，黑表笔接一次绕组的一端，如图 5-27（c）所示，然后在刻度盘上读出阻值大小。图中显示的是阻值为无穷大，说明绕组与铁芯间绝缘良好。

若测得的阻值小于无穷大，说明一次绕组与铁芯间存在短路或漏电。

再用同样的方法测量二次绕组与铁芯间的绝缘电阻。

对于电源变压器，一般还要按图 5-27（d）所示方法测量其空载二次电压。先给变压器的一次绕组接 220V 交流电压，然后用万用表的 10V 交流挡测量二次绕组某两端的电压，测出的电压值应与变压器标称二次绕组电压相同或相近，允许有 5%～10%的误差。若二次绕组所有接线端间的电压都偏高，则一次绕组局部有短路；若二次绕组某两端电压偏低，则该两端间的绕组有短路。

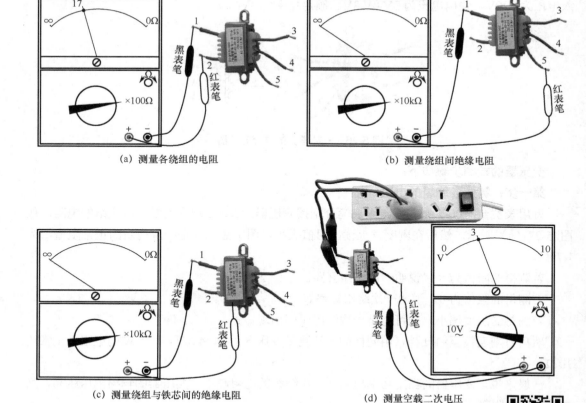

（a）测量各绕组的电阻　　　　　　　　　　　　　（b）测量绕组间绝缘电阻

（c）测量绕组与铁芯间的绝缘电阻　　　　　　　　（d）测量空载二次电压

图 5-27　变压器的检测

变压器的检测

5.2.9　用数字万用表检测变压器

用数字万用表检测变压器如图 5-28 所示，测量内容有变压器一、二次绕组的电阻，一、二次绕组间的绝缘电阻，绕组与金属外壳间的绝缘电阻和二次绕组的输出电压。

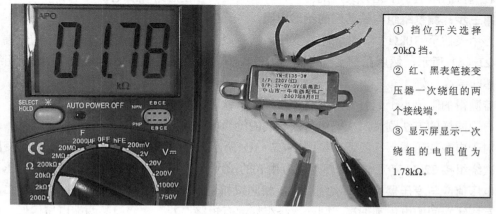

① 挡位开关选择 20kΩ 挡。

② 红、黑表笔接变压器一次绕组的两个接线端。

③ 显示屏显示一次绕组的电阻值为 1.78kΩ。

（a）测量一次绕组的电阻

图 5-28　用数字万用表检测变压器

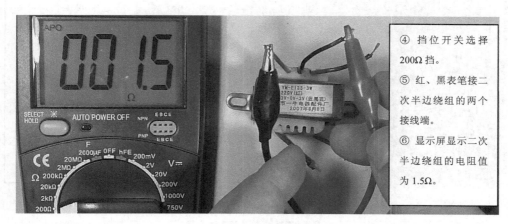

④ 挡位开关选择200Ω 挡。

⑤ 红、黑表笔接二次半边绕组的两个接线端。

⑥ 显示屏显示二次半边绕组的电阻值为 1.5Ω。

（b）测量二次半边绕组的电阻

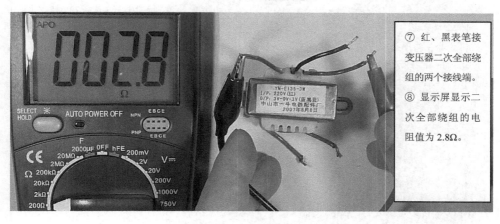

⑦ 红、黑表笔接变压器二次全部绕组的两个接线端。

⑧ 显示屏显示二次全部绕组的电阻值为 2.8Ω。

（c）测量二次全部绕组的电阻

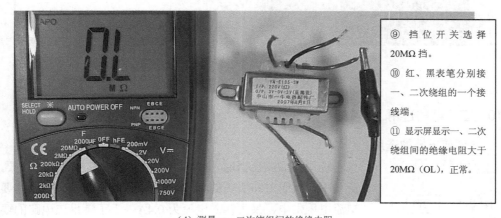

⑨ 挡位开关选择20MΩ 挡。

⑩ 红、黑表笔分别接一、二次绕组的一个接线端。

⑪ 显示屏显示一、二次绕组间的绝缘电阻大于20MΩ（OL），正常。

（d）测量一、二次绕组间的绝缘电阻

图 5-28　用数字万用表检测变压器（续）

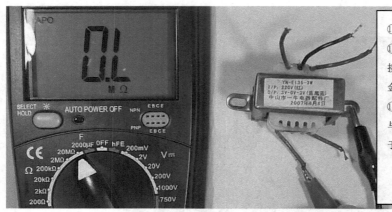

⑫ 选择 20MΩ 挡。

⑬ 红表笔接一次绕组的接线端，黑表笔接变压器金属外壳。

⑭ 显示屏显示一次绕组与金属外壳的绝缘电阻大于 20MΩ（OL），正常。

（e）测量一次绕组与金属外壳间的绝缘电阻

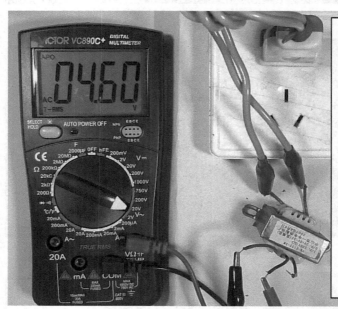

⑮ 挡位开关选择 20V 挡。

⑯ 红、黑表笔接变压器二次半边绕组的两个接线端。

⑰ 给一次绕组两个接线端接上 220V 交流电压。

⑱ 显示屏显示二次半边绕组的输出电压为 4.6V，正常。

⑲ 将红、黑表笔接变压器二次全部绕组的两个接线端，正常测得的电压应在 9V 左右。

（f）测量二次半边绕组的输出电压

图 5-28　用数字万用表检测变压器（续）

5.2.10　变压器的选用

1. 电源变压器的选用

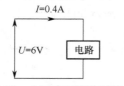

图 5-29　电源变压器选用例图

选用电源变压器时，输入、输出电压要符合电路的需要，额定功率应大于电路所需的功率。如图 5-29 所示，该电路需要 6V 交流电压供电，最大输入电流为 0.4A。为了满足该电路的要求，可选用输入电压为 220V、输出电压为 6V、功率为 3VA（3VA>6V×0.4A）的电源变压器。

对于一般电源电路，可选用 E 形铁芯的电源变压器；若是高保真音频功率放大器的电源电路，则应选用 C 形或环形铁芯的变压器。对于输出电压、输出功率相同且都是铁芯材料的电源变压器，通常可以直接互换。

2. 其他类型的变压器

虽然变压器基本工作原理相同，但由于铁芯材料、绕组形式和引脚排列等不同，造成变压器种类繁多。在设计制作电路时，选用变压器时要根据电路的需要，从结构、电压比、频率特性、工作电压和额定功率等方面考虑。在检修电路中，最好用同型号的变压器替换已损坏的变压器，若无法找到同型号变压器，尽量找到参数相近变压器进行替换。

5.2.11　变压器的型号命名方法

国产变压器的型号命名由以下三部分组成。
第一部分：用字母表示变压器的主称。
第二部分：用数字表示变压器的额定功率。
第三部分：用数字表示序号。

变压器的型号命名及含义如表 5-2 所示。

表 5-2　变压器的型号命名及含义

第一部分：主称		第二部分：额定功率	第三部分：序号
字母	含义		
CB	音频输出变压器		
DB	电源变压器		
GB	高压变压器	用数字表示变压器的额定功率	用数字表示产品的序号
HB	灯丝变压器		
RB 或 JB	音频输入变压器		
SB 或 ZB	扩音机用定阻式音频输送变压器（线间变压器）		
SB 或 EB	扩音机用定压或自耦式音频输送变压器		
KB	开关变压器		

例如 DB-60-2 表示 60VA 电源变压器。

第6章 二 极 管

6.1 半导体与二极管

6.1.1 半导体

导电性能介于导体与绝缘体之间的材料称为半导体，常见的半导体材料有硅、锗和硒等。利用半导体材料可以制作各种各样的半导体元器件，如二极管、三极管、场效应管和晶闸管等都是由半导体材料制作而成的。

1. **半导体的特性**

① **掺杂性。**当往纯净的半导体中掺入少量某些物质时，半导体的导电性就会大大增强。二极管、三极管就是用掺入杂质的半导体制成的。

② **热敏性。**当温度上升时，半导体的导电能力会增强，利用该特性可以将某些半导体制成热敏器件。

③ **光敏性。**当有光线照射半导体时，半导体的导电能力也会显著增强，利用该特性可以将某些半导体制成光敏器件。

2. **半导体的类型**

半导体主要有三种类型：本征半导体、N 型半导体和 P 型半导体。

① 本征半导体。纯净的半导体称为本征半导体，它的导电能力是很弱的，在纯净的半导体中掺入杂质后，导电能力会大大增强。

② N 型半导体。在纯净半导体中掺入五价杂质（原子核最外层有五个电子的物质，如磷、砷和锑等）后，半导体中会有大量带负电荷的电子（因为半导体原子核最外层一般只有四个电子，所以可理解为当掺入五价元素后，半导体中的电子数偏多），这种电子偏多的半导体称为 N 型半导体。

③ P 型半导体。在纯净半导体中掺入三价杂质（如硼、铝和镓）后，半导体中电子偏少，有大量的空穴（可以看作正电荷）产生，这种空穴偏多的半导体称为 P 型半导体。

6.1.2 二极管的结构和符号

1. **构成**

当 P 型半导体（含有大量的正电荷）和 N 型半导体（含有大量的电子）结合在一起时，P 型半导体中的正电荷向 N 型半导体中扩散，N 型半导体中的电子向 P 型半导体中扩散，于是**在 P 型半导体和 N 型半导体中间就形成一个特殊的薄层，这个薄层称为 PN 结**，该过程如图 6-1 所示。

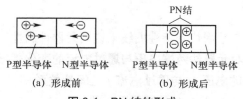

图 6-1　PN 结的形成

从含有 PN 结的 P 型半导体和 N 型半导体两端各引出一个电极并封装起来就构成了二极管，与 P 型半导体连接的电极称为正极（或阳极），用"＋"或"A"表示，与 N 型半导体连接的电极称为负极（或阴极），用"－"或"K"表示。

2. 结构、符号和外形

二极管内部结构、电路图形符号和实物外形如图 6-2 所示。

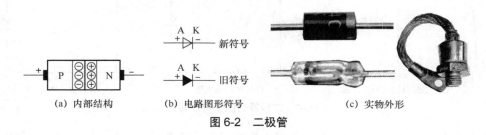

图 6-2　二极管

6.1.3　二极管的单向导电性和伏安特性说明

1. 单向导电性说明

下面通过分析图 6-3 中的两个电路来说明二极管的性质。

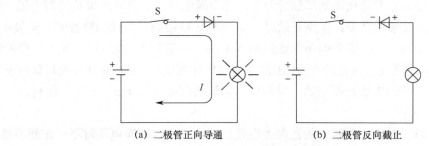

图 6-3　二极管的性质说明

在图 6-3（a）电路中，当闭合开关 S 后，发现灯泡会发光，表明有电流流过二极管，二极管导通；而在图 6-3（b）电路中，当开关 S 闭合后灯泡不亮，说明无电流流过二极管，二极管不导通。通过观察这两个电路中二极管的接法可以发现：在图 6-3（a）电路中，二极管的正极通过开关 S 与电源的正极连接，二极管的负极通过灯泡与电源负极相连；而在图 6-3（b）电路中，二极管的负极通过开关 S 与电源的正极连接，二极管的正极通过灯泡与电源负极相连。

由此可以得出这样的结论：**当二极管正极与电源正极连接，负极与电源负极相连时，二极管能导通；反之，二极管不能导通。二极管这种单方向导通的性质称二极管的单向导电性。**

2. 伏安特性曲线

在电子工程技术中，常采用伏安特性曲线来说明元器件的性质。**伏安特性曲线又称电压电流特性曲线，它用来说明元器件两端电压与通过电流的变化规律。二极管的伏安特性曲线用来说明加到二极管两端的电压 U 与通过电流 I 之间的关系。**

二极管的伏安特性曲线如图 6-4（a）所示，图 6-4（b）、（c）则是为解释伏安特性曲线而画的电路。

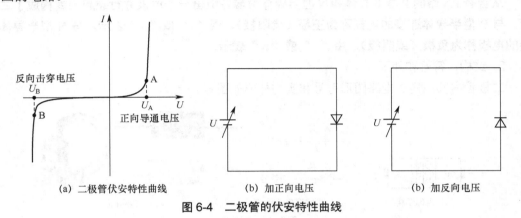

（a）二极管伏安特性曲线　　　　　（b）加正向电压　　　　　（b）加反向电压

图 6-4　二极管的伏安特性曲线

在图 6-4（a）的坐标图中，第一象限内的曲线表示二极管的正向特性，第三象限内的曲线则表示二极管的反向特性。下面从两方面来分析伏安特性曲线。

（1）正向特性

正向特性是指给二极管加正向电压（二极管正极接高电位，负极接低电位）时的特性。在图 6-4（b）电路中，电源直接接到二极管两端，此电源电压对二极管来说是正向电压。将电源电压 U 从 0V 开始慢慢调高，在刚开始时，由于电压 U 很低，流过二极管的电流极小，可认为二极管没有导通，只有当正向电压达到图 6-4（a）所示的 U_A 电压时，流过二极管的电流急剧增大，二极管导通。这里的 U_A 电压称为正向导通电压，又称门电压（或阈值电压）。不同材料的二极管，其门电压是不同的，硅材料二极管的门电压为 0.5～0.7V，锗材料二极管的门电压为 0.2～0.3V。

从上面的分析可以看出，**二极管的正向特性是：当二极管加正向电压时不一定能导通，只有正向电压达到门电压时，二极管才能导通。**

（2）反向特性

反向特性是指给二极管加反向电压（二极管正极接低电位，负极接高电位）时的特性。在图 6-4（c）电路中，电源直接接到二极管两端，此电源电压对二极管来说是反向电压。将电源电压 U 从 0V 开始慢慢调高，在反向电压不高时，没有电流流过二极管，二极管不能导通。当反向电压达到图 6-4（a）所示 U_B 电压时，流过二极管的电流急剧增大，二极管反向导通了，这里的 U_B 电压称为反向击穿电压。反向击穿电压一般很高，远大于正向导通电压，不同型号的二极管反向击穿电压不同，低的十几伏，高的有几千伏。普通二极管反向击穿导通后通常是损坏性的，所以反向击穿导通的普通二极管一般不能再使用。

从上面的分析可以看出，**二极管的反向特性是：当二极管加较低的反向电压时不能导通，但反向电压达到反向击穿电压时，二极管会反向击穿导通。**

二极管的正、反向特性与生活中的开门类似：当你从室外推门（门是朝室内开的）时，如果力很小，门是推不开的，只有力气较大时门才能被推开，这与二极管加正向电压，只有达到门电压才能导通相似；当你从室内往外推门时，是很难推开的，但如果推门的力气非常大，门也会被推开。不过，门被推开的同时一般也就损坏了。这与二极管加反向电压时不能导通，但反向电压达到反向击穿电压（电压很高）时，二极管会击穿导通相似。

6.1.4　二极管的主要参数

（1）最大整流电流 I_F

二极管长时间使用时允许流过的最大正向平均电流称为最大整流电流，或称作二极管的额定工作电流。 当流过二极管的电流大于最大整流电流时，二极管容易被烧坏。二极管的最大整流电流与 PN 结面积、散热条件有关。PN 结面积大的面接触型二极管的 I_F 大，点接触型二极管的 I_F 小；金属封装二极管的 I_F 大，而塑封二极管的 I_F 小。

（2）最高反向工作电压 U_R

最高反向工作电压是指二极管正常工作时两端能承受的最高反向电压。 最高反向工作电压一般为反向击穿电压的一半。在高压电路中需要采用 U_R 大的二极管，否则二极管易被击穿损坏。

（3）最大反向电流 I_R

最大反向电流是指二极管两端加最高反向工作电压时流过的反向电流。 该值越小，表明二极管的单向导电性越佳。

（4）最高工作频率 f_M

最高工作频率是指二极管在正常工作条件下的最高频率。 如果加给二极管的信号频率高于该频率，二极管将不能正常工作。f_M 的大小通常与二极管的 PN 结面积有关，PN 结面积越大，f_M 越低，故点接触型二极管的 f_M 较高，而面接触型二极管的 f_M 较低。

6.1.5　二极管正负极性判别

二极管引脚有正负之分，在电路中乱接，轻则不能正常工作，重则损坏。二极管极性判别可采用下面一些方法。

1. 根据标注或外形判断极性

为了让人们更好地区分出二极管正负极，有些二极管会在表面作一定的标志来指示正负极，有些特殊的二极管，从外形也可找出正负极。

在图 6-5 中，左上方的二极管表面标有二极管符号，其中三角形端对应的电极为正极，另一端为负极；左下方的二极管标有白色圆环的一端为负极；右方的二极管金属螺栓为负极，另一端为正极。

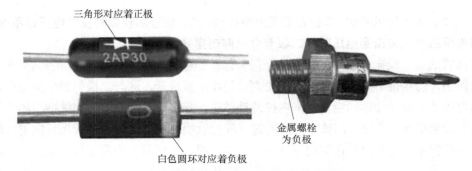

图6-5　根据标注或外形判断二极管的极性

2. 用指针万用表判断极性

对于没有标注极性或无明显外形特征的二极管，可用指针万用表的欧姆挡来判断极性。万用表拨至×100Ω 或×1kΩ 挡，测量二极管两个引脚之间的阻值，正、反各测一次，会出现阻值一大一小，如图6-6 所示。以阻值小的一次为准，如图6-6（a）所示，黑表笔接的为二极管的正极，红表笔接的为二极管的负极。

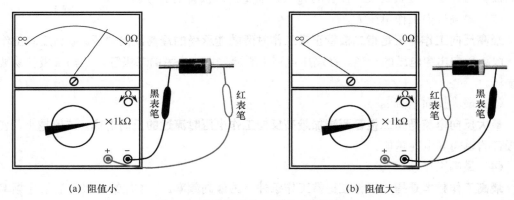

图6-6　用指针万用表判断二极管的极性

3. 用数字万用表判断极性

数字万用表与指针万用表一样，也有欧姆挡，但由于两者测量原理不同，数字万用表欧姆挡无法判断二极管的正负极（数字万用表测量正、反向电阻时阻值都显示无穷大符号"1"），不过数字万用表有一个二极管专用测量挡，可以用该挡来判断二极管的极性。用数字万用表判断二极管极性过程如图6-7 所示。

在检测判断时，数字万用表拨至"▶▌┠"挡（二极管测量专用挡），然后红、黑表笔分别接被测二极管的两极，正、反各测一次，测量会出现一次显示"1"，如图6-7（a）所示，另一次显示100～800 之间的数字，如图6-7（b）所示。以显示100～800 之间数字的那次测量为准，红表笔接的为二极管的正极，黑表笔接的为二极管的负极。在图中，显示"1"表示二极管未导通，显示"585"表示二极管已导通，并且二极管当前的导通电压为585mV（即0.585V）。

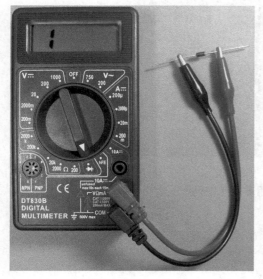
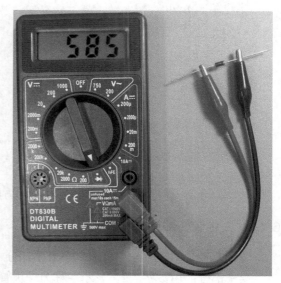

（a）未导通　　　　　　　　　　　　　　　　　　（b）导通

图 6-7　用数字万用表判断二极管极性过程

6.1.6　二极管的常见故障与检测

二极管常见故障有开路、短路和性能不良。

在检测二极管时，万用表拨至×1kΩ 挡，测量二极管正、反向电阻，测量方法与极性判断相同，可参见图 6-6。正常锗材料二极管正向阻值为 1kΩ 左右，反向阻值在 500kΩ 以上；正常硅材料二极管正向电阻为 1～10kΩ，反向电阻为无穷大（注：不同型号万用表测量值略有差距）。也就是说，正常二极管的正向电阻小，反向电阻很大。

若测得二极管正、反电阻均为 0，说明二极管短路。

若测得二极管正、反向电阻均为无穷大，说明二极管开路。

若测得正、反向电阻差距小（即正向电阻偏大，反向电阻偏小），说明二极管性能不良。

6.1.7　用数字万用表检测二极管

整流二极管的检测

用数字万用表检测二极管如图 6-8 所示。测量时，挡位开关选择二极管测量挡，红表笔接二极管的负极，黑表笔接二极管的正极，正常显示屏显示符号"OL"，如图 6-8（a）所示，显示其他数值表示二极管短路或反向漏电。然后将红表笔接二极管的正极，黑表笔接二极管的负极，正常二极管会正向导通，且显示 0.100～0.800V 范围内的数值，如图 6-8（b）所示。该值是二极管正向导通电压。如果显示值为 0.000，则表示二极管短路；显示"OL"，则表示二极管开路。

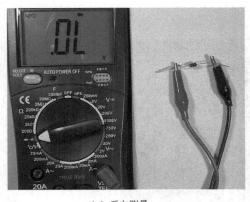 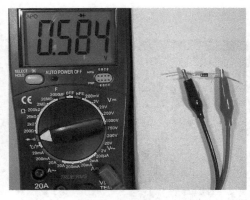

（a）反向测量　　　　　　　　　　　　　　　　（b）正向测量

图 6-8　用数字万用表检测二极管

6.1.8　二极管的型号命名方法

国产二极管的型号命名分为以下五个部分。

第一部分：用数字"2"表示主称为二极管。

第二部分：用字母表示二极管的材料与极性。

第三部分：用字母表示二极管的类别。

第四部分：用数字表示序号。

第五部分：用字母表示二极管的规格号。

国产二极管的型号命名及含义如表 6-1 所示。

表 6-1　国产二极管的型号命名及含义

第一部分：主称		第二部分：材料与极性		第三部分：类别		第四部分：序号	第五部分：规格号
数字	含义	字母	含义	字母	含义		
2	二极管	A	N 型锗材料	P	小信号管（普通管）	用数字表示同一类别产品序号	用字母表示产品规格、档次
				W	电压调整管和电压基准管（稳压管）		
				L	整流堆		
		B	P 型锗材料	N	阻尼管		
				Z	整流管		
				U	光电管		
		C	N 型硅材料	K	开关管		
				B 或 C	变容管		
				V	混频检波管		
		D	P 型硅材料	JD	激光管		
				S	隧道管		
				CM	磁敏管		
		E	化合物材料	H	恒流管		
				Y	体效应管		
				EF	发光二极管		

举例：

2AP9（N 型锗材料普通二极管）	2CW56（N 型硅材料稳压二极管）
2——二极管	2——二极管
A——N 型锗材料	C——N 型硅材料
P——普通型	W——稳压管
9——序号	56——序号

6.2　整流二极管和开关二极管

6.2.1　整流二极管

整流二极管的功能是将交流电转换成直流电。 整流二极管的功能说明如图 6-9 所示。

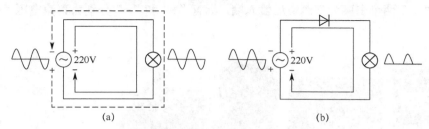

图 6-9　整流二极管的功能说明

在图 6-9（a）中，将灯泡与 220V 交流电源直接连起来。当交流电为正半周时，其电压极性为上正下负，有正半周电流流过灯泡，电流流经途径为：交流电源上正→灯泡→交流电源下负，如实线箭头所示；当交流电为负半周时，其电压极性变为上负下正，有负半周电流流过灯泡，电流流经途径为：交流电源下正→灯泡→交流电源上负，如虚线箭头所示。由于正负半周电流均流过灯泡，灯泡发光，并且光线很亮。

在图 6-9（b）中，在 220V 交流电源与灯泡之间串接一个二极管，会发现灯泡也亮，但亮度较暗。这是因为只有交流电源为正半周（极性为上正下负）时，二极管才导通，而交流电源为负半周（极性为上负下正）时，二极管不能导通，结果只有正半周交流电通过灯泡，故灯泡仍亮，但亮度较暗。图中的**二极管允许交流电一个半周通过而阻止另一个半周通过，其功能称为整流，该二极管称为整流二极管。**

用作整流功能的二极管要求最大整流电流和最高反向工作电压满足电路要求，如图 6-9（b）中的整流二极管在交流电源负半周时截止，它两端要承受 300 多伏电压，如果选用的二极管最高反向工作电压低于该值，二极管会被反向击穿。

表 6-2 列出了一些常用整流二极管的主要参数。

表 6-2　常用整流二极管的主要参数

最高反向工作电压/V　电流规格系列	50	100	200	300	400	500	600	800	1000
1A 系列	1N4001	1N4002	1N4003		1N4004		1N4005	1N4006	1N4007
1.5A 系列	1N5391	1N5392	1N5393	1N5394	1N5395	1N5396	1N5397	1N5398	1N5399

续表

最高反向工作电压/V 电流规格系列	50	100	200	300	400	500	600	800	1000
2A 系列	PS200	PS201	PS202		PS204		PS206	PS208	PS2010
3A 系列	1N5400	1N5401	1N5402	1N5403	1N5404	1N5405	1N5406	1N5407	1N5408
6A 系列	P600A	P600B	P600D		P600G		P600J	P600K	P600L

6.2.2 整流桥堆

1. 外形与结构

桥式整流电路使用了四个二极管，为了方便起见，有些元件厂家将四个二极管做在一起并封装成一个器件，该器件称为整流全桥，其外形与内部连接如图 6-10 所示。**全桥有四个引脚，标有"～"两个引脚为交流电压输入端，标有"+"和"−"分别为直流电压"+"和"−"输出端。**

(a) 外形   (b) 内部连接

图 6-10 整流全桥

2. 功能说明

整流桥堆是由 4 个整流二极管组成的桥式整流电路，其功能是将交流电压转换成直流电压。整流桥堆功能说明如图 6-11 所示。

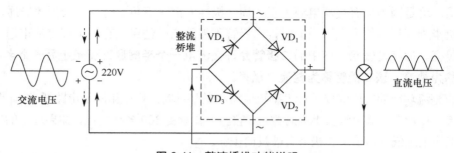

图 6-11 整流桥堆功能说明

整流桥堆有四个引脚，两个"～"端（交流输入端）接交流电压，"+"、"−"端接负载。当交流电压为正半周时，电压的极性为上正下负，整流桥堆内的 VD_1、VD_3 导通，有电流流过负载（灯泡），电流流经途径是：交流电压上正→VD_1→灯泡→VD_3→交流电压下负；当交流电压为负半周时，电压的极性为上负下正，整流桥堆内的 VD_2、VD_4 导通，有电流流过负载（灯泡），电流流经途径是：交流电压下正→VD_2→灯泡→VD_4→交流电压上负。

从上述分析可以看出，由于交流电压正负极性反复变化，故流过整流桥堆"～"端的电流方向也反复变化（比如交流电压为正半周时电流从某个"～"端流入，那么负半周时电流则从该端流出），但整流桥堆"+"端始终流出电流、"−"端始终流入电流，这种方向不变的电流即为直流电流。该电流流过负载时，负载上得到的电压即为直流电压。

3. 引脚极性判别

整流全桥有四个引脚，两个为交流电压输入引脚（两引脚不用区分），两个为直流电压输出引脚（分正引脚和负引脚），在使用时须要区分出各引脚，如果整流全桥上无引脚极性标注，可使用万用表欧姆挡来测量判别。

在判别引脚极性时，万用表选择×1kΩ 挡，黑表笔固定接某个引脚不动，红表笔分别测其他三个引脚，有以下几种情况：

① 如果测得三个阻值均为无穷大，则黑表笔接的为"+"引脚，如图 6-12（a）所示；再将红表笔接已识别的"+"引脚不动，黑表笔分别接其他三个引脚，测得三个阻值会出现两小一大（略大），测得阻值稍大的那次时黑表笔接的为"−"引脚，测得阻值略小的两次时黑表笔接的均为"～"引脚。

② 如果测得三个阻值一小两大（无穷大），则黑表笔接的为一个"～"引脚，在测得阻值小的那次时红表笔接的为"+"引脚，如图 6-12（b）所示；再将红表笔接已识别出的"～"引脚，黑表笔分别接另外两个引脚，测得阻值一小一大（无穷大），在测得阻值小的那次时黑表笔接的为"−"引脚，余下的那个引脚为另一个"～"引脚。

③ 如果测得阻值两小一大（略大），则黑表笔接的为"−"引脚，在测得阻值略大的那次时红表笔接的为"+"引脚，测得阻值略小的两次时黑表笔接的均为"～"引脚，如图 6-12（c）所示。

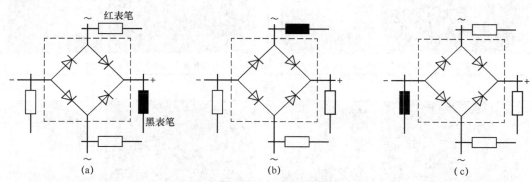

图 6-12　整流全桥引脚极性检测

4. 好坏检测

整流全桥内部由四个整流二极管组成，在检测整流全桥好坏时，应先判明各引脚的极性（如察看全桥上的引脚极性标记），然后用万用表×10kΩ 挡通过外部引脚测量四个二极管的正、反向电阻，如果四个二极管均正向电阻小、反向电阻无穷大，则整流全桥正常。

5. 用数字万用表检测整流全桥

用数字万用表检测整流全桥如图 6-13 所示。测量时，挡位开关选择二极

整流桥的检测

管测量挡，显示符号"OL"表示测量时内部未导通，显示"0.924（或相近数字）"表示测量时内部有两个二极管串联且均正向导通，显示"0.492（或相近数字）"表示测量时内部有一个二极管且正向导通。

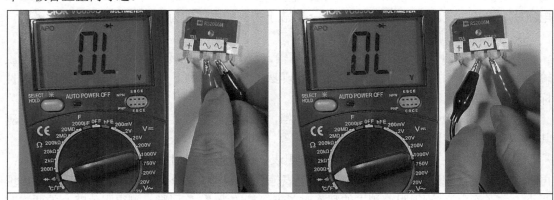

正、反向测量"～"、"～"端，正、反向均显示"OL"，表示测量时正、反向均不导通

（a）正、反向测量"～"、"～"端

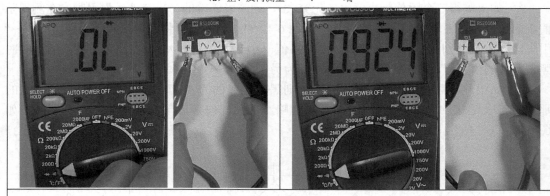

正、反向测量"+"、"-"端，显示"0.924V"，表示测量时内部有两个二极管串联且均正向导通

（b）正、反向测量"+"、"-"端

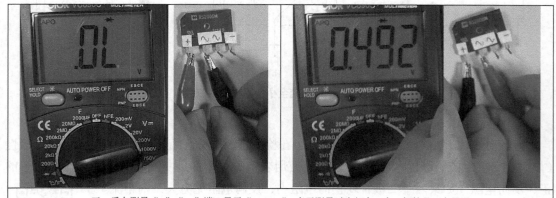

正、反向测量"+"、"～"端，显示"0.492V"，表示测量时内部有一个二极管且正向导通

（c）正、反向测量"+"、"～"端

图6-13　用数字万用表检测整流全桥

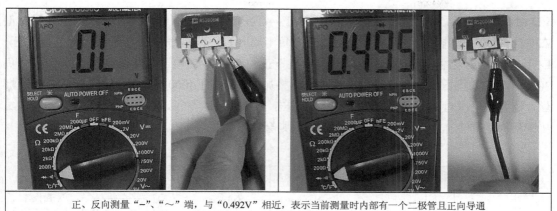

正、反向测量"−"、"～"端，与"0.492V"相近，表示当前测量时内部有一个二极管且正向导通

（d）正、反向测量"−"、"～"端

图 6-13　用数字万用表检测整流全桥（续）

6.2.3　高压二极管和高压硅堆

1. 外形

高压二极管是一种耐压很高的二极管，在结构上相当于是多个二极管串叠在一起构成的。高压硅堆是一种结构功能与高压二极管基本相同的元件，高压硅堆一般体积较大。高压二极管和高压硅堆的最高反向工作电压多在千伏以上，在电路中用作高压整流、隔离和保护。高压二极管和高压硅堆的符号与普通二极管一样，高压二极管和高压硅堆外形如图 6-14 所示。

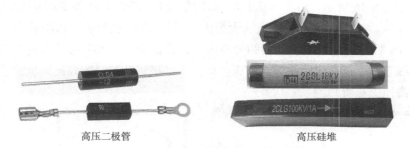

高压二极管　　　　　　　　　　高压硅堆

图 6-14　高压二极管和高压硅堆外形

2. 应用电路

高压二极管的应用如图 6-15 所示。该电路为机械式微波炉电路，高压二极管 VD 用作高压整流。220V 交流电压经过一系列开关后加到高压变压器 T 的一次绕组 L_1 上，在 T 的二次绕组 L_2 上得到 3.3V 的交流低压，提供给磁控管灯丝，使之发热而易于发射电子，在 T 的二次绕组 L_3 上得到 2000V 左右的交流高压，该电压经高压电容 C 和高压二极管 VD 构成的倍压整流电路后得到 4000V 左右的直流高压，送到磁控管的灯丝，使灯丝发射电子，激发磁控管产生 2450MHz 的微波，对食物进行加热。

L_3、C、VD 构成的倍压整流电路工作原理：当 220V 交流电压为正半周时，T 的 L_1 线圈的电压极性为上正下负，L_3 上感应电压极性也为上正下负，L_3 的上正下负电压经高压二极管

VD 对高压电容 C 充电，充电途径是：L_3 上正→C→VD→L_3 下负，在高压电容 C 上充得左正右负约 2000V 的电压；当 220V 交流电压为负半周时，T 的 L_1 线圈的电压极性为上负下正，L_3 上感应电压极性也为上负下正，L_3 的上负下正约 2000V 的电压与高压电容 C 的左正右负 2000V 左右的电压叠加（可以看成两个电池叠加），得到约 4000V 的电压，送到磁控管的灯丝，该叠加电压对高压二极管 VD 是反向电压，故 VD 不会导通。在图 6-15 电路中，高压二极管最高反向工作电压不能低于 4000V，否则会被击穿损坏。

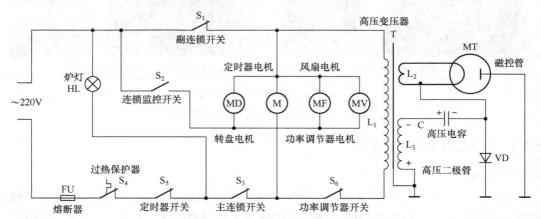

图 6-15　高压二极管在微波炉电路中用作高压整流

3. 检测

高压二极管极性判别和好坏检测使用指针万用表×10kΩ 挡（内部使用 9V 电池）。高压二极管的检测如图 6-16 所示，万用表选择×10kΩ 挡，红、黑表笔分别接高压二极管两个引脚，正、反各测一次，正常时一次阻值大（无穷大），另一次阻值较小。以阻值小的那次测量为准，如图 6-16（a）所示，黑表笔接的为高压二极管正极，红表笔接的为高压二极管负极。如果高压二极管正、反向电阻均为无穷大，则高压二极管开路；若高压二极管正、反向电阻均很小，则高压二极管短路。

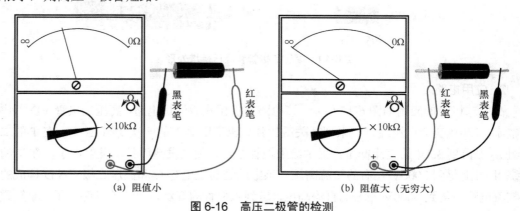

图 6-16　高压二极管的检测

注意：不能使用指针万用表×1Ω～×1kΩ 挡测量高压二极管，这是因为高压二极管结构上相当于多个二极管串叠在一起（单个二极管导通电压为 0.5～0.7V），使用×1Ω～×1kΩ 挡正、反向测量高压二极管时，都无法使高压二极管导通，即检测出来的高压二极管正、反向电阻都是无穷大，无法区分出正负极和是否开路。高压硅堆的检测与高压二极管相同。

6.2.4　开关二极管

二极管具有导通和截止两种状态，它对应着开关的"开（接通）"和"关（断开）"两种状态。当二极管加正向偏压时，正极电压高于负极电压，二极管导通，相当于开关闭合；当二极管加反向偏压时，正极电压低于负极电压，二极管截止，相当于开关断开。

1. 特点

在开关进行开、关状态切换时，需要一定的切换时间。同样地，二极管由一种状态转换到另一种状态也需要一定的时间。**二极管从导通状态转换到截止状态所需的时间称为反向恢复时间，二极管从截止状态转换到导通状态所需的时间称为开通时间，二极管的反向恢复时间要远大于开通时间。**故二极管通常只给出反向恢复时间。

为了达到良好的开、关效果，要求开关二极管的导通、截止切换速度很快，即要求开关二极管的反向恢复时间要短。开关二极管具有开关速度快、体积小、寿命长、可靠性高等特点，广泛应用于电子设备的开关电路、检波电路、高频和脉冲整流电路及自动控制电路中。

2. 种类

开关二极管种类很多，如普通开关二极管、高速开关二极管、超高速开关二极管、低功耗开关二极管、高反压开关二极管和硅电压开关二极管等。

① 普通开关二极管。常用的国产普通开关二极管有 2AK 系列锗开关二极管（如 2AK1）。

② 高速开关二极管。高速开关二极管较普通开关二极管的反向恢复时间更短，开、关频率更快。常用的国产高速开关二极管有 2CK 系列（2CK13），进口高速开关二极管有 1N 系列（如 1N4148）、1S 系列（如 1S2471）、1SS 系列（有引线塑封）和 RLS 系列（表面安装）。

③ 超高速开关二极管。常用的超高速开关二极管有 1SS 系列（有引线塑封）和 RLS 系列（表面封装）。

④ 低功耗开关二极管。低功耗开关二极管的功耗较低，但其零偏压电容和反向恢复时间值均较高速开关二极管低。常用的低功耗开关二极管有 RLS 系列（表面封装）和 1SS 系列（有引线塑封）。

⑤ 高反压开关二极管。高反压开关二极管的反向击穿电压均在 220V 以上，但其零偏压电容和反向恢复时间值相对较大。常用的高反压开关二极管有 RLS 系列（表面封装）和 1SS 系列（有引线塑封）。

⑥ 硅电压开关二极管。硅电压开关二极管是一种新型半导体器件，有单向电压开关二极管和双向电压开关二极管之分，主要应用于触发器、过压保护电路、脉冲发生器及高压输出、延时、电子开关等电路。单向电压开关二极管也称转折二极管，其正向为负阻开关特性（即当外加电压升高到正向转折电压值时，开关二极管由截止状态变为导通状态，即由高阻转为低阻），反向为稳定特性；双向电压开关二极管的正向和反向均具有相同的负阻开关特性。

最常用的开关二极管有 1N4148、1N4448，两者均采用透明玻壳封装，靠近黑色环的引脚为负极，它们可以代换国产大部分 2CK 系列型号的开关二极管。1N4148、1N4448 的参数如表 6-3 所示。

表 6-3　1N4148、1N4448 的参数

参数型号	最高反向工作电压 U_{RM}/V	反向击穿电压 U_{BR}/V	最大正向压降 U_{FM}/V	最大正向电流 I_{FM}/mA	平均整流电流 I_d/mA	反向恢复时间 t_{rr}/ns	最高结温 T_{jM}/℃	零偏结电容 C_0/pF	最大功耗 P_M/mW
1N4148	75	100	≤1	450	150	4	150	4	500
1N4448	75	100	≤1	450	150	4	150	5	500

3. 应用

开关二极管的应用举例如图 6-17 所示。从 A 点输入的 U_i 信号要到达 B 点输出，必须经过二极管 VD，当控制电压为正电压时，二极管导通，U_i 信号经 C_1、VD、C_2 到达 B 点输出；当控制电压为负电压时，二极管截止，U_i 信号无法通过 VD，不能到达 B 点。二极管 VD 在该电路相当于一个开关，其通、断受电压控制，故又称为电子开关。

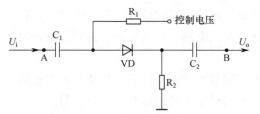

图 6-17　开关二极管的应用举例

6.3　稳压二极管

6.3.1　外形与符号

稳压二极管又称齐纳二极管或反向击穿二极管，它在电路中起稳压作用。稳压二极管的实物外形和电路图形符号如图 6-18 所示。

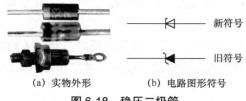

(a) 实物外形　　　(b) 电路图形符号

图 6-18　稳压二极管

6.3.2　工作原理

在电路中，稳压二极管可以稳定电压。要让稳压二极管起稳压作用，须将它反接在电路中（即稳压二极管的负极接电路中的高电位，正极接电路中的低电位），稳压二极管在电路中正接时的性质与普通二极管相同。下面以图 6-19 所示的电路来说明稳压二极管的稳压原理。

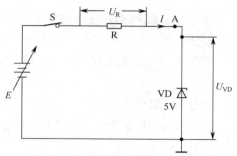

图 6-19　稳压二极管的稳压原理说明

图 6-19 中的稳压二极管 VD 的稳压值为 5V，若电源电压低于 5V，当闭合开关 S 时，VD 反向不能导通，无电流流过限流电阻 R，$U_R=IR=0$，电源电压途经 R 时，R 上没有压降，故 A 点电压与电源电压相等，VD 两端的电压 U_{VD} 与电源电压也相等。例如，$E=4V$ 时，U_{VD} 也为 4V。电源电压在 5V 范围内变化时，U_{VD} 也随之变化。也就是说，当加到稳压二极管两端电压低于它的稳压值时，稳压二极管处于截止状态，无稳压功能。

若电源电压超过稳压二极管稳压值，如 $E=8V$，当闭合开关 S 时，8V 电压通过电阻 R 送到 A 点，该电压大于稳压二极管的稳压值，VD 反向击穿导通，马上有电流流过电阻 R 和稳压管 VD，电流在流过电阻 R 时，R 产生 3V 的压降（即 $U_R=3V$），稳压管 VD 两端的电压 $U_{VD}=5V$。

若调节电源 E 使电压由 8V 上升到 10V 时，由于电压的升高，流过 R 和 VD 的电流都会增大，因流过 R 的电流增大，R 上的电压 U_R 也随之增大（由 3V 上升到 5V），而稳压二极管 VD 上的电压 U_{VD} 维持 5V 不变。

稳压二极管的稳压原理可概括为：当外加电压低于稳压二极管稳压值时，稳压二极管不能导通，无稳压功能；当外加电压高于稳压二极管稳压值时，稳压二极管反向击穿，两端电压保持不变，其大小等于稳压值。（注：为了保护稳压二极管并使它有良好的稳压效果，须要给稳压二极管串接限流电阻。）

6.3.3　应用电路

稳压二极管在电路通常有两种应用连接方式，如图 6-20 所示。

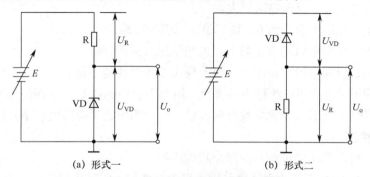

(a) 形式一　　　　　　　　　　(b) 形式二

图 6-20　稳压二极管在电路中的两种应用连接形式

在图 6-20（a）电路中，输出电压 U_o 取自稳压二极管 VD 两端，故 $U_o=U_{VD}$。当电源电压上升时，由于稳压二极管的稳压作用，U_{VD} 稳定不变，输出电压 U_o 也不变。也就是说在电源电压变化的情况下，稳压二极管两端电压始终保持不变，该稳定不变的电压可供给其他电路，使电路能稳定工作。

在图 6-20（b）电路中，输出电压取自限流电阻 R 两端，当电源电压上升时，稳压二极管两端电压 U_{VD} 不变，限流电阻 R 两端电压上升，故输出电压 U_o 也上升。稳压二极管按这种接法是不能为电路提供稳定电压的。

6.3.4　主要参数

稳压二极管的主要参数有稳定电压、最大稳定电流和最大耗散功率等。

（1）稳定电压

稳定电压是指稳压二极管工作在反向击穿时两端的电压值。同一型号的稳压二极管，稳定电压可能为某一固定值，也可能在一定的数值范围内。例如，2CW15 的稳定电压是 7～8.8V，说明它的稳定电压可能是 7V，可能是 8V，还可能是 8.8V 等。

（2）最大稳定电流

最大稳定电流是指稳压二极管正常工作时允许通过的最大电流。稳压管在工作时，实际工作电流要小于该电流，否则会因为长时间工作而损坏。

（3）最大耗散功率

最大耗散功率是指稳压二极管通过反向电流时允许消耗的最大功率，它等于稳定电压和最大稳定电流的乘积。在使用中，如果稳压二极管消耗的功率超过该功率就容易损坏。

6.3.5　用指针万用表检测稳压二极管

稳压二极管的检测包括极性判断、好坏检测和稳压值检测。稳压二极管具有普通二极管的单向导电性，故极性检测与普通二极管相同，这里仅介绍稳压二极管的好坏检测和稳压值检测。

1. 好坏检测

万用表拨至×100Ω 或×1kΩ 挡，测量稳压二极管正、反向电阻，如图 6-21 所示。正常的稳压二极管正向电阻小，反向电阻很大。

若测得的正、反向电阻均为 0，说明稳压二极管短路。

若测得的正、反向电阻均为无穷大，说明稳压二极管开路。

若测得的正、反向电阻差距不大，说明稳压二极管性能不良。

注：对于稳压值小于 9V 的稳压二极管，用万用表×10kΩ 挡（此挡位万用表内接 9V 电池）测反向电阻时，稳压二极管会被反向击穿，此时测出的反向阻值较小，这属于正常。

2. 稳压值检测

检测稳压二极管稳压值可按下面两个步骤进行。

第一步：按图 6-22 所示的方法将稳压二极管与电容、电阻和耐压大于 300V 的二极管接好，再与 220V 市电连接。

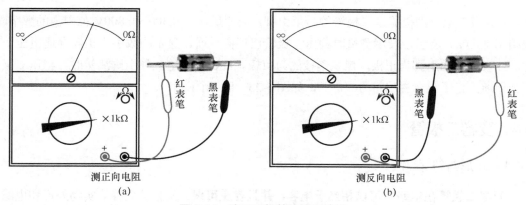

图 6-21　稳压二极管的好坏检测

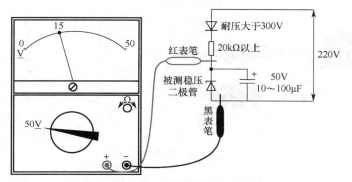

图 6-22　稳压二极管稳压值的检测

第二步：将万用表拨至直流 50V 挡，红、黑表表笔分别接被测稳压二极管的负正极，然后在表盘上读出测得的电压值，该值即为稳压二极管的稳定电压值。图中测得稳压二极管的稳压值为 15V。

6.3.6　用数字万用表检测稳压二极管

用数字万用表检测稳压二极管正负极如图 6-23 所示。测量时，挡位开关选择二极管测量

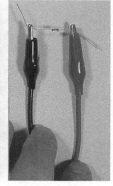

（a）测量时导通（显示正向导通电压，红接为正，黑接为负）　　　（b）更换表笔测量时不导通（显示溢出符号"OL"）

图 6-23　用数字万用表检测稳压二极管正负极

挡，红、黑表笔分别接稳压二极管的一个引脚，当测量显示 0.300～0.800V 范围内的数字时，如图 6-23（a）所示，表示测量时稳压二极管已正向导通，显示的数字为正向导通电压。此时，红表笔接的引脚为正极，黑表笔接的为负极。红、黑表笔互换引脚测量时，稳压二极管不会导通，正常显示溢出符号"OL"，如图 6-23（b）所示。

6.4 变容二极管

6.4.1 外形与符号

变容二极管在电路中可以相当于电容，并且容量可调。变容二极管的实物外形和电路图形符号如图 6-24 所示。

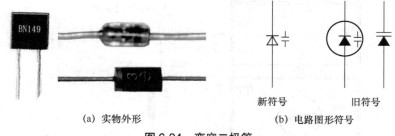

（a）实物外形　　　　　　　　（b）电路图形符号

图 6-24　变容二极管

6.4.2 性质

变容二极管与普通二极管一样，加正向电压时导通，加反向电压时截止。在变容二极管两端加反向电压时，除了截止外，还可以相当于电容。变容二极管的性质说明如图 6-25 所示。

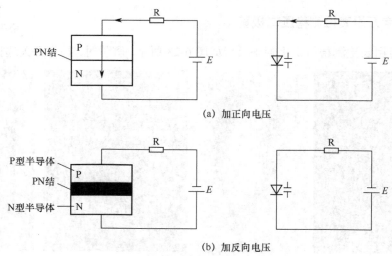

图 6-25　变容二极管的性质说明

（1）两端加正向电压

当变容二极管两端加正向电压时，内部的 PN 结变薄，如图 6-25（a）所示，当正向电压达到导通电压时，PN 结消失，对电流的阻碍消失，变容二极管像普通二极管一样正向导通。

（2）两端加反向电压

当变容二极管两端加反向电压时，内部的 PN 结变厚，如图 6-25（b）所示，PN 结阻止电流通过，故变容二极管处于截止状态，反向电压越高，PN 越厚。PN 结阻止电流通过，相当于绝缘介质，而 P 型半导体和 N 型半导体分别相当于两个极板，也就是说处于截止状态的变容二极管内部会形成电容的结构，这种电容称为结电容。普通二极管的 P 型半导体和 N 型半导体都比较小，形成的结电容很小，可以忽略，而变容二极管在制造时特意增大 P 型半导体和 N 型半导体的面积，从而增大结电容。

也就是说，当变容二极管两端加反向电压时，处于截止状态，内部会形成电容器的结构，此状态下的变容二极管可以看成是电容器。

6.4.3　容量变化规律

变容二极管加反向电压时可以相当于电容器，当反向电压改变时，其容量就会发生变化。下面以图 6-26 所示的电路和曲线来说明变容二极管容量变化规律。

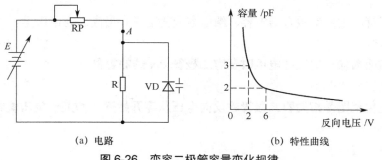

图 6-26　变容二极管容量变化规律

在图 6-26（a）电路中，变容二极管 VD 加有反向电压，电位器 RP 用来调节反向电压的大小。当电位器 RP 滑动端右移时，加到变容二极管负端的电压升高，即反向电压增大，VD 内部的 PN 结变厚，内部的 P、N 型半导体距离变远，形成的电容容量变小；当电位器 RP 滑动端左移时，变容二极管反向电压减小，VD 内部的 PN 结变薄，内部的 P、N 型半导体距离变近，形成的电容容量增大。

也就是说，当调节变容二极管反向电压大小时，其容量会发生变化，反向电压越高，容量越小；反向电压越低，容量越大。

图 6-26（b）为变容二极管的特性曲线，它直观表示出变容二极管两端反向电压与容量变化规律，如当反向电压为 2V 时，容量为 3pF；当反向电压增大到 6V 时，容量减小到 2pF。

6.4.4　应用电路

变容二极管应用电路如图 6-27 所示。该电路为彩色电视机电调谐高频头的选频电路，其

选频频率 f 由电感 L、电容 C 和变容二极管 VD 的容量 C_{VD} 共同决定。调节电位器 RP 可以使变容二极管 VD 的反向电压在 0～30V 范围内变化，VD 的容量会随着反向电压变化而变化。当反向电压使 VD 容量 C_{VD} 为某一值时，恰好使得选频电路的频率 f 与某一频道电视节目频率相同，选频电路就能从天线接收下来的众多信号中只选出该频道的电视信号，再送往后级电路进行处理。

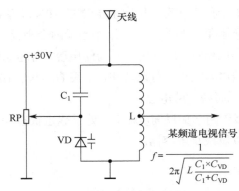

图 6-27　变容二极管应用电路

6.4.5　主要参数

变容二极管的主要参数有结电容、结电容变化范围和最高反向电压等。

（1）结电容

结电容指两端加一定反向电压时变容二极管 PN 结的容量。

（2）结电容变化范围

结电容变化范围是指变容二极管的反向电压从零开始变化到某一电压值时，其结电容的变化范围。

（3）最高反向电压

最高反向电压是指变容二极管正常工作时两端允许施加的最高反向电压值。 使用时超过该值，变容二极管容易被击穿。

6.4.6　用指针万用表检测变容二极管

变容二极管检测方法与普通二极管基本相同。检测时万用表拨至×10kΩ 挡，测量变容二极管正、反向电阻，正常的变容二极管反向电阻为无穷大，正向电阻一般在 200kΩ 左右（不同型号该值略有差异）。

若测得正、反向电阻均很小或为 0，说明变容二极管漏电或短路。

若测得正、反向电阻均为无穷大，说明变容二极管开路。

6.4.7　用数字万用表检测变容二极管

变容二极管的检测

用数字万用表检测变容二极管如图 6-28 所示。测量时，挡位开关选择二极管测量挡，红、黑表笔分别接变容二极管的一个引脚，当测量显示 0.100～0.800V 范围内的数字时，如图 6-28（a）所示，表示测量时变容二极管已正向导通，显示的数字为正向导通电压。此时，红表笔接的引脚为正极，黑表笔接的为负极。红、黑表笔互换引脚测量时，变容二极管不会导通，正常显示溢出符号"OL"，如图 6-28（b）所示。

（a）测量时导通（显示正向导通电压，红接为正，黑接为负）　　　（b）更换表笔测量时不导通（显示溢出符号"OL"）

图 6-28　用数字万用表检测变容二极管

6.5　双向触发二极管

6.5.1　外形与符号

双向触发二极管简称双向二极管，它在电路中可以双向导通。 双向触发二极管的实物外形和电路图形符号如图 6-29 所示。

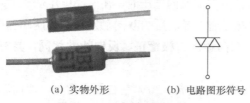

(a) 实物外形　　　　(b) 电路图形符号

图 6-29　双向触发二极管

6.5.2　双向触发导通性质说明

普通二极管有单向导电性，而双向触发二极管具有双向导电性，但它的导通电压通常比较高。 下面通过图 6-30 所示电路来说明双向触发二极管的性质。

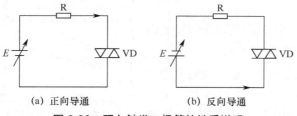

(a) 正向导通　　　　　　　(b) 反向导通

图 6-30　双向触发二极管的性质说明

129

（1）两端加正向电压时

在图 6-30（a）电路中，将双向触发二极管 VD 与可调电源 E 连接起来。当电源电压较低时，VD 并不能导通，随着电源电压的逐渐调高，当调到某一值时（如 30V），VD 马上导通，有从上往下的电流流过双向触发二极管。

（2）两端加反向电压时

在图 6-30（b）电路中，将电源的极性调换后再与双向触发二极管 VD 连接起来。当电源电压较低时，VD 不能导通，随着电源电压的逐渐调高，当调到某一值时（如 30V），VD 马上导通，有从下向上的电流流过双向触发二极管。

综上所述，不管加正向电压还是反向电压，只要电压达到一定值，双向触发二极管就能导通。

6.5.3　特性曲线说明

双向触发二极管的性质可用图 6-31 所示的曲线来表示，坐标中的横轴表示双向触发二极管两端的电压，纵坐标表示流过双向触发二极管的电流。

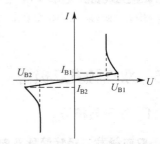

从图 6-31 可以看出，当双向触发二极管两端加正向电压时，如果两端电压低于 U_{B1} 电压，流过的电流很小，双向触发二极管不能导通；一旦两端的正向电压达到 U_{B1}（称为触发电压），马上导通，有很大的电流流过双向触发二极管，同时双向触发二极管两端的电压会下降（低于 U_{B1}）。

图 6-31　双向触发二极管的特性曲线

同样地，当触发二极管两端加反向电压时，在两端电压低于 U_{B2} 电压时也不能导通，只有两端的电压达到 U_{B2} 时才能导通，导通后的双向触发二极管两端的电压会下降（低于 U_{B2}）。

从图中还可以看出，**双向触发二极管正、反向特性相同，具有对称性，故双向触发二极管极性没有正负之分。**

双向触发二极管的触发电压较高，30V 左右最为常见，双向触发二极管的触发电压一般有 20～60V、100～150V 和 200～250V 三个等级。

6.5.4　用指针万用表检测双向触发二极管

双向触发二极管的检测包括好坏检测和触发电压检测。

1. 好坏检测

万用表拨至×1kΩ 挡，测量双向触发二极管正、反向电阻，如图 6-32 所示。

若双向触发二极管正常，正、反向电阻均为无穷大。

若测得的正、反向电阻很小或为 0，说明双向触发二极管漏电或短路，不能使用。

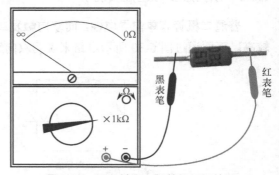

图 6-32　双向触发二极管的好坏检测

2. 触发电压检测

检测双向触发二极管的触发电压可按下面三个步骤进行。

第一步：按图 6-33 所示的方法将双向触发二极管与电容、电阻和耐压大于 300V 的二极管接好，再与 220V 市电连接。

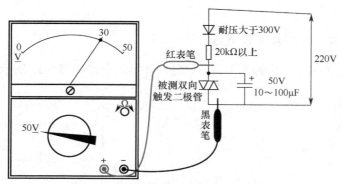

图 6-33　双向触发二极管触发电压的检测

第二步：将万用表拨至直流 50V 挡，红、黑表表笔分别接被测双向触发二极管的两极，然后观察表针位置，如果表针在表盘上摆动（时大时小），则表针所指最大电压即为触发二极管的触发电压。图中表针指的最大值为 30V，则触发二极管的触发电压值约为 30V。

第三步：将双向触发二极管两极对调，再测两端电压，正常时该电压值应与第二步测得的电压值相等或相近。两者差值越小，表明触发二极管对称性越好，即性能越好。

双向触发二极管
的检测

6.5.5　用数字万用表检测双向触发二极管

用数字万用表检测双向触发二极管如图 6-34 所示。测量时，挡位开关选择二极管测量挡，红、黑表笔分别接双向触发二极管的一个引脚，显示屏显示 "OL"，如图 6-34（a）所示，表示当前测量双向触发二极管不导通；然后红、黑表笔互换引脚测量，显示屏仍显示 "OL"，如图 6-34（b）所示，表示双向触发二极管仍不导通。也就是说，用数字万用表二极管测量挡正、反向测量双向触发二极管时，正常均不导通。

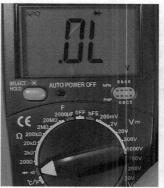

（a）当前测量不导通　　　　　　　　　　　　（b）互换表笔测量时仍不导通

图 6-34　用数字万用表检测双向触发二极管

6.6 双基极二极管

双基极二极管又称单结晶体管，内部只有一个 PN 结，它有三个引脚，分别为发射极 E、基极 B_1 和基极 B_2。

6.6.1 外形、符号、结构和等效电路

双基极二极管的外形、电路图形符号、结构和等效电路如图 6-35 所示。

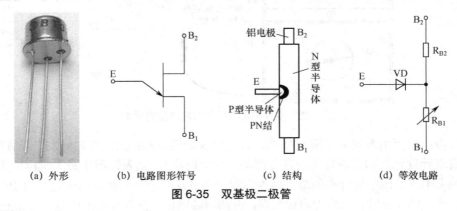

(a) 外形　　(b) 电路图形符号　　(c) 结构　　(d) 等效电路

图 6-35　双基极二极管

双基极二极管的制作过程：在一块高阻率的 N 型半导体基片的两端各引出一个铝电极，如图 6-35（c）所示，分别称作第一基极 B_1 和第二基极 B_2，然后在 N 型半导体基片一侧埋入 P 型半导体，在两种半导体的结合部位就形成了一个 PN 结，再在 P 型半导体端引出一个电极，称为发射极 E。

双基极二极管的等效电路如图 6-35（d）所示。双基极二极管 B_1、B_2 极之间为高阻率的 N 型半导体，故两极之间的电阻 R_{BB} 较大（约 4～12kΩ）。以 PN 结为中心，将 N 型半导体分作两部分，PN 结与 B_1 极之间的电阻用 R_{B1} 表示，PN 结与 B_2 极之间的电阻用 R_{B2} 表示，$R_{BB}=R_{B1}+R_{B2}$。E 极与 N 型半导体之间的 PN 结可等效为一个二极管，用 VD 表示。

6.6.2 工作原理

为了分析双基极二极管的工作原理，在发射极 E 和第一基极 B_1 之间加电压 U_E，在第二基极 B_2 和第一基极 B_1 之间加电压 U_{BB}，具体如图 6-36（a）所示。下面分几种情况来分析双基极二极管的工作原理。

① 当 $U_E=0$ 时，双基极二极管内部的 PN 结截止，由于 B_2、B_1 之间加有 U_{BB}，有电流 I_B 流过 R_{B2} 和 R_{B1}，这两个等效电阻上都有电压，分别是 $U_{R_{B2}}$ 和 $U_{R_{B1}}$。从图中不难看出，$U_{R_{B1}}$ 与 U_{BB} 之比等于 R_{B1} 与（$R_{B1}+R_{B2}$）之比，即

$$\frac{U_{R_{B1}}}{U_{BB}} = \frac{R_{B1}}{R_{B1} + R_{B2}}$$

$$U_{R_{B1}} = U_{BB} \frac{R_{B1}}{R_{B1} + R_{B2}}$$

式中 $\dfrac{R_{B1}}{R_{B1}+R_{B2}}$ 称为双基极二极管的分压系数（或称分压比），常用 η 表示。不同的双基极二极管的 η 有所不同，η 通常在 $0.3\sim0.9$ 之间。

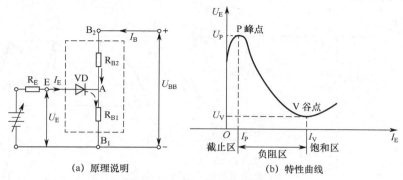

(a) 原理说明　　　　　　　　　(b) 特性曲线

图 6-36　双基极二极管工作原理说明

② 当 $0<U_E<(U_{VD}+U_{R_{B1}})$ 时，由于 U_E 小于 PN 结的导通电压 U_{VD} 与 R_{B1} 上的电压 $U_{R_{B1}}$ 之和，所以仍无法使 PN 结导通。

③ 当 $U_E=(U_{VD}+U_{R_{B1}})=U_P$ 时，PN 结导通，有电流 I_E 流过 R_{B1}，由于 R_{B1} 呈负阻性，流过 R_{B1} 的电流增大，其阻值减小，R_{B1} 的阻值减小，R_{B1} 上的电压 $U_{R_{B1}}$ 也减小，根据 $U_E=(U_{VD}+U_{R_{B1}})$ 可知，$U_{R_{B1}}$ 减小会使 U_E 也减小（PN 结导通后，其 U_{VD} 基本不变）。

I_E 的增大使 R_{B1} 阻值变小，而 R_{B1} 阻值变小又会使 I_E 进一步增大，这样就会形成正反馈，其过程如下：

$$I_E\uparrow\rightarrow R_{B1}\downarrow$$

正反馈使 I_E 越来越大，R_{B1} 越来越小，U_E 也越来越低，该过程如图 6-36（b）中的 P 点至 V 点曲线所示。当 I_E 增大到一定值时，R_{B1} 阻值开始增大，R_{B1} 又呈正阻性，U_E 开始缓慢回升，其变化如图 6-36（b）曲线中的 V 点右方曲线所示。若此时 $U_E<U_V$，双基极二极管又会进入截止状态。

综上所述，**双基极二极管具有以下特点：**

① **当发射极 U_E 小于峰值电压 U_P（即小于 $U_{VD}+U_{R_{B1}}$）时，双基极二极管 E、B_1 极之间不能导通。**

② **当发射极 U_E 等于 U_P 时，双基极二极管 E、B_1 极之间导通，两极之间的电阻变得很小，U_E 的大小马上由 U_P 下降至谷值电压 U_V。**

③ **双基极二极管导通后，若 $U_E<U_V$，双基极二极管会由导通状态进入截止状态。**

④ **双基极二极管内部等效电阻 R_{B1} 的阻值随 I_E 电流变化而变化，而 R_{B2} 的阻值则与 I_E 电流无关。**

⑤ **不同的双基极二极管具有不同的 U_P、U_V 值，对于同一个双基极二极管，其 U_{BB} 电压变化，其 U_P、U_V 值也会发生变化。**

6.6.3　应用电路

图 6-37（a）则是由双基极二极管（单结晶管）构成的振荡电路。该电路主要由双基极

二极管、电容和一些电阻等元件构成，当合上电源开关 S 后，电路会工作，在电容 C 上会形成图 6-37（b）所示的锯齿波电压 U_E，而在双基极二极管的第一基极 B_1 会输出图 6-37（b）所示的触发脉冲 U_o。

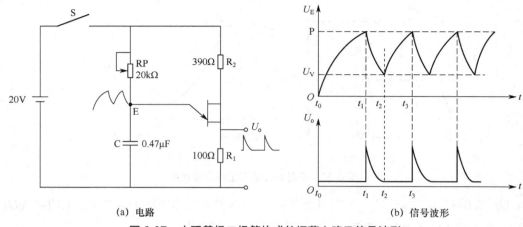

(a) 电路   (b) 信号波形

图 6-37   由双基极二极管构成的振荡电路及信号波形

电路的工作过程说明如下。

（1）在 $t_0 \sim t_1$ 期间。在 t_0 时刻合上电源开关 S，20V 的电源通过电位器 RP 对电容 C 充电，充电使电容上的电压逐渐上升，E 点电压也逐渐升高；在 t_1 时刻，E 点电压上升到 U_P 值，双基极二极管导通，有较大的电流从双基极二极管 E 极流入，从 B_1 极流出，并流经 R_1，R_1 上有很高的电压，U_o 端输出脉冲的尖峰。

（2）在 $t_1 \sim t_2$ 期间。t_1 时刻双基极二极管导通后，电容 C 开始通过双基极二极管的 E、B_1 极、R_1 放电，放电使电容 C 上的电压慢慢减小。随着电容放电的进行，放电电流逐渐减小，流过 R_1 的电流减小，R_1 上的电压也不断减小，输出电压 U_o 也不断下降。在 t_2 时刻，电容上的电压下降到 U_V 值，双基极二极管截止，C 无法再放电，此时 U_o 端电压很低。

（3）在 $t_2 \sim t_3$ 期间。t_2 时刻双基极二极管截止后，20V 的电源又通过开关 S、电阻 R 对电容 C 充电，充电使电容上的电压又开始上升，E 点电压也升高，在 t_3 时刻，E 点电压又上升到 U_P，双基极二极管又开始导通，U_o 端又输出脉冲的尖峰。

以后不断重复上述过程，从而在 E 点形成图示的锯齿波电压，在 U_o 端输出图示的触发脉冲电压。

在图 6-37（a）中，改变电位器 RP 的阻值和 C 的容量，可以改变触发脉冲的频率和相位，如将电位器 RP 的阻值增大，那么电源通过电位器 RP 对电容 C 充电电流减小，C 上的电压升到 U_P 值所需的时间会延长，即 $t_0 \sim t_1$ 时间会延长（$t_2 \sim t_3$ 同样会延长），$t_1 \sim t_2$ 时间基本不变（因为增大 RP 的值不会影响 C 的放电），电容 C 上得到的锯齿波电压的周期延长，其频率会降低，振荡电路输出触发脉冲会后移，同时频率也会降低。

6.6.4   用指针万用表检测双基极二极管

双基极二极管检测包括极性检测和好坏检测。

1. 极性检测

双基极二极管有 E、B_1、B_2 三个电极，从图 6-35（d）所示的等效图可以看出，双基极二极管的 E、B_1 极之间和 E、B_2 极之间都相当于一个二极管与电阻串联，B_2、B_1 极之间相当于两个电阻串联。

双基极二极管的极性检测过程如下：

① 检测出 E 极。万用表拨至×1kΩ 挡，红、黑表笔测量双基极二极管任意两极之间的阻值，每两极之间都正、反向各测一次。若测得某两极之间的正、反向电阻相等或接近时（阻值一般在 2kΩ 以上），这两个电极就为 B_1、B_2 极，余下的电极为 E 极。若测得某两极之间的正、反向电阻时，出现一次阻值小，另一次无穷大，应以阻值小的那次测量为准，黑表笔接的为 E 极，余下的两个电极就为 B_1、B_2 极。

② 检测出 B_1、B_2 极。万用表仍置于×1kΩ 挡，黑表笔接已判断出的 E 极，红表笔依次接另外两极，两次测得阻值会出现一大一小，应以阻值小的那次为准，红表笔接的电极通常为 B_1 极，余下的电极为 B_2 极。由于不同型号双基极二极管的 R_{B1}、R_{B2} 阻值会有所不同，因此这种检测 B_1、B_2 极的方法并不适合所有的双基极二极管。如果在使用时发现双基极二极管工作不理想，可将 B_1、B_2 极对换。

对于一些外形有规律的双基极二极管，其电极也可以根据外形判断，具体如图 6-38 所示。双基极二极管引脚朝上，最接近管子管键（突出部分）的引脚为 E 极，按顺时针方向旋转依次为 B_1、B_2 极。

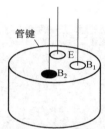

图 6-38　从双基极二极管外形判别电极

2. 好坏检测

双基极二极管的好坏检测过程如下：

① 检测 E、B_1 极和 E、B_2 极之间的正、反向电阻。万用表拨至×1kΩ 挡，黑表笔接双基极二极管的 E 极，红表笔依次接 B_1、B_2 极，测量 E、B_1 极和 E、B_2 极之间的正向电阻，正常时正向电阻较小；然后红表笔接 E 极，黑表笔依次接 B_1、B_2 极，测量 E、B_1 极和 E、B_2 极之间的反向电阻，正常时反向电阻为无穷大或接近无穷大。

② 检测 B_1、B_2 极之间的正、反向电阻。万用表拨至×1kΩ 挡，红、黑表笔分别接双基极二极管的 B_1、B_2 极，正、反向各测一次，正常时 B_1、B_2 极之间的正、反向电阻通常在 2～200kΩ 之间。

若测量结果与上述不符，则为双基极二极管损坏或性能不良。

双基极二极管
（单结晶体管）的检测

6.6.5　用数字万用表检测双基极二极管

用数字万用表检测双基极二极管如图 6-39 所示。测量时，万用表选择二极管测量挡，红、黑表笔测量双基极二极管任意两极之间的阻值，每两极之间都正、反向各测一次，若正、反向测量某两极时显示的数字接近，如图 6-39（a）所示，这两个电极就为 B_1、B_2 极，余下的电极为 E 极。再将红表笔接已判明的 E 极，黑表笔先后接另外两极，测量值会一小一大（稍大），如图 6-39（b）所示，应以阻值小的那次测量为准，黑表笔接的为 B_1 极，余

下的 B_2 极。若将黑表笔接已判明的 E 极，红表笔先后接另外两极，测量时均显示溢出符号"OL"，如图 6-39（c）所示。

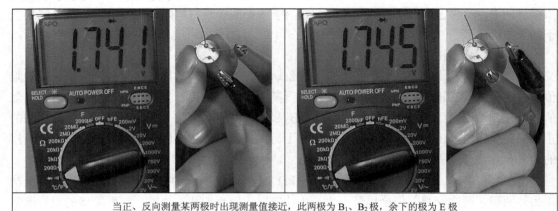

当正、反向测量某两极时出现测量值接近，此两极为 B_1、B_2 极，余下的极为 E 极

（a）正、反向测量某两极时出现测量值接近

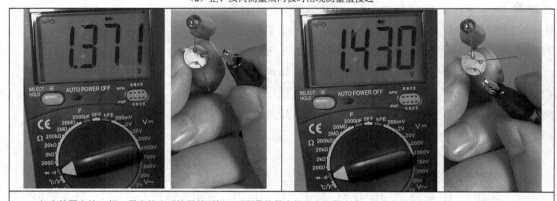

红表笔固定接 E 极，黑表笔先后接另外两极，以测量值稍小的那次测量为准，黑表笔接的为 B_1 极，余下极为 B_2 极

（b）红表笔固定接 E 极，黑表笔先后接另外两极

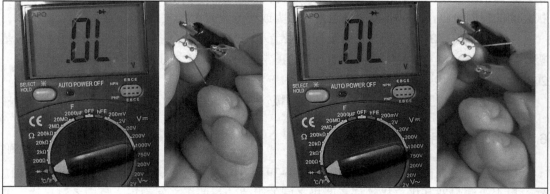

黑表笔固定接 E 极，红表笔先后接另外两极，显示均为溢出符号"OL"，即两次测量均不导通

（c）黑表笔固定接 E 极，红表笔先后接另外两极

图 6-39　用数字万用表检测双基极二极管

6.7　肖特基二极管

6.7.1　外形与图形符号

肖特基二极管又称肖特基势垒二极管（SBD），其图形符号与普通二极管相同。常见的肖特基二极管实物外形如图 6-40（a）所示，三引脚的肖特基二极管内部由两个二极管组成，其连接有多种方式，如图 6-40（b）所示。

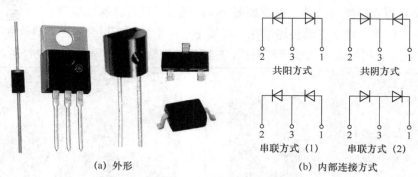

共阳方式　　　　共阴方式

串联方式（1）　　串联方式（2）

　　　　(a) 外形　　　　　　　　　　　　　　(b) 内部连接方式

图 6-40　肖特基二极管

6.7.2　特点、应用和检测

肖特基二极管是一种低功耗、大电流、超高速的半导体整流二极管，其工作电流可达几千安，而反向恢复时间可短至几纳秒。二极管的反向恢复时间越短，从截止转为导通的切换速度越快，普通整流二极管反向恢复时间长，无法在高速整流电路中正常工作。另外，肖特基二极管的正向导通电压较普通硅二极管低，约为 0.4V。

肖特基二极管导通、截止状态可高速切换，因此主要用在高频电路中。由于面接触型的肖特基二极管工作电流大，故变频器、电机驱动器、逆变器和开关电源等设备中整流二极管、续流二极管和保护二极管常采用面接触型的肖特基二极管；对于点接触型的肖特基二极管，其工作电流稍小，常在高频电路中用作检波或小电流整流。

肖特基二极管的缺点是反向耐压低，一般在 100V 以下，因此不能用在高电压电路中。肖特基二极管与普通二极管一样具有单向导电性，其极性与好坏检测方法与普通二极管相同。

6.7.3　常用肖特基二极管的主要参数

表 6-4 列出了一些肖特基二极管的主要参数。

表 6-4　一些肖特基二极管的主要参数

型号 ＼ 参数	额定整流电流/A	峰值电流/A	最大正向压降/V	反向峰值电压/V	反向恢复时间/ns	封装形式	内部结构
D80-004	15	250	0.55	40	<10	T0-3P	单管
D82-004	5	100	0.55	40	<10	T0-220	共阴对管

续表

参数 型号	额定整流电流/A	峰值电流/A	最大正向压降/V	反向峰值电压/V	反向恢复时间/ns	封装形式	内部结构
MBR1545	15	150	0.7	45	<10	T0-220	共阴对管
MBR2535	30	300	0.73	35	<10	T0-220	共阴对管

6.7.4　用数字万用表检测肖特基二极管

用数字万用表检测肖特基二极管如图 6-41 所示。该肖特基二极管内部有两个二极管，由于有两极连接在一起接出一个引脚，所以只有三个引脚，测量时万用表选择二极管测量挡，肖特基二极管的正向导通电压较普通二极管要低。

肖特基二极管的检测

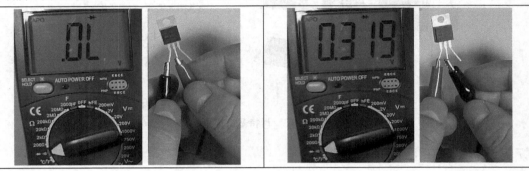

正、反向测量肖特基二极管任意两个引脚，当测量显示 0.100~0.600 范围内的数值（正向导通电压值）时，红表笔接的为正极，
黑表笔接的为负极

（a）正、反向测量任意两个引脚

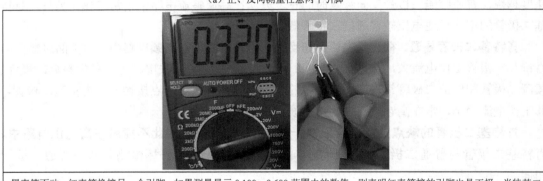

黑表笔不动，红表笔换接另一个引脚，如果测量显示 0.100~0.600 范围内的数值，则表明红表笔接的引脚也是正极，肖特基二极管为双二极管共阴型；如果测量显示值为溢出符号"OL"，则表明红表笔接的引脚为负极，肖特基二极管为双二极管串联型

（b）测量导通时红表笔接的为二极管的正极

图 6-41　用数字万用表检测肖特基二极管

6.8　快恢复二极管

6.8.1　外形与图形符号

快恢复二极管（FRD）、超快恢复二极管（SRD）的图形符号与普通二极管相同。常见

的快恢复二极管实物外形如图 6-42（a）所示。三引脚的快恢复二极管内部由两个二极管组成，其连接有共阳和共阴两种方式，如图 6-42（b）所示。

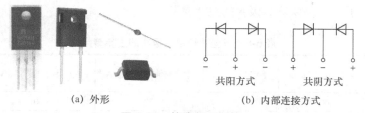

（a）外形　　　　　　　　（b）内部连接方式

图 6-42　快恢复二极管

6.8.2　特点、应用和检测

快恢复二极管是一种反向工作电压高、工作电流较大的高速半导体二极管，其反向击穿电压可达几千伏，反向恢复时间一般为几百纳秒（超快恢复二极管可达几十纳秒）。快恢复二极管广泛应用于开关电源、不间断电源、变频器和电机驱动器中，主要用作高频、高压和大电流整流或续流。

快恢复二极管与肖特基二极管区别主要有：

① 快恢复二极管的反向恢复时间为几百纳秒，肖特基二极管更快，可达几纳秒。

② 快恢复二极管的反向击穿电压高（可达几千伏），肖特基二极管的反向击穿电压低（一般在 100V 以下）。

③ 快恢复二极管的功耗较大，而肖特基二极管功耗相对较小。

因此快恢复二极管主要用在高电压、小电流的高频电路中，肖特基二极管主要用在低电压、大电流的高频电路中。

快恢复二极管与普通二极管一样具有单向导电性，其极性与好坏检测方法与普通二极管相同。

6.8.3　用数字万用表检测快恢复二极管

快恢复二极管的检测

用数字万用表检测快恢复二极管如图 6-43 所示。测量时，万用表选择二极管测量挡，当某次测量显示 0.100～0.800 范围内的数值时，如图 6-43（b）所示，表明测量时快恢复二极管已导通，显示的数值为导通电压，红表笔接的为正极，黑表笔接的为负极。

（a）测量时不导通　　　　　　　（b）测量时导通并显示导通电压（红接为正，黑接为负）

图 6-43　用数字万用表检测快恢复二极管

6.8.4 常用快恢复二极管的主要参数

表 6-5 列出了一些快恢复二极管的主要参数。

表 6-5 一些快恢复二极管的主要参数

参数 型号	反向恢复时间 t_{rr}/ns	额定电流 I_d/A	最大整流电流 I_{FSM}/A	最大反向电压 V_{RM}/V	结构形式
C20-04	400	5	70	400	单管
C92-02	35	10	20	200	共阴
MUR1680A	35	16	100	800	共阳
MUR3040PT	35	30	300	400	共阴
MUR30100	35	30	400	1000	共阳

6.8.5 肖特基二极管、快恢复二极管、高频整流二极管和开关二极管比较

表 6-6 列出了典型肖特基二极管、快恢复二极管、高频整流二极管和开关二极管的参数。从表中列出的参数可以看出各元件的一些特点，比如肖特基二极管平均整流电流（工作电流）最大，正向导通电压低，反向恢复时间短，反向峰值电压（反向最高工作电压）低；开关二极管反向恢复时间很短，但工作电流很小，故只适合小电流整流或用作开关。

表 6-6 典型肖特基二极管、快恢复二极管、高频整流二极管和开关二极管的参数

半导体 器件名称	典型产品 型号	平均整流 电流 I_d/A	正向导通电压		反向恢复 时间 t_{rr}/ns	反向峰值 电压 V_{RM}/V
			典型值 V_F/V	最大值 V_{PM}/V		
肖特基二极管	161CMQ050	160	0.4	0.8	<10	50
超快恢复二极管	MUR30100A	30	0.6	1.0	35	1000
快恢复二极管	D25-02	15	0.6	1.0	400	200
硅高频整流二极管	PR3006	8	0.6	1.2	400	800
硅高速开关二极管	1N4148	0.15	0.8	1.0	4	100

第7章 三　极　管

三极管是一种在电子电路中应用最广泛的半导体元器件，它有放大、饱和和截止三种状态，因此不但可在电路中用来放大，还可当作电子开关使用。

7.1　三极管

7.1.1　外形与符号

三极管又称晶体三极管，是一种具有放大功能的半导体器件。图 7-1（a）是一些常见的三极管实物外形，三极管的电路图形符号如图 7-1（b）所示。

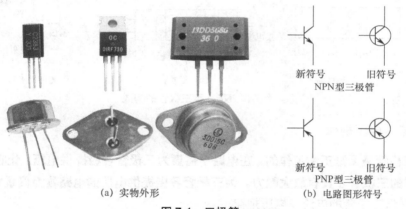

（a）实物外形　　　　　　　（b）电路图形符号

图 7-1　三极管

7.1.2　结构

三极管有 PNP 型和 NPN 型两种。PNP 型三极管的构成如图 7-2 所示。

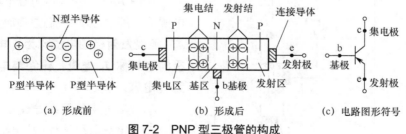

（a）形成前　　　　（b）形成后　　　　（c）电路图形符号

图 7-2　PNP 型三极管的构成

将两个 P 型半导体和一个 N 型半导体按图 7-2（a）所示的方式结合在一起，两个 P 型半导体中的正电荷会向中间的 N 型半导体中移动，N 型半导体中的负电荷会向两个 P 型半导体移动，结果在 P、N 型半导体的交界处形成 PN 结，如图 7-2（b）所示。

在两个 P 型半导体和一个 N 型半导体上通过连接导体各引出一个电极，然后封装起来就构成了三极管。**三极管三个电极分别称为集电极（用 c 或 C 表示）、基极（用 b 或 B 表示）和发射极（用 e 或 E 表示）。**PNP 型三极管的电路图形符号如图 7-2（c）所示。

三极管内部有两个 PN 结，其中基极和发射极之间的 PN 结称为发射结，基极与集电极之间的 PN 结称为集电结。两个 PN 结将三极管内部分作三个区，与发射极相连的区称为发射区，与基极相连的区称为基区，与集电极相连的区称为集电区。发射区的半导体掺入杂质多，故有大量的电荷，便于发射电荷；集电区掺入的杂质少且面积大，便于收集发射区送来的电荷；基区处于两者之间，发射区流向集电区的电荷要经过基区，故基区可控制发射区流向集电区电荷的数量，基区就像设在发射区与集电区之间的关卡。

NPN 型三极管的构成与 PNP 型三极管类似，它是由两个 N 型半导体和一个 P 型半导体构成的，具体如图 7-3 所示。

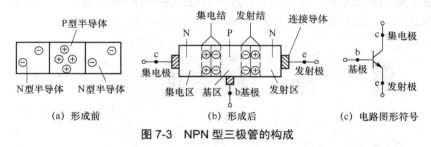

（a）形成前　　　　　　　（b）形成后　　　　　　（c）电路图形符号

图 7-3　NPN 型三极管的构成

7.1.3　电流、电压规律

单独三极管是无法正常工作的，在电路中需要为三极管各极提供电压，让它内部有电流流过，这样的三极管才具有放大能力。为三极管各极提供电压的电路称为偏置电路。

1. PNP 型三极管的电流、电压规律

图 7-4（a）为 PNP 型三极管的偏置电路，从图 7-4（b）可以清楚看出三极管内部电流情况。

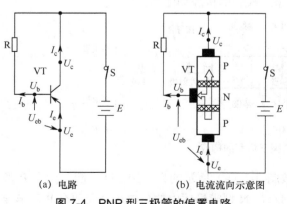

（a）电路　　　　（b）电流流向示意图

图 7-4　PNP 型三极管的偏置电路

（1）电流关系

在图 7-4 电路中，当闭合电源开关 S 后，电源输出的电流马上流过三极管，三极管导通。**流经发射极的电流称为 I_e 电流，流经基极的电流称 I_b 电流，流经集电极的电流称为 I_c 电流。**

I_e、I_b、I_c 电流流经途径分别是：

① I_e 电流流经途径：从电源的正极输出电流→电流流入三极管 VT 的发射极→电流在三极管内部分为两路：一路从 VT 的基极流出，此为 I_b 电流；另一路从 VT 的集电极

流出，此为 I_c 电流。

②I_b 电流流经途径：VT 基极流出电流→电流流经电阻 R→开关 S→流到电源的负极。

③I_c 电流流经途径：VT 集电极流出的电流→经开关 S→流到电源的负极。

从图 7-4（b）可以看出，流入三极管的 I_e 电流在内部分成 I_b 和 I_c 电流，即发射极流入的 I_e 电流在内部分成 I_b 和 I_c 电流分别从基极和发射极流出。

不难看出，**PNP 型三极管的 I_e、I_b、I_c 电流的关系是：$I_b+I_c=I_e$，并且 I_c 电流要远大于 I_b 电流。**

（2）电压关系

在图 7-4 电路中，PNP 型三极管 VT 的发射极直接接电源正极，集电极直接接电源的负极，基极通过电阻 R 接电源的负极。根据电路中电源正极电压最高、负极电压最低可判断出，三极管发射极电压 U_e 最高，集电极电压 U_c 最低，基极电压 U_b 处于两者之间。

PNP 型三极管 U_e、U_b、U_c 电压之间的关系是

$$U_e>U_b>U_c$$

$U_e>U_b$ 使发射区的电压较基区的电压高，两区之间的发射结（PN 结）导通，这样发射区大量的电荷才能穿过发射结到达基区。三极管发射极与基极之间的电压（电位差）U_{eb}（$U_{eb}=U_e-U_b$）称为发射结正向电压。

$U_b>U_c$ 可以使集电区电压较基区电压低，这样才能使集电区有足够的吸引力（电压越低，对正电荷吸引力越大），将基区内大量电荷吸引穿过集电结而到达集电区。

2. NPN 型三极管的电流、电压规律

图 7-5 为 NPN 型三极管的偏置电路。从图中可以看出，NPN 型三极管的集电极接电源的正极，发射极接电源的负极，基极通过电阻接电源的正极，这与 PNP 型三极管连接正好相反。

（1）电流关系

在图 7-5 电路中，当开关 S 闭合后，电源输出的电流马上流过三极管，三极管导通。流经发射极的电流称为 I_e 电流，流经基极的电流称 I_b 电流，流经集电极的电流称为 I_c 电流。

I_b、I_c、I_e 电流流经途径分别是：

①I_b 电流流经途径：从电源的正极输出电流→开关 S→电阻 R→电流流入三极管 VT 的基极→基区。

②I_c 电流流经途径：从电源的正极输出电流→电流流入三极管 VT 的集电极→集电区→基区。

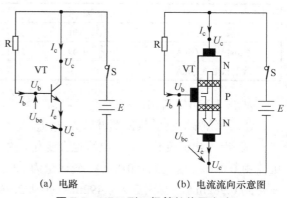

(a) 电路　　　　(b) 电流流向示意图

图 7-5　NPN 型三极管的偏置电路

③I_e 电流流经途径：三极管集电极和基极流入的 I_b、I_c 在基区汇合→发射区→电流从发射极输出→电源的负极。

不难看出，**NPN 型三极管 I_e、I_b、I_c 电流的关系是：$I_b+I_c=I_e$，并且 I_c 电流要远大于 I_b**

电流。

（2）电压关系

在图 7-5 电路中，NPN 型三极管的集电极接电源的正极，发射极接电源的负极，基极通过电阻接电源的正极。故 **NPN 型三极管 U_e、U_b、U_c 电压之间的关系是**：

$$U_e < U_b < U_c$$

$U_c > U_b$ 可以使基区电压较集电区电压低，这样基区才能将集电区的电荷吸引穿过集电结而到达基区。

$U_b > U_e$ 可以使发射区的电压较基极的电压低，两区之间的发射结（PN 结）导通，基区的电荷才能穿过发射结到达发射区。

NPN 型三极管基极与发射极之间的电压 U_{be}（$U_{be} = U_b - U_e$）称为发射结正向电压。

7.1.4 放大原理

三极管在电路中主要起放大作用，下面以图 7-6 所示的电路来说明三极管的放大原理。

1. 放大原理

给三极管的三个极接上三个毫安表 mA_1、mA_2 和 mA_3，分别用来测量 I_e、I_b、I_c 电流的大小。电位器 RP 用来调节 I_b 的大小，如电位器 RP 滑动端下移时阻值变小，电位器 RP 对三极管基极流出的 I_b 电流阻碍减小，I_b 增大。当调节 RP 改变 I_b 大小时，I_c、I_e 也会变化。表 7-1 列出了调节电位器 RP 时毫安表测得的三组数据。

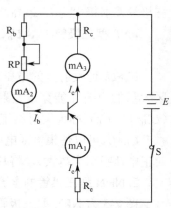

图 7-6　三极管的放大原理

表 7-1　三组 I_e、I_b、I_c 电流数据

	第一组	第二组	第三组
基极电流 I_b/mA	0.01	0.018	0.028
集电极电流 I_c/mA	0.49	0.982	1.972
发射极电流 I_e/mA	0.5	1	2

从表 7-1 可以看出：

① 不论哪组测量数据都遵循 $I_b + I_c = I_e$。

② 当 I_b 电流变化时，I_c 电流也会变化，并且 I_b 有微小的变化，I_c 会有很大的变化。如 I_b 电流由 0.01mA 增大到 0.018mA，变化量为 0.008mA（0.018mA−0.01mA），I_c 电流则由 0.49mA 变化到 0.982mA，变化量为 0.492mA（0.982mA−0.49mA），I_c 电流变化量是 I_b 电流变化量的 62 倍（0.492/0.008≈62）。也就是说，当三极管的基极电流 I_b 有微小的变化时，集电极电流 I_c 会有很大的变化，I_c 电流的变化量是 I_b 电流变化量的很多倍，这就是三极管的放大原理。

2. 放大倍数

不同的三极管，其放大能力是不同的。为了衡量三极管放大能力的大小，需要用到三极管一个重要参数——放大倍数。三极管的放大倍数可分为直流放大倍数和交流放大倍数。

三极管集电极电流 I_c 与基极电流 I_b 的比值称为三极管的**直流放大倍数**（用 $\bar{\beta}$ 或 **hFE 表示**），即

$$\bar{\beta} = \frac{\text{集电极电流} I_c}{\text{基极电流} I_b}$$

例如，在表 7-1 中，当 I_b=0.018mA 时，I_c=0.982mA，三极管直流放大倍数为

$$\bar{\beta} = \frac{0.982}{0.018} = 55$$

万用表可测量三极管的放大倍数，它测得放大倍数 hFE 值实际上就是三极管直流放大倍数。

三极管集电极电流变化量 ΔI_c 与基极电流变化量 ΔI_b 的比值称为**交流放大倍数**（用 β 或 **hfe 表示**），即

$$\beta = \frac{\text{集电极电流变化量} \Delta I_c}{\text{基极电流变化量} \Delta I_b}$$

以表 7-1 的第一、二组数据为例。即

$$\beta = \frac{\Delta I_c}{\Delta I_b} = \frac{0.982 - 0.49}{0.018 - 0.01} = \frac{0.492}{0.008} = 62$$

测量三极管交流放大倍数至少需要知道两组数据，这样比较麻烦，而测量直流放大倍数比较简单（只要测一组数据即可）。又因为直流放大倍数与交流放大倍数相近，所以通常只用万用表测量直流放大倍数来判断三极管放大能力的大小。

7.1.5　放大、截止和饱和状态说明

三极管的状态有三种：截止、放大和饱和。下面通过图 7-7 所示的电路来说明三极管的三种状态。

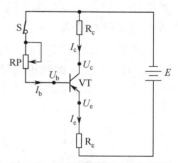

1. 三种状态下的电流特点

当开关 S 处于断开状态时，三极管 VT 的基极供电切断，无 I_b 电流流入，三极管内部无法导通，I_c 电流无法流入三极管，三极管发射极也就没有 I_e 电流流出。

三极管无 I_b、I_c、I_e 电流流过的状态（即 I_b、I_c、I_e 都为 0）称为截止状态。

当开关 S 闭合后，三极管 VT 的基极有 I_b 电流流入，三极

图 7-7　三极管的三种状态说明

管内部导通，I_c 电流从集电极流入三极管，在内部 I_b、I_c 电流汇合后形成 I_e 电流从发射极流出。此时调节电位器 RP，I_b 电流变化，I_c 电流也会随之变化。例如，当电位器 RP 滑动端下移时，其阻值减小，I_b 电流增大，I_c 也增大，两者满足 $I_c = \beta I_b$ 的关系。

三极管有 I_b、I_c、I_e 电流流过且满足 $I_c = \beta I_b$ 的状态称为放大状态。

在开关 S 处于闭合状态时，如果将电位器 RP 的阻值不断调小，三极管 VT 的基极电流 I_b 就会不断增大，I_c 电流也会随之不断增大。当 I_b、I_c 电流增大到一定程度时，I_b 再增大，I_c 不会随之再增大，而是保持不变，此时 $I_c < \beta I_b$。

三极管有很大的 I_b、I_c、I_e 电流流过且满足 $I_c < \beta I_b$ 的状态称为饱和状态。

综上所述，当三极管处于截止状态时，无 I_b、I_c、I_e 电流通过；当三极管处于放大状态时，有 I_b、I_c、I_e 电流通过，并且 I_b 变化时 I_c 也会变化（即 I_b 电流可以控制 I_c 电流），三极管具有放大功能；当三极管处于饱和状态时，有很大的 I_b、I_c、I_e 电流通过，I_b 变化时 I_c 不会变化（即 I_b 电流无法控制 I_c 电流）。

2. 三种状态下 PN 结的特点和各极电压关系

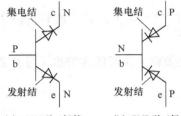

(a) NPN型三极管　(b) PNP型三极管

图 7-8　三极管的 PN 结示意图

三极管内部有集电结和发射结，在不同状态下这两个 PN 结的特点是不同的。由于 PN 结的结构与二极管相同，在分析时为了方便，可将三极管的两个 PN 结画成二极管的符号。图 7-8 为三极管的 PN 结示意图。

当三极管处于不同状态时，集电结和发射结也有相对应的特点。**不论 NPN 型或 PNP 型三极管，在三种状态下的发射结和集电结特点都有：**

① 处于放大状态时，发射结正偏导通，集电结反偏。

② 处于饱和状态时，发射结正偏导通，集电结也正偏。

③ 处于截止状态时，发射结反偏或正偏但不导通，集电结反偏。

正偏是指 PN 结的 P 端电压高于 N 端电压，正偏导通除了要满足 PN 结的 P 端电压大于 N 端电压外，还要求电压要大于门电压（0.2～0.3V 或 0.5～0.7V），这样才能让 PN 结导通。反偏是指 PN 结的 N 端电压高于 P 端电压。

不管哪种类型的三极管，只要记住三极管某种状态下两个 PN 结的特点，就可以很容易推断出三极管在该状态下的电压关系；反之，也可以根据三极管各极电压关系，推断出该三极管处于什么状态。

例如，在图 7-9（a）电路中，NPN 型三极管 VT 的 U_c=4V、U_b=2.5V、U_e=1.8V，其中 $U_b - U_e$=0.7V 使发射结正偏导通，$U_c > U_b$ 使集电结反偏，该三极管处于放大状态。

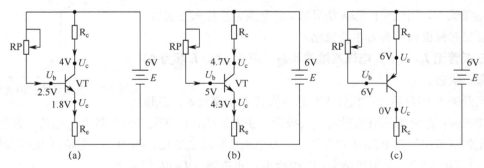

(a)　　　　　　　(b)　　　　　　　(c)

图 7-9　根据 PN 结的情况推断三极管的状态

在图 7-9（b）电路中，NPN 型三极管 VT 的 U_c=4.7V、U_b=5V、U_e=4.3V，$U_b - U_e$=0.7V 使发射结正偏导通，$U_b > U_c$ 使集电结正偏，三极管处于饱和状态。

在图 7-9（c）电路中，PNP 型三极管 VT 的 U_e=6V、U_b=6V、U_c=0V，$U_e - U_b$=0V 使发射结零偏不导通，$U_b > U_c$ 集电结反偏，三极管处于截止状态。从该电路的电流情况也可以判断出三极管是截止的。假设 VT 可以导通，从电源正极输出的 I_e 电流经 R_e 从发射极流入，在内部分成 I_b、I_c 电流，I_b 电流从基极流出后就无法继续流动（不能通过电位器 RP 返回到电源的正极，因为电流只能从高电位往低电位流动），所以 VT 的 I_b 电流实际上是不存在的，无 I_b 电流，也就无 I_c 电流，故 VT 处于截止状态。

三极管三种状态的特点如表 7-2 所示。

表 7-2　三极管三种状态的特点

项目	放大	饱和	截止
电流关系	I_b、I_c、I_e 大小正常，且 $I_c=\beta I_b$	I_b、I_c、I_e 很大，且 $I_c<\beta I_b$	I_b、I_c、I_e 都为 0
PN 结特点	发射结正偏导通，集电结反偏	发射结正偏导通，集电结正偏	发射结反偏或正偏不导通，集电结反偏
电压关系	对于 NPN 型三极管，$U_c>U_b>U_e$； 对于 PNP 型三极管，$U_e>U_b>U_c$	对于 NPN 型三极管，$U_b>U_c>U_e$； 对于 PNP 型三极管，$U_e>U_c>U_b$	对于 NPN 型三极管，$U_c>U_b$，$U_b<U_e$ 或 U_{be} 小于门电压； 对于 PNP 型三极管，$U_c<U_b$，$U_b>U_e$ 或 U_{eb} 小于门电压

3. 三种状态的应用电路

三极管可以工作在三种状态，处于不同状态时可以实现不同的功能。**当三极管处于放大状态时，可以对信号进行放大；当三极管处于饱和与截止状态时，可以当成电子开关使用。**

（1）放大状态的应用电路

在图 7-10（a）电路中，电阻 R_1 的阻值很大，流进三极管基极的电流 I_b 较小，从集电极流入的 I_c 电流也不是很大，I_b 电流变化时 I_c 也会随之变化，故三极管处于放大状态。

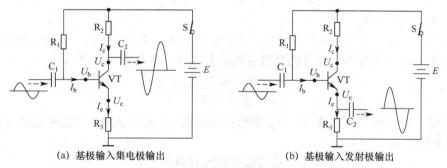

（a）基极输入集电极输出　　　　　　　　（b）基极输入发射极输出
图 7-10　三极管放大状态的应用电路

当闭合开关 S 后，有 I_b 电流通过 R_1 流入三极管 VT 的基极，马上有 I_c 电流流入 VT 的集电极，从 VT 的发射极流出 I_e 电流，三极管有正常大小的 I_b、I_c、I_e 流过，处于放大状态。这时如果将一个微弱的交流信号经 C_1 送到三极管的基极，三极管就会对它进行放大，然后从集电极输出幅度大的信号，该信号经 C_2 送往后级电路。

要注意的是，当交流信号从基极输入，经三极管放大后从集电极输出时，三极管除了对信号放大外，还会对信号进行倒相再从集电极输出。若交流信号从基极输入、从发射极输出时，则三极管对信号会进行放大但不会倒相，如图 7-10（b）所示。

（2）饱和与截止状态的应用电路

三极管饱和与截止状态的应用电路如图 7-11 所示。

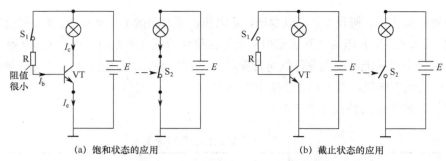

(a) 饱和状态的应用　　　　　　　　(b) 截止状态的应用

图 7-11　三极管饱和与截止状态的应用电路

在图 7-11（a）中，当闭合开关 S_1 后，有 I_b 电流经 S_1、R 流入三极管 VT 的基极，马上有 I_c 电流流入 VT 的集电极，然后从发射极输出 I_e 电流，由于 R 的阻值很小，故 VT 基极电压很高，I_b 电流很大，I_c 电流也很大，并且 $I_c < \beta I_b$，三极管处于饱和状态。三极管进入饱和状态后，从集电极流入、发射极流出的电流很大，三极管集-射极之间就相当于一个闭合的开关。

在图 7-11（b）中，当开关 S_1 断开后，三极管基极无电压，基极无 I_b 电流流入，集电极无 I_c 电流流入，发射极也就没有 I_e 电流流出，三极管处于截止状态。三极管进入截止状态后，集电极电流无法流入、发射极无电流流出，三极管集-射极之间就相当于一个断开的开关。

三极管处于饱和与截止状态时，集-射极之间分别相当于开关闭合与断开，由于三极管具有这种性质，故在电路中可以当作电子开关（依靠电压来控制通、断）。当三极管基极加较高的电压时，集-射极之间导通；当基极不加电压时，集-射极之间断开。

7.1.6　主要参数

（1）电流放大倍数

三极管的电流放大倍数有直流电流放大倍数和交流电流放大倍数。**三极管集电极电流 I_c 与基极电流 I_b 的比值称为三极管的直流电流放大倍数（用 $\bar\beta$ 或 hFE 表示）**，即

$$\bar\beta = \frac{\text{集电极电流} I_c}{\text{基极电流} I_b}$$

三极管集电极电流变化量 ΔI_c 与基极电流变化量 ΔI_b 的比值称为交流电流放大倍数（用 β 或 hfe 表示），即

$$\beta = \frac{\text{集电极电流变化量} \Delta I_c}{\text{基极电流变化量} \Delta I_b}$$

上面两个电流放大倍数的含义虽然不同，但两者近似相等，故在应用时一般不加区分。三极管的 β 值过小，电流放大作用小；β 值过大，三极管的稳定性会变差。在实际使用时，一般选用 β 为 40～80 的管子较为合适。

（2）穿透电流 I_{ceo}

穿透电流又称集-射极反向电流，它是指在基极开路时，给集电极与发射极之间加一定的电压，由集电极流往发射极的电流。穿透电流的大小受温度的影响较大，三极管的穿透电流越小，热稳定性越好，通常锗管的穿透电流较硅管的要大些。

（3）集电极最大允许电流 I_{cm}

当三极管的集电极电流 I_c 在一定的范围内变化时，其 β 值基本保持不变，但当 I_c 增大到

某一值时，β 值会下降。**使电流放大倍数 β 明显减小（约减小到 $\frac{2}{3}\beta$）的 I_c 电流称为集电极最大允许电流。** 三极管用作放大时，I_c 电流不能超过 I_{cm}。

（4）击穿电压 $U_{br(ceo)}$

击穿电压 $U_{br(ceo)}$ 是指基极开路时，允许加在集-射极之间的最高电压。 在使用时，若三极管集-射极之间的电压 $U_{ce} > U_{br(ceo)}$，集电极电流 I_c 将急剧增大，这种现象称为击穿。击穿的三极管属于永久损坏，故选用三极管时要注意其反向击穿电压不能低于电路的电源电压，一般三极管的反向击穿电压应是电源电压的两倍。

（5）集电极最大允许功耗 P_{cm}

三极管在工作时，集电极电流流过集电结时会产生热量，从而使三极管温度升高。**在规定的散热条件下，集电极电流 I_c 在流过三极管集电极时允许消耗的最大功率称为集电极最大允许功耗 P_{cm}。** 当三极管的实际功耗超过 P_{cm} 时，温度会上升很高而烧坏三极管。三极管散热良好时的 P_{cm} 较正常时要大。

集电极最大允许功耗 P_{cm} 可用下面式子计算：

$$P_{cm} = I_c U_{ce}$$

三极管的 I_c 电流过大或 U_{CE} 电压过高，都会导致功耗过大而超出 P_{cm}。三极管手册上列出的 P_{cm} 值是在常温下 25℃ 时测得的。集电结上限温度硅管为 150℃ 左右，锗管为 70℃ 左右，使用时应注意不要超过此值，否则管子将损坏。

（6）特征频率 f_t

在工作时，三极管的放大倍数 β 会随着信号频率的升高而减小。**使三极管的放大倍数 β 下降到 1 的频率称为三极管的特征频率。** 当信号频率 f 等于 f_t 时，三极管对该信号将失去电流放大功能；当信号频率大于 f_T 时，三极管将不能正常工作。

7.1.7 用指针万用表检测三极管

三极管的检测包括类型检测、电极检测和好坏检测。

1. 类型检测

三极管类型有 NPN 型和 PNP 型，三极管的类型可用万用表欧姆挡进行检测。

（1）检测规律

NPN 型和 PNP 型三极管的内部都有两个 PN 结，故三极管可视为两个二极管的组合，万用表在测量三极管任意两个引脚之间时有 6 种情况，如图 7-12 所示。

从图中不难得出这样的规律：**当黑表笔接 P 端、红表笔接 N 端时，测得是 PN 结的正向电阻，该阻值小；当黑表笔接 N 端，红表笔接 P 端时，测得是 PN 结的反向电阻，该阻值很大（接近无穷大）；当黑、红表笔接得两极都为 P 端（或两极都为 N 端）时，测得阻值大（两个 PN 结不会导通）。**

（2）类型检测

三极管的类型检测如图 7-13 所示。在检测时，万用表拨至 ×100Ω 或 ×1kΩ 挡，测量三极管任意两引脚之间的电阻，当测量出现一次阻值小时，黑表笔接的为 P 极，红表笔接的为 N 极，如图 7-13（a）所示；然后黑表笔不动（即让黑表笔仍接 P），将红表笔接到另外一个极，有两种可能：若测得阻值很大，红表笔接的极一定是 P 极，该三极管为 PNP 型，红表笔先前接的极为基极，如图 7-13（b）所示；若测得阻值小，则红表笔接的极为 N 极，则该三极管为 NPN 型，黑表笔所接为基极。

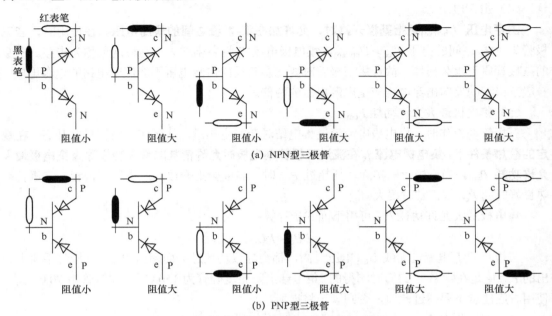

（a）NPN型三极管

（b）PNP型三极管

图 7-12　万用表测量三极管任意两引脚的 6 种情况

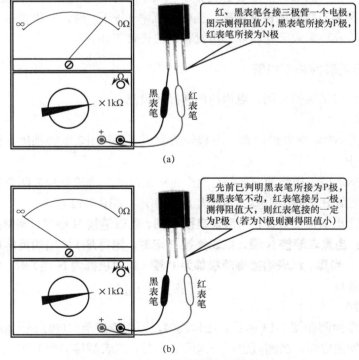

图 7-13　三极管的类型检测

2. 集电极与发射极的检测

三极管有发射极、基极和集电极三个电极，在使用时不能混用。由于在检测类型时已经找出基极，下面介绍如何用万用表欧姆挡检测出集电极和发射极。

（1）NPN 型三极管集电极和发射极的判别

NPN 型三极管集电极和发射极的判别如图 7-14 所示。在判别时，将万用表置于×1kΩ 或×100Ω 挡，黑表笔接基极以外任意一个极，再用手接触该极与基极（手相当于一个电阻，即在该极与基极之间接一个电阻），红表笔接另外一个极，测量并记下阻值的大小，该过程如图 7-14（a）所示；然后红、黑表笔互换，手再捏住基极与对换后黑表笔所接的极，测量并记下阻值大小，该过程如图 7-14（b）所示。两次测量会出现阻值一大一小，以阻值小的那次为准，如图 7-14（a）所示，黑表笔接的为集电极，红表笔接的为发射极。

注意：如果两次测量出来的阻值大小区别不明显，可先将手沾点水，让手的电阻减小，再用手接触两个电极进行测量。

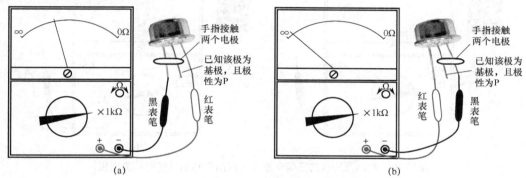

图 7-14　NPN 型三极管的集电极和发射极的判别

（2）PNP 型三极管集电极和发射极的判别

PNP 型三极管集电极和发射极的判别如图 7-15 所示。在判别时，将万用表置于×1kΩ 或×100Ω 挡，红表笔接基极以外任意一个极，再用手捏住该极与基极，黑表笔接余下的一个极，测量并记下阻值的大小，该过程如图 7-15（a）所示；然后红、黑表笔互换，用手再捏住基极与对换后红表笔所接的极，测量并记下阻值大小，该过程如图 7-15（b）所示。两次测量会出现阻值一大一小，以阻值小的那次为准，如图 7-15（a）所示，红表笔接的为集电极，黑表笔接的为发射极。

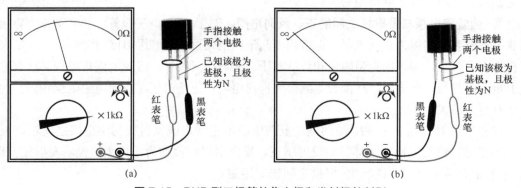

图 7-15　PNP 型三极管的集电极和发射极的判别

（3）利用 hFE 挡来判别发射极和集电极

如果万用表有 hFE 挡（三极管放大倍数测量挡），可利用该挡判别三极管的电极，使用这种方法应在已检测出三极管的类型和基极时使用。

利用万用表的三极管放大倍数挡来判别发射极和集电极如图 7-16 所示。在测量时，将万用表拨至 hFE 挡（三极管放大倍数测量挡），再根据三极管类型选择相应的插孔，并将基极插入基极插孔中，另外两个未知极分别插入其他两个插孔中，记下此时测得的放大倍数值，如图 7-16（a）所示；然后让三极管的基极不动，将另外两个未知极互换插孔，观察这次测得的放大倍数，如图 7-16（b）所示。两次测得的放大倍数会出现一大一小，以放大倍数大的那次为准，如图 7-16（b）所示，c 极插孔对应的电极是集电极，e 极插孔对应的电极为发射极。

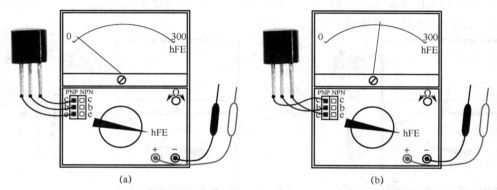

图 7-16　利用万用表的三极管放大倍数挡来判别发射极和集电极

3. 好坏检测

三极管好坏检测具体包括以下内容。

① **测量集电结和发射结的正、反向电阻。** 三极管内部有两个 PN 结，任意一个 PN 结损坏，三极管就不能使用，所以三极管检测先要测量两个 PN 结是否正常。检测时万用表拨至 ×100Ω 或 ×1kΩ 挡，测量 PNP 型或 NPN 型三极管集电极和基极之间的正、反向电阻（即测量集电结的正、反向电阻），然后再测量发射极与基极之间的正、反向电阻（即测量发射结的正、反向电阻）。正常时，集电结和发射结正向电阻都比较小，约几百欧至几千欧；反向电阻都很大，约几百千欧至无穷大。

② **测量集电极与发射极之间的正、反向电阻。** 对于 PNP 型三极管，红表笔接集电极，黑表笔接发射极测得为正向电阻，正常约十几千欧至几百千欧（用×1kΩ 挡测得），互换表笔测得为反向电阻，与正向电阻阻值相近；对于 NPN 型三极管，黑表笔接集电极，红表笔接发射极，测得为正向电阻，互换表笔测得为反向电阻，正常时正、反向电阻阻值相近，约几百千欧至无穷大。

如果三极管任意一个 PN 结的正、反向电阻不正常，或发射极与集电极之间正、反向电阻不正常，说明三极管损坏。如发射结正、反向电阻阻值均为无穷大，说明发射结开路；集-射极之间阻值为 0，说明集-射极之间击穿短路。

综上所述，一个三极管的好坏检测需要进行六次测量：其中测发射结正、反向电阻各一次（两次），集电结正、反向电阻各一次（两次）和集–射极之间的正、反向电阻各一次（两次）。只有这六次检测都正常，才能说明三极管是正常的，只要有一次测量发现不正常，该三极管就不能使用。

7.1.8　用数字万用表检测三极管

PNP 型三极管的检测

1. 检测三极管的类型并找出基极

用数字万用表检测三极管的类型并找出基极如图 7-17 所示。测量时，万用表选择二极管测量挡，正、反向测量三极管任意两个引脚，当某次测量显示 0.100～0.800 范围内的数值时，如图 7-17（b）所示，红表笔接的为三极管的 P 极，黑表笔接的为三极管的 N 极；然后红表笔不动，黑表笔接另外一个引脚，若测量显示 0.100～0.800 范围内的数值，如图 7-17（c）所示，则黑表笔所接为三极管的 N 极。该三极管有两个 N 极和一个 P 极，类型为 NPN 型，红表笔接的为 P 极且为基极。如果测量显示符号"OL"（表示测量时未导通），则黑表笔所接为三极管的 P 极，该三极管有两个 P 极和一个 N 极，类型为 PNP 型，黑表笔先前接的极为基极。

(a) 测量某两个引脚时不导通

(b) 测量时导通（红表笔接的为P极，黑表笔接的为N极）

(c) 测量时导通（红表笔接的为P极，黑表笔接的为N极）

图 7-17　用数字万用表检测三极管的类型并找出基极

2. 检测 PNP 型三极管的放大倍数并区分出集电极和发射极

用数字万用表检测 PNP 型三极管的放大倍数并区分出集电极和发射极如图 7-18 所示。测量时，万用表选择 hFE 挡（三极管放大倍数挡），然后将 PNP 型三极管的基极插入 PNP 型三极管测量孔的 B 极插孔，另外两极分别插入 E、C 插孔。如果测量显示的放大倍数很小，如图 7-18（a）所示，可将三极管基极以外的两极互换插孔，正常会显示较大的放大倍数，如图 7-18（b）所示。此时，E 插孔插入的为三极管的 E 极（发射极），C 插孔插入的为 C 极（集电极），因为三极管各引脚的极性只有与三极管测量插孔极性完全对应，三极管的放大倍数才最大。

(a) 测得的放大倍数小

(b) 测得的放大倍数大

图 7-18　用数字万用表检测 PNP 型三极管的放大倍数并区分出集电极和发射极

NPN 型三极管
的检测

3. 检测 NPN 型三极管的放大倍数并区分出集电极和发射极

用数字万用表检测 NPN 型三极管的放大倍数并区分出集电极和发射极如图 7-19 所示。测量时，万用表选择 hFE 挡（三极管放大倍数挡），然后将 NPN 型三极管的基极插入 NPN 型三极管测量孔的 B 极插孔，另外两极分别插入 E、C 插孔。如果显示的放大倍数很大，图 7-19 中显示的放大倍数为 220 倍，该值是三极管的正常放大倍数，此时 E 插孔插入的为三极管的 E 极（发射极），C 插孔插入的为 C 极（集电极）。

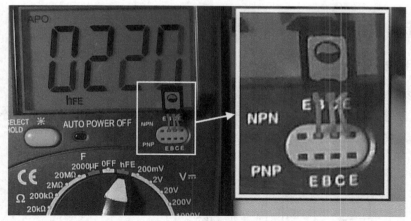

图 7-19　用数字万用表检测 NPN 型三极管的放大倍数并区分出集电极和发射极

7.1.9　三极管的型号命名方法

国产三极管的型号由以下五部分组成。

第一部分：用数字"3"表示主称三极管。

第二部分：用字母表示三极管的材料和极性。

第三部分：用字母表示三极管的类别。

第四部分：用数字表示同一类型产品的序号。

第五部分：用字母表示规格号。

国产三极管的型号命名及含义如表 7-3 所示。

表 7-3　国产三极管的型号命名及含义

第一部分：主称		第二部分：三极管的材料和特性		第三部分：类别		第四部分：序号	第五部分：规格号
数字	含义	字母	含义	字母	含义		
3	三极管	A	锗材料、PNP 型	G	高频小功率管	用数字表示同一类型产品的序号	用字母 A 或 B、C、D……表示同一型号的器件的档次等
				X	低频小功率管		
		B	锗材料、NPN 型	A	高频大功率管		
				D	低频大功率管		
		C	硅材料、NPN 型	T	闸流管		
				K	开关管		
		D	硅材料、NPN 型	V	微波管		
				B	雪崩管		
		E	化合物材料	J	阶跃恢复管		
				U	光敏管（光电管）		
				J	结型场效应晶体管		

7.2 特殊三极管

7.2.1 带阻三极管

1. 外形与符号

带阻三极管是指基极和发射极接有电阻并封装为一体的三极管。带阻三极管常用在电路中作为电子开关。带阻三极管外形和电路图形符号如图 7-20 所示。

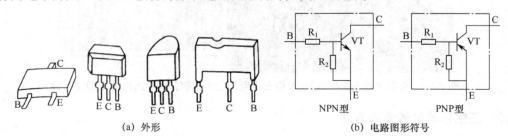

(a) 外形   (b) 电路图形符号

图 7-20　带阻三极管

2. 检测

带阻三极管检测与普通三极管基本相同，但由于内部接有电阻，故检测出来的阻值大小稍有不同。以图 7-20（b）中的 NPN 型带阻三极管为例，检测时万用表选择×1kΩ 挡，测量 B、E、C 极任意之间的正、反向电阻，若带阻三极管正常，则有下面的规律：

B、E 极之间正、反向电阻都比较小（具体大小与 R_1、R_2 值有关），但 B、E 极之间的正向电阻（黑表笔接 B 极、红表笔接 E 极测得）会略小一点，因为测正向电阻时发射结会导通。

B、C 极之间正向电阻（黑表笔接 B 极，红表笔接 C 极）小，反向电阻接近无穷大。

C、E 极之间正、反向电阻都接近无穷大。

检测时，如果与上述结果不符，则为带阻三极管损坏。

7.2.2 带阻尼三极管

1. 外形与符号

带阻尼三极管是指在集电极和发射极之间接有二极管并封装为一体的三极管。带阻尼三极管功率很大，常用在彩电和电脑显示器的扫描输出电路中。带阻尼三极管外形和电路图形符号如图 7-21 所示。

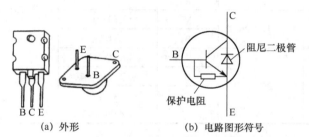

(a) 外形   (b) 电路图形符号

图 7-21　带阻尼三极管的外形和电路图形符号

2. 检测

在检测带阻尼三极管时，万用表选择×1kΩ 挡，测量 B、E、C 极任意之间的正、反向电阻，若带阻尼三极管正常，则有下面的规律：

B、E 极之间正、反向电阻都比较小，但 B、E 极之间的正向电阻（黑表笔接 B 极，红表笔接 E 极）会略小一点。

B、C 极之间正向电阻（黑表笔接 B 极，红表笔接 C 极）小，反向电阻接近无穷大。

C、E 极之间正向电阻（黑表笔接 C 极，红表笔接 E 极）接近无穷大，反向电阻很小（因为阻尼二极管会导通）。

检测时，如果与上述结果不符，则为带阻尼三极管损坏。

7.2.3 达林顿三极管

1. 外形与符号

达林顿三极管又称复合三极管，它是由两只或两只以上三极管组成并封装为一体的三极管。 达林顿三极管外形如图 7-22（a）所示，图 7-22（b）是两种常见的达林顿三极管电路图形符号。

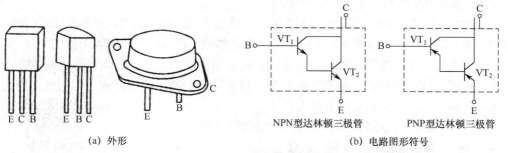

(a) 外形 　　　　　　　　NPN型达林顿三极管　　　PNP型达林顿三极管

(b) 电路图形符号

图 7-22　达林顿三极管

2. 工作原理

与普通三极管一样，达林顿三极管也需要给各极提供电压，让各极有电流流过，才能正常工作。达林顿三极管具有放大倍数高、热稳定性好和简化放大电路等优点。图 7-23 是一种典型的达林顿三极管偏置电路。

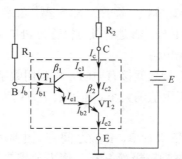

图 7-23　达林顿三极管的偏置电路

接通电源后，达林顿三极管 C、B、E 极得到供电，内部的 VT_1、VT_2 均导通，VT_1 的 I_{b1}、

I_{c1}、I_{e1} 电流和 VT$_2$ 的 I_{b2}、I_{c2}、I_{e2} 电流流经途径如图中箭头所示。达林顿三极管的放大倍数 β 与 VT$_1$、VT$_2$ 的放大倍数 β_1、β_2 有如下的关系：

$$\beta = \frac{I_c}{I_b} = \frac{I_{c1} + I_{c2}}{I_{b1}} = \frac{\beta_1 I_{b1} + \beta_2 I_{b2}}{I_{b1}}$$

$$= \frac{\beta_1 I_{b1} + \beta_2 I_{e1}}{I_{b1}}$$

$$= \frac{\beta_1 I_{b1} + \beta_2 (I_{b1} + \beta_1 I_{b1})}{I_{b1}}$$

$$= \frac{\beta_1 I_{b1} + \beta_2 I_{b1} + \beta_2 \beta_1 I_{b1}}{I_{b1}}$$

$$= \beta_1 + \beta_2 + \beta_2 \beta_1$$

$$\approx \beta_2 \beta_1$$

即达林顿三极管的放大倍数为

$$B = \beta_1 \beta_2 \cdots \beta_n$$

3. 用指针万用表检测达林顿三极管

以检测图 7-22（b）所示的 NPN 型达林顿三极管为例，在检测时，万用表选择×10kΩ 挡，测量 B、E、C 极任意之间的正、反向电阻，若达林顿三极管正常，则有下面的规律：

B、E 极之间正向电阻（黑表笔接 B 极，红表笔接 E 极）小，反向电阻接近无穷大。

B、C 极之间正向电阻（黑表笔接 B 极，红表笔接 C 极）小，反向电阻接近无穷大。

C、E 极之间正、反向电阻都接近无穷大。

检测时，如果与上述结果不符，则为达林顿三极管损坏。

4. 用数字万用表检测达林顿三极管

达林顿（复合）三极管的检测

（1）检测类型和各电极

用数字万用表检测达林顿三极管类型和各电极如图 7-24 所示。测量时，万用表选择二极管测量挡，正、反向测量任意两引脚，当某次测量时显示 0.800～1.400 范围内的数值，如图 7-24（a）所示，表明有两个 PN 结串联导通，红表笔接的为 P 极，黑表笔接的为 N 极；然后红表笔不动，黑表笔接另外一个引脚，如果测量显示 0.400～0.700 范围内的数值，如图 7-24（b）所示，则黑表笔接的为 N 极，该达林顿三极管为 NPN 型，红表笔接的为基极。如果测量显示溢出符号"OL"，则黑表笔接的为 P 极，该达林顿三极管为 PNP 型，黑表笔先前接的为基极。

（2）检测 B、E 极之间有无电阻

有些达林顿三极管在 B、E 极之间接有电阻，可利用数字万用表的电阻挡来检测两极之间有无电阻，同时能检测出电阻阻值的大小。在用数字万用表的电阻挡测量 PN 结时，PN 结一般不会导通。

用数字万用表检测达林顿三极管 B、E 极之间有无电阻如图 7-25 所示。测量时，万用表选择 20kΩ 挡，红表笔接达林顿三极管 B 极，黑表笔接 E 极，测量显示阻值为 8.18kΩ，如图 7-25（a）所示；再将红、黑表笔互换测量，测量显示阻值为 8.17kΩ，如图 7-25（b）所示。经上述两步测量可知，达林顿三极管 B、E 极之间有电阻，阻值为 8.17kΩ。

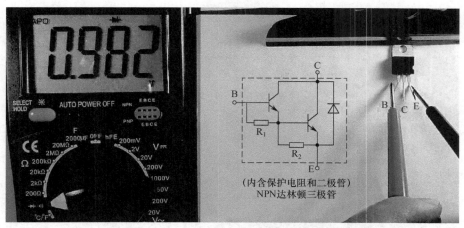

(a) 显示0.800～1.400范围内的数值表示有两个PN结串联导通

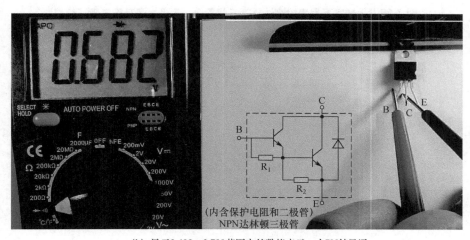

(b) 显示0.400～0.700范围内的数值表示一个PN结导通

图 7-24　用数字万用表检测达林顿三极管类型和各电极

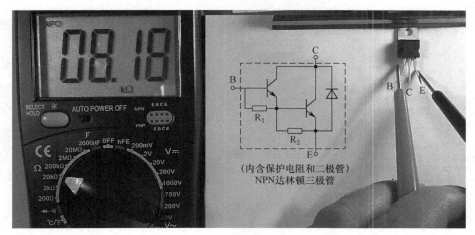

(a) 正向测量B、E极

图 7-25　用数字万用表检测达林顿三极管 B、E 极之间有无电阻

159

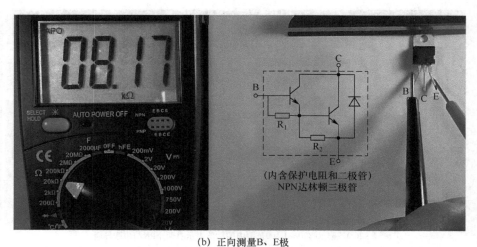

(b) 正向测量B、E极

图 7-25   用数字万用表检测达林顿三极管 B、E 极之间有无电阻（续）

第8章 晶闸管、场效应管与IGBT

8.1 单向晶闸管

8.1.1 外形与符号

单向晶闸管又称单向可控硅(SCR)，它有三个电极，分别是阳极（A）、阴极（K）和门极（G）。图 8-1（a）是一些常见的单向晶闸管的实物外形，图 8-1（b）为单向晶闸管的电路图形符号。

(a) 实物外形

新符号　旧符号

(b) 电路图形符号

图 8-1　单向晶闸管

8.1.2 结构原理

1. 结构

单向晶闸管的内部结构和等效图如图 8-2 所示。

单向晶闸管有三个极：A 极（阳极）、G 极（门极）和 K 极（阴极）。单向晶闸管内部结构如图 8-2（a）所示，它相当于 PNP 型三极管和 NPN 型三极管以图 8-2（b）所示的方式连接而成。

2. 工作原理

下面以图 8-3 所示的电路来说明单向晶闸管的工作原理。

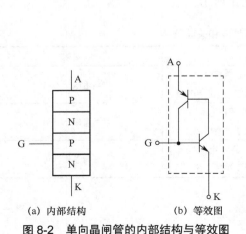

(a) 内部结构　　　　(b) 等效图

图 8-2　单向晶闸管的内部结构与等效图

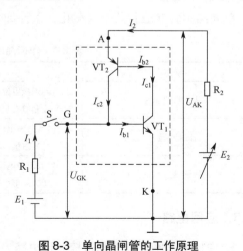

图 8-3　单向晶闸管的工作原理

电源 E_2 通过 R_2 为晶闸管 A、K 极提供正向电压 U_{AK}，电源 E_1 经电阻 R_1 和开关 S 为晶闸管 G、K 极提供正向电压 U_{GK}。当开关 S 处于断开状态时，VT_1 无 I_{b1} 电流而无法导通，VT_2 也无法导通，晶闸管处于截止状态，I_2 电流为 0。

如果将开关 S 闭合，电源 E_1 马上通过 R_1、S 为 VT_1 提供 I_{b1} 电流，VT_1 导通，VT_2 也导通（VT_2 的 I_{b2} 电流经过 VT_1 的 c、e 极）。VT_2 导通后，它的 I_{c2} 电流与 E_1 提供的电流汇合形成更大的 I_{b1} 电流流经 VT_1 的发射结，VT_1 导通更深，I_{c1} 电流更大，VT_2 的 I_{b2} 也增大（VT_2 的 I_{b2} 与 VT_1 的 I_{c1} 相等），I_{c2} 增大，这样会形成强烈的正反馈，正反馈过程是

$$I_{b1} \uparrow \rightarrow I_{c1} \uparrow \rightarrow I_{b2} \uparrow \rightarrow I_{c2} \uparrow$$

正反馈使 VT_1、VT_2 进入饱和状态，I_{b2}、I_{c2} 都很大，I_{b2}、I_{c2} 由 VT_2 的发射极流入，即由晶闸管 A 极流入，I_{b2}、I_{c2} 电流在内部流经 VT_1、VT_2 后从 K 极输出。很大的电流从晶闸管 A 极流入，然后从 K 极流出，相当于晶闸管导通。

晶闸管导通后，若断开开关 S，I_{b2}、I_{c2} 电流继续存在，晶闸管继续导通。这时，如果慢慢调低电源 E_2 的电压，流入晶闸管 A 极的电流（即图中的 I_2 电流）也慢慢减小，当电源电压调到很低时（接近 0V），流入 A 极的电流接近 0，晶闸管进入截止状态。

综上所述，**晶闸管有以下性质：**

① 无论 A、K 极之间加什么电压，只要 G、K 极之间没有加正向电压，晶闸管就无法导通。

② 只有 A、K 极之间加正向电压，并且 G、K 极之间也加一定的正向电压，晶闸管才能导通。

③ 晶闸管导通后，撤掉 G、K 极之间的正向电压后晶闸管仍继续导通。要让导通的晶闸管截止，可采用两种方法：一是让流入晶闸管 A 极的电流减小到某一值 I_H（维持电流），晶闸管会截止；二是让 A、K 极之间的正向电压 U_{AK} 减小到 0 或为反向电压，也可以使晶闸管由导通转为截止。

单向晶闸管导通和关断（截止）条件如表 8-1 所示。

表 8-1　单向晶闸管导通和关断条件

状态	条件	说明
从关断到导通	（1）阳极电位高于是阴极电位； （2）控制极有足够的正向电压和电流	两者缺一不可
维持导通	（1）阳极电位高于阴极电位； （2）阳极电流大于维持电流	两者缺一不可
从导通到关断	（1）阳极电位低于阴极电位； （2）阳极电流小于维持电流	任意条件即可

8.1.3　应用电路

1. 由单向晶闸管构成的可控整流电路

图 8-4 是由单向晶闸管构成的单相可控整流电路。

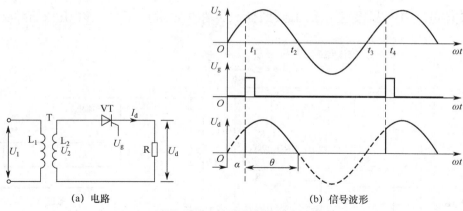

(a) 电路　　　　　　　　　　　(b) 信号波形

图 8-4　由单向晶闸管构成的单相可控整流电路

单相交流电压 U_1 经变压器 T 降压后，在二次侧线圈 L_2 上得到 U_2 电压，该电压送到晶闸管 VT 的 A 极，在晶闸管的 G 极加有 U_g 触发信号（由触发电路产生）。电路工作过程说明如下。

在 $0 \sim t_1$ 期间，U_2 电压的极性是上正下负，上正电压送到晶闸管的 A 极，由于无触发信号到晶闸管的 G 极，晶闸管不导通。

在 $t_1 \sim t_2$ 期间，U_2 电压的极性仍是上正下负，t_1 时刻有一个正触发脉冲送到晶闸管的 G 极，晶闸管导通，有电流经晶闸管流过负载 R。

在 t_2 时刻，U_2 电压为 0，晶闸管由导通转为截止（称作过零关断）。

在 $t_2 \sim t_3$ 期间，U_2 电压的极性变为上负下正，晶闸管仍处于截止。

在 $t_3 \sim t_4$ 时刻，U_2 电压的极性变为上正下负，因无触发信号送到晶闸管的 G 极，晶闸管不导通。

在 t_4 时刻，第二个正触发脉冲送到晶闸管的 G 极，晶闸管又导通。以后电路会重复 $t_1 \sim t_4$ 期间的工作过程，从而在负载 R 上得到图 8-4（b）所示的直流电压 U_d。

从晶闸管单相半波整流电路工作过程可知，**触发信号能控制晶闸管的导通，在 θ 角度范围内晶闸管是导通的，故 θ 称为导通角**（$0° \leqslant \theta \leqslant 180°$ 或 $0 \leqslant \theta \leqslant \pi$），如图 8-4（b）所示，而**在 α 角度范围内晶闸管是不导通的，$\alpha = \pi - \theta$，α 称为控制角。控制角 α 越大，导通角 θ 越小，晶闸管导通时间越短，在负载上得到的直流电压越低。**控制角 α 的大小与触发信号出现时间有关。

单相半波可控整流电路输出电压的平均值 U_d 可用下面公式计算：

$$U_d = 0.45 U_2 \frac{(1 + \cos \alpha)}{2}$$

2. 由单向晶闸管构成的交流开关

晶闸管不但有通断状态，而且还有可控性。这与开关性质相似，利用该性质可将晶闸管与一些元件结合起来制成晶闸管开关。与普通开关相比，**晶闸管开关具有动作迅速、无触点、寿命长、没有电弧和噪声等优点**，近年来，晶闸管开关逐渐得到广泛应用。

图 8-5 是由单向晶闸管构成的交流开关电路。图中虚线框内的电路相当于一个开关，3、

4 端接交流电压和负载，交流开关的通、断受 1、2 端的控制电压控制（该电压来自控制电路）。

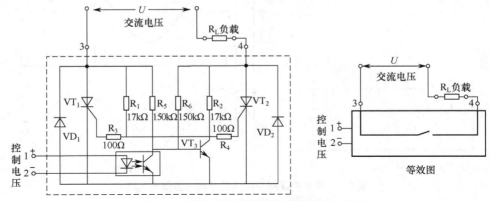

图 8-5　由单向晶闸管构成的交流开关的电路

当 1、2 端无控制电压时，光电耦合器内部的发光二极管不发光，内部的光敏管也不导通，三极管 VT_3 因基极电压高而饱和导通，VT_3 导通后集电极电压接近 0V，晶闸管 VT_1、VT_2 的 G 极无触发电压均截止。这时 3、4 端处于开路状态，相当于开关断开。

当 1、2 端有控制电压时，光电耦合器内部的发光二极管发光，内部的光敏管导通，三极管 VT_3 的基极电压被旁路，VT_3 截止，集电极电压很高，该较高的触发电压送到晶闸管 VT_1、VT_2 的 G 极。VT_1、VT_2 导通分下面两种情况：

① 若交流电压 U 的极性是左正右负，该电压对 VT_1 来说是正向电压（$U+$ 对应 VT_1 的 A 极），对 VT_2 来说是反向电压（$U-$ 对应 VT_2 的 A 极），VT_1、VT_2 虽然 G 极都有触发电压，但只有 VT_1 导通。VT_1 导通后，有电流流过负载 R_L，电流流经途径是：U 左正→VT_1→VD_2→R_L→U 右负。

② 若交流电压 U 的极性是左负右正，该电压对 VT_1 来说是反向电压，对 VT_2 来说是正向电压，在触发电压的作用下，只有 VT_2 导通。VT_2 导通后，有电流流过负载 R_L，电流流经途径是：U 右正→R_L→VT_2→VD_1→U 左负。

也就是说，当 1、2 端无控制电压时，3、4 端之间处于断开状态，电流无法通过；当 1、2 端加有控制电压时，3、4 端之间处于接通状态，电流可以通过 3、4 端。

3. 由单向晶闸管构成的交流调压电路

图 8-6 是由单向晶闸管与单结晶管（双基极二极管）构成的交流调压电路。

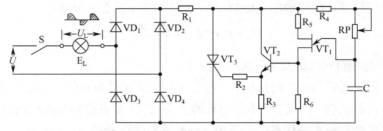

图 8-6　由单向晶闸管与单结晶管构成的交流调压电路

电路工作过程说明如下：

在合上电源开关 S 后，交流电压 U 通过 S、灯泡 E_L 加到桥式整流电路输入端。当交流电压为正半周时，U 电压的极性是上正下负，VD_1、VD_4 导通，有较小的电流对电容 C 充电，电流流经途径是：U 上正→E_L→VD_1→R_1→R_4→RP→C→VD_4→U 下负；当交流电压为负半周时，U 电压的极性是上负下正，VD_2、VD_3 导通，有较小的电流对电容 C 充电，电流流经途径是：U 下正→VD_2→R_1→R_4→RP→C→VD_3→E_L→U 上负。交流电压 U 经整流电路对 C 充得上正下负电压，随着充电的进行，C 上的电压逐渐上升，当电压达到单结晶管 VT_1 的峰值电压时，VT_1 的 E 极与 B_1 极之间马上导通，C 通过 VT_1 的 EB_1 极、R_6 和 VT_2 的发射结、R_3 放电，放电电流使 VT_2 的发射结导通，VT_2 的集-射极之间也导通，VT_2 发射极电压 U_{e2} 升高，U_{e2} 电压经 R_2 加到晶闸管 VT_3 的 G 极，VT_3 导通。VT_3 导通后，有大电流经整流电路和晶闸管 VT_3 流过灯泡 E_L，在交流电压 U 过零时，流过 VT_3 的电流为 0，VT_3 自动关断。

从上面的分析可知，只有晶闸管导通时才有大电流流过负载，晶闸管导通时间越长，负载上的有效电压值 U_L 越大。也就是说，只要改变晶闸管的导通时间，就可以调节负载上交流电压有效值的大小。调节电位器 RP 可以改变晶闸管的导通时间，例如电位器 RP 滑动端上移，电位器 RP 的阻值变大，对 C 充电电流减小，C 上电压升高到 VT_1 的峰值电压所需时间延长，晶闸管 VT_3 截止时间会维持较长的时间，即晶闸管截止时间长，导通时间相对会缩短，负载上交流电压有效值会减小。

图 8-6 电路中的灯泡 E_L 两端为交流可调电压，如果将 E_L 与晶闸管 VT_3 直接串接在一起（接在 VT_3 的 A 极或 K 极），E_L 两端得到的将会是直流可调电压。

8.1.4　主要参数

（1）正向断态重复峰值电压 U_{DRM}

正向断态重复峰值电压是指在 G 极开路和单向晶闸管阻断的条件下，允许重复加到 A、K 极之间的最大正向峰值电压。一般所说电压为多少伏的单向晶闸管指的就是该值。

（2）反向重复峰值电压 U_{RRM}

反向重复峰值电压是指在 G 极开路，允许加到单向晶闸管 A、K 极之间的最大反向峰值电压。一般 U_{RRM} 与 U_{DRM} 接近或相等。

（3）控制极触发电压 U_{GT}

在室温条件下，A、K 极之间加 6V 电压时，使可控硅从截止转为导通所需的最小控制极（G 极）直流电压称为控制极触发电压。

（4）控制极触发电流 I_{GT}

在室温条件下，A、K 极之间加 6V 电压时，使可控硅从截止变为导通所需的控制极最小直流电流称为控制极触发电流。

（5）通态平均电流 I_T

通态平均电流又称额定态平均电流，是指在环境温度不大于 40℃和标准的散热条件下，可以连续通过 50Hz 正弦波电流的平均值。

（6）维持电流 I_H

维持电流是指在 G 极开路时，维持单向晶闸管继续导通的最小正向电流。

8.1.5　用指针万用表检测单向晶闸管

单向晶闸管的检测包括判别电极判别、好坏检测和触发能力检测。

1. 电极判别

单向晶闸管有 A、G、K 三个电极，三者不能混用，在使用单向晶闸管前要先检测出各个电极。单向晶闸管的 G、K 极之间有一个 PN 结，它具有单向导电性（即正向电阻小、反向电阻大），而 A、K 极与 A、G 极之间的正、反向电阻都是很大的。根据这个原则，可采用下面的方法来判别单向晶闸管的电极。

万用表拨至×100Ω 或×1kΩ 挡，测量任意两个电极之间的阻值，如图 8-7 所示，当测量出现阻值小时，以这次测量为准，黑表笔接的电极为 G 极，红表笔接的电极为 K 极，剩下的一个电极为 A 极。

2. 好坏检测

正常的单向晶闸管除了 G、K 极之间的正向电阻小、反向电阻大外，其他各极之间的正、反向电阻均接近无穷大。在检测单向晶闸管时，将万用表拨至×1kΩ 挡，测量单向晶闸管任意两极之间的正、反向电阻。

若出现两次或两次以上阻值小，说明单向晶闸管内部有短路。

若 G、K 极之间的正、反向电阻均为无穷大，说明单向晶闸管 G、K 极之间开路。

若测量时只出现一次阻值小，并不能确定单向晶闸管一定正常（如 G、K 极之间正常，A、G 极之间出现开路），在这种情况下，需要进一步测量单向晶闸管的触发能力。

3. 触发能力检测

检测单向晶闸管的触发能力实际上就是检测 G 极控制 A、K 极之间导通的能力。 单向晶闸管触发能力检测如图 8-8 所示，测量过程说明如下。

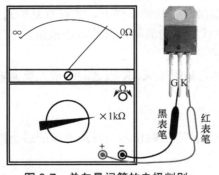
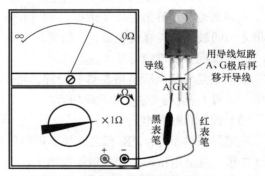

图 8-7　单向晶闸管的电极判别　　　　　图 8-8　单向晶闸管触发能力检测

将万用表拨至×1Ω 挡，测量单向晶闸管 A、K 极之间的正向电阻（黑表笔接 A 极，红表笔接 K 极），A、K 极之间的阻值正常应接近无穷大；然后用一根导线将 A、G 极短路，为 G 极提供触发电压，如果单向晶闸管良好，A、K 极之间应导通，A、K 极之间的阻值马上变小；再将导线移开，让 G 极失去触发电压，此时单向晶闸管还应处于导通状态，A、K 极之间阻值仍很小。

在上面的检测中，若用导线短路 A、G 极前后，A、K 极之间的阻值变化不大，说明 G 极失去触发能力，单向晶闸管损坏；若移开导线后，单向晶闸管 A、K 极之间阻值又变大，则为单向晶闸管开路（注：即使单向晶闸管正常，如果使用万用表高阻挡测量，由于在高阻挡时万用表提供给单向晶闸管的维持电流比较小，有可能不足以维持单向晶闸管继续导通，也会出现移开导线后 A、K 极之间阻值变大，为了避免检测判断失误，应采用×1Ω 或×10Ω挡测量）。

8.1.6　用数字万用表检测单向晶闸管

单向晶闸管的检测

1. 电极判别

用数字万用表判别单向晶闸管的电极如图 8-9 所示。测量时，万用表选择二极管测量挡，红、黑表笔测量单向晶闸管任意两引脚，当某次测量值在 0.400～0.800 范围内，该数值为 PN 结导通电压，如图 8-9（b）所示，红表笔接的为单向晶闸管的 G 极，黑表笔接的为 K 极，余下的电极为 A 极。

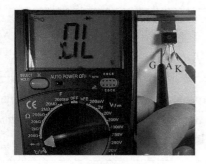

(a) 测量时未导通　　　　　　　(b) 测量时PN结导通（红接为G极，黑接为K极，余下为A极）

图 8-9　用数字万用表判别单向晶闸管的电极

2. 触发能力检测

用数字万用表检测单向晶闸管的触发能力如图 8-10 所示。测量时万用表选择 hFE 挡，将单向晶闸管的 A、K 极分别插入 NPN 型插孔的 C、E 极，如图 8-10（a）所示，此时单向晶闸管的 A、K 极之间不导通，显示屏显示值为 0000；然后用一只金属镊子将 A、G 极短接一下，将 A 极电压加到 G 极，显示屏数值马上变大（3354）且保持，如图 8-10（b）所示，表明单向晶闸管已触发导通，即 A、K 极之间导通且维持，单向晶闸管触发性能正常；如果镊子拿开后，显示的数值又变为 0000，则单向晶闸管性能不良。

(a) G 极无电压时 A、K 极之间不导通　　　　(b) 短接 A、G 极时 A、K 极之间导通

图 8-10　用数字万用表检测单向晶闸管的触发能力

8.1.7 种类

晶闸管种类很多，前面介绍了单向晶闸管，此外还有双向晶闸管、门极可关断晶闸管、逆导晶闸管和光控晶闸管等。常见晶闸管电路符号及特点如表 8-2 所示。

表 8-2 常见晶闸管符号及特点

种类	电路符号	特点
双向晶闸管		双向晶闸管三个电极分别称为主电极 T_1、主电极 T_2 和门极 G。 当门极加适当的电压时，双向晶闸管可以双向导通，即电流可以由 $T_2 \rightarrow T_1$，也可以 $T_1 \rightarrow T_2$
门极可关断晶闸管		门极可关断晶闸管在导通的情况下，可通过在门极加负电压使 A、K 之间关断
逆导晶闸管	 电路符号 等效图	逆导晶闸管是在单向晶闸管的 A、K 极之间反向并联一只二极管构成。 在加正向电压时，若门极加适当的电压，A、K 极之间导通；在加反向电压时，A、K 极直接导通
光控晶闸管		光控晶闸管又称光触发晶闸管，它是利用光线照射来控制通断的。小功率的光控晶闸管只有 A、K 两个电极和一个透明的受光窗口。 在无光线照射透明窗口时，A、K 极之间关断；若用一定的光线照射透明窗口时，A、K 之间导通

8.1.8 晶闸管的型号命名方法

国产晶闸管的型号命名主要由下面四部分组成。

第一部：分用字母"K"表示主称为晶闸管。

第二部分：用字母表示晶闸管的类别。

第三部分：用数字表示晶闸管的额定通态电流。

第四部分：用数字表示重复峰值电压级数。

国产晶闸管的型号命名及含义如表 8-3 所示。

表 8-3 国产晶闸管的型号命名及含义

第一部分：主称		第二部分：类别		第三部分：额定通态电流		第四部分：重复峰值电压级数	
字母	含义	字母	含义	数字	含义	数字	含义
K	晶闸管（可控硅）	P	普通反向阻断型	1	1A	1	100V
				5	5A	2	200V
				10	10A	3	300V
				20	20A	4	400V

续表

第一部分：主称		第二部分：类别		第三部分：额定通态电流		第四部分：重复峰值电压级数	
字母	含义	字母	含义	数字	含义	数字	含义
K	晶闸管（可控硅）	K	快速反向阻断型	30	30A	5	500V
				50	50A	6	600V
				100	100A	7	700V
				200	200A	8	800V
		S	双向型	300	300A	9	900V
				400	400A	10	1000V
				500	500A	12	1200V
						14	1400V

例如：

KP1-2（1A 200V 普通反向阻断型晶闸管）	KS5-4（5A 400V 双向晶闸管）
K——晶闸管	K——晶闸管
P——普通反向阻断型	S——双向型
1——通态电流 1A	5——通态电流 5A
2——重复峰值电压 200V	4——重复峰值电压 400V

8.2　门极可关断晶闸管

门极可关断晶闸管是晶闸管的一种派生器件，简称 GTO，它除了具有普通晶闸管触发导通功能外，还可以通过在 G、K 极之间加反向电压将晶闸管关断。

8.2.1　外形、结构与符号

门极可关断晶闸管如图 8-11 所示，从图中可以看出，GTO 与普通的晶闸管（SCR）结构相似，但为了实现关断功能，GTO 的两个等效三极管的放大倍数较 SCR 的小，另外制造工艺上也有所改进。

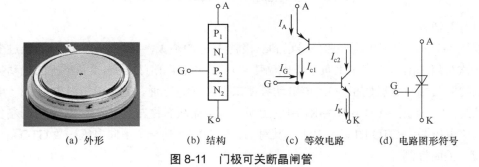

(a) 外形　　(b) 结构　　(c) 等效电路　　(d) 电路图形符号

图 8-11　门极可关断晶闸管

8.2.2　工作原理

门极可关断晶闸管工作原理如图 8-12 所示。

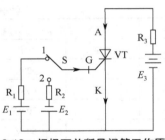

图 8-12　门极可关断晶闸管工作原理

电源 E_3 通过 R_3 为 GTO 的 A、K 极之间提供正向电压 U_{AK}，电源 E_1、E_2 通过开关 S 为 GTO 的 G 极提供正压或负压。当开关 S 置于"1"位置时，电源 E_1 为 GTO 的 G 极提供正压（$U_{GK}>0$），GTO 导通，有电流从 A 极流入，从 K 极流出；当开关 S 置于"2"位置时，电源 E_2 为 GTO 的 G 极提供负压（$U_{GK}<0$），GTO 马上关断，电流无法从 A 极流入。

普通晶闸管（SCR）和 GTO 共同点是给 G 极加正压后都会触发导通，撤去 G 极电压会继续处于导通状态；不同点在于 SCR 的 G 极加负压时仍会导通，而 GTO 的 G 极加负压时会关断。

8.2.3　应用电路

门极可关断晶闸管主要用于高电压、大功率的直流交换电路（斩波电路）和逆变电路中。GTO 导通需要开通信号，截止需要关断信号。图 8-13 是一种典型的门极可关断晶闸管驱动电路。

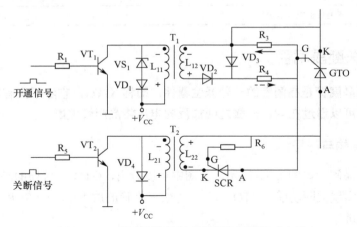

图 8-13　一种典型的门极可关断晶闸管驱动电路

（1）开通控制

要让 GTO 导通，可将开通信号送到三极管 VT_1 的基极，VT_1 导通，有电流流过变压器 T_1 的一次绕组 L_{11}，L_{11} 产生上负下正电动势，T_1 二次绕组 L_{12} 感应出上负下正的电动势（标小圆点的同名端电压极性相同），该电动势使二极管 VD_2 导通，有电流流过电阻 R_3，电流流经途径是：L_{12} 下正→VD_2→R_4→R_3→L_{12} 上负，该电流从右往左流过 R_3，R_3 上得到左负右正电压，该电压即为 GTO 的 U_{GK} 电压，其对 G、K 极而言是一个正向电压，故 GTO 导通。

（2）关断控制

要让 GTO 截止，可将关断信号送到三极管 VT_2 的基极，VT_2 导通，有电流流过变压器 T_2 的一次绕组 L_{21}，L_{21} 产生上负下正电动势，T_2 二次绕组 L_{22} 感应出上正下负的电动势（标小圆点的同名端电压极性相同），该电动势经 R_6 加到单向晶闸管 SCR 的 G、K 极，为 SCR

提供一个正向 U_{GK} 电压，SCR 触发导通，马上有电流流过 GTO、SCR，电流流经途径是：L_{22} 上正→GTO 的 A、K 极→VD_3→R_4→SCR 的 A、K 极→L_{22} 的下负，此电流从左往右流过 R_4，R_4 上得到左正右负电压，该电压与 VD_3 两端电压（电压极性是上正下负，约 0.7V）叠加后即为 GTO 的 U_{GK} 电压，该电压对 G、K 极而言是一个反向电压，故 GTO 关断。

VS_1、VD_1 为阻尼吸收电路，开通信号去除后，三极管 VT_1 由导通转为截止，流过 L_{11} 的电流突然减小（变为 0），L_{11} 马上产生上正下负的反电动势（又称反峰电压），该电动势很高，容易击穿 VT_1。在 L_{11} 两端并联 VS_1 和 VD_1 后，反电动势先击穿稳压二极管 VS_1（VS_1 击穿导通后，电压下降又会恢复截止），同时 VD_1 也导通，反电动势迅速被消耗而下降，不会击穿三极管 VT_1。VD_4 的功能与 VS_1、VD_1 相同，用于保护三极管 VT_2 不被 L_{21} 产生的反电动势击穿。

8.2.4　检测

1. 极性检测

由于 GTO 的结构与普通晶闸管相似，G、K 极之间都有一个 PN 结，故两者的极性检测与普通晶闸管相同。检测时，万用表选择×100Ω 挡，测量 GTO 各引脚之间的正、反向电阻，当出现一次阻值小时，以这次测量为准，黑表笔接的是门极 G，红表笔接的是阴极 K，剩下的一只引脚为阳极 A。

2. 好坏检测

GTO 的好坏检测可按下面的步骤进行。

第一步：检测各引脚间的阻值。用万用表×1kΩ 挡检测 GTO 各引脚之间的正、反向电阻，正常时只会出现一次阻值小的情况。若出现两次或两次以上阻值小的情况，可确定 GTO 一定损坏；若只出现一次阻值小的情况，还不能确定 GTO 一定正常，需要进行触发能力和关断能力的检测。

第二步：检测触发能力和关断能力。将万用表拨至×1Ω 挡，黑表笔接 GTO 的 A 极，红表笔接 GTO 的 K 极，此时表针指示的阻值为无穷大；然后用导线瞬间将 A、G 极短接，让万用表的黑表笔为 G 极提供正向触发电压，如果表针指示的阻值马上由大变小，表明 GTO 被触发导通，GTO 触发能力正常。按图 8-14 所示的方法将一节 1.5V 电池与 50Ω 的电阻串联，再反接在 GTO 的 G、K 极之间，给 GTO 的 G 极提供负压，如果表针指示的阻值马上由小变大（无穷大），表明 GTO 被关断，GTO 关断能力正常。

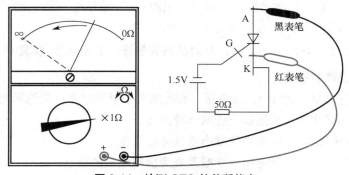

图 8-14　检测 GTO 的关断能力

检测时，如果测量结果与上述不符，则为 GTO 损坏或性能不良。

8.3 双向晶闸管

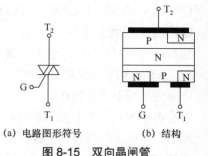

8.3.1 符号与结构

双向晶闸管电路图形符号与结构如图 8-15 所示。**双向晶闸管有三个电极：主电极 T_1、主电极 T_2 和控制极 G。**

(a) 电路图形符号　　(b) 结构

图 8-15　双向晶闸管

8.3.2 工作原理

单向晶闸管只能单向导通，而双向晶闸管可以双向导通。下面以图 8-16 来说明说明双向晶闸管的工作原理。

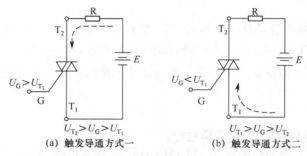

(a) 触发导通方式一　　(b) 触发导通方式二

图 8-16　双向晶闸管工作原理

① 当 T_2、T_1 极之间加正向电压（即 $U_{T_2} > U_{T_1}$）时，如图 8-16（a）所示。

在这种情况下，若 G 极无电压，则 T_2、T_1 极之间不导通；若在 G、T_1 极之间加正向电压（即 $U_G > U_{T_1}$），T_2、T_1 极之间马上导通，电流由 T_2 极流入，从 T_1 极流出，此时撤去 G 极电压，T_2、T_1 极之间仍处于导通状态。

也就是说，**当 $U_{T_2} > U_G > U_{T_1}$ 时，双向晶闸管导通，电流由 T_2 极流向 T_1 极，撤去 G 极电压后，晶闸管仍继续导通。**

② 当 T_2、T_1 极之间加反向电压（即 $U_{T_2} < U_{T_1}$）时，如图 8-16（b）所示。

在这种情况下，若 G 极无电压，则 T_2、T_1 极之间不导通；若在 G、T_1 极之间加反向电压（即 $U_G < U_{T_1}$），T_2、T_1 极之间马上导通，电流由 T_1 极流入，从 T_2 极流出，此时撤去 G 极电压，T_2、T_1 极之间仍处于导通状态。

也就是说，**当 $U_{T_1} > U_G > U_{T_2}$ 时，双向晶闸管导通，电流由 T_1 极流向 T_2 极，撤去 G 极电压后，晶闸管仍继续导通。**

双向晶闸管导通后，撤去 G 极电压，会继续处于导通状态，在这种情况下，要使双向晶闸管由导通转入截止，可采用以下任意一种方法。

① 让流过主电极 T_1、T_2 的电流减小至维持电流以下。

② 让主电极 T_1、T_2 之间电压为 0 或改变两极间电压的极性。

8.3.3　应用电路

图 8-17 是一种由双向晶闸管和双向
二极管构成的交流调压电路。

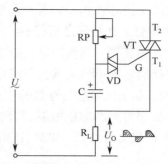

图 8-17　由双向晶闸管和双向二极管构成的交流调压电路

电路工作过程说明：

当交流电压 U 正半周到来时，U 的
极性是上正下负，该电压经负载 R_L、电
位器 RP 对电容 C 充得上正下负的电压，
随着充电的进行，当 C 的上正下负电压
达到一定值时，该电压使双向二极管 VD 导通，电容 C 的正电压经 VD 送到 VT 的 G 极，VT
的 G 极电压较主极 T_1 的电压高，VT 被正向触发，两主极 T_2、T_1 之间随之导通，有电流流
过负载 R_L。在交流电压 U 过零时，流过晶闸管 VT 的电流为 0，VT 由导通转入截止。

当交流电压 U 负半周到来时，U 的极性是上负下正，该电压对电容 C 反向充电，先将
上正下负的电压中和，然后再充得上负下正电压，随着充电的进行，当 C 的上负下正电压达
到一定值时，该电压使双向二极管 VD 导通，上负电压经 VD 送到 VT 的 G 极，VT 的 G 极
电压较主极 T_1 电压低，VT 被反向触发，两主极 T_1、T_2 之间随之导通，有电流流过负载 R_L。
在交流电压 U 过零时，VT 由导通转入截止。

从上面的分析可知，只有在双向晶闸管导通期间，交流电压才能加到负载两端，双向
晶闸管导通时间越短，负载两端得到的交流电压有效值越小，而调节电位器 RP 的值可以
改变双向晶闸管导通时间，进而改变负载上的电压。例如，电位器 RP 滑动端下移，电位
器 RP 的阻值变小，交流电压 U 经电位器 RP 对电容 C 充电电流增大，C 上的电压很快上
升到使双向二极管导通的电压值，晶闸管导通提前，导通时间延长，负载上得到的交流电
压有效值增加。

8.3.4　用指针万用表检测双向晶闸管

双向晶闸管检测包括电极检测、好坏检测和触发能力检测。

1. 电极检测

双向晶闸管电极检测分以下两步。

第一步：找出 T_2 极。从图 8-15 所示的双向晶闸管内部结构可以看出，T_1、G 极之间为
P 型半导体，而 P 型半导体的电阻很小，为几十欧姆；而 T_2 极距离 G 极和 T_1 极都较远，故
它们之间的正、反向阻值都接近无穷大。在检测时，万用表拨至×1Ω 挡，测量任意两个电极
之间的正、反向电阻，如果测得某两个极之间的正、反向电阻均很小（几十欧姆），则这两
个极为 T_1 和 G 极，另一个电极为 T_2 极。

第二步：判断 T_1 极和 G 极。找出双向晶闸管的 T_2 极后，才能判断 T_1 极和 G 极。在测
量时，万用表拨至×10Ω 挡，先假定一个电极为 T_1 极，另一个电极为 G 极，将黑表笔接假
定的 T_1 极，红表笔接 T_2 极，测量的阻值应为无穷大。接着用红表笔尖把 T_2 与 G 短路，如
图 8-18 所示，给 G 极加上负触发信号，阻值应为几十欧，说明管子已经导通；再将红表笔

尖与 G 极脱开（但仍接 T_2），如果阻值变化不大，仍很小，表明管子在触发之后仍能维持导通状态，先前的假设正确，即黑表笔接的电极为 T_1 极，红表笔接的为 T_2 极（先前已判明），另一个电极为 G 极。如果红表笔尖与 G 极脱开后，阻值马上由小变为穷大，说明先前的假设错误，即先前假定的 T_1 极实为 G 极，先前假定的 G 极实为 T_1 极。

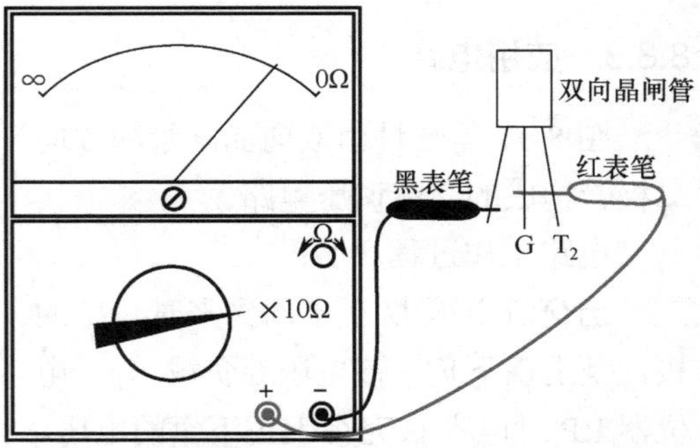

图 8-18　检测双向晶闸管的 T_1 极和 G 极

2. 好坏检测

正常的双向晶闸管除了 T_1、G 极之间的正、反向电阻较小外，T_1、T_2 极和 T_2、G 极之间的正、反向电阻均接近无穷大。双向晶闸管好坏检测分以下两步。

第一步：测量双向晶闸管 T_1、G 极之间的电阻。将万用表拨至 ×10Ω 挡，测量晶闸管 T_1、G 极之间的正、反向电阻，正常时，正、反向电阻都很小，为几十欧姆；若正反向电阻均为 0，则 T_1、G 极之间短路；若正反向电阻均为无穷大，则 T_1、G 极之间开路。

第二步：测量 T_2、G 极和 T_2、T_1 极之间的正、反向电阻。将万用表拨至 ×1kΩ 挡，测量晶闸管 T_2、G 极和 T_2、T_1 极之间的正、反向电阻，正常时，它们之间的电阻均接近无穷大；若某两极之间出现阻值小的情况，表明它们之间短路。

如果检测时发现 T_1、G 极之间的正、反向电阻小，T_1、T_2 极和 T_2、G 极之间的正、反向电阻均接近无穷大，不能说明双向晶闸管一定正常，还应检测它的触发能力。

3. 触发能力检测

双向晶闸管触发能力检测分以下两步。

第一步：万用表拨至 ×10Ω 挡，红表笔接 T_1 极，黑表笔接 T_2 极，测量的阻值应为无穷大。再用导线将 T_1 极与 G 极短路，如图 8-19（a）所示，给 G 极加上触发信号，若晶闸管触发能力正常，晶闸管马上导通，T_1、T_2 极之间的阻值应为几十欧，移开导线后，晶闸管仍维持导通状态。

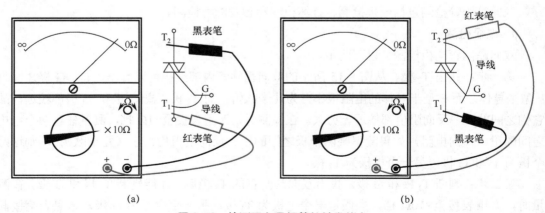

(a)　　　　　　　　　　　　　　　　(b)

图 8-19　检测双向晶闸管的触发能力

第二步：万用表拨至 ×10Ω 挡，黑表笔接 T_1 极，红表笔接 T_2 极，测量的阻值应为无穷大。

再用导线将 T_2 极与 G 极短路，如图 8-19（b）所示，给 G 极加上触发信号，若晶闸管触发能力正常，晶闸管马上导通，T_1、T_2 极之间的阻值应为几十欧，移开导线后，晶闸管维持导通状态。

对双向晶闸管进行两步测量后，若测量结果都表现正常，说明晶闸管触发能力正常，否则晶闸管损坏或性能不良。

8.3.5　用数字万用表检测双向晶闸管

用数字万用表区分双向晶闸管的各电极时，先找出 T_2 极，然后区分　双向晶闸管的检测出 T_1 极和 G 极。

1. 找出 T_2 极

万用表选择 2kΩ 挡，红、黑表笔测量双向晶闸管任意两个引脚，正、反向各测一次，当测得某两引脚正、反向电阻接近时，如图 8-20 所示，该两引脚为 T_1、G 极，余下的引脚为 T_2 极。

图 8-20　找出 T_2 极

2. 区分 T_1、G 极

万用表选择 hFE 挡，将已找出的双向晶闸管 T_2 极引脚插入 NPN 型 C 极插孔，将另外任意一个引脚插入 E 插孔，余下的引脚悬空，这时双向晶闸管是不导通的，显示屏会显示"0000"；接着用金属镊子短接一下 T_2 极与悬空极，双向晶闸管会导通，显示屏会显示一个数值，如图 8-21（a）所示。然后，将悬空引脚与 E 插孔的引脚互换（即将 E 插孔的引脚拔出悬空，原悬空的引脚插入 E 插孔），T_2 极仍插在 C 插孔，此时双向晶闸管也不会导通（显示屏会显

（a）显示值大　　　　　　　　　　　　（b）显示值小

图 8-21　区分 T_1 极和 G 极

示"0000"）；用金属镊子短接一下 T_2 极与现在的悬空极，双向晶闸管会导通，显示屏会显示一个数值，如图 8-21（b）所示。两次测量显示的数值有一个稍大一些，以显示数值稍大的那次测量为准，如图 8-21（a）所示，插入 E 插孔的为 T_1 电极，悬空的为 G 电极。

8.4 光控晶闸管

8.4.1 外形与电路符号

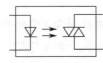

光控晶闸管是一种由发光管和光控双向晶闸管组成的元件，当发光管通电发光时，光控双向晶闸管受光后可以双向导通，导通方向由高电压引脚指向低电压引脚。 光控晶闸管外形与电路图形符号如图 8-22 所示，为了防止外界干扰，在电路板上常用屏蔽罩将光控晶闸管罩起来。

(a) 外形　　　(b) 电路图形符号

图 8-22　光控晶闸管

8.4.2 常用的光控晶闸管芯片

常用的光控晶闸管芯片有 TLP3616、TLP3526 等，如图 8-23 所示，两者的内部电路基本相同。以 TLP3616 为例，当 2、3 引脚加正向电压时，有电流流过 2、3 引脚之间的内部发光二极管，发光二极管发光，它使 6、8 引脚之间的内部光控晶闸管导通，电流可以"8 引脚入→光控晶闸管→6 引脚出"导通，也可以"6 引脚入→光控晶闸管→8 引脚出"导通。

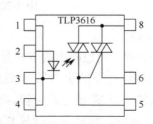

(a) 光控晶闸管芯片 TLP3616

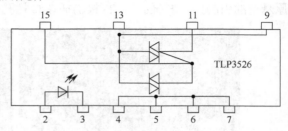

(b) 光控晶闸管芯片 TLP3526

图 8-23　两种常见的光控晶闸管芯片

8.4.3   应用电路

光控晶闸管的典型应用电路如图 8-24（a）所示，电路的信号波形如图 8-24（b）所示，U_b 为控制信号，U_s 为交流电源，U_L 负载电压。

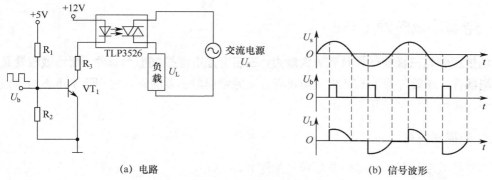

(a) 电路   (b) 信号波形

图 8-24   光控晶闸管的典型应用电路

当控制信号 U_b 第一个脉冲到来时，三极管 VT_1 导通，有电流流过光控晶闸管内部的发光管，发光管发光，内部的光控双向晶闸管导通。此时交流电源 U_s 处于正半周，其极性为上正下负，有电流流过光控双向晶闸管，电流流经途径是：U_s 上正→光控双向晶闸管→负载→U_s 下负。U_b 脉冲过后，发光管无电流通过而熄灭，但光控双向晶闸管继续导通，直到交流电源 U_s 由正半周结束开始负半周（此时 U_s 电压为 0）时，光控双向晶闸管自行关断，此称为过零关断。

当控制信号 U_b 第二个脉冲到来时，三极管 VT_1 导通，发光管发光，内部的光控双向晶闸管导通。此时交流电源 U_s 处于负半周，其极性为上负下正，有电流流过光控双向晶闸管，电流流经途径是：U_s 下正→负载→光控双向晶闸管→U_s 上负。U_b 脉冲过后，发光管熄灭，但光控双向晶闸管继续导通，直到交流电源 U_s 由负半周结束开始正半周（此时 U_s 电压为 0）时，光控双向晶闸管自行关断。

光控晶闸管受光会导通，导通后关断需要晶闸管两端电压为零（或电压变为反向）。光控晶闸管与光电耦合器都是光控元件，光电耦合器主要用于直流电路，光控晶闸管主要用于交流电路。

8.4.4   检测

光控晶闸管内部主要有发光二极管和光控晶闸管，其检测可分为以下两步（以 TLP3616 为例）。

（1）测量发光二极管和光控晶闸管的正、反向电阻

在用指针万用表欧姆挡测量发光二极管引脚时，若发光二极管正常，其正向电阻小、反向电阻无穷大；在测量光控晶闸管引脚时，若光控晶闸管正常，则其正、反向电阻均为无穷大。

（2）检测光控能力

将 TLP3616 的 2、3 引脚分别接一节 1.5V 电池的正负极，同时万用表选择×10kΩ 挡，测量 8、6 引脚的正、反向电阻，若正、反向电阻均很小，说明发光二极管通电后发光可使光控晶闸管导通，即表明 TLP3616 是正常的。

8.5 结型场效应管（JFET）

场效应管与三极管一样具有放大能力，三极管是电流控制型元器件，而场效应管是电压控制型器件。场效应管主要有结型场效应管和绝缘栅型场效应管，它们除了可参与构成放大电路外，还可当作电子开关使用。

8.5.1 外形与符号

结型场效应管外形与电路图形符号如图 8-25 所示。

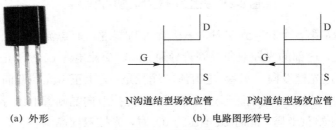

(a) 外形　　　　　　(b) 电路图形符号

图 8-25　场效应管

8.5.2 结构与原理

1. 结构

与三极管一样，结型场效应管也是由 P 型半导体和 N 型半导体组成的，三极管有 PNP 型和 NPN 型两种，场效应管则分 P 沟道和 N 沟道两种。两种沟道的结型场效应管结构如图 8-26 所示。

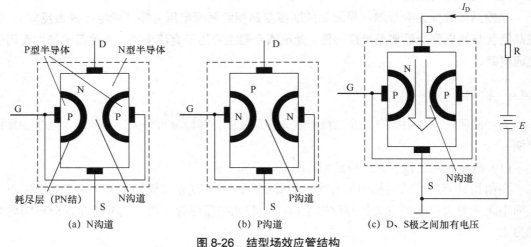

(a) N沟道　　　　　　(b) P沟道　　　　　　(c) D、S极之间加有电压

图 8-26　结型场效应管结构

图 8-26（a）为 N 沟道结型场效应管的结构图。从图中可以看出，场效应管内部有两块 P 型半导体，它们通过导线内部相连，再引出一个电极，该电极称栅极 G。两块 P 型半导体以外的部分均为 N 型半导体。在 P 型半导体与 N 型半导体交界处形成两个耗尽层（即 PN 结），耗尽层中间区域为沟道，由于沟道由 N 型半导体构成，所以称为 N 沟道，漏极 D 与源极 S 分别接在沟道两端。

图 8-26（b）为 P 沟道结型场效应管的结构图。P 沟道场效应管内部有两块 N 型半导体，栅极 G 与它们连接，两块 N 型半导体与邻近的 P 型半导体在交界处形成两个耗尽层，耗尽层中间区域为 P 沟道。

如果在 N 沟道场效应管 D、S 极之间加电压，如图 8-26（c）所示，电源正极输出的电流就会由场效应管 D 极流入，在内部通过沟道从 S 极流出，回到电源的负极。场效应管流过电流的大小与沟道的宽窄有关，沟道越宽，能通过的电流越大。

2. 工作原理

结型场效应管在电路中主要用作放大信号电压。下面通过图 8-27 来说明结型场效应管的工作原理。

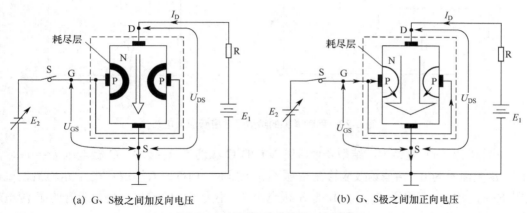

(a) G、S 极之间加反向电压　　　　(b) G、S 极之间加正向电压

图 8-27　结型场效应管的工作原理

在图 8-27 虚线框内为 N 沟道结型场效应管结构图。当在 D、S 极之间加上正向电压 U_{DS} 时，会有电流从 D 极流向 S 极；若再在 G、S 极之间加上反向电压 U_{GS}（P 型半导体接低电位，N 型半导体接高电位），场效应管内部的两个耗尽层变厚，沟道变窄，由 D 极流向 S 极的电流 I_D 就会变小，反向电压越高，沟道越窄，I_D 电流越小。

由此可见，改变 G、S 极之间的电压 U_{GS}，就能改变从 D 极流向 S 极的电流 I_D 的大小，并且 I_D 电流变化较 U_{GS} 电压变化大得多，这就是场效应管的放大原理。场效应管的放大能力大小用跨导 g_m 表示，即

$$g_m = \frac{\Delta I_D}{\Delta U_{GS}}$$

g_m 反映了栅-源电压 U_{GS} 对漏极电流 I_D 的控制能力，是表征场效应管放大能力的一个重要参数（相当于三极管的 β），g_m 的单位是西门子（S），也可以用 A/V 表示。

若给 N 沟道结型场效应管的 G、S 极之间加正向电压，如图 8-27（b）所示，场效应管

内部两个耗尽层都会导通，耗尽层消失，不管如何增大 G、S 间的正向电压，沟道宽度都不变，I_D 电流也不变化。也就是说，当给 N 沟道结型场效应管 G、S 极之间加正向电压时，无法控制 I_D 电流变化。

在正常工作时，N 沟道结型场效应管 G、S 极之间应加反向电压，即 $U_G < U_S$，$U_{GS}=U_G-U_S$ 为负压；P 沟道结型场效应管 G、S 极之间应加正向电压，即 $U_G > U_S$，$U_{GS}=U_G-U_S$ 为正压。

8.5.3　应用电路

结型场效应管工作时不需要输入信号提供电流，具有很高的输入阻抗，通常用作对微弱信号进行放大（如对话筒信号进行放大）。图 8-28 是两种常见的结型场效应管放大电路。

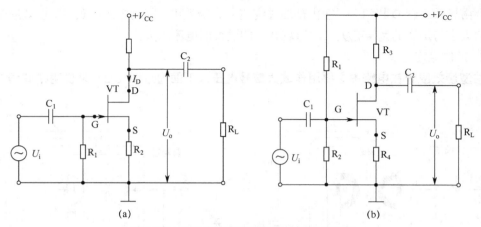

图 8-28　两种常见的结型场效应管放大电路

在图 8-28（a）电路中，结型场效应管 VT 的 G 极通过 R_1 接地，G 极电压 $U_G=0V$，而 VT 的 I_D 电流不为 0（结型场效应管在 G 极不加电压时，内部就有沟道存在），I_D 电流在流过电阻 R_2 时，R_2 上有电压 U_{R2}；VT 的 S 极电压 U_S 不为 0，$U_S=U_{R2}$，场效应管的栅-源电压 $U_{GS}=U_G-U_S$ 为负压，该电压满足场效应管工作需要。如果交流信号电压 U_i 经 C_1 送到 VT 的 G 极，G 极电压 U_G 会发生变化，场效应管内部沟道宽度就会变化，I_D 的大小就会变化，VT 的 D 极电压有很大的变化（如 I_D 增大时，U_D 会下降），该变化的电压就是放大的交流信号电压，它通过 C_2 送到负载。

在图 8-28（b）电路中，电源通过 R_1 为结型场效应管 VT 的 G 极提供 U_G 电压，此电压较 VT 的 S 极电压 U_S 低，这里的 U_S 电压使 I_D 电流流过 R_4，在 R_4 上得到的电压，VT 的栅-源电压 $U_{GS}=U_G-U_S$ 为负压，该电压能让场效应管正常工作。

8.5.4　主要参数

（1）跨导 g_m

跨导是指当 U_{DS} 为某一定值时，I_D 电流的变化量与 U_{GS} 电压变化量的比值，即

$$g_m = \frac{\Delta I_D}{\Delta U_{GS}}$$

跨导反映了栅–源电压对漏极电流的控制能力。

（2）夹断电压 U_P

夹断电压是指当 U_{DS} 为某一定值，让 I_D 电流减小到近似为 0 时的 U_{GS} 电压值。

（3）饱和漏极电流 I_{DSS}

饱和漏极电流是指当 $U_{GS}=0$ 且 $U_{DS}>U_P$ 时的漏极电流。

（4）最大漏-源电压 U_{DS}

最大漏-源电压是指漏极与源极之间的最大反向击穿电压，即当 I_D 急剧增大时的 U_{DS} 值。

8.5.5　检测

结型场效应管的检测包括类型及电极检测、放大能力检测和好坏检测。

1. 类型与电极检测

结型场效应管的源极和漏极在制造工艺上是对称的，故两极可互换使用，并不影响正常工作，所以一般不判别漏极和源极（漏–源之间的正、反向电阻相等，均为几十至几千欧姆），只判断栅极和沟道的类型。

在判断栅极和沟道的类型前，首先要了解以下几点。

① 与 D、S 极连接的半导体类型总是相同的（要么都是 P 型，或者都是 N 型）， 如图 8-26 所示，D、S 极之间的正、反向电阻相等并且比较小。

② G 极连接的半导体类型与 D、S 极连接的半导体类型总是不同的， 如 G 极连接的为 P 型时，D、S 极连接的肯定是 N 型。

③ G 极与 D、S 极之间有 PN 结，PN 结的正向电阻小、反向电阻大。

结型场效应管栅极与沟道的类型判别方法是：万用表拨至×100Ω 挡，测量场效应管任意两极之间的电阻，正、反向各测一次，两次测量阻值有以下情况：

若两次测得阻值相同或相近，则这两极是 D、S 极，剩下的极为栅极；然后红表笔不动，黑表笔接已判断出的 G 极。如果测得阻值很大，此测得为 PN 结的反向电阻，黑表笔接的应为 N，红表笔接的为 P。由于前面测量已确定黑表笔接的是 G 极，而现在测量又确定 G 极为 N，故沟道应为 P，所以该管子为 P 沟道场效应管。如果测得阻值小，则为 N 沟道场效应管。

若两次阻值一大一小，以阻值小的那次为准，红表笔不动，黑表笔接另一个极，如果阻值小，并且与黑表笔换极前测得的阻值相等或相近，则红表笔接的为栅极，该管子为 P 沟道场效应管；如果测得的阻值与黑表笔换极前测得的阻值有较大差距，则黑表笔换极前接的极为栅极，该管子为 N 沟道场效应管。

2. 放大能力检测

万用表没有专门测量场效应管跨导的挡位，所以无法准确检测场效应管放大能力，但可用万用表大致估计放大能力大小。结型场效应管放大能力估测方法如图 8-29 所示。

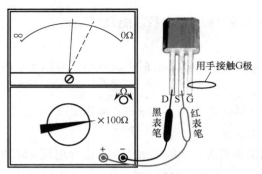

图 8-29   结型场效应管放大能力估测方法

万用表拨至×100Ω挡，红表笔接源极 S，黑表笔接漏极 D，由于测量阻值时万用表内接 1.5V 电池，这样相当于给场效应管 D、S 极加上一个正向电压，然后用手接触栅极 G，将人体的感应电压作为输入信号加到栅极上。由于场效应管放大作用，表针会摆动（I_D 电流变化引起），表针摆动幅度越大（不论向左或向右摆动均正常），表明场效应管放大能力越强，若表针不动说明已经损坏。

3. 好坏检测

结型场效应管的好坏检测包括漏-源极之间的正、反向电阻、栅-漏极之间的正、反向电阻和栅-源极之间的正、反向电阻。这些检测共有六步，只有每步检测都通过，才能确定场效应管是正常的。

在检测漏-源极之间的正、反向电阻时，万用表置于×10Ω 或×100Ω 挡，测量漏-源极之间的正、反向电阻，正常阻值应在几十至几千欧（不同型号有所不同）。若超出这个阻值范围，则可能是漏-源极之间短路、开路或性能不良。

在检测栅-漏极或栅-源极之间的正、反向电阻时，万用表置于×1kΩ 挡，测量栅-漏极或栅-源极之间的正、反向电阻，正常时正向电阻小，反向电阻无穷大或接近无穷大。若不符合，则可能是栅-漏极或栅-源极之间短路、开路或性能不良。

8.5.6   场效应管的型号命名方法

场效应管的型号命名有以下两种方法。

第一种方法与三极管相同。第一位"3"表示电极数；第二位字母代表材料，"D"是 P 型硅 N 沟道，"C"是 N 型硅 P 沟道；第三位字母"J"代表结型场效应管，"O"代表绝缘栅型场效应管。例如，3DJ6D 是结型 N 沟道场效应三极管，3DO6C 是绝缘栅型 N 沟道场效应三极管。

第二种命名方法是 CS××#，CS 代表场效应管，××以数字代表型号的序号，#用字母代表同一型号中的不同规格，例如 CS14A、CS45G 等。

8.6   绝缘栅型场效应管（MOS 管）

绝缘栅型场效应管（MOSFET）简称 MOS 管，绝缘栅型场效应管分为耗尽型和增强型，

每种类型又分为 P 沟道和 N 沟道。

8.6.1　增强型 MOS 管

1. 外形与符号

增强型 MOS 管分为 N 沟道 MOS 管和 P 沟道 MOS 管，增强型 MOS 管外形与电路图形符号如图 8-30 所示。

(a) 外形　　　　　　　　(b) 电路图形符号

图 8-30　增强型 MOS 管

2. 结构与原理

增强型 MOS 管有 N 沟道和 P 沟道之分，分别称作增强型 NMOS 管和增强型 PMOS 管，其结构与工作原理基本相同，在实际中增强型 NMOS 管更为常用。下面以增强型 NMOS 管为例来说明增强型 MOS 管的结构与工作原理。

（1）结构

增强型 NMOS 管的结构与电路图形符号如图 8-31 所示。

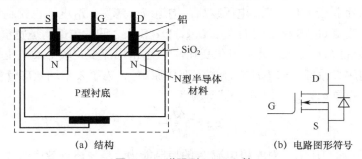

(a) 结构　　　　　　　　(b) 电路图形符号

图 8-31　增强型 NMOS 管

增强型 NMOS 管是以 P 型硅片作为基片（又称衬底），在基片上制作两个含很多杂质的 N 型材料，再在上面制作一层很薄的二氧化硅（SiO_2）绝缘层。在两个 N 型材料上引出两个铝电极，分别称为漏极（D）和源极（S），在两极中间的二氧化硅绝缘层上制作一层铝制导电层，从该导电层上引出电极称为 G 极。**P 型衬底与 D 极连接的 N 型半导体会形成二极管结构（称之为寄生二极管），**由于 P 型衬底通常与 S 极连接在一起，所以增强型 NMOS 管又可用图 8-31（b）所示的电路图形符号表示。

（2）工作原理

增强型 NMOS 管需要加合适的电压才能工作。加有电压的增强型 NMOS 管如图 8-32 所示，图 8-32（a）为结构图，图 8-32（b）为电路图。

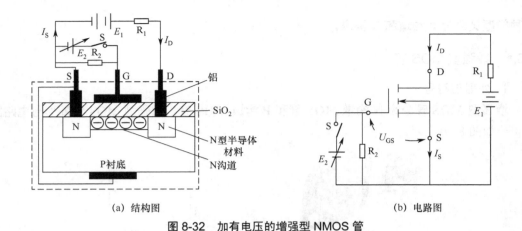

(a) 结构图　　　　　　　　　　　　(b) 电路图

图 8-32　加有电压的增强型 NMOS 管

如图 8-32（a）所示，电源 E_1 通过 R_1 接场效应管 D、S 极，电源 E_2 通过开关 S 接场效应管的 G、S 极。当开关 S 断开时，场效应管的 G 极无电压，D、S 极所接的两个 N 区之间没有导电沟道，所以两个 N 区之间不能导通，I_D 电流为 0；如果将开关 S 闭合，则场效应管的 G 极获得正电压，与 G 极连接的铝电极有正电荷，它产生的电场穿过 SiO_2 层，将 P 衬底很多电子吸引靠近 SiO_2 层，从而在两个 N 区之间出现导电沟道，由于此时 D、S 极之间加上正向电压，就有 I_D 电流从 D 极流入，再经导电沟道从 S 极流出。

如果改变 E_2 电压的大小，也就是改变 G、S 极之间的电压 U_{GS}，与 G 极相通的铝层产生的电场大小就会变化，SiO_2 层下面的电子数量就会变化，两个 N 区之间沟道宽度就会变化，流过的 I_D 电流大小就会变化。U_{GS} 电压越高，沟道就会越宽，I_D 电流也就越大。

由此可见，改变 G、S 极之间的电压 U_{GS}，D、S 极之间的内部沟道宽窄就会发生变化，从 D 极流向 S 极的 I_D 电流大小也就发生变化，并且 I_D 电流变化较 U_{GS} 电压变化大得多，这就是场效应管的放大原理（即电压控制电流变化原理）。为了表示场效应管的放大能力，引入一个参数——跨导 g_m，g_m 用下面公式计算为

$$g_m = \frac{\Delta I_D}{\Delta U_{GS}}$$

g_m 反映了栅–源电压 U_{GS} 对漏极电流 I_D 的控制能力，是表述场效应管放大能力的一个重要的参数（相当于三极管的 β），g_m 的单位是西门子（S），也可以用 A/V 表示。

增强型场效应管的特点：在 G、S 极之间未加电压（即 $U_{GS}=0$）时，D、S 极之间没有沟道，$I_D=0$；当 G、S 极之间加上合适电压（大于开启电压 U_T）时，D、S 极之间有沟道形成，U_{GS} 电压变化时，沟道宽窄会发生变化，I_D 电流也会变化。

对于 N 沟道增强型场效应管，G、S 极之间应加正电压（即 $U_G>U_S$，$U_{GS}=U_G-U_S$ 为正压），D、S 极之间才会形成沟道；对于 P 沟道增强型场效应管，G、S 极之间须加负电压（即 $U_G<U_S$，$U_{GS}=U_G-U_S$ 为负压），D、S 极之间才有沟道形成。

3. 应用电路

图 8-33 是 N 沟道增强型 MOS 管放大电路。在电路中，电源通过 R_1 为 MOS 管 VT 的 G 极提供 U_G 电压，此电压较 VT 的 S 极电压 U_S 高，VT 的栅–源电压 $U_{GS}=U_G-U_S$ 为正压，该电压能让场效应管正常工作。

如果交流信号通过 C_1 加到 VT 的 G 极，U_G 电压会发生变化，VT 内部沟道宽窄也会变化，I_D 电流的大小会有很大的变化，电阻 R_3 上的电压 U_{R_3} （$U_{R_3} = I_D R_3$）有很大的变化，VT 的 D 极电压 U_D 也有很大的变化（$U_D = V_{CC} - U_{R_3}$，U_{R_3} 变化，U_D 就会变化），该变化很大的电压即为放大的信号电压，它通过 C_2 送到负载。

4. 用指针万用表检测增强型 NMOS 管

（1）区分电极

正常的增强型 NMOS 管的 G 极与 D、S 极之间均无法导通，它们之间的正、反向电阻均为无穷大。在 G 极无电压时，增强型 NMOS 管 D、S 极之间无沟道形成，故 D、S 极之间也无法导通，但由于 D、S 极之间存在一个反向寄生二极管，如图 8-31 所示，所以 D、S 极之间反向电阻较小。

在检测增强型 NMOS 管的电极时，万用表选择×1kΩ 挡，测量 NMOS 管各引脚之间的正、反向电阻，当出现一次阻值小时（测得为寄生二极管正向电阻），红表笔接的引脚为 D 极，黑表笔接的引脚为 S 极，余下的引脚为 G 极，如图 8-34 所示。

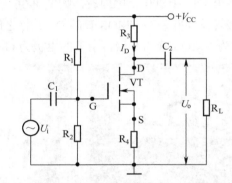

图 8-33 N 沟道增强型 MOS 管放大电路

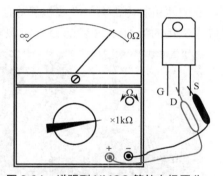

图 8-34 增强型 NMOS 管的电极区分

（2）好坏检测

增强型 NMOS 管的好坏检测可按下面的步骤进行。

第一步：用万用表×1kΩ 挡检测 NMOS 管各引脚之间的正、反向电阻，正常只会出现一次阻值小的情况。若出现两次或两次以上阻值小的情况，可确定 MOS 管一定损坏；若只出现一次阻值小的情况，还不能确定 MOS 管一定正常，需要进行第二步测量。

第二步：先用导线将 NMOS 管的 G、S 极短接，释放 G 极上的电荷（G 极与其他两极间的绝缘电阻很大，感应或测量充得的电荷很难释放，故 G 极易积累较多的电荷而带有很高的电压），再将万用表拨至×10kΩ 挡（该挡内接 9V 电源），红表笔接 NMOS 管的 S 极，黑表笔接 NMOS 管的 D 极，此时表针指示的阻值为无穷大或接近无穷大，然后用导线瞬间将 D、G 极短接，这样万用表内电池的正电压经黑表笔和导线加给 G 极。如果 NMOS 管正常，在 G 极有正电压时会形成沟道，表针指示的阻值马上由大变小，如图 8-35（a）所示。再用导线将 S、G 极短接，释放 G 极上的电荷来消除 G 极电压，如果 NMOS 管正常，内部沟道会消失，表针指示的阻值马上由小变为无穷大，如图 8-35（b）所示。

以上两步检测时，如果有一次测量不正常，则为 NMOS 管损坏或性能不良。

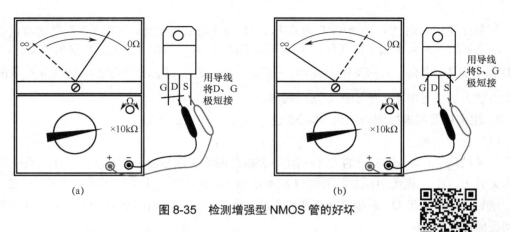

图 8-35　检测增强型 NMOS 管的好坏

N 沟道增强型 MOS 管的检测

5. 用数字万用表检测增强型 NMOS 管

（1）区分电极

在区分增强型 NMOS 管各电极时，万用表选择二极管测量挡，红、黑表笔接任意两引脚，正、反向各测一次，当某次测量出现显示值在 0.400～0.800 范围内时，如图 8-36（b）所示，表明两引脚内部有一个二极管导通，该二极管反向并联在 NMOS 管的 D、S 极之间，所以红表笔接的为 NMOS 管的 D 极，黑表笔接的为 NMOS 管的 S 极，余下的电极为 G 极。

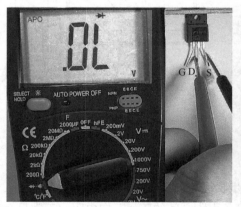

（a）测量时两引脚内部不导通　　　　　（b）测量时两引脚内部有一个二极管导通

图 8-36　用数字万用表区分增强型 NMOS 管的电极

（2）工作性能测试

在测试增强型 NMOS 管工作性能时，万用表选择 2kΩ 挡。先将 NMOS 管三个电极短接在一起，释放 G 极上可能存在的静电。然后将红表笔接 D 极、黑表笔接 S 极，正常 D、S 极之间不会导通，显示屏显示符号"OL"，如图 8-37（a）所示。再找一台指针万用表并选择×10kΩ（此挡内部使用一只 9V 电池），将指针万用表的红、黑表笔分别接 NMOS 管的 S、G 极，为其提供 U_{GS} 电压，正常 NMOS 管的 D、S 极之间马上导通，显示屏会显示很小的阻值，如图 8-37（b）所示。由于 MOS 管的 G、S 极之间存在寄生电容，在测量时指针万用表会对寄生电容充电，当指针万用表红、黑表笔移开后，G、S 极之间的寄生电容上的电压会使 NMOS 管继续导通，显示屏仍显示很小的阻值。这时，可用金属镊子将 G、S 极短路，将 G、

S 极之间的寄生电容上的电荷放掉，使 G、S 极之间无电压，NMOS 管马上截止（不导通），显示屏显示符号 "OL"，如图 8-37（c）所示。

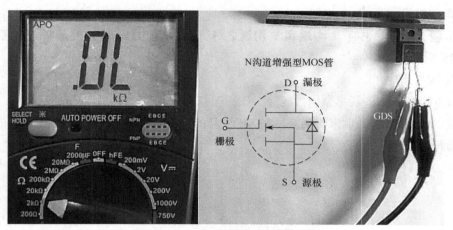

(a) 在G极无电压时D、S极之间不导通

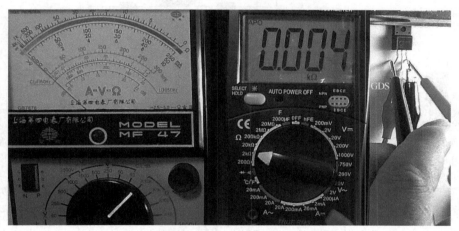

(b) 用指针万用表提供 U_{GS} 电压时D、S极之间导通

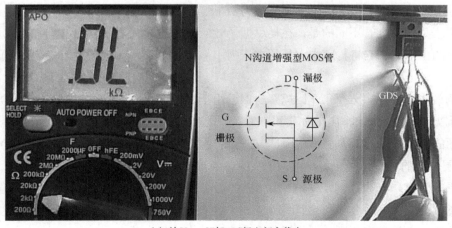

(c) 让 $U_{GS}=0$ 时D、S极之间会截止

图 8-37　用数字万用表测试增强型 NMOS 管的工作性能

8.6.2　耗尽型 MOS 管

1. 电路符号

耗尽型 MOS 管也有 N 沟道和 P 沟道之分。耗尽型 MOS 管的外形与电路图形符号 如图 8-38 所示。

2. 结构与原理

P 沟道和 N 沟道的耗尽型场效应管工作原理基本相同，下面以 N 沟道耗尽型 MOS 管（简称耗尽型 NMOS 管）为例来说明耗尽型 MOS 管的结构与原理。耗尽型 NMOS 管的结构与电路图形符号如图 8-39 所示。

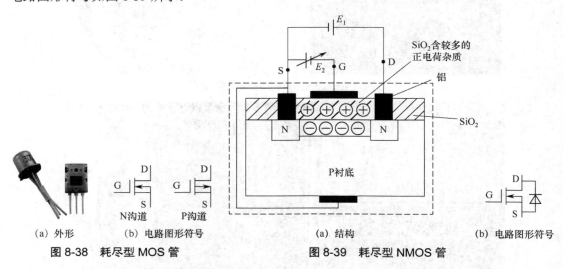

（a）外形　（b）电路图形符号
图 8-38　耗尽型 MOS 管

（a）结构　（b）电路图形符号
图 8-39　耗尽型 NMOS 管

N 沟道耗尽型场效应管是以 P 型硅片作为基片（又称衬底），在基片上再制作两个含很多杂质的 N 型材料，再在上面制作一层很薄的二氧化硅（SiO_2）绝缘层，在两个 N 型材料上引出两个铝电极，分别称为漏极（D）和源极（S），在两极中间的二氧化硅绝缘层上制作一层铝制导电层，从该导电层上引出电极称为 G 极。

与增强型场效应管不同的是，在耗尽型场效应管内的二氧化硅中掺入大量的杂质，其中含有大量的正电荷，它将衬底中大量的电子吸引靠近 SiO_2 层，从而在两个 N 区之间出现导电沟道。

当场效应管 D、S 极之间加上电源 E_1 时，由于 D、S 极所接的两个 N 区之间有导电沟道存在，所以有 I_D 电流流过沟道；如果再在 G、S 极之间加上电源 E_2，E_2 的正极除了接 S 极外，还与下面的 P 衬底相连，E_2 的负极则与 G 极的铝层相通，铝层负电荷电场穿过 SiO_2 层，排斥 SiO_2 层下方的电子，从而使导电沟道变窄，流过导电沟道的 I_D 电流减小。

如果改变 E_2 电压的大小，与 G 极相通的铝层产生的电场大小就会变化，SiO_2 层下面的电子数量就会变化，两个 N 区之间沟道宽度就会变化，流过的 I_D 电流大小就会变化。例如，E_2 电压增大，G 极负电压更低，沟道就会变窄，I_D 电流就会减小。

耗尽型场效应管的特点：在 G、S 极之间未加电压（$U_{GS}=0$）时，D、S 极之间有沟道存在，I_D 不为 0；当 G、S 极之间加上负电压 U_{GS} 时，如果 U_{GS} 电压变化，沟道宽窄会发生变化，I_D 电流就会变化。

在工作时，N 沟道耗尽型场效应管 G、S 极之间应加负电压，即 $U_G<U_S$，$U_{GS}=U_G-U_S$ 为负压；P 沟道耗尽型场效应管 G、S 极之间应加正电压，即 $U_G>U_S$，$U_{GS}=U_G-U_S$ 为正压。

3. 应用电路

图 8-40 是 N 沟道耗尽型场效应管放大电路。在电路中，电源通过 R_1、R_2 为场效应管 VT 的 G 极提供 U_G 电压，VT 的 I_D 电流在流过电阻 R_5 时，在 R_5 上得到电压 U_{R_5}，U_{R_5} 与 S 极电压 U_S 相等，这里让 $U_S>U_G$，VT 的栅−源电压 $U_{GS}=U_G-U_S$ 为负压，该电压能让场效应管正常工作。

如果交流信号通过 C_1 加到 VT 的 G 极，U_G 电压会发生变化，VT 的导通沟道宽窄也会变化，I_D 电流会有很大的变化，电阻 R_4 上的电压 U_{R_4}（$U_{R_4}=I_D R_4$）也有

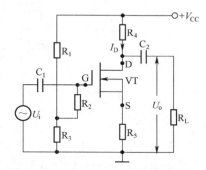

图 8-40　N 沟道耗尽型场效应管放大电路

很大的变化，VT 的 D 极电压 U_D 也会有很大变化，该变化的 U_D 电压即为放大的交流信号电压，它经 C_2 送给负载 R_L。

8.7　绝缘栅双极型晶体管（IGBT）

绝缘栅双极型晶体管是一种由场效应管和三极管组合成的复合元件，简称为 IGBT 或 IGT， 它综合了三极管和 MOS 管的优点，故有很好的特性，因此被广泛应用于各种中小功率的电力电子设备中。

8.7.1　外形、结构与符号

IGBT 的外形、结构、等效电路及电路图形符号如图 8-41 所示。从等效电路可以看出，**IGBT 相当于一个 PNP 型三极管和增强型 NMOS 管组合而成。** IGBT 有三个极：C 极（集电极）、G 极（栅极）和 E 极（发射极）。

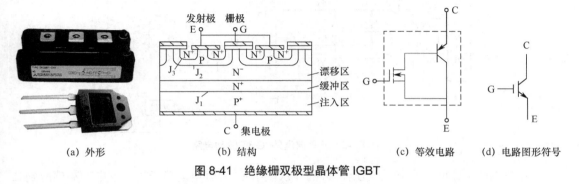

(a) 外形　　　　　　(b) 结构　　　　　(c) 等效电路　　(d) 电路图形符号

图 8-41　绝缘栅双极型晶体管 IGBT

8.7.2　工作原理

图 8-41 中的 IGBT 是由 PNP 型三极管和 N 沟道 MOS 管组合而成的，这种 IGBT 称作 N-IGBT，用图 8-41（d）表示。相应地，还有 P 沟道 IGBT，称作 P-IGBT，将图 8-41（d）符号中的箭头改为由 E 极指向 G 极即为 P-IGBT 的电路图形符号。

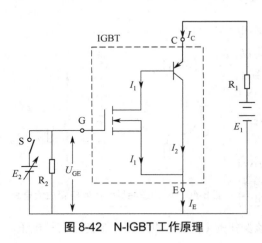

图 8-42　N-IGBT 工作原理

由于电力电子设备中主要采用 N-IGBT，下面以图 8-42 所示电路来说明 N-IGBT 工作原理。

电源 E_2 通过开关 S 为 IGBT 提供 U_{GE} 电压，电源 E_1 经 R_1 为 IGBT 提供 U_{CE} 电压。当开关 S 闭合时，IGBT 的 G、E 极之间获得电压 U_{GE}，只要 U_{GE} 电压大于开启电压（约 2～6V），IGBT 内部的 NMOS 管就有导电沟道形成，MOS 管 D、S 极之间导通，为三极管 I_b 电流提供通路，三极管导通，有电流 I_C 从 IGBT 的 C 极流入，经三极管发射极后分成 I_1 和 I_2 两路电流，I_1 电流流经 MOS 管的 D、S 极，I_2 电流从三极管的集电极流出，I_1、I_2 电流汇合成 I_E 电流从 IGBT 的 E 极流出，即 IGBT 处于导通状态。当开关 S 断开后，U_{GE} 电压为 0，MOS 管导电沟道夹断（消失），I_1、I_2 都为 0，I_C、I_E 电流也为 0，即 IGBT 处于截止状态。

调节电源 E_2 可以改变 U_{GE} 电压的大小，IGBT 内部的 MOS 管的导电沟道宽度会随之变化，I_1 电流大小也会发生变化。由于 I_1 电流实际上是三极管的 I_b 电流，I_1 细小的变化就会引起 I_2 电流（I_2 为三极管的 I_c 电流）的急剧变化。例如，当 U_{GE} 增大时，MOS 管的导通沟道变宽，I_1 电流增大，I_2 电流也增大，即 IGBT 的 C 极流入、E 极流出的电流增大。

8.7.3　应用电路

IGBT 在电路中多工作在开、关状态（导通、截止状态），工作时需要脉冲信号驱动。图 8-43 是一种典型的 IGBT 驱动电路。

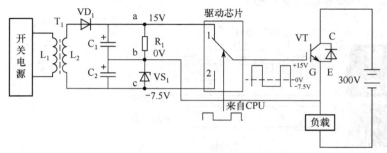

图 8-43　一种典型的 IGBT 驱动电路

开关电源工作时，在开关变压器 T_1 的一次绕组 L_1 上有电动势产生，该电动势感应到二

次绕组 L_2 上。当 L_2 电动势为上正下负时，会经 VD_1 对 C_1、C_2 充电。在 C_1、C_2 两端充得总电压约为 22.5V 时，稳压二极管 VS_1 的稳压值为 7.5V。VS_1 两端电压维持 7.5V 不变（超过该值 VS_1 会反向击穿导通），电阻 R_1 两端电压则为 15V，a、b、c 点电压关系为 $U_a>U_b>U_c$，如果将 b 点电位当作 0V，那么 a 点电压为 15V，c 点电压为 −7.5V。

在电路工作时，CPU 产生的驱动脉冲送到驱动芯片内部。当脉冲高电平到来时，驱动芯片内部等效开关接 "1"，a 点电压经开关送到 IGBT 的 G 极，IGBT 的 E 极固定接 b 点，IGBT 的 G、E 之间电压 U_{GE}=15V，正电压 U_{GE} 使 IGBT 导通。当脉冲低电平到来时，驱动芯片内部等效开关接 "2"，c 点电压经开关送到 IGBT 的 G 极，IGBT 的 E 极固定接 b 点，故 IGBT 的 G、E 之间的 U_{GE}=−7.5V，负电压 U_{GE} 可以有效地使 IGBT 截止。

从理论上讲，IGBT 的 U_{GE}=0V 时就能截止，但实际上 IGBT 的 G、E 极之间存在结电容，当正驱动脉冲加到 IGBT 的 G 极时，正的 U_{GE} 电压会对结电容充得一定电压，正驱动脉冲过后，结电容上的电压使 G 极仍高于 E 极，IGBT 会继续导通，这时如果送负驱动脉冲到 IGBT 的 G 极，可以迅速中和结电容上的电荷而让 IGBT 由导通转为截止。

8.7.4　用指针万用表检测 IGBT

IGBT 检测包括电极检测和好坏检测，检测方法与增强型 NMOS 管相似。

1. 电极检测

正常的 IGBT 的 G 极与 C、E 极之间不能导通，正、反向电阻均为无穷大。在 G 极无电压时，IGBT 的 C、E 极之间不能正向导通，但由于 C、E 极之间存在一个反向寄生二极管，所以 C、E 极正向电阻无穷大，反向电阻较小。

在检测 IGBT 时，万用表选择×1kΩ 挡，测量 IGBT 各引脚之间的正、反向电阻，当出现一次阻值小时，红表笔接的引脚为 C 极，黑表笔接的引脚为 E 极，余下的引脚为 G 极。

2. 好坏检测

IGBT 的好坏检测可按下面的步骤进行。

第一步：用万用表×1kΩ 挡检测 IGBT 各引脚之间的正、反向电阻，正常时只会出现一次阻值小的情况。若出现两次或两次以上阻值小的情况，可确定 IGBT 一定损坏；若只出现一次阻值小的情况，还不能确定 IGBT 一定正常，需要进行第二步测量。

第二步：用导线将 IGBT 的 G、S 极短接，释放 G 极上的电荷，再将万用表拨至×10kΩ 挡，红表笔接 IGBT 的 E 极，黑表笔接 C 极，此时表针指示的阻值为无穷大或接近无穷大。然后用导线瞬间将 C、G 极短接，让万用表内部电池经黑表笔和导线给 G 极充电，让 G 极获得电压，如果 IGBT 正常，内部会形成沟道，表针指示的阻值马上由大变小。再用导线将 G、E 极短路，释放 G 极上的电荷来消除 G 极电压，如果 IGBT 正常，内部沟道会消失，表针指示的阻值马上由小变为无穷大。

以上两步检测时，如果有一次测量不正常，则为 IGBT 损坏或性能不良。

8.7.5 用数字万用表检测 IGBT

IGBT 的检测

1. 区分电极

在区分 IGBT 各电极时，万用表选择二极管测量挡，红、黑表笔接任意两引脚，正、反向各测一次。当某次测量显示值在 0.400～0.800 范围内时，如图 8-44（b）所示，表明两引脚内部有一个二极管导通，该二极管反向并联在 IGBT 管的 C、E 极之间，此时红表笔接的为 IGBT 的 E 极，黑表笔接的为 IGBT 的 C 极，余下的电极为 G 极。

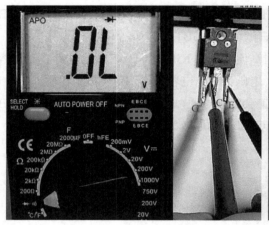

（a）测量时两引脚内部不导通　　　　　　　　（b）测量时两引脚内部有一个二极管导通

图 8-44　用数字万用表区分 IGBT 的电极

2. 工作性能测试

在测试 IGBT 工作性能时，万用表选择 2kΩ 挡。先将 IGBT 三个电极短接在一起，释放 G 极上可能存在的静电。然后，将红表笔接 C 极，黑表笔接 E 极，正常时 C、E 极之间不会导通，显示屏显示符号"OL"，如图 8-45（a）所示。再找一台指针万用表并选择×10kΩ 挡

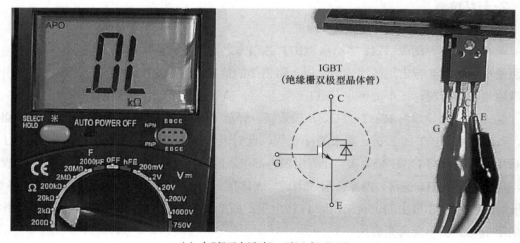

（a）在 G 极无电压时 C、E 极之间不导通

图 8-45　用数字万用表测试 IGBT 的工作性能

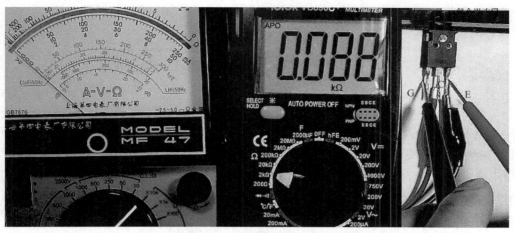

(b) 用指针万用表提供 U_{GE} 电压时 C、E 极之间导通

(c) 让 $U_{GE}=0$ 时 C、E 极之间会截止

图 8-45 用数字万用表测试 IGBT 的工作性能（续）

（此挡内部使用一只 9V 电池），将指针万用表的红、黑表笔分别接 IGBT 的 E、G 极，为其提供 U_{GE} 电压，正常时 C、E 极之间马上导通，显示屏会显示较小的阻值，如图 8-45（b）所示。由于 IGBT 的 G、E 极之间存在寄生电容，在测量时指针万用表会对寄生电容充电，当指针万用表红、黑表笔移开后，G、E 极之间的寄生电容上的电压会使 IGBT 继续导通，显示屏仍显示较小的阻值。这时，可用金属镊子将 G、E 极短路，将 G、E 极之间的寄生电容上的电荷放掉，使 G、E 极之间无电压，IGBT 会马上截止（不导通），显示屏显示符号"OL"，如图 8-45（c）所示。

第9章　继电器与干簧管

继电器可分电磁继电器和固态继电器。电磁继电器是一种利用线圈通电产生磁场来吸合衔铁而带动触点开关通、断的器件。固态继电器简称 SSR，它由半导体晶体管为主要器件的电子电路组成，通过给控制端施加电压来控制内部电子开关通、断，从而接通或关断输出端的外接电路。

干簧管是一种利用磁场直接磁化触点而让触点开关产生接通或断开动作的器件。干簧继电器由干簧管和线圈组成，当线圈通电时会产生磁场来磁化触点开关，使之接通或断开。

9.1　电磁继电器

电磁继电器是一种利用线圈通电产生磁场来吸合衔铁而驱动带动触点开关通、断的器件。

9.1.1　外形与图形符号

电磁继电器外形和电路图形符号如图 9-1 所示。

(a) 外形　　　　　　　　　　　　(b) 电路图形符号

图 9-1　电磁继电器

9.1.2　结构

电磁继电器是利用线圈通过电流产生磁场，来吸合衔铁而使触点断开或接通的。电磁继电器内部结构如图 9-2 所示，从图中可以看出，电磁继电器主要由线圈、铁芯、衔铁、弹簧、动触点、常闭触点（动断触点）、常开触点（动合触点）和一些接线端等组成。

当线圈接线端 1、2 引脚未通电时，依靠弹簧的拉力将动触点与常闭触点接触，4、5 引脚接通。当线圈接线端 1、2 引脚通电时，有电流流过线圈，线圈产生磁场吸合衔铁，衔铁移动，将动触点与常开触点接触，3、4 引脚接通。

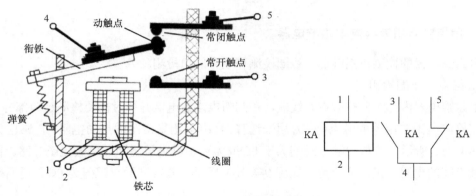

图 9-2 电磁继电器的内部结构

9.1.3 应用电路

电磁继电器典型应用电路如图 9-3 所示。

当开关 S 断开时，电磁继电器线圈无电流流过，线圈没有磁场产生，继电器的常开触点断开，常闭触点闭合，灯泡 HL_1 不亮，灯泡 HL_2 亮。

当开关 S 闭合时，电磁继电器的线圈有电流流过，线圈产生磁场吸合内部衔铁，使常开触点闭合、常闭触点断开，结果灯泡 HL_1 亮，灯泡 HL_2 熄灭。

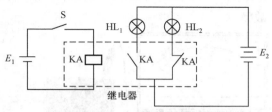

图 9-3 电磁继电器典型应用电路

9.1.4 主要参数

（1）额定工作电压

额定工作电压是指继电器正常工作时线圈所需要的电压。根据继电器的型号不同，可以是交流电压，也可以是直流电压。电磁继电器线圈所加的工作电压，一般不要超过额定工作电压的 1.5 倍。

（2）吸合电流

吸合电流是指电磁继电器能够产生吸合动作的最小电流。在正常使用时，通过线圈的电流必须略大于吸合电流，这样电磁继电器才能稳定地工作。

（3）直流电阻

直流电阻是指电磁继电器中线圈的直流电阻。直流电阻的大小可以用万用表来测量。

（4）释放电流

释放电流是指电磁继电器产生释放动作的最大电流。当电磁继电器线圈的电流减小到释放电流值时，电磁继电器就会恢复到释放状态。释放电流远小于吸合电流。

（5）触点电压和电流

触点电压和电流又称触点负荷，是指电磁继电器触点允许承受的电压和电流。在使用时，不能超过此值，否则电磁继电器的触点容易损坏。

9.1.5 用指针万用表检测电磁继电器

电磁继电器的检测包括触点、线圈检测和吸合能力检测。

1. 触点、线圈检测

电磁继电器内部主要有触点和线圈，在判断电磁继电器好坏时需要检测这两部分。

在检测电磁继电器的触点时，万用表选择×1Ω挡，测量常闭触点的电阻，正常应为 0Ω，如图 9-4（a）所示；若常闭触点阻值大于 0Ω或为∞，说明常闭触点已氧化或开路。再测量常开触点间的电阻，正常应为∞，如图 9-4（b）所示；若常开触点阻值为 0Ω，说明常开触点短路。

在检测电磁继电器的线圈时，万用表选择×10Ω或×100Ω挡，测量线圈两引脚之间的电阻，正常阻值应为 25Ω～2kΩ，如图 9-4（c）所示。一般电磁继电器线圈额定电压越高，线圈电阻越大。若线圈电阻为∞，则线圈开路；若线圈电阻小于正常值或为 0Ω，则线圈存在短路故障。

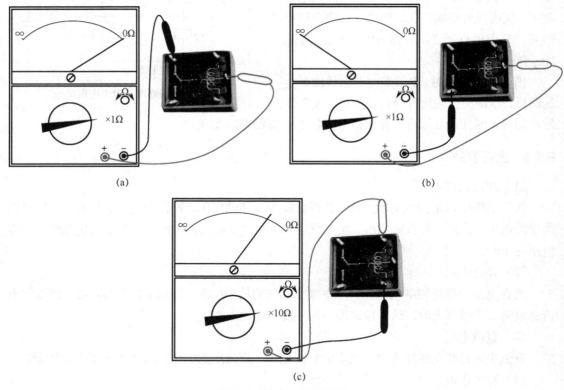

图 9-4 触点、线圈检测

2. 吸合能力检测

在检测电磁继电器时，如果测量触点和线圈的电阻基本正常，还不能完全确定电磁继电器就能正常工作，还需要通电检测线圈控制触点的吸合能力。

在检测电磁继电器吸合能力时，给电磁继电器线圈端加额定工作电压，如图 9-5 所示，将万用表置于×1Ω挡，测量常闭触点的阻值，正常应为∞（线圈通电后常闭触点应断开），再测量常开触点的阻值，正常应为 0Ω（线圈通电后常开触点应闭合）。

若测得常闭触点阻值为 0Ω，常开触点阻值为∞，则可能是线圈因局部短路而导致产生的吸合力不够，或者电磁继电器内部触点切换部件损坏。

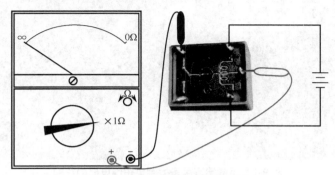

图 9-5　电磁继电器吸合能力检测

9.1.6　用数字万用表检测电磁继电器

电磁继电器的检测

1. 触点与线圈检测

用数字万用表检测电磁继电器的触点如图 9-6 所示。测量时万用表选择 200Ω 挡，红、黑表笔接电磁继电器常闭触点的两个引脚，正常显示屏会显示很小的电阻值，如图 9-6（a）所示；然后将红、黑表笔接电磁继电器常开触点的两个引脚，正常显示屏会显示溢出符号"OL"，如图 9-6（b）所示。

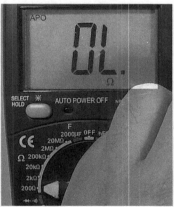

（a）测量常闭触点　　　　　　　　　　（b）测量常开触点

图 9-6　用数字万用表检测电磁继电器的触点

用数字万用表检测电磁继电器的线圈如图 9-7 所示。测量时万用表选择 2kΩ 挡，红、黑表笔接电磁继电器线圈的两个引脚，显示屏会显示线圈的电阻值，图中显示线圈的电阻值为71Ω。一般来说，电磁继电器线圈的额定电压越高，其电阻值就越大。

图 9-7 用数字万用表检测电磁继电器的线圈

2. 通电检测吸合能力

在检测电磁继电器吸合能力时，数字万用表选择 200Ω 挡，红、黑表笔分别接常开触点的两个引脚，正常显示屏会显示符号"OL"。然后给线圈的两个引脚加上额定电压（图中的电磁继电器线圈额定电压为 5V，可使用手机充电器为线圈供电），正常线圈通电时常开触点会闭合，显示屏显示很小的电阻值，如图 9-8（a）所示。再用同样的方法检测常闭触点，正常线圈通电时常闭触点会断开，显示屏会显示溢出符号"OL"，如图 9-8（b）所示。

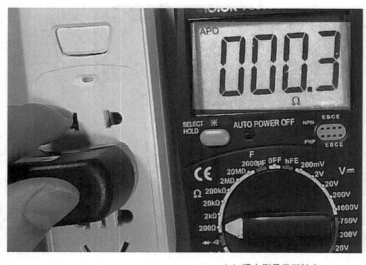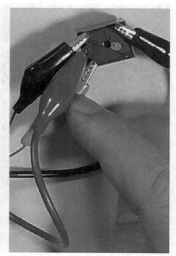

（a）通电测量常开触点

图 9-8 通电检测电磁继电器的触点

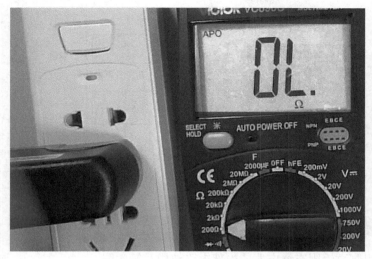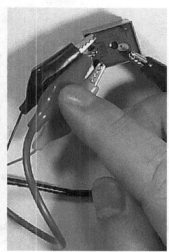

（b）通电测量常闭触点

图 9-8　通电检测电磁继电器的触点（续）

9.2　固态继电器

9.2.1　固态继电器的主要特点

固态继电器简称 SSR，它由半导体晶体管为主要器件的电子电路组成。固态继电器与一般的电磁继电器相比，主要有以下特点。

① 寿命长。电磁继电器的触点存在机械磨损，它的寿命一般为 $10^5 \sim 10^6$ 次；而固态继电器的寿命可高达 $10^8 \sim 10^{12}$ 次。

② 工作频率高。电磁继电器开合频率很低，一般不超过 20 次/秒；而固态继电器不用机械触点，故可达很高的开合频率。

③ 可靠性高。电磁继电器的触点由于受火花和表面氧化膜层的影响，容易出现接触不良；固态继电器没有机械触点，不易出现接触不良。

④ 使用安全。电磁继电器在工作时会产生火花，如果应用在一些特殊的环境下（如矿山、化工行业），可能会点燃一些易燃气体而导致事故的发生；固态继电器由于没有触点，不会产生火花，使用比较安全。

由于固态继电器有很多优点，所以在国外已经得到广泛应用，我国也逐渐开始应用。固态继电器种类很多，一般可分为直流固态继电器和交流固态继电器。

9.2.2　直流固态继电器的外形与符号

直流固态继电器（DC-SSR）的输入端 INPUT（相当于线圈端）接直流控制电压，输出端 OUTPUT 或 LOAD（相当于触点开关端）接直流负载。直流固态继电器外形与电路图形符号如图 9-9 所示。

(a) 外形   (b) 电路图形符号

图 9-9   直流固态继电器

9.2.3 直流固态继电器的内部电路与工作原理

图 9-10 是一种典型的五引脚直流固态继电器的内部电路结构及等效图。

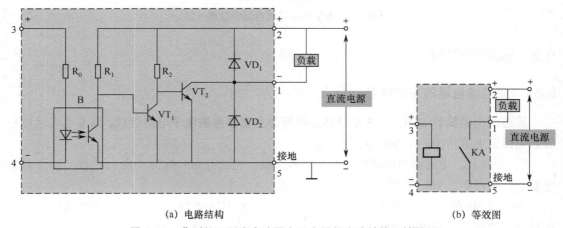

(a) 电路结构   (b) 等效图

图 9-10   典型的五引脚直流固态继电器的电路结构及等效图

如图 9-10（a）所示，当 3、4 端未加控制电压时，光电耦合器中的光敏管截止，VT_1 基极电压很高而饱和导通，VT_1 集电极电压被旁路，VT_2 因基极电压低而截止，1、5 端处于开路状态，相当于触点开关断开。当 3、4 端加控制电压时，光电耦合器中的光敏管导通，VT_1 基极电压被旁路而截止，VT_1 集电极电压很高，该电压加到 VT_2 基极，使 VT_2 饱和导通，1、5 端处于短路状态，相当于触点开关闭合。

VD_1、VD_2 为保护二极管，若负载是感性负载，在 VT_2 由导通转为截止时，负载会产生很高的反峰电压，该电压极性是下正上负，VD_1 导通，迅速降低负载上的反峰电压，防止其击穿 VT_2。如果 VD_1 出现开路损坏，不能降低反峰电压，该电压会先击穿 VD_2（VD_2 耐压较 VT_2 低），也可避免 VT_2 被击穿。

图 9-11 是一种典型的四引脚直流固态继电器的内部电路结构及等效图。

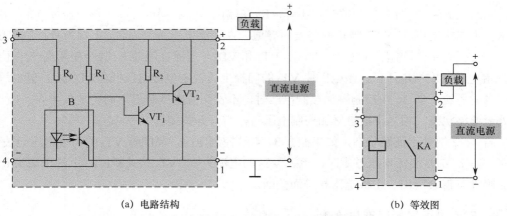

(a) 电路结构   (b) 等效图

图 9-11　典型的四引脚直流固态继电器的电路结构及等效图

9.2.4　交流固态继电器的外形与符号

交流固态继电器（AC-SSR）的输入端接直流控制电压，输出端接交流负载。交流固态继电器外形与电路图形符号如图 9-12 所示。

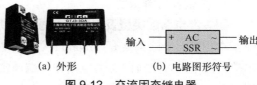

(a) 外形   (b) 电路图形符号

图 9-12　交流固态继电器

9.2.5　交流固态继电器的内部电路与工作原理

图 9-13 是一种典型的交流固态继电器的内部电路结构。

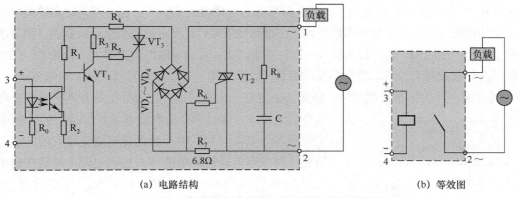

(a) 电路结构   (b) 等效图

图 9-13　典型的交流固态继电器的内部电路结构

如图 9-13（a）所示，当 3、4 端未加控制电压时，光电耦合器内的光敏管截止，VT_1 基极电压高而饱和导通，VT_1 集电极电压低，晶闸管 VT_3 门极电压低，VT_3 不能导通，桥式整流电路中的 $VD_1 \sim VD_4$ 都无法导通，双向晶闸管 VT_2 的门极无触发信号，处于截止状态，1、2 端处于开路状态，相当于开关断开。

当 3、4 端加控制电压后，光电耦合器内的光敏管导通，VT_1 基极电压被光敏管旁路，进入截止状态，VT_1 集电极电压很高，该电压送到晶闸管 VT_3 的门极，VT_3 被触发而导通。在交流电压正半周时，1 端为正，2 端为负，VD_1、VD_3 导通，有电流流过 VD_1、VT_3、VD_3 和

R_7，电流在流经 R_7 时会在两端产生压降，R_7 左端电压较右端电压高，该电压使 VT_2 的门极电压较主电极电压高，VT_2 被正向触发而导通；在交流电压负半周时，1 端为负，2 端为正，VD_2、VD_4 导通，有电流流过 R_7、VD_2、VT_3 和 VD_4，电流在流经 R_7 时会在两端产生压降，R_7 左端电压较右端电压低，该电压使 VT_2 的门极电压较主电极电压低，VT_2 被反向触发而导通。也就是说，当 3、4 控制端加控制电压时，不管交流电压是正半周还是负半周，1、2 端都处于通路状态，相当于继电器加控制电压时，常开开关闭合。

若 1、2 端处于通路状态，如果撤去 3、4 端控制电压，晶闸管 VT_3 的门极电压会被 VT_1 旁路，在 1、2 端交流电压过零时，流过 VT_3 的电流为 0，VT_3 被关断，R_7 上的压降为 0，双向晶闸管 VT_2 会因门、主极电压相等而关断。

9.2.6　固态继电器的识别与检测

1. 类型及引脚识别

固态继电器的类型及引脚可通过外表标注的字符来识别。交、直流固态继电器输入端标注基本相同，一般都含有"INPUT（或 IN）"、"DC"、"+"、"−"等字样，两者的区别在于输出端标注不同，交流固态继电器输出端通常标有"AC"、"～"等字样，直流固态继电器输出端通常标有"DC"、"+"、"−"等字样。

2. 好坏检测

交、直流固态继电器的常态（未通电时的状态）好坏检测方法相同。在检测输入端时，万用表拨至×10kΩ 挡，测量输入端两引脚之间的阻值，若固态继电器正常，黑表笔接"+"端、红表笔接"−"端时测得阻值较小，反之阻值无穷大或接近无穷大。这是因为固态继电器输入端通常为电阻与发光二极管的串联电路。在检测输出端时，万用表仍拨至×10kΩ 挡，测量输出端两引脚之间的阻值，正、反向各测一次，正常时正、反向电阻均为无穷大，有的 DC-SSR 输出端的晶体管反接有一只二极管，反向测量（红表笔接"+"、黑表笔接"−"）时阻值小。

固态继电器的常态检测正常，还无法确定它一定是好的，比如输出端开路时正、反向阻值也会无穷大，这时需要通电检查。下面以图 9-14 所示的交流固态继电器 GTJ3-3DA 为例说明通电检查的方法。先给交流固态继电器输入端接 5V 直流电源，然后在输出端接上 220V 交流电源和一只 60W 的灯泡，如果继电器正常，输出端两引脚之间内部应该相通，灯泡发光，否则继电器损坏。在连接输入、输出端电源时，电源电压应在规定的范围之内，否则会损坏固态继电器。

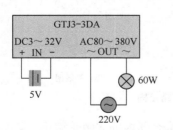

图 9-14　交流固态继电器的通电检测

9.3　干簧管与干簧继电器

9.3.1　干簧管的外形与符号

干簧管是一种利用磁场直接磁化触点而让触点开关产生接通或断开动作的器件。图 9-15（a）所示是一些常见干簧管的实物外形，图 9-15（b）所示为干簧管的电路图形符号。

9.3.2　干簧管的工作原理

干簧管的工作原理如图 9-16 所示。当干簧管未加磁场时，内部两个簧片不带磁性，处于断开状态。若将磁铁靠近干簧管，则内部两个簧片被磁化而带上磁性，一个簧片磁性为 N，另一个簧片磁性为 S，两个簧片磁性相异产生吸引，从而使两簧片的触点接触。

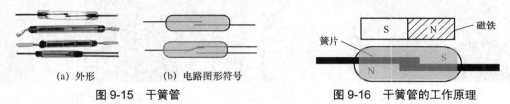

(a) 外形　　(b) 电路图形符号

图 9-15　干簧管

图 9-16　干簧管的工作原理

9.3.3　用指针万用表检测干簧管

干簧管的检测如图 9-17 所示。干簧管的检测包括常态检测和施加磁场检测。

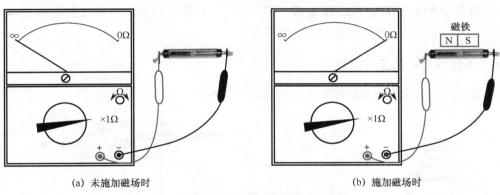

(a) 未施加磁场时　　　　　　　　　　　(b) 施加磁场时

图 9-17　干簧管的检测

常态检测是指未施加磁场时对干簧管进行检测。在常态检测时，万用表选择×1Ω挡，测量干簧管两引脚之间的电阻，如图 9-17（a）所示，对于常开触点正常阻值应为∞，若阻值为 0Ω，说明干簧管簧片触点短路。

在施加磁场检测时，万用表选择×1Ω挡，测量干簧管两引脚之间的电阻，同时用一块磁铁靠近干簧管，如图 9-17（b）所示，正常阻值应由∞变为 0Ω，若阻值始终为∞，说明干簧管触点无法闭合。

9.3.4　用数字万用表检测干簧管

在检测干簧管时，数字万用表选择 200Ω 挡，红、黑表笔接干簧管的两个引脚，显示屏显示符号"OL"，表示干簧管处于断开状态，如图 9-18（a）所示；然后将一块磁铁靠近干簧管，显示屏显示很小的电阻值，表示干簧管处于闭合状态，如图 9-18（b）所示。

干簧管的检测

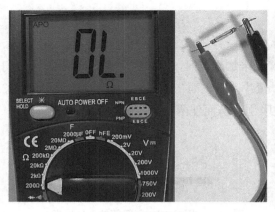
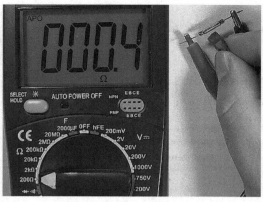

（a）干簧管处于断开　　　　　　　　　　（b）磁铁靠近时干簧管闭合

图 9-18　用数字万用表检测干簧管

9.3.5　干簧继电器的外形与符号

干簧继电器由干簧管和线圈组成。图 9-19（a）所示列出一些常见的干簧继电器，图 9-19（b）所示为干簧继电器的电路图形符号。

9.3.6　干簧继电器的工作原理

干簧继电器的工作原理如图 9-20 所示。

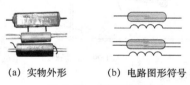

（a）实物外形　　　（b）电路图形符号

图 9-19　干簧继电器

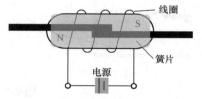

图 9-20　干簧继电器的工作原理

当干簧继电器线圈未加电压时，内部两个簧片不带磁性，处于断开状态。给线圈加电压后，线圈产生磁场，线圈的磁场将内部两个簧片磁化而带上磁性，一个簧片磁性为 N，另一个簧片磁性为 S，两个簧片磁性相异产生吸引，从而使两簧片的触点接触。

9.3.7　干簧继电器的应用电路

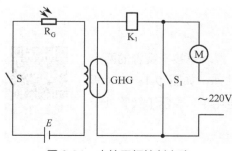

图 9-21　光控开门控制电路

图 9-21 所示是一个光控开门控制电路，它可根据有无光线来启动电动机工作，让电动机驱动大门打开。图中的光控开门控制电路主要是由干簧继电器 GHG、继电器 K_1 和安装在大门口的光敏电阻 R_G 及电动机组成的。

在白天，将开关 S 断开，自动光控开门控制电路不工作。在晚上，将 S 闭合，在没有光线照射大门时，光敏电阻 R_G 阻值很大，流过干簧继电器线圈的电流很小，干簧继电器不工作。若有光线照射大门（如汽车灯）时，光敏电阻阻值变小，流过干簧继电器线圈的电流很大，线圈产生磁场将管内的两块簧片磁化，两块簧片吸引而使触点接触，有电流流过继电器 K_1 线圈，线圈产生磁场吸合常开触点 S_1，S_1 闭合，有电流流过电动机，电动机运转，通过传动机构将大门打开。

9.3.8　干簧继电器的检测

对于干簧继电器，在常态检测时，除了要检测触点引脚间的电阻外，还要检测线圈引脚间的电阻，正常触点间的电阻为∞，线圈引脚间的电阻应为十几欧至几十千欧。

干簧继电器常态检测正常后，还需要给线圈通电进行检测。干簧继电器通电检测如图 9-22 所示，将万用表拨至×1Ω挡，测量干簧继电器触点引脚之间的电阻；然后给线圈引脚通额定工作电压，正常触点引脚间的阻值应由∞变为 0Ω，若阻值始终为∞，说明干簧管触点无法闭合。

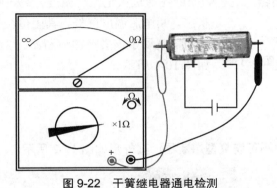

图 9-22　干簧继电器通电检测

第10章 过流、过压保护器件

10.1 过流保护器件

过流保护器件的功能是当通过的电流过大时切断电路，从而避免过大的电流损坏电路。熔断器（又称保险丝）是一种最常用的过流保护器件。

熔断器可分为两类：一类是不可恢复型熔断器，这种熔断器的熔丝被大电流烧断后不会恢复，损坏后需要重新更换，电子电器中最常用的玻壳熔断器就属于该类型的熔断器；**另一类是可恢复型熔断器，**这种熔断器在通过大电流时温度升高，阻值急剧变大，呈开路状态，断电后温度降低，其阻值会自动恢复变小，自恢复熔断器就属于该类型的熔断器。熔断器常用电路图形符号如图 10-1 所示。

图 10-1　熔断器常用电路图形符号

10.1.1 玻壳熔断器

1. 外形

玻壳熔断器是一种不可恢复型熔断器，其外形如图 10-2 所示。

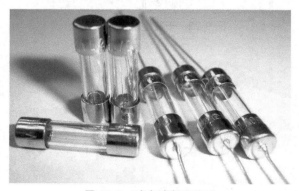

图 10-2　玻壳熔断器外形

2. 种类

玻壳熔断器有普通型和延时型两种。普通熔断器通过的电流超过额定电流时会马上烧断，而延时熔断器允许短时电流超过其额定电流而不会损坏。普通熔断器和延时熔断器可从外观识别出来，如图 10-3 所示，左边的熔断器内部有一根直线熔丝，它为普通熔断器；右边的熔断器内部有一根螺旋状的熔丝，它为延时熔断器。延时熔断器主要用于一些开机电流很大、正常工作时电流小的电路中，彩色电视机的电源电路就使用延时熔断器，其他电器大部分使用普通熔断器。

图 10-3 普通熔断器和延时熔断器

3. 选用

玻壳熔断器一般会标注额定电压值或额定电流值，例如某熔断器标注 250V/2A，表示该熔断器应用在 250V 电压以下、电流不超过 2A 的电路中。在选用时，要先了解电路的电压和电流情况，再选择合适的熔断器，选择时要求所选熔断器的额定电压应高于电路可能有的最高电压、额定电流应略大于电路可能有的最大电流。

4. 好坏检测

在判别玻壳熔断器的好坏时，可先察看玻壳内部的熔丝是否断开，若断开则熔断器开路。如果要准确判断熔断器是否损坏，应使用万用表来检测。检测时，万用表拨至×1Ω 挡，红、黑表笔分别接熔断器两端的金属帽，正常熔断器的阻值应为 0Ω，若阻值无穷大则为内部熔断丝开路。

10.1.2 自恢复熔断器

1. 外形

自恢复熔断器是一种可恢复型熔断器，它采用高分子有机聚合物在高压、高温、硫化反应的条件下，掺加导电粒子材料后，经过特殊的工艺加工而成。自恢复熔断器的外形如图 10-4 所示。

图 10-4 自恢复熔断器的外形

2. 工作原理

自恢复熔断器是在经特殊处理的高分子聚合树脂中掺加导电粒子材料后制成的。在正常情况下，聚合树脂与导电粒子紧密结构在一起，此时的自恢复熔断器呈低阻状态，如果流过的电流在允许范围内，其产生的热量较小，不会改变导电树脂结构。当电路发生短路或过载时，流经自恢复熔断器的电流很大，其产生的热量使聚合树脂熔化，体积迅速增大，自恢复熔断器呈高阻状态，工作电流迅速减小，从而对电路进行过流保护。当故障排除后，聚合树脂重新冷却缩小，导电粒子重新紧密接触而形成导电通路，自恢复熔断器重新恢复为低阻状态，从而完成对电路的保护，由于具有自恢复功能，不需要人工更换。

自恢复熔断器是否动作与本身热量有关，如果电流使本身产生的热量大于其向外界散发的热量，其温度会不断升高，内部聚合树脂体积增大而使熔断器阻值变大，流过的电流减小，该电流用于维持聚合树脂的温度，让熔断器保持高阻状态。当故障排除或切断电源后，通过自恢复熔断器的电流减小到维持电流以下，其内部聚合物温度下降而恢复为低阻状态。一般来说，体积大、散热条件好的自恢复熔断器动作电流更大些。

3. 主要参数

自恢复熔断器的主要参数有：

① I_h——最大工作电流（额定电流、维持电流）。元件在25℃环境温度下保持不动作的最大工作电流。

② I_t——最小动作电流。元件在25℃环境温度下启动保护的最小电流。I_t约为I_h的1.7～3倍，一般为2倍。

③ I_{max}——最大过载电流。元件能承受的最大电流。

④ $P_{d_{max}}$——最大允许功耗。元件在工作状态下的允许消耗最大功率。

⑤ U_{max}——最大工作电压（耐压、额定电压）。元件的最大工作电压。

⑥ U_{maxi}——最大过载电压。元件在阻断状态下所承受的最大电压。

⑦ R_{min}——最小阻值。元件在工作前的初始最小阻值。

⑧ R_{max}——最大阻值。元件在工作前的初始最大阻值，自恢复熔断器的初始阻值应在R_{min}～R_{max}之间。

表10-1列出了RXE系列自恢复熔断器的主要参数。

表10-1 RXE系列自恢复熔断器的主要参数（20℃）

参数名称 参数值 型号	保持电流/A	触发断开的最大时间（5倍保持电流）/s	原始阻抗		参数名称 参数值 型号	保持电流/A	触发断开的最大时间（5倍保持电流）/s	原始阻抗	
			最低电阻/Ω	最高电阻/Ω				最低电阻/Ω	最高电阻/Ω
RXE010	0.10	4.0	2.50	4.50	RXE090	0.90	7.2	0.20	0.31
RXE017	0.17	3.0	3.30	5.21	RXE110	1.10	8.2	0.15	0.25
RXE020	0.20	2.2	1.83	2.84	RXE135	1.35	9.6	0.12	0.19
RXE025	0.25	2.5	1.25	1.95	RXE160	1.60	11.4	0.09	0.14
RXE030	0.30	3.0	0.88	1.36	RXE185	1.85	12.6	0.08	0.12
RXE040	0.40	3.8	0.55	0.86	RXE250	2.50	15.6	0.05	0.08
RXE050	0.50	4.0	0.50	0.77	RXE300	3.00	19.8	0.04	0.06
RXE065	0.65	5.3	0.31	0.48	RXE375	3.75	24.0	0.03	0.05
RXE075	0.75	6.3	0.25	0.40					

4. 型号含义

自恢复熔断器无统一的命名方法，较常用的 RF/WH 系列自恢复熔断器的型号含义如下。

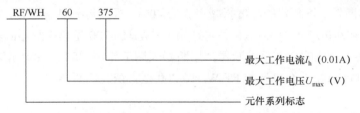

- 最大工作电流 I_h (0.01A)
- 最大工作电压 U_{max} (V)
- 元件系列标志

RF/WH 60 375 表示该元件为 RF/WH 系列自恢复熔断器，其最大工作电压为 60V，最大工作电流为 3.75A。

5. 选用

（1）选用说明

选用熔断器的要点如下。

① 根据电路的需要，选择合适类型的熔断器（如自恢复型、贴片安装方式熔断器）。

② 在确定熔断器的额定电压时，要求熔断器额定电压应大于熔断器安装电路处可能有的最高电压。

③ 在确定熔断器的额定电流 I 时，可按以下式子计算：

$$I=I_t/(f_0 f_1)$$

式中，I_t 为保护电流（最小动作电流）；f_0 为不同规范熔断器的折减率，对于 I_{CE} 规范的熔断器，折减率 $f_0=1$，对于 U_L 规范的熔断器，折减率 $f_0=0.75$；f_1 为不同温度下的折减率，环境温度（熔断器周围的温度）越高，熔断器工作时越容易发热，寿命就越短。熔断器在不同温度下的折减率 f_1 值如图 10-5 所示，曲线 A 为玻壳熔断器（低分辨力）的温度折减率，曲线 B 为陶瓷管熔断器（快熔断熔断器和螺旋式绕制熔断器，高分辨力）的温度折减率，曲线 C 为自恢复熔断器的温度折减率，在室温 25℃时，三种类型的熔断器的温度折减率 f_1 均为 1。

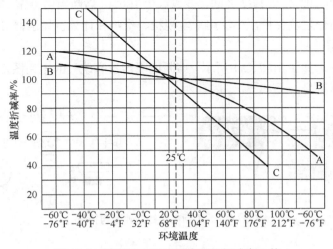

图 10-5　熔断器在不同温度下的折减率 f_1 值

（2）选用举例

某电路额定电压为 12V，正常工作电流为 2A，熔断器长期工作在 90℃，如果选用 U_L 规范的自恢复熔断器，熔断器的温度折减率 f_1 为 40%、规范折减率 f_0=0.75，那么熔断器的额定电流 $I=I_t/(f_0f_1)$=2/(0.75×0.4)=6.6A，故可选用 RF/WH16-700 型自恢复熔断器。

如果选用 I_{CE} 规范的自恢复熔断器，熔断器长期工作在 25℃，要求熔断器的额定电流 $I=I_t/(f_0f_1)$=2/(1×1)=2A，那么可选用 RF/WH16-200 型自恢复熔断器。

6. 检测

自恢复熔断器的阻值很小，大多数在 10Ω 以下，通常额定电压（耐压）越高的阻值越大，额定电流（维持电流）越大的阻值越小。

由于自恢复熔断器的阻值很小，在检测时，使用万用表×1Ω 挡测量其阻值，正常阻值一般在几十欧以下，如果阻值无穷大，则熔断器开路。

如果要检测自恢复熔断器的动作电流，则可按图 10-6 所示方式将熔断器与电源、开关

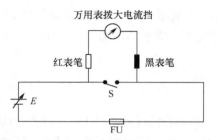

图 10-6　自恢复熔断器的动作电流检测示意图

连接起来。在测量时，将可调电压调到最低，万用表拨至大电流挡，让开关处于断开状态，红、黑表笔接开关两端，然后将电源电压慢慢调高，同时观察万用表指示电流值，当出现电流突然减小时，则减小前的最大电流值即为自恢复熔断器的动作电流值。可调电源也可以用多节干电池（最好为新的优质电池，以便能输出大电流）来代替，以电池逐个叠加来慢慢增高电压。

10.1.3　熔断电阻器

熔断电阻器又称保险电阻器，是一种具有熔断器和电阻器双重作用的元器件，其阻值较小，阻值范围一般在 0.22～5.1kΩ 之间，多数低于 100Ω。熔断电阻器常用字母"RF"或"R"表示，在电路中用作过流保护，广泛用于电视机、音响和计算机显示器等设备中。

1. 外形与符号

熔断电阻器外形如图 10-7（a）所示，熔断电阻器没有统一的电路图形符号，图 10-7（b）是一些常用的表示符号。

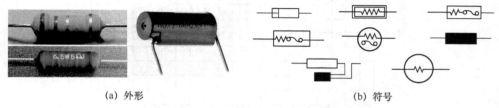

(a) 外形　　　　　　　　　　　　　　　(b) 符号

图 10-7　熔断电阻器的外形与符号

2. 种类

熔断电阻器可分为可恢复型熔断电阻器和不可恢复型熔断电阻器。

（1）可恢复型熔断电阻器

可恢复型熔断电阻器是将普通电阻器或电阻丝用低熔点焊料与弹性金属片以串联方式焊接在一起，再密封起来。在额定电流内，可恢复型熔断电阻器相当于固定电阻器；当电路出现过大电流时，可恢复熔断电阻器的焊点首先熔化，使弹性金属片与电阻器断开。在排除电路故障后，按要求将电阻器与金属片焊好，即可恢复正常使用。

（2）不可恢复型熔断电阻器

不可恢复型熔断电阻器在电路正常工作时起固定电阻器作用，当其工作电流超过额定电流时，熔断电阻器将会像熔断器一样熔断，对电路进行保护。不可恢复型熔断电阻器熔断后，无法进行修复，只能更换新的熔断电阻器。

不可恢复型熔断电阻器根据电阻体使用材料不同，可分为线绕式熔断电阻器和膜式熔断电阻器。

① 线绕式熔断电阻器。线绕式熔断电阻器属于功率型涂釉电阻器，其阻值较小，通常用于工作电流较大的电路中。

② 膜式熔断电阻器。膜式熔断电阻器是使用最多的熔断电阻器，又分为碳膜熔断电阻器、金属膜熔断电阻器和金属氧化膜熔断电阻器等多种。膜式熔断电阻器的外壳有陶瓷、有机硅树脂、阻燃漆等材料，封装外形有长方形、圆柱形、腰鼓形等多种形式。常用的国产金属膜熔断电阻器有 RJ90-A、FJ90-B 系列和 RF10、RF11 系列。

3. 损坏后的应急处理方法

如果熔断电阻器损坏，应先查明损坏原因，绝不允许盲目更换，更不能用普通电阻器代换。如果无相同规格的熔断电阻器，则可采用以下应急方法处理。

① 用电阻器和保险丝串联代用。将一个电阻器和一根保险丝（或保险管）串联起来代用。在代用时，电阻器的阻值、功率与熔断电阻器的规格相同，保险丝的电流 I 可按 $I^2R=0.5P$ 来计算，R、P 分别为电阻器的阻值和功率。例如，原熔断电阻器的规格为 $10\Omega/2W$，则代用的电阻器规格可选用 $10\Omega/2W$，保险丝的额定电流按 $I^2\times10=0.5\times2$ 计算，结果可求得 I 约为 0.3A，即代用的保险丝规格为 0.3A。

② 一些阻值较小的熔断电阻器可直接用保险丝代用。这种方法适合于 1Ω 以下的熔断电阻器，保险丝的熔断电流值可用 $I^2R=0.5P$ 来计算。

4. 应用电路

熔断电阻器的应用电路如图 10-8 所示，该电路是电视机的行输出电路的供电电路。行输出电路是电视机中耗电很大的电路，为保护行输出电路和电源电路，在两者之间串接一个熔断电阻器，当行输出电路出现故障导致电流过大时，熔断电阻器熔断开路，切断行输出电路的供电，这样不但可防止行输出电路因大电流损坏更多元件，还可以防止电源电路长时间输出大电流导致自身一些元件过热而损坏。

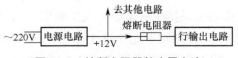

图 10-8　熔断电阻器的应用电路

10.2　过压保护器件

过压保护器件的功能是当电路中的电压过高时，器件马上由高阻状态转变成低阻状态，将高压泄放掉，从而避免过高的电压损坏电路。过压保护器件种类较多，常用的有压敏电阻器和瞬态电压抑制二极管。

10.2.1　压敏电阻器

压敏电阻器是一种对电压敏感的特殊电阻器，当两端电压低于标称电压时，其阻值接近无穷大；当两端电压超过压敏电压值时，阻值急剧变小；如果两端电压回落至压敏电压值以下时，其阻值又恢复到接近无穷大。压敏电阻器种类较多，以氧化锌（ZnO）为材料制作而成的压敏电阻器应有最为广泛。

1. 外形与符号

压敏电阻器外形与电路图形符号如图 10-9 所示。

2. 应用电路

压敏电阻器具有过压时阻值变小的性质，利用该性质可以将压敏电阻器应用在保护电路中。压敏电阻器的典型应用如图 10-10 所示。

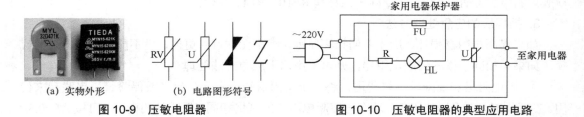

（a）实物外形　　　　　（b）电路图形符号
图 10-9　压敏电阻器　　　　　　　　**图 10-10　压敏电阻器的典型应用电路**

图 10-10 是一个家用电器保护器，在使用时将它接在 220V 市电和家用电器之间。在正常工作时，220V 市电通过保护器中的熔断器 FU 和导线送给家用电器。当某些因素（如雷电窜入电网）造成市电电压上升时，上升的电压通过插头、导线和熔断器加到压敏电阻器两端，压敏电阻器马上击穿而阻值变小，流过熔断器和压敏电阻器的电流急剧增大，熔断器瞬间熔断，高电压无法到达家用电器，从而保护了家用电器不被高压损坏。在熔断器熔断后，有较小的电流流过高阻值的电阻 R 和灯泡，灯泡亮，指示熔断器损坏。由于压敏电阻器具有自我恢复功能，在电压下降后阻值又变为无穷大，当更换熔断器后，保护器可重新使用。

3. 主要参数与型号含义

（1）主要参数

压敏电阻器参数很多，主要参数有压敏电压、最大连续工作电压和最大限制电压。

压敏电压又称击穿电压或阈值电压，当加到压敏电阻器两端电压超过压敏电压时，阻值会急剧减小。最大连续工作电压是指压敏电阻器长期使用时两端允许的最高交流或直流电压。最大限制电压是指压敏电阻器两端不允许超过的电压。对于压敏电阻器，若最大连续工作交流电压为 U，则最大连续工作直流电压约为 $1.3U$，压敏电压约为 $1.6U$，最大限制电压约为 2.6*U*。压敏电阻器的压敏电压可在 10～9000V 范围选择。

（2）型号含义

MY 表示压敏电阻器。

压敏电压用三位数字表示：前两位数字为有效数字，第三位数字表示 0 的个数。如 470 表示 47V，471 表示 470V。

电压误差用字母表示：J 表示±5%、K 表示±10%、L 表示±15%、M 表示±20%。

瓷片直径用数字表示：有 $\phi5$、$\phi7$、$\phi10$、$\phi14$、$\phi20$ 等，单位为 mm。

型号分类用字母表示：D-通用型、H-灭弧型、L-防雷型、T-特殊型、G-浪涌抑制型、Z-组合型、S-元器件保护用。

细分类用数字表示：表示型号分类中更细的分类号。例如，MYD07K680 表示标称电压 68V，电压误差为±10%，瓷片直径 7mm 的通用型压敏电阻；MYG20G05K151 表示压敏电压（标称电压）为 150V，电压误差为±10%，瓷片直径为 5mm，为浪涌抑制型压敏电阻器。

在图 10-11 中，压敏电阻器标注"621K"，其中"621"表示压敏电压为 $62×10^1=620V$，"K"表示误差为±10%，若标注为"620"，则表示压敏电压为 $62×10^0=62V$。

4. 用指针万用表检测压敏电阻器

由于压敏电阻器两端电压低于压敏电压时不会导通，故可以用万用表欧姆挡检测其好坏。万用表置于×10kΩ 挡，如图 10-12 所示，将红、黑表笔分别接压敏电阻器两个引脚，然后在刻度盘上察看测得阻值的大小。

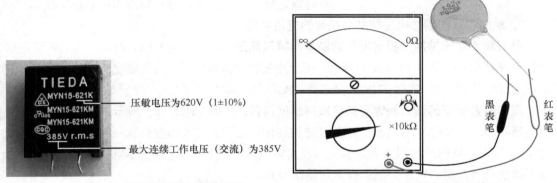

压敏电压为620V（1±10%）

最大连续工作电压（交流）为385V

图 10-11　压敏电阻器的参数识别　　　　图 10-12　压敏电阻器的检测

若压敏电阻器正常，阻值应无穷大或接近无穷大。

若阻值为 0，说明压敏电阻器短路。

若阻值偏小，说明压敏电阻器漏电，不能使用。

压敏电阻器的检测

5. 用数字万用表检测压敏电阻器

用数字万用表检测压敏电阻器如图 10-13 所示，挡位开关选择 20MΩ 挡，红、黑表笔分别接压敏电阻器的两个引脚，显示屏显示溢出符号"OL"，表示压敏电阻器的两引脚间的电阻超过 20MΩ，压敏电阻器正常。

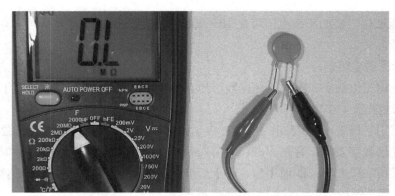

图 10-13　用数字万用表检测压敏电阻器

10.2.2　瞬态电压抑制二极管

1. 外形与图形符号

瞬态电压抑制二极管又称瞬态抑制二极管，简称 TVS，是一种二极管形式的高效能保护器件。当它两极间的电压超过一定值时，能以极快的速度导通，吸收高达几百到几千瓦的浪涌功率，将两极间的电压固定在一个预定值上，从而有效地保护电子线路中的精密元器件。常见的瞬态电压抑制二极管实物外形如图 10-14（a）所示。**瞬态电压抑制二极管有单向型和双向型之分，**其电路图形符号如图 10-14（b）所示。

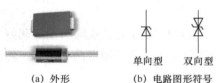

（a）外形　　　（b）电路图形符号

图 10-14　瞬态电压抑制二极管

2. 单向和双向瞬态电压抑制二极管的应用电路

单向瞬态电压抑制二极管用来抑制单向瞬间高压，如图 10-15（a）所示，当大幅度正脉冲的尖峰到来时，单向 TVS 反向导通，正脉冲被钳在固定值上；当大幅度负脉冲到来时，若 A 点电压低于−0.7V，单向 TVS 正向导通，A 点电压被钳在−0.7V。

双向瞬态电压抑制二极管可抑制双向瞬间高压，如图 10-15（b）所示，当大幅度正脉冲的尖峰到来时，双向 TVS 导通，正脉冲被钳在固定值上；当大幅度负脉冲的尖峰到来时，双向 TVS 导通，负脉冲被钳在固定值上。在实际电路中，双向瞬态电压抑制二极管更为常用，如无特别说明，瞬态电压抑制二极管均是指双向。

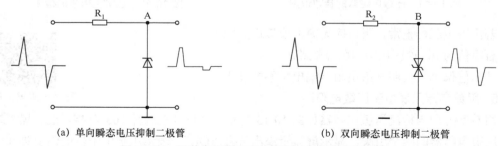

（a）单向瞬态电压抑制二极管　　　　　　　　（b）双向瞬态电压抑制二极管

图 10-15　两种类型瞬态电压抑制二极管的应用电路

3. 选用

在选用瞬态电压抑制二极管时，主要考虑极性、反向击穿电压和峰值功率，在峰值功率一定的情况下，反向击穿电压越高，允许的峰值电流越小。

从型号了解瞬态电压抑制二极管的主要参数举例：

① 型号 P6SMB6.8A：P6-峰值功率为 600W，6.8-反向击穿电压为 6.8V，A-单向。

② 型号 P6SMB18CA：P6-峰值功率为 600W，18-反向击穿电压为 18V，CA-双向。

③ 型号 1.5KE10A：1.5K-峰值功率为 1.5kW，10-反向击穿电压为 10V，A-单向。

④ 型号 P6KE33CA：P6-峰值功率为 600W，33-反向击穿电压为 33V，CA-双向。

4. 用指针万用表检测瞬态电压抑制二极管

单向瞬态电压抑制二极管具有单向导电性，极性与好坏检测方法与稳压二极管相同。

双向瞬态电压抑制二极管两引脚无极性之分，用万用表×10kΩ 挡检测时正、反向阻值应均为无穷大。双向瞬态电压抑制二极管的检测如图 10-16 所示，二极管 VD 为整流二极管，白炽灯用作降压限流，在 220V 电压正半周时 VD 导通，对电容充得上正下负的电压，当电容两端电压上升到 TVS 的击穿电压时，TVS 击穿导通，两端电压不再升高，万用表测得电压近似为 TVS 的击穿电压。该方法适用于检测击穿电压小于 300V 的瞬态电压抑制二极管，因为 220V 电压对电容充电最高会超过 300V。

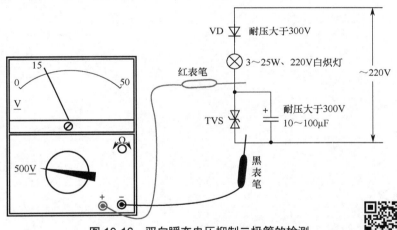

图 10-16　双向瞬态电压抑制二极管的检测

瞬态电压抑制二极管的检测

5. 用数字万用表检测瞬态电压抑制二极管

用数字万用表检测单向瞬态电压抑制二极管如图 10-17 所示，挡位开关选择二极管测量挡，红、黑表笔分别接单向瞬态电压抑制二极管，正、反向各测一次，正常会出现一次显示符号"OL"（不导通），如图 10-17（a）所示，一次显示 0.400～0.800 范围内的数值，如图 10-17（b）所示。以图 10-17（b）测量为准，红表笔接的为单向瞬态电压抑制二极管的正极，黑表笔接的为负极。

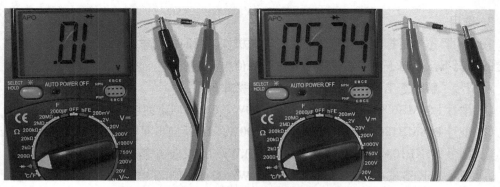

图 10-17　用数字万用表检测单向瞬态电压抑制二极管

第11章 光电器件

11.1 发光二极管

11.1.1 普通发光二极管

1. 外形与符号

发光二极管（LED）是一种电-光转换器件，能将电信号转换成光。图 11-1（a）是一些常见的发光二极管的实物外形，图 11-1（b）为发光二极管的电路图形符号。

2. 应用电路

发光二极管在电路中需要正接才能工作。下面以图 11-2 所示的电路来说明发光二极管的性质。

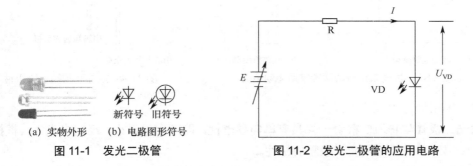

新符号　旧符号

(a) 实物外形　　(b) 电路图形符号

图 11-1　发光二极管

图 11-2　发光二极管的应用电路

在图 11-2 中，可调电源 E 通过电阻 R 将电压加到发光二极管 VD 两端，电源正极对应 VD 的正极，电源负极对应 VD 的负极。将电源 E 的电压由 0 开始慢慢调高，发光二极管两端电压 U_{VD} 也随之升高，在电压较低时，发光二极管并不导通，只有 U_{VD} 达到一定值时，VD 才导通，此时的电压 U_{VD} 称为发光二极管的导通电压。发光二极管导通后有电流流过，就开始发光，流过的电流越大，发出光线越强。

不同颜色的发光二极管，其导通电压有所不同，红外线发光二极管最低，略高于 1V，红光二极管约为 1.5～2V，黄光二极管约为 2V，绿光二极管为 2.5～2.9V，高亮度蓝光、白光二极管导通电压一般达到 3V 以上。

发光二极管正常工作时的电流较小，小功率的发光二极管工作电流一般在 3～20mA，若流过发光二极管的电流过大，容易被烧坏。**发光二极管的反向耐压也较低，一般在 10V 以下。**在焊接发光二极管时，应选用功率在 25W 以下的电烙铁，焊接点应离管帽 4mm 以上。焊接时间不要超过 4s，最好用镊子夹住引脚散热。

3. 限流电阻的阻值计算

由于发光二极管的工作电流小、耐压低，故使用时需要连接限流电阻，图 11-3 是发光二极管的两种常用驱动电路。在采用图 11-3（b）所示的晶体管驱动时，晶体管相当于一个开关（电子开关），当基极为高电平时，三极管会导通，相当于开关闭合，发光二极管有电流通过而发光。

发光二极管的限流电阻的阻值可按 $R=(U-U_F)/I_F$ 计算，U 为加到发光二极管和限流电阻两端的电压，U_F 为发光二极管的正向导通电压（1.5～3.5V，可用数字万用表二极管测量获得），I_F 为发光二极管的正向工作电流（3～20mA，一般取 10mA）。

4. 引脚极性判别

（1）从外观判别极性

对于未使用过的发光二极管，引脚长的为正极，引脚短的为负极；也可以通过观察发光二极管内电极来判别引脚极性，内电极大的引脚为负极，如图 11-4 所示。

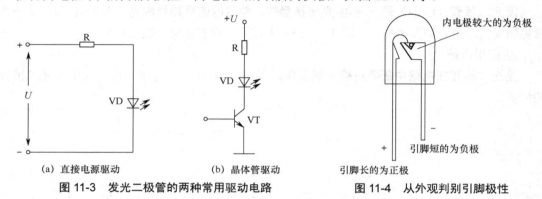

(a) 直接电源驱动　　　　(b) 晶体管驱动

图 11-3　发光二极管的两种常用驱动电路

图 11-4　从外观判别引脚极性

（2）用指针万用表检测极性

发光二极管与普通二极管一样具有单向导电性，即正向电阻小，反向电阻大。根据这一特点可以用万用表检测发光二极管的极性。

由于发光二极管的导通电压在 1.5V 以上，而万用表选择×1Ω～×1kΩ 挡时，内部使用 1.5V 电池，它所提供的电压无法使发光二极管正向导通，故检测发光二极管极性时，万用表选择×10kΩ 挡（内部使用 9V 电池），红、黑表笔分别接发光二极管的两个电极，正、反向各测一次，两次测量的阻值会出现一大一小，以阻值小的那次为准，黑表笔接的为正极，红表笔接的为负极。

（3）用数字万用表检测极性

用数字万用表检测发光二极管引脚的极性如图 11-5 所示。测量时，万用表选择二极管测量挡，红、黑表笔分别接发光二极管的一个引脚，正、反向各测一次，当某次测量显示 1.000～3.500 范围内的数值（同时发光二极管可能会发光）时，如图 11-5（b）所示，表明发光二极管已导通，显示值为其导通电压值，此时红表笔接的为发光二极管的正极，黑表笔接发光二极管的为负极。

发光二极管的检测

5. 好坏检测

在检测发光二极管好坏时，万用表选择×10kΩ 挡，测量两引脚之间的正、反向电阻。若发光二极管正常，正向电阻小，反向电阻大（接近∞）。

若正、反向电阻均为∞，则发光二极管开路。

若正、反向电阻均为 0，则发光二极管短路。

若反向电阻偏小，则发光二极管反向漏电。

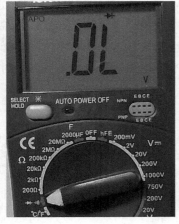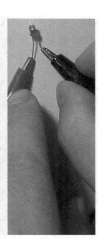

（a）测量时发光二极管未导通　　　　　　　　　（b）测量时发光二极管导通

图 11-5　用数字万用表检测发光二极管引脚的极性

11.1.2　LED 灯及交直流供电电路

LED 又称发光二极管，通电后会发光，其工作时电流小，电-光转换效率高，主要用于指示和照明。用作照明一般使用高亮 LED，其导通电压通常在 2.0～3.5V，工作电流一般不能超过 20mA，由于单个 LED 发光亮度不高，故常将多个 LED 串并联起来并与电源电路做在一起构成 LED 灯。图 11-6 列出了几种常见的 LED 灯。

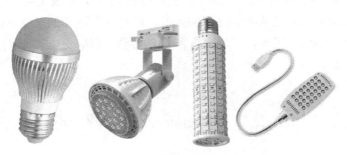

图 11-6　几种常见的 LED 灯

1. 采用 220V 交流电源供电的 4 种 LED 灯电路

（1）直接电阻降压式 LED 灯电路

图 11-7 是两种简单的电阻降压式 LED 灯电路。对于图 11-7（a）电路，当 220V 电源极性为上正下负时，有电流流过 R 和 LED；当 220V 电源极性为上负下正时，有电流流过 R 和二极管 VD。在 LED 支路两端反向并联一只二极管，目的是防止在 220V 电源极性为上负下正时 LED 被反向击穿。由于 LED 只在交流电源半个周期内工作，故这种电路效率低。图 11-7（b）

电路克服了图 11-7（a）电路的缺点，两个支路的 LED 交替工作。

在图 11-7 电路中，支路串接的 LED 数量应不超过 70 只，并联支路的条数应结合 R 的功率来考虑。以图 11-7（b）为例，设两支路串接的 LED 数量都是 60 只，R 的阻值应为：$(220-60\times3)/0.02\Omega = 2000\Omega$，R 的功率应为：$(220-60\times3)\times0.02W = 0.8W$，支路串联的 LED 数量越多，要求 R 的阻值越小、功率越高。对于图 11-7（a）电路，由于电源负半周时 R 两端有 220V 电压，若其阻值小，则要求功率大。比如，支路串接 60 只 LED，R 的阻值应选择 2000Ω，R 的功率应为 $(220\times220) / 2000W = 24.2W$，由于大功率的电阻难找且成本高，故对图 11-17（a）电路支路不要串接太多的 LED。

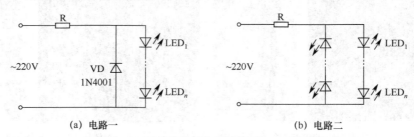

(a) 电路一   (b) 电路二

图 11-7　两种简单的电阻降压式 LED 灯电路

（2）直接整流式 LED 灯电路

直接整流式 LED 灯电路如图 11-8 所示。220V 电压经 $VD_1\sim VD_4$ 构成的桥式整流电路对电容 C 充电，在 C 上得到 300V 左右的电压，该电压经电阻 R 降压限流后提供给 LED，由于 LED 的导通电压为 3V，故该电路最多只能串接 100 只 LED。如果串接 LED 数量少于 90 只，应适当调整电阻 R 的阻值和功率。以串接 70 只 LED 为例，电阻 R 的阻值应为：$(300-70\times3)/0.02\Omega = 4500\Omega$，电阻 R 的功率应为：$(300-70\times3)\times0.02W = 1.8W$。

对于图 11-8 所示的电路，也可以增加 LED 支路的数量，每条支路电流不能超过 20mA，在增加 LED 支路数量时，应减小电阻 R 的阻值，同时让电阻 R 的功率也符合要求（按计算功率的 1.5 或 2 倍选择）；另外，要增大电容 C 的容量，以确保电容 C 两端的电压稳定（C 越大，两端电压越稳定）。

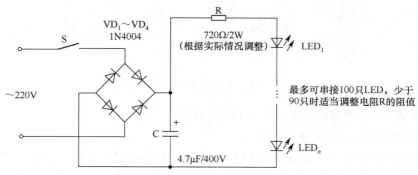

图 11-8　直接整流式 LED 灯电路

（3）电容降压整流式 LED 灯电路

电容降压整流式 LED 灯电路如图 11-9 所示。220V 交流电源经 C_1 降压和 $VD_1\sim VD_4$ 整流后，对 C_2 充得上正下负的电压，该电压再经 R_3 降压限流后提供给 LED。C_2 上的电压大小与 C_1 的容量有关，C_1 的容量越小，C_2 上的电压越低，提供给 LED 的电流就越小。C_1 的容量为 0.33μF 时，电路适合串接 20 只以内的 LED，提供给 LED 的电流不超过 20mA（LED 数量越多，电流越小）。如果要串接 30 只以上的 LED，C_1 的容量应换成 0.47μF，R_2、R_3 功率应选择 1W 以上。

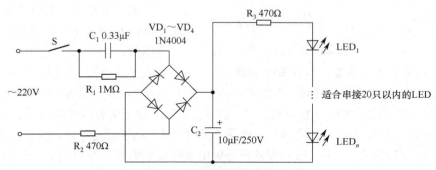

图 11-9 电容降压整流式 LED 灯电路

在 R_3 或 LED 开路的情况下，闭合开关 S 后，C_2 两端会有 300V 左右的电压，如果这时接上 LED，LED 易被高压损坏，所以应在接好 LED 时再闭合开关 S。

（4）整流及恒流供电的 LED 灯电路

整流及恒流供电的 LED 灯电路如图 11-10 所示。220V 交流电源经 $VD_1 \sim VD_4$ 构成的桥式整流电路对电容 C 充电，在 C 上得到 300V 左右的电压，该电压经 R 降压后为三极管 VT 提供基极电压，VT 导通，有电流流过 LED，LED 发光。VT 集电极串接的 LED 至少十几只，最多可接九十多只。当串接的 LED 数量较少时，VT 集电极电压很高，其功耗（$P=UI$）大，因此 VT 应选功率大的三极管（如 MJE13003、MJE13005 等），并且安装散热片。VD_5 为 6.2V 的稳压二极管，可以将 VT 的基极电压稳定在 6.2V。在未调节电位器 RP 时，VT 的 I_b 电流保持不变，I_c 电流也不变，即流过 LED 的电流为恒流，如果要改变 LED 的电流，可以调节电位器 RP。当电位器 RP 滑动端上移时，VT 的发射极电压下降，I_b 增大，I_c 增大，流过 LED 的电流增大。

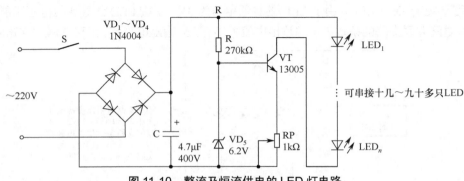

图 11-10 整流及恒流供电的 LED 灯电路

2. 采用直流电源供电的三种 LED 灯电路

（1）采用 1.5V 电池供电的 LED 灯电路

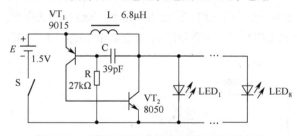

图 11-11　采用 1.5V 电池供电的 LED 灯电路

采用 1.5V 电池供电的 LED 灯电路如图 11-11 所示，该电路实际上是一个简单的振荡电路，在振荡期间将电池的 1.5V 与电感 L 产生的左负右正电动势叠加，得到 3V 电压提供给 LED（可 8 只并联）。

电路分析如下：

开关 S 闭合后，三极管 VT_1 有 I_{b1} 电流流过而导通，I_{b1} 电流流经途径是：电源 $E+ \rightarrow VT_1$ 的 e、b 极 $\rightarrow R \rightarrow$ 开关 $S \rightarrow E-$。VT_1 导通后的 I_{c1} 电流流过 VT_2 的发射结，VT_2 导通，VT_2 的 U_{c2} 下降。由于电容两端电压不能突变（电容充放电都需要一定的时间），当电容一端电压下降时，另一端也随之下降，故 VT_1 的 U_{b1} 也下降，I_{b1} 增大，VT_1 的 U_{c1} 上升（三极管基极与集电极是反相关系），VT_2 的 U_{b2} 上升，I_{b2} 增大，U_{c2} 下降，这样会形成正反馈，正反馈结果使 VT_1、VT_2 都进入饱和状态。

在 VT_1、VT_2 饱和期间，有电流流过电感 L（电流流经途径是：$E+ \rightarrow L \rightarrow VT_2$ 的 c、e 极 $\rightarrow S \rightarrow E-$），L 产生左正右负电动势阻碍电流，同时储存能量。另外，VT_1 的 I_{b1} 电流对电容 C 充电（电流流经途径是：$E+ \rightarrow VT_1$ 的 e、b 极 $\rightarrow C \rightarrow VT_2$ 的 c、e 极 $\rightarrow S \rightarrow E-$），在 C 上充得左正右负电压，随着充电的进行，C 的左正电压越来越高，I_{b1} 电流越来越小，VT_1 退出饱和进入放大，I_{b1} 减小，I_{c1} 也减小，U_{c1} 下降，U_{b2} 下降，VT_2 退出饱和进入放大，I_{b2} 减小，I_{c2} 也减小，U_{c2} 上升，U_{b1} 上升，这样又会形成正反馈，正反馈结果使 VT_1、VT_2 都进入截止状态。

在 VT_1、VT_2 截止期间，VT_2 的截止使 L 产生左负右正电动势，该电动势（可近似为一个左负右正的电池）与 1.5V 电源叠加，得到 3V 电压提供给 LED，LED 发光。另外，L 的左负右正电动势还会对 C 充电（充电途径：L 右正 $\rightarrow C \rightarrow R \rightarrow S \rightarrow E \rightarrow L$ 左负），该充电将 C 的原左正右负电压抵消，C 上的电压抵消后，VT_1 的 U_{b1} 电压下降，又有 I_{b1} 电流流过 VT_1，VT_1 导通，开始下一次振荡。

（2）采用 4.2～12V 直流电源供电的 LED 灯电路

采用 4.2～12V 直流电源（如蓄电池和充电器等）供电的 LED 灯电路如图 11-12 所示，每条支路可串接 1～3 只 LED，由于 LED 的导通电压为 3V，串接 LED 的导通总电压不能高于电源电压，电路并联支路的条数与电源输出电流大小有关，输出电流越大，可并联的支路就越多。

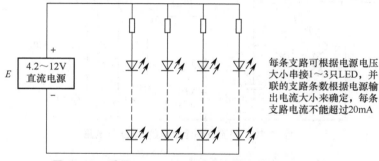

每条支路可根据电源电压大小串接 1～3 只 LED，并联的支路条数根据电源输出电流大小来确定，每条支路电流不能超过 20mA

图 11-12　采用 4.2～12V 直流电源供电的 LED 灯电路

支路的降压限流电阻大小与电源电压值及支路 LED 的只数有关。若电源 E=5V，支路可串接一只 LED，串接的降压限流电阻 R = (5−3)/0.02Ω = 100Ω；若电源 E = 12V，支路可串接 3 只 LED，串接的降压限流电阻 R = (12−3×3)/0.02Ω = 150Ω。

（3）采用 36V/48V 蓄电池供电的 LED 灯电路

电动自行车一般采用 36V 或 48V 蓄电池作为电源，若将车灯改为 LED 灯，可以延长电池使用时间。图 11-13 是一种采用 36V/48V 蓄电池恒流供电的 LED 灯电路，它有 5 条支路，每条支路串接 10 只 LED，为避免某个 LED 开路使整条支路 LED 不亮，还将各 LED 并联起来构成串并阵列。R_1、R_2、VD 和 VT 构成恒流电路，调节 R_2 值让 VT 的 I_c 电流为 90mA，则每只 LED 流过的电流为 90/5=18mA。

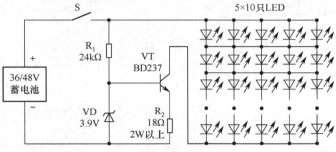

R_1、R_2 的阻值可根据实际情况调整

图 11-13 一种采用 36V/48V 蓄电池恒流供电的 LED 灯电路

11.1.3 LED 灯带

LED 灯带简称灯带，它是一种将 LED（发光二极管）组装在带状 FPC（柔性线路板）或 PCB 硬板上而构成的形似带子一样的光源。LED 灯带具有节能环保、使用寿命长（可达 8～10 万小时）等优点。

1. 外形与配件

LED 灯带外形如图 11-14（a）所示，安装灯带需要用到电源转换器、插针、中接头、固定夹和尾塞等配件，如图 11-14（b）所示。**电源转换器的功能是将 220V 交流电转换成低压直流电（通常为+12V），为灯带供电；插针用于连接电源转换器与灯带；中接头用于将两段灯带连接起来；尾塞用于封闭和保护灯带的尾端；固定夹配合钉子可用来固定灯带。**

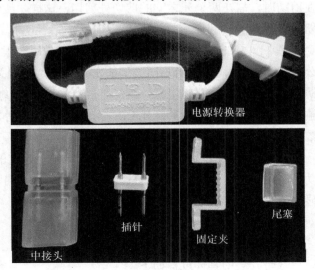

（a）灯带 （b）配件

图 11-14 灯带与配件

2. 电路结构

灯带内部的 LED 通常是以串并联电路结构连接的。 LED 灯带的典型电路结构如图 11-15 所示。

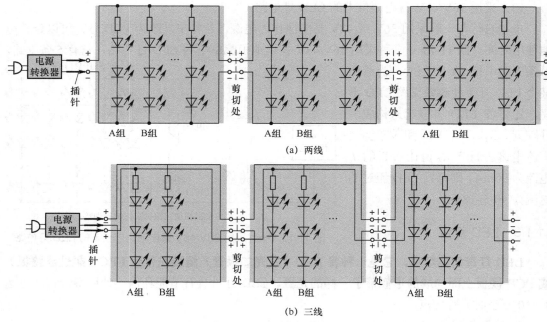

图 11-15　LED 灯带的典型电路结构

图 11-15（a）为两线灯带电路，它以 3 个同色或异色发光二极管和 1 个限流电阻构成一个发光组，多个发光组并联组成一个单元，一个灯带由一个或多个单元组成，每个单元的电路结构相同，其长度一般在 1m 或 1m 以下。如果不需要很长的灯带，可以对灯带进行剪切，在剪切时，需在两单元之间的剪切处剪切，这样才能保证剪断后两条灯带上都有与电源转换器插针连接的接触点。

图 11-15（b）为三线灯带电路，这种灯带用 3 根电源线输入两组电源（单独正极、负极公用），两组电源提供给不同类型的发光组，如 A 组为红光 LED，B 组为绿光 LED，如果电源转换器同时输出两组电源，则灯带的红光 LED 和绿光 LED 同时亮；如果电源转换器交替输出两组电源，则灯带的红光 LED 与绿光 LED 交替发光。此外，还有四线、五线灯带，线数越多的灯带，其光线色彩变化越多样，配套的电源转换器的电路就越复杂。

在工作时，LED 灯带的每个 LED 都会消耗一定的功率（约 0.05W），而电源转换器输出功率有限，故一个电源转换器只能接一定长度的灯带，如果连接的灯带过长，灯带亮度会明显下降，因此可剪断灯带，增配电源转换器。

3. 安装

LED 灯带的安装如图 11-16 所示。

灯带安装的具体过程如下。

① 用剪刀从灯带的剪切处剪断灯带，如图 11-16（a）所示。

② 准备好插针。将插针对准灯带内的导线插入，让插针与灯带内的导线良好接触，如图 11-16（b）、（c）所示。

③ 将插针的另一端插入电源转换器的专用插头，如图 11-16（d）所示。

④ 给电源转换器接通 220V 交流电源，灯带变亮，如图 11-16（e）所示；如果灯带不亮，可能是提供给灯带的电源极性不对，可将插针与专用插头两极调换。

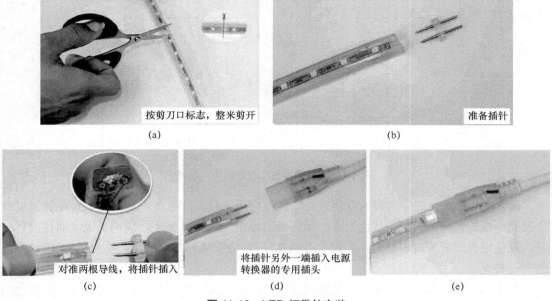

图 11-16　LED 灯带的安装

在安装灯带时，一般将灯带放在灯槽里摆直就可以了，也可以用细绳或细铁丝固定。如果外装或竖装，需要用固定夹固定，并在灯带尾端安装尾塞；若是安装在户外，最好在尾塞和插头处打上防水玻璃胶，以提高防水性能。

11.1.4　双色发光二极管

1. 外形与符号

双色发光二极管可以发出多种颜色的光线。 双色发光二极管有两引脚和三引脚之分，常见的双色发光二极管实物外形如图 11-17（a）所示，图 11-17（b）为双色发光二极管的电路图形符号。

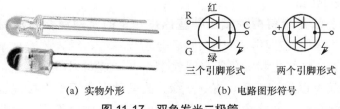

（a）实物外形　　　（b）电路图形符号

图 11-17　双色发光二极管

2. 应用电路

双色发光二极管是将两种颜色的发光二极管制作封装在一起构成的,常见的有红绿双色发光二极管。**双色发光二极管内部两个二极管的连接方式有两种:一是共阳或共阴形式(即正极或负极连接成公共端),二是正负连接形式(即一只二极管正极与另一只二极管负极连接)。**共阳或共阴式双色二极管有三个引脚,正负连接式双色二极管有两个引脚。

图 11-18 所示为双色发光二极管的应用电路。

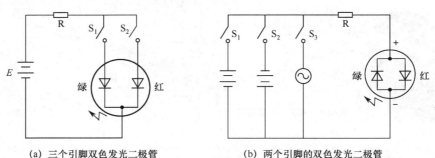

(a) 三个引脚双色发光二极管　　　　　　(b) 两个引脚的双色发光二极管

图 11-18　双色发光二极管的应用电路

图 11-18(a)为三个引脚的双色发光二极管应用电路。当闭合开关 S_1 时,有电流流过双色发光二极管内部的绿管,双色发光二极管发出绿色光;当闭合开关 S_2 时,电流通过内部红管,双色发光二极管发出红光;若两个开关都闭合,红、绿管都亮,双色二极管发出混合色光——黄光。

图 11-18(b)为两个引脚的双色发光二极管应用电路。当闭合开关 S_1 时,有电流流过内部红管,双色发光二极管发出红色光;当闭合开关 S_2 时,电流通过内部绿管,双色发光二极管发出绿光;当闭合开关 S_3 时,由于交流电源极性周期性变化,它产生的电流交替流过红、绿管,红、绿管都亮,双色二极管发出的光线呈红、绿混合色——黄色。

11.1.5　三基色与全彩发光二极管

1. 三基色与混色方法

实践证明,自然界几乎所有的颜色都可以由红、绿、蓝三种颜色按不同的比例混合而成;反之,自然界绝大多数颜色都可以分解成红、绿、蓝三种颜色,因此将红(R)、绿(G)、蓝(B)三种的颜色称为三基色。

用三基色几乎可以混出自然界几乎所有的颜色。常见的混色方法如下。

(1)直接相加混色法

直接相加混色法是指将两种或三种基色按一定的比例混合而得到另一种颜色的方法。图 11-19 为三基色混色环,三个大圆环分别表示红、绿、蓝三种基色,圆环重叠表示颜色混合。例如,将红色和绿色等量直接混合在一起可以得到黄色,将红色和蓝色等量直接混合在一起可以得到紫色,将红、绿、蓝三种颜色等量直接混合在一起可得到白色。三种基色在混合时,若混合比例不同,得到的颜色将会不同,由此可混出各种各样的颜色。

（2）空间相加混色法

当三种基色相距很近，而观察距离又较远时，就会产生混色效果。空间相加混色如图 11-20 所示，图 11-20（a）为三个点状发光体，分别可发出 R（红）、G（绿）、B（蓝）三种光，当它们同时发出三种颜色光时，如果观察距离较远，无法区分出三个点，会觉得是一个大点，那么感觉该点为白色；如果 R、G 发光体同时发光时，会觉得该点为黄色。图 11-20（b）为三个条状发光体，当它们同时发出三种颜色光时，如果观察距离较远，会觉得是一个粗条，那么该粗条为白色；如果 R、G 发光体同时发光时，会觉得粗条为黄色。彩色电视机、液晶显示器等就是利用空间相加混色法来显示彩色图像的。

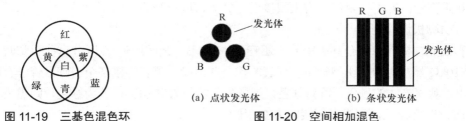

图 11-19　三基色混色环　　　　　　（a）点状发光体　　　　（b）条状发光体

图 11-20　空间相加混色

（3）时间相加混色法

如果将三种基色光按先后顺序照射到同一表面上，只要基色光切换速度足够快，由于人眼的视觉暂留特性（物体在人眼前消失后，人眼会觉得该物体还在眼前，这种印象约能保留 0.04 秒），人眼就会获得三种基色直接混合而形成的混色感觉。如图 11-21 所示，先将一束红光照射到一个圆上，让它呈红色，然后迅速移开红光，再将绿光照射到该圆上，只要两者切换速度足够快（不超过 0.04 秒），绿光与人眼印象中保留的红色相混合，会觉得该圆为黄色。

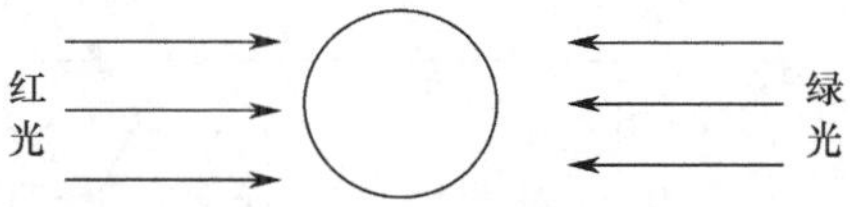

图 11-21　时间相加混色

2. 全彩发光二极管的外形与图形符号

全彩发光二极管外形和电路图形符号如图 11-22 所示。

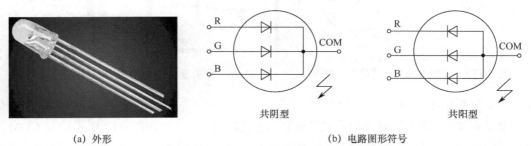

（a）外形　　　　　　　　　（b）电路图形符号

图 11-22　全彩发光二极管

3. 全彩发光二极管的应用电路

全彩发光二极管是将红、绿、蓝三种颜色的发光二极管制作并封装在一起构成的，在内部将三个发光二极管的负极（共阴型）或正极（共阳型）连接在一起，再接一个公共引脚。下面以图 11-23 所示的电路来说明共阴极全彩发光二极管的工作原理。

当闭合开关 S_1 时，有电流流过内部的 R 发光二极管，全彩发光二极管发出红光；当闭合开关 S_2 时，有电流流过内部的 G 发光二极管，全彩发光二极管发出绿光；若 S_1、S_3 两个开关都闭合，R、B 发光二极管都亮，三基色二极管发出混合色光——紫光。

4. 全彩发光二极管的检测

（1）类型及公共引脚的检测

全彩发光二极管有共阴、共阳之分，使用时要区分开来。在检测时，万用表拨至×10kΩ挡，测量任意两引脚之间的阻值，当出现阻值小时，红表笔不动，黑表笔接剩下两个引脚中的任意一个，若测得阻值小，则红表笔接的为公共引脚且该引脚内接发光二极管的负极，该管子为共阴型管；若测得阻值无穷大或接近无穷大，则该管为共阳型管。

（2）引脚极性检测

全彩发光二极管除了公共引脚外，还有 R、G、B 三个引脚，在区分这些引脚时，万用表拨至×10kΩ挡，对于共阴型管子，红表笔接公共引脚，黑表笔接某个引脚，管子有微弱的光线发出，观察光线的颜色，若为红色，则黑表笔接的为 R 引脚；若为绿色，则黑表笔接的为 G 引脚；若为蓝色，则黑表笔接的为 B 引脚。

由于万用表的×10kΩ挡提供的电流很小，因此测量时有可能无法让全彩发光二极管内部的发光二极管正常发光。虽然万用表使用×1Ω～×1kΩ挡时能提供大电流，但内部使用 1.5V 电池，却无法使发光二极管导通发光。解决这个问题的方法是将万用表拨至×10Ω 或×1Ω挡，按图 11-24 所示，给红表笔串接 1.5V 或 3V 电池，电池的负极接全彩发光二极管的公共引脚，黑表笔接其他引脚，根据管子发出的光线判别引脚的极性。

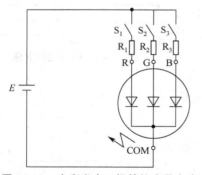
图 11-23　全彩发光二极管的应用电路

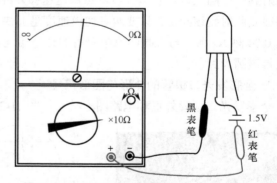
图 11-24　全彩发光二极管的引脚极性检测

（3）好坏检测

从全彩发光二极管内部三只发光二极管的连接方式可以看出，R、G、B 引脚与 COM 引脚之间的正向电阻小，反向电阻大（无穷大），R、G、B 任意两引脚之间的正、反向电阻均为无穷大。在检测时，万用表拨至×10kΩ挡，测量任意两引脚之间的阻值，正、反向各测一次，若两次测量阻值均很小或为 0，则管子损坏；若两次阻值均为无穷大，无法确定管子好坏，应一只表笔不动，另一只表笔接其他引脚，再进行正、反向电阻测量。也可以先检测出公共引脚和类型，然后测 R、G、B 引脚与 COM 引脚之间的正、反向阻值，正常应正向电阻小、反向电阻无穷大，R、G、B 任意两引脚之间的正、反向电阻也均为无穷大，否则管子损坏。

11.1.6 闪烁发光二极管

1. 外形与结构

闪烁发光二极管在通电后会时亮时暗闪烁发光。图 11-25（a）为常见的闪烁发光二极管，图 11-25（b）为闪烁发光二极管的结构。

2. 应用电路

闪烁发光二极管是将集成电路（IC）和发光二极管制作并封装在一起。下面以图 11-26 所示的电路来说明闪烁发光二极管的工作原理。

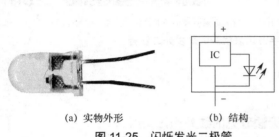

(a) 实物外形 　　(b) 结构

图 11-25　闪烁发光二极管

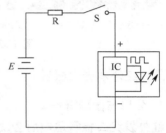

图 11-26　闪烁发光二极管应用电路

当闭合开关 S 后，电源电压通过电阻 R 和开关 S 加到闪烁发光二极管两端，该电压提供给内部的 IC 作为电源，IC 马上开始工作，工作后输出时高时低的电压（即脉冲信号），发光二极管时亮时暗，闪烁发光。常见的闪烁发光二极管有红、绿、橙、黄四种颜色，它们的正常工作电压为 3～5.5V。

3. 用指针万用表检测闪烁发光二极管

闪烁发光二极管电极有正、负之分，在电路中不能接错。闪烁发光二极管的电极判别可采用万用表×1kΩ 挡。

在检测闪烁发光二极管时，万用表拨至×1kΩ 挡，红、黑表笔分别接两个电极，正、反向各测一次，其中一次测量表针会往右摆动到一定的位置，然后在该位置轻微地摆动（内部的 IC 在万用表提供的 1.5V 电压下开始微弱地工作），如图 11-27 所示，以这次测量为准，黑表笔接的为正极，红表接的为负极。

图 11-27　闪烁发光二极管的正、负极检测

4. 用数字万用表检测闪烁发光二极管

用数字万用表检测闪烁发光二极管如图 11-28 所示。测量时，万用表选择二极管测量挡，红、黑表笔分别接闪烁发光二极管一个引脚，正、反向各测一次。当测量出现 1.000～3.500 范围内的数值，同时闪

闪烁发光二极管的检测

烁发光二极管有微弱的闪烁光发出时，如图 11-28（a）所示，表明闪烁发光二极管已工作，此时红表笔接的为闪烁发光二极管正极，黑表笔接的为负极；互换表笔测量时显示屏出现图 11-28（b）所示的数值，表明闪烁发光二极管反向并联一只二极管，数值为该二极管的导通电压值。

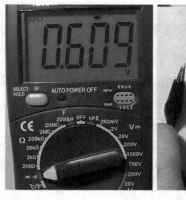

（a）测量时显示当前值表明闪烁发光二极管正向导通工作　　（b）测量时显示当前值表明发光二极管反向并联了一个二极管

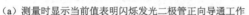

图 11-28　用数字万用表检测闪烁发光二极管

11.1.7　红外发光二极管

1. 外形与图形符号

红外发光二极管通电后会发出人眼无法看见的红外光， 家用电器的遥控器采用红外发光二极管发射遥控信号。红外发光二极管的外形与电路图形符号如图 11-29 所示。

（a）外形　　（b）电路图形符号

图 11-29　红外发光二极管

2. 检测

（1）用指针万用表检测红外发光二极管

红外发光二极管具有单向导电性，其正向导通电压略高于 1V。在检测时，万用表拨至 ×1kΩ 挡，红、黑表笔分别接两个电极，正、反向各测一次，以阻值小的一次测量为准，红表笔接的为负极，黑表笔接的为正极。对于未使用过的红外发光二极管，引脚长的为正极，引脚短的为负极。

在检测红外发光二极管好坏时，使用万用表的×1kΩ 挡测正、反向电阻，正常时正向电阻在 20～40kΩ 之间，反向电阻应为 500kΩ 以上。若正向电阻偏大或反向电阻偏小，则表明管子性能不良；若正、反向电阻均为 0 或无穷大，则表明管子短路或开路。

（2）用数字万用表检测红外发光二极管

用数字万用表检测红外发光二极管如图 11-30 所示。测量时，万用表选择二极管测量挡，红、黑表笔分别接红外发光二极管一个引脚，正、反向各测一次，当测量出现 0.800～2.000 范围内的数值时，如图 11-30（b）所示，表明红外发光二极管已导通（红外发光二极管的导通电压较普通发光二极管低），红表笔接的为正极，黑表笔接的为负极；互换表笔测量时显示屏会显示符号"OL"，如图 11-30（a）所示，表明红外发光二极管未导通。

红外发光二极管的检测

（3）区分红外发光二极管与普通发光二极管

红外发光二极管的起始导通电压约为 1～1.3V，普通发光二极管约为 1.6～2V，万用表选择×1Ω～×1kΩ 挡时，内部使用 1.5V 电池，根据这些规律可使用万用表×100Ω 挡来测管子的正、反向电阻。若正、反向电阻均为无穷大或接近无穷大，则所测管子为普通发光二极管；

若正向电阻小而反向电阻大,则所测管子为红外发光二极管。由于红外线为不可见光,故也可使用×10kΩ挡正、反向测量管子,同时观察管子是否有光发出,有光发出者为普通二极管,无光发出者为红外发光二极管。

(a)测量时未导通   (b)测量时已导通

图 11-30   用数字万用表检测红外发光二极管

3. 用手机摄像头判断遥控器的红外发光二极管是否发光

如果遥控器正常,按压按键时遥控器会发出红外光信号,由于人眼无法看见红外光,但可借助手机的摄像头或数码相机来观察遥控器能否发出红外光。启动手机的摄像头功能,将遥控器有红外线发光二极管的一端朝向摄像头,再按压遥控器上的按键,若遥控器正常,可以在手机屏幕上看到遥控器发光二极管发出的红外光,如图 11-31 所示。如果遥控器有红外光发出,一般可认为遥控器是正常的。

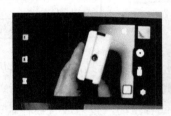

图 11-31   用手机摄像头察看遥控器发射二极管是否发出红外光

11.1.8 激光与激光二极管

1. 激光

激光是继核能、半导体、计算机之后人类的又一重大发明,激光被称为“最快的刀”“最准的尺”“最亮的光”。激光主要有以下特性。

① 单色性好。普通的光单色性差,白光是由很多种颜色的光组成的,普通单色光也或多或少含有其他颜色的光,而激光颜色极纯。

② 定向性好。普通的光在传播时容易发散,一个小小手电筒射出的光线照射到不远的距离会发散成一个很大的光束;激光光束照射出来后发散极小。

③ 亮度极高、能量密度极大。由于激光的发散极小,大量光子集中在一个极小的空间

范围内射出，所以亮度极高。

④ 能量密度大。因为激光定向性好，可以将能量集中在一个很小的点上，故能量密度极大，很容易使照射处发热、熔化。

能发射激光的装置称为激光器，常见的激光器有红宝石激光器和半导体激光器。激光应用很广泛，主要有激光打标、激光焊接、激光切割、光纤通信、激光光谱、激光测距、激光雷达、激光武器、激光影碟机、激光指示器、激光矫视、激光美容、激光扫描、激光灭蚊器等。

2. 小型半导体激光器

小型半导体激光器如图 11-32 所示，它由激光二极管、限流电阻、聚光透镜、铜材料外壳和引线等组成。激光是由内部的激光二极管发出的，当激光器的红、蓝引线接 3～5V 直流电源时，经限流电阻后流过内部的激光二极管，使之发出激光，经聚光透镜后射出。小型半导体激光器的主要参数如表 11-1 所示。

表 11-1　小型半导体激光器的主要参数

发射功率	150mW
标准尺寸	$\phi 6\times10.5$
工作寿命	1000 小时以上
光斑模式	点状光斑，连续输出
激光波长	650nm（红色）
出光功率	<5mW
供电电压	3～5V DC
工作电流	<25mA
工作温度	−36～65℃
贮存温度	−36～65℃
光点大小	15 米处光点为 $\phi 10～\phi 15$mm

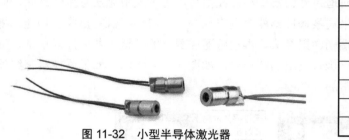

图 11-32　小型半导体激光器

小型半导体激光器应用广泛，不但可以用于激光类玩具，还可用作以下用途。

① 制作电子教鞭笔：老师讲课时，用激光投射点提请学生观察思考。

② 电子水平尺：让电动机带动光头转动或者扭动，投射成直线在墙壁上，供装修或者张贴画像时做水平参考。

③ 微型液晶投影：拆除聚光镜，让激光透过可控制的液晶屏，可以在墙壁产生清晰的投影。

④ 远距激光监听器：让激光照射在被偷听的房间玻璃上，然后接收玻璃反射回的激光束，检测出玻璃的振动还原出房间内的声音。

⑤ 远距光控防盗报警器：在需要保护的鱼塘或者西瓜田的一角安装激光发射管和光敏电阻，在另外三个角装上反面镜，就形成了防护区。

⑥ 远距激光无线通信：用一对激光收发装置分别在两间较远的房顶互相对应，运用单片机的串行通信协议就可以收发文件，甚至联网。

3. 激光二极管

在 VCD、DVD 影碟机和计算机光驱中都有一个激光头，其功能是发射激光照射光盘上的信息轨迹，再将信息轨迹反射回来的激光转换成电信号，从而实现从光盘上读取信息。影碟机中的激光头如图 11-33 所示，在工作时，可以看见激光头的聚光透镜处有一个细小的激光点（不要用眼睛直视，以免激光伤害人眼）。

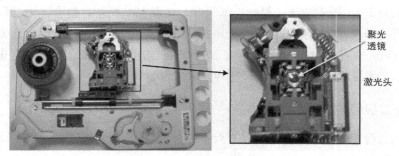

图 11-33　影碟机中的激光头

（1）外形与内部电路结构类型

影碟机的激光头是依靠内部的激光二极管发出激光，为了防止激光二极管发光过强损坏，有的激光二极管内部除了有激光二极管（LD）外，还有一个用于检测激光强弱的光电二极管（PD）。常见的激光二极管外形及内部电路结构类型如图 11-34 所示，A、B、C 型激光二极管内部只有一个激光二极管，而 D、E、F 型激光二极管内部除了有一个激光二极管外，还有一个用作检测激光强弱的光电二极管。在使用时，应给激光二极管加限流电阻或使用供电电路，如果直接将高电压电源接到激光二极管两端，激光二极管会因电流过大而烧坏。

（2）应用电路

激光二极管的应用电路如图 11-35 所示，该激光二极管内部含用监控光电二极管。+5V电源经供电电路降压限流后提供给激光二极管 LD，LD 发出激光，激光一部分射向内部的光电二极管 PD，激光越强，PD 反向导通越深，PD 通过 APC（自动功率控制）电路，控制 LD的供电电路，使之将提供给 LD 的电流减小，让 LD 发出的激光变弱，从而避免激光二极管因电流过大而烧坏。

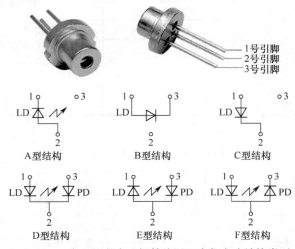

图 11-34　常见的激光二极管外形及内部电路结构类型

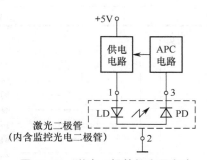

图 11-35　激光二极管的应用电路

（3）检测

激光二极管与普通二极管一样，具有单向导电性。在检测激光二极管时，万用表选择×1kΩ挡，测量各引脚与其他引脚的正、反向电阻（3 个引脚测量 6 次），若只出现一次阻值小（其他测量均为无穷大），则该激光二极管内部只有一个激光二极管，没有光电二极管；若测量时出现两次阻值小（此为激光二极管和光电二极管的正向电阻），则表明该激光二极管内部既有激光二极管，也有光电二极管。激光二极管正向电阻较光电二极管的正向电阻大，根据这一点，可以在测量时区分出激光二极管和光电二极管的引脚。

11.1.9　发光二极管的型号命名方法

国产发光二极管的型号命名分为以下六个部分。

第一部分用字母 FG 表示发光二极管。

第二部分用数字表示发光二极管材料。

第三部分用数字表示发光二极管的发光颜色。

第四部分用数字表示发光二极管的封装形式。

第五部分用数字表示发光二极管的外形。

第六部分用数字表示产品序号。

国产发光二极管的型号命名及含义如表 11-2 所示。

表 11-2　国产发光二极管的型号命名及含义

第一部分：主称		第二部分：材料		第三部分：发光颜色		第四部分：封装形式		第五部分：外形		第六部分：产品序号
字母	含义	数字	含义	数字	含义	数字	含义	数字	含义	
FG	发光二极管			0	红外			0	圆形	用数字表示产品序号
		1	磷化镓（GaP）	1	红色	1	无色透明	1	方形	
		2	磷砷化镓（GaAsP）	2	橙色	2	无色散射	2	符号形	
		3	砷铝化镓（GaAlAs）	3	黄色	3	有色透明	3	三角形	
				4	绿色	4	有色散射透明	4	长方形	
				5	蓝色			5	组合形	
				6	变色			6	特殊形	
				7	紫蓝色					
				8	紫色					
				9	紫外或白色					

例如：

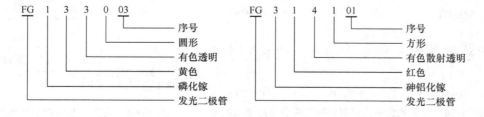

11.2　光敏二极管

11.2.1　普通光敏二极管

1. 外形与符号

光敏二极管又称光电二极管，它是一种光-电转换器件，能将光转换成电信号。 图 11-36（a）是一些常见的光敏二极管的实物外形，图 11-36（b）为光敏二极管的电路图形符号。

2. 应用电路

光敏二极管在电路中需要反向连接才能正常工作。 下面以图 11-37 所示的电路来说明光敏二极管的性质。

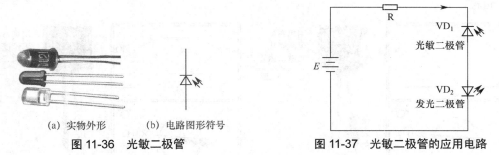

(a) 实物外形　　(b) 电路图形符号

图 11-36　光敏二极管

图 11-37　光敏二极管的应用电路

在图 11-37 中，当无光线照射时，光敏二极管 VD_1 不导通，无电流流过发光二极管 VD_2，VD_2 不亮。如果用光线照射 VD_1，VD_1 导通，电源输出的电流通过 VD_1 流经发光二极管 VD_2，VD_2 亮，照射光敏二极管的光线越强，光敏二极管导通程度越深，自身的电阻变得就越小，经它流到发光二极管的电流越大，发光二极管发出的光线也越亮。

3. 主要参数

光敏二极管的主要参数有最高工作电压、光电流、暗电流、响应时间和光灵敏度等。

（1）最高工作电压

最高工作电压是指无光线照射，光敏二极管反向电流不超过 $1\mu A$ 时所加的最高反向电压值。

（2）光电流

光电流是指光敏二极管在受到一定的光线照射并加有一定的反向电压时的反向电流。该值越大越好。

（3）暗电流

暗电流是指光敏二极管无光线照射并加有一定的反向电压时的反向电流。该值越小越好。

（4）响应时间

响应时间是指光敏二极管将光转换成电信号所需的时间。

（5）光灵敏度

光灵敏度是指光敏二极管对光线的敏感程度。它是指光敏二极管在受到 $1\mu W$ 光线照射时产生的电流大小，光灵敏度的单位是 μA/W。

4．检测

光敏二极管的检测包括极性检测和好坏检测。

（1）极性检测

与普通二极管一样，光敏二极管也有正、负极。对于未使用过的光敏二极管，引脚长的为正极（P），引脚短的为负极。在无光线照射时，光敏二极管也具有正向电阻小、反向电阻大的特点。 根据这一点可以用万用表检测光敏二极管的极性。

在检测光敏二极管极性时，万用表选择×1kΩ 挡，用黑色物体遮住光敏二极管，然后红、黑表笔分别接光敏二极管两个电极，正、反向各测一次，两次测量阻值会出现一大一小，如图 11-38 所示，以阻值小的那次为准，如图 11-38（a）所示，黑表笔接的为正极，红表笔接的为负极。

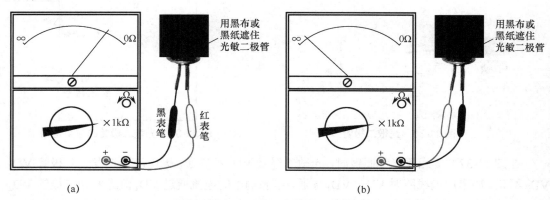

图 11-38　光敏二极管的极性检测

（2）好坏检测

光敏二极管的检测包括遮光检测和受光检测。

在进行遮光检测时，用黑纸或黑布遮住光敏二极管，然后检测两电极之间的正、反向电阻，正常时应正向电阻小，反向电阻大，具体检测可参见图 11-38。

在进行受光检测时，万用表仍选择×1kΩ 挡，用光源照射光敏二极管的受光面，如图 11-39 所示，再测量两电极之间的正、反向电阻。若光敏二极管正常，则光照射时测得的反向电阻明显变小，而正向电阻变化不大。

若正、反向电阻均为无穷大，则光敏二极管开路。

若正、反向电阻均为 0，则光敏二极管短路。

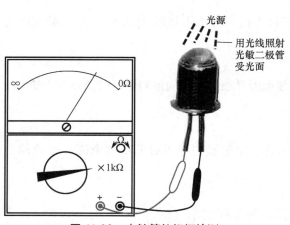

图 11-39　光敏管的好坏检测

若遮光和受光测量时的反向电阻大小无变化，则光敏二极管失效。

11.2.2 红外接收二极管

1. 外形与符号

红外接收二极管又称红外线光敏二极管，简称红外线接收管，能将红外光转换成电信号，为了减少可见光的干扰，常采用黑色树脂材料封装。红外接收二极管的外形与电路图形符号如图 11-40 所示。

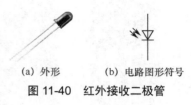

(a) 外形　　　　(b) 电路图形符号

图 11-40 红外接收二极管

2. 检测

（1）极性与好坏检测

红外接收二极管具有单向导电性，在检测时，万用表拨至×1kΩ 挡，红、黑表笔分别接两个电极，正、反向各测一次，以阻值小的一次测量为准，红表笔接的为负极，黑表笔接的为正极。对于未使用过的红外发光二极管，引脚长的为正极，引脚短的为负极。

在检测红外接收二极管好坏时，使用万用表的×1kΩ 挡测正、反向电阻，正常时正向电阻在 3～4kΩ 之间，反向电阻应达 500kΩ 以上。若正向电阻偏大或反向电阻偏小，则表明管子性能不良；若正、反向电阻均为 0 或无穷大，则表明管子短路或开路。

（2）受光能力检测

将万用表拨至 50μA 或 0.1mA 挡，让红表笔接红外接收二极管的正极，黑表笔接负极，然后让阳光照射被测管，此时万用表表针应向右摆动，摆动幅度越大，表明管子光-电转换能力就越强，性能就越好；若表针不摆动，说明管子性能不良，不可使用。

11.2.3 红外线接收组件

1. 外形

红外线接收组件又称红外线接收头，广泛用在各种具有红外线遥控接收功能的电子产品中。图 11-41 列出了三种常见的红外线接收组件。

2. 内部电路结构及原理

红外线接收组件内部由红外接收二极管和接收集成电路组成，接收集成电路内部主要由放大、选频及解调电路组成，红外线接收组件内部电路结构如图 11-42 所示。

接收组件内的红外接收二极管将遥控器发射来的红外光转换成电信号，送入接收集成电路进行放大，然后经选频电路选出特定频率的信号（频率多数为 38kHz），再由解调电路从该信号中取出遥控指令信号，从 OUT 端输出去单片机。

3. 应用电路

图 11-43 是空调器的按键输入和遥控接收电路。R_1、R_2、VD_1～VD_3、SW_1～SW_6 构成按键输入电路。单片机通电工作后，会从 9、10 引脚输出图示的扫描脉冲信号，当按下 SW_2 接键时，9 引脚输出的脉冲信号通过 SW_2、VD_1 进入 11 引脚，单片机根据 11 引脚有脉冲输入判断出按下了 SW_2 按键，由于单片机内部程序已对 SW_2 按键功能进行了定义，故单片机识别 SW_2 按下后会作出与该键对应的控制。当按下 SW_1 时，虽然 11 引脚也有脉冲信号输入，

但由于脉冲信号来自 10 引脚，与 9 引脚脉冲出现的时间不同，单片机可以区分出是 SW_1 被按下而不是 SW_2 被按下。

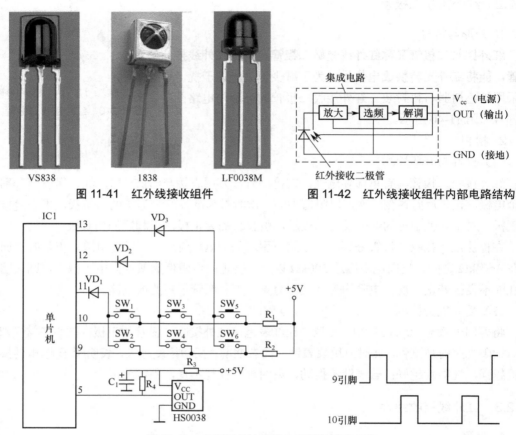

图 11-41　红外线接收组件

图 11-42　红外线接收组件内部电路结构

图 11-43　空调器的按键输入和遥控接收电路

HS0038 是红外线接收组件，内部含有红外线接收二极管和接收电路，封装后引出三个引脚。在按压遥控器上的按键时，按键信号转换成红外线后由遥控器的红外发光二极管发出，红外线被 HS0038 内的红外接收二极管接收并转换成电信号，经内部电路处理后送入单片机，单片机根据输入信号可识别出用户操作了何键，马上作出相应的控制。

4. 引脚极性识别

红外线接收组件有 V_{cc}（电源，通常为 5V）、OUT（输出）和 GND（接地）三个引脚，在安装和更换时，这三个引脚不能弄错。红外线接收组件三个引脚排列没有统一规范，可以使用万用表来判别三个引脚的极性。

在检测红外线接收组件引脚极性时，万用表置于 $\times 10\Omega$ 挡，测量各引脚之间的正、反向电阻（共测量 6 次），以阻值最小的那次测量为准，黑表笔接的为 GND 引脚，红表笔接的为 V_{cc} 引脚，余下的为 OUT 引脚。

如果要在电路板上判别红外线接收组件的引脚极性，可找到接收组件旁边的有极性电容器，因为接收组件的 V_{cc} 端一般会接有极性电容器进行电源滤波，故接收组件的 V_{cc} 引脚与有极性电容器正引脚直接连接（或通过一个 100 多欧姆的电阻连接），GNG 引脚与电容器的负引脚直接连接，余下的引脚为 OUT 引脚，如图 11-44 所示。

图 11-44 在电路板上判别红外线接收组件三个引脚的极性

5. 好坏判别与更换

在判别红外线接收组件好坏时，在红外线接收组件的 V_{cc} 和 GND 引脚之间接上 5V 电源，然后将万用表置于直流 10V 挡，测量 OUT 引脚电压（红、黑表笔分别接 OUT、GND 引脚），在未接收遥控信号时，OUT 引脚电压约为 5V，再将遥控器对准接收组件，按压按键让遥控器发射红外线信号，若接收组件正常，OUT 引脚电压会发生变化（下降），说明输出引脚有信号输出，否则可能接收组件损坏。

红外线接收组件损坏后，若找不到同型号组件更换，也可用其他型号的组件更换。**一般来说，相同接收频率的红外线接收组件都能互换，38 系列（1838、838、0038 等）红外线接收组件频率相同，可以互换，由于它们引脚排列可能不一样，更换时要先识别出各引脚，再将新组件引脚对号入座安装。**

11.3 光敏三极管

11.3.1 外形与符号

光敏三极管是一种对光线敏感且具有放大能力的三极管。光敏三极管大多只有两个引脚，少数有三个引脚。图 11-45（a）是一些常见的光敏三极管的实物外形，图 11-45（b）为光敏三极管的电路图形符号。

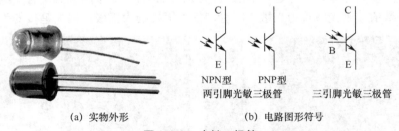

（a）实物外形　　　　　　　　　（b）电路图形符号

图 11-45 光敏三极管

11.3.2 应用电路

光敏三极管与光敏二极管区别在于，光敏三极管除了具有光敏特性外，还具有放大能力。两引脚的光敏三极管的基极是一个受光面，没有引脚，三引脚的光敏三极管基极既作受光面，又引出电极。下面通过图 11-46 所示的电路来说明光敏三极管的性质。

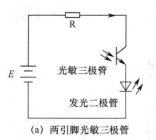 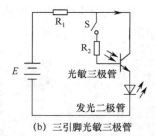

(a) 两引脚光敏三极管　　　　　(b) 三引脚光敏三极管

图 11-46　光敏三极管的应用电路

在图 11-46（a）中，两引脚光敏三极管与发光二极管串接在一起。在无光照射时，光敏三极管不导通，发光二极管不亮。当光线照射光敏三极管受光面（基极）时，受光面将入射光转换成 I_b 电流，该电流控制光敏三极管 c、e 极之间导通，有 I_c 电流流过，光线越强，I_b 电流越大，I_c 越大，发光二极管越亮。

图 11-46（b）中，三引脚光敏三极管与发光二极管串接在一起。光敏三极管 c、e 间导通可有三种方式控制：一是用光线照射受光面；二是给基极直接通入 I_b 电流；三是既通 I_b 电流又用光线照射。

由于光敏三极管具有放大能力，比较适合用在光线微弱的环境中，它能将微弱光线产生的小电流进行放大，控制光敏三极管导通效果比较明显，而光敏二极管对光线的敏感度较差，常用在光线较强的环境中。

11.3.3　检测

1. 光敏二极管和光敏三极管的判别

（1）用指针万用表判别光敏二极管和光敏三极管

光敏二极管与两引脚光敏三极管的外形基本相同，其判定方法是：遮住受光窗口，万用表选择×1kΩ 挡，测量两管引脚间正、反向电阻，均为无穷大的为光敏三极管，正、反向阻值一大一小者为光敏二极管。

红外光敏三极管的检测

（2）用数字万用表判别光敏二极管和光敏三极管

用数字万用表判别光敏二极管和光敏三极管如图 11-47 所示。测量时，万用表选择二极管测量挡，将光敏管置于弱光环境下或用黑纸片将其遮住，然后红、黑表笔分别接光敏管一个引脚，正、反向各测一次，两次测量均显示溢出符号"OL"，如图 11-47（a）、（b）所示，表明光敏管正、反向测量均不导通，该光敏管为光敏三极管；如果两者测量有一次出现1.000～2.500 范围的数值，则光敏管为光敏二极管，红表笔接的为正极，黑表笔接的为负极。

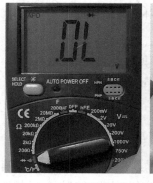   

（a）测量时光敏管不导通　　　　　（b）互换表笔测量时光敏管仍不导通

图 11-47　用数字万用表判别光敏二极管和光敏三极管

2. 电极判别

（1）用指针万用表判别光敏三极管的 C、E 极

光敏三极管有 C 极和 E 极，可根据外形判断电极。引脚长的为 E 极，引脚短的为 C 极；对于有标志（如色点）管子，靠近标志处的引脚为 E 极，另一引脚为 C 极。

光敏三极管的 C 极和 E 极也可用万用表检测。以 NPN 型光敏三极管为例，万用表选择×1kΩ 挡，将光敏三极管对着自然光或灯光，红、黑表笔测量光敏三极管的两引脚之间的正、反向电阻，两次测量中阻值会出现一大一小，以阻值小的那次为准，黑表笔接的为 C 极，红表笔接的为 E 极。

（2）用数字万用表判别光敏三极管的 C、E 极

用数字万用表判别光敏三极管的 C、E 极如图 11-48 所示。测量时，万用表选择二极管测量挡，用光照射光敏三极管，同时红、黑表笔分别接光敏管一个引脚，正、反向各测一次，测量结果如图 11-48 所示。图 11-48（a）测量中的数值为 2.799V，表明光敏三极管已导通，此时红表笔接的为光敏三极管的 C 极，黑表笔接的为 E 极；图 11-48（b）测量显示溢出符号"OL"，表明光敏三极管未导通。

（a）测量时光敏三极管导通（红接为 C 极、黑接为 E 极）　　　（b）互换表笔测量时光敏三极管不导通

图 11-48　用数字万用表判别光敏三极管的 C、E 极

3. 好坏检测

光敏三极管好坏检测包括无光检测和受光检测。

在进行无光检测时，用黑布或黑纸遮住光敏三极管受光面，万用表选择×1kΩ 挡，测量两管引脚之间正、反向电阻，正常应均为无穷大。

在进行受光检测时，万用表仍选择×1kΩ 挡，黑表笔接 C 极，红表笔接 E 极，让光线照射光敏三极管受光面，正常光敏三极管阻值应变小。在无光和受光检测时，阻值变化越大，表明光敏三极管灵敏度就越高。

若无光检测和受光检测的结果与上述不符，则为光敏三极管损坏或性能变差。

11.4 光电耦合器

11.4.1 外形与符号

光电耦合器是将发光二极管和光敏管组合在一起并封装起来构成的。图 11-49（a）是一些常见的光电耦合器的实物外形，图 11-49（b）为光电耦合器的电路图形符号。

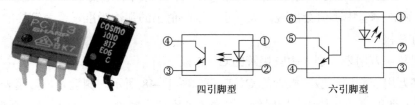

四引脚型　　　　　　　六引脚型

（a）实物外形　　　　　　　　　　（b）电路图形符号

图 11-49　光电耦合器

11.4.2 应用电路

光电耦合器内部集成了发光二极管和光敏管。下面以图 11-50 所示的电路来说明光电耦合器的工作原理。

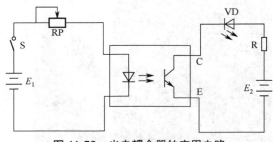

图 11-50　光电耦合器的应用电路

在图 11-50 中，当闭合开关 S 时，电源 E_1 经开关 S 和电位器 RP 为光电耦合器内部的发光管提供电压，有电流流过发光管，发光管发出光线，光线照射到内部的光敏管，光敏管导通，电源 E_2 输出的电流经电阻 R、发光二极管 VD 流入光电耦合器的 C 极，然后从 E 极流出回到 E_2 的负极，有电流流过发光二极管 VD，VD 发光。

调节电位器 RP 可以改变发光二极管 VD 的光线亮度。当 RP 滑动端右移时，其阻值变小，流入光电耦合器内发光管的电流大，发光管光线强，光敏管导通程度深，光敏管 C、E 极之间电阻变小，电源 E_2 的回路总电阻变小，流经发光二极管 VD 的电流大，VD 变得更亮。

若断开开关 S，无电流流过光电耦合器内的发光管，发光管不亮，光敏管无光照射不能导通，电源 E_2 回路切断，发光二极管 VD 无电流通过而熄灭。

11.4.3 用指针万用表检测光电耦合器

光电耦合器的检测包括引脚判别和好坏检测。

1. 引脚判别

光电耦合器内部有发光二极管和光敏管，根据引脚数量不同，可分为四引脚型和六引脚型。光电耦合器引脚识别如图 11-51 所示，光电耦合器上小圆点处对应第 1 引脚，按逆时针方向依次为第 2、第 3 引脚……对于四引脚光电耦合器，通常①、②引脚接内部发光二极管，

③、④引脚接内部光敏管；对于六引脚型光电耦合器，通常①、②引脚接内部发光二极管，③引脚为空脚，④、⑤、⑥引脚接内部光敏三极管，如图 11-49（b）所示。

　　光电耦合器的引脚也可以用万用表判别。下面以检测四引脚型光电耦合器为例来说明。

　　在检测光电耦合器时，应先检测出发光二极管引脚。万用表选择×1kΩ 挡，测量光电耦合器任意两引脚之间的电阻，当出现阻值小时，如图 11-52 所示，黑表笔接的为发光二极管的正极，红表笔接的为负极，剩余两极为光敏管的引脚。

图 11-51　光电耦合器引脚识别

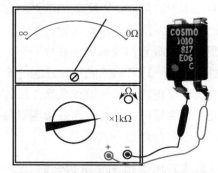

图 11-52　光电耦合器发光二极管的检测

　　找出光电耦合器的发光二极管引脚后，再判别光敏管的 C、E 极引脚。在判别光敏管 C、E 引脚时，可采用两只万用表，如图 11-53 所示，其中一只万用表拨至×100Ω 挡，黑表笔接发光二极管的正极，红表笔接负极，这样做是利用万用表内部电池为发光二极管供电，使之发光；另一只万用表拨至×1kΩ 挡，红、黑表笔接光电耦合器光敏管引脚，正、反向各测一次，测量会出现阻值一大一小，以阻值小的测量为准，黑表笔接的为光敏管的 C 极，红表笔接的为光敏管的 E 极。

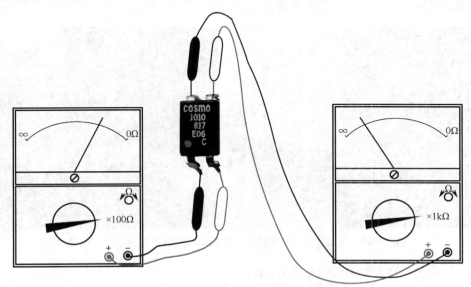

图 11-53　光电耦合器的光敏管 C、E 极的判别

　　如果只有一只万用表，可用一节 1.5V 电池串联一个 100Ω 的电阻，来代替万用表为光电

耦合器的发光二极管供电。

2. 好坏检测

在检测光电耦合器好坏时，要进行三项检测：①检测发光二极管好坏；②检测光敏管好坏；③检测发光二极管与光敏管之间的绝缘电阻。

在检测发光二极管好坏时，万用表选择×1kΩ挡，测量发光二极管两引脚之间的正、反向电阻。若发光二极管正常，正向电阻小、反向电阻无穷大，否则发光二极管损坏。

在检测光敏管好坏时，万用表仍选择×1kΩ挡，测量光敏管两引脚之间的正、反向电阻。若光敏管正常，正、反向电阻均为无穷大，否则光敏管损坏。

在检测发光二极管与光敏管绝缘电阻时，万用表选择×10kΩ挡，一只表笔接发光二极管任意一个引脚，另一只表笔接光敏管任意一个引脚，测量两者之间的电阻，正、反向各测一次。若光电耦合器正常，两次测得发光二极管与光敏管之间的绝缘电阻均应为无穷大。

检测光电耦合器时，只有上面三项测量都正常，才能说明光电耦合器正常，任意一项测量不正常，光电耦合器都不能使用。

11.4.4 用数字万用表检测光电耦合器

光电耦合器的检测

检测光电耦合器分为两步：一是找出光电耦合器的发光管的两个引脚并区分出正、负极；二是区分光电耦合器的光敏管的C、E极

（1）找出光电耦合器的发光管的两个引脚并区分出正、负极

万用表选择二极管测量挡，红、黑表笔接光电耦合器任意两个引脚，正、反向各测一次，当测量出现显示值为0.800～2.500范围内的数字时，如图11-54所示，表明当前测量的为光电耦合器的发光管，显示值为发光管的导通电压，此时红表笔接的为光电耦合器的发光管的正极，黑表笔接的为负极，余下的两极为C、E极（内部接光敏管）。

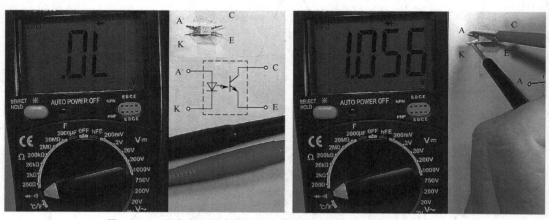

图11-54 找出光电耦合器的发光管的两个引脚并区分出正、负极

（2）区分光电耦合器的光敏管的C、E极

检测时，需要用到指针万用表和数字万用表，指针万用表选择×10Ω挡，红表笔接光电耦合器的发光管的负极引脚，黑表笔接发光管的正极引脚，其目的是利用指针万用表内部的

电池为光电耦合器的发光管提供正向电压，使之导通发光；然后数字万用表选择 2kΩ 挡，红、黑表笔接光电耦合器的另外两个引脚，如果测量时显示符号"OL"，如图 11-55（a）所示，表示光电耦合器内部的光敏管未导通，这时将红、黑表笔调换进行测量，显示屏显示 0.723kΩ，如图 11-55（b）所示，表明光敏管已导通，红表笔接的为光电耦合器的光敏管的 C 极，黑表笔接的为 E 极。

（a）测量时显示符号"OL"，表示光电耦合器的光敏管未导通

（b）调换表示测量时显示 0.723kΩ，表示光敏管已导通（红接为 C 极，黑接为 E 极）

图 11-55　区分光电耦合器的光敏管的 C、E 极

11.5　光遮断器

光遮断器又称光断续器、穿透型光电感应器，它与光电耦合器一样，都是由发光管和光敏管组成，但光遮断器的发光管和光敏管并没有封装成一体，而是相互独立的。

11.5.1　外形与符号

光遮断器外形与电路图形符号如图 11-56 所示。

对射型　　　　　贴片对射型　　　　反射型

(a) 外形　　　　　　　　　　　　　　(b) 电路图形符号

图 11-56　光遮断器

11.5.2　应用电路

光遮断器可分为对射型和反射型， 下面以图 11-57 电路为例来说明这两种光遮断器的工作原理。

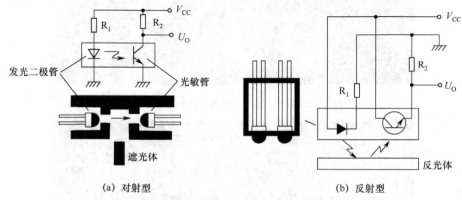

(a) 对射型　　　　　　　　　　　　　(b) 反射型

图 11-57　光遮断器工作原理说明图

图 11-57（a）为对射型光遮断器的结构及应用电路。当电源通过 R_1 为发光二极管供电时，发光二极管发光，其光线通过小孔照射到光敏管，光敏管受光导通，输出电压 U_O 为低电平；如果用一个遮光体放在发光管和光敏管之间，发光管的光线无法照射到光敏管，光敏管截止，输出电压 U_O 为高电平。

图 11-57（b）为反射型光遮断器的结构及应用电路。当电源通过 R_1 为发光二极管供电时，发光二极管发光，其光线先照射到反光体上，再反射到光敏管，光敏管受光导通，输出电压 U_O 为高电平；如果无反光体存在，发光管的光线无法反射到光敏管，光敏管截止，输出电压 U_O 为低电平。

11.5.3　检测

光遮断器的结构与光电耦合器类似，因此检测方法也大同小异。

1．引脚判别

在检测光遮断器时，应先检测出的发光二极管引脚。万用表选择×1kΩ 挡，测量光遮断器任意两引脚之间的电阻，当出现阻值小时，黑表笔接的为发光二极管的正极，红表笔接的为负极，剩余两极为光敏管的引脚。

　　找出光遮断器的发光二极管引脚后，再判别光敏管的 C、E 极引脚。在判别光敏管 C、E 引脚时，可采用两只万用表，其中一只万用表拨至×100Ω 挡，黑表笔接发光二极管的正极，红表笔接负极，这样做是利用万用表内部电池为发光二极管供电，使之发光；另一只万用表拨至×1kΩ 挡，红、黑表笔接光遮断器光敏管引脚，正、反向各测一次，测量会出现阻值一大一小，以阻值小的测量为准，黑表笔接的为光敏管的 C 极，红表笔接的为光敏管的 E 极。

2. 好坏检测

　　在检测光遮断器好坏时，要进行三项检测：①检测发光二极管好坏；②检测光敏管好坏；③检测遮光效果。

　　在检测发光二极管好坏时，万用表选择×1kΩ 挡，测量发光二极管两引脚之间的正、反向电阻。若发光二极管正常，正向电阻小、反向电阻无穷大，否则发光二极管损坏。

　　在检测光敏管好坏时，万用表仍选择×1kΩ 挡，测量光敏管两引脚之间的正、反向电阻。若光敏管正常，正、反向电阻均为无穷大，否则光敏管损坏。

　　在检测光遮断器遮光效果时，可采用两只万用表，其中一只万用表拨至×100Ω 挡，黑表笔接发光二极管的正极，红表笔接负极，利用万用表内部电池为发光二极管供电，使之发光；另一只万用表拨至×1kΩ 挡，红、黑表笔分别接光遮断器光敏管的 C、E 极，对于对射型光遮断器，光敏管会导通，故正常阻值应较小，对于反射型光遮断器，光敏管处于截止状态，故正常阻值应无穷大，然后用遮光体或反光体遮挡或反射光线，光敏管的阻值应发生变化，否则光遮断器损坏。

　　检测光遮断器时，只有上面三项测量都正常，才能说明光遮断器正常，任意一项测量不正常，光遮断器都不能使用。

第12章 电声器件

12.1 扬声器

12.1.1 外形与符号

扬声器又称喇叭，是一种最常用的电–声转换器件，其功能将电信号转换成声音。 扬声器实物外形和电路图形符号如图 12-1 所示。

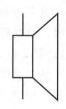

（a）实物外形　　　　　　　　　　　（b）电路图形符号

图 12-1　扬声器

12.1.2 扬声器分类、结构与工作原理

1. 分类

扬声器可按以下方式进行分类。

按换能方式可分为动圈式（即电动式）、电容式（即静电式）、电磁式（即舌簧式）和压电式（即晶体式）等。

按频率范围可分为低音扬声器、中音扬声器、高音扬声器。

按扬声器形状可分为纸盆式、号筒式和球顶式等。

2. 结构与工作原理

尽管扬声器的种类很多，但其工作原理大同小异。这里介绍应用最为广泛的动圈式扬声器的工作原理，动圈式扬声器的结构如图 12-2 所示。

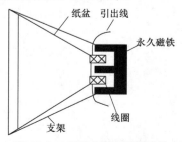

图 12-2　动圈式扬声器的结构

从图 12-2 可以看出，动圈式扬声器主要由永久磁铁、线圈（或称为音圈）和与线圈做在一起的纸盆等构成。当电信号通过引出线流进线圈时，线圈产生磁场，由于流进线圈的电流是变化的，故线圈产生的磁场也是变化的，线圈变化的磁场与磁铁的磁场相互作用，线圈和磁铁不断出现排斥和吸引，重量轻的线圈产生运动（时而远离磁铁，时而靠近磁铁），线圈的运动带动与它相连的纸盆振动，纸盆就发出声音，从而实现了电-声转换。

12.1.3　应用电路

图 12-3 是一个小功率集成立体声功放电路，该电路使用双声道功放集成电路对插孔输入的 L、R 声道音频信号进行放大，驱动左右两个扬声器。

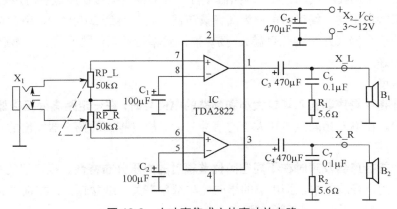

图 12-3　小功率集成立体声功放电路

（1）信号处理过程

L、R 声道音频信号（即立体声信号）通过插座 X_1 的双触点分别送到双联音量电位器 RP_L 和 RP_R 的滑动端，经调节后分别送到集成功放电路 TDA2822 的 7、6 引脚，在内部放大后再分别从 1、3 引脚送出，经 C_3、C_4 分别送入扬声器 B_1、B_2，推动扬声器发声。

（2）直流工作情况

电源电压通过接插件 X_2 送入电路，并经 C_5 滤波后送到 TDA2822 的 2 引脚。电源电压可在 3～12V 范围内调节，电压越高，集成功放器的输出功率越大，扬声器发声越大。TDA2822 的 4 引脚接地（电源的负极）。

（3）元器件说明

X_1 为 3.5mm 的立体声插座。RP 为音量电位器，它是一个 50kΩ双联电位器，调节音量时，双声道的音量会同时改变。TDA2822 是一个双声道集成功放 IC，内部采用两组对称的集成功放电路。C_1、C_2 为交流旁路电容，可提高内部放大电路的增益。扬声器是一个感性元件（内部有线圈），在两端并联 R_1、C_6 可以改善扬声器高频性能。

12.1.4　主要参数

（1）额定功率

额定功率又称标称功率，是指扬声器在无明显失真的情况下，能长时间正常工作时的输

入电功率。 扬声器实际能承受的最大功率要大于额定功率（约 1～3 倍），为了获得较好的音质，应让扬声器实际输入功率小于额定功率。

（2）额定阻抗

额定阻抗又称标称阻抗，是指扬声器工作在额定功率下所呈现的交流阻抗值。 扬声器的额定阻抗有 4Ω、8Ω、16Ω 和 32Ω 等，当扬声器与功放电路连接时，扬声器的阻抗只有与功放电路的输出阻抗相等，才能工作在最佳状态。

（3）频率特性

频率特性是指扬声器输出的声音大小随输入音频信号频率变化而变化的特性。 不同频率特性的扬声器适合用在不同的电路，例如低频特性好的扬声器在还原低音时声音大、效果好。

根据频率特性不同，扬声器可分为高音扬声器（几千赫到 20 千赫）、中音扬声器（1～3 千赫）和低音扬声器（几十到几百赫）。扬声器的频率特性与结构有关，一般体积小的扬声器高频特性较好。

（4）灵敏度

灵敏度是指给扬声器输入规定大小和频率的电信号时，在一定距离处扬声器产生的声压（即声音大小）。 在输入相同频率和大小的信号时，灵敏度越高的扬声器发出的声音越大。

（5）指向性

指向性是指扬声器发声时在不同空间位置辐射的声压分布特性。 扬声器的指向性越强，就意味着发出的声音越集中。扬声器的指向性与纸盆有关，纸盆越大，指向性越强；另外，还与频率有关，频率越高，指向性越强。

12.1.5　用指针万用表检测扬声器

扬声器的检测包括好坏检测和极性识别。

1. 好坏检测

在检测扬声器时，万用表选择×1Ω 挡，红、黑表笔分别接扬声器的两个接线端，测量扬声器内部线圈的电阻，如图 12-4 所示。

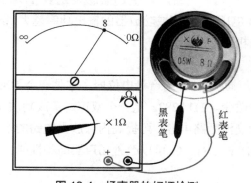

图 12-4　扬声器的好坏检测

如果扬声器正常，测得的阻值应与标称阻抗相同或相近，同时扬声器会发出轻微的"嚓嚓"声，图中扬声器上标注阻抗为 8Ω，万用表测出的阻值也应在 8Ω 左右。若测得阻值无穷大，则为扬声器线圈开路或接线端脱焊；若测得阻值为 0，则为扬声器线圈短路。

2. 极性识别

单个扬声器接在电路中，可以不用考虑两个接线端的极性，但如果将多个扬声器并联或串联起来使用，就需要考虑接线端的极性。 这是因为相同的音频信号从不同极性的接线端流入扬声器时，扬声器纸盆振动方向会相反，这样扬声器发出的声音会抵消一部分，扬声器间相距越近，抵消越明显。

在检测扬声器极性时，万用表选择 0.05mA 挡，红、黑表笔分别接扬声器的两个接线端，如图 12-5 所示，然后手轻压纸盆，会发现表针摆动一下又返回到 0 处。若表针向右摆动，则红表笔接的接线端为 "+"，黑表笔接的接线端为 "–"；若表针向左摆动，则红表笔接的接线端为 "–"，黑表笔接的接线端为 "+"。

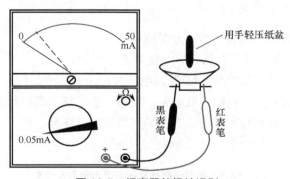

图 12-5　扬声器的极性识别

用上述方法检测扬声器理论根据是：当手轻压纸盆时，纸盆带动线圈运动，线圈切割磁铁的磁力线而产生电流，电流从扬声器的 "+" 接线端流出。当红表笔接 "+" 端时，表针往右摆动；当红表笔接 "–" 端时，表针反偏（左摆）。

当多个扬声器并联使用时，要将各个扬声器的 "+" 端与 "+" 端连接在一起，"–" 端与 "–" 端连接在一起；当多个扬声器串联使用时，要将下一个扬声器的 "+" 端与上一个扬声器的 "–" 端连接在一起， 如图 12-6 所示。

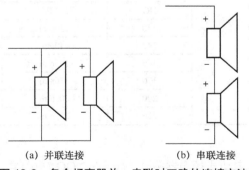

(a) 并联连接　　　　　(b) 串联连接

图 12-6　多个扬声器并、串联时正确的连接方法

扬声器的检测

12.1.6　用数字万用表检测扬声器

用数字万用表检测扬声器如图 12-7 所示，万用表选择 200Ω 挡，红、黑表笔接扬声器的两

个接线端，显示屏显示扬声器线圈的电阻值为 7.6Ω，与扬声器的标称阻抗 8Ω 相近，扬声器正常。

图 12-7　用数字万用表检测扬声器

12.1.7　扬声器的型号命名方法

新型国产扬声器的型号命名由四部分组成。

第一部分用字母"Y"表示产品名称为扬声器。

第二部分用字母表示产品类型，"D"为电动式。

第三部分用字母表示扬声器的重放频带，用数字表示扬声器口径（单位为 mm）。

第四部分用数字或数字与字母混合表示扬声器的生产序号。

新型国产扬声器的型号命名及含义如表 12-1 所示。

表 12-1　新型国产扬声器的型号命名及含义

第一部分：主称		第二部分：类型		第三部分：重放频带或口径		第四部分：序号
字母	含义	字母	含义	数字或字母	含义	
Y	扬声器	D	电动式	D	低音	用数字或数字与字母混合表示扬声器的生产序号
				Z	中音	
				G	高音	
				QZ	球顶中音	
				QG	球顶高音	
				HG	号筒高音	
				130	130mm	
				140	140mm	
				166	166mm	
				176	176mm	
				200	200mm	
				206	206mm	

例如：

YD 200-1A（200mm 电动式扬声器）　　　YD QG 1-6（电动式球顶高音扬声器）

Y——扬声器　　　　　　　　　　　　　Y——扬声器

D——电动式　　　　　　　　　　　　　D——电动式

200——口径为 200mm　　　　　　　　　QG——球顶高音

1A——序号　　　　　　　　　　　　　　1-6——序号

12.2　耳机

12.2.1　外形与符号

耳机与扬声器一样，是一种电-声转换器件，其功能是将电信号转换成声音。耳机的外形和电路图形符号如图 12-8 所示。

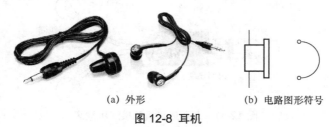

(a) 外形　　　　　　　　(b) 电路图形符号

图 12-8　耳机

12.2.2　耳机种类与工作原理

耳机的种类很多，可分为动圈式、动铁式、压电式、静电式、气动式、等磁式和驻极体式等七类，动圈式、动铁式和压电式耳机较为常见，其中动圈式耳机使用最为广泛。

动圈式耳机：是一种最常用的耳机，其工作原理与动圈式扬声器相同，可以看作是微型动圈式扬声器，其结构与工作原理可参见动圈式扬声器。动圈式耳机的优点是制作相对容易，且线性好、失真小、频响宽。

动铁式耳机：又称电磁式耳机，其结构如图 12-9 所示，一个铁片振动膜被永久磁铁吸引，在永久磁铁上绕有线圈，当线圈通入音频电流时会产生变化的磁场，它会增强或削弱永久磁铁的磁场，磁铁变化的磁场使铁片振动膜发生振动而发声。动铁式耳机优点是使用寿命长、效率高，缺点是失真大、频响窄，在早期较为常用。

压电式耳机：它是利用压电陶瓷的压电效应发声，压电陶瓷片的结构如图 12-10 所示，在铜金属片和涂银层之间夹有压电陶瓷片，当给铜金属片和涂银层之间施加变化的电压时，压电陶瓷片会发生振动而发声。压电式耳机效率高、频率高，其缺点是失真大、驱动电压高、低频响应差、抗冲击力差。这种耳机的使用远不及动圈式耳机广泛。

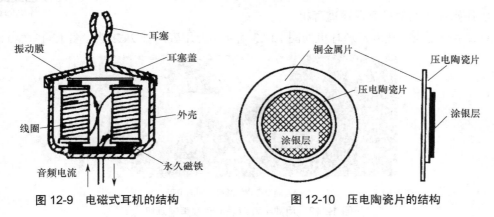

图 12-9　电磁式耳机的结构　　　　图 12-10　压电陶瓷片的结构

12.2.3 双声道耳机的内部接线与检测

1. 内部接线

图 12-11 是双声道耳机的接线示意图，从图中可以看出，耳机插头有 L、R、公共三个导电节，由两个绝缘环隔开，三个导电节内部接出三根导线，一根导线引出后一分为二，三根导线变为四根后两两与左右声道耳机线圈连接。

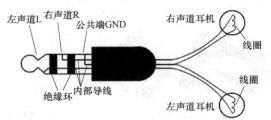

图 12-11　双声道耳机的接线示意图

2. 用指针万用表检测双声道耳机

在检测耳机时，万用表选择×1Ω或×10Ω挡，先将黑表笔接耳机插头的公共导电节，红表笔间断接触 L 导电节，听左声道耳机有无声音，正常耳机有"嚓嚓"声发出，红、黑表笔接触两导环不动时，测得左声道耳机线圈阻值应为几～几百欧姆，如图 12-12 所示，如果阻值为 0 或无穷大，则表明左声道耳机线圈短路或开路。然后，黑表笔不动，红表笔间断接触 R 导电节，检测右声道耳机是否正常。

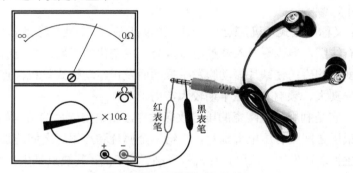

图 12-12　双声道耳机的检测

耳机的检测

3. 用数字万用表检测双声道耳机

用数字万用表检测双声道耳机如图 12-13 所示。万用表选择 2kΩ 挡，图 12-13（a）是测

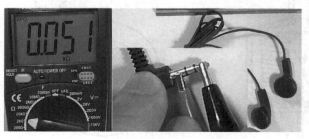

（a）测量左声道耳机线圈的电阻

图 12-13　用数字万用表检测双声道耳机

（b）测量右声道耳机线圈的电阻

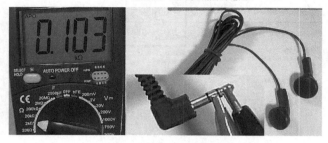

（c）测量左右两声道耳机线圈的串联电阻

图 12-13　用数字万用表检测双声道耳机（续）

量左声道耳机线圈的电阻，显示电阻值为 51Ω（0.051kΩ）；图 12-13（b）是测量右声道耳机线圈的电阻，显示电阻值为 53Ω；图 12-13（c）是测量左右两声道耳机线圈的串联电阻，显示电阻值为 103Ω。

12.2.4　手机线控耳麦的内部电路及接线

线控耳麦由耳机、话筒和控制按键组成。 图 12-14（a）是一种常见的手机线控耳麦，该耳麦由左右声道耳机、话筒、控制按键和四节插头组成，其内部电路及接线如图 12-14（b）所示。当按下话筒键时，话筒被短接，耳麦插头的话筒端与公共端（接地端）之间短路，通过手机耳麦插孔给手机接入一个零电阻，控制手机接听电话或挂通电话；当按下音量+键时，话筒端与公共端之间接入一个 200Ω 左右的电阻（不同的耳麦电阻大小略有不同），该电阻通过耳麦插头接入手机，控制手机增大音量；当按下音量−键时，话筒端与公共端之间接入一个 300～400Ω 的电阻，该电阻通过耳麦插头接入手机，控制手机减小音量。

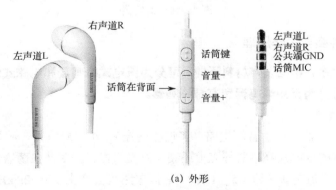

（a）外形

图 12-14　一种常见的手机线控耳麦

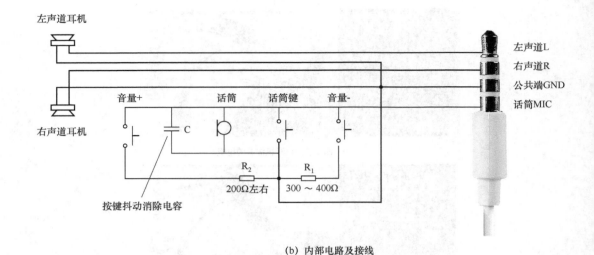

（b）内部电路及接线

图 12-14　一种常见的手机线控耳麦（续）

12.3　蜂鸣器

蜂鸣器是一种一体化结构的电子讯响器，广泛应用于空调器、计算机、打印机、复印机、报警器、电子玩具、汽车电子设备、电话机、定时器等电子产品中作发声器件。

12.3.1　外形与符号

蜂鸣器实物外形和电路图形符号如图 12-15 所示，蜂鸣器在电路中用字母"H"或"HA"表示。

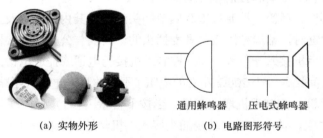

（a）实物外形　　　　　　　　（b）电路图形符号

图 12-15　蜂鸣器

12.3.2　蜂鸣器种类与工作原理

蜂鸣器种类很多，根据发声材料不同，可分为压电式蜂鸣器和电磁式蜂鸣器；根据是否含有音源电路，可分为无源蜂鸣器和有源蜂鸣器。

1. 压电式蜂鸣器

有源压电式蜂鸣器主要由音源电路（多谐振荡器）、压电蜂鸣片、阻抗匹配器、共鸣腔及外壳等组成。有的压电式蜂鸣器外壳上还装有发光二极管。多谐振荡器由晶体管或集成电路构成，只要提供直流电源（约 1.5～15V），音源电路就会产生 1.5～2.5kHz 的音频信号，经阻抗匹配器推动压电蜂鸣片发声。压电蜂鸣片由锆钛酸铅或铌镁酸铅压电陶瓷材料制成，在陶瓷片的两面镀上银电极，经极化和老化处理后，再与黄铜片或不锈钢片粘在一起。无源压电蜂鸣器内部不含音源电路，需要外部提供音频信号才能使之发声。

2．电磁式蜂鸣器

有源电磁式蜂鸣器由音源电路、电磁线圈、磁铁、振动膜片及外壳等组成。接通电源后，音源电路产生的音频信号电流通过电磁线圈，使电磁线圈产生磁场。振动膜片在电磁线圈和磁铁的相互作用下，周期性地振动发声。无源电磁式蜂鸣器的内部无音源电路，需要外部提供音频信号才能使之发声。

12.3.3　类型判别

蜂鸣器类型可从以下几个方面进行判别。

① 从外观上看，有源蜂鸣器引脚有正、负极性之分（引脚旁会标注极性或用不同颜色引线），无源蜂鸣器引脚则无极性，这是因为有源蜂鸣器内部音源电路的供电有极性要求。

② 给蜂鸣器两引脚加合适的电压（3～24V），能连续发音的为有源蜂鸣器，仅接通、断开电源时发出"咔咔"声为无源电磁式蜂鸣器，不发声的为无源压电式蜂鸣器。

③ 用万用表合适的欧姆挡测量蜂鸣器两引脚间的正、反向电阻，正、反向电阻相同且很小（一般 8Ω 或 16Ω 左右，用×1Ω 挡测量）的为无源电磁式蜂鸣器，正、反向电阻均为无穷大（用×10kΩ 挡）的为无源压电式蜂鸣器，正、反向电阻在几百欧以上且测量时可能会发出连续音的为有源蜂鸣器。

12.3.4　用数字万用表检测蜂鸣器

有源蜂鸣器的检测

在用数字万用表检测蜂鸣器时，选择 20kΩ 挡，红、黑表笔接蜂鸣器的两个引脚，正、反向各测一次，如图 12-16（a）、（b）所示，两次测量均显示溢出符号"OL"，该蜂鸣器可能是无源压电式蜂鸣器或者有源蜂鸣器；再将一个 5V 电压（可用手机充电器提供电压）接到蜂鸣器两个引脚，如图 12-16（c）所示，听有无声音发出，若无声音，可将蜂鸣器两引脚的 5V 电压极性对调，如果有声音发出，则为有源蜂鸣器，5V 电压正极所接引脚为有源蜂鸣器的正极，另一个引脚为负极。

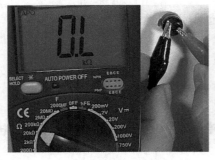

（a）测量蜂鸣器两引脚的电阻　　　　　　（b）对换表笔测量蜂鸣器两引脚的电阻

图 12-16　用数字万用表检测蜂鸣器类型

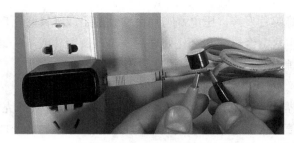

（c）给蜂鸣器加 5V 电压听有无声音发出

图 12-16　用数字万用表检测蜂鸣器类型（续）

12.3.5　应用电路

图 12-17 是两种常见的蜂鸣器应用电路。图 12-17（a）电路采用了有源蜂鸣器，蜂鸣器内部含有音源电路。在工作时，单片机会从 15 引脚输出高电平，三极管 VT 饱和导通，三极管饱和导通后 U_{ce} 约为 0.1～0.3V，即蜂鸣器两端加有 5V 电压，其内部的音源电路工作，产生音频信号推动内部发声器件发声；不工作时，单片机 15 引脚输出低电平，VT 截止，VT 的 $U_{ce}=5V$，蜂鸣器两端电压为 0V，蜂鸣器停止发声。

图 12-17（b）电路采用了无源蜂鸣器，蜂鸣器内部无音源电路。在工作时，单片机会从 20 引脚输出音频信号（一般为 2kHz 矩形信号），经三极管 VT_3 放大后从集电极输出，音频信号送给蜂鸣器，推动蜂鸣器发声；不工作时，单片机 20 引脚停止输出音频信号，蜂鸣器停止发声。

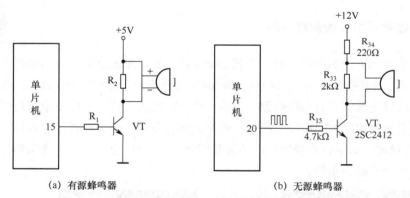

（a）有源蜂鸣器　　　　　　　　　　　　　（b）无源蜂鸣器

图 12-17　蜂鸣器应用电路

12.4　话筒

12.4.1　外形与符号

话筒又称麦克风、传声器，是一种声-电转换器件，其功能是将声音转换成电信号。话筒实物外形和电路图形符号如图 12-18 所示。

（a）实物外形　　　　　　　　（b）电路图形符号

图 12-18　话筒

12.4.2　工作原理

话筒的种类很多，下面介绍最常用的动圈式话筒和驻极体式话筒的工作原理。

（1）动圈式话筒工作原理

动圈式话筒的结构如图 12-19 所示，它主要由振动膜、线圈和永久磁铁组成。

当声音传递到振动膜时，振动膜产生振动，与振动膜连在一起的线圈会随振动膜一起运动，由于线圈处于磁铁的磁场中，当线圈在磁场中运动时，线圈会切割磁铁的磁感线而产生与运动相对应的电信号，该电信号从引出线输出，从而实现声-电转换。

（2）驻极体式话筒工作原理

驻极体式话筒体积小、性能好，并且价格便宜，广泛用在一些小型具有录音功能的电子设备中。驻极体式话筒的结构如图 12-20 所示。

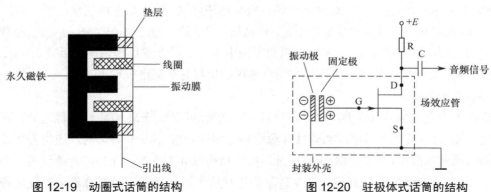

图 12-19　动圈式话筒的结构　　　　　图 12-20　驻极体式话筒的结构

虚线框内的为驻极体式话筒，它由振动极、固定极和一个场效应管构成。振动极与固定极形成一个电容，由于两电极是经过特殊处理的，所以它本身具有静电场（即两电极上有电荷），当声音传递到振动极时，振动极发生振动，振动极与固定极距离发生变化，引起容量发生变化，容量的变化导致固定电极上的电荷向场效应管栅极 G 移动，移动的电荷就形成电信号，电信号经场效应管放大后从 D 极输出，从而完成了声-电转换过程。

12.4.3　应用电路

图 12-21 是话筒放大电路，该电路除了能为话筒提供工作电源外，还会对话筒转换来的音频信号进行放大。

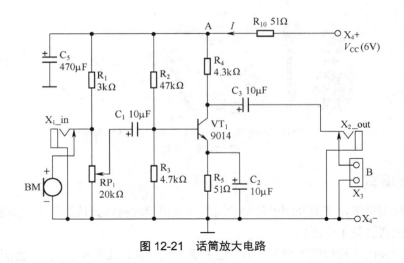

图 12-21 话筒放大电路

（1）信号处理过程

话筒（又称送话器）BM 将声音转换成电信号，这种由声音转换成的电信号称为音频信号。音频信号由音量电位器 RP_1 调节大小后，再通过 C_1 送到三极管 VT_1 基极，音频信号经 VT_1 放大后从集电极输出，通过 C_3 送到耳机插座 X_2_out，如果将耳机插入 X_2_out 插孔，就可以听到声音。

（2）直流工作情况

6V 直流电压通过接插件 X_4 送入电路，+6V 电压经 R_{10} 降压后分成三路：第一路经 R_1、插座 X_1 的内部簧片为话筒提供工作电压，使话筒工作；第二路经 R_2、R_3 分压后为三极管 VT_1 提供基极电压；第三路经 R_4 为 VT_1 提供集电极电压。三极管 VT_1 提供电压后有 I_b、I_c、I_e 电流流过，VT_1 处于放大状态，可以放大送到基极的信号并从集电极输出。

（3）元器件说明

BM 为内置驻极体式话筒，用于将声音转换成音频信号，BM 有正、负极之分，不能接错极性。X_1 为外接输入插座，当外接音源设备（如收音机、MP3 等）时，应将音源设备的输出插头插入该插座，插座内的簧片断开，内置话筒 BM 被切断，而外部音源设备送来的信号经 X_1 簧片、RP_1 和 C_1 送到三极管 VT_1 基极进行放大。X_3 为扬声器接插件，当使用外接扬声器时，可将扬声器的两根引线与 X_3 连接。X_2 为外接耳机（又称受话器）插座，当插入耳机插头后，插座内的簧片断开，扬声器接插件 X_3 被切断。

R_{10}、C_5 构成电源退耦电路，用于滤除电源供电中的波动成分，使电路能得到较稳定的供电电压。在电路工作时，+6V 电源经 R_{10} 为三极管 VT_1 供电，同时还会对 C_5 充电，在 C_5 上充得上正下负电压。在静态时，VT_1 无信号输入，VT_1 导通程度不变（即 I_c 保持不变），流过 R_{10} 的电流 I 基本稳定，U_A 电压保持不变，在 VT_1 有信号输入时，VT_1 的 I_c 电流会发生变化，当输入信号幅度大时，VT_1 放大时导通程度深，I_c 电流增大，流过 R_{10} 的电流 I 也增大。若没有 C_5，A 点电压会因电流 I 的增大而下降（I 增大，R_{10} 上电压增大）；有了 C_5 后，C_5 会向 R_4 放电以弥补 I_c 电流增多的部分，无须通过增大 R_{10} 的电流 I，这样 A 点电压变化很小。同样，如果当 VT_1 的输入信号幅度小时，VT_1 放大时导通浅，I_c 电流减小，若没有 C_5，电流

I 也减小，A 点电压会因电流 I 减小而升高；有了 C_5 后，多余的电流 I 会对 C_5 充电，这样电流 I 不会因 I_c 减小而减小，A 点电压保持不变。

12.4.4　主要参数

（1）灵敏度

灵敏度是指话筒在一定的声压下能产生音频信号电压的大小。灵敏度越高，在相同大小的声音下输出的音频信号幅度就越大。

（2）频率特性

频率特性是指话筒的灵敏度随频率变化而变化的特性。如果话筒的高频特性好，那么还原出来的高频信号幅度大且失真小。大多数话筒频率特性较好的范围为 100Hz～10kHz，优质话筒频率特性范围可达到 20Hz～20kHz。

（3）输出阻抗

输出阻抗是指话筒在 1kHz 的情况下输出端的交流阻抗。低阻抗话筒输出阻抗一般在 2kΩ以下，输出阻抗在 2kΩ 以上的话筒称为高阻抗话筒。

（4）固有噪声

固有噪声是指在没有外界声音时话筒输出的噪声信号电压。话筒的固有噪声越大，工作时输出信号中混有的噪声就越多。

（5）指向性

指向性是指话筒灵敏度随声波入射方向变化而变化的特性。话筒的指向性有单向性、双向性和全向性三种。

单向性话筒对正面方向的声音灵敏度高于其他方向的声音。双向性话筒对正、背面方向的灵敏度高于其他方向的声音。全向性话筒对所有方向的声音灵敏度都高。

12.4.5　话筒种类与选用

1. 话筒种类

话筒种类很多，常见的有动圈式话筒、驻极体式话筒、铝带式话筒、电容式话筒、压电式话筒和炭粒式话筒等。常见话筒的特点如表 12-2 所示。

表 12-2　常见话筒的特点

种　类	特　点
动圈式话筒	动圈式话筒又称为电动式话筒，其优点是结构合理耐用、噪声低、工作稳定、经济实用且性能好
驻极体式话筒	驻极体式话筒具有重量轻、体积小、价格低、结构简单和电声性能好，但音质较差、噪声较大
铝带式话筒	铝带式话筒具有音质真实自然，高、低频音域宽广，过渡平滑自然，瞬间响应快速精确，但价格较贵
电容式话筒	电容式话筒是一种电声特性非常好的话筒。它具有频率范围宽、灵敏度高、非线性失真小、瞬态响应好等优点，缺点是防潮性差、机械强度低、价格较贵、使用时需提供高压
压电式话筒	压电式话筒又称晶体式话筒，它具有灵敏度高、结构简单、价格便宜等优点，但频率特性不够宽
炭粒式话筒	炭粒式话筒具有结构简单、价格便宜、灵敏度高、输出功率大等优点，但频率特性差、噪声大、失真也很大

2. 话筒的选用

话筒的选用主要根据环境和声源特点来决定。在室内进行语言录音时，一般选用动圈式话筒，因为语言的频带较窄，使用动圈式话筒可避免产生不必要的杂音。在进行音乐录音时，一般要选择性能好的电容式话筒，以满足宽频带、大动态、高保真的需要。若环境噪声大，可选用单指向话筒，以增加选择性。

在使用话筒时，除靠近讲话筒外，普通话筒要注意与声源保持 0.3 米左右的距离，以防失真。在运动中录音时，要使用无线话筒，使用无线话筒时要注意防止干扰和"死区"，碰到这种情况时，可通过改变话筒无线电频率和调整收、发天线来解决。

12.4.6　用指针万用表检测话筒

1. 动圈式话筒的检测

动圈式话筒外部接线端与内部线圈连接，根据线圈电阻大小可分为低阻抗话筒（几十至几百欧左右）和高阻抗话筒（几百至几千欧左右）。

在检测低阻抗话筒时，万用表选择×10Ω 挡；在检测高阻抗话筒时，可选择×100Ω 或×1kΩ挡，然后测量话筒两接线端之间的电阻。

若话筒正常，阻值应在几十至几千欧左右，同时话筒有轻微的"嚓嚓"声发出。

若阻值为 0，说明话筒线圈短路。

若阻值为无穷大，则为话筒线圈开路。

2. 驻极体式话筒的检测

驻极体式话筒检测包括电极检测、好坏检测和灵敏度检测。

（1）电极检测

驻极体式话筒外形和结构如图 12-22 所示。

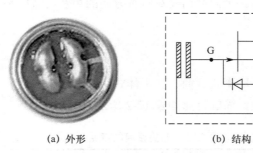

(a) 外形　　　　　　　　　(b) 结构

图 12-22　驻极体话筒

从图中可以看出，驻极体式话筒有两个接线端，分别与内部场效应管的 D、S 极连接，其中，S 极与 G 极之间接有一个二极管。在使用时，驻极体话筒的 S 极与电路的地连接，D极除了接电源外，还是话筒信号输出端，具体连接可参见图 12-20。

驻极体话筒电极判断可用直观法，也可以用万用表检测。在用直观法观察时，会发现有一个电极与话筒的金属外壳连接，如图 12-22（a）所示，该极为 S 极，另一个电极为 D 极。

在用万用表检测时，万用表选择×100Ω 或×1kΩ 挡，测量两电极之间的正、反向电阻，如图 12-23 所示，正常测得阻值一大一小，以阻值小的那次为准，如图 12-23（a）所示，黑表笔接的为 S 极，红表笔接的为 D 极。

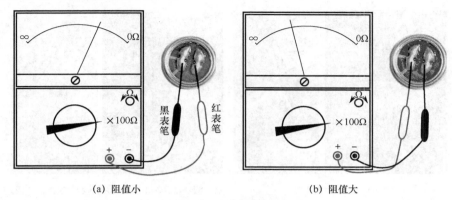

图 12-23　驻极体话筒的检测

（2）好坏检测

在检测驻极体式话筒好坏时，万用表选择×100Ω 或×1kΩ 挡，测量两电极之间的正、反向电阻，正常测得阻值会一大一小。

若正、反向电阻均为无穷大，则话筒内部的场效应管开路。

若正、反向电阻均为 0，则话筒内部的场效应管短路。

若正、反向电阻相等，则话筒内部场效应管 G、S 极之间的二极管开路。

（3）灵敏度检测

灵敏度检测可以判断话筒的声-电转换效果。在检测灵敏度时，万用表选择×100Ω 或×1kΩ 挡，黑表笔接话筒的 D 极，红表笔接话筒的 S 极，这样做是利用万用表内部电池为场效应管 D、S 极之间提供电压，然后对话筒正面吹气，如图 12-24 所示。

若话筒正常，表针应发生摆动，话筒灵敏度越高，表针摆动幅度越大。

若表针不动，则话筒失效。

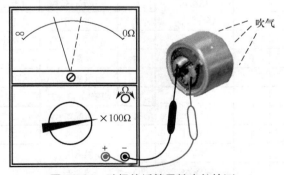

图 12-24　驻极体话筒灵敏度的检测

驻极体式话筒的检测

12.4.7　用数字万用表检测话筒

在用数字万用表判别驻极体话筒引脚极性时，选择二极管测量挡，红、黑表笔接话筒的两个引脚，正、反向各测一次，两次测量会出现数值一大一小，以显示数值小的那次测量为准，如图 12-25（b）所示，红表笔接的为驻极体话筒的 S 极，黑表笔接的为 D 极。

（a）测量显示数值大　　　　　（b）测量显示数值小（红接为 S 极、黑接为 D 极）

图 12-25　用数字万用表判别驻极体话筒引脚的极性

12.4.8　电声器件的型号命名方法

国产电声器件的型号命名由以下四部分组成。

第一部分用汉语拼音字母表示产品的主称。

第二部分用字母表示产品类型。

第三部分用字母或数字表示产品特征（包括辐射形式、形状、结构、功率、等级、用途等）。

第四部分用数字表示产品序号（部分扬声器表示口径和序号）。

国产电声器件的型号命名及含义如表 12-3 所示。

表 12-3　国产电声器件的型号命名及含义

第一部分：主称		第二部分：类型		第三部分：特征				第四部分：序号
字母	含义	字母	含义	字母	含义	数字	含义	
Y	扬声器	C	电磁式	C	手持式；测试用	I	1 级	
C	传声器	D	电动式（动圈式）	D	头戴式；低频	II	2 级	
E	耳机			F	飞行用	III	3 级	
O	送话器	A	带式	G	耳挂式；高频	025	0.25W	
H	两用换能器	E	平膜音圈式	H	号筒式	04	0.4W	
S	受话器	Y	压电式	I	气导式	05	0.5W	用数字表示产品序号
N、OS	送话器组	R	电容式、静电式	J	舰艇用；接触式	1	1W	
EC	耳机传声器组			K	抗噪式	2	2W	
HZ	号筒式组合扬声器	T	炭粒式	L	立体声	3	3W	
		Q	气流式	P	炮兵用	5	5W	
YX	扬声器箱	Z	驻极体式	Q	球顶式	10	10W	
YZ	声柱扬声器	J	接触式	T	椭圆形	15	15W	
						20	20W	

例如：

CDⅡ-1（2 级动圈式传声器）	EDL-3（立体声动圈式耳机）
C——传声器	E——耳机
D——动圈式	D——动圈式
Ⅱ——2 极	L——立体声
1——序号	3——序号

YD10-12B（10W 电动式扬声器）	YD3-1655
Y——扬声器	Y——扬声器
D——电动式	D——电动式
10——功率为 10W	3——功率为 3W
12B——序号	1655——口径为 165mm

第13章 压电器件

　　有一些特殊的材料，当受到一定方向的作用力时，在材料的某两个表面上会产生相反的电荷，两个表面之间就会有电压形成，去掉作用力后，这些电荷随之消失，两表面间的电压消失，这种现象称为正压电效应，又称压电效应。相反，如果在这些材料某两个表面施加电压，该材料在一定方向上产生机械变形，去掉电压后，变形会随之消失，这种现象称为逆压电效应。常见的压电材料有石英晶体谐振器、压电陶瓷、压电半导体和有机高分子压电材料等。

　　压电器件是使用压电材料制作而成的，常见的压电器件有石英晶体谐振器、陶瓷滤波器、声表面波滤波器、压电蜂鸣器和压电传感器等。

13.1　石英晶体谐振器（晶振）

13.1.1　外形与结构

　　在石英晶体谐振器上按一定方向切下薄片，将薄片两端抛光并涂上导电的银层，再从银层上引出两个电极并封装起来，这样就构成了石英晶体谐振器，简称晶振。石英晶体谐振器的外形、结构和电路图形符号如图 13-1 所示。

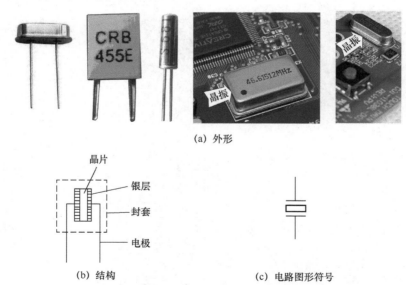

(a) 外形

(b) 结构　　　　　　　　　　(c) 电路图形符号

图 13-1　石英晶体谐振器的外形、结构和电路图形符号

13.1.2　特性

　　石英晶体谐振器可以等效成 LC 电路，其等效电路和特性曲线如图 13-2 所示，L、C 构成串联 LC 电路，串联谐振频率为 $f_s = \dfrac{1}{2\pi\sqrt{LC}}$ ；L 与 C、C_0 构成并联 LC 电路，由于 C_0 容量是 C 容量的数百倍，故 C_0、C 串联后的总容量值略小于 C 的容量值（$1/C_总 = 1/C_0 + 1/C$，C_0 远大于 C，$1/C_0 + 1/C$ 略大于 $1/C$），并联谐振频率 f_p 略大于串联谐振频率，但两者非常接近。

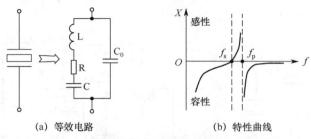

| (a) 等效电路 | (b) 特性曲线 |

图 13-2　石英晶体谐振器的等效电路与特性曲线

当加到石英晶体谐振器两端的信号的频率不同时，石英晶体谐振器会呈现出不同的特性，如图 13-3 所示，具体说明如下。

① 当 $f = f_s$ 时，石英晶体谐振器呈阻性，相当于阻值很小的电阻，如图 13-3（a）所示。

② 当 $f_s < f < f_p$ 时，石英晶体谐振器呈感性，相当于电感，如图 13-3（b）所示。

③ 当 $f < f_s$ 或 $f > f_p$ 时，石英晶体谐振器呈容性，相当于电容，如图 13-3（c）所示。

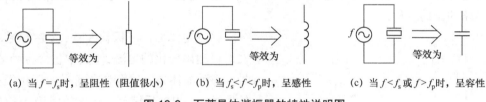

(a) 当 $f = f_s$ 时，呈阻性（阻值很小）　　(b) 当 $f_s < f < f_p$ 时，呈感性　　(c) 当 $f < f_s$ 或 $f > f_p$ 时，呈容性

图 13-3　石英晶体谐振器的特性说明图

13.1.3　应用电路

石英晶体谐振器主要用来与放大电路一起组成振荡器，其振荡频率非常稳定。

1. 并联型晶体振荡器

并联型晶体振荡器如图 13-4 所示。三极管 VT 与 R_1、R_2、R_3、R_4 构成放大电路；C_3 为交流旁路电容，对交流信号相当于短路；X_1 为石英晶体，在电路中相当于电感。从交流等效图可以看出，该电路是一个电容三点式振荡器，C_1、C_2、X_1 构成选频电路，由于 C_1、C_2 的电容远大于石英晶体的等效电容 C，整个选频电路的总电容为 C_1、C_2 串联后与 C_0 并联所得到的容量，它与 C 的电容量非常接近（因为大容量电容与小容量电容串联后的总容量会变小，略小于小容量电容的容量值），即选频电路的频率与石英晶体 X_1 的固有频率 $f_s = \dfrac{1}{2\pi\sqrt{LC}}$ 非常接近（略大）。为分析方便，设选频电路的频率为 f_0，$f_s < f_0 < f_p$，一般情况下可认为 f_0 就是 f_s。

电路振荡过程：接通电源后，三极管 VT 导通，有变化 I_c 电流流过 VT，它包含着微弱的 $0 \sim \infty$Hz 各种频率信号。这些信号加到由 C_1、C_2、X_1 构成的选频电路，选频电路从中选出 f_0 信号，在 X_1、C_1、C_2 两端有 f_0 信号电压，取 C_2 两端的 f_0 信号电压反馈到 VT 的基-射极之间进行放大；放大后输出信号又加到选频电路，使 C_1、C_2 两端的信号电压增大；C_2 两端的电压又送到 VT 基-射极……如此反复进行。VT 输出的信号越来越大，而 VT 放大电路的放大倍数逐渐减小，当放大电路的放大倍数与反馈电路的衰减倍数相等时，输出信号幅度保持稳定，不会再增大，该信号再送到其他的电路。

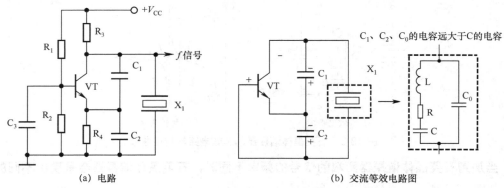

(a) 电路   (b) 交流等效电路图

图 13-4　并联型晶体振荡器

2. 串联型晶体振荡器

串联型晶体振荡器如图 13-5 所示。该振荡器采用了两级放大电路，石英晶体 X_1 除了构成反馈电路外，还具有选频功能，其选频频率 $f_0 = f_s$，电位器 RP_1 用来调节反馈信号的幅度。

电路的振荡过程：

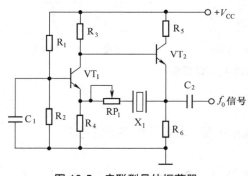

图 13-5　串联型晶体振荡器

接通电源后，三极管 VT_1、VT_2 导通，VT_2 发射极输出变化的电流 I_e，其中包含各种频率信号，石英晶体 X_1 对其中的 f_0 信号阻抗很小。f_0 信号经 X_1、RP_1 反馈到 VT_1 的发射极，该信号经 VT_1 放大后从集电极输出，又加到 VT_2 放大后从发射极输出，然后通过 X_1 反馈到 VT_1 放大。如此反复进行，VT_2 输出的 f_0 信号幅度越来越大，VT_1、VT_2 组成的放大电路放大倍数越来越小。当放大倍数等于反馈衰减倍数时，输出 f_0 信号幅度不再变化，电路输出稳定的 f_0 信号。

3. 单片机的时钟振荡电路

单片机是一种大规模集成电路，内部有各种各样的数字电路，为了让这些电路按节拍工作，需要为这些电路提供时钟信号。图 13-6 是典型的单片机时钟电路，单片机 XTAL1、XATL2 引脚外接频率为 12MHz 的晶振 X 和两个电容 C_1、C_2，与内部的放大器构成时钟振荡电路，产生 12MHz 时钟信号供给内部电路使用。时钟信号的频率主要由晶振的频率决定，改变 C_1、C_2 的容量可以对时钟信号频率进行微调。

对于像单片机这样需要时钟信号的数字电路，如果时钟电路损坏而不能产生时钟信号，整个电路就不能工作。另外，时钟信号频率越高，数字电路工作速度就越快，但相应功耗会增大，容易发热。

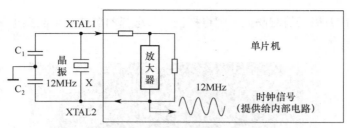

图 13-6　典型的单片机时钟电路

13.1.4　有源晶体振荡器

有源晶体振荡器是将晶振和有关元件集成在一起组成晶体振荡器，再封装起来而构成的器件。当给有源晶体振荡器提供电源时，内部的晶体振荡器工作，会输出某一频率的信号。

有源晶体振荡器外形如图 13-7 所示。

图 13-7　有源晶体振荡器外形

有源晶体振荡器通常有 4 个引脚，其中一个引脚为空脚（NC），其他三个引脚分别为电源（VCC）、接地（GND）和输出（OUT）引脚。有源晶体振荡器元件的典型外部接线电路如图 13-8 所示。L_1、C_1、C_2 构成电源滤波电路，用于滤除电源中的波动成分，使提供给晶体振荡器电源引脚的电压稳定、波动小。晶体振荡器元件的 VCC 引脚获得供电后，内部晶体振荡器开始工作，从 OUT 端输出某频率的信号（晶体振荡器元件外壳会标注频率值）。NC引脚为空脚，可以接电源、接地或者悬空。

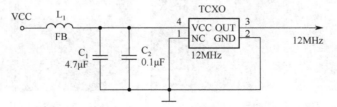

图 13-8　有源晶体振荡器元件的典型外部接线电路

13.1.5　晶振的开路检测和在路检测

1. 开路检测晶振

开路检测晶振是指从电路中拆下晶振进行检测。用数字万用表对晶振进行开路检测，如图 13-9 所示。挡位开关选择 20MΩ 挡（最高电阻挡），红、黑表笔接晶振的两个引脚，正常时均显示溢出符号"OL"；如果显示一定的电阻值，则表明晶振漏电或短路。

如果使用指针万用表检测晶振，则将挡位开关选择×10kΩ挡，晶振正常时测得的正、反向电阻值均为无穷大。

图 13-9　开路检测晶振

2. 在路通电检测晶振

在路通电检测晶振是指给晶振电路通电使之工作，再检测晶振引脚电压来判别晶振电路是否工作。对于大多数使用了晶振的电路，晶振电路正常工作时，晶振两个引脚的电压接近（相差零点几伏），约为电源电压的一半；如果两引脚电压相差很大或相等，则晶振电路工作不正常。

对一块使用了晶振的电路板的晶振进行在路通电检测。先给电路板接通电源，数字万用表选择 20V 直流电压挡，黑表笔接电路的地，红表笔接晶振的一个引脚，显示屏显示电压值为 2.13V，如图 13-10（a）所示；再将红表笔接晶振的另一个引脚，显示屏显示电压值为 1.98V，如图 13-10（b）所示。两个引脚电压接近，约为电源电压的一半，故晶振及所属电路工作正常。

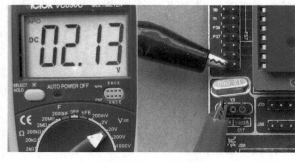

　（a）测量晶振的一个引脚电压　　　　　　　　　　　　（b）测量晶振的另一个引脚电压

图 13-10　在路通电检测晶振

13.2　陶瓷滤波器

陶瓷滤波器是一种由压电陶瓷材料制成的选频元件，它可以从众多的信号中选出某频率的信号。当陶瓷滤波器输入端输入电信号时，输入端的压电陶瓷将电信号转换成机械振动；当机械振动传递到输出端压电陶瓷时，又转换成电信号。只有输入信号的频率与陶瓷滤波器内部压电陶瓷的固有频率相同时，机械振动才能最大限度地传递到输出端压电陶瓷，从而转换成同频率的电信号输出。这就是陶瓷滤波器的选频原理。

13.2.1　外形、符号与等效电路

1. 外形

图 13-11 是一些常见的陶瓷滤波器，其中包括两引脚、三引脚和四引脚陶瓷滤波器。两引脚陶瓷滤波器 1 个引脚为输入端，1 个引脚为输出端；三引脚陶瓷滤波器多了 1 个输入/输出公共端（使用时多接地）；四引脚陶瓷滤波器的 2 个引脚为输入端，2 个引脚为输出端。

图 13-11　一些常见的陶瓷滤波器

2. 符号与等效电路

陶瓷滤波器主要有两引脚和三引脚陶瓷滤波器。两引脚陶瓷滤波器的电路图形符号与等效电路如图 13-12（a）所示，输入端与输出端之间相当于一个由 R、L、C 构成的串联谐振电路，当输入信号的频率 $f = f_0 = \dfrac{1}{2\pi\sqrt{LC_1}}$ 时，陶瓷滤波器对该频率的信号阻碍很小，该频率的信号就很容易通过；而对其他频率不等于 f_0 的信号，陶瓷滤波器对其阻碍很大，很难通过，可以认为无法通过。陶瓷滤波器的频率 f_0 的值会标注在元件外壳上。等效电路中的 C_2 为陶瓷滤波器的极间电容，这是因陶瓷滤波器两极间隔着绝缘的陶瓷材料而形成的电容。一般情况下，陶瓷滤波器的选频频率越高，极间电容越小。

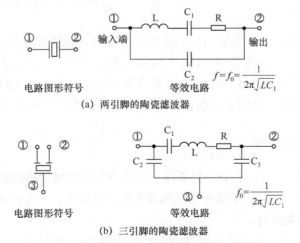

(a) 两引脚的陶瓷滤波器

(b) 三引脚的陶瓷滤波器

图 13-12　陶瓷滤波器的电路图形符号与等效电路

三引脚陶瓷滤波器的电路图形符号与等效电路如图 13-12（b）所示，其选频频率为

$f_0 = \dfrac{1}{2\pi\sqrt{LC_1}}$，$C_2$ 为①、③引脚之间的极间电容，C_3 为②、③引脚之间的极间电容。如果将①引脚作为输入端，②引脚作为输出端，③引脚作为接地端，那么 f_0 频率的信号可以通过陶瓷滤波器，这种用于选取某频率信号的滤波器称为带通滤波器。如果将①引脚作为输入端，③引脚作为输出端，②引脚作为接地端，那么 f_0 频率的信号会从②引脚到地而消失，其他频率的信号则通过 C_2 从③引脚输出，这种用于去掉某频率信号而选出其他频率信号的滤波器称为陷波器，又称带阻滤波器。

13.2.2　应用电路

陶瓷滤波器的应用电路如图 13-13 所示。该电路是电视机的信号分离电路，从前级电路送来的 0～6MHz 视频信号和 6.5MHz 伴音信号分为两路：一路经 6.5MHz 的带通滤波器选出 6.5MHz 的伴音信号，送到伴音信号处理电路；另一路经 6.5MHz 的陷波器（带阻滤波器）将 6.5MHz 的伴音信号旁路到地，剩下 0～6MHz 的视频信号去视频信号处理电路。电感 L 与陶瓷滤波器内部的极间电容构成 6.5MHz 的并联谐振电路，对 6.5MHz 的信号呈高阻抗，6.5MHz 的信号难于通过；而对 0～6MHz 的信号阻抗小，0～6MHz 的信号容易通过。

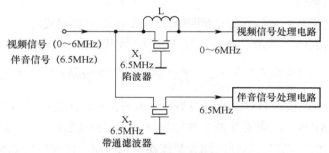

图 13-13　陶瓷滤波器的应用电路

13.2.3　检测

在检测陶瓷滤波器时，将指针万用表拨至×10kΩ 挡，测量其各引脚间的电阻。不管两引脚陶瓷滤波器，还是三引脚陶瓷滤波器，任意两引脚间的正、反向电阻均为无穷大，如果测得阻值小，则表明陶瓷滤波器漏电或短路。在用数字万用表检测陶瓷滤波器时，选择最高电阻挡（20MΩ 挡），测量任意两引脚的正、反向电阻，正常时均会显示溢出符号"OL"。

13.3　声表面波滤波器

声表面波滤波器（SAWF）是一种以压电材料为基片制成的滤波器，其选频频率可以做得很高（几 MHz～几 GHz），不适合做低频滤波器，并且具有较宽的通频带，可以让中心频率附近的频率信号也能通过。

13.3.1　外形与符号

声表面波滤波器的外形和电路图形符号如图 13-14 所示。其封装形式有三引脚封装、四引脚封装和五引脚封装。三引脚的声表面波滤波器有 1 个输入引脚、1 个输出引脚和 1 个输入/输出公共引脚，其中公共引脚一般与金属外壳连接；四引脚的声表面波滤波器有 2 个输入引脚和 2 个输出引脚；五引脚的声表面波滤波器有 2 个输入引脚、2 个输出引脚和 1 个与金属外壳连接的引脚。

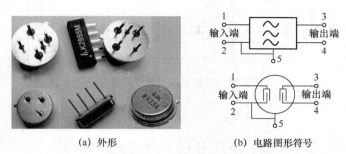

(a) 外形　　　　　　　　(b) 电路图形符号

图 13-14　声表面波滤波器的外形和电路图形符号

13.3.2　结构与工作原理

声表面波滤波器的结构如图 13-15 所示，它主要由压电基片、叉指结构的发射/接收换能器、吸声材料等组成。当输入信号送到发射换能器时，发射换能器会产生振动而产生声波，该声波沿基片表面往两个方向传播，一个方向的声波被吸声材料吸收，另一个方向的声波传送到接收换能器。由于逆压电效应，接收换能器将声表面波转成电信号输出，只有当输入信号频率与声表面波滤波器的选频频率相同时，声波才能最大限度地由发射换能器传送到接收换能器，该信号才能通过声表面波滤波器。

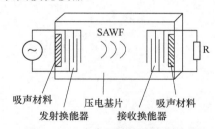

图 13-15　声表面波滤波器的结构

13.3.3　应用电路

声表面波滤波器的应用电路如图 13-16 所示。该电路是电视机的中放选频电路。由于声表面波滤波器在选取信号时会对信号有一定的衰减，故需要在前面加一个放大电路。由前级电路送来 38MHz、31.5MHz、30MHz 和 39.5MHz 信号，其中 38MHz 的信号为图像中频信号，31.5MHz 信号为第一伴音信号，30MHz 和 39.5MHz 是邻频道的图像和伴音干扰信号，这些信号送到预中放管 VT 的基极，放大后送到声表面波滤波器（SAWF）的输入端。SAWF 的中心频率约为 35MHz，由于 SAWF 通频带（通过的频率范围）较宽，故 35MHz 附近的 31.5MHz 和 38MHz 的信号均可通过，而频率与中心频率相差较大的 30MHz 和 39.5MHz 的邻频道干扰信号难以通过 SAWF。

273

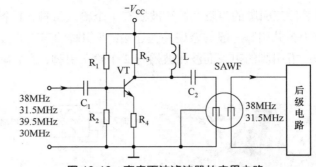

图 13-16 声表面波滤波器的应用电路

13.3.4 检测

在检测声表面波滤波器时，将指针万用表选择×10kΩ挡，测量各引脚间电阻，不管四引脚声表面波滤波器，还是五引脚声表面波滤波器，任意两引脚间的正、反向电阻均为无穷大。如果测得某两个引脚间阻值小，则为声表面波滤波器漏电或短路。在用数字万用表检测声表面波滤波器时，选择最高电阻挡（20MΩ挡），测量任意两引脚的正、反向电阻时，正常时均会显示溢出符号"OL"。

第14章 显示器件

14.1 LED 数码管

14.1.1 一位 LED 数码管

1. 外形与引脚排列

一位 LED 数码管如图 14-1 所示，它将 a、b、c、d、e、f、g、dp 共 8 个发光二极管排成图示的"8."字形，通过让 a、b、c、d、e、f、g 不同的段发光来显示数字 0～9。

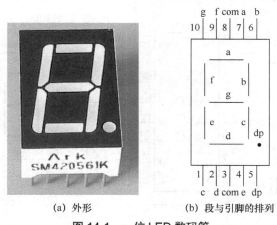

(a) 外形   (b) 段与引脚的排列

图 14-1 一位 LED 数码管

2. 内部连接方式

由于 8 个发光二极管共有 16 个引脚，为了减少数码管的引脚数，在数码管内部将 8 个发光二极管正极或负极引脚连接起来，接成一个公共端（COM 端），根据公共端是发光二极管正极还是负极，可分为共阳极接法（正极相连）和共阴极接法（负极相连），如图 14-2 所示。

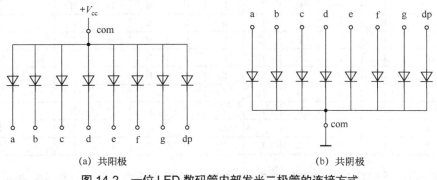

(a) 共阳极   (b) 共阴极

图 14-2 一位 LED 数码管内部发光二极管的连接方式

对于共阳极接法的数码管，需要给发光二极管加低电平才能发光；而对于共阴极接法的**数码管，需要给发光二极管加高电平才能发光。**假设图 14-1 是一个共阴极接法的数码管，如果让它显示一个"5"字，那么需要给 a、c、d、f、g 引脚加高电平（即这些引脚为 1），b、e 引脚加低电平（即这些引脚为 0），这样 a、c、d、f、g 段的发光二极管有电流通过而发光，b、e 段的发光二极管不发光，数码管就会显示出数字"5"。

3. 应用电路

图 14-3 所示为数码管译码控制器的电路图。5161BS 为共阳极七段数码管，74LS47 为 BCD-七段显示译码器芯片，能将 $A_3 \sim A_0$ 引脚输入的二进制数转换成七段码来驱动数码管显示对应的十进制数。表 14-1 为 74LS47 的输入/输出关系表，表中的 H 表示高电平，L 表示低电平。$S_3 \sim S_0$ 按钮分别为 74LS47 的 $A_3 \sim A_0$ 引脚提供输入信号，按钮未按下时，输入为低电平（常用 0 表示），按下时输入为高电平（常用 1 表示）。

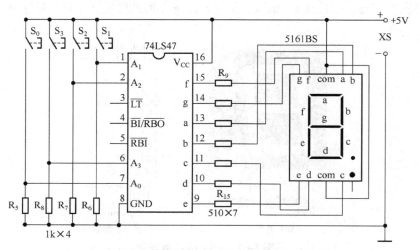

图 14-3　一位数码管译码控制器的电路图

表 14-1　74LS47 输入/输出关系表

输入				输出							显示的数字
A_3	A_2	A_1	A_0	a	b	c	d	e	f	g	
L	L	L	L	L	L	L	L	L	L	H	0
L	L	L	H	H	L	L	H	H	H	H	1
L	L	H	L	L	L	H	L	L	H	L	2
L	L	H	H	L	L	L	L	H	H	L	3
L	H	L	L	H	L	L	H	H	L	L	4
L	H	L	H	L	H	L	L	H	L	L	5
L	H	H	L	H	H	L	L	L	L	L	6
L	H	H	H	L	L	L	H	H	H	H	7
H	L	L	L	L	L	L	L	L	L	L	8
H	L	L	H	L	L	L	H	H	L	L	9

根据数码管译码控制器电路图和 74LS47 输入/输出关系表可知，当 $S_3 \sim S_0$ 按钮均未按下

时，$A_3 \sim A_0$ 引脚都为低电平，相当于 $A_3 A_2 A_1 A_0 = 0000$，74LS47 对二进制数 "0000" 译码后从 a～g 引脚输出七段码 0000001，因为 5161BS 为共阳极数码管，g 引脚为高电平，数码管的 g 段发光二极管不亮，其他段均亮，数码管显示的数字为 "0"；当按下按钮 S_2 时，A_2 引脚为高电平，相当于 $A_3 A_2 A_1 A_0 = 0100$，74LS47 对 "0100" 译码后从 a～g 引脚输出七段码 "1001100"，数码管显示的数字为 "4"。

4. 用指针万用表检测 LED 数码管

检测 LED 数码管使用万用表的 ×10kΩ 挡。从图 14-2 所示的数码管内部发光二极管的连接方式可以看出：对于共阳极数码管，黑表笔接公共极、红表笔依次接其他各极时，会出现 8 次阻值小；对于共阴极多位数码管，红表笔接公共极、黑表笔依次接其他各极时，也会出现 8 次阻值小。

（1）类型与公共极的判别

在判别 LED 数码管类型及公共极（com）时，万用表拨至 ×10kΩ 挡，测量任意两引脚之间的正、反向电阻，当出现阻值小时，如图 14-4（a）所示，说明黑表笔接的为发光二极管的正极，红表笔接的为负极。然后黑表笔不动，红表笔依次接其他各引脚，若出现阻值小的次数大于 2 次时，则黑表笔接的引脚为公共极，被测数码管为共阳极类型；若出现阻值小的次数仅有 1 次，则该次测量时红表笔接的引脚为公共极，被测数码管为共阴极。

（2）各段极的判别

在检测 LED 数码管各引脚对应的段时，万用表选择 ×10kΩ 挡。对于共阳极数码管，黑表笔接公共引脚，红表笔接其他某个引脚，这时会发现数码管某段会有微弱的亮光，如 a 段有亮光，表明红表笔接的引脚与 a 段发光二极管负极连接；对于共阴极数码管，红表笔接公共引脚，黑表笔接其他某个引脚，会发现数码管某段会有微弱的亮光，则黑表笔接的引脚与该段发光二极管正极连接。

由于万用表的 ×10kΩ 挡提供的电流很小，因此测量时有可能无法让一些数码管内部的发光二极管正常发光，虽然万用表使用 ×1Ω～×1kΩ 挡时提供的电流大，但内部使用 1.5V 电池，也无法使发光二极管导通发光。解决这个问题的方法是将万用表拨至 ×10Ω 或 ×1Ω 挡，给红表笔串接一个 1.5V 的电池，电池的正极连接红表笔，负极接被测数码管的引脚，如图 14-4（b）所示，具体的检测方法与万用表选择 ×10kΩ 挡时相同。

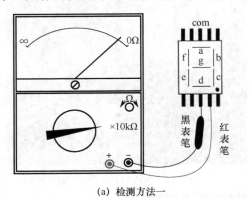

(a) 检测方法一

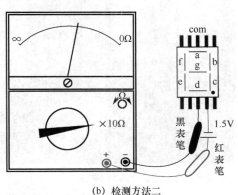

(b) 检测方法二

图 14-4 LED 数码管的检测

5. 用数字万用表检测 LED 数码管

（1）确定公共引脚

一位 LED 数码管有 10 个引脚，分上下两排，每排 5 个引脚，上下排均有一个公共引脚（com 引脚），一般位于每排的中间（第 3 个引脚），两个公共引脚内部是连接在一起的。在用数字万用表确定 LED 数码管公共引脚时，选择 200Ω 挡，一根表笔接上排正中间的引脚，另一根表笔接下排正中间的引脚，如图 14-5 所示，显示屏显示的电阻值接近 0Ω，表明这两个引脚是连接在一起的，可确定两引脚均为公共引脚。

图 14-5　测量上下排正中间的两个引脚电阻来确定两引脚是否为公共引脚

（2）判别类型（共阳型或共阴型）

共阳型 LED 数码管的公共引脚在内部连接所有发光二极管的正极，共阴型 LED 数码管的公共引脚在内部连接所有发光二极管的负极。

在用数字万用表判别 LED 数码管类型时，选择二极管测量挡，先将黑表笔接公共引脚，红表笔接第一引脚（也可以是其他非公共引脚），如果显示屏显示溢出符号"OL"，如图 14-6（a）所示，可将红、黑表笔互换，互换表笔测量时如果显示 1.500～3.500 范围内的数值，如图 14-6（b）所示，表明 LED 数码管内部的发光二极管导通，红表笔接的公共引脚对应内部发光二极管的正极，该 LED 数码管为共阳型 LED 数码管。

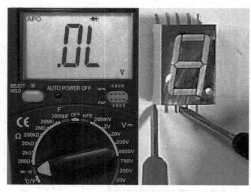

（a）测量时不导通　　　　　　　　　　　（b）测量时 LED 数码管内部的发光二极管导通

图 14-6　判别 LED 数码管的共阳或共阴类型

（3）判别各引脚对应的显示段

在用数字万用表判别 LED 数码管各引脚对应的显示段时，选择二极管测量挡。由于被测 LED 数码管为共阳型，故将红表笔接公共引脚，黑表笔接下排第一个引脚，发现显示屏显示 1.500～3.500 范围内的数值，同时数码管的 e 段亮，如图 14-7（a）所示，表明下排第一个引脚与数码管内部的 e 段发光二极管负极连接；当测量上排第五个引脚时，发现数码管的 b 段亮，如图 14-7（b）所示，表明上排第五个引脚与数码管内部的 b 段发光二极管负极连接；可用同样的方法判别其他引脚对应的显示段。

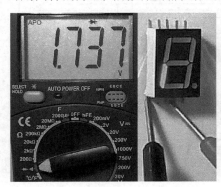 

（a）测量下排第一个引脚　　　　　　　　（b）测量上排第五个引脚

图 14-7 用数字万用表判别 LED 数码管各引脚对应的显示段

14.1.2 多位 LED 数码管

1. 外形与类型

图 14-8 是四位 LED 数码管，它有两排共 12 个引脚，其内部发光二极管有共阳极和共阴极两种连接方式，如图 14-9 所示，12、9、8、6 引脚分别为各位数码管的公共极，也称位极，11、7、4、2、1、10、5、3 引脚同时接各位数码管的相应段，称为段极。

图 14-8 四位 LED 数码管

2. 显示原理

多位 LED 数码管采用了扫描显示方式，又称动态驱动方式。 为了让大家理解该显示原理，这里以在图 14-8 所示的四位 LED 数码管上显示 "1278" 为例来说明，假设其内部发光二极管为图 14-9（b）所示的连接方式。

先给数码管的 12 引脚加一个低电平（9、8、6 引脚为高电平），再给 7、4 引脚加高电平（11、2、1、10、5 引脚均低电平），结果第一位的 B、C 段发光二极管点亮，第一位显示 "1"，由于 9、8、6 引脚均为高电平，故第二、三、四位中的所有发光二极管均无法导通而不显示；然后给 9 引脚加一个低电平（12、8、6 引脚为高电平），给 11、7、2、1、5 引脚加高电平（4、

10引脚为低电平），第二位的 A、B、D、E、G 段发光二极管点亮，第二位显示"2"；同样原理，在第三位和第四位分别显示数字"7"、"8"。

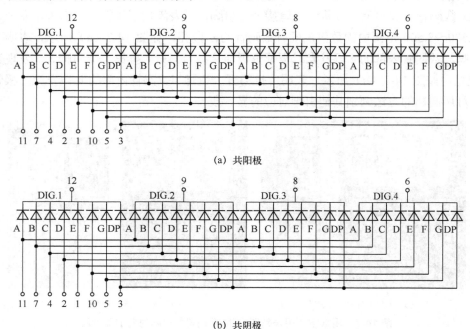

(a) 共阳极

(b) 共阴极

图 14-9　四位 LED 数码管内部发光二极管的连接方式

多位数码管的数字虽然是一位一位地显示出来的，但人眼具有视觉暂留特性，当数码管显示到最后一位数字"8"时，人眼会感觉前面 3 位数字还在显示，故看起来好像是一下子显示"1278"四位数。

3. 应用电路

图 14-10（a）是壁挂式空调器室内机的显示器，其对应显示电路如图 14-10（b）所示。该电路使用 4 个发光二极管分别显示制冷、制热、除湿和送风状态，使用两位 LED 数码管显示温度值或代码，由于 LED 数码管的公共端通过三极管接电源的正极，故其类型为共阳极数码管，段极加低电平才能使该段的发光二极管点亮。下面以显示"制冷、32℃"为例来说明显示电路的工作原理。

在显示时，先让制冷指示发光二极管 VD_1 亮，然后切断 VD_1 供电并让第一位数码管显示"3"，再切断第一位数码管的供电并让第二位数码管显示"2"，当第二位数码管显示"2"时，虽然 VD_1 和前一位数码管已切断了电源，由于两者有余辉，仍有亮光，故它们虽然是分时显示的，但人眼会感觉它们是同时显示出来的。两位数码管显示完最后一位"2"后，必须马上重新依次让 VD_1 亮、第一位数码管显示"3"，并且不断反复，这样人眼才会觉得这些信息是同时显示出来的。

显示电路的工作过程：首先单片机①引脚输出高电平、⑩引脚输出低电平，三极管 VT_1 导通，制冷指示发光二极管 VD_1 也导通，有电流流过 VD_1，电流流经途径是：+5V→VT_1 的 c 极→e 极→VD_1→单片机⑩引脚→内部电路→⑪引脚输出→地，VD_1 发光，指示空调器当前为制冷模式；然后单片机①引脚输出变为低电平，VT_1 截止，VD_1 无电流流过，由于 VD_1 有一定的余辉时间，故 VD_1 短时仍会亮。与此同时，单片机的②引脚输出高电平，④、⑦～⑩引脚输出低电平（无输出时为高电平），VT_2 导通，+5V 电压经 VT_2 加到数码管的 com1 引脚，④、⑦～⑩引脚的低电平使数码管的 a～d、g 引脚也为低电平，第一位数码管的 a～d、g 段的发光二极管均有电流通过而发光，该位数码管显示"3"。接着单片机③引脚输出高电平（②引脚变为低电平），④、⑥、⑦、⑨、⑩引脚输出低电平，VT_3 导通，+5V 电压经 VT_3 加到数码管的 com2 引脚，④、⑥、⑦、⑨、⑩引脚的低电平使数码管的 a、b、d、e、g 引脚也为低电平，第二位数码管的 a、b、d、e、g 段的发光二极管均有电流通过而发光，第二位数码管显示"2"。以后不断重复上述过程。

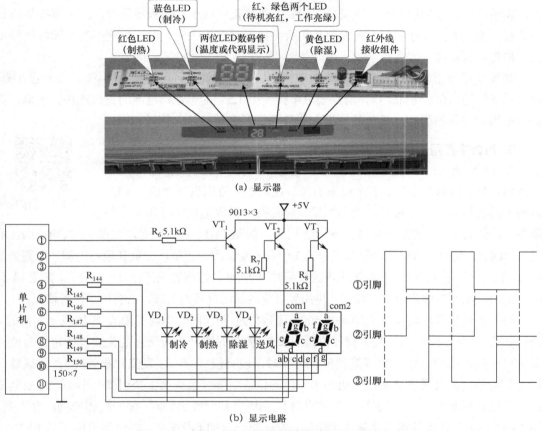

图 14-10 壁挂式空调器室内机的显示器及显示电路

4. 用指针万用表检测多位数码管

检测多位 LED 数码管使用万用表的×10kΩ 挡。从图 14-9 所示的多位数码管内部发光二极管的连接方式可以看出：对于共阳极多位数码管，黑表笔接某一位极、红表笔依次接其他各极时，会出现 8 次阻值小；对于共阴极多位数码管，红表笔接某一位极、黑表笔依次接其他各极时，也会出现 8 次阻值小。

（1）类型与某位的公共极的判别

在检测多位 LED 数码管类型时，万用表拨至×10kΩ 挡，测量任意两引脚之间的正、反向电阻，当出现阻值小时，说明黑表笔接的为发光二极管的正极，红表笔接的为负极。然后黑表笔不动，红表笔依次接其他各引脚，若出现阻值小的次数等于 8，则黑表笔接的引脚为某位的公共极，被测多位数码管为共阳极；若出现阻值小的次数等于数码管的位数（四位数码管为 4）时，则黑表笔接的引脚为段极，被测多位数码管为共阴极，红表笔接的引脚为某位的公共极。

（2）各段极的判别

在检测多位 LED 数码管各引脚对应的段时，万用表选择×10kΩ 挡。对于共阳极数码管，黑表笔接某位的公共极，红表笔接其他引脚，若发现数码管某段有微弱的亮光，如 a 段有亮光，表明红表笔接的引脚与 a 段发光二极管负极连接；对于共阴极数码管，红表笔接某位的公共极，黑表笔接其他引脚，若发现数码管某段有微弱的亮光，则黑表笔接的引脚与该段发光二极管正极连接。

如果使用万用表×10kΩ 挡检测无法观察到数码管的亮光，可按图 14-4（b）所示的方法，将万用表拨至×10Ω 或×1Ω 挡，给红表笔串接一个 1.5V 的电池，电池的正极连接红表笔，负极接被测数码管的引脚，具体的检测方法与万用表选择×10kΩ 挡时相同。

5. 用数字万用表检测多位数码管

图 14-11 是一个四位 LED 数码管，有上下两排共 12 个引脚，其中 4 个位极（位公共极）引脚，8 个段极引脚。在用数字万用表判别四位 LED 数码管的类型和位、段极时，选择二极管测量挡，黑表笔接下排第 1 个引

四位数码管的检测

脚不动，红表笔依次接 2、3、4、…、12 引脚，如图 14-11（a）所示，发现 11 次测量均显示符号"OL"。这时，改将红表笔接下排第 1 引脚不动，黑表笔依次测量其他各引脚，当测到某引脚，显示屏显示 1.500～3.500 范围内的数值时，同时四位数码管的某位有一段会亮，如图 14-11（b）所示，在此引脚旁边做上标记，再用黑表笔继续测量其他引脚，会有以下两种情况：

（1）如果测量出现 4 次 1.500～3.500 范围内的数值（同时出现亮段），则黑表笔测得的 4 个引脚为 4 个显示位的公共引脚（位极引脚），测量时察看亮段所在的位就能确定当前位极引脚对应的显示位，由于黑表笔接位极引脚时出现亮段（有一段发光二极管亮），故该数码管为共阴型。再将黑表笔接已判明的第一位的位极引脚（上排第 1 个引脚）不动，红表笔依次测各段极引脚（4 个位极引脚之外的引脚），当测到某段极引脚时，第一位相应的段会点亮，图 14-11（c）是红表笔测上排第 3 个引脚，发现第一位的 f 段变亮，同时显示屏显示 1.840V，则上排第 3 个引脚为 f 段的段极引脚；图 14-11（d）是红表笔测上排第 6 个引脚，发现第一位的 b 段变亮，则上排第 6 个引脚为 b 段的段极引脚。

（2）如果测量出现 8 次 1.500～3.500 范围内的数值（同时出现亮段），则黑表笔测得的 8 个引脚为 8 个段极引脚，测量时察看亮段的位置就能确定当前段极引脚对应的显示段。8 个段极引脚之外的引脚为位极引脚，将黑表笔接某个段极引脚不动，红表笔依次测 4 个位极引脚，会出现亮段，根据亮段所在的位就能确定当前位极引脚对应的显示位。

 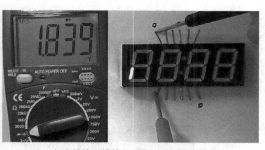

（a）黑表笔接下排第 1 引脚不动，红表笔依次
测量其他各引脚

（b）红表笔接下排第 1 引脚不动，黑表笔依次
测量其他各引脚

（c）黑表笔接上排第 1 引脚、红表笔接第 3 引脚时，
第一位的 f 段亮

（d）黑表笔接上排第 1 引脚、红表笔接第 6 引脚时，
第一位的 b 段亮

图 14-11　用数字万用表检测四位 LED 数码管的类型并找出位、段极

总之，在检测四位 LED 数码管时，当 A 表笔接某引脚不动、B 表笔测其他各引脚时，若出现 4 次 1.500～3.500 范围内的数值，则这 4 次测量时的 4 个引脚均为位极引脚（其他 8 个引脚为段极引脚），如果 B 表笔为红表笔，数码管为共阳型，如果 B 表笔为黑表笔，数码管为共阴型；若出现 8 次 1.500～3.500 范围内的数值，则这 8 次测量时 B 表笔测的 8 个引脚均为段极引脚（其他 4 个引脚为位极引脚），如果 B 表笔为红表笔，数码管为共阴型，如果 B 表笔为黑表笔，数码管为共阳型。

14.2　LED 点阵显示器

14.2.1　单色 LED 点阵显示器

1. 外形与结构

图 14-12（a）为单色 LED 点阵显示器的实物外形，图 14-12（b）为 8×8 单色 LED 点阵显示器内部结构。它由 8×8＝64 个发光二极管组成，每个发光管相当于一个点，发光管为单色发光二极管，可构成单色 LED 点阵显示器；如发光管为双色发光二极管或三基色发光二极管，则能构成彩色 LED 点阵显示器。

2. 类型与工作原理

（1）类型

根据内部发光二极管连接方式不同，LED 点阵显示器可分为共阴型和共阳型，其结构如图 14-13 所示。对单色 LED 点阵显示器来说，若第一个引脚（引脚旁通常标有 1）接发光二极管的阴极，该点阵显示器叫作共阴型点阵显示器（又称行共阴列共阳点阵显示器）；反之，则叫共阳点阵显示器（又称行共阳列共阴点阵显示器）。

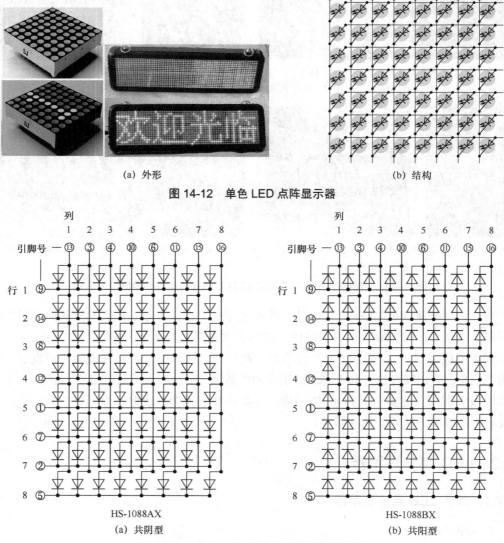

(a) 外形   (b) 结构

图 14-12 单色 LED 点阵显示器

HS-1088AX   HS-1088BX

(a) 共阴型   (b) 共阳型

图 14-13 单色 LED 点阵显示器的结构类型

（2）工作原理

下面以在图 14-14 所示的 5×5 点阵显示器中显示"△"图形为例进行说明。

点阵显示器显示采用扫描显示方式，具体又可分为行扫描、列扫描和点扫描三种方式。

① 行扫描方式

在显示前，让点阵显示器所有行线为低电平（0）、所有列线为高电平（1），点阵显示器中的发光二极管均截止，不发光。在显示时，首先让行①线为 1，如图 14-14（b）所示，列①～⑤线为 11111，第一行 LED 都不亮，然后让行②线为 1，列①～⑤线为 11011，第二行中的第 3 个 LED 亮，再让行③线为 1，列①～⑤线为 10101，第 3 行中的第 2、4 个 LED 亮，接着让行④线为 1，列①～⑤线为 00000，第 4 行中的所有 LED 都亮，最后让行⑤线为 1，列①～⑤为 11111，第 5 行中的所有 LED 都不亮。第 5 行显示后，由于人眼的视觉暂留特性，会觉得前面几行的 LED 还在亮，整个点阵显示器显示一个"△"图形。

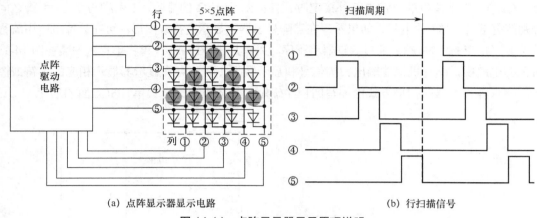

图 14-14　点阵显示器显示原理说明

当点阵显示器工作在行扫描方式时，为了让显示的图形有整体连续感，要求从第①行扫到最后一行的时间不应超过 0.04s（人眼视觉暂留时间），即行扫描信号的周期不要超过 0.04s，频率不要低于 25Hz。若行扫描信号周期为 0.04s，则每行的扫描时间为 0.008s，即每列数据持续时间为 0.008s，列数据切换频率为 125Hz。

② 列扫描方式

列扫描与行扫描的工作原理大致相同，不同在于列扫描是从列线输入扫描信号，并且列扫描信号为低电平有效，而行线输入行数据。以图 14-14（a）所示电路为例，在列扫描时，首先让列①线为低电平（0），从行①～⑤线输入 00010，然后让列②线为 0，从行①～⑤线输入 00110。

③ 点扫描方式

点扫描方式的工作过程是：首先让行①线为高电平，让列①～⑤线逐线依次输出 1、1、1、1、1，然后让行②线为高电平，让列①～⑤线逐线依次输出 1、1、0、1、1，再让行③线为高电平，让列①～⑤线逐线依次输出 1、0、1、0、1，接着让行④线为高电平，让列①～⑤线逐线依次输出 0、0、0、0、0，最后让行⑤线为高电平，让列①～⑤线逐线依次输出 1、1、1、1、1，结果在点阵显示器上显示出"△"图形。

从上述分析可知，点扫描是从前往后让点阵显示器中的每个 LED 逐个显示，由于是逐点输送数据，这样就要求列数据的切换频率很高，以 5×5 点阵显示器为例，如果整个点阵显示器的扫描周期为 0.04s，那么每个 LED 显示时间为 0.04/25s＝0.0016s，即 1.6ms，列数据切换频率达 625Hz。对于 128×128 点阵显示器，若采用点扫描方式显示，其数据切换频率更达 409600Hz，每个 LED 通电时间约为 2μs，这不但要求点阵显示器驱动电路要有很高的数据处理速度，另外，由于每个 LED 通电时间很短，还会造成整个点阵显示器显示的图形偏暗，故像素很多的点阵显示器很少采用点扫描方式。

3. 应用电路

图 14-15 是一个单片机驱动的 8×8 点阵显示器电路。U_1 为 8×8 共阳型单色 LED 点阵显示器，其列引脚低电平输入有效，不显示时这些引脚为高电平，需要点阵显示器某列显示时可让对应列引脚为低电平；U_2 为 AT89S51 型单片机；S、C_1、R_2 构成单片机的复位电路；Y_1、C_2、C_3 为单片机的时钟电路外接定时元件；R_1 为 1kΩ 的排阻，1 引脚与 2～9 引脚之间分别接有 8 个 1kΩ 的电阻。如果希望在点阵显示器上显示字符或图形，可在计算机中用编程软件编写相应的程序，然后通过编程器将程序写入单片机 AT89S51，再将单片机安装在图 14-15 所示的电路中，单片机就能输出扫描信号和显示数据，驱动点阵显示器显示相应的字符或图形。该点阵显示器的扫描方式由编写的程序确定，具体可参阅有关单片机方面的书籍。

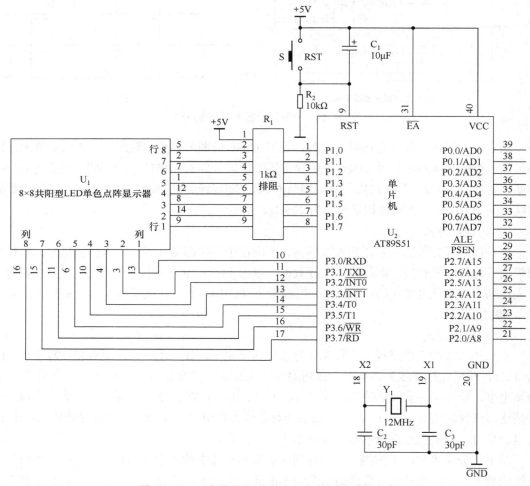

图 14-15　一个单片机驱动的 8×8 点阵显示器电路

4. 用指针万用表检测单色 LED 点阵显示器

（1）共阳、共阴类型的检测

对单色 LED 点阵显示器来说，若第一引脚接 LED 的阴极，该点阵显示器叫作共阴型点阵显示器，反之则叫作共阳型点阵显示器。在检测时，万用表拨至 ×10kΩ 挡，红表笔接点阵显示器的第一引脚（引脚旁通常标有 1）不动，黑表笔接其他引脚，若出现阻值小，表明红表笔接的第一引脚为 LED 的负极，该点阵显示器为共阴型；若未出现阻值小，则红表笔接的第一引脚为 LED 的正极，该点阵显示器为共阳型。

（2）点阵显示器引脚与 LED 正、负极连接检测

从图 14-13 所示的点阵显示器内部 LED 连接方式来看，共阴、共阳型点阵显示器没有根本的区别，共阴型上下翻转过来就可变成共阳型，因此如果找不到第一引脚，只要判断点阵显示器哪些引脚接 LED 正极，哪些引脚接 LED 负极，驱动电路是采用正极扫描或是负极扫描，在使用时就不会出错。

点阵显示器引脚与 LED 正、负极连接检测：万用表拨至×10kΩ 挡，测量点阵显示器任意两引脚之间的电阻，当出现阻值小时，黑表笔接的引脚为 LED 的正极，红表笔接的为 LED 的负极。然后黑表笔不动，红表笔依次接其他各引脚，所有出现阻值小时红表笔接的引脚都与 LED 负极连接，其余引脚都与 LED 正极连接。

（3）好坏判别

LED 点阵显示器由很多发光二极管组成，只要检测这些发光二极管是否正常，就能判断点阵显示器是否正常。判别时，将 3～6V 直流电源与一只 100Ω 电阻串联，如图 14-16 所示，再用导线将行①～⑤引脚短接，并将电源正极（串有电阻）与行某引脚连接，然后将电源负极接列①引脚，列①五个 LED 应全亮，若某个 LED 不亮，则该 LED 损坏；用同样方法将电源负极依次接列②～⑤引脚，若点阵显示器正常，则列①～⑤的每列 LED 会依次亮。

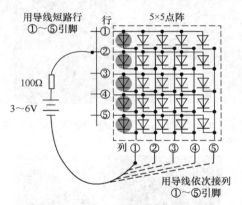

图 14-16 LED 点阵显示器的好坏检测

单色点阵的检测

5. 用数字万用表检测单色 LED 点阵显示器

图 14-17 是一个待检测的 8 行 8 列单色 LED 点阵显示器，其内部有 64 个发光二极管，该点阵显示器有上下两排引脚，每排 8 个引脚，下排最左端为第 1 引脚，按逆时针方向依次为 2、3、…、16，即第 16 引脚在上排最左端。

（1）判断类型并找出各列（或各行）引脚

在用数字万用表判别单色 LED 点阵显示器的类型并找出各列（或各行）引脚时，选择二极管测量挡，黑表笔接点阵显示器第 1 引脚不动，红表笔依次接 2、3、…、16 引脚，同时察看显示屏显示的数值，如图 14-18（a）所示，发现红表笔测 2、3、…、16 引脚时均显

示符号"OL"。这时，应调换表笔，将红表笔接第 1 引脚不动，黑表笔依次接 2、3、…、16 引脚，会发现显示屏会出现 8 次 1.500～3.500 范围内的数值，图 14-18（b）是黑表笔测量 15 引脚，此时显示屏显示值为 1.718，同时点阵显示器的第 5 行第 7 列发光二极管亮；图 14-18（c）是黑表笔测量 16 引脚，显示屏显示值为 1.697，点阵显示器的第 5 行第 8 列发光二极管亮。由此可确定 15 引脚为第 7 列引脚，16 引脚为第 8 列引脚，第 1 引脚为第 5 行引脚。用同样的方法确定点阵显示器的其他各列引脚并做好标记。由于红表笔接第 1 引脚时点阵显示器有发光二极管亮，即点阵显示器第 1 引脚内部接发光二极管的正极，点阵显示器为共阳型。

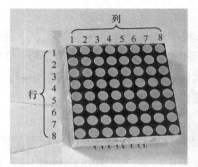

图 14-17　待检测的 8 行 8 列单色 LED 点阵显示器

（a）在黑表笔固定接点阵显示器第 1 引脚时，　　　　（b）红表笔固定接第 1 引脚时，黑表笔接第 15 引脚
　　　红表笔依次测其他各引脚

（b）红表笔固定接第 1 引脚时，黑表笔接第 16 引脚

图 14-18　判断点阵显示器的类型并找出各列（或各行）引脚

（2）判别各行（或各列）引脚

在找出单色 LED 点阵显示器的各列引脚后，由于列引脚接发光二极管的负极，故将黑表笔接某个列引脚，图 14-19（a）是黑表笔接第 16 引脚（第 8 列引脚），红表笔测第 14 引

脚，显示屏显示值为 1.697，同时发现第 8 列的第 2 行发光二极管发光，则第 14 引脚为第 2 行引脚；图 14-19（b）是黑表笔接第 16 引脚（第 8 列引脚），红表笔测第 9 引脚，显示屏显示值为 1.696，发现第 8 列的第 1 行发光二极管发光，则第 9 引脚为第 1 行引脚。用同样的方法可找出其他各行引脚。

（a）黑表笔固定接第 16 引脚时，红表笔接第 14 引脚　　　（b）黑表笔固定接第 16 引脚时，红表笔接第 9 引脚

图 14-19　判别点阵显示器的各行（或各列）引脚

14.2.2　双色 LED 点阵显示器

1．电路结构

双色 LED 点阵显示器有共阳型和共阴型两种类型。 图 14-20 是 8×8 双色 LED 点阵显示器的电路结构。图 14-20（a）为共阳型点阵显示器，有 8 行 16 列，每行的 16 个 LED（两个 LED 组成一个发光点）的正极接在一根行公共线上，共有 8 根行公共线，每列的 8 个 LED 的负极接在一根列公共线上，共有 16 根列公共线，共阳型点阵显示器也称为行共阳列共阴型点阵显示器；图 14-20（b）为共阴型点阵显示器，有 8 行 16 列，每行的 16 个 LED 的负极接在一根行公共线上，有 8 根行公共线，每列的 8 个 LED 的正极接在一根列公共线上，共有 16 根列公共线，共阴型点阵显示器也称为行共阴列共阳型点阵显示器。

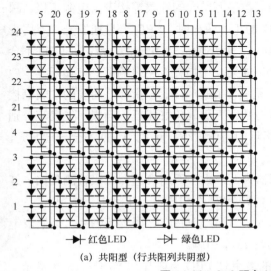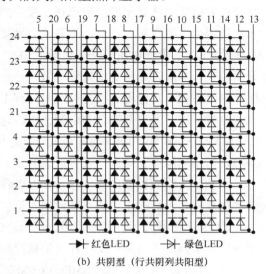

（a）共阳型（行共阳列共阴型）　　　　　　　　　　（b）共阴型（行共阴列共阳型）

图 14-20　8×8 双色 LED 点阵显示器的电路结构

2. 引脚号的识别

8×8 双色 LED 点阵显示器有 24 个引脚，8 个行引脚，8 个红列引却，8 个绿列引脚，24 个引脚一般分成两排，引脚号识别与集成电路相似。若从侧面识别引脚号，应正对着点阵显示器有字符且有引脚的一侧，左边第一个引脚为 1 引脚，然后按逆时针依次是 2、3、…、24 引脚，如图 14-21（a）所示；若从反面识别引脚号，应正对着点阵显示器底面的字符，右下角第一个引脚为 1 引脚，然后按顺时针依次是 2、3、…、24 引脚，如图 14-21（b）所示。有些点阵显示器还会在第一个和最后一个引脚旁标注引脚号。

 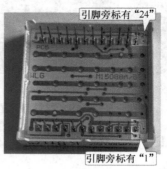

(a) 从侧面识别引脚号　　　　　　　　(b) 从反面识别引脚号

图 14-21　点阵显示器引脚号的识别

3. 行列引脚的识别与检测

在购买点阵显示器时，可以向商家了解点阵显示器的类型和行列引脚号，最好让商家提供如图 14-20 所示的点阵显示器电路结构图，如果无法了解点阵显示器的类型及行列引脚号，可以使用万用表检测判别，既可使用指针万用表，也可使用数字万用表。

点阵显示器由很多 LED 组成，这些 LED 的导通电压一般在 1.5～3.5V 之间。若使用数字万用表测量点阵显示器，应选择二极管测量挡，数字万用表的红表笔接表内电源正极，黑表笔接表内电源负极，当红、黑表笔分别接 LED 的正、负极时，LED 会导通发光，万用表会显示 LED 的导通电压，一般显示 1.500～3.500 V（或 1500～3500 mV）；反之，LED 不会导通发光，万用表显示溢出符号"OL"（或"1"）。如果使用指针万用表测量点阵显示器，应选择×10kΩ 挡（其他电阻挡提供电压只有 1.5V，无法使 LED 导通），指针万用表的红表笔接表内电源负极，黑表笔接表内电源正极，这一点与数字万用表正好相反，当黑、红表笔分别接 LED 的正、负极，LED 会导通发光，万用表指示的阻值很小；反之，LED 不会导通发光，万用表指示的阻值无穷大（或接近无穷大）。

以数字万用表检测红绿双色 LED 点阵显示器为例，数字万用表选择二极管测量挡，红表笔接点阵显示器的 1 引脚不动，黑表笔依次测量其余 23 个引脚，会出现以下情况：

① 23 次测量万用表均显示溢出符号"OL"（或"1"），应将红、黑表笔调换，即黑表笔接点阵显示器的 1 引脚不动，红表笔依次测量其余 23 个引脚。

② 万用表 16 次显示"1.500～3.500"范围的数字且 LED 点阵显示器出现 16 次发光，即有 16 个 LED 导通发光，如图 14-22（a）所示，表明点阵显示器为共阳型，红表笔接的 1

引脚为行引脚，且为 16 个发光的 LED 所在行的引脚，测量时 LED 发光的 16 个引脚为 16 个列引脚，根据发光 LED 所在的列和发光颜色，区分出各个引脚是哪列的何种颜色的列引脚。测量时万用表显示溢出符号"1"（或"OL"）的其他 7 个引脚均为行引脚，再将接 1 引脚的红表笔接到其中一个引脚，黑表笔接已识别出来的 8 个红列引脚或 8 个绿列引脚，同时察看发光的 8 个 LED 为哪行则红表笔所接引脚则为该行的行引脚，其余 6 个行引脚识别与之相同。

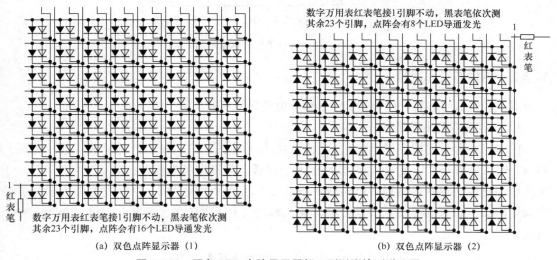

(a)　双色点阵显示器（1）　　　　　　　　　　(b)　双色点阵显示器（2）

图 14-22　双色 LED 点阵显示器行、列引脚检测说明图

③ 万用表 8 次显示"1.500～3.500"范围的数字且点阵显示器 LED 出现 8 次发光（有 8 个 LED 导通发光），如图 14-22（b）所示，表明点阵显示器为共阴型，红表笔接的 1 引脚为列引脚，测量时黑表笔所接的 LED 会发光的 8 个引脚均为行引脚，发光 LED 处于哪行，相应引脚则为该行的行引脚。在识别 16 个列引脚时，黑表笔接某个行引脚，红表笔依次测量 16 个列引脚，根据发光 LED 所在的列和发光颜色，区分出各个引脚是哪列的何种颜色的列引脚。

14.3　真空荧光显示器

真空荧光显示器简称 VFD，是一种真空显示器件， 常用在一些家用电器（如影碟机、录像机和音响设备）、办公自动化设备、工业仪器仪表及汽车等各种领域中，用来显示机器的状态和时间等信息。

14.3.1　外形

真空荧光显示器外形如图 14-23 所示。

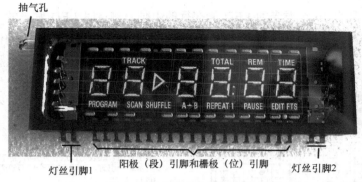

图 14-23　真空荧光显示器外形

14.3.2　结构与工作原理

真空荧光显示器有一位荧光显示器和多位荧光显示器。

1．一位真空荧光显示器

图 14-24 为一位数字显示荧光显示器的结构示意图。它内部有灯丝、栅极（控制极）和 a、b、c、d、e、f、g 七个阳极，这七个阳极上都涂有荧光粉并排列成"$\boxed{8}$"字形。灯丝的作用是发射电子，栅极（金属网格状）处于灯丝和阳极之间，灯丝发射出来的电子能否到达阳极受栅极的控制，阳极上涂有荧光粉，当电子轰击荧光粉时，阳极上的荧光粉会发光。

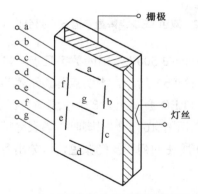

图 14-24　一位真空荧光显示器的结构示意图

在真空荧光显示器工作时，要给灯丝提供 3V 左右的交流电压，灯丝发热后才能发射电子，栅极加上较高的电压才能吸引电子，让它穿过栅极并往阳极方向运动。电子要轰击某个阳极，该阳极必须有高电压。

当要显示"3"字样时，由驱动电路给真空荧光显示器的 a、b、c、d、e、f、g 七个阳极分别送 1、1、1、1、0、0、1，即给 a、b、c、d、g 五个阳极送高电压，另外给栅极也加上高电压，于是灯丝发射的电子穿过网格状的栅极后轰击加有高电压的 a、b、c、d、g 阳极，由于这些阳极上涂有荧光粉，在电子的轰击下，这些阳极发光，显示器显示"3"的字样。

2. 多位真空荧光显示器

一个真空荧光显示器只能显示一位数字，若需要同时显示多位数字或字符，可使用多位真空荧光显示器。图 14-25（a）为四位真空荧光显示器的结构示意图。

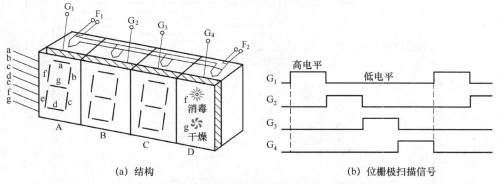

(a) 结构　　　　　　　　　　　　(b) 位栅极扫描信号

图 14-25　四位真空荧光显示器的结构及扫描信号

图 14-25 中的真空荧光显示器有 A、B、C、D 四个位区，每个位区都有单独的栅极，四个位区的栅极引出脚分别为 G_1、G_2、G_3、G_4；每个位区的灯丝在内部以并联的形式连接起来，对外只引出两个引脚；A、B、C 位区数字的相应各段的阳极都连接在一起，再与外面的引脚相连，例如 C 位区的阳极段 a 与 B、A 位区的阳极段 a 都连接起来，再与显示器引脚 a 连接，D 位区两个阳极为图形和文字形状，消毒图形与文字为一个阳极，与引脚 f 连接，干燥图形与文字为一个阳极，与引脚 g 连接。

多位真空荧光显示器与多位 LED 数码管一样，都采用扫描显示原理。下面以在图 14-25 所示的显示器上显示"127 消毒"为例来说明。

首先给灯丝引脚 F_1、F_2 通电，再给 G_1 引脚加一个高电平，此时 G_2、G_3、G_4 均为低电平，然后分别给 b、c 引脚加高电平，灯丝通电发热后发射电子，电子穿过 G_1 栅极轰击 A 位阳极 b、c，这两个电极的荧光粉发光，在 A 位显示"1"字样。这时，虽然 b、c 引脚的电压也会加到 B、C 位的阳极 b、c 上，但因为 B、C 位的栅极为低电平，B、C 位的灯丝发射的电子无法穿过 B、C 位的栅极轰击阳极，故 B、C 位无显示。接着给 G_2 引脚加高电平，此时 G_1、G_3、G_4 引脚均为低电平，再给阳极 a、b、d、e、g 加高电平，灯丝发射的电子轰击 B 位阳极 a、b、d、e、g，这些阳极发光，在 B 位显示"2"字样。同样原理，在 C 位和 D 位分别显示"7"、"消毒"字样。G_1、G_2、G_3、G_4 极的电压变化关系如图 14-25（b）所示。

显示器的数字虽然是一位一位地显示出来的，但由于人眼视觉暂留特性，当显示器显示最后"消毒"字样时，人眼仍会感觉前面 3 位数字还在显示，故看起好像是一下子显示"127 消毒"。

14.3.3　应用

图 14-26 为 DVD 机的操作显示电路，显示器采用真空荧光显示器（VFD），IC_1 为微处理器芯片，内部含有显示器驱动电路，DVD 机在工作时，IC_1 会输出有关的位栅极扫描信号 1G～12G 和段阳极信号 P1～P15，使 VFD 显示机器的工作状态和时间等信息。

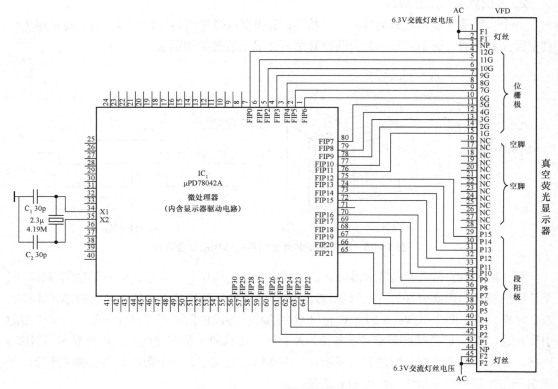

图 14-26　DVD 机的操作显示电路

14.3.4　检测

真空荧光显示器 VFD 处于真空工作状态，如果发生显示器破裂漏气就会无法工作。在工作时，VFD 的灯丝加有 3V 左右的交流电压，在暗处 VFD 内部灯丝有微弱的红光发出。

在检测 VFD 时，可用万用表×1Ω 挡或×10Ω 挡测量灯丝的阻值，正常阻值很小，如果阻值无穷大，则为灯丝开路或引脚开路。在检测各栅极和阳极时，万用表拨至×1kΩ 挡，测量各栅极之间、各阳极之间、栅阳极之间和栅阳极与灯丝间的阻值，正常均应为无穷大，若出现阻值为 0 或较小，则为所测极之间出现短路故障。

14.4　液晶显示屏

液晶显示屏简称 LCD 屏，其主要材料是液晶。液晶是一种有机材料，在特定的温度范围内，既有液体的流动性，又有某些光学特性，其透明度和颜色随电场、磁场、光及温度等外界条件的变化而变化。液晶显示器是一种被动式显示器件，液晶本身不会发光，它是通过反射或透射外部光线来显示的，光线越强，其显示效果越好。液晶显示屏是利用液晶在电场作用下光学性能变化的特性制成的。

液晶显示屏可分为笔段式显示屏和点阵式显示屏。

14.4.1　笔段式液晶显示屏

1. 外形

笔段式液晶显示屏外形如图 14-27 所示。

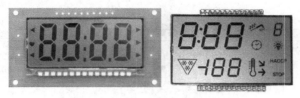

图 14-27　笔段式液晶显示屏外形

2. 结构与工作原理

图 14-28 是一位笔段式液晶显示屏的结构。

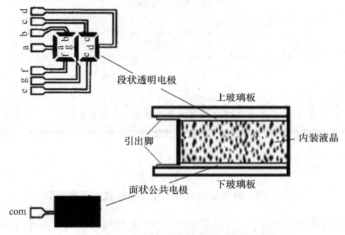

图 14-28　一位笔段式液晶显示屏的结构

一位笔段式液晶显示屏是将液晶材料封装在两块玻璃板之间，在上玻璃板内表面涂上 "8" 字形的七段透明电极，在下玻璃板内表面整个涂上导电层作公共电极（或称背电极）。

当给液晶显示屏上玻璃板的某段透明电极与下玻璃板的公共电极之间加上适当大小的电压时，该段极与下玻璃板上的公共电极之间夹持的液晶会产生"散射效应"，夹持的液晶不透明，就会显示出该段形状。例如，给下玻璃板上的公共电极加一个低电压，而给上玻璃板内表面的 b、c 段透明电极加高电压，b、c 段极与下玻璃板上的公共电极存在电压差，它们中间夹持的液晶特性改变，b、c 段下面的液晶变得不透明，呈现出"1"字样。

如果在上玻璃板内表面涂上某种形状的透明电极，只要给该电极与下面的公共电极之间加一定的电压，液晶屏就能显示该形状。笔段式液晶显示屏上玻璃板内表面可以涂上各种形状的透明电极，如图 14-27 所示横、竖、点状和雪花状，由于这些形状的电极是透明的，且液晶未加电压时也是透明的，故未加电时显示屏无任何显示，只要给这些电极与公共极之间加电压，就可以以将这些形状显示出来。

3. 多位笔段式 LCD 屏的驱动方式

多位笔段式液晶显示屏有静态和动态（扫描）两种驱动方式。在采用静态驱动方式时，整个显示屏使用一个公共背电极并接出一个引脚，而各段电极都需要独立接出引脚，如图 14-29 所示，故静态驱动方式的显示屏引脚数量较多。在采用动态驱动（即扫描方式）时，各位都要有独立的背极，各位相应的段电极在内部连接在一起再接出一个引脚，动态驱动方式的显示屏引脚数量较少。

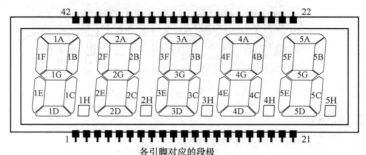

各引脚对应的段极

1	2	3	4	5	6	7	8	9	10	11	12	13	14	15	16	17	18	19	20	21
COM	1A	1B	1C	1D	1E	1F	1G	1H	2A	2B	2C	2D	2E	2F	2G	2H	3A	3B	3C	3D
22	23	24	25	26	27	28	29	30	31	32	33	34	35	36	37	38	39	40	41	42
3E	3F	3G	3H	4A	4B	4C	4D	4E	4F	4G	4H	5A	5B	5C	5D	5E	5F	5G	5H	/

(a) 外形及各引脚对应的段极

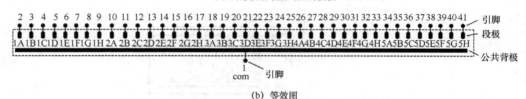

(b) 等效图

图 14-29　静态驱动方式的多位笔段式液晶显示屏

动态驱动方式的多位笔段式液晶显示屏的工作原理与多位 LED 数码管、多位真空荧光显示器一样，采用逐位快速显示的扫描方式，利用人眼的视觉暂留特性来产生屏幕整体显示的效果。如果要将图 14-29 所示的静态驱动显示屏改成动态驱动显示屏，只需将整个公共背极切分成五个独立的背极，并引出 5 个引脚，然后将五个位中相同的段极在内部连接起来并接出 1 个引脚，共接出 8 个引脚，这样整个显示屏只需 13 个引脚。在工作时，先给第 1 位背极加电压，同时给各段极传送相应电压，显示屏第 1 位会显示出需要的数字，然后给第 2 位背极加电压，同时给各段极传送相应电压，显示屏第 2 位会显示出需要的数字，如此工作，直至第 5 位显示出需要的数字，然后重新从第 1 位开始显示。

4. 检测

（1）公共极的判断

由液晶显示屏的工作原理可知，只有公共极与段极之间加有电压，段极形状才能显示出来，段极与段极之间加电压无显示，根据该原理可检测出公共极。检测时，万用表拨至×10kΩ 挡（也可使用数字万用表的二极管测量挡），红、黑表笔接显示屏任意两引脚，当显示屏有某段显示时，一只表笔不动，另一只表笔接其他引脚，如果有其他段显示，则不动的表笔所接为公共极。

（2）好坏检测

在检测静态驱动式笔段式液晶显示屏时，万用表拨至×10kΩ 挡，将一只表笔接显示屏的公共极引脚，另一只表笔依次接各段极引脚，当接到某段极引脚时，万用表就通过两表笔给公共极与段极之间加有电压，如果该段正常，该段的形状将会显示出来。如果显示屏正常，则各段显示应清晰、无毛边；如果某段无显示或有断线，则该段极可能有开路或断极；如果所有段均不显示，则可能是公共极开路或显示屏损坏。在检测时，有时测某段时邻近的段也会显示出来，这是正常的感应现象，可用导线将邻近段引脚与公共极引脚短路，即可消除感应现象。

在检测动态驱动式笔段式液晶显示屏时，万用表仍拨至×10kΩ 挡，由于动态驱动显示屏有多个公共极，检测时先将一只表笔接某位公共极引脚，另一只表笔依次接各段引脚，正常时各段应正常显示，再将接位公共极引脚的表笔移至下一个位公共极引脚，用同样的方法检测该位各段是否正常。

用上述方法不但可以检测液晶显示屏的好坏，还可以判断出各引脚连接的段极。

14.4.2　点阵式液晶显示屏

1. 外形

笔段式液晶显示屏结构简单，价格低廉，但显示的内容简单且可变化性小，而点阵式液晶显示屏以点的形式显示，几乎可显示任何字符图形内容。点阵式液晶显示屏外形如图 14-30 所示。

图 14-30　点阵式液晶显示屏外形

2．工作原理

图 14-31（a）为 5×5 点阵式液晶显示屏的结构示意图，它是在封装有液晶的下玻璃板内表面涂有 5 条行电极，在上玻璃板内表面涂有 5 条透明列电极，从上往下看，行电极与列电极有 25 个交点，每个交点相当于一个点（又称像素）。

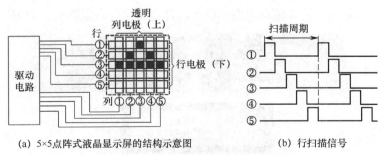

(a) 5×5点阵式液晶显示屏的结构示意图　　　(b) 行扫描信号

图 14-31　点阵式液晶屏显示原理说明

点阵式液晶屏与点阵 LED 显示屏一样，也采用扫描方式，也可分为三种方式：行扫描、列扫描和点扫描。下面以显示"△"图形为例来说明最为常用的行扫描方式。

在显示前，让点阵所有行、列线电压相同，这样下行线与上行线之间不存在电压差，中间的液晶处于透明。在显示时，首先让行①线为 1（高电平），如图 14-31（b）所示，列①～⑤线为 11011，第①行电极与第③列电极之间存在电压差，其夹持的液晶不透明；然后让行②线为 1，列①～⑤线为 10101，第②行与第②、④列夹持的液晶不透明；再让行③线为 1，列①～⑤线为 00000，第③行与第①～⑤列夹持的液晶都不透明；接着让行④线为 1，列①～⑤线为 11111，第 4 行与第①～⑤列夹持的液晶全透明；最后让行⑤线为 1，列①～⑤为 11111，第 5 行与第①～⑤列夹持的液晶全透明。第 5 行显示后，由于人眼的视觉暂留特性，会觉得前面几行内容还在亮，整个点阵显示一个"△"图形。

点阵式液晶显示屏有反射型和透射型之分，如图 14-32 所示。反射型 LCD 屏依靠液晶不透明来反射光线显示图形，如电子表显示屏、数字万用表的显示屏等都是利用液晶不透明（通常为黑色）来显示数字的；透射型 LCD 屏依靠光线透过透明的液晶来显示图像，如手机显示屏、液晶电视显示屏等都是采用透射方式显示图像的。

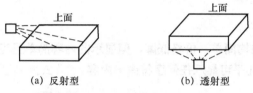

(a) 反射型　　　　　　　(b) 透射型

图 14-32　点阵式液晶显示屏的类型

图 14-32（a）所示的点阵为反射型 LCD 屏，如果将它改成透射型 LCD 屏，行、列电极均需为透明电极，另外还要用光源（背光源）从下往上照射 LCD 屏。显示屏的 25 个液晶点像 25 个小门，液晶点透明相当于门打开，光线可透过小门从上玻璃板射出，该点看起来为白色（背光源为白色）；液晶点不透明相当于门关闭，该点看起来为黑色。

14.4.3　1602 字符型液晶显示屏

1. 外形

1602 字符型液晶显示屏可以显示 2 行每行 16 个字符，为了使用方便，1602 字符型液晶显示屏已将显示屏和驱动电路制作在一块电路板上，其外形如图 14-33 所示。液晶显示屏安装在电路板上，电路板背面有驱动电路，驱动芯片直接制作在电路板上并用黑胶封装起来。

图 14-33　1602 字符型液晶显示屏的外形

2. 引脚说明

1602 字符型液晶显示屏有 14 个引脚（不带背光电源的有 12 个引脚），各引脚功能说明如图 14-34 所示。

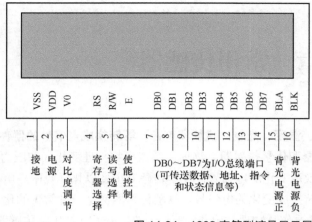

V0端：又称LCD偏压调整端，该端直接接
电源时对比度最低，接地时对比度最高，
一般在该端与地之间接一个10kΩ电位器，
用来调LCD的对比度

RS端：1-选中数据寄存器；0-选中指令寄存器
R/W端：1-从LCD读信息；0-往LCD写信息
E端：1-允许读信息；下降沿↓-允许写信息

图 14-34　1602 字符型液晶显示屏各引脚功能说明

3. 单片机驱动 1602 液晶显示屏的电路

单片机驱动 1602 液晶显示屏的电路如图 14-35 所示。当单片机对 1602 进行操作时，根据不同的操作类型，会从 P2.4、P2.5、P2.6 端送控制信号到 1602 的 RS、R/W 和 E 端。比如，单片机要对 1602 写入指令时，会让 P2.4＝0、P2.5＝0、P2.6 端先输出高电平再变为低电平（下降沿），同时从 P0.7～P0.0 端输出指令代码去 1602 的 DB7～DB0 端，1602 根据指令代码进行相应的显示。

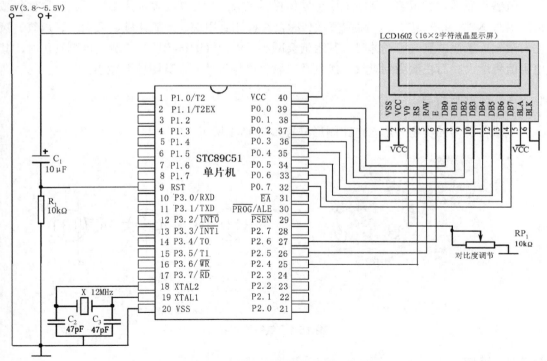

图 14-35　单片机驱动 1602 液晶显示屏的电路

第15章 常用传感器

传感器是一种将非电量（如温度、湿度、光线、磁场和声音）等转换成电信号的器件。传感器种类很多，主要可分物理传感器和化学传感器。物理传感器可将物理变化（如压力、温度、速度、湿度和磁场的变化）转换成变化的电信号；化学传感器主要以化学吸附、电化学反应等原理，将被测量的微小变化转换成变化的电信号，气敏传感器就是一种常见的化学传感器。如果将人的眼睛、耳朵和皮肤看作是物理传感器，那么舌头、鼻子就是化学传感器。本章主要介绍一些较常见的传感器：气敏传感器、热释电人体红外线传感器、霍尔传感器、温度传感器和热电偶。

15.1 气敏传感器

气敏传感器是一种对某种或某些气体敏感的电阻器，当空气中某种或某些气体含量发生变化时，置于其中的气敏传感器阻值就会发生变化。

气敏传感器种类很多，其中采用半导体材料制成的气敏传感器应用最广泛。半导体气敏传感器有 N 型和 P 型之分。N 型气敏传感器在检测到甲烷、一氧化碳、天然气、煤气、液化石油气、乙炔、氢气等气体时，其阻值会减小；P 型气敏传感器在检测到可燃气体时，其电阻值将增大，而在检测到氧气、氯气及二氧化氮等气体时，其阻值会减小。

15.1.1 外形与符号

气敏传感器的实物外形与电路图形符号如图 15-1 所示。

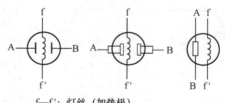

f—f′：灯丝（加热极）
A—B：检测极

（a）实物外形　　　　　　　　　　（b）电路图形符号

图 15-1　气敏传感器

15.1.2 结构

气敏传感器的典型结构及特性曲线如图 15-2 所示。

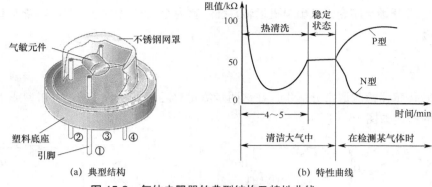

图 15-2　气体电阻器的典型结构及特性曲线

气敏传感器的气敏特性主要由是内部的气敏元件来决定的。气敏元件引出四个电极，分别与①、②、③、④引脚相连。当在清洁的大气中给气敏传感器的①、②引脚通电流（对气敏元件加热）时，③、④引脚之间的阻值先减小再升高（约 4～5min），阻值变化规律如图 15-2（b）曲线所示，温度升高到一定值时阻值保持稳定；若此时气敏传感器接触某种气体时，气敏元件吸附该气体后，③、④引脚之间阻值就会发生变化（若是 P 型气敏传感器，其阻值会增大，而 N 型气敏传感器阻值会减小）。

15.1.3　应用

气敏传感器具有对某种或某些气体敏感的特点，利用该特点可以用气敏传感器来检测空气中特殊气体的含量。图 15-3 为采用气敏传感器制作的简易煤气报警器，可将它安装在厨房来监视有无煤气泄漏。

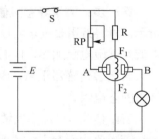

图 15-3　采用气敏传感器制作的简易煤气报警器

在制作报警器时，先按图 15-3 所示将气敏传感器连接好，然后闭合开关 S，让电流通过 R 流入气敏传感器加热线圈，几分钟后，待气敏传感器 A、B 之间的阻值稳定后，再调节电位器 RP，让灯泡处于将亮未亮状态。若发生煤气泄漏，气敏传感器检测到后，A、B 之间的阻值变小，流过灯泡的电流增大，灯泡亮起来，警示煤气发生泄漏。

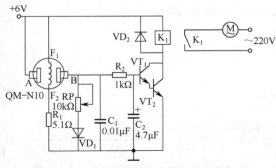

图 15-4　一种使用气敏传感器的有害气体检测自动排放电路

15.1.4　应用电路

图 15-4 是一种使用气敏传感器的有害气体检测自动排放电路。在纯净的空气中，气敏传感器 A、B 之间的电阻 R_{AB} 较大，经 R_{AB}、R_2 送到三极管 VT_1 基极的电压低，VT_1、VT_2 无法导通；如果室内空气中混有有害气体，气敏传感器 A、B 之间的电阻 R_{AB} 变小，电源经 R_{AB} 和 R_2 送到 VT_1 基极的电压达到 1.4V 时，VT_1、VT_2 导通，有电流流过继电器 K_1

线圈，K_1 常开触点闭合，风扇电机运转，强制室内空气与室外空气交换，减少室内空气有害气体浓度。

15.1.5　检测

气敏传感器检测通常分两步，在这两步测量时还可以判断其特性（P 型或 N 型）。气敏传感器的检测如图 15-5 所示。

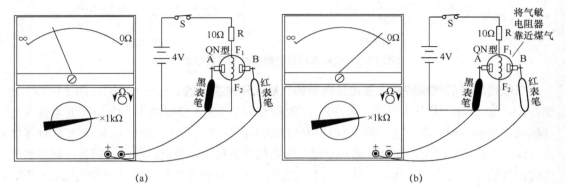

(a)　　　　　　　　　　　　　　　(b)

图 15-5　气敏传感器的检测

气敏传感器的检测步骤如下。

第一步：测量静态阻值。 将气敏传感器的加热极 F_1、F_2 串接在电路中，如图 15-5（a）所示，再将万用表置于×1kΩ 挡，红、黑表笔接气敏传感器的 A、B 极，然后闭合开关 S，让电流对气敏电阻加热，同时在刻度盘上察看阻值大小。

若气敏传感器正常，阻值应先变小，然后慢慢增大，约几分钟后阻值稳定，此时的阻值称为静态电阻。

若阻值为 0，说明气敏传感器短路。

若阻值为无穷大，说明气敏传感器开路。

若在测量过程中阻值始终不变，说明气敏传感器已失效。

第二步：测量接触敏感气体时的阻值。 在按第一步测量时，待气敏传感器阻值稳定后，再将气敏传感器靠近煤气灶（打开煤气灶，将火吹灭），然后在刻度盘上察看阻值大小。

若阻值变小，气敏传感器为 N 型；若阻值变大，气敏电阻为 P 型。

若阻值始终不变，说明气敏传感器已失效。

15.1.6　常用气敏传感器的主要参数

表 15-1 列出了两种常用气敏传感器的主要参数。

表 15-1　两种常用气敏传感器的主要参数

型号	加热电流/A	回路电压/V	静态电阻/kΩ	灵敏度 R_0/R	响应时间/s	恢复时间/s
QN32	0.32	≥6	10~400	>3	<30	<30
QN69	0.60	≥6	10~400	>3	<30	<30

15.2 热释电人体红外线传感器

热释电人体红外线传感器是一种将人或动物发出的红外线转换成电信号的器件。热释电人体红外线传感器的外形如图 15-6 所示，利用它可以探测人体的存在，因此广泛用在保险装置、防盗报警器、感应门、自动灯具和智慧玩具等电子产品中。

图 15-6 热释电人体红外线传感器的外形

15.2.1 结构与工作原理

热释电人体红外线传感器的结构如图 15-7 所示，从图中可以看出，它主要由敏感元件、场效应管、高阻值电阻和滤光片等组成。

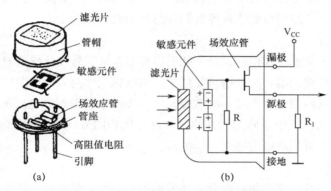

图 15-7 热释电人体红外线传感器的结构

1. 各组成部分说明

（1）敏感元件

敏感元件是由一种热电材料（如锆钛酸铅系陶瓷、钽酸锂、硫酸三甘钛等）制成，热释电传感器内一般装有两个敏感元件，并将两个敏感元件以反极性串联，当环境温度使敏感元件自身温度升高而产生电压时，由于两敏感元件产生的电压大小相等、方向相反，串联叠加后送给场效应管的电压为 0，从而抑制环境温度干扰。

两个敏感元件串联就像两节电池反向串联一样，如图 15-8（a）所示，E_1、E_2 的电压均为 1.5V，当它们反极性串联后，两电压相互抵消，输出电压 $U=0$；如果某些原因使 E_1 的电压变为 1.8V，如图 15-8（b）所示，两电压不能完全抵消，输出电压为 $U=0.3V$。

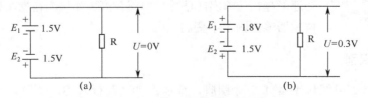

图 15-8 两节电池的反向串联

（2）场效应管和高阻值电阻

敏感元件产生的电压信号很弱，其输出电流也极小，故采用输入阻抗很高的场效应管（电压放大型元件）对敏感元件产生的电压信号进行放大，在采用源极输出放大方式时，源极输出信号可达 0.4～1.0V。高阻值电阻的作用是释放场效应管栅极电荷（由敏感元件产生的电压充得），让场效应管始终能正常工作。

（3）滤光片

敏感元件是一种由广谱热电材料制成的元件，对各种波长光线比较敏感。为了让传感器仅对人体发出的红外线敏感，而对太阳光、电灯光具有抗干扰性，传感器采用特定的滤光片作为受光窗口，该滤光片的通光波长约为 7.5～14μm。人体温度为 36～37℃，该温度的人体会发出波长在 9.64～9.67μm 范围内的红外线（红外线人眼无法看见）。由此可见，人体辐射的红外线波长正好处于滤光片的通光波长范围内，而太阳、电灯发出的红外线的波长在滤光片的通光范围之外，无法通过滤光片照射到传感器的敏感元件上。

2. 工作原理

当人体（或与人体温度相似的动物）靠近热释电人体红外线传感器时，人体发出的红外线通过滤光片照射到传感器的一个敏感元件上，该敏感元件两端电压发生变化，另一个敏感元件无光线照射，其两端电压不变，两敏感元件反极性串联得到的电压不再为 0，而是输出一个变化的电压（与受光照射敏感元件两端电压变化相同），该电压送到场效应管的栅极，放大后从源极输出，再到后级电路进一步处理。

3. 菲涅耳透镜

热释电人体红外线传感器可以探测人体发出的红外线，但探测距离近，一般在 2m 以内，为了提高其探测距离，通常在传感器受光面前面加装一个菲涅耳透镜，该透镜可使探测距离达到 10m 以上。

菲涅耳透镜如图 15-9 所示，该透镜通常用透明塑料制成，透镜按一定的制作方法被分成若干等份。菲涅耳透镜作用有两点：一是对光线具有聚焦作用；二是将探测区域分为若干个

图 15-9　菲涅耳透镜

明区和暗区。当人进入探测区域的某个明区时，人体发出的红外光经该明区对应的透镜部分聚焦后，通过传感器的滤光片照射到敏感元件上，敏感元件产生电压；当人走入暗区时，人体红外光无法到达敏感元件，敏感元件两端的电压不会发生变化。即敏感元件两端电压随光线的有无而发生变化，该变化的电压经场效应管放大后输出，传感器输出信号的频率与人在探测范围内明、暗区之间移动的速度有关，移动速度越快，输出的信号频率就越高。如果人在探测范围内不动，则传感器输出固定不变的电压。

15.2.2　引脚识别

热释电人体红外线传感器有 3 个引脚，分别为 D（漏极）、S（源极）、G（接地极），3引脚热释电人体红外线传感器的极性识别如图 15-10 所示。

15.2.3　应用电路

图 15-11 是一种采用热释电人体红外线传感器来检测是否有人的自动灯控制电路。

220V 交流电压经 $C_{10}//R_{15}$ 降压和整流二极管 VD_1 对 C_{11} 充得上正下负电压，由于稳压二极管 VD_3 的稳压作用，C_{11} 上的电压约为 6V，该电压除了供给各级放大电路外，还经 R_{16}、C_{12}、R_{17}、C_{13} 进一步滤波，得到更稳定的电压供给热释电传感器。

当热释电传感器探测范围内无人时，传感器 S 端无信号输出，运算放大器 A_1 无信号输入，A_2 放大器无信号输出，比较器 A_3

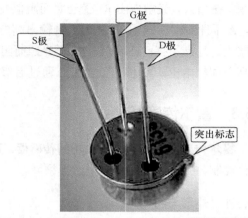

图 15-10　3 引脚热释电人体红外线传感器的极性识别

反相输入端无信号输入，其同相输入端电压（约 3.9V）高于反相输入端电压，A_3 输出高电平，二极管 VD_2 截止，比较器 A_4 同相输入端电压高于反相输入端电压，A_4 输出高电平，三极管 VT_1 截止，R_{14} 两端无电压，双向晶闸管 VT_2 无触发电压而不能导通，灯泡不亮。当有人进入热释电传感器探测范围内时，传感器 S 端有信号输出，运算放大器 A_1 有信号输入，A_2 放大器有信号输出，比较器 A_3 反相输入端有信号输入，其反相输入端电压高于同相输入端电压（约 3.9V），A_3 输出低电平，二极管 VD_2 导通，C_9 通过 VD_2 往前级电路放电，放电使比较器 A_4 同相输入端电压低于反相输入端电压，A_4 输出低电平，三极管 VT_1 导通，有电流流过 R_{14}，R_{14} 两端触发双向晶闸管 VT_2 导通，有电流流过灯泡，灯泡变亮。当人体离开热释电传感器探测范围时，传感器无信号输出，比较器 A_3 无输入信号电压，同相电压高于反相电压，A_3 输出高电平，二极管 VD_2 截止，6V 电源经 RP_1 对 C_9 充电，当 C_9 两端电压高于 3.9V 时，A_4 输出高电平，三极管 VT_1 截止，双向晶闸管 VT_2 失去触发电压也截止，灯泡熄灭，由于 C_9 充电需要一定时间，故人离开一段时间后灯泡才熄灭。

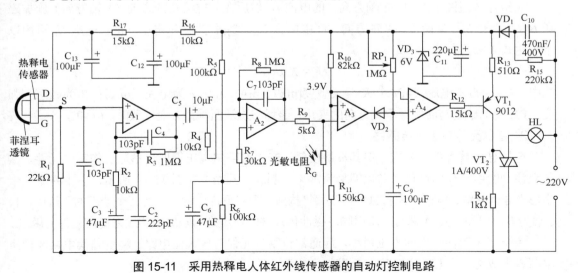

图 15-11　采用热释电人体红外线传感器的自动灯控制电路

为了避免白天出现人来灯亮、人走灯灭的情况发生，电路采用光敏电阻 R_G 来解决这个问题。在白天，光敏电阻 R_G 受光照而阻值变小，在有人时，A_2 有信号输出，但因 R_G 的阻值小，A_3 同相输入端电压仍很低，A_3 输出高电平，VD_2 截止，A_4 输出高电平，VT_1 截止，VT_2 也截止，灯泡不亮；在晚上，R_G 无光照而阻值变大，在有人时，A_2 输出电压会使 A_3 反相电压高于同相电压，A_3 输出低电平，通过后级电路使灯泡变亮。

15.3　霍尔传感器

霍尔传感器是一种检测磁场的传感器，可以检测磁场的存在和变化，广泛用在测量、自动化控制、交通运输和日常生活等领域。

15.3.1　外形与符号

霍尔传感器外形与电路图形符号如图 15-12 所示。

(a) 外形 　　　　　　　　　　　　　　(b) 电路图形符号

图 15-12　霍尔传感器

15.3.2　结构与工作原理

1. 霍尔效应

当一个通电导体置于磁场中时，在该导体两侧面会产生电压，该现象称为霍尔效应。下面以图 15-13 来说明霍尔传感器工作原理。

先给导体通图示方向（Z 轴方向）的电流 I，然后在与电流垂的方向（Y 轴方向）施加磁场 B，那么会在导体两侧（X 轴方向）产生电压 U_H，U_H 称为霍尔电压。霍尔电压 U_H 可用以下表达式来求得：

$$U_H = KIB\cos\theta$$

式中，U_H 为霍尔电压（mV）；K 为灵敏度[mV/（mA·T）]；I 为电流（mA）；B 为磁感应强度（T）；θ 为磁场与磁敏面垂直方向的夹角，磁场与磁敏面垂直方向一致时，$\theta = 0°$，$\cos\theta = 1$。

2. 霍尔元件与霍尔传感器

金属导体具有霍尔效应，但其灵敏度低，产生的霍尔电压很低，不适合作霍尔元件。霍尔元件一般由半导体材料（锑化铟最为常见）制成，其结构如图 15-14 所示，它由衬底、十字形半导体材料、电极引线和磁性体顶端等构成。十字形锑化铟材料的四个端部的引线中，1、2 端为电流引脚，3、4 端为电压引脚，磁性体顶端的作用是用磁场磁感线来提高元件灵敏度。

由于霍尔元件产生的电压很小，故通常将霍尔元件与放大器电路、温度补偿电路及稳压电源等集成在一个芯片上，称之为霍尔传感器。

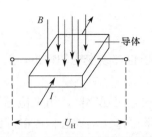

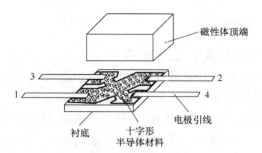

图 15-13　霍尔传感器的工作原理说明图　　　　图 15-14　霍尔元件的结构

15.3.3　种类

霍尔传感器可分为线性型霍尔传感器和开关型霍尔传感器两种。

1. 线性型霍尔传感器

线性型霍尔传感器主要由霍尔元件、线性放大器和射极跟随器组成，其组成如图 15-15（a）所示。当给线性型霍尔传感器施加的磁场逐渐增强时，其输出的电压会逐渐增大，即输出信号为模拟量。线性型霍尔传感器的特性曲线如图 15-15（b）所示。

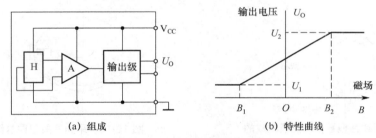

(a) 组成　　　　　　　　　　　　(b) 特性曲线

图 15-15　线性型霍尔传感器

2. 开关型霍尔传感器

开关型霍尔传感器主要由霍尔元件、放大器、施密特触发器（整形电路）和输出级组成，其组成和特性曲线如图 15-16 所示。当给开关型霍尔传感器施加的磁场增强时，只要小于 B_{OP} 时，其输出电压 U_O 为高电平；大于 B_{OP} 时输出电压由高电平变为低电平。当磁场减弱时，磁场需要减小到 B_{RP} 时，输出电压 U_O 才能由低电平转为高电平。也就是说，开关型霍尔传感器由高电平转为低电平和由低电平转为高电平所要求的磁场感应强度是不同的，高电平转为低电平要求的磁感应强度更强。

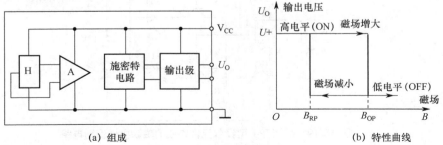

(a) 组成　　　　　　　　　　　　(b) 特性曲线

图 15-16　开关型霍尔传感器

15.3.4　应用电路

1. 线性型霍尔传感器的应用

线性型霍尔传感器具有磁感应强度连续变化时输出电压也连续变化的特点，主要用于一些物理量的测量。

图 15-17 是一种采用线性型霍尔传感器构成的电子型的电流互感器，用来检测线路的电流大小。当线圈有电流 I 流过时，线圈会产生磁场，该磁场磁感线沿铁芯构成磁回路，由于铁芯上开有一个缺口，缺口中放置一个霍尔传感器，磁感线在穿过霍尔传感器时，传感器会输出电压，电流 I 越大，线圈产生的磁场就越强，霍尔传感器输出电压也越高。

2. 开关型霍尔传感器的应用

开关型霍尔传感器具有磁感应强度达到一定强度时输出电压才会发生电平转换的特点，主要用于测量转数、转速、风速、流速、接近开关、关门告知器、报警器和自动控制电路等。

图 15-18 是一种采用开关型霍尔传感器构成的转数测量装置的结构示意图，转盘每旋转一周，磁铁靠近传感器一次，传感器就会输出一个脉冲，只要计算输出脉冲的个数，就可以知道转盘的转数。

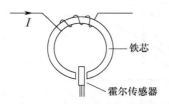

图 15-17　采用线性型霍尔传感器构成的电子型的电流互感器

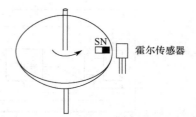

图 15-18　采用开关型霍尔传感器构成的转数测量装置的结构示意图

图 15-19 是一种采用开关型霍尔元件构成的磁铁极性识别电路。当磁铁 S 极靠近霍尔元件时，d、c 间的电压极性为 d+、c−，三极管 VT_1 导通，发光二极管 VD_1 有电流流过而发光；当磁铁 N 极靠近霍尔元件时，d、c 间的电压极性为 d−、c+，三极管 VT_2 导通，发光二极管 VD_2 有电流流过而发光；当霍尔元件无磁铁靠近时，d、c 间的电压为 0，VD_1、VD_2 均不亮。

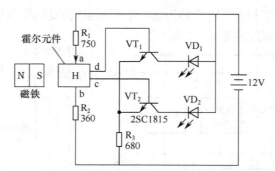

图 15-19　采用开关型霍尔元件构成的磁铁极性识别电路

15.3.5 型号命名与参数

1. 型号命名

霍尔传感器型号命名方法如下：

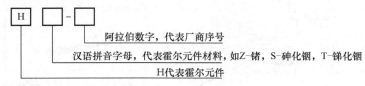

阿拉伯数字，代表厂商序号
汉语拼音字母，代表霍尔元件材料，如Z-锗，S-砷化铟，T-锑化铟
H代表霍尔元件

2. 常用国产霍尔元件的主要参数

常用国产霍尔元件的主要参数如表 15-2 所示。

表 15-2 常用国产霍尔元件的主要参数

型 号	外形 尺寸/mm³	电阻率 ρ /Ω·cm	输入电阻 R_i/Ω	输出电阻 R_o/Ω	灵敏度 K_H/mV/（mA·T）	控制 电流/mA	工作温度 t/℃
HZ-1	8×4×0.2	0.8～1.2	110	100	＞12	20	−40～45
HZ-4	8×4×0.2	0.4～0.5	45	40	＞4	50	−40～45
HT-1	6×3×0.2	0.003～0.01	0.8	0.5	＞1.8	250	0～40
HS-1	8×4×0.2	0.01	1.2	1	＞1	200	−40～60

15.3.6 引脚识别与检测

1. 引脚识别

霍尔传感器内部由霍尔元件和有关电路组成，它对外引出 3 个或 4 个引脚。对于 3 个引脚的传感器，3 个引脚分别为电源端、接地端和信号输出端；对于 4 个引脚的传感器，4 个引脚分别为电源端、接地端和两上信号输出端。3 个引脚的霍尔传感器更为常用，霍尔传感器的引脚可根据外形来识别，具体如图 15-20 所示。霍尔传感器带文字标记的面通常为磁敏面，正对 N 或 S 磁极时灵敏度最高。

1-电源；2-接地；3-输出　　　1-电源；2-输出1；3-输出2；4-接地

图 15-20 霍尔传感器的引脚识别

2. 好坏检测

霍尔传感器好坏检测如图 15-21 所示。在传感器的电源、接地引脚之间接 5V 电源，然后将万用表拨至直流电压 2.5V 挡，红、黑表笔分别接输出引脚和接地引脚，再用一块磁铁靠近霍尔传感器敏感面，如果霍尔传感器正常，应有电压输出，万用表表针会摆动，表针摆动幅度越大，说明传感器灵敏度越高；如果表针不动，则为霍尔元件损坏。

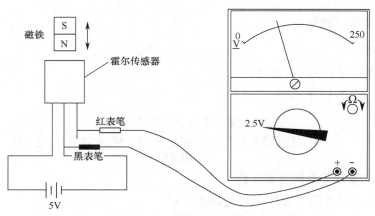

图 15-21　霍尔传感器的好坏检测

利用该方法不但可以判别霍尔元件的好坏，还可以判别霍尔元件的类型。如果在磁铁靠近或远离传感器的过程中，输出电压慢慢连续变化，则为线性型传感器；如果输出电压在某点突然发生高、低电平的转换，则为开关型传感器。

15.4　温度传感器

温度传感器可将不同的温度转换成不同的电信号。本节以空调器的温度传感器为例来介绍温度传感器。

15.4.1　外形与种类

空调器采用的温度传感器又称感温探头，它是一种负温度系数热敏电阻器（NTC），当温度变化时其阻值会发生变化，温度上升阻值变小，温度下降阻值变大。空调器使用的温度传感器有铜头和胶头两种类型，如图 15-22 所示，铜头温度传感器用于探测热交换器铜管的温度，胶头温度传感器用于探测室内空气温度。根据在 25℃时阻值的不同，空调器常用的温度传感器规格有 5 kΩ、10 kΩ、15 kΩ、20 kΩ、25 kΩ、30 kΩ 和 50 kΩ 等。

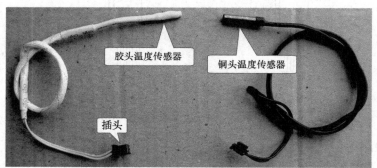

图 15-22　空调器使用的铜头和胶头温度传感器

15.4.2　参数的识读与检测

空调器使用的温度传感器阻值规格较多，可用以下三种方法来识别或检测阻值。

① 察看传感器或连接导线上的标注，如标注 GL20K 表示其阻值为 20kΩ，如图 15-23 所示。

② 每个温度传感器在电路板上都有与其阻值相等的五环精密电阻器，如图 15-24 所示，该电阻器一端与相应温度传感器的一端直接连接，识别出该电阻器的阻值即可知道传感器的阻值。

③ 用万用表直接测量温度传感器的阻值，如图 15-25 所示，由于测量时环境温度可能不是 25℃，故测得阻值与标注阻值不同是正常的，只要阻值差距不是太大就行。

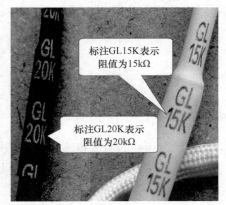

图 15-23　察看温度传感器上的标识来识别阻值

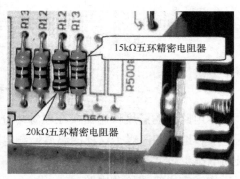

图 15-24　察看电路板上五环电阻器的阻值来识别温度传感器的阻值

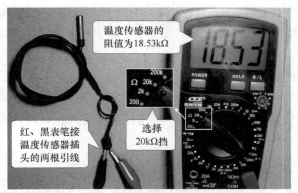

图 15-25　用万用表直接测量温度传感器的阻值

15.4.3　温度检测电路

图 15-26 是一种空调器的温度检测电路，它包括室温检测电路、室内管温检测电路和室外管温检测电路，三者都采用 4.3kΩ 的负温度系数温度传感器（温度越高，阻值越小）。

（1）室温检测电路

温度传感器 RT_2、R_{17}、C_{21}、C_{22} 构成室温检测电路。+5V 电压经 RT_2、R_{17} 分压后，在 R_{17} 上得到一定的电压送到单片机 18 引脚，如果室温为 25℃，RT_2 阻值正好为 4.3kΩ，R_{17} 上的电压为 2.5V，该电压值送入单片机，单片机根据该电压值知道当前室温为 25℃；如果室温高于 25℃，温度传感器 RT_2 的阻值小于 4.3kΩ，送入单片机 18 引脚的电压高于 2.5V。

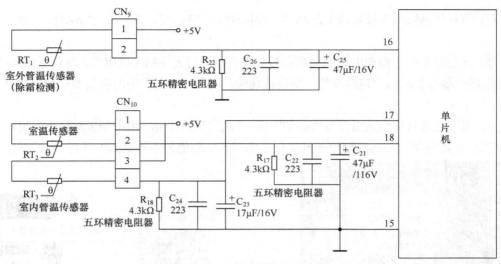

图 15-26　一种空调器的温度检测电路

本电路中的温度传感器接在电源与分压电阻之间，而有的空调器的温度传感器则接在分压电阻和地之间，对于这样的温度检测电路，温度越高，温度传感器阻值就越小，送入单片机的电压也越低。

（2）室内管温检测电路

温度传感器 RT_3、R_{18}、C_{23}、C_{24} 构成室内管温检测电路。+5V 电压经 RT_3、R_{18} 分压后，在 R_{18} 上得到一定的电压送到单片机 17 引脚，单片机根据该电压值就可了解室内热交换器的温度，如果室内热交换器温度低于 25℃，温度传感器 RT_3 的阻值大于 4.3kΩ，送入单片机 17 引脚的电压低于 2.5V。

（3）室外管温检测电路

温度传感器 RT_1、R_{22}、C_{25}、C_{26} 构成室外管温检测电路。+5V 电压经 RT_1、R_{22} 分压后，在 R_{22} 上得到一定的电压送到单片机 16 引脚，单片机根据该电压值就可知道室外热交换器的温度。

15.5　热电偶

热电偶是一种测温元件，可以将不同的温度转换成大小不同的电信号，广泛用在一些测温领域，如测温仪器仪表和冶金、石油化工、热电站、纺织和造纸等行业的测温系统中。常见的热电偶外形如图 15-27 所示。

图 15-27　常见的热电偶外形

15.5.1　热电效应与热电偶测量原理

1.热电效应

当将两个不同的导体（或半导体）两端连接起来时，如图 15-28 所示，如果结点 1 的温度 T_1 大于结点 2 的温度 T_2，那么该回路会有电动势（常称为热电势）产生，由于两导体连接构成了闭合回路，因而回路中有电流流过，这种现象称为塞贝克效应，即热电效应。两结点温差越大，回路产生的电动势越高，回路中的电流就越大。

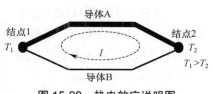

图 15-28　热电效应说明图

2.利用热电偶测量温度

在图 15-28 中，如果将结点 2 的温度 T_2 固定下来（如固定为 0℃），那么回路产生的电动势就随结点 1 的温度 T_1 变化而变化，只要测得回路电动势或电流值，就能确定结点 1 的 T_1 温度值。利用热电偶测量温度的接线如图 15-29 所示。

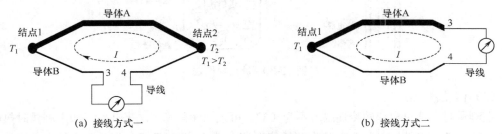

| (a) 接线方式一 | (b) 接线方式二 |

图 15-29　热电偶测量温度的两种接线方式

在图 15-29（a）接线中，导体 B 被分作两部分，中间接入导体 C（导线和电流表），只要 3、4 点的温度相同，回路的电动势大小与 3、4 点直接连接起来是一样的。在图 15-29（b）接线中，取消了结点 2，但只要 3、4 点的温度相同，回路中的电动势大小与有结点 2 是一样的。在利用热电偶测量温度时，一般使用图 15-29（b）所示的接线方式，在该方式中，3、4 称为冷端（或自由端），结点 1 称为热端，在测量温度时，将结点 1 接触被测对象。

在图 15-29（b）接线中，如果希望测量精度尽量高，则应不用导线直接将仪表接 3、4 端，但由于测量对象与测量仪表往往有较远的距离，故一般测量时常使用补偿导线来连接热电偶与测量仪表。补偿导线有两种：一种采用伸长型的与热电偶材料相同的导线；另一种采用与热电偶具有类似热电势特性的合金导线。

3.冷端温度补偿

在使用热电偶测量温度时，仪表根据热电偶产生的电动势大小来确定被测温度值，而电动势的大小与热、冷端的温度差有关，温差越大，热电偶产生的电动势就越大。为了让电动势值与温度值一一对应，通常让冷端为 0℃。

在实际测量中，冷端温度通常与环境温度一致，如 25℃左右。如果将冷端为 0℃、热端为 40℃时热电偶产生的电动势设为 E_{40}，这时仪表显示温度值应为 40℃，那么在冷端为 25℃、热端为 40℃时热电偶产生的电动势肯定小于 E_{40}，仪表显示温度值会小于 40℃，测量出现很大的偏差。为了使测量准确，需要对热电偶进行冷端温度补偿。

（1）冰浴补偿法

冰浴补偿法是指将热电偶的冷端放置在冰水混合物中，让冷端温度恒定为 0℃的补偿方法。冰浴补偿法如图 15-30 所示，补偿导线一端通过接线盒与热电偶的热端连接，另一端与铜线一端连接形成接点，该接点为冷端，它被放置在 0℃的冰水混合物中；铜线的另一端接毫伏表，用于测量热电偶产生的电动势。如果将毫伏表刻度按一定的规律标记成温度值，该装置就是温度测量装置。

在用冰浴补偿法测温时，由于冰融化很快，不能长时间让冷端保持 0℃，故该方法通常用在实验室中。

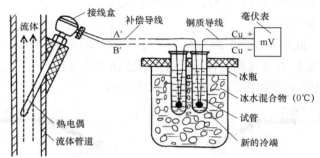

图 15-30　冰浴补偿法

（2）偏差修正法

在测量时，若热电偶的冷端温度不为 0℃，可采用偏差修正法来补偿。如果测量时热电偶热端温度为 T，冷端温度为 T_1，仪表测量值为 E_1，E_{T-T_1} 为（$T-T_1$）温差产生的电动势值，而（T_1-0）温差产生的电动势值为 E_{T_1-0}（该值可通过查相应材料热电偶的分度表来获得），那么将仪表测量值 E_{T-T_1} 加上修正值 E_{T_1-0}，所得电动势 E_{T-0} 值在仪表上所对应的值即为实际温度值。

偏差修正法有两种方式：手动修正；自动修正。手动修正法如图 15-31 所示，如果环境温度（气温）为 40℃，可调节机械校零旋钮，将表针调到 40℃位置，进行冷端温度修正。一些数字温度测量仪表通常采用自动修正方式，即自动给实测值加上冷端温度值并显示出来。

当前环境温度为40℃，可调节机械校零旋钮，
将表针调到40℃位置，进行冷端温度修正

图 15-31　手动修正法

15.5.2　结构说明

热电偶有各种各样的外形，但基本结构是一致的，图 15-32 是一种典型的热电偶组成结构。

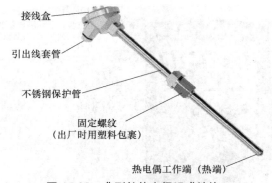

接线盒

引出线套管

不锈钢保护管

固定螺纹
（出厂时用塑料包裹）

热电偶工作端（热端）

图 15-32　典型的热电偶组成结构

15.5.3　利用热电偶配合数字万用表测量电烙铁的温度

有的数字万用表具有温度测量功能，VC890C+型数字万用表就具有该功能，它采用 K 型热电偶和温度测量挡配合可测量−40～1000℃的温度。VC890C+型数字万用表配套的 K 型热电偶（镍铬-镍硅）如图 15-33 所示，它由热端（测温端）、补偿导线和冷端组成。

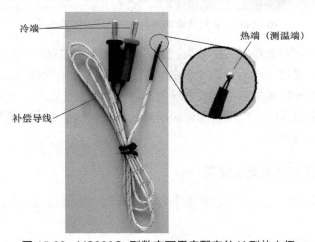

冷端

热端（测温端）

补偿导线

图 15-33　VC890C+型数字万用表配套的 K 型热电偶

下面以测一只电烙铁的温度为例来说明温度测量方法，测量操作图如图 12-34 所示。测量时将热电偶的黑插头插入"COM"孔，红插头插入"VΩ╫TEMP"孔，并将挡位开关置于"℃/℉"挡，然后将热电偶测温端接触电烙铁的烙铁头，再观察显示屏显示的数值为"0230"，则说明电烙铁烙铁头的温度为 230℃。

15.5.4　热电偶好坏的检测

热电偶是由两种不同导体焊接而成的，其一端焊接起来，另一端通过补偿导线连接测量仪表。热电偶好坏的检测可按以下两步进行。

第一步：测量热电偶的电阻。万用表拨至×1Ω 挡，红、黑表笔分别接热电偶的两根补偿导线，如果热电偶及补偿导线正常，则测得的阻值较小（几欧～几十欧）；若阻值为无穷大，则为热电偶或补偿导线开路。

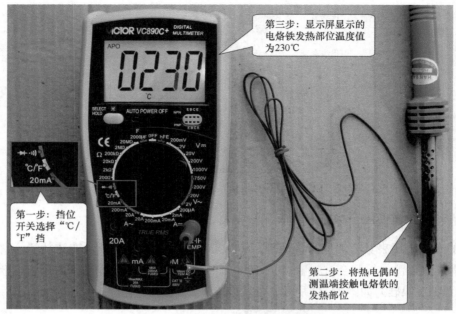

图 15-34　利用热电偶测量电烙铁温度的操作图

第二步：测量热电偶的热电转换效果。万用表拨至最小的直流电压挡，红、黑表笔分别接热电偶的两根补偿导线，然后将热电偶的热端接触温度高的物体（如烧热的铁锅），如果热电偶正常，万用表表针会指示一定的电压值，随着热端温度上升，表针指示电压值会慢慢增大，用数字万用表测量时，电压值变化较明显；如果电压值为 0，说明热电偶无法进行热电转换，热电偶损坏或失效。

15.5.5　多个热电偶连接的灵活使用

热电偶不但能单独使用，还可以将多个热电偶连接在一起使用，从而实现各种灵活的温度测量功能。

1. 测量两点间的温度差

利用热电偶测量两点间温度差的接线如图 15-35 所示，将两热电偶同性质的 B 极连接在一起，两个 A 极分别接仪表两输入端，如果一个热电偶接触 T_1 温度产生的电压为 U_{T_1}，另一个热电偶接触 T_2 温度产生的电压为 U_{T_2}，那么（$U_{T_1} - U_{T_2}$）就是（$T_1 - T_2$）温差产生的电压，它驱动仪表显示出温差值。

2. 测量多点的平均温度值

利用热电偶测量多点的平均温度值的接线如图 15-36 所示，将热电偶的 B 极全部连接到一起，再接到仪表一个输入端，各 A 极分别通过一个阻值为 R 的电阻接到仪表的另一个输入端，即将各热电偶并联起来再接仪表，仪表显示出来的为各点温度的平均值。

3. 测量多点温度之和

利用热电偶测量多点温度之和的接线如图 15-37 所示，它实际上是把各个热电偶串联起来，将各热电偶产生的电压叠加后送给仪表。

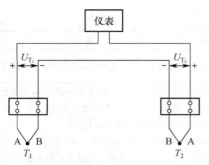

图 15-35　利用热电偶测量两点间温度差的接线

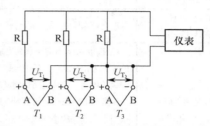

图 15-36　利用热电偶测量多点的平均温度值的接线

4．多个热电偶公用一台仪表

多个热电偶公用一台仪表的接线如图 15-38 所示，当切换开关切换到不同位置时，相应的热电偶就与仪表连接起来。

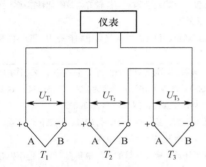

图 15-37　利用热电偶测量多点温度之和的接线

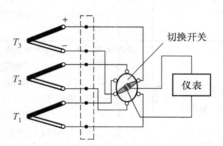

图 15-38　多个热电偶公用一台仪表的接线

15.5.6　热电偶的种类与特点

国际电工委员会（IEC）认证的标准热电偶有 8 种。8 种热电偶特点说明如表 15-3 所示。

表 15-3　8 种热电偶的特点说明

类型与材料	说　明
S 型热电偶 （铂铑 10-铂）	铂铑 10-铂热电偶为贵重金属热电偶。偶丝直径规定为 0.5mm，允许偏差-0.015mm，其正极（SP）的成分为铂铑合金，其中含铑为 10%，含铂为 90%，负极（SN）为纯铂，故俗称单铂铑热电偶。该热电偶长期最高使用温度为 1300℃，短期最高使用温度为 1600℃。 　　S 型热电偶在热电偶系列中具有准确度高、稳定性好、测温区宽、使用寿命长等优点。其物理、化学性能良好，热电势稳定性及在高温下抗氧化性能好，适用于氧化性和惰性气体中。由于 S 型热电偶具有优良的综合性能，符合国际使用温标的 S 型热电偶，曾一度作为国际温标的仪器。 　　S 型热电偶的缺点是热电势较小，灵敏度低，高温下机械强度下降，对污染非常敏感，价格昂贵。
R 型热电偶 （铂铑 13-铂）	铂铑 13-铂热电偶为贵重金属热电偶。偶丝直径规定为 0.5mm，允许偏差-0.015mm，其正极（RP）的成分为铂铑合金，其中含铑为 13%，含铂为 87%，负极（RN）为纯铂，长期最高使用温度为 1300℃，短期最高使用温度为 1600℃。 　　R 型热电偶在热电偶系列中具有准确度高、稳定性好、测温区宽、使用寿命长等优点。其物理、化学性能良好，热电势稳定性及在高温下抗氧化性能好，适用于氧化性和惰性气体中。由于 R 型热电偶的综合性能与 S 型热电偶相当，在我国一直难于推广，除在进口设备上的测温有所应用外，国内测温很少采用。据国外有关部门研究表明，R 型热电偶的稳定性和复现性比 S 型热电偶均好。

类型与材料	说　明
R 型热电偶 （铂铑 13-铂）	R 型热电偶缺点是热电势较小，灵敏度低，高温下机械强度下降，对污染非常敏感，价格昂贵
B 型热电偶 （铂铑 30-铂铑 6）	铂铑 30-铂铑 6 热电偶为贵重金属热电偶。偶丝直径规定为 0.5mm，允许偏差−0.015mm，其正极（BP）的成分为铂铑合金，其中含铑为 30%，含铂为 70%，负极（BN）为铂铑合金，含铑为 6%，故俗称双铂铑热电偶。该热电偶长期最高使用温度为 1600℃，短期最高使用温度为 1800℃。 　　B 型热电偶在热电偶系列中具有准确度高、稳定性好、测温区宽、使用寿命长、测温上限高等优点，适用于氧化性和惰性气体中，也可短期用于真空中，但不适用于还原性气体或含有金属或非金属蒸气气体中。B 型热电偶一个明显的优点是不须用补偿导线进行补偿，因为在 0～50℃ 范围内热电势小于 3μV。 　　B 型热电偶缺点是热电势较小，灵敏度低，高温下机械强度下降，对污染非常敏感，价格昂贵
K 型热电偶 （镍铬-镍硅）	镍铬-镍硅热电偶是目前用量最大的廉价金属热电偶，其用量为其他热电偶的总和。正极（KP）的成分为：Ni：Cr=90：10，负极（KN）的成分为：Ni：Si=97：3，其使用温度为−200～1300℃。 　　K 型热电偶具有线性度好、热电势较大、灵敏度高、稳定性和均匀性较好、抗氧化性能强、价格便宜等优点，能用于氧化性惰性气体中，故用户广泛采用。 　　K 型热电偶不能直接在高温下用于硫、还原性或还原、氧化交替的气体中和真空中，也不推荐在弱氧化气体中使用
N 型热电偶 （镍铬硅-镍硅）	镍铬硅-镍硅热电偶为廉价金属热电偶，是一种最新国际标准化的热电偶，它克服了 K 型热电偶在 300～500℃ 之间和 800℃ 左右的热电势不稳定的缺点。正极（NP）的成分为：Ni:Cr:Si=84.4:14.2:1.4，负极（NN）的成分为：Ni:Si:Mg=95.5:4.4:0.1，其使用温度范围为−200～1300℃。 　　N 型热电偶具有线性度好、热电势较大、灵敏度较高、稳定性和均匀性较好、抗氧化性能强、价格便宜等优点，其综合性能优于 K 型热电偶，是一种很有发展前途的热电偶。 　　N 型热电偶不能直接在高温下用于硫、还原性或还原、氧化交替的气体中和真空中，也不推荐在弱氧化气体中使用
E 型热电偶 （镍铬-铜镍）	镍铬-铜镍热电偶又称镍铬-康铜热电偶，也是一种廉价金属的热电偶，正极（EP）为镍铬 10 合金，成分与 KP 相同，负极（EN）为铜镍合金，成分为：55% 的铜、45% 的镍以及少量的锰、钴、铁等元素。该热电偶的使用温度为−200～900℃。 　　E 型热电偶的热电势在所有热电偶中最大，宜制成热电堆，测量微小的温度变化。对于高湿度气体的腐蚀不甚灵敏，宜用于湿度较高的环境。E 热电偶还具有稳定性好、抗氧化性能优于铜-康铜、铁-康铜热电偶，价格便宜等优点，能用于氧化性和惰性气体中，故用户广泛采用。 　　E 型热电偶不能直接在高温下用于硫、还原性气体中，热电势均匀性较差
J 型热电偶 （铁-铜镍）	铁-铜镍热电偶又称铁-康铜热电偶，是一种廉价金属热电偶。其正极（JP）的成分为纯铁，负极（JN）为铜镍合金（康铜），成分为：55% 的铜和 45% 的镍以及少量却十分重要的锰、钴、铁等元素，它不能用 EN 和 TN 来替换。铁-康铜热电偶的测温范围为−200～1200℃，但通常使用温度范围为 0～750℃。 　　J 型热电偶具有线性度好、热电势较大、灵敏度较高、稳定性和均匀性较好、价格便宜等优点，广为用户所采用。 　　J 型热电偶可用于真空、氧化、还原和惰性气体中，但正极铁在高温下氧化较快，故使用温度受到限制，也不能直接无保护地在高温下用于硫化气体中
T 型热电偶 （铜-铜镍）	铜-铜镍热电偶又称铜-康铜热电偶，是一种最佳的测量低温的廉价金属热电偶。其正极（TP）是纯铜，负极（TN）为铜镍合金（康铜），它与镍铬-铜镍热电偶的康铜 EN 通用，与铁-铜镍热电偶的康铜 JN 不能通用，铜-铜镍热电偶的测温范围为−200～350℃。 　　T 型热电偶具有线性度好、热电势较大、灵敏度较高、稳定性和均匀性较好、价格便宜等优点，特别适合在−200～0℃ 温度范围内使用，稳定性更好，年稳定性可小于±3μV。 　　T 型热电偶的正极铜在高温下抗氧化性能差，故使用温度上限受到限制

第16章 贴片元器件

16.1 表面贴装技术简介

SMT（Surface Mounted Technology 的缩写）意为表面组装技术（或表面贴装技术），是一种将无引脚或短引线表面组装元器件（简称片状元器件）安装在 PCB（Printed Circuit Board，印制电路板）的表面或其他基板的表面上，通过再流焊或浸焊等方法加以焊接组装的电路装连技术。

贴片元器件包括贴片元件（SMC）和贴片器件（SMD），SMC 主要包括矩形贴片元件、圆柱形贴片元件、复合贴片元件和异形贴片元件，SMD 主要包括二极管、三极管和集成电路等半导体器件。一般将 SMC 元件和 SMD 器件统称为 SMT 元器件。

16.1.1 特点

表面贴装技术是现代电子行业组装技术的主流，其主要特点如下。

① 贴装方便，易于实现自动化安装，可大幅度提高生产效率。

② 贴片元器件体积小，组装密度高，生产出来的电子产品体积小、重量轻。贴片元器件体积和重量只有传统插装元件的 1/10 左右。

③ 消耗的材料少，节省能源，可降低电子产品的成本。

④ 高频特性好，可减小电磁和射频干扰。

⑤ 由于采用自动化贴装，故焊接缺陷率低，抗振能力强，可靠性高。

16.1.2 封装规格

SMT 元器件封装规格是指外形尺寸规格，有英制和公制两种单位，英制单位为 in（英寸），公制单位为 mm（毫米），1in=25.4mm，公制规格容易看出 SMT 元器件长、宽尺寸，但实际用英制规格更为常见。SMT 元器件常见的封装规格如图 16-1 所示。

尺寸代码		长 L/mm	宽 W/mm	高 H/mm	a/mm	b/mm
英制	公制					
0201	0603	0.60±0.05	0.30±0.05	0.23±0.05	0.10±0.05	0.15±0.05
0402	1005	1.00±0.10	0.50±0.10	0.30±0.10	0.20±0.10	0.25±0.10
0603	1608	1.60±0.15	0.80±0.15	0.40±0.10	0.30±0.20	0.30±0.20
0805	2012	2.00±0.20	1.25±0.15	0.50±0.10	0.40±0.20	0.40±0.20
1206	3216	3.20±0.20	1.60±0.15	0.55±0.10	0.50±0.20	0.50±0.20
1210	3225	3.20±0.20	2.50±0.20	0.55±0.10	0.50±0.20	0.50±0.20
1812	4832	4.50±0.20	3.20±0.20	0.55±0.10	0.50±0.20	0.50±0.20
2010	5025	5.00±0.20	2.50±0.20	0.55±0.10	0.60±0.20	0.60±0.20
2512	6432	6.40±0.20	3.20±0.20	0.55±0.10	0.60±0.20	0.60±0.20

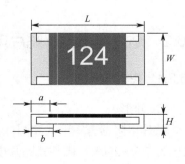

图 16-1 SMT 元器件常见的封装规格

16.1.3　手工焊接方法

SMT 元器件通常都是用机器焊接的，少量焊接时可使用手工焊接。SMT 元器件手工焊接方法如图 16-2 所示。

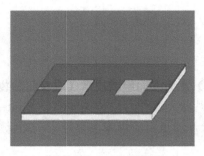

（a）电路板上的 SMT 元器件焊盘

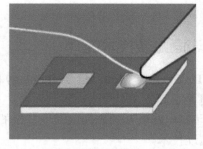

（b）在一个焊盘上用烙铁熔化焊锡（之后烙铁不要拿开）

（c）将元件一个引脚放在有熔化焊锡的焊盘上

（d）移动烙铁使焊锡在元件的引脚分布均匀

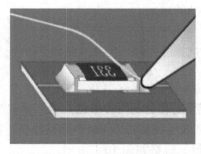

（e）将元件另一个引脚焊接在另一个焊盘上

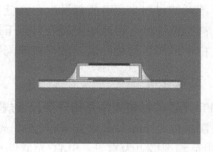

（f）SMT 元器件焊接完成

图 16-2　SMT 元器件手工焊接方法

16.2　贴片电阻器、贴片电位器与贴片熔断器

16.2.1　贴片电阻器

1．外形

贴片电阻器有矩形式和圆柱式。矩形式贴片电阻器的功率一般为 0.0315～0.125W，工作电压为 7.5～200V；圆柱式贴片电阻器的功率一般为 0.125～0.25W，工作电压为 75～100V。贴片电阻器如图 16-3 所示。

图 16-3　贴片电阻器

2. 阻值的标注与识别

贴片电阻器阻值表示有色环标注法，也有数字标注法。色环标注的贴片电阻，其阻值识读方法同普通的电阻器。**数字标注的贴片电阻器有三位和四位之分。对于三位数字标注的贴片电阻器，前两位表示有效数字，第三位表示 0 的个数；对于四位数字标注的贴片电阻器，前三位表示有效数字，第四位表示 0 的个数。**

贴片电阻器的常见标注形式如图 16-4 所示。

在生产电子产品时，贴片元件一般采用贴片机安装，为了便于机器高效安装，贴片元件通常装载在连续条带的凹坑内，凹坑由塑料带盖住并卷成盘状，图 16-5 是一盘贴片元件（几千个）。卷成盘状的贴片电阻器通常会在盘体标签上标明元件型号和有关参数。

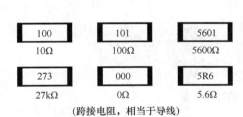

100	101	5601
10Ω	100Ω	5600Ω
273	000	5R6
27kΩ	0Ω	5.6Ω
	(跨接电阻，相当于导线)	

图 16-4　贴片电阻器的常见标注形式

图 16-5　盘状包装的贴片电阻器

3. 尺寸与功率

贴片电阻器体积小，故功率不大，一般体积越大，功率就越大。表 16-1 为矩形贴片电阻器外形尺寸与功率对照表。

表 16-1　矩形贴片电阻器外形尺寸与功率对照表

尺寸代码		外形尺寸/mm		额定功率/W
公制	英制	长 L	宽 W	
0603	0201	0.6	0.3	1/20
1005	0402	1.0	0.5	1/16 或 1/20
1608	0603	1.6	0.8	1/10
2012	0805	2.0	1.25	1/8 或 1/10
3216	1206	3.2	1.6	1/4 或 1/6
3225	1210	3.2	2.5	1/4
5025	2010	5.0	2.5	1/2
6332	2512	6.4	3.2	1

4. 标注含义

贴片电阻器各项标注的含义如表 16-2 所示。

表 16-2　贴片电阻器各项标注的含义

产品代号		型　号		电阻温度系数		阻　值		电阻值误差		包装方法	
		代号	型号	代号	温度系数 （$10^{-6}\Omega/℃$）	表示方式	阻值	代号	误差值	代号	包装方式
RC	片状 电阻器	02	0402	K	≤±100PPM/℃	E-24	前两位表示有效数字 第三位表示 0 的个数	F	±1%	T	编带包装
		03	0603	L	≤±250PPM/℃			G	±2%		
		05	0805	U	≤±400PPM/℃	E-96	前三位表示有效数字 第四位表示 0 的个数	J	±5%	B	塑料盒散包装
		06	1206	M	≤±500PPM/℃			0	跨接电阻		
示例	RC	05		K			103	J			
备注	小数点用 R 表示。例如，E-24：1R0=1.0Ω 103=10kΩ R047=0.047Ω；E-96：1003=100kΩ；跨接电阻采用 "000" 表示。										

16.2.2　贴片电位器

贴片电位器是一种阻值可以调节的元件，体积小巧，贴片电位器的功率一般为 0.1～0.25W，其阻值标注方法与贴片电阻器相同。图 16-6 列出一些贴片电位器。

图 16-6　贴片电位器

16.2.3　贴片熔断器

贴片熔断器又称贴片保险丝，是一种在电路中用作过流保护的电阻器，其阻值一般很小，当流过的电流超过一定值时，会熔断开路。贴片熔断器可分为快熔断型、慢熔断型（延时型）和可恢复型（PTC 正温度系数热敏电阻）。图 16-7 列出一些贴片熔断器

图 16-7　贴片熔断器

16.3　贴片电容器和贴片电感器

16.3.1　贴片电容器

1. 外形

贴片电容器可分为无极性电容器和有极性电容器（电解电容器）。图 16-8 是一些常见的

贴片电容器。

图 16-8　贴片电容器

2. 种类及特点

不同材料的贴片电容器有自身的一些特点，表 16-3 列出一些不同材料贴片电容器的优缺点。

表 16-3　一些不同材料贴片电容器的优缺点

类　型	极　性	优　点	缺　点
贴片 CBB 电容器	无	体积较小、高频特性好	稳定性略差
无感 CBB 电容器	无	高频特性好	耐热性能差、容量小、价格较高
贴片瓷片电容器	无	体积小、耐压高	容量低、易碎
贴片独石电容器	无	体积小、高频特性好	热稳定性较差
贴片电解电容器	有	容量大	耐压低、高频特性不好
贴片钽电容器	有	容量大、高频特性好、稳定性好	价格贵

3. 容量标注方法

贴片电容器的体积较小，故有很多电容器不标注容量。对于这类电容器，可用电容表测量，或者察看包装上的标签来识别容量。也有些贴片电容器对容量进行标注，贴片电容器常见的标注方法有直标法、数字标注法、字母与数字标注法、颜色与字母标注法。

（1）直标法

直标法是指将电容器的容量直接标出来的标注方法。体积较大的贴片有极性电容器一般采用这种方法，如图 16-9 所示。

容量为100μF，耐压为4V　　　　容量为47μF，耐压为6V
铝电解电容器　　　　　　　　　钽电解电容器

图 16-9　用直标法标注容量

（2）数字标注法

数字标注法是用三位数字来表示电容器容量的方法，该表示方法与贴片电阻器相同，前两位表示有效数字，第三位表示 0 的个数，如 820 表示 82pF，272 表示 2700pF。用数字标注法表示的容量单位为 pF。标注字符中的"R"表示小数点，如 1R0 表示 1.0pF，0R5 或 R50 均表示 0.5pF。

（3）字母与数字标注法

字母与数字标注法是采用英文字母与数字组合的方式来表示容量大小。这种标注法中的第一位用字母表示容量的有效数，第二位用数字表示有效数后面 0 的个数。字母与数字标注法的字母和数字含义如表 16-4 所示。

表 16-4　字母与数字标注法的字母和数字含义

第一位：字母				第二位：数字	
A	1	N	3.3	0	10^0
B	1.1	P	3.6	1	10^1
C	1.2	Q	3.9	2	10^2
D	1.3	R	4.3	3	10^3
E	1.5	S	4.7	4	10^4
F	1.6	T	5.1	5	10^5
G	1.8	U	5.6	6	10^6
H	2.0	V	6.2	7	10^7
I	2.2	W	6.8	8	10^8
K	2.4	X	7.5	9	10^9
L	2.7	Y	9.0		
M	3.0	Z	9.1		

图 16-10 中的几个贴片电容器就采用了字母与数字标注法，标注"B2"表示容量为 110pF，标注"S3"表示容量为 4700pF。

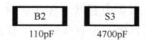

图 16-10　采用字母与数字混合标注的贴片电容器

（4）颜色与字母标注法

颜色与字母标注法是采用颜色和一位字母来标注容量大小，采用这种方法标注的容量单位为 pF。例如，蓝色与 J，表示容量为 220pF；红色与 S，表示容量为 9pF。颜色与字母标注法的颜色与字母组合代表的含义如表 16-5 所示。

表 16-5　颜色与字母标注法的颜色与字母组合代表的含义

	A	C	E	G	J	L	N	Q	S	U	W	Y
黄色	0.1											
绿色	0.01		0.015		0.022		0.033		0.047	0.056	0.068	0.082
白色	0.001		0.0015		0.0022		0.0033		0.0047	0.0056	0.0068	
红色	1	2	3	4	5	6	7	8	9			
黑色	10	12	15	18	22	27	33	39	47	56	68	82
蓝色	100	120	150	180	220	270	330	390	470	560	680	820

16.3.2　贴片电容排

电容排简称排容，是将多个电容按一定规律组合起来并封装在一起而构成的元器件。多数电容排是将多个电容器的一个引脚连到一起作为公共引脚，其余引脚正常引出。电容排应用于对元器件空间要求严格的 PCB，如笔记本电脑、手机等，特别适用于输入、输出接口电路。电容排外形如图 16-11 所示。

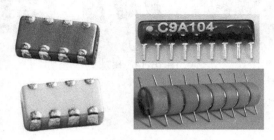

图 16-11　电容排（排容）

16.3.3　贴片电感器

1．外形

贴片电感器功能与普通电感器相同，图 16-12 是一些常见的贴片电容器。

图 16-12　贴片电感器

2．电感量的标注方法

贴片电感器的电感量标注方法与贴片电阻器基本相同，前两位表示有效数字，第三位表示 0 的个数，如果含有字母 N 或 R，均表示小数点，含字母 N 的单位为 nH，含字母 R 的单位为 μH。常见贴片电感器标注形式如图 16-13 所示。

图 16-13　常见贴片电感器标注形式

16.3.4　贴片磁珠

磁珠是一种安装在信号线、电源线上用于抑制高频噪声、尖峰干扰和吸收静电脉冲的元器件。在一些 RF（射频）电路、PLL（锁相环）、振荡电路和含超高频的存储器电路中，一般都需要在电源输入部分加磁珠。磁珠的外形如图 16-14 所示。

对于内部含导线的磁珠，只要将导线连接在线路中即可；对于不含导线的磁珠，需要将线路穿磁珠而过。磁珠等效于电阻和电感串联，其电阻值和电感值都随频率变化而变化。磁珠对直流和低频信号阻抗很小（接近 0Ω），对高频信号才有较大的阻碍作用，阻抗单位为欧姆

（Ω），一般以 100MHz 为标准，比如 600Ω/100MHz 表示该磁珠对 100MHz 信号的阻抗为 600Ω。

图 16-14   磁珠

16.4   贴片二极管

16.4.1   通用知识

1．外形

贴片二极管有矩形和圆柱形，矩形贴片二极管一般为黑色，其使用更为广泛。图 16-15 是一些常见的贴片二极管。

图 16-15   贴片二极管

2．结构

贴片二极管有单管和对管之分，单管式贴片二极管内部只有一个二极管，而对管式贴片二极管内部有两个二极管。

单管式贴片二极管一般有两个端极，标有白色横条的为负极，另一端为正极，也有一些单管式贴片二极管有三个端极，其中一个端极为空，其内部结构如图 16-16 所示。

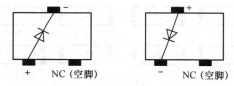

图 16-16   贴片二极管的内部结构

对管式贴片二极管根据内部两个二极管的连接方式不同，可分为共阳极对管（两个二极管正极公用）、共阴极对管（两个二极管负极公用）和串联对管，如图 16-17 所示。

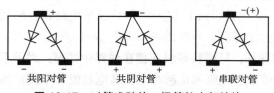

图 16-17   对管式贴片二极管的内部结构

16.4.2　贴片整流二极管和整流桥堆

整流二极管的作用是将交流电转换成直流电。普通的整流二极管（如 1N4001、1N407 等）只能对 3kHz 以下的交流电（如 50Hz、220V 的市电）进行整流，对 3kHz 以上的交流电整流要用快恢复二极管或肖特基二极管。

1. 外形

桥式整流电路是最常用的整流电路，它需要用到 4 只整流二极管，为了简化安装过程，通常将 4 只整流二极管连接成桥式整流电路并封装成一个元器件，称之为整流桥堆。贴片整流二极管和贴片整流桥堆如图 16-18 所示。

图 16-18　贴片整流二极管和贴片整流桥堆

2. 常用型号代码与参数

由于贴片二极管体积小，不能标注过多的字符，因此常用一些简单的代码来表示型号。 表 16-6 是一些常用整流二极管型号代码及主要参数，比如贴片二极管上标注代码"D7"，表示该二极管的型号为 SOD4007，相当于插脚整流二极管 1N4007。

表 16-6　常用贴片整流二极管型号代码及主要参数

代　码	对应型号	主要参数	代　码	对应型号	主要参数
24	RR264M-400	400V、0.7A	M2	4002	100V、1A
91	RR255M-400	400V、0.7A	M3	4003	200V、1A
D1	SOD4001	50V、1A	M4	4004	400V、1A
D2	SOD4002	100V、1A	M5	4005	600V、1A
D3	SOD4003	200V、1A	M6	4006	800V、1A
D4	SOD4004	400V、1A	M7	4007	1000V、1A
D5	SOD4005	600V、1A	TE25	1SR154-400	400V、1A
D6	SOD4006	800V、1A		1SR154-600	400V、1A
D7	SOD4007	1000V、1A	TR	RR274EA-400	400V、1A
M1	4001	50V、1A			

16.4.3　贴片稳压二极管

稳压二极管的作用是稳定电压。稳压二极管在使用时需要串接限流电阻，另外还需要反接，即负极接电路的高电位，正极接电路的低电位，**在选用稳压二极管时，主要考虑其功率和稳压值应满足电路的需要。**

贴片稳压二极管外形如图 16-19 所示。

图 16-19　贴片稳压二极管

16.4.4　贴片快恢复二极管

在开关电源、变频调速电路、脉冲调制解调电路、逆变电路和 UPS 电源等电路中，其工作信号频率很高，普通整流二极管无法使用，需要用到快恢复二极管。快恢复二极管具有反向恢复时间短（一般为几百纳秒），反向工作电压可达几百到一千伏，超快恢复二极管反向恢复时间更短（可达几十纳秒），可用在更高频率的电路中。

1. 外形

贴片快恢复二极管外形如图 16-20 所示，图中的 F7 快恢复二极管的最大工作电流为 1A，最高反向工作电压为 1000V；RS1J 快恢复二极管的最大工作电流为 1A，最高反向工作电压为 600V。

图 16-20　贴片快恢复二极管

2. 常用型号代码与参数

表 16-7 是一些常用贴片快恢复二极管型号及主要参数，型号中的数字表示最大正向工作电流，用字母 A、B、D、G、J、K、M 表示最高反向工作电压，用 RS、US、ES 分别表示快速、超快速和高速（反向恢复时间依次由长到短）。

表 16-7　常用贴片快恢复二极管型号及主要参数

型　号	最大正向工作电流/A	最高反向工作电压/V	反向恢复时间/ns
RS1A/F1	1	50	150
RS1B/F2	1	100	150
RS1D/F3	1	200	150
RS1G/F4	1	400	150
RS1J/F5	1	600	250
RS1K/F6	1	800	500
RS1M/F7	1	1000	500
US1A/B/D/G/J/K/M	1	50/100/200/400/600/800/1000	50（A/B/D/G） 75（J/K/M）
ES1A/B/D/G/J/K/M	1	50/100/200/400/600/800/1000	35
ES3A/B/D/G/J/K/M	3	50/100/200/400/600/800/1000	35

16.4.5　贴片肖特基二极管

肖特基二极管与快恢复二极管一样，都可用在高频电路中。由于肖特基二极管反向恢复时间更短（可达 10 纳秒以下），因此可以工作在更高频率的电路中，其工作频率为 1～3GHz，快恢复（超快恢复）二极管工作频率在 1GHz 以下。**肖特基二极管正向导通电压较普通二极管稍低，约 0.4V（电流大时该电压会略有上升）；反向工作电压也比较低，一般在 100V 以下。**肖特基二极管广泛用在自动控制、仪器仪表、通信和遥控等领域。

1. 外形

贴片肖特基二极管外形如图 16-21 所示，图中的 SS56 型肖特基二极管的最大工作电流为 5A，最高反向工作电压为 60V；B36 型肖特基二极管的最大工作电流为 3A，最高反向工作电压为 60V。

图 16-21　贴片肖特基二极管

2. 常用型号与参数

表 16-8 是一些常用贴片肖特基二极管型号及主要参数，型号中的第一个数字表示最大正向工作电流，第二个数字乘 10 表示最高反向工作电压。

表 16-8　常用贴片肖特基二极管型号及主要参数

型　号	最大正向工作电流/A	最高反向工作电压/V	型　号	最大正向工作电流/A	最高反向工作电压/V
B32（MBRS320T3）	3	20	SS24	2	40
B36（MBRS360T3）	3	60	SS26	2	60
SS12	1	20	SS28	2	80
SS14	1	40	SS210	2	100
SS16	1	60	SS34	3	40
SS18	1	80	SS36	3	60
SS110	1	100	SS54	5	40
SS22	2	20	SS510	5	100

16.4.6　贴片开关二极管

开关二极管的反向恢复时间很短，高速开关二极管（如 1N4148）反向恢复时间不大于 4ns，超高速开关二极管（如 1SS300）不大于 1.6ns。**开关二极管的反向恢复时间一般小于快恢复二极管和肖特基二极管，但它的正向工作电流小（一般在 500mA 以下），反向工作电压低（一般为几十伏），所以开关二极管不能用在大电流高电压的电路中。**

开关二极管在电路中主要用作电子开关、小电流低电压的高频电路和逻辑控制电路等领域。由于开关二极管价格便宜，所以除用作电子开关外，小电流低电压的高频整流和低频整流也可采用开关二极管。

1. 两引脚的贴片开关二极管

图 16-22 是两种常见的两引脚贴片开关二极管 1N4148（标注有型号代码"T4"）和 1SS355（标注有型号代码"A"），1N4148 采用了两种不同的封装形式。

1N4148　　　　　　　　　　　　　　　　　　1SS355

图 16-22　两种常见的两引脚贴片开关二极管

2. 三引脚的贴片开关二极管

三引脚的贴片开关二极管内部有两个开关二极管，图 16-23 是几种常见的三引脚贴片开关二极管外形与内部电路结构，型号为 BAW56 的贴片二极管的标注代码为"A1"。

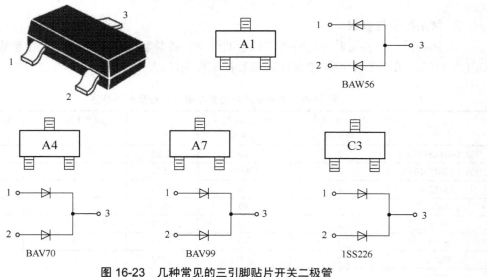

图 16-23　几种常见的三引脚贴片开关二极管

16.4.7　贴片发光二极管

发光二极管主要用作指示灯和照明，大量的发光二极管组合在一起还可以构成显示屏。发光二极管的发光颜色主要有白、红、黄、橙、绿和蓝等。普通亮度的发光二极管一般用作指示灯，大功率高亮发光二极管多用作照明光源。

1. 外形

图 16-24 是几种常见的贴片发光二极管。

图 16-24　几种常见的贴片发光二极管

2. 常用规格及主要参数

贴片发光二极管的规格主要有 0603、0805、1206、1210、3020、5050，其主要参数如表 16-9 所示。

表 16-9　常用规格贴片发光二极管的主要参数

产品规格	正向电压/V	亮度/mcd	最大工作电流/mA	产品规格	正向电压/V	亮度/mcd	最大工作电流/mA
0603（红色）	1.8～2.4	100～150		1210（红色）	1.8～2.4	400～500	
0603（黄色）	1.8～2.4	120～180		1210（黄色）	1.8～2.4	450～500	
0603（蓝色）	2.8～3.6	350～400		1210（蓝色）	2.8～3.6	600～750	
0603（绿色）	2.8～3.6	400～500		1210（绿色）	2.8～3.6	850～1200	
0603（白色）	2.8～3.6	300～500		1210（白色）	2.8～3.6	850～1200	
0805（红色）	1.8～2.4	150～300		3020（红色）	1.8～2.4	450～550	20
0805（黄色）	1.8～2.4	180～350		3020（黄色）	1.8～2.4	400～650	
0805（蓝色）	2.8～3.6	450～600	20	3020（蓝色）	2.8～3.6	800～1300	
0805（绿色）	2.8～3.6	550～700		3020（翠绿色）	2.8～3.6	1200～2200	
0805（白色）	2.8～3.6	450～600		3020（白色）	2.8～3.6	1000～2000	
1206（红色）	1.8～2.4	300～450		3020（暖白）	2.8～3.6	800～1600	
1206（黄色）	1.8～2.4	380～500		5050（白色）	2.8～3.6	3000～5000	
1206（蓝色）	2.8～3.6	550～700		5050（暖白）	2.8～3.6	2500～4500	60
1206（绿色）	2.8～3.6	650～900		5050（红色）	1.8～2.4	900～1200	
1206（白色）	2.8～3.6	650～900		5050（蓝色）	2.8～3.6	2000～3000	

16.5　贴片三极管

16.5.1　外形

图 16-25 是一些常见的贴片三极管实物外形。

图 16-25　贴片三极管

16.5.2　引脚极性规律与内部结构

贴片三极管有 C、B、E 三个端极。对于图 16-26（a）所示单列贴片三极管，正面朝上，粘贴面朝下，从左到右依次为 B、C、E 极。对于图 16-26（b）所示双列贴片三极管，正面朝上，粘贴面朝下，单端极为 C 极，双端极左为 B 极，右为 E 极。

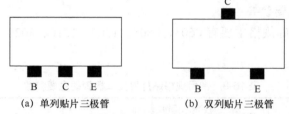

（a）单列贴片三极管　　　　　（b）双列贴片三极管

图 16-26　贴片三极管引脚排列规律

与普通三极管一样，贴片三极管也有 NPN 型和 PNP 型之分，这两种类型的贴片三极管内部结构如图 16-27 所示。

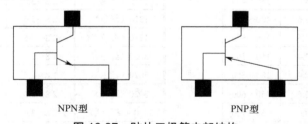

图 16-27　贴片三极管内部结构

16.5.3　标注代码与对应型号

贴片三极管的型号一般是通过在表面标注代码来表示的。常用贴片三极管标注代码与对应型号如表 16-10 所示，常用贴片三极管主要参数如表 16-11 所示。

表 16-10　常用贴片三极管标注代码与对应型号

标注代码	对应型号	标注代码	对应型号	标注代码	对应型号
1T	S9011	M6	S9015	2TY	S8550
2T	S9012	Y6	S9016	Y1	C8050
J3	S9013	J8	S9018	Y2	C8550
J6	S9014	J3Y	S8050	HF	2SC1815

标注代码	对应型号	标注代码	对应型号	标注代码	对应型号
BA	2SA1015	V3	2N2113	1E	BC847A
CR	2SC945	V4	2N2211	1F	BC847B
CS	2SA733	V5	2N2212	1G	BC847C
1P	2N2222	V6	2N2213	1J	BC848A
1AM	2N3904	R23	2SC3359	1K	BC848B
2A	2N3906	AD	2SC3838	1L	BC848C
1D	BTA42	5A	BC807-16	3A	BC856A
2D	BTA92	5B	BC807-25	3B	BC856B
2L	2N5401	5C	BC807-40	3E	BC857A
G1	2N5551	6A	BC817-16	3F	BC857B
702	2N7002	6B	BC817-25	3J	BC858A
V1	2N2111	1A	BC846A	3K	BC858B
V2	2N2112	1B	BC846B	3L	BC858C

表 16-11　常用贴片三极管主要参数

型　号	最大电流/A	最高电压/V	标注代码	类　型
S9011	0.03	30	1T	PNP
S9012	0.5	25	2T	PNP
S9013	0.5	25	J3	NPN
S9014	0.1	45	J6	NPN
S9015	0.1	45	M6	PNP
S9016	0.03	30	Y6	NPN
S9018	0.05	30	J8	NPN
S8050	0.5	25	J3Y	NPN
S8550	0.5	25	2TY	PNP
A1015	0.15	50	BA	PNP
C1815	0.15	50	HF	NPN
MMBT3904	0.2	40	1AM	NPN
MMBT3906	0.2	40	2A	PNP
MMBTA42	0.3	300	1D	NPN
MMBTA92	0.2	300	2D	PNP
MMBT5551	0.6	180	G1	NPN
MMBT5401	0.6	180	2L	PNP

第17章 基础电子电路

17.1 放大电路

三极管是一种具有放大功能的电子元器件，但单独的三极管是无法放大信号的，**只有给三极管提供电压，让它导通才具有放大能力**。为三极管提供导通所需的电压，使三极管具有放大能力的简单放大电路通常称为基本放大电路，又称偏置放大电路。常见的基本放大电路有固定偏置放大电路、电压负反馈放大电路和分压式电流负反馈放大电路。

17.1.1 固定偏置放大电路

固定偏置放大电路是一种最简单的放大电路。固定偏置放大电路如图 17-1 所示，其中，图 17-1（a）为由 NPN 型三极管构成的固定偏置放大电路，图 17-1（b）为由 PNP 型三极管构成的固定偏置放大电路。它们都由三极管 VT 和电阻 R_b、R_c 组成，R_b 称为偏置电阻，R_c 称为负载电阻。接通电源后，有电流流过三极管 VT，VT 就会导通而具有放大能力。下面以图 17-1（a）为例来分析固定偏置放大电路。

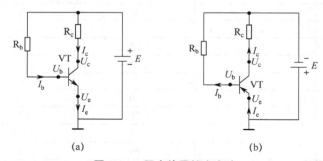

图 17-1 固定偏置放大电路

（1）电流关系

接通电源后，从电源 E 正极流出电流，分为两路：一路电流经电阻 R_b 流入三极管 VT 基极，再通过 VT 内部的发射结从发射极流出；另一路电流经电阻 R_c 流入 VT 的集电极，再通过 VT 内部从发射极流出；两路电流从 VT 的发射极流出后汇合成一路电流，再流到电源的负极。

三极管三个极分别有电流流过，其中流经基极的电流称为 I_b 电流，流经集电极的电流称为 I_c 电流，流经发射极的电流称为 I_e 电流。这些电流的关系有

$$I_b + I_c = I_e$$
$$I_c = I_b \beta \text{（}\beta \text{ 为三极管 VT 的放大倍数）}$$

（2）电压关系

接通电源后，电源为三极管各个极提供电压，电源正极电压经 R_c 降压后为 VT 提供集电

极电压 U_c，电源经 R_b 降压后为 VT 提供基极电压 U_b，电源负极电压直接加到 VT 的发射极，发射极电压为 U_e。电路中 R_b 较 R_c 大很多，所以三极管 VT 的三个极的电压关系有

$$U_c>U_b>U_e$$

在放大电路中，三极管的 I_b（基极电流）、I_c（集电极电流）和 U_{ce}（集–射极之间的电压，$U_{ce}=U_c-U_e$）称为静态工作点。

（3）三极管内部两个 PN 结的状态

图中的三极管 VT 为 NPN 型三极管，它内部有两个 PN 结，集电极和基极之间有一个 PN 结，称为集电结；发射极和基极之间有一个 PN 结，称为发射结。因为 VT 的三个极的电压关系是 $U_c>U_b>U_e$，所以 VT 内部两个 PN 结的状态是：发射结正偏（PN 结可相当于一个二极管，P 极电压高于 N 极电压时称为 PN 结电压正偏），集电结反偏。

综上所述，**三极管处于放大状态时具有的特点是：**

① $I_b+I_c=I_e$，$I_c=I_b\beta$；

② $U_c>U_b>U_e$（NPN 型三极管）；

③ 发射结正偏导通，集电结反偏。

以上分析的是 NPN 型三极管固定偏置放大电路，读者可根据上面的方法来分析图 17-1（b）中的 PNP 型三极管固定偏置放大电路。

固定偏置放大电路结构简单，但当三极管温度上升引起静态工作点发生变化时（如环境温度上升，三极管内半导体导电能力增强，会使 I_b、I_c 电流增大），电路无法使静态工作点恢复正常，从而会导致三极管工作不稳定，所以固定偏置放大电路一般用在要求不高的电子设备中。

17.1.2　电压负反馈放大电路

1. 关于反馈

所谓**反馈是指从电路的输出端取一部分电压（或电流）反送到输入端。如果反送的电压（或电流）使输入端电压（或电流）减弱，即起抵消作用，这种反馈称为"负反馈"；如果反送的电压（或电流）使输入端电压（或电流）增强，这种反馈称为"正反馈"。**反馈放大电路的组成如图 17-2 所示。

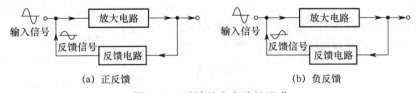

(a) 正反馈　　　　　　　　　(b) 负反馈

图 17-2　反馈放大电路的组成

在图 17-2（a）中，输入信号经放大电路放大后分为两路：一路去后级电路，另一路经反馈电路反送到输入端。从图中可以看出，反馈信号与输入信号相位相同，反馈信号会增强输入信号，所以该反馈电路为正反馈。在图 17-2（b）中，反馈信号与输入信号相位相反，反馈信号会削弱输入信号，所以该反馈电路为负反馈。负反馈电路常用来稳定放大电路的静态工作点，即稳定放大电路的电压和电流，正反馈常与放大电路组合构成振荡器。

2. 电压负反馈放大电路

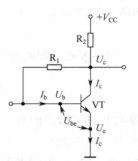

图 17-3　电压负反馈放大电路

电压负反馈放大电路如图 17-3 所示。

电压负反馈放大电路的电阻 R_1 除了可以为三极管 VT 提供基极电流 I_b 外，还能将输出信号的一部分反馈到 VT 的基极（即输入端），由于基极与集电极是反相关系，故反馈为负反馈。

负反馈电路的一个非常重要的特点就是可以稳定放大电路的静态工作点，下面分析图 17-3 电压负反馈放大电路静态工作点的稳定过程。

由于三极管是半导体元件，它具有热敏性，所以当环境温度上升时，它的导电性增强，I_b、I_c 电流会增大，从而导致三极管工作不稳定，整个放大电路工作也不稳定，而负反馈电阻 R_1 可以稳定 I_b、I_c 电流。R_1 稳定电路工作点过程如下。

当环境温度上升时，三极管 VT 的 I_b、I_c 电流增大→流过 R_2 的电流 I 增大（$I=I_b+I_c$，I_b、I_c 电流增大，I 就增大）→R_2 两端的电压 U_{R_2} 增大（$U_{R_2}=IR_2$，I 增大，R_2 不变，U_{R_2} 增大）→VT 的 c 极电压 U_c 下降（$U_c=V_{CC}-U_{R_2}$，U_{R_2} 增大，V_{CC} 不变，U_c 就减小）→VT 的 b 极电压 U_b 下降（U_b 由 U_c 经 R_1 降压获得，U_c 下降，U_b 也会跟着下降）→I_b 减小（U_b 下降，VT 发射结两端的电压 U_{be} 减小，流过的 I_b 电流就减小）→I_c 也减小（$I_c=I_b\beta$，I_b 减小，β 不变，故 I_c 减小）→I_b、I_c 减小恢复到正常值。

由此可见，电压负反馈放大电路由于 R_1 的负反馈作用，使放大电路的静态工作点得到稳定。

17.1.3　分压式电流负反馈放大电路

分压式偏置放大电路是一种应用最为广泛的放大电路，这主要是它能有效克服固定偏置放大电路无法稳定静态工作点的缺点。分压式偏置放大电路如图 17-4 所示，R_1 为上偏置电阻，R_2 为下偏置电阻，R_3 为负载电阻，R_4 为发射极电阻。

（1）电流关系

接通电源后，电路中有 I_1、I_2、I_b、I_c、I_e 电流产生，各电流的流向如图所示。不难看出，这些电流有以下关系：

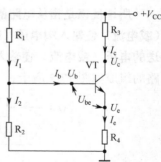

图 17-4　分压式偏置放大电路

$$I_2+I_b=I_1$$
$$I_b+I_c=I_e$$
$$I_c=I_b\beta$$

（2）电压关系

接通电源后，电源为三极管各个极提供电压，$+V_{CC}$ 电源经 R_c 降压后为 VT 提供集电极电压 U_c，$+V_{CC}$ 经 R_1、R_2 分压为 VT 提供基极电压 U_b，I_e 电流在流经 R_4 时，在 R_4 上得到电压 U_{R_4}，U_{R_4} 大小与 VT 的发射极电压 U_e 相等。图中的三极管 VT 处于放大状态，U_c、U_b、U_e 三个电压满足以下关系：

$$U_c > U_b > U_e$$

（3）三极管内部两个 PN 结的状态

由于 $U_c > U_b > U_e$，其中 $U_c > U_b$ 使 VT 的集电结处于反偏状态，$U_b > U_e$ 使 VT 的发射结处于正偏状态。

（4）静态工作点的稳定

与固定偏置放大电路相比，分压式偏置电路最大的优点是具有稳定静态工作点的功能。分压式偏置放大电路静态工作点稳定过程分析如下。

当环境温度上升时，三极管内部的半导体材料导电性增强，VT 的 I_b、I_c 电流增大→流过 R_4 的电流 I_e 增大（$I_e = I_b + I_c$，I_b、I_c 电流增大，I_e 就增大）→R_4 两端的电压 U_{R_4} 增大（$U_{R_4} = I_e R_4$，R_4 不变，I_e 增大，U_{R_4} 也增大）→VT 的 e 极电压 U_e 上升（$U_e = U_{R_4}$）→VT 的发射结两端的电压 U_{be} 下降（$U_{be} = U_b - U_e$，U_b 基本不变，U_e 上升，U_{be} 下降）→I_b 减小→I_c 也减小（$I_c = I_b \beta$，β 不变，I_b 减小，I_c 也减小）→I_b、I_c 减小恢复到正常值，从而稳定了三极管的 I_b、I_c 电流。

17.1.4　交流放大电路

放大电路具有放大能力，若给放大电路输入交流信号，它就可以对交流信号进行放大，然后输出幅度大的交流信号。**为了使放大电路能以良好的效果放大交流信号，并能与其他电路很好连接，通常要给放大电路增加一些耦合、隔离和旁路元件，这样的电路常称为交流放大电路。** 图 17-5 是一种典型的交流放大电路。

在图 17-5 中，电阻 R_1、R_2、R_3、R_4 与三极管 VT 构成分压式偏置放大电路；C_1、C_2 称作耦合电容，C_1、C_2 容量较大，对交流信号阻碍很小，交流信号很容易通过 C_1、C_2，C_1 用来将输入端的交流信号传送到 VT 的基极，C_2 用来将 VT 集电极输出的交流信号传送给负载 R_L，C_1、C_2 除了起传送交流信号外，还起隔直作用，所以 VT 基极直流电压无法通过 C_1 到输入端，VT 集电极直流电压无法通过 C_3 到负载 R_L；C_2 称作交流旁路电容，可以提高放大电路的放大能力。

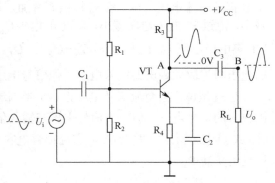

图 17-5　典型的交流放大电路

（1）直流工作条件

因为三极管只有在满足了直流工作条件后才具有放大能力，所以分析一个放大电路首先要分析它能否为三极管提供直流工作条件。

三极管要工作在放大状态，需满足的直流工作条件主要有：①有完整的 I_b、I_c、I_e 电流途径；②能提供 U_c、U_b、U_e 电压；③发射结正偏导通，集电结反偏。 这三个条件具备了，三极管才具有放大能力。一般情况下，如果三极管 I_b、I_c、I_e 电流在电路中有完整的途径就可认为它具有放大能力，因此以后在分析三极管的直流工作条件时，一般分析三极管的 I_b、I_c、I_e 电流途径就可以了。

VT 的 I_b 电流流经途径是：电源 V_{CC} 正极→电阻 R_1→VT 的 b 极→VT 的 e 极；

VT 的 I_c 电流流经途径是：电源 V_{CC} 正极→电阻 R_3→VT 的 c 极→e 极；

VT 的 I_e 电流流经途径是：VT 的 e 极→R_4→地（即电源 V_{CC} 的负极）。

下面的电流流程图可以更直观地表示各电流的关系：

从上面分析可知，三极管 VT 的 I_b、I_c、I_e 电流在电路中有完整的途径，所以 VT 具有放大能力。试想一下，如果 R_1 或 R_3 开路，三极管 VT 有无放大能力？为什么？

（2）交流信号处理过程

满足了直流工作条件后，三极管具有了放大能力，就可以放大交流信号。图 17-5 中的 U_i 为小幅度的交流信号电压，它通过电容 C_1 加到三极管 VT 的 b 极。

当交流信号电压 U_i 为正半周时，U_i 极性上正下负，上正电压经 C_1 送到 VT 的 b 极，与 b 极的直流电压（V_{CC} 经 R_1 提供）叠加，使 b 极电压上升，VT 的 I_b 电流增大，I_c 电流也增大，流过 R_3 的 I_c 电流增大，R_3 上的电压 U_{R_3} 也增大（$U_{R_3}=I_cR_3$，因 I_c 增大，故 U_{R_3} 增大），VT 集电极电压 U_c 下降（$U_c=V_{CC}-U_{R_3}$，U_{R_3} 增大，故 U_c 下降），即 A 点电压下降，该下降的电压即为放大输出的信号电压，但信号电压被倒相 180°，变成负半周信号电压。

当交流信号电压 U_i 为负半周时，U_i 极性上负下正，上负电压经 C_1 送到 VT 的 b 极，与 b 极的直流电压（V_{CC} 经 R_1 提供）叠加，使 b 极电压下降，VT 的 I_b 电流减小，I_c 电流也减小，流过 R_3 的 I_c 电流减小，R_3 上的电压 U_{R_3} 也减小（$U_{R_3}=I_cR_3$，因 I_c 减小，故 U_{R_3} 减小），VT 集电极电压 U_c 上升（$U_c=V_{CC}-U_{R_3}$，U_{R_3} 减小，故 U_c 上升），即 A 点电压上升，该上升的电压即为放大输出的信号电压，但信号电压也被倒相 180°，变成正半周信号电压。

也就是说，当交流信号电压正、负半周送到三极管基极，经三极管放大后，从集电极输出放大的信号电压，但输出信号电压与输入信号电压相位相反。三极管集电极输出信号电压（即 A 点电压）始终大于 0V，它经耦合电容 C_3 隔离掉直流成分后，在 B 点得到交流信号电压送给负载 R_L。

17.2 谐振电路

谐振电路是一种由电感和电容构成的电路，故又称为 LC 谐振电路。谐振电路在工作时会表现出一些特殊的性质，这使它得到广泛应用。**谐振电路分为串联谐振电路和并联谐振电路。**

17.2.1 串联谐振电路

1. 电路分析

电容和电感头尾相连，并与交流信号连接在一起就构成了串联谐振电路。串联谐振电路如图 17-6 所示，其中 U 为交流信号，C 为电容，L 为电感，R 为电感 L 的直流等效电阻。

为了分析串联谐振电路的性质，将一个电压不变、频率可调的交流信号电压 U 加到串联谐振电路两端，再在电路中串接一个交流电流表，如图 17-7 所示。

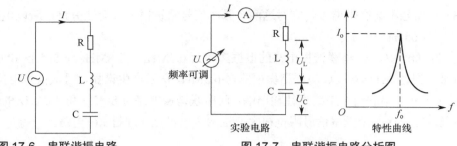

图 17-6　串联谐振电路　　　　　　　图 17-7　串联谐振电路分析图

让交流信号电压 U 始终保持不变，而将交流信号频率由零慢慢调高，在调节交流信号频率的同时观察电流表，结果发现电流表指示电流先慢慢增大，当增大到某一值再将交流信号频率继续调高时，会发现电流又逐渐开始下降，这个过程可用图 17-7 所示特性曲线表示。

在串联谐振电路中，当交流信号频率为某一频率值（f_0）时，电路出现最大电流的现象称为串联谐振现象，简称串联谐振，这个频率称为谐振频率，用 f_0 表示，谐振频率 f_0 的大小可用下面公式来计算：

$$f_0 = \frac{1}{2\pi\sqrt{LC}}$$

2. 电路特点

串联谐振电路在谐振时的特点主要有：

① 谐振时，电路中的电流最大，此时 LC 元件串在一起就像一只阻值很小的电阻，即串联谐振电路谐振时总阻抗最小（电阻、容抗和感抗统称为阻抗，用 Z 表示，阻抗单位为欧姆）。

② 谐振时，电路中电感上的电压 U_L 和电容上的电压 U_C 都很高，往往比交流信号电压 U 大很多倍（$U_L=U_C=QU$，Q 为品质因素，$Q = \dfrac{2f\pi L}{R}$），**因此串联谐振电路又称电压谐振。**

谐振时，U_L 与 U_C 在数值上相等，但两电压的极性相反，故两电压之和（U_L+U_C）却近似为零。

3. 应用举例

串联谐振电路的应用如图 17-8 所示。

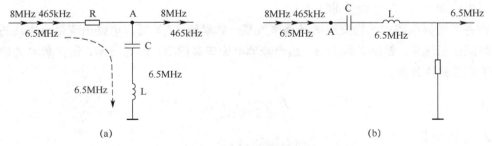

图 17-8　串联谐振电路的应用

在图 17-8（a）中，L、C 元件构成串联谐振电路，其谐振频率为 6.5MHz。当 8MHz、6.5MHz 和 465kHz 三个频率信号到达 A 点时，LC 串联谐振电路对 6.5MHz 信号产生谐振，对该信号阻抗很小，6.5MHz 信号经 LC 串联谐振电路旁路到地，而串联谐振电路对 8MHz

和 465kHz 的信号不会产生谐振，它对这两个频率信号阻抗很大，无法旁路，所以电路输出 8MHz 信号和 465kHz 信号。

在图 17-8（b）中，LC 串联谐振电路的谐振频率为 6.5MHz。当 8MHz、6.5MHz 和 465kHz 三个频率信号到达 A 点时，LC 串联谐振电路对 6.5MHz 信号产生谐振，对该信号阻抗很小，6.5MHz 信号经 LC 串联谐振电路送往输出端，而串联谐振电路对 8MHz 和 465kHz 的信号不会产生谐振，它对这两个频率信号阻抗很大，这两个信号无法通过 LC 电路。

17.2.2　并联谐振电路

1. 电路分析

电容和电感头头相连、尾尾相接与交流信号连接起来就构成了并联谐振电路。并联谐振电路如图 17-9 所示，其中，U 为交流信号电压，C 为电容，L 为电感，R 为电感 L 的直流等效电阻。

为了分析并联谐振电路的性质，将一个电压不变、频率可调的交流信号电压加到并联谐振电路两端，再在电路中串接一个交流电流表，如图 17-10 所示。

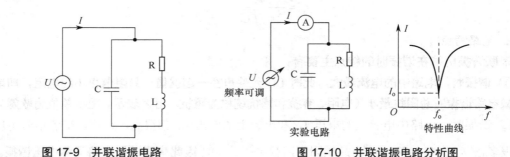

图 17-9　并联谐振电路　　　　　图 17-10　并联谐振电路分析图

让交流信号电压 U 始终保持不变，将交流信号频率从 0 开始慢慢调高，在调节交流信号频率的同时观察电流表，结果发现电流表指示电流开始很大，随着交流信号的频率逐渐调高电流慢慢减小，当电流减小到某一值时再将交流信号频率继续调高时，发现电流又逐渐上升，该过程可用图 17-10 所示特性曲线表示。

在并联谐振电路中，当交流信号频率为某一频率值（f_0）时，电路出现最小电流的现象称为并联谐振现象，简称并联谐振，这个频率称为谐振频率，用 f_0 表示，谐振频率 f_0 的大小可用下面公式来计算：

$$f_0 = \frac{1}{2\pi\sqrt{LC}}$$

2. 电路特点

并联谐振电路谐振时的特点如下。

① 谐振时，电路中的总电流 I 最小，此时 L、C 元件并在一起就相当于一个阻值很大的电阻，即并联谐振电路谐振时总阻抗最大。

② 谐振时，流过电容支路的电流 I_C 和流过电感支路电流 I_L 比总电流 I 大很多倍，故并

联谐振又称为**电流谐振**。其中，I_C 与 I_L **数值相等**，I_C 与 I_L 在 **LC 支路构成回路，不会流过主干路**。

3. 应用举例

并联谐振电路的应用如图 17-11 所示。

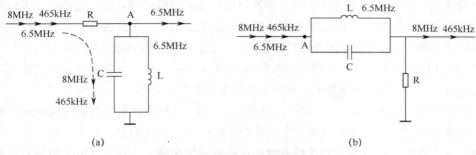

(a)　　　　　　　　　　　　　　　(b)

图 17-11　并联谐振电路的应用

在图 17-11（a）中，L、C 元件构成并联谐振电路，其谐振频率为 6.5MHz。当 8MHz、6.5MHz 和 465kHz 三个频率信号到达 A 点时，LC 并联谐振电路对 6.5MHz 信号产生谐振，对该信号阻抗很大，6.5MHz 信号不会被 LC 电路旁路到地，而并联谐振电路对 8MHz 和 465kHz 的信号不会产生谐振，它对这两个频率信号阻抗很小，这两个信号经 LC 电路旁路到地，所以电路输出 6.5MHz 信号。

在图 17-11（b）中，LC 并联谐振电路的谐振频率为 6.5MHz。当 8MHz、6.5MHz 和 465kHz 三个频率信号到达 A 点时，LC 并联谐振电路对 6.5MHz 信号产生谐振，对该信号阻抗很大，6.5MHz 信号无法通过 LC 并联谐振电路，而并联谐振电路对 8MHz 和 465kHz 信号不会产生谐振，它对这两个频率信号阻抗很小，这两个信号很容易通过 LC 电路去输出端。

17.3　振荡器

振荡器是一种产生交流信号的电路。 只要提供直流电源，振荡器可以产生各种频率的信号，因此振荡器是一种直流–交流转换电路。

17.3.1　振荡器组成与原理

振荡器由放大电路、选频电路和正反馈电路三部分组成。 振荡器组成如图 17-12 所示。

接通电源后，放大电路获得供电开始导通，导通时电流有一个从无到有的变化过程，该变化的电流中包含有微弱的 $0 \sim \infty$Hz 各种频率信号。这些信号输出并送到选频电路，选频电路从中选出频率为 f_0 的信号，f_0 信号经正反馈电路反馈到放大电路的输入端，放大后输出幅度较大的 f_0 信号，f_0 信号又经选频电路选出，再通过正反馈电路反馈到放大

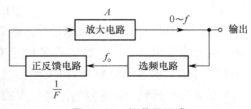

图 17-12　振荡器组成

电路输入端进行放大，然后输出幅度更大的 f_o 信号，接着又选频、反馈和放大，如此反复，放大电路输出的 f_o 信号越来越大。随着 f_o 信号不断增大，由于三极管非线性原因（即三极管输入信号达到一定幅度时，放大能力会下降，幅度越大，放大能力下降越多），因此放大电路的放大倍数 A 会自动不断减小。

因为放大电路输出的 f_o 信号不会全部都反馈到放大电路的输入端，而是经反馈电路衰减了再送到放大电路输入端，设反馈电路反馈衰减倍数为 $1/F$，在振荡器工作后，放大电路的放大倍数 A 不断减小，当放大电路的放大倍数 A 与反馈电路的衰减倍数 $1/F$ 相等时，输出的 f_o 信号幅度不会再增大。例如 f_o 信号被反馈电路衰减到原来的 1/10 倍，再反馈到放大电路放大 10 倍，输出的 f_o 信号不会变化，电路输出幅度稳定的 f_o 信号。

从上述分析不难看出，一个振荡电路由放大电路、选频电路和正反馈电路组成，放大电路的功能是对微弱的信号进行反复放大，选频电路的功能是选取某一频率信号，正反馈电路的功能是不断将放大电路输出的某频率信号反送到放大电路输入端，使放大电路输出的信号不断增大。

17.3.2 变压器反馈式振荡器

振荡电路种类很多，下面介绍一种典型的振荡器——变压器反馈式振荡器。变压器反馈式振荡器采用变压器构成反馈和选频电路，如图 17-13 所示，图中的三极管 VT 和电阻 R_1、R_2、R_3 等元件构成放大电路；L_1、C_1 构成选频电路，其频率为 $f_o = \dfrac{1}{2\pi\sqrt{L_1 C_1}}$，变压器 T_1 的 L_2 线圈和电容 C_3 构成反馈电路。

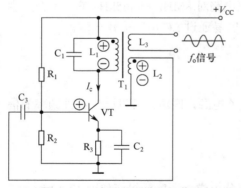

图 17-13　变压器反馈式振荡器

（1）反馈类型的判别

假设三极管 VT 基极电压上升（图中用"+"表示），集电极电压会下降（图中用"−"表示），变压器 T_1 的线圈 L_1 下端电压下降，L_1 的上端电压上升（电感两端电压极性相反），由于同名端的缘故，线圈 L_2 的上端电压上升，L_2 上端上升的电压经 C_3 反馈到 VT 的基极，反馈电压与假设的输入电压变化相同，故该反馈为正反馈。

（2）电路振荡过程

接通电源后，三极管 VT 导通，有 I_c 电流经线圈 L_1 流过 VT，I_c 是一个变化的电流（由小到大），它包含着微弱的 $0\sim\infty$Hz 各种频率信号，因为 L_1、C_1 构成的选频电路频率为 f_o，它从 $0\sim\infty$Hz 这些信号中选出 f_o 信号，选出后在 L_1 上有 f_o 信号电压（其他频率信号在 L_1 上没有电压或电压很低），L_1 上的 f_o 信号感应到 L_2 上，L_2 上的 f_o 信号再通过电容 C_3 耦合到三极管 VT 的基极，放大后从集电极输出，选频电路将放大的信号选出，在 L_1 上有更高的 f_o 信号电压，该信号又感应到 L_2 上再反馈到 VT 的基极，如此反复进行，VT 输出的 f_o 信号幅度越来越大，反馈到 VT 基极的 f_o 信号也越来越大。随着反馈信号逐渐增大，三极管 VT 的放大倍数 A 不断减小，当放大电路的放大倍数 A 与反馈电路的衰减倍数 $1/F$（主要由 L_1 与 L_2 的匝数比决定）相等时，三极管 VT 输出送到 L_1 上的 f_0 信号电压不能再增大，L_1 上稳定的 f_0 信号电压感应到线圈 L_3 上，送给需要 f_0 信号的电路。

17.4　电源电路

电路工作时需要提供电源，电源是电路工作的动力。电源的种类很多，如干电池、蓄电池和太阳能电池等，但最常见的电源则是 220V 的交流市电。大多数电子设备供电都来自 220V 交流市电，不过这些电器内部电路真正需要的是直流电压。为了解决这个矛盾，电子设备内部通常都设有电源电路，其任务是将 220V 交流电压转换成很低的直流电压，再供给内部各个电路。

17.4.1　电源电路的组成

电源电路通常是由整流电路、滤波电路和稳压电路组成的。电源电路的组成框图如图 17-14 所示。

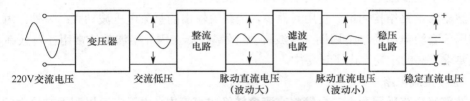

图 17-14　电源电路的组成框图

220V 的交流电压先经变压器降压，得到较低的交流电压，交流低压再由整流电路转换成脉动直流电压，该脉冲直流电压的波动很大（即电压时大时小，变化幅度很大），它经滤波电路平滑后波动变小，然后经稳压电路进一步稳压，得到稳定的直流电压，供给其他电路作为直流电源。

17.4.2　整流电路

整流电路的功能是将交流电转换成直流电。整流电路主要有半波整流电路、全波整流电路和桥式整流电路等。

1. 半波整流电路

半波整流电路采用一个二极管将交流电转换成直流电，它只能利用到交流电的半个周期，故称为半波整流。半波整流电路及电压波形如图 17-15 所示。

图 17-15（a）为半波整流电路，图 17-15（b）为电路中有关电压的波形。220V 交流电压送到变压器 T_1 初级线圈 L_1 两端，L_1 两端的交流电压 U_1 的波形如图 17-5（b）所示，该电压感应到次级线圈 L_2 上，在 L_2 上得到图 17-5（b）所示的较低的交流电压 U_2。当 L_2 上的交流电压 U_2 为正半周时，U_2 的极性是上正下负，二极管 VD 导通，有电流流过二极管和电阻 R_L，电流方向是：U_2 上正→VD→R_L→U_2 下负；当 L_2 上的交流电压 U_2 为负半周时，U_2 电压的极性是上负下正，二极管截止，无电流流过二极管 VD 和电阻 R_L。如此反复工作，在电阻

R_L 上会得到图 17-15（b）所示脉动直流电压 U_L。

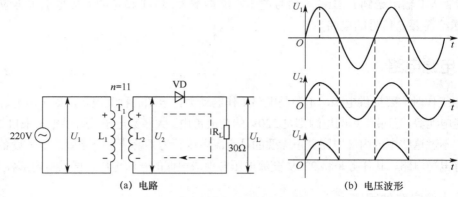

(a) 电路　　　　　　　　(b) 电压波形

图 17-15　半波整流电路及电压波形

从上面分析可以看出，半波整流电路只能在交流电压半个周期内导通，另半个周期内不能导通，即半波整流电路只能利用半个周期的交流电压。

半波整流电路结构简单，使用元件少，但整流输出的直流电压波动大；另外，由于整流时只利用了交流电压的半个周期（半波），故效率很低，因此半波整流常用在对效率和电压稳定性要求不高的小功率电子设备中。

2. 全波整流电路

全波整流电路采用两个二极管将交流电转换成直流电，由于它可以利用交流电的正、负半周，所以称为全波整流。全波整流电路及电压波形如图 17-16 所示。

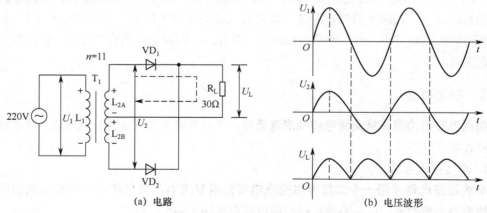

(a) 电路　　　　　　　　(b) 电压波形

图 17-16　全波整流电路及电压波形

全波整流电路如图 17-16（a）所示，电路中信号的波形如图 17-16（b）所示。这种整流电路采用两只整流二极管，使用的变压器次级线圈 L_2 被对称分作 L_{2A} 和 L_{2B} 两部分。全波整流电路工作原理如下。

220V 交流电压 U_1 送到变压器 T_1 的初级线圈 L_1 两端，U_1 电压波形如图 17-16（b）。当交流电压 U_1 正半周送到 L_1 时，L_1 上的交流电压 U_1 极性为上正下负，该电压感应到 L_{2A}、L_{2B}

上，L_{2A}、L_{2B} 上的电压极性也是上正下负，L_{2A} 的上正下负电压使 VD_1 导通，有电流流过负载 R_L，其途径是：L_{2A} 上正→VD_1→R_L→L_{2A} 下负。此时，L_{2B} 的上正下负电压对 VD_2 为反向电压（L_{2B} 下负对应 VD_2 正极），故 VD_2 不能导通。当交流电压 U_1 负半周来时，L_1 上的交流电压极性为上负下正，L_{2A}、L_{2B} 感应到的电压极性也为上负下正，L_{2B} 的上负下正电压使 VD_2 导通，有电流流过负载 R_L，其途径是：L_{2B} 下正→VD_2→R_L→L_{2B} 上负。此时，L_{2A} 的上负下正电压对 VD_1 为反向电压，VD_1 不能导通。如此反复工作，在 R_L 上会得到图 17-16（b）所示的脉动直流电压 U_L。

从上面分析可以看出，全波整流能利用到交流电压的正、负半周，效率大大提高，达到半波整流的两倍。

全波整流电路的输出直流电压脉动小，整流二极管通过的电流小，但由于两个整流二极管轮流导通，变压器始终只有半个次级线圈工作，使变压器利用率低，从而使输出电压低、输出电流小。

3. 桥式整流电路

桥式整流电路采用四个二极管将交流电转换成直流电，由于四个二极管在电路中连接与电桥相似，故称为桥式整流电路。 桥式整流电路及电压波形如图 17-17 所示。

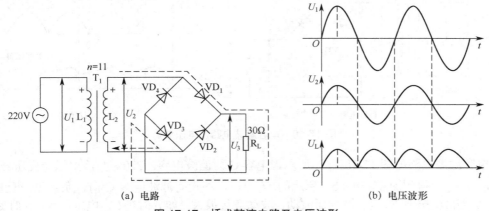

（a）电路　　　　　　　　　　　　（b）电压波形

图 17-17　桥式整流电路及电压波形

桥式整流电路如图 17-17（a）所示，这种整流电路用到了四个整流二极管。桥式整流电路工作原理如下。

220V 交流电压 U_1 送到变压器初级线圈 L_1 上，该电压经降压感应到 L_2 上，在 L_2 上得到 U_2 电压，U_1、U_2 电压波形如图 17-17（b）所示。当交流电压 U_1 为正半周时，L_1 上的电压极性是上正下负，L_2 上感应的电压 U_2 极性也是上正下负，L_2 上正下负电压 U_2 使 VD_1、VD_3 导通，有电流流过 R_L，其途径是：L_2 上正→VD_1→R_L→VD_3→L_2 下负；当交流电压负半周到来时，L_1 上的电压极性是上负下正，L_2 上感应的电压 U_2 极性也是上负下正，L_2 上负下正电压 U_2 使 VD_2、VD_4 导通，其途径是：L_2 下正→VD_2→R_L→VD_4→L_2 上负。如此反复工作，在 R_L 上得到图 17-17（b）所示脉动直流电压 U_L。

从上面分析可以看出，桥式整流电路在交流电压整个周期内都能导通，即桥式整流电路能利用整个周期的交流电压。

桥式整流电路输出的直流电压脉动小，由于能利用到交流电压正、负半周，故整流效率高，正因为有这些优点，故大多数电子设备的电源电路都采用桥式整流电路。

17.4.3 滤波电路

整流电路能将交流电转变为直流电，但由于交流电压大小时刻在变化，故整流后流过负载的电流大小也时刻变化。例如，当变压器线圈的正半周交流电压逐渐上升时，经二极管整流后流过负载的电流会逐渐增大；而当线圈的正半周交流电压逐渐下降时，经整流后流过负载的电流会逐渐减小，这样忽大忽小的电流流过负载，负载很难正常工作。为了让流过负载的电流大小稳定不变或变化尽量小，需要在整流电路后加上滤波电路。

常见滤波电路有电容滤波电路、电感滤波电路和复合滤波电路等。

1. 电容滤波电路

电容滤波是利用电容充、放电原理工作的。电容滤波电路及电压波形如图 17-18 所示。

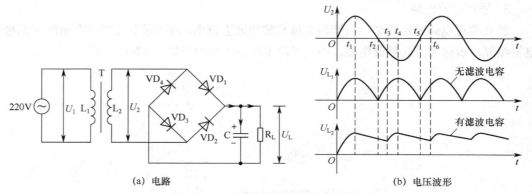

(a) 电路　　　　　　　　　　　(b) 电压波形

图 17-18　电容滤波电路及电压波形

电容滤波电路如图 17-18（a）所示，电容 C 为滤波电容。220V 交流电压经变压器 T 降压后，在 L_2 上得到图 17-18（b）所示的 U_2 电压。在没有滤波电容 C 时，负载 R_L 得到电压为 U_{L_1}，U_{L_1} 电压随 U_2 电压波动而波动，波动变化很大，如 t_1 时刻 U_{L_1} 电压最大，t_2 时刻 U_{L_1} 电压变为 0，这样时大时小、时有时无的电压使负载无法正常工作。在整流电路之后增加滤波电容可以解决这个问题。

电容滤波过程如下。

在 $0\sim t_1$ 期间，U_2 电压极性为上正下负且逐渐增大，U_2 波形如图 17-18（b）所示，VD_1、VD_3 导通，U_2 电压通过 VD_1、VD_3 整流输出的电流一方面流过负载 R_L，另一方面对电容 C 充电，在电容 C 上充得上正下负的电压，t_1 时刻充得电压最高。

在 $t_1\sim t_2$ 期间，U_2 电压极性为上正下负但逐渐下降，电容 C 上的电压高于 U_2 电压，VD_1、VD_3 截止，电容 C 开始对 R_L 放电，使整流二极管截止时 R_L 仍有电流流过。

在 $t_2\sim t_3$ 期间，U_2 电压极性变为上负下正且逐渐增大，但电容 C 上的电压仍高于 U_2 电压，VD_1、VD_3 截止，电容 C 继续对 R_L 放电。

在 $t_3\sim t_4$ 期间，U_2 电压极性变为上负下正且继续增大，U_2 电压开始大于电容 C 上的电压，

VD$_2$、VD$_4$ 导通，U_2 电压通过 VD$_2$、VD$_4$ 整流输出的电流又流过负载 R$_L$，并对电容 C 充电，在电容 C 上充得上正下负的电压。

在 $t_4 \sim t_5$ 期间，U_2 电压极性仍为上负下正但逐渐下降，电容 C 上的电压高于 U_2 电压，VD$_2$、VD$_4$ 截止，电容 C 又对 R$_L$ 放电，使 R$_L$ 仍有电流流过。

在 $t_5 \sim t_6$ 期间，U_2 电压极性变为上正下负且逐渐增大，但电容 C 上的电压仍高于 U_2 电压，VD$_2$、VD$_4$ 截止，电容 C 继续对 R$_L$ 放电。

t_6 时刻以后，电路会重复 0 $\sim$ t_6 过程，从而在负载 R$_L$ 两端（也是电容 C 两端）得到图 17-18（b）所示的 U_{L_2} 电压。比较图 17-18（b）中的 U_{L_1} 和 U_{L_2} 电压波形不难发现，增加了滤波电容后在负载上得到的电压大小波动较无滤波电容时要小得多。

电容使整流电路输出电压波动变小的功能称为滤波。电容滤波的实质是在输入电压高时通过充电将电能存储起来，而在输入电压较低时通过放电将电能释放出来，从而保证负载得到波动较小的电压。电容滤波与水缸蓄水相似，如果自来水供应紧张，白天不供水或供水量很少而晚上供水量很多时，为了保证一整天能正常用水，可以在晚上水多时一边用水一边用水缸蓄水（相当于给电容充电），而在白天水少或无水时水缸可以供水（相当于电容放电）。这里的水缸就相当于电容，只不过水缸储存水，而电容储存电能。

电容能使整流输出电压波动变小，电容的容量越大，其两端的电压波动越小，即电容容量越大，滤波效果越好。容量大和容量小的电容可相当于大水缸和小茶杯，大水缸蓄水多，在停水时可以供很长时间的用水，而小茶杯蓄水少，停水时供水时间短，还会造成用水时有时无。

2. 电感滤波电路

电感滤波是利用电感储能和放能原理工作的。电感滤波电路如图 17-19 所示。在图 17-19 电路中，电感 L 为滤波电感。220V 交流电压经变压器 T 降压后，在 L$_2$ 上得到 U_2 电压。

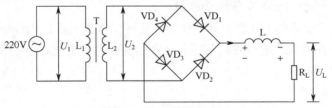

图 17-19　电感滤波电路

电感滤波过程如下。

当 U_2 电压极性为上正下负且逐渐上升时，VD$_1$、VD$_3$ 导通，有电流流过电感 L 和负载 R$_L$，电流流经途径是：L$_2$ 上正→VD$_1$→电感 L→R$_L$→VD$_3$→L$_2$ 下负，电流在流过电感 L 时，电感会产生左正右负的自感电动势阻碍电流，同时电感存储能量，由于电感自感电动势的阻碍，流过负载的电流缓慢增大。

当 U_2 电压极性为上正下负且逐渐下降时，经整流二极管 VD$_1$、VD$_3$ 流过电感 L 和负载 R$_L$ 的电流变小，电感 L 马上产生左负右正的自感电动势开始释放能量，电感 L 的左负右正电动势产生电流，电流流经途径是：L 右正→R$_L$→VD$_3$→L$_2$→VD$_1$→L 左负，该电流与 U_2 电压产生的电流一齐流过负载 R$_L$，使流过 R$_L$ 的电流不会因 U_2 下降而变小。

当 U_2 电压极性为上负下正时，VD_2、VD_4 导通，电路工作原理与 U_2 电压极性为上正下负时基本相同，这里不再叙述。

从上面分析可知，当输入电压高使输入电流大时，电感产生电动势对电流进行阻碍，避免流过负载的电流过大；而当输入电压低使输入电流小时，电感又产生反电动势，反电动势产生的电流与变小的整流电流一起流过负载，避免流过负载的电流减小，这样就使得流过负载的电流大小波动较小。

电感滤波的效果与电感的电感量有关，电感量越大，流过负载的电流波动就越小，滤波效果也越好。

3. 复合滤波电路

单独的电容滤波或电感滤波效果往往不理想，因此可**将电容、电感和电阻组合起来构成复合滤波电路**，复合滤波电路滤波效果比较好。

（1）LC 滤波电路

LC 滤波电路由电感和电容构成，其电路结构如图 17-20 虚线框内部分所示。

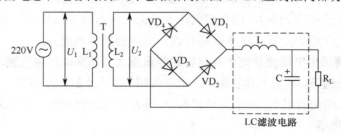

图 17-20　LC 滤波电路

整流电路输出的脉动直流电压先由电感 L 滤除大部分波动成分，少量的波动成分再由电容 C 进一步滤掉，供给负载的电压波动就很小。

LC 滤波电路带负载能力很强，即使负载变化时，输出电压也比较稳定。另外，由于电容接在电感之后，在刚接通电源时，电感会对突然流过的浪涌电流产生阻碍，从而减小浪涌电流对整流二极管的冲击。

（2）LC-π 形滤波电路

LC-π 形滤波电路由一个电感和两个电容接成 π 形构成，其电路结构如图 17-21 虚线框内部分所示。

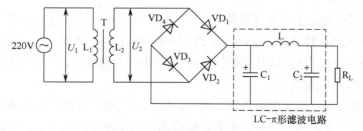

图 17-21　LC-π 形滤波电路

整流电路输出的脉动直流电压依次经电容 C_1、电感 L 和电容 C_2 滤波后，波动成分基本被滤掉，供给负载的电压波动很小。

LC-π 形滤波电路滤波效果要好于 LC 滤波电路，但它带负载能力较差。由于电容 C_1 接在电感之前，在刚接通电源时，变压器次级线圈通过整流二极管对 C_1 充电的浪涌电流很大，为了缩短浪涌电流的持续时间，一般要求 C_1 小于 C_2。

（3）RC-π 形滤波电路

RC-π 形滤波电路用电阻替代电感，并与电容接成 π 形构成。RC-π 形滤波电路如图 17-22 虚线框内部分所示。

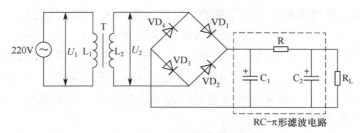

图 17-22　RC-π 形滤波电路

整流电路输出的脉动直流电压经电容 C_1 滤除部分波动成分后，在通过电阻 R 时，波动电压在 R 上会产生一定压降，从而使 C_2 上波动电压大大减小。电阻 R 的阻值越大，滤波效果越好。

RC-π 形滤波电路成本低、体积小，但电流在经过电阻时有电压降和损耗，会导致输出电压下降，所以这种滤波电路主要用在负载电流不大的电路中，另外要求电阻 R 的阻值不能太大，一般为几十～几百欧，且满足 $R \ll R_L$。

17.4.4　稳压电路

滤波电路可以将整流输出波动大的脉动直流电压平滑成波动小的直流电压， 但如果因供电原因引起 220V 电压大小变化时（如 220V 上升至 240V），经整流得到的脉动直流电压平均值会随之变化（升高），滤波供给负载的直流电压也会变化（升高）。**为了保证在市电电压大小发生变化时，提供给负载的直流电压始终保持稳定，还需要在整流滤波电路之后增加稳压电路。**

1. 简单的稳压电路

稳压二极管是一种具有稳压功能的元件，采用稳压二极管和限流电阻可以组成简单的稳压电路。 简单稳压电路如图 17-23 所示，它由稳压二极管 VD 和限流电阻 R 组成。

输入电压 U_i 经限流电阻 R 送至稳压二极管 VD 的负极，VD 被反向击穿，有电流流过 R 和 VD，R 两端的电压为 U_R，VD 两端的电压为 U_o，U_i、U_R 和 U_o 三者满足

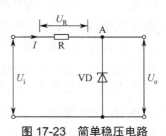

图 17-23　简单稳压电路

$$U_i = U_R + U_o$$

如果输入电压 U_i 升高，则流过 R 和 VD 的电流增大，R 两端的电压 U_R 增大（$U_R = IR$，I 增大，故 U_R 也增大）。由于稳压二极管具有"击穿后两端电压保持不变"的特点，所以 U_o

电压保持不变，从而实现了输入电压 U_i 升高时输出电压 U_o 保持不变的稳压功能。

如果输入电压 U_i 下降，只要 U_i 电压大于稳压二极管的稳压值，则稳压二极管仍处于反向导通状态（击穿状态）。由于 U_i 下降，则流过 R 和 VD 的电流减小，R 两端的电压 U_R 减小（$U_R=IR$，I 减小，U_R 也减小）。因为稳压二极管具有"击穿后两端电压保持不变"的特点，所以 U_o 电压仍保持不变，从而实现了输入电压 U_i 下降时让输出电压 U_o 保持不变的稳压功能。

要让稳压二极管在电路中能够稳压，须满足：

① 稳压二极管在电路中需要反接（即正极接低电位，负极接高电位）。

② 加到稳压二极管两端的电压不能小于它的击穿电压（即稳压值）。

例如，图 17-23 电路中的稳压二极管 VD 的稳压值为 6V，当输入电压 $U_i=9V$ 时，VD 处于击穿状态，$U_o=6V$，$U_R=3V$；若 U_i 由 9V 上升到 12V，U_o 仍为 6V，而 U_R 则由 3V 升高到 6V（因输入电压升高使流过 R 的电流增大而导致 U_R 升高）；若 U_i 由 9V 下降到 5V，稳压二极管无法击穿，限流电阻 R 无电流通过，$U_R=0$，$U_o=5V$，此时稳压二极管无稳压功能。

2. 串联型稳压电路

串联型稳压电路由三极管和稳压二极管等元件组成，由于电路中的三极管与负载是串联关系，所以称为串联型稳压电路。

（1）简单的串联型稳压电路

图 17-24 是一种简单的串联型稳压电路。

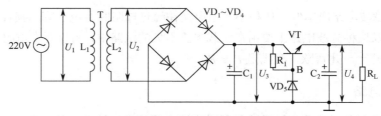

图 17-24　一种简单的串联型稳压电路

220V 交流电压经变压器 T 降压后得到 U_2 电压，U_2 电压经整流电路对 C_1 进行充电，在 C_1 上得到上正下负的电压 U_3，该电压经限流电阻 R_1 加到稳压二极管 VD_5 两端。由于 VD_5 的稳压作用，在 VD_5 的负极，即 B 点，得到一个与 VD_5 稳压值相同的电压 U_B。U_B 电压送到三极管 VT 的基极，VT 产生 I_b 电流，VT 导通，有 I_c 电流从 VT 的 c 极流入、e 极流出，它对滤波电容 C_2 充电，在 C_2 上得到上正下负的 U_4 电压供给负载 R_L。

稳压过程：若 220V 交流电压上升至 240V，变压器 T 次级线圈 L_2 上的电压 U_2 也上升，经整流滤波后在 C_1 上充得电压 U_3 上升；因 U_3 电压上升，流过 R_1、VD_5 的电流增大，R_1 上的电压 U_{R_1} 电压增大；由于稳压二极管 VD_5 击穿后两端电压保持不变，故 B 点电压 U_B 也保持不变；VT 基极电压不变，I_b 不变，I_c 也不变（$I_c=\beta I_b$，I_b、β 都不变，故 I_c 也不变）；因为 I_c 电流大小不变，故 I_c 对 C_2 充得电压 U_4 也保持不变，从而实现了输入电压上升时保持输出电压 U_4 不变的稳压功能。

对于 220V 交流电压下降时电路的稳压过程，读者可自行分析。

（2）常用的串联型稳压电路

图 17-25 是一种常用的串联型稳压电路。

220V 交流电压经变压器 T 降压后得到 U_2 电压，U_2 电压经整流电路对 C_1 进行充电，在 C_1 上得到上正下负的电压 U_3，这里的 C_1 可相当于一个电源（类似充电电池），其负极接地，正极电压送到 A 点，A 点电压 U_A 与 U_3 相等。U_A 电压经 R_1 送到 B 点，即调整管 VT_1 的基极，有 I_{b1} 电流由 VT_1 的基极流往发射极，VT_1 导通，有 I_c 电流由 VT_1 的集电极流往发射极，该 I_c 电流对 C_2 充电，在 C_2 上充得上正下负的电压 U_4，该电压供给负载 R_L。

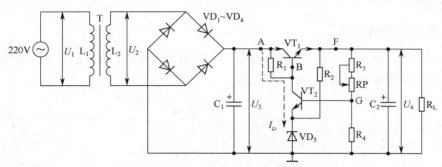

图 17-25　一种常用的串联型稳压电路

U_4 电压在供给负载的同时，还经 R_3、RP、R_4 分压为比较管 VT_2 提供基极电压，VT_2 有 I_{b2} 电流从基极流向发射极，VT_2 导通，马上有 I_{c2} 流过 VT_2，I_{c2} 电流流经途径是：A 点→R_1→VT_2 的 c、e 极→VD_5→地。

稳压过程：若 220V 交流电压上升至 240V，变压器 T 次级线圈 L_2 上的电压 U_2 也上升，经整流滤波后在 C_1 上充得电压 U_3 上升，A 点电压上升，B 点电压上升，VT_1 的基极电压上升，I_{b1} 增大，I_{c1} 增大，C_2 充电电流增大，C_2 两端电压 U_4 升高，U_4 电压经 R_3、RP、R_4 分压在 G 点得到的电压也升高，VT_2 基极电压 U_{b2} 升高；由于 VD_5 的稳压作用，VT_2 的发射极电压 U_{e2} 保持不变，VT_2 的基-射极之间的电压差 U_{be2} 增大（$U_{be2}=U_{b2}-U_{e2}$，U_{b2} 升高，U_{e2} 不变，故 U_{be2} 增大），VT_2 的 I_{b2} 电流增大，I_{c2} 电流也增大，流过 R_1 的 I_{c2} 电流增大，R_1 两端产生的压降 U_{R1} 增大，B 点电压 U_B 下降，即 VT_1 的基极电压下降，VT_1 的 I_{b1} 下降，I_{c1} 下降，C_2 的充电电流减小，C_2 两端的电压 U_4 下降，回落到正常电压值。

在 220V 交流电压不变的情况下，若要提高输出电压 U_4，可调节调压电位器 RP。

输出电压调高过程：将电位器 RP 的滑动端上移→RP 的阻值变大→G 点电压下降→VT_2 基极电压 U_{b2} 下降→VT_2 的 U_{be2} 下降（$U_{be2}=U_{b2}-U_{e2}$，U_{b2} 下降，因 VD_5 稳压作用 U_{e2} 保持不变，故 U_{be2} 下降）→VT_2 的 I_{b2} 电流减小→I_{c2} 电流也减小→流过 R_1 的 I_{c2} 电流减小→R_1 两端产生的压降 U_{R1} 减小→B 点电压 U_B 上升→VT_1 的基极电压上升→VT_1 的 I_{b1} 增大→I_{c1} 增大→C_2 的充电电流增大→C_2 两端的电压 U_4 上升。

第18章 无线电广播与收音机电路

18.1 无线电波

18.1.1 水波与无线电波

当往平静的水面扔入一块石头时,在石头的周围会出现一圈圈水波,水波会慢慢往远处传播。水波的形成示意图如图18-1所示。

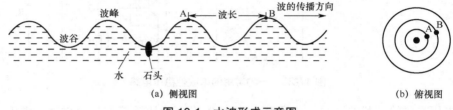

图18-1 水波形成示意图

从图18-1(a)侧视图可以看出,水波的变化就像是正弦波变化一样,相邻两个波峰之间的距离称为波长λ,相邻一个波峰传递到另一个波峰的时间称为周期T,周期的倒数称为频率f($f=1/T$),波的传播速度称为波速v。波长λ、频率f和波速v之间的关系是

$$波长=\frac{波速}{频率} \quad \left(\lambda=\frac{v}{f}\right) \quad 或 \quad 频率=\frac{波速}{波长} \quad \left(f=\frac{v}{\lambda}\right)$$

波长单位为米(m),频率单位为赫兹(Hz),波速单位为米/秒(m/s)。

另外,距石头最近的水波幅度最大,随着水波的传播,水波幅度越来越小,这是水波在传播过程逐渐衰减的缘故。

无线电波的产生与水波的产生很相似,当天线通过交流电流时,在天线周围会产生类似于水波的无线电波,如图18-2所示。

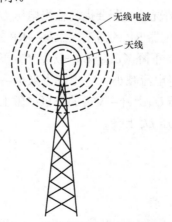

图18-2 天线发射无线电波示意图

无线电波以天线为中心向空间四周传播,天线附近的无线电波很强,随着传播距离变远,无线电波慢慢被衰减而减弱。无线电波与水波一样也有波长、波速和频率,它们同样满足:频率=波速/波长($f = v/\lambda$)。无线电波的传播速度(波速)远大于水波的传播速度,它与光速一样,为每秒 30 万千米,即

$$v = 3 \times 10^8 \, \text{m/s}$$

18.1.2　无线电波的划分

无线电波属于电磁波,一般将频率在 30kHz～300GHz 范围内的电磁波称为无线电波。无线电波应用很广泛,波长不同,其特性和用途也不相同,**根据波长的大小通常可将无线电波分为长波、中波、短波、超短波和微波。**无线电波的波段划分如表 18-1 所示。

表 18-1　无线电波的波段划分

波段范围	频率范围	波长范围	主要传播方式	用　途
超长波波段(VLW)	10～30kHz(甚低频 VLF)	10000～30000m	地波传播	高功率长距离点对点通信
长波波段(LW)	30～300kHz(低频 LF)	1000～10000m	地波传播	远距离通信
中波波段(MW)	300～3000kHz(中频 MF)	100～1000m	地波传播、天波传播	广播、通信、导航
短波波段(SW)	3～30MHz(高频 HF)	10～100m	天波传播、地波传播	广播、通信
超短波波段(VSW)	30～300MHz(甚高频-VHF)	1～10m	直线传播	通信、电视、调频广播、雷达
分米波波段(USW)	300～3000MHz(超高频 UHF)	10～100cm	直线传播	通信、中继通信、卫星通信、雷达、电视
厘米波波段	3000～30000MHz(极高频 SHF)	1～10cm	直线传播	中继通信、卫星通信、雷达
毫米波波段	30～300GHz	1～10mm	直线传播	波导通信

18.1.3　无线电波的传播规律

无线电波与光波一样,有直射、绕射、反射和折射等传播方式。不同波长的无线电波在传播过程中具有不同的特点,无线电波的传播规律如表 18-2 所示。

表 18-2　无线电波的传播规律

无线电波的类型	传播规律	传播示意图
长波与中波	**长波与中波主要沿着地球表面绕射来传播,故又称为地波。**长波与中波的传播规律如右图所示。波长越短的电波,绕射传播的损耗越大,因此长波较中波沿地面传播的距离更远。 另外,电离层对长波和中波有强烈的吸收作用,特别是在白天,这种吸收更厉害,长波和中波大部分被电离层吸收,很难被反射到地面,因此白天长波和中波主要靠地面传播,而不能靠电离层的反射来传播。但在晚上因无太阳	

续表

无线电波的类型	传播规律	传播示意图
长波与中波	光照射，白天电离的气体又重新结合成不带电的分子，电离层变薄，对电波吸收很少，所以在晚上长波和中波既可以在地面上传播，又可以依靠电离层的反射传播（反射传播是指电波传播到电离层，电离层再将电波反射回地面），故长波、中波能被传播很远。 　注：电离层是指距地球表面约 50～400km 的气体层，该气体层因太阳光中的紫外线和宇宙射线的照射而电离，产生大量的电子和离子而使气体带电	
短波	短波波长很短，地面传播损耗很大，一般传播距离不超过几十千米，**短波主要依靠电离层的反射来传播，故又称为天波**。短波的传播规律如右图所示。因为白天电离层对电波吸收强，而晚上吸收弱，所以白天收听到的短波电台少（短波地面传播损耗很大，电离层吸收又很强），晚上收听到的短波电台多	电离层　短波
超短波和微波	超短波与微波的波长非常短，极容易穿过电离层进入太空，所以无法通过电离层反射传播，而在地面绕射传播损耗也非常大，所以**超短波与微波主要按直线传播，通常在可视距离范围内（一般在 50km 以内）传播，故又称为直线波**。超短波与微波的传播规律如右图所示。超短波与微波主要用在调频广播、移动通信、雷达和卫星通信导航等方面	电离层　超短波和微波

　　总之，中、长波既可以通过地面绕射传播，也可以通过电离层反射传播；短波地面绕射传播距离很短，主要是靠电离层反射传播；而超短波和微波主要在地面以直线传播。

18.2　无线电波的发送与接收

18.2.1　无线电波的发送

　　要将电信号以无线电波方式传送出去，可以把电信号送到天线，由天线将电信号转换成无线电波，并发射出去。如果要把声音发射出去，可以先用话筒将声音转换成电信号（音频信号），再将音频信号送到天线，让天线将它转换成无线电波并发射出去。但广播电台并没有采用这种将声音转换成电信号通过天线直接发射的方式来传送声音，主要原因是音频信号（声音转换成的电信号）频率很低。

　　无线电波传送规律表明：要将无线电波有效发射出去，要求无线电波的频率与发射天线的长度有一定的关系，频率越低，要求发射天线越长。声音的频率约为 20Hz～20kHz，声音经话筒转换成的音频信号频率也是 20Hz～20kHz，音频信号经天线转换成的无线电波的频率同样是 20Hz～20kHz，如果要将这样的低频无线电波有效地发射出去，要求天线的长度为几千米至几千千米长，这样做是极其困难的。

　　1．无线电波传送声音的方法

　　为了解决音频信号发射需要很长天线的问题，人们想出了一个办法：在无线电发送设备中，先让音频信号"坐"到高频信号上，再将高频信号发射出去，由于高频无线电波波长短，发射天线不需要很长，高频无线电波传送出去后，"坐"到高频信号上的音频信号也随之传送出去。这就像人坐上飞机，当飞机飞到很远地方时，人也就到达很远的地方。无线电波传送声音的处理过程如图 18-3 所示。

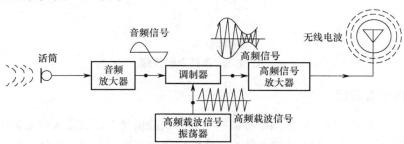

图 18-3　无线电波传送声音的处理过程

　　话筒将声音转换成音频信号（低频信号），再经音频放大器放大后送到调制器，与此同时高频载波信号振荡器产生高频载波信号也送到调制器，在调制器中，音频信号"坐"在高频载波信号上，这样的高频信号经高频信号放大器放大后送到天线，天线将该信号转换成无线电波发射出去。

　　2．调制方式

　　将低频信号装载到高频信号上的过程称为调制，常见调制方式的有两种：调幅调制（AM）和调频调制（FM）。

　　（1）调幅调制

　　将低频信号和高频载波信号按一定方式处理，得到频率不变而幅度随低频信号变化的高频信号，这个过程称为调幅调制。这种幅度随低频信号变化的高频信号称为调幅信号。调幅调制过程如图 18-4 所示，低频信号送到调幅调制器，同时高频载波信号也送到调幅调制器，在内部调制后输出幅度随低频信号变化的高频调幅信号。

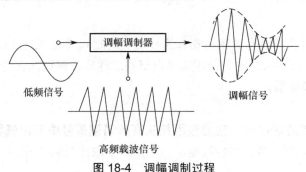

图 18-4　调幅调制过程

　　（2）调频调制

　　将低频信号与高频载波信号按一定的方式处理，得到幅度不变而频率随低频信号变化的高频信号，这个过程称为调频调制。这种频率随低频信号变化的高频信号称为调频信号。调频调制过程如图 18-5 所示，低频信号送到调频调制器，同时高频载波信号也送到调频调制器，在内部调制后输出幅度不变而频率随低频信号变化的高频调频信号。

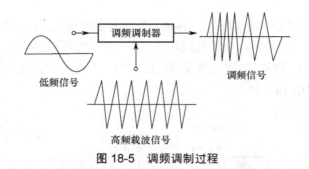

图 18-5　调频调制过程

18.2.2　无线电波的接收

在无线电发送设备中，将低频信号调制在高频载波信号上，通过天线发射出去，当无线电波经过无线电接收设备时，接收设备的天线将它接收下来，再通过内部电路处理后就可以取出低频信号。下面以收音机为例来说明无线电接收过程。

1．无线电的接收过程

无线电波接收处理的简易过程如图 18-6 所示。

图 18-6　无线电波接收处理的简易过程

电台发射出来的无线电波经过收音机天线时，天线将它接收下来并转换成电信号，电信号被送到输入调谐回路，该电路的作用是选出电台发出的电信号，电信号被选出后再送到解调电路。因为电台发射出来的信号是含有音频信号的高频信号，解调电路的作用是从高频信号中的将音频信号取出。解调出来的音频信号再经音频放大电路放大后送入扬声器，扬声器就会发出与电台相同的声音。

2．解调方式

在电台中需要将音频信号加载到高频信号上（调制），而在收音机中需要从高频信号中将音频信号取出。从高频信号中将低频信号取出的过程称为解调，它与调制恰好相反。**调制方式有两种：检波和鉴频。**

（1）检波

检波是调幅调制的逆过程，它的作用是从高频调幅信号中取出低频信号。检波过程如图 18-7 所示，高频调幅信号送到检波器，检波器从中取出低频信号。

图 18-7　检波过程

（2）鉴频

鉴频是调频调制的逆过程，它的作用是从高频调频信号中取出低频信号。 鉴频过程如图 18-8 所示，高频调频信号送到鉴频器，鉴频器从中取出低频信号。

图 18-8　鉴频过程

18.3　收音机的电路原理

无线电广播包括发送和接收两个过程，根据发送和接收的方式不同，**无线电广播主要分为调幅广播和调频广播**。调幅广播具有电台信号传播距离远的优点，但传送声音质量差，噪声大；而调频广播电台信号不能传送很远，但其音质优美，噪声小。

收音机是一种无线电接收设备，它用来接收广播电台发射的声音节目，根据接收的电台信号不同可分为调幅收音机和调频收音机。调幅收音机能接收调幅调制发射的电台信号，而调频收音机能接收调频调制发射的电台信号。调频和调幅收音机组成大致相同，调幅收音机电路更为简单，本书主要介绍调幅收音机电路原理。

18.3.1　调幅收音机的组成

调幅收音机的组成方框图如图 18-9 所示。

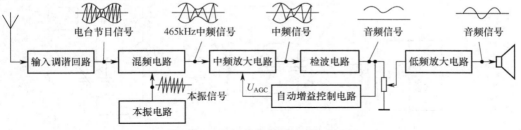

图 18-9　调幅收音机的组成方框图

天线从空间接收各种电台发射的无线电波，并将它们转换成电信号送到输入调谐回路，输入调谐回路从中选出某一个电台节目信号 $f_{信}$ 再送到混频电路。与此同时，本振电路会产生一个频率很高的本振信号 $f_{振}$ 也送到混频电路，在混频电路中，本振信号与电台信号进行差拍（相减），得到 465kHz 中频信号（即 $f_{振}-f_{信}$=465kHz）。465kHz 中频信号送到中频放大电路进行放大，再去检波电路。检波电路从 465kHz 中频信号中检出音频信号，再把音频信号送到低频放大电路进行放大，放大后的音频信号输出并流进扬声器，推动扬声器发出声音。

图中自动增益控制电路的作用是检测检波电路输出音频信号的大小，形成相应的控制电压来控制中频放大电路的增益（放大能力）。当接收的电台信号很强时，检波输出的音频信号幅度很大，这时自动增益控制电路会检测并形成一个 U_{AGC} 控制电压，该电压控制中频放大电路，使它的放大能力减小。中频放大电路输出的中频信号减小，检波输出的音频信号也就减小了，这样可以保证电台信号大小发生变化时，检波输出的音频信号大小基本恒定，有效避免了扬声器声音随电台信号忽大忽小发生变化。

从上面的分析可以看出，收音机接收到高频电台信号后，并不是马上对它进行检波取出音频信号，而是先通过混频电路进行差拍，将它变成一个中频信号，再对中频信号进行放大，然后从中频信号中检出音频信号，这样做可以提高收音机的灵敏度和选择性，这种收音机称超外差收音机。大多数无线电接收设备（如收音机、电视机等）处理信号时都采用这种超外差处理方式，也就是先将高频信号转换成中频信号，再从中频信号检出低频信号。

根据接收电台信号频率范围不同，调幅收音机又可以分为中波调幅收音机（MW）和短波调幅收音机（SW），中波电台信号频率范围是 535～1605kHz，短波电台的频率范围是 4～12MHz。两种收音机除了接收频率不同外其他是一样的，即在电路上它们只是输入调谐回路和本振电路频率不同，其他电路是相同的。

18.3.2　调幅收音机单元电路分析

调幅收音机型号很多，但电路大同小异，下面以 SD66 型调幅收音机为例来介绍调幅收音机的各个单元电路工作原理。

1. 输入调谐回路

输入调谐回路的作用是从天线接收下来的众多电台信号中选出某一电台信号，并送到混频电路。 输入调谐回路如图 18-10 所示。

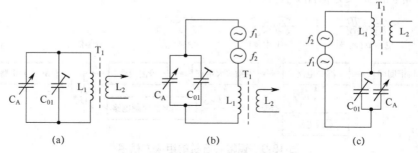

图 18-10　输入调谐回路

（1）元件说明

图 18-10（a）为输入调谐回路的电路图。T_1 为磁性天线，能从空间接收各种无线电波，其中 L_1 为磁性天线的初级线圈，L_2 为次级线圈；C_A 为双联可变电容中的信号联，调节 C_A 可以让收音机选取不同的电台节目；C_{01} 为补偿电容，它实际上是一个微调电容。T_1、C_A 和 C_{01} 构成输入调谐回路，用于接收并选取电台发射过来的节目信号。

（2）选台原理

在我们周围空间有许多电台发射的无线电波，当这些电台的无线电波穿过磁性天线 T_1 的磁棒时，绕在磁棒上的线圈 L_1 上会感应出这些电台信号电动势，这些电动势与 L_1、C_A、C_{01} 构成谐振电路，如图 18-10（b）所示。图中的 f_1、f_2 分别为线圈 L_1 上感应出的两个电台信号电动势，为了更直观看清该电路的实质，将图 18-10（b）变形成图 18-10（c）电路，从图 18-10（c）可以看出输入调谐回路 L_1、C_A、C_{01} 构成的实际上就是一个串联谐振电路。

f_1、f_2 两个电台信号电动势与 L_1、C_A、C_{01} 构成了串联谐振电路，调节 C_A 的容量就可以改变 L_1、C_A、C_{01} 构成的串联谐振电路的频率，当谐振电路的谐振频率等于 f_1 信号电动势的频率时，电路就发生谐振，LC 谐振电路对 f_1 信号阻碍小，电路中的 f_1 信号电流很大（电流的方向是从 f_1 电动势的一端出发，再流经 L_1、C_A 和 C_{01} 后返回到 f_1 电动势的另一端），很大的 f_1 信号电流流过 L_1 线圈时，在 L_1 线圈上就有很高的 f_1 信号电压，f_1 信号电压感应到 L_2 线圈上，L_2 再将该信号向后级电路传送。

因为 L_1、C_A、C_{01} 的谐振频率不等于 f_2 信号电动势的频率，LC 电路对 f_2 信号阻抗很大，流经 L_1 的 f_2 信号电流小，L_1 上的 f_2 信号电压也很小，感应到线圈 L_2 上的 f_2 信号电压也远小于 f_1 信号电压，可认为 f_2 信号无法被选出去后级电路。

总之，当许多电台发射的无线电波穿过磁性天线磁棒时，只有与输入调谐回路频率相同的电台信号才会在磁性天线初级线圈上形成很高的电台信号电压，该电台信号电压才能感应到次级线圈而被选出，其他频率电台信号在初级线圈上形成的电压很小，无法选出。

2. 变频电路

变频电路包括混频电路和本振电路，其作用是将输入调谐回路送来的电台信号与本振电路送来的本振信号进行差拍（相减），得到 465kHz 中频信号（$f_振-f_信=465kHz$）。 变频电路如图 18-11 所示。

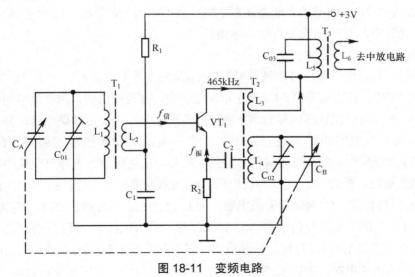

图 18-11　变频电路

（1）信号处理过程

许多电台的无线电波穿过磁性天线的磁棒，绕在磁棒上的线圈 L_1 上感应出各个电台的信号，当调节可变电容 C_A 容量使输入调谐回路频率为某一频率时，与该频率相同的电台信号在线圈 L_1 上会形成很高的电压，该电台信号电压感应到次级线圈 L_2 上。为了叙述方便，选出的电台信号用 $f_信$ 表示，电台信号 $f_信$ 送到混频管 VT_1 的基极。与此同时，由振荡线圈 T_2、

C_B 和 C_{02} 等元件构成的本振电路产生一个比电台信号 $f_信$ 频率高 465kHz 的本振信号 $f_振$，它经 C_2 送到混频管 VT_1 的发射极，$f_振$、$f_信$ 两信号送入混频管，两信号在三极管内部进行混频差拍（即 $f_振-f_信$），得到 465kHz 中频信号，该中频信号从 VT_1 的集电极输出，经 L_3 送至由中周 T_3 的初级线圈与电容 C_{03} 构成的并联谐振选频电路，因为该选频电路的频率为 465kHz，它将 465kHz 中频信号选出后并由 T_3 的初级线圈感应到次级线圈，再往后送到中频放大电路。

（2）直流工作条件

电路中有三极管，而三极管需要有 I_b、I_c、I_e 电流才能正常工作，给电路提供电源后，三极管各极有电流流过，各电流流经途径如下：

$$+3V \Big< \begin{array}{l} \longrightarrow R_1 \longrightarrow L_2 \xrightarrow{\ I_b\ } VT_1的b极 \ \ \xrightarrow{\ I_b\ } \\ \longrightarrow L_5 \longrightarrow L_3 \xrightarrow{\ I_c\ } VT_1的c极 \ \ \xrightarrow{\ I_c\ } \end{array} VT_1的e极 \xrightarrow{\ I_e\ } R_2 \longrightarrow 地$$

（3）本振信号的产生过程

在电路接通电源后，三极管有 I_c 电流流过，I_c 电流流经途径是：+3V→中周 T_3 的初级线圈→线圈 L_3→三极管 VT_1 的集电极→VT_1 的发射极→R_2→地，I_c 电流由无到有，是一个变化的电流，该电流蕴含着 $0 \sim \infty$ 各种频率信号，这些信号在经过线圈 L_3 时，L_3 将它们感应到绕在同一磁芯上的线圈 L_4 上，由于 L_4、C_{02}、C_B 构成的本振电路的频率为 $f_振$，而只有频率与 $f_振$ 相等的信号才在 L_4 上有较高的感应电压，L_4 上频率为 $f_振$ 的信号电压经 C_2 送到 VT_1 发射极放大，然后从集电极输出又经 L_3 感应到 L_4，L_4 上的 $f_振$ 信号增大，如此反复，L_4 上的 $f_振$ 信号幅度越来越大，VT_1 对 $f_振$ 信号放大能力逐渐下降，当下降到一定值时，L_4 上 $f_振$ 信号幅度不再增大，幅度稳定的 $f_振$ 信号送给 VT_1 作为本振信号。

（4）元件说明

T_1 为磁性天线，能接收无线电波信号；C_A、C_B 两个可变电容构成一个双联电容，C_A 接在输入调谐回路中，称为信号联，C_B 接在本振电路中，称为振荡联，两个电容的容量在调节时同时变化，这样可以保证两电路的频率能同时改变；C_{01}、C_{02} 为微调电容，分别可以对输入调谐回路和本振电路的频率进行微调，让本振电路的频率较输入调谐回路的频率高 465kHz；VT_1 为混频管，除了可以对信号混频差拍外，还可以放大混频产生的中频信号；R_1 为 VT_1 的偏置电阻，能为 VT_1 提供基极电压；R_2 为负反馈电阻，可以稳定 VT_1 的工作点，使 I_b、I_c 和 I_e 保持稳定；C_1 为交流旁路电容，为 L_2 上的电台信号提供回路；C_2 为耦合电容，能将本振电路产生的本振信号传送到 VT_1 的发射极，同时能防止 VT_1 发射极的直流电压被 L_4 短路（L_4 直流电阻很小）；T_2 称为振荡线圈，它由两组线圈 L_3、L_4 组成；L_4、C_B 和 C_{02} 等构成本振电路的选频电路，能决定本振信号的频率；T_3 为中周（中频变压器），它的初级线圈 L_5 与电容 C_{03} 构成并联谐振电路，谐振频率为 465kHz，它对 465kHz 的信号呈很大的阻抗，相当一个阻值很大的电阻，当 465kHz 中频信号送到该电路时，在 L_5 两端有很高的 465kHz 信号电压，该电压感应到 L_6 上再送至中频放大电路。

3. 中频放大电路

中频放大电路简称中放电路，其作用是放大变频电路送来的 465kHz 中频信号，并对它进一步选频，得到纯净的 465kHz 信号去检波电路。中频放大电路如图 18-12 所示。

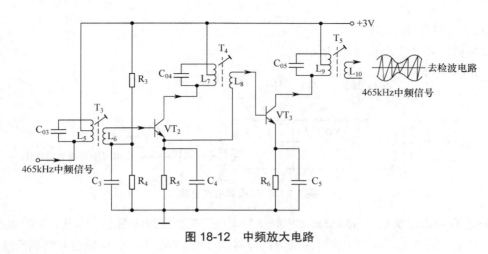

图 18-12　中频放大电路

（1）信号处理过程

变频电路送来的 465kHz 中频信号由 L_5 和 C_{03} 构成的选频电路选出后，再感应到 L_6，L_6 上的中频信号送到三极管 VT_2 的基极，放大后中频信号从集电极输出，经 C_{04} 和 L_7 构成的 465kHz 选频电路进一步选频后，由 L_7 感应到 L_8 上再送到三极管 VT_3 的基极，中频信号经 VT_3 放大后从集电极输出，经 C_{05} 和 L_9 构成的 465kHz 选频电路又一次选频后得到很纯净的 465kHz 中频信号，然后由 L_9 感应到 L_{10} 上送往检波电路。

（2）直流工作条件

三极管 VT_2 的 I_b、I_c、I_e 电流流经途径如下：

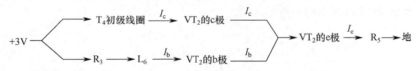

三极管 VT_3 的 I_b、I_c、I_e 电流流经途径如下：

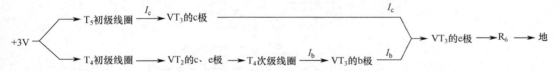

由于 VT_3 的 I_b 电流取自 VT_2 的 I_e 电流，如果 VT_2 没有导通，VT_3 是不会导通的。

（3）元件说明

VT_2、VT_3 分别为第一、二中放管，用来放大 465kHz 的中频信号；T_3、T_4 和 T_5 为中周（中频变压器），它们的初级线圈分别与电容 C_{03}、C_{04} 和 C_{05} 构成 465kHz 的选频电路，用来选择 465kHz 的中频信号，让检波电路能得到很纯净的中频信号；C_3、C_4 和 C_5 均为交流旁路电容，能减少电路对交流信号的损耗，提高电路的增益；R_3、R_4 分别是 VT_2 的上、下偏置电阻，为 VT_2 提供基极电压；R_5、R_6 为电流负反馈电阻，能稳定 VT_2、VT_3 的静态工作点。

4．检波电路

检波电路的作用是从 465kHz 中频信号中检出音频信号。收音机常采用的检波电路有二极管检波和三极管检波。

（1）二极管检波电路

二极管检波电路如图 18-13 所示。

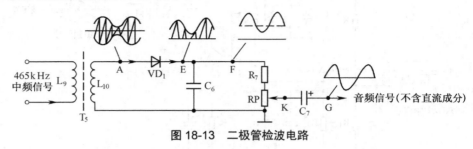

图 18-13　二极管检波电路

中周 T_5 初级线圈 L_9 上的 465kHz 中频信号电压感应到次级线圈 L_{10} 上，L_{10} 上的 465kHz 中频信号（见图中 A 点波形）含有两部分：音频信号和中频信号。该中频信号送到检波二极管 VD_1 的正端，由于二极管的单向导电性，故中频信号只能通过正半周部分（见图中 E 点波形），此信号中残存着中频成分。残存的中频成分经过滤波电容 C_6 时，由于 C_6 容量小，对频率低的音频信号阻碍大，而对频率较高的中频信号阻碍小，中频信号被 C_6 旁路到地而滤掉，剩下音频信号（见图 F 点波形）。

检波后得到的音频信号中含有直流成分（F 点波形中虚直线为直流成分，实直线表示零电位），含有直流成分的音频信号经 R_7、RP 送到耦合电容 C_7，由于电容具有"通交阻直"的性质，故只有音频信号中有用的交流成分通过电容（见图 G 点波形），而直流成分无法通过电容。

（2）三极管检波电路

三极管检波电路如图 18-14 所示。

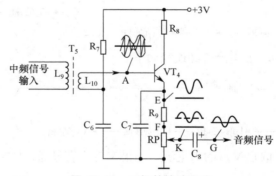

图 18-14　三极管检波电路

中周 T_5 初级线圈 L_9 上的 465kHz 中频信号电压耦合到次级线圈 L_{10} 上，再送到三极管 VT_4 的基极。由于电阻 R_7 的阻值很大，故通过 R_7、L_{10} 供给 VT_4 基极的电压很低，VT_4 导通很浅。当中频信号负半周到来时，VT_4 基极电压下降更低而进入截止状态，中频负半周部分无法通过 VT_4 发射结（发射结相当于二极管）；当中频信号正半周到来时，VT_4 导通，中频信号正半周经 VT_4 放大后从发射极输出，由中频滤波电容 C_7 将中频成分滤除，在 E 点得到含直流成分的音频信号，它经 R_9、RP 和 C_8 隔直后在 G 点得到不含直流的音频信号，送往后级电路。

5．自动增益控制（AGC）电路

由于电台发射机的不稳定和空间传播等因素的影响，会造成收音机接收的电台信号时大时小，反映到扬声器就会出现声音忽大忽小。为了保证扬声器声音大小不因接收的电台信号变化而变化，在收音机中设置了自动增益控制电路。

自动增益控制电路的作用是根据接收电台信号的大小自动调节放大电路的增益，保证送到后级电路的音频信号大小基本恒定。例如，当接收电台信号幅度小时，AGC 电路会调节放大电路，让它的增益上升；反之，则让放大电路的增益下降。自动增益控制电路如图 18-15 所示。

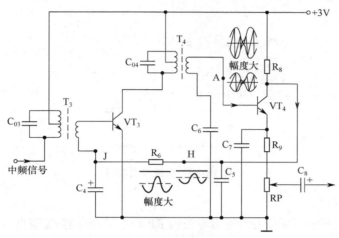

图 18-15　自动增益控制电路

图中的 C_5、R_6、C_4 等元件构成自动增益控制电路。VT_4 为检波三极管，当 465kHz 的中频信号加到 VT_4 基极时，由于 VT_4 基极电压很低，只能放大中频信号的正半周，正半周信号经 VT_4 放大后从集电极输出，因为三极管集电极与基极是倒相关系，所以 VT_4 集电极的输出变成了负半周信号。负半周信号中的中频成分被 C_5 滤掉，剩下含直流成分的音频信号（见 H 点波形），该信号中的音频信号又被 C_4 滤掉（因为 C_4 容量很大，对音频信号阻碍小），只剩下直流成分（H 点波形中虚线为负的直流成分）。该直流电压加到中放管 VT_3 的基极，改变 VT_3 基极电压来控制 VT_3 的增益。

如果收音机接收的电台信号幅度大，变频电路送来的中频信号幅度大，经 VT_3 放大后送到检波管 VT_4 基极的中频信号幅度也很大，VT_4 集电极输出的负半周中频信号大，经 C_5、R_6 和 C_4 滤波后在 H 点得到的负直流电压更低，该电压加到 VT_3 的基极，使它的基极电压下降（在无信号时，VT_3 的基极电压，是+3V 电压经 R_8、R_6 和 T_3 次级线圈提供的，现在负 AGC 电压与 VT_3 原基极电压叠加，会使基极电压下降），VT_3 的 I_b 电流减小，I_c 电流也减小，三极管放大能力下降（即增益下降），这样 VT_3 输出的中频信号减小，幅度回到正常的大小。

总之，当接收的电台信号强时，AGC 电路控制放大电路使它的增益下降；当接收的电台信号弱时，AGC 电路控制放大电路使它的增益上升。

6．低频放大电路

检波电路输出音频信号，若将该音频信号直接送到扬声器，扬声器会发声，但发出的声音很小，所以要用放大电路对检波输出的音频信号进行放大，这样才能推动扬声器发出足够大的声音。由于音频信号频率低，故**音频信号放大电路又称为低频放大电路，简称为低放电路，它处于音量电位器与扬声器之间。低放电路通常包括两部分：前置放大电路和功放电路。**

（1）前置放大电路

前置放大电路的作用是放大幅度较小的音频信号。前置放大电路如图 18-16 所示。

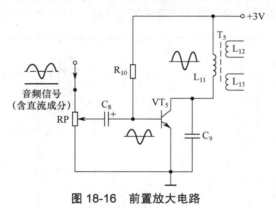

图 18-16　前置放大电路

① 信号处理过程

从检波电路送来的音频信号经音量电位器 RP 调节并经电容 C_8 隔直后，剩下交流音频信号送到前置放大管 VT_5 的基极，音频信号经 VT_5 放大后从集电极输出，送至音频变压器 T_5 的初级线圈 L_{11}，然后感应到次级线圈 L_{12}、L_{13} 上，再去功放电路。

② 元件说明

RP 为音量电位器，能调节送往 VT_5 基极音频信号的大小，当 RP 滑动端向上滑动时，送往 VT_5 的音频信号幅度增大，音量会增大；C_8 为耦合电容，除了能让交流音频信号通过外，还能将不需要的直流隔开；VT_5 为前置放大管，能放大音频信号；C_9 为高频旁路电容，主要是旁路音频信号中残留的中频成分和音频信号中的高频噪声信号；T_5 为音频变压器，用于将前置放大电路的音频信号送到功放电路，它的次级有两组线圈。

③ 直流工作条件

VT_5 的 I_b、I_c、I_e 电流流经途径如下：

$$+3V \left\{ \begin{array}{l} R_{10} \xrightarrow{I_b} VT_5的b极 \xrightarrow{I_b} \\ L_{11} \xrightarrow{I_c} VT_5的c极 \xrightarrow{I_c} \end{array} \right\} VT_5的e极 \xrightarrow{I_e} 地$$

（2）功放电路

功放电路的作用是放大幅度较大的音频信号，使音频信号有足够的幅度推动扬声器发声。由于送到功放电路的音频信号幅度很大，用一只三极管放大会难于承受，并且会产生很严重的失真，所以**在功放电路中常用两只三极管来放大音频信号，两只三极管轮流工作，能减轻三极管的负担同时也能减小失真，功放电路两只三极管交替放大的方式又叫推挽放大。**功放电路如图 18-17 所示。

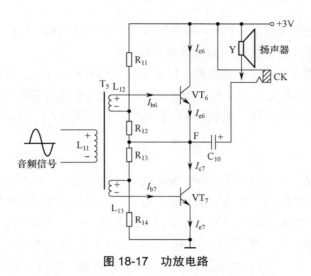

图 18-17　功放电路

① 直流工作条件

图 18-17 电路中的 $R_{11}=R_{13}$、$R_{12}=R_{14}$，并且 VT_6、VT_7 同型号，电路具有对称性，所以它们的中心 F 点电压约为电源电压的一半，即 $U_F=\dfrac{1}{2}\times3=1.5V$。在静态时，$VT_6$、$VT_7$ 都处于微导通状态，VT_6、VT_7 导通的 I_b、I_c、I_e 电流流经途径如下：

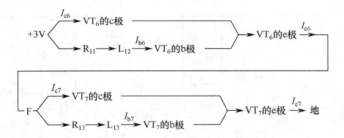

从流程图可以看出，VT_6 流出电流等于 VT_7 流入的电流，即 VT_7 的 I_{e7} 电流与 VT_6 的 I_{e6} 电流相等。

② 信号的处理过程

前置放大管输出的音频信号送到变压器的初级线圈 L_{11}，然后又感应到次级线圈 L_{12}、L_{13}。当 L_{11} 上的音频信号为正半周时，L_{12}、L_{13} 上感应的音频信号电压都为上正下负，L_{13} 的下负电压加到功放管 VT_7 的基极，VT_7 基极电压下降，VT_7 截止，不能放大信号，而 L_{12} 的上正电压加到功放管 VT_6 的基极，VT_6 基极电压上升，VT_6 进入正常导通放大状态，电容 C_{10} 开始放电（在无信号时，+3V 电源已通过扬声器对 C_{10} 充得左负右正约 1.5V 电压），放电途径是：C_{10} 右正→扬声器→VT_6 的集电极→VT_6 的发射极→C_{10} 左负，该电流流过扬声器，它就是 VT_6 放大输出的正半周音频信号。

当 L_{11} 上的音频信号为负半周时，L_{12}、L_{13} 上感应的音频信号电压都为上负下正，L_{12} 的上负电压加到功放管 VT_6 的基极，基极电压下降，VT_6 进入截止状态，不能放大信号，而 L_{13} 的下正电压加到功放管 VT_7 的基极，基极电压上升，VT_7 进入正常导通放大状态，+3V 电源

开始对 C_{10} 充电，充电途径是：+3V→扬声器→C_{10}→VT_7 集电极→VT_7 发射极→地，该电流流过扬声器，它就是 VT_7 放大输出的负半周音频信号。

从上述工作过程可以看出：功放管 VT_6 放大音频信号的正半周，VT_7 放大音频信号的负半周，扬声器中有完整的正、负半周音频信号通过。这里的功放电路与扬声器之间未采用输出变压器，并且两功放管交替导通放大，这种功放电路称为 OTL 放大电路，即无输出变压器的推挽放大电路。

③ 元件说明

T_5 为音频输入变压器，主要起耦合音频信号的功能。VT_6、VT_7 为功放管，当无信号输入时，它们处于微导通状态，即 I_b、I_c 电流都很小；当有音频信号输入时，它们轮流工作，VT_6 放大音频信号正半周，VT_7 则放大音频信号负半周，一只三极管处于放大状态时另一只三极管处于截止状态。R_{11}、R_{12}、R_{13} 和 R_{14} 为 VT_6、VT_7 的偏置电阻，为两三极管提供静态工作点。C_{10} 为耦合电容，同时兼起隔直作用。Y 为扬声器，能将音频信号还原成声音。CK 为耳机插孔，未插入耳机插头时，插孔内部顶针与扬声器接通；插入耳机插头时，顶针断开，将扬声器切断，音频信号会通过插头触点流进耳机。

18.3.3　收音机整机电路分析

S66 型收音机整机电路如图 18-18 所示。

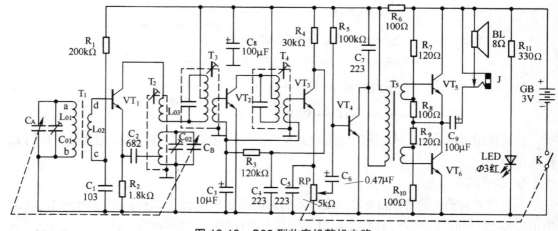

图 18-18　S66 型收音机整机电路

分析电子设备的电路一般包括三方面：一是分析电路处理交流信号的过程；二是分析电路中各元件的功能；三是分析电路的直流供电，主要是三极管的供电情况。以下就从这三个方面来分析 S66 型收音机整机电路原理。

1. 交流信号处理过程

许多电台发射的无线电波在穿过磁性天线 T_1 的磁棒时，绕在磁棒上的线圈 L_{01} 上会感应出各电台信号电动势，只有与输入调谐回路频率相同的电台信号才在 L_{01} 上得到很高信号电压，该电台信号电压感应到 T_1 的次级线圈 L_{02} 上，再送入混频管 VT_1 的基极。与此同时，由 VT_1、T_2、C_B、C_{02} 等元件构成的本振电路产生本振信号经 C_2 送入 VT_1 的发射极。本振信号和电台信号在混频管 VT_1 中混频差拍，即 $f_振-f_信$，得到 465kHz 中频信号，从 VT_1 的集电极输出，再由中周 T_3 构成的 465kHz 选频电路选出，送到中放电路。

465kHz 中频信号经 T_3 耦合到中放管 VT_2 的基极，放大后从集电极输出，再由中周 T_4 构成的 465kHz 选频电路选出，又耦合到检波管 VT_3 的基极，由于 VT_3 的基极电压较低，中频信号负半周到来时 VT_3 截止，正半周到来时 VT_3 正常放大，正半周中频信号从 VT_3 的发射极输出，然后由滤波电容 C_5 滤掉中频成分，剩下音频信号，音频信号经音量电位器 RP 调节和电容 C_6 隔直后送到低放电路。

音频信号送到前置放大管 VT_4 的基极，放大后从集电极输出送到音频变压器 T_5 初级线圈，音频信号再感应到 T_5 两组次级线圈，分别送到功放管 VT_5、VT_6 的基极。VT_5 放大音频信号正半周，VT_6 放大音频信号的负半周，放大的正、负半周音频信号经 C_9 流进扬声器，扬声器发声。

2. 元件说明

T_1 是磁性天线，实际上是一个高频变压器，用来接收无线电波信号。C_A 为双联电容中的信号联，C_B 为双联电容中的振荡联，在调台时，它们容量同时变化，这样可以保证输入调谐回路在选取不同电台时，本振信号频率始终较接收电台信号频率高 465kHz。C_{01}、C_{02} 都是微调电容，它们通常与双联电容做在一起。VT_1 为混频管，具有混频信号和放大信号的功能。C_1 为交流旁路电容，能减小交流损耗，提高 VT_1 的增益。R_1 为 VT_1 的偏置电阻，为 VT_1 提供基极电压。R_2 为 VT_1 发射极电流负反馈电阻，能稳定 VT_1 的工作点。T_2 称为振荡线圈，它有两组线圈，一组线圈用于反馈，另一组与 C_B、C_{02} 构成本振电路选频电路，改变它的电感量可以改变本振电路的振荡频率。C_2 为耦合电容，将本振信号传送到 VT_1 的发射极。

T_3、T_4 均为中频变压器（又称中周），它内部包含有槽路电容，中周的初级线圈与内部槽路电容一起构成 465kHz 的选频电路，用于选取 465kHz 中频信号。VT_2 为中放管，用来放大中频信号。VT_3 是检波三极管，它的基极电压很低，只能放大中频信号中的正半周部分，负半周到来时处于截止状态。C_5 为滤波电容，用来滤除检波输出信号中的中频成分而选出音频信号。C_4、R_3、C_3 构成 AGC 电路，C_4 用来滤除检波管 VT_4 集电极输出的负半周信号中的中频成分，而 C_3 由于容量较大，它用来滤除音频成分，剩下负的直流电压送到中放管 VT_2 的基极，来控制 VT_2 的放大能力。R_4 是一个比较重要的电阻，一方面它为检波管提供集电极电压，另外还经 R_3 为中放管 VT_2 和检波管 VT_3 提供基极电压。

RP 为音量电位器，能调节送往低放电路的音频信号大小，滑动端下移时，上端电阻增大，送往低放电路的音频信号减小，扬声器的音量变小。C_6 为耦合电容，能阻止音频信号中的直流成分通过，只让交流音频信号去 VT_4 的基极。VT_4 为前置放大管，放大小幅度的音频信号。C_7 为高频旁路电容，用来旁路音频信号中残存的中频信号和高频噪声信号。T_5 为音频输入变压器，起传递音频信号的作用。VT_5、VT_6 为功放管，在静态时它们处于微导通状态，在动态时它们轮流工作，VT_5 放大音频信号正半周，VT_6 放大音频信号负半周。R_7、R_8、R_9 和 R_{10} 为 VT_5、VT_6 的偏置电阻，为它们提供电压，其中 $R_7=R_9$、$R_8=R_{10}$，又因为 VT_5、VT_6 为同型号的三极管，故耦合电容 C_9 左端电压大小约为电源电压的一半。J 为耳机插孔，BL 为扬声器。

该收音机使用 3V 的电源，K 为电源开关，它与音量电位器做在一起。LED 为电源指示灯，它是一个发光二极管。R_{11} 为限流电阻，防止流过发光二极管的电流过大。R_6、C_8 为电源退耦电路；C_8 为退耦电容，能滤除各放大电路窜入电源供电线的干扰信号；R_6 为隔离电阻，将功放电路与前级放大电路隔开，减少它们之间的相互干扰。

3. 电路直流供电

电路直流供电主要是三极管的供电，下面就以流程图的形式说明各三极管的供电情况。

VT_1 的直流供电途径：

VT_2 的直流供电途径：

VT_3 的直流供电途径：

VT_4 的直流供电途径：

VT_5、VT_6 的直流供电途径：

第 19 章　电子技能实践

19.1　电子技能实践工具材料

19.1.1　电烙铁

电烙铁是一种将电能转换成热能的焊接工具。 电烙铁是电路装配和检修不可缺少的工具，元器件的安装和拆卸都要用到，学会正确使用电烙铁是提高实践能力的重要内容。

1. 结构

电烙铁主要由烙铁头、套管、烙铁芯（发热体）、手柄和导线等组成。电烙铁的结构如图 19-1 所示。当烙铁芯通过导线获得供电后会发热，发热的烙铁芯通过金属套管加热烙铁头，烙铁头的温度达到一定值时就可以进行焊接操作。

2. 种类

电烙铁的种类很多，常见的有内热式电烙铁、外热式电烙铁、恒温电烙铁和吸锡电烙铁等。

（1）内热式电烙铁

内热式电烙铁是指烙铁头套在发热体外部的电烙铁。 内热式电烙铁如图 19-2 所示。内热式电烙铁具有体积小、重量轻、预热时间短等特点，一般用于小元件的焊接，功率一般较小，但发热元件易损坏。

图 19-1　电烙铁的结构　　　　　　图 19-2　内热式电烙铁

内热式电烙铁的烙铁芯采用镍铬电阻丝绕在瓷管上制成，一般 20W 电烙铁的电阻为 2.4kΩ 左右，35W 电烙铁的电阻为 1.6kΩ 左右。常用的内热式电烙铁的功率与对应温度见下表。

电烙铁功率/W	20	25	45	75	100
烙铁头温度/℃	350	400	420	440	450

（2）外热式电烙铁

外热式电烙铁是指烙铁头安装在发热体内部的电烙铁。 外热式电烙铁如图 19-3 所示。

外热式电烙铁的烙铁头长短可以调整，烙铁头越短，烙铁头的温度就越高，烙铁头有凿式、尖锥形、圆面形、圆（尖）锥形和半圆沟形等不同的形状，可以适应不同焊接面的需要。

（3）恒温电烙铁

恒温电烙铁是一种利用温度控制装置来控制通电时间使烙铁头保持恒温的电烙铁。 恒温电烙铁如图 19-4 所示。

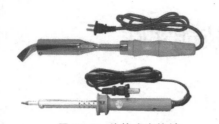

图 19-3　外热式电烙铁

图 19-4　恒温电烙铁

　　恒温电烙铁一般用来焊接温度不宜过高、焊接时间不宜过长的元器件。有些恒温电烙铁还可以调节温度，温度调节范围一般在 200～450℃。

　　（4）吸锡电烙铁

图 19-5　吸锡电烙铁

　　吸锡电烙铁是将活塞式吸锡器与电烙铁制成一体的拆焊工具。吸锡电烙铁如图 19-5 所示。在使用吸锡电烙铁时，先用带孔的烙铁头将元件引脚上的焊锡熔化，然后让活塞运动产生吸引力，将元件引脚上的焊锡吸入带孔的烙铁头内部，这样无焊锡的元件就很容易拆下。

　　3. 选用

　　在选用电烙铁时，可按下面原则进行选择。

　　① 在选用电烙铁时，烙铁头的形状要适应被焊接件物面要求和产品装配密度。对于焊接面小的元件，可选用尖嘴电烙铁；对于焊接面大的元件，可选用扁嘴电烙铁。

　　② 在焊接集成电路、晶体管及其他受热易损坏的元器件时，一般选用20W 内热式或25W外热式电烙铁。

　　③ 在焊接较粗的导线和同轴电缆时，一般选用 50W 内热式或者 45～75W 外热式电烙铁。

　　④ 在焊接很大的元器件时，如金属底盘接地焊片，可选用 100W 以上的电烙铁。

19.1.2　焊料与助焊剂

　　1. 焊料

　　焊锡是电子产品焊接采用的主要焊料。焊锡如图 19-6 所示。焊锡是在易熔金属锡中加入一定比例的铅和少量其他金属制成的，其熔点低、流动性好、对元件和导线的附着力强、机械强度高、导电性好、不易氧化、抗腐蚀性好，并且焊点光亮美观。

　　2. 助焊剂

　　助焊剂可分为无机助焊剂、有机助焊剂和树脂助焊剂，它能溶解去除金属表面的氧化物，并在焊接加热时包围金属的表面，使之和空气隔绝，防止金属在加热时氧化；另外，还能降低焊锡的表面张力，有利于焊锡的湿润。**松香是焊接时采用的主要助焊剂。**松香如图 19-7 所示。

图 19-6 焊锡   图 19-7 松香

19.1.3 印制电路板

各种电子设备都是由一个个元器件连接起来组成的。用规定的符号表示各种元器件,并且将这些元器件连接起来就构成了这种电子设备的电路原理图,通过电路原理图可以了解电子设备的工作原理和各元器件之间的连接关系。

在实际装配电子设备时,如果将一个个元器件用导线连接起来,除了需要大量的连接导线外,还很容易出现连接错误,出现故障时检修也极为不便。为了解决这个问题,人们就将大多数连接导线做在一块塑料板上,在装配时只要将一个个元器件安装在塑料板相应的位置,再将它们与导线连接起来就能组装成一台电子设备,这里的塑料板称为印制电路板。之所以叫它印制电路板,是因为塑料板上的导线是印制上去的,印制到塑料板上的不是油墨而是薄薄的铜层,铜层常称作铜箔。印制电路板示意图如图 19-8 所示。

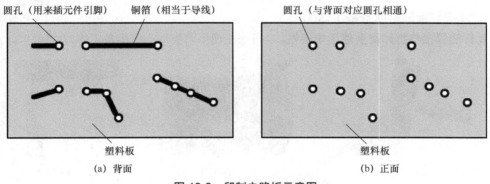

(a) 背面   (b) 正面

图 19-8 印制电路板示意图

图 19-8(a)所示为印制电路板背面,该面上黑色的粗线为铜箔,圆孔用来插入元器件引脚,在此处还可以用焊锡将元器件引脚与铜箔焊接在一起。图 19-8(b)所示为印制电路板正面,它上面有很多圆孔,可以在该面将元器件引脚插入圆孔,在背面将元器件引脚与铜箔焊接起来。

图 19-9 是一个电子产品的印制电路板。

印制板上的电路不像原理电路那么有规律,下面以图 19-10 为例来说明印制板电路和原理图的关系。

图 19-10(a)为检波电路的电路原理图,图 19-10(b)为检波电路的印制板电路图。表面看好像两个电路不一样,但实际上两个电路完全一样。原理电路更注重直观性,故元器件排列更有规律;而印制板电路更注重实际应用,在设计制作印制板电路时除了要求电气连接上与原理电路完全一致外,还要考虑各元器件之间的干扰和引线长短等问题,故印制板电路排列好

像杂乱无章，但如果将印制板电路还原成原理电路时，就会发现它与原理图是完全一样的。

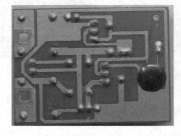 

（a）背面 （b）正面

图 19-9 一个电子产品的印制电路板

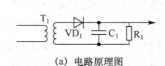 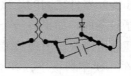

（a）电路原理图 （b）印制板电路图

图 19-10 检波电路

19.1.4 元件的焊接与拆卸

电烙铁及元件焊接

1. 焊接与拆卸前的准备工作

元件的焊接与拆卸需要使用电烙铁。电烙铁在使用前要做一些准备工作，如图 19-11 所示。

（a）除氧化层 （b）沾助焊剂 （c）挂锡

图 19-11 电烙铁使用前的准备工作

在使用电烙铁焊接时，要做好以下准备工作。

第一步：除氧化层。为了焊接时烙铁头能很容易沾上焊锡，在使用电烙铁前，可用小刀或锉刀轻轻除去烙铁头上的氧化层，氧化层刮掉后会露出金属光泽，该过程如图 19-11（a）所示。

第二步：沾助焊剂。烙铁头氧化层去除后，给电烙铁通电使烙铁头发热，再将烙铁头沾上松香（电子市场有售），会看见烙铁头上有松香蒸气，该过程如图 19-11（b）所示。松香的作用是防止烙铁头在高温时氧化，并且增强焊锡的流动性，使焊接更容易进行。

第三步：挂锡。当烙铁头沾上松香达到足够温度，烙铁头上有松香蒸气冒出时，用焊锡在烙铁头的头部涂抹，在烙铁头的头部涂上一层焊锡，该过程如图 19-11（c）所示。给烙铁头挂锡的好处是保护烙铁头不被氧化，并使烙铁头更容易焊接元器件，一旦烙铁头"烧死"，即烙铁头温度过高时使烙铁头上的焊锡蒸发掉，烙铁头被烧黑氧化，焊接元器件就很难进行，这时又需要刮掉氧化层再挂锡才能使用。所以当电烙铁较长时间不使用时，应拔掉电源防止电烙铁"烧死"。

2. 元件的焊接

焊接元器件时，首先要将待焊接的元器件引脚上的氧化层轻轻刮掉，然后给电烙铁通电，发热后沾上松香，当烙铁头温度足够时，将烙铁头以 45°压在印制板待焊接元件引脚旁的铜箔上，然后再将焊锡丝接触烙铁头，焊锡丝熔化后成为液态状，会流到元器件引脚四周，这时将烙铁头移开，焊锡冷却就将元器件引脚与印制板铜箔焊接在一起了。元件的焊接如图 19-12 所示。

图 19-12　元件的焊接

焊接元器件时烙铁头接触印制板和元器件时间不要太长，以免损坏印制板和元器件， 焊接过程要在 1.5～4s 时间内完成，焊接时要求焊点光滑且焊锡分布均匀。

3. 元器件的拆卸

在拆卸印制电路板上的元器件时，将电烙铁的烙铁头接触元器件引脚处的焊点，待焊点处的焊锡熔化后，在电路板另一面将该元器件引脚拔出，然后再用同样的方法焊下另一引脚。这种方法拆卸三个以下引脚的元器件很方便，但拆卸四个以上引脚的元器件（如集成电路）就比较困难了。

拆卸四个以上引脚的元器件可使用吸锡电烙铁，也可用普通电烙铁借助不锈钢空芯套管或注射器针头（电子市场有售）来拆卸。不锈钢空芯套管或注射器针头如图 19-13 所示。用不锈钢空管拆卸多引脚元器件如图 19-14 所示，用烙铁头接触该元器件某一引脚焊点，当该引脚焊点的焊锡熔化后，将大小合适的注射器针头套在该引脚上并旋转，让元器件引脚与电路板焊锡铜箔脱离，然后将烙铁头移开，稍后拔出注射器针头，这样元器件引脚就与印制板铜箔脱离开来，再用同样的方法使元器件其他引脚与电路板铜箔脱离，最后就能将该元器件从电路板上拔下来了。

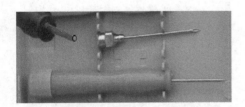

图 19-13　不锈钢空芯套管和注射器针头

图 19-14　用不锈钢空芯套管拆卸多引脚元器件

19.2　收音机的组装与调试

19.2.1　收音机套件介绍

S66 型收音机套件如图 19-15 所示，它主要包括收音机外壳、元件、印制电路板和安装说明书。

图 19-15　S66 型收音机套件

19.2.2　收音机的组装

1. 熟悉收音机电路原理图和印制电路板

S66 型收音机电路原理图如图 19-16 所示。印制电路板如图 19-17 所示。图 19-18 为元器件在印制板上的安装图。

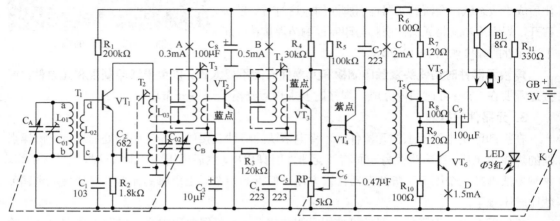

图 19-16　S66 型收音机电路原理图

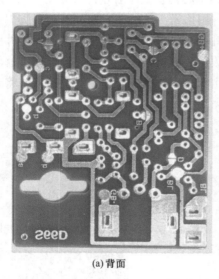

(a) 背面

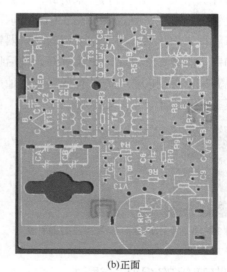

(b) 正面

图 19-17　印制电路板

2. 将收音机套件的元器件进行分类和标号

S66 型收音机由许多的电子元器件组成,组装前将套件中的各种元器件按种类进行分类,并识别各元器件的参数和型号,如有必要可用万用表将元器件检测一遍,这样做不但可排除可能损坏的元器件,提高收音机组装的成功率,还能锻炼自己检测电子元器件的能力,然后依据电路原理图对各元器件进行标号。分类和标号完毕的元器件如图 19-19 所示。

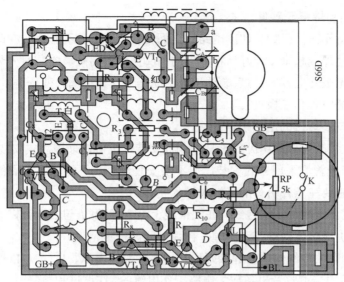

图 19-18　元器件在印制板上的安装图

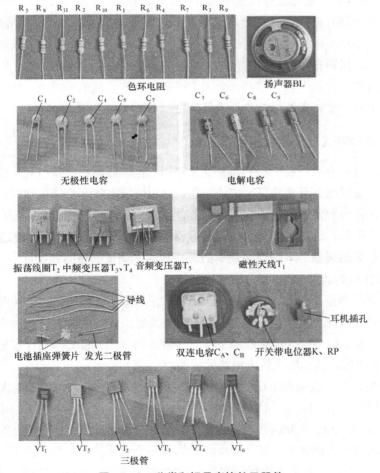

图 19-19　分类和标号完毕的元器件

3．开始安装和焊接元器件

在安装时，将元器件引脚从印制电路板正面相应位置的圆孔插入，在印制电路板背面将元器件引脚与铜箔焊接起来，焊好后将多出的引脚剪掉。另外，安装时先装低矮和耐热的元器件（如电阻和无极性电容），然后装体积大的元器件（如中周、变压器），最后安装不耐热的元器件（如电解电容和三极管）。

各种元器件安装焊接的注意事项：

① 电阻在安装时可以采用卧式紧贴印制板安装，也可以采用立式安装，高度要统一。

② 电容和三极管均采用立式安装，但不要安装过高，不能超过中周的高度，电解电容和三极管在安装时要注意各引脚的极性对号入座。

③ 磁性天线由于采用了漆包线（在细铜线上涂有很薄的一层绝缘漆），在焊接时可用小刀或砂纸将四个引线头上的绝缘漆刮掉，再焊在印制板铜箔上。

④ 元器件和有关导线安装并焊接好后，再将印制板上 A、B、C、D 四个缺口用焊锡焊好，这四个缺口是用来测收音机各放大电路工作电流的，在调试和检修时可以将它们再焊开。

⑤ 在焊接时要注意避免假焊（表面上看似焊好，但实际元器件引脚未与铜箔焊牢）、烫坏元器件（焊接元器件时间过长，会对三极管、二极管等不耐热的元器件造成损坏）、焊错元器件（常见的是将不同参数或不同型号元器件焊错）和接线错误（如天线四个接线头焊错位置、电源开关和扬声器引线焊错）。

在组装收音机时注意了以上事项，会大大提高组装收音机的成功率。如果收音机组装完成后不能正常工作，那就需要对收音机进行调试。

19.2.3 收音机的调试

由于收音机套件在出厂前一些元器件（如中周、振荡线圈和微调电容）已经调试好，如果元器件没有质量问题并且又按正确方法安装，一般情况下收音机能正常发声。但有时可能套件中某些元器件参数发生变化或安装前元器件被调乱，这样安装出来的收音机可能会出现无声或声音小的现象，这时就要对收音机进行调试。**收音机的调整包括静态工作点的调整、中频选频电路频率的调整、本振电路频率的调整和输入调谐回路的调整。**

1．静态工作点的调整

静态工作点的调整是通过调节各级放大电路中三极管的 I_c 电流大小来调节各级放大电路的增益（放大能力）。三极管 I_c 电流大小会影响放大电路的放大能力，放大电路的放大能力过大或过小都不好。调整放大电路静态工作点通常是调节三极管的基极偏置电阻，通过改变 I_b 电流来改变 I_c 电流，从而实现放大电路的增益调节。

在调整时先调节双联电容，让收音机处于无台状态（静态），再用万用表电流挡依次测量收音机印制板缺口 A、B、C、D 处（如先前缺口焊好，现在需要焊开）的电流，正常时它们的电流分别是 0.3mA、0.5mA、2mA、1.5mA，这四个电流分别是变频电路、中放电路、前置放大电路和功放电路的 I_c 电流。如果测量的这四个电流基本正常，说明各级放大电路的增益符合要求，就无须对收音机进行静态工作点的调整；如果某个电流偏离正常电流值过大，就要对该级放大电路静态工作点进行调整，例如 C 点电流大于 2mA，就需要将三极管 VT_4 的偏置电阻 R_5 阻值调大来减小 I_b 电流，从而减小 C 点电流（I_c 电流），让它回到 2mA。具体调节 C 点电流时，可将 R_5 焊下来，再将 R_5 与一个 100kΩ 电位器串在一起再焊在 R_5 原来位置，然后调节电位器同时测量 C 点电流，当 C 点电流为 2mA 时，焊下 R_5 和电位器，测量两者的串联总阻值，找一个与两者串联总阻值相同的固定电阻代替 R_5，焊好就可以了。

2．中频选频电路频率的调整

中频选频电路的频率为 465kHz，如果选频电路频率偏离了 465kHz，就会出现选频电路选出的中频信号幅度偏小或无法选出，从而导致收音机音小或无音。

一般情况下没有专门的调试仪器，但凭借自己的眼睛和耳朵也可以调整。首先打开收音机收到一个电台，一边听声音大小，一边调中周（中频变压器）的磁芯，如果收音机收不到电台时可以在双联电容的信号联（在本收音机中为 C_A）非地端焊上一根 1m 长的导线作为天线。调整时先调整最后一只中周（T_4），然后再调前面的一只中周（T_3），直到声音最大。由于有 AGC 电路的控制以及当声音很大时人耳对声音变化不易分辨的缘故，在收听本地电台声音已经调到很大时，往往不易调得更精确，这时可改收外地电台或者转动磁性天线方向以减小输入信号大小再调节。通常按上述方法，反复细调两三次，最终使电台声最大最清晰即可。

3．本振电路频率的调整

本振电路的频率正常时应该比输入调谐回路高 465kHz，如果不是高 465kHz，则会导致混频差拍输出的信号频率不是 465kHz，中频电路难于选出或选出的信号小，从而引起无音或音小。

在调整本振电路频率时，先要装好电台频率指示刻度盘。调整时，先在低频端（550～700kHz）范围内收一个电台，如中央人民广播电台的频率是 639kHz，对照刻度盘将双联电容旋到 639kHz 这个位置，调节振荡线圈（T_2）的磁芯，收到这个电台，并将声音调到最大；然后在 1400～1600kHz 范围内选一个已知频率的电台，对照刻度盘将双联电容旋到这个频率的刻度上，再调节本振电路中的微调电容（与双联电容振荡联并联的微调电容），收到这个电台并将声音调到最大。由于高、低端的频率会在调整中互相影响，所以低端调电感磁芯、高端调电容的过程要反复进行几次才能最后调准。

4．输入调谐回路频率的调整

输入调谐回路的调整又称为统调。调整时先收听到低端电台，调整磁性天线在磁棒上的位置，使声音最大，达到低频统调；再收听到高频端电台，调节输入调谐回路中的微调电容（与双联电容信号联并联的微调电容），使声音最大，达到高端统调。这个过程也要反复调几次才能最后调准。

19.3　电路的基本检修方法

在检修电子设备时，先要掌握一些基本的电路检修方法。电路的检修方法很多，下面介绍一些最常用检修方法。

19.3.1　直观法

直观法是指通过看、听、闻、摸的方式来检查电子设备的方法。直观法是一种简便的检修方法，有时很快就可以找出故障所在，一般在检修电子设备时首先使用这种方法，然后再使用别的检修方法。在用直观法检查时，可同时辅以拨动元器件、调整各旋钮以及轻轻挤压有关部件等动作。

直观法使用要点如下。

① 眼看：看机器内导线有无断开，元器件是否烧黑或炸裂、是否虚焊脱落，元器件有无装错（新装配的电子设备），元器件之间有无接触短路，印制板铜箔是否开路等。

② 耳听：听机器声音有无失真，旋转旋钮听机器有无噪声等。

③ 鼻闻：闻是否有元器件烧焦或别的不正常的气味。

④ 手摸：摸元器件是否发热，拨动元器件导线是否有虚焊。

19.3.2 电阻法

电阻法是用万用表欧姆挡来测量电路或元器件的阻值大小来判断故障部位的方法。这种方法在检修时应用较多，由于使用这种方法检修时不需要通电，安全性好，所以最适合初学者使用。

1. 电阻法的使用

电阻法常用在以下几个方面。

① 检查印制板铜箔和导线是否相通、开路或短路。印制板铜箔和导线开路或短路有时用眼睛难以观察出来，而采用电阻法可以进行准确判断。

在图 19-20 中，直观观察电路板两个焊点是相通的，为了准确判断，可用万用表×1Ω 挡测量这两焊点间的阻值，图中表针指示阻值为 0，说明这两个焊点是相通的。

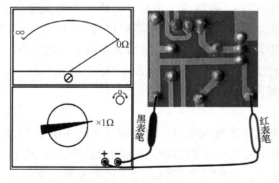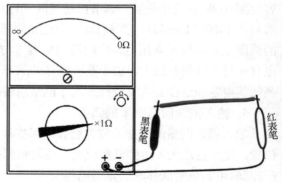

(a) 检测焊点间是否相通　　　　　　　　　　　　(b) 检测导线是否开路

图 19-20　用电阻法检测焊点与导线

在图 19-20（b）中，导线上有绝缘层，无法判断内部芯线是否开路，也可用万用表×1Ω 挡测量导线的阻值，图中表针指示阻值为∞，说明导线内部开路。

② 检测大多数元器件的好坏。大多数元器件好坏都可用电阻法来判断。

③ 在路粗略检测元器件好坏。所谓在路检测元器件是指直接在电路板上检测元器件，**无须焊下元器件。由于不用拆下元器件，故检测起来比较方便。**例如，可以在路检测二极管、三极管 PN 结是否正常，如果正向电阻小、反向电阻大，可认为它们正常；也可以在路检测

电感、变压器线圈，正常阻值很小，如果阻值很大，则可能是线圈开路。

　　但是，由于电路板上的被测元器件可能与其他元件并联，检测时会影响测量值。如图 19-21 所示，万用表在测量电阻 R 的阻值，实际上测量的是 R 与二极管 VD 的并联值。测量时，如果将红、黑表笔按图 19-21（a）所示的方法接在 R 的两端，二极管会导通，这样测出来的 R 的阻值会很小；如果将红、表笔对调测 R 的阻值，如图 19-21（b）所示，二极管 VD 就不会导通，这样测出来的阻值就接近电阻 R 的真实值。所以**在路测量元器件时，要正、反向各测一次，阻值大的一次更接近元器件的真实值。**

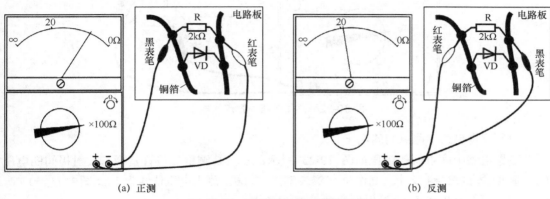

（a）正测　　　　　　　　　　　　　　　　　　（b）反测

图 19-21　在路测量元器件的阻值

2. 在路测量电阻注意事项

　　① 在路测量时，一定要先关掉被测电路的电源。

　　② 在路测量某元器件时，要对该元器件正、反向各测一次，阻值大的测量值更接近元器件的实际阻值，这样做是为了减小 PN 结元器件影响。

　　③ 在路测量元器件正、反向阻值时，若元器件正常，两次测量值均会小于（最多等于）元器件的标称值，如果测量值大于元器件标称值，那么该元器件一定是损坏（阻值变大或开路）的。但是，在路测量出来的阻值小于被测元器件的标称阻值时，不能说明被测元器件一定是好的，要准确判断元器件好坏就需要将它拆下来直接测量。

19.3.3　电压法

　　电压法是用万用表测量电路中的电压，再根据电压的变化来确定故障部位。电压法是根据电路出现故障时电压往往会发生变化的原理进行的。

1. 电压法的使用

在使用电压法测量时，既可以测量电路中某点的电压，也可以测量电路中某两点间的电压。

（1）测量电路中某点的电压

测量电路中某点的电压实际就是测该点与地之间的电压。测量电路中某点的电压如图 19-22 所示，图中是测量电路中的 A 点电压。在测量时，将黑表笔接地，也就是电阻 R_4 下端接地，红表笔接触被测点（A 点），万用表测出的 3V 就是 A 点电压 U_A。若要测量三极管发射极电压 U_e，由于发射极电压实际上就是发射极与地之间的电压，故测量发射极电压

U_e 的方法与图 19-22 完全相同，U_e 与 U_A 相等，都为 3V。

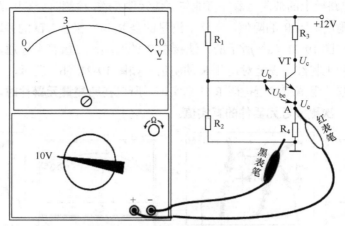

图 19-22　测量电路中某点的电压

（2）测量电路中两点间的电压

测量电路中两点间的电压如图 19-23 所示，图中是测量三极管基极与发射极间的电压 U_{be}。测量时，红表笔接基极（高电位），黑表笔接发射极，测出电压值即为 U_{be}，图中 U_{be}=0.7V，U_{be}=0.7V 说明基极电压 U_b 较发射极电压 U_e 高 0.7V。

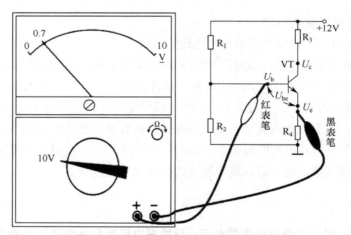

图 19-23　测量电路中某两点间的电压

如果红表笔接三极管集电极，黑表笔接发射极，测出的电压为三极管集-射极之间的电压 U_{ce}；如果红表笔接 R_3 上端，黑表笔接 R_3 下端，测出的电压为 R_3 两端电压 U_{R_3}（或称 R_3 上的压降）；如果红表笔接 R_2 上端，黑表笔接地（地与 R_2 下端直接相连），测出的电压为 R_2 两端电压 U_{R_2}，它与三极管基极电压 U_b 相同；如果红表笔接电源正极，黑表笔接地，测出的电压为电源电压（12V）。

下面举例来说明电压法的使用。

在图 19-24 电路中，发光二极管 VD_1 不亮，检测时测得+12V 电源正常，而测得 A 点无电压，再跟踪测量到 B 点仍无电压，而测到 C 点时发现有电压，分析原因可能是 R_2 开路使 C 点电压无法通过 R_2，也可能是 C_2 短路将 B 点电压短路到地而使 B 点电压为 0。用电阻法在路检测 R_2、C_2 时，发现是 C_2 短路，更换 C_2 后发光二极管发光，此时测量 B、A 点都有电压。

2. 电压法使用注意事项

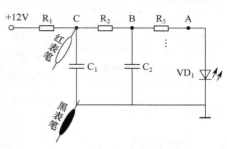

① 在使用电压法测量时，由于万用表内阻会对被测电路产生分流，从而导致测量电压产生误差，因此为了减少测量误差，测量时应尽量采用内阻大的万用表。MF50 型万用表内阻为 10kΩ/V（如挡位开关拨到 2.5V 挡时，万用表内部等效电阻为 2.5×10kΩ=25kΩ），500 型万用表和 MF47 型万用表的内阻为 20kΩ/V，而数字万用表内阻可视为无穷大。

图 19-24　电压法使用例图

② 在测量电路电压时，万用表黑表笔接低电位，红表笔接高电位。

③ 测量时，应先估计被测部位的电压大小来选取合适的挡位，选择的挡位应高于且最接近被测电压，不要用高挡位测低电压，更不能用低挡位测高电压。

19.3.4　电流法

电流法是通过测量电路中电流的大小来判断电路是否有故障的方法。 在使用电流法测量时，一定要先将被测电路断开，然后将万用表串接在被测电路中，串接时要注意红表笔接断开点的高电位处，黑表笔接断开点的低电位处。下面举两个例子来说明电流法的应用。

1. 电流法应用举例一

图 19-25 所示的电子设备由 3 个电路组成，各电路在正常工作时的电流分别是 2mA、3mA 和 5mA，电路总工作电流应为 10mA。

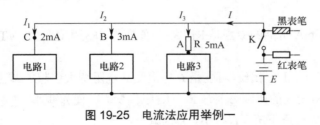

图 19-25　电流法应用举例一

现在这台电子设备出现了故障，检查时首先测量电子设备的总电流是否正常。断开电源开关 K，将万用表的红表笔接开关的下端（高电位处），黑表笔接开关的上端（低电位处），这样电流就不会经过开关，而是流经万用表给 3 个电路提供电流。测得总电流为 30mA，明显偏大，说明 3 个电路中有电路出现故障导致工作电流偏大。为了进一步确定具体是哪个电路电流不正常，可以依次断开 A、B、C 三处来测量各电路的工作电流，结果发现电路 1、电路 2 的工作电流基本正常，而断开 A 处测得电路 3 的工作电流高达 25mA，远大于正常工作电流，这说明电路 3 存在故障，再用电阻法来检查电路 3 中的各个元器件，就可以比较容易找出损坏的元器件。

在图 19-25 所示的电路中，除了可以断开 A 处测电路 3 的电流外，还可以通过测出电阻 R 上的电压 U，再根据 $I=U/R$ 的方法求出电路 3 的电流，这样做不需要断开电路，比较方便。

2. 电流法应用举例二

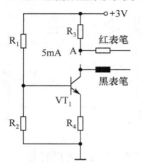

图 19-26　电流法应用举例二

图 19-26 所示电路是一个常见的放大电路，为判断该电路是否正常，可测 VT_1 的 I_c，正常时 I_c 应为 5mA。测量时，在 A 点将电路断开，将万用表红表笔接 A 点的上端，黑表笔接 A 点的下端，测量出来的 I_c 会有四种情况：I_c=5mA（正常）、I_c=0、I_c>5mA、I_c<5mA。下面来分析后三种情况产生的原因。

（1）I_c= 0

根据电路分析 I_c= 0 有两种可能：一是 I_c 电流回路出现开路；二是 I_b 电流回路出现开路，使 I_b= 0，导致 I_c= 0。

I_c 电流流经途径（即 I_c 电流的回路）：+3V→R_3→VT_1 的 c 极→VT_1 的 e 极→R_4→地。故 I_c=0 的原因之一可能是 R_3 开路、VT_1 的 ce 极之间开路或 R_4 开路。

I_b 电流流经途径：+3V→R_1→VT_1 的 b 极→VT_1 的 e 极→R_4→地，该途径开路会使 I_b= 0，从而使 I_c= 0。故 I_c= 0 原因之二是 R_1 开路、VT_1 的 be 结开路、R_4 开路。

另外，R_2 短路会使 VT_1 的基极电压 U_{b1}=0，T_1 的 be 结无法导通，I_b= 0，导致 I_c= 0。

综上所述，该电路的 I_c= 0 的故障原因有 R_1、R_3、R_4 开路，R_2 短路，VT_1 开路，至于到底是哪个元器件损坏，可以用电阻法逐个检查以上元器件就能找出损坏的元器件。

（2）I_c>5mA

根据电路分析，I_c>5mA 可能是 I_b 电流回路电阻变小引起 I_b 增大，而导致 I_c 增大。

I_b 电流回路电阻变小原因可能是 R_1、R_4 阻值变小，使 I_b 增大，I_c 增大；另外，R_2 阻值增大会使 VT_1 的基极电压 U_{b1} 上升，I_b 增大，I_c 也增大；此外，三极管 VT_1 的 ce 极之间漏电也会使 I_c 增大。

综上所述，I_c>5mA 可能的原因是 R_1、R_4 阻值变小，R_2 阻值变大，VT_1 的 ce 极之间漏电。

（3）I_c<5mA

I_c<5mA 与 I_c>5mA 正好相反，可能是 I_b 电流回路电阻变大引起 I_b 减小，而导致 I_c 也减小。

I_b 电流回路电阻变大的原因可能是 R_1、R_4 阻值变大，使 I_b 减小，I_c 减小；另外，R_2 阻值变小会使 VT_1 的基极电压下降，I_b 减小，I_c 也减小。

综上所述，I_c<5mA 可能的原因是 R_1、R_4 阻值变大，R_2 阻值变小。

19.3.5　信号注入法

信号注入法是在电路的输入端注入一个信号，然后观察电路有无信号输出来判断电路是否正常的方法。如果注入信号能输出，说明电路是正常的，因为该电路能通过注入信号；如果注入信号不能输出，说明电路损坏，因为注入信号不能通过电路。

信号注入法使用的注入信号可以是信号发生器产生的测试信号，也可以是镊子、螺丝刀或万用表接触电路时产生的干扰信号，如果给电路注入的信号是干扰信号，这种方式的信号注入法又称为干扰法。由于镊子产生的干扰信号较弱，也可采用万用表进行干扰，在使用万用表干扰时，选择欧姆挡，红表笔接地，黑表笔间断接触电路输入端。

下面以图 19-27 所示的简易扩音机为例来说明信号注入法的使用。

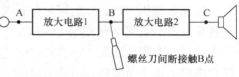

图 19-27 信号注入法使用举例

扩音机的故障是对着话筒讲话时扬声器不发声。为了判断故障部位，可以采用干扰法从后级电路往前级电路干扰，即依次干扰 C、B、A 点。在干扰 C 点时最好使用万用表干扰，因为万用表产生的干扰信号较镊子或螺丝刀强。如果扬声器正常，干扰 C 点时扬声器会发出"喀喀"声，否则说明扬声器损坏；如果干扰 C 点时扬声器中有干扰反应，可再干扰 B 点，干扰 B 点时扬声器无反应说明放大电路 2 损坏，有干扰反应说明放大电路 2 正常；接着干扰 A 点，如果无干扰反应说明放大电路 1 损坏，有干扰反应说明放大电路 1 正常，扩音机无声故障原因就是话筒损坏。如果用干扰法确定是某个放大电路损坏后，再用电阻法检查该放大电路中的各个元器件，最终就能找出损坏的元器件。

19.3.6 断开电路法

当电子设备的电路出现短路时流过电路的电流会很大，供电电路和短路的电路都容易被烧坏，为了能很快找出故障电路，可以采用断开电路法。由于该电子设备内部有很多电路，为了判断是哪个电路出现短路故障，可以依次将电路一个一个断开，当断到某个电路时，供电电路电流突然变小，说明该电路即为存在短路的电路。下面以图 19-28 所示的电路来说明断开电路法的使用。

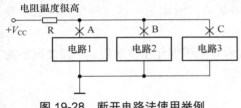

图 19-28 断开电路法使用举例

在图 19-28 中，用手接触供电电阻 R 时发现很烫，这说明流过 R 的电流很大，三个电路中肯定存在短路，为了确定到底是哪个电路有短路，可以依次断开三个电路（在断开下一个电路时要将先前断开的电路接通还原），当断到某个电路时，例如断开电路 2 时，供电电阻 R 的温度降低，说明电路 2 出现了短路；然后关掉电源，再用电阻法检查电路 2，就能找出损坏的元器件。

19.3.7 短路法

短路法是将电路某处与地之间短路，或者是将某电路短路来判断故障部位的方法。在使用短路法时，为了在短路时不影响电路的直流工作条件，短路通常不用导线而采用电容，在低频电路中要用容量较大的电解电容，而在中、高频电路中要用容量较大的无极性电容。下面以图 19-29 所示的扩音机为例来说明短路法的使用。

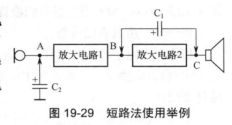

图 19-29 短路法使用举例

如果扩音机出现无声故障，为了找出故障电路，可用一只容量较大的电解电容 C_1 短路放大电路，短路时用电容 C_1 连接 B、C 点（实际是短路放大电路 2），让音频信号直接通过电容 C_1 到扬声器，发现扩音机现在有声音发出，只是声音稍小，这说明无声是放大电路 2

出现故障引起的。

如果扩音机有声音，但同时伴有很大的噪声，为了找出噪声是哪个电路产生的，可用一只容量较大的电解电容 C_2 依次将 C、B、A 点与地之间短路，发现在短路 C、B 点时，正常的声音和噪声同时消失（它们同时被 C_2 短路到地），而短路到 A 点时，正常的声音消失，但仍有噪声，这说明噪声是由放大电路 1 产生的，再仔细检查放大电路 1，就能找出产生噪声的元器件。

19.3.8　代替法

代替法是用正常元器件代替怀疑损坏的元器件或电路来判断故障部位的方法。当怀疑元器件损坏而又难以检测出来时，可采用代替法。比如怀疑某电路中的三极管损坏，但拆下测量又是好的，这时可用同型号的三极管代替它，如果故障消失说明原三极管是损坏的（软损坏）。有些元器件代替时可不必从印制板上拆下，如在图 19-30 电路中，当怀疑电容 C 开路或失效时，只要将一只容量相同或相近的正常电容并联在该电容两端，如果故障消失则说明原电容损坏，注意电容短路或漏电是不能这样做的，必须要

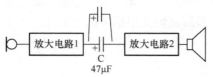

图 19-30　代替法使用举例

拆下代替。

代替法具有简单实用的特点，只需要掌握焊接技术并能识别元器件参数，不需要很多的电路知识就可以使用该方法。

19.4　收音机的检修

收音机安装完成后如果不能正常工作，通常先进行调试，如果调试后还是无法正常工作，就需要对收音机进行检修了。市面上的收音机价格已非常便宜，从实用眼光来看没有什么维修价值，但是通过检修收音机既可以培养我们的动手能力，又能让我们掌握电子设备检修的一些思想和方法，为以后检修各种高档电子设备打下基础。

由于考虑到进行收音机检修的目的是让我们掌握电子设备检修的思想和方法，这里就以一台刚安装好的 S66 型收音机出现无声故障为例来说明收音机的检修。S66 型收音机的电路图请见图 19-16。**S66 型收音机的检修步骤如下。**

第一步：用直观法检查。

检修一台电子设备一般首先用直观法检查，对于收音机，检查内容如下。

①　检查电池是否良好：如电池是否变软，外壳是否冒白粉，电池内有无黏液流出，电池是否硬化。

②　检查电池夹：电池夹是否生锈，是否接触不良等。

③　检查元器件是否相碰。

④　检查各连接线有无断落。

⑤　检查印制板铜箔有无断裂、焊点是否松动虚焊、各焊点之间是否短路等。

⑥ 检查元器件有无装错，特别是元器件引脚极性是否装错。

第二步：用电压法检查。

电压法在检修电子设备中应用比较广泛，但由于收音机中的电压比较低，电压法检测不明显，故收音机中较少采用电压法，这里主要是用电压法测量电池电压是否正常，正常电池电压为 3V。

第三步：用电流法检查。

用电流法可以容易判断出电路的直流工作情况是否正常，在使用电流法时收音机不要收到电台（静态），再进行以下检查。

① 断开电源开关 K，在开关两端测量收音机的整机工作电流，正常应为 5mA 左右。如果电流过大说明某电路存在短路，如果电流很小说明某电路可能开路；当整机电流不正常时，为了进一步确定是哪个电路引起的，可接着测量收音机各级电路的工作电流。

② 在 D 点将电路断开，测量功放电路的工作电流，正常应为 1.5mA 左右。如果电流偏大，可能是 R_8、R_{10} 阻值变大，R_7、R_9 阻值变小，VT_5、VT_6 ce 极之间漏电或短路，C_9 漏电或短路；如果电流偏小，可能是 R_8、R_{10} 阻值变小，R_7、R_9 阻值变大。

③ 在 C 点将电路断开，测量前置放大电路的工作电流，正常应为 2mA 左右。如果电流偏大，可能是 R_5 阻值变小，VT_4 ce 极之间漏电或短路；如果电流偏小，可能是 R_5 阻值变大。

④ 在 B 点将电路断开，测量中放电路的工作电流，正常应为 0.5mA 左右。如果电流偏大，可能是 R_4、R_3 阻值变小，VT_2 ce 极之间漏电或短路；如果电流偏小，可能是 R_4、R_3 阻值变大，C_3、C_4 漏电。

⑤ 在 A 点将电路断开，测量变频电路的工作电流，正常应为 0.3mA。如果电流偏大，可能是 R_1、R_2 阻值变小，VT_1 ce 极之间漏电或短路，C_2 漏电或短路；如果电流偏小，可能是 R_1、R_2 阻值变大，C_1 漏电。

另外，电源退耦电容 C_8 漏电或短路，R_{11} 阻值变小也会导致收音机整机电流偏大。

在用电流法确定某级电路工作电流不正常后，就可以确定该电路为故障电路，接着用电阻法检测该级电路中可能损坏的元器件。

第四步：用干扰法检查。

在用上述方法检查出各级电路的直流工作条件都正常后，如果收音机还是无声，这时就要用干扰法来检查收音机中与交流信号处理有关的电路。这里采用万用表产生的干扰信号作为注入信号。干扰法的检查可按下面的方法和步骤来进行。

① 用万用表×10Ω 挡干扰功放电路的中心点（即电容 C_9 的左端），听扬声器中有无干扰反应（有无"喀喀"声发出）。如无干扰反应，可能是 C_9 开路、耳机插孔接触不良、扬声器开路。

② 用万用表×100Ω 挡干扰音量电位器的中心滑动端，如果扬声器中无干扰反应，说明干扰信号不能通过前置放大电路和功放电路，又因为它们都能正常放大信号（用电流法检查它们的直流工作电流正常），所以无干扰反应可能是交流耦合电容 C_6 开路、变压器 T_5 线圈短路，无法传送交流信号。

③ 用这种方法从后往前依次干扰 VT_3、VT_2、VT_1 的基极，若干扰哪级电路无反应，说

明该级电路存在故障，主要检查电路之间的耦合元器件，如中周 T_4、T_3 线圈短路。

第五步：用电阻法检查。

用干扰法干扰 VT_1 的基极，扬声器中有反应，说明交流信号可以从 VT_1 基极一直到达扬声器，如果收音机还是无正常的声音，就要用电阻法直接检查本振电路和输入调谐回路各个元器件是否正常。

检查时主要用电阻法测量磁性天线 T_1 线圈、振荡线圈 T_2 有无开路，耦合电容 C_2 和交流旁路电容 C_1 是否开路。

第六步：用代替法检查。

由于输入调谐回路和本振电路中的双联可变电容和微调电容用万用表难于检测出好坏，故可用同样的双联电容代换它，如果故障排除，说明原双联电容损坏。

以上就是收音机无声故障的检修过程，其中包含了很多的检修思路和方法，读者可细细体味，这对提高电子设备的检修能力是有很大帮助的。

第20章 集成电路的识别、检测与拆焊

20.1 概述

20.1.1 快速了解集成电路

将许多电阻、二极管和三极管等元器件以电路的形式制作在半导体硅片上，然后接出引脚并封装起来，就构成了集成电路。集成电路简称为集成块，又称芯片 **IC**，图 20-1（a）所示的 LM380 就是一种常见的音频放大集成电路，其内部电路如图 20-1（b）所示。

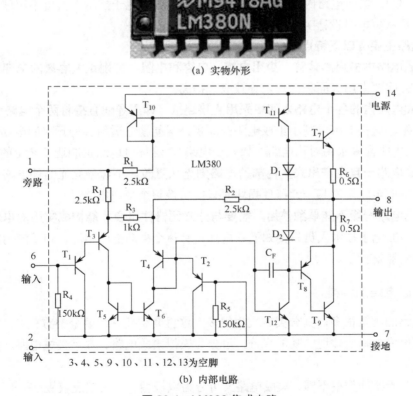

(a) 实物外形

(b) 内部电路

图 20-1 LM380 集成电路

由于集成电路内部结构复杂，对于大多数人来说，可不用了解内部电路具体结构，只需知道集成电路的用途和各引脚的功能即可。

单独的集成电路是无法工作的，需要给它加接相应的外围元件并提供电源才能工作。图

20-2 中的集成电路 LM380 提供了电源并加接了外围元件，它就可以对 6 引脚输入的音频信号进行放大，然后从 8 引脚输出放大的音频信号，再送入扬声器使之发声。

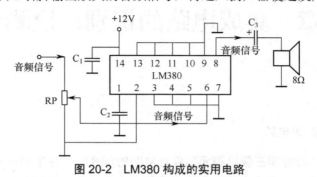

图 20-2　LM380 构成的实用电路

20.1.2　集成电路的特点

有的集成电路内部只有十几个元器件，而有些集成电路内部则有成千上万个元器件（如电脑中的 CPU）。集成电路内部电路很复杂，对于大多数电子技术人员可不用理会内部电路原理，除非是从事电路设计工作的。

集成电路主要有以下特点。

① 集成电路中多用晶体管，少用电感、电容和电阻，特别是大容量的电容器，因为制作这些元器件需要占用大面积硅片，导致成本提高。

② 集成电路内的各个电路之间多采用直接连接（即用导线直接将两个电路连接起来），少用电容连接，这样既可以减小集成电路的面积，又能使它适用各种频率的电路。

③ 集成电路内多采用对称电路（如差动电路），这样可以纠正制造工艺上的偏差。

④ 集成电路一旦生产出来，内部的电路则无法更改，不像分立元器件电路可以随时改动，所以当集成电路内的某个元器件损坏时只能更换整个集成电路。

⑤ 集成电路一般不能单独使用，需要与分立元器件组合才能构成实用的电路。对于集成电路，大多数电子技术人员只要知道它内部具有什么样功能的电路，即了解内部结构方框图和各引脚功能就行了。

20.1.3　集成电路的种类

集成电路的种类很多，其分类方式也很多，这里介绍几种主要分类方式。

（1）按集成电路所体现的功能来分，可分为模拟集成电路、数字集成电路、接口电路和特殊电路四类。

（2）按有源器件类型不同，集成电路又可分为双极型、单极型及双极–单极混合型三种。

双极型集成电路内部主要采用二极管和三极管。它又可以分为 DTL（二极管–晶体管逻辑）、TTL（晶体管–晶体管逻辑）、ECL（发射极耦合逻辑、电流型逻辑）、HTL（高抗干扰逻辑）和 I^2L（集成注入逻辑）电路。双极型集成电路开关速度快，频率高，信号传输延迟时间短，但制造工艺较复杂。

单极型集成电路内部主要采用 MOS 场效应管。它又可分为 PMOS、NMOS 和 CMOS

电路。单极型集成电路输入阻抗高，功耗小，工艺简单，集成密度高，易于大规模集成。

双极–单极混合型集成电路内部采用 MOS 和双极兼容工艺制成，因而兼有两者的优点。

（3）按集成电路的集成度来分，可分为小规模集成电路（SSI）、中规模集成电路（MSI）、大规模集成电路（LSI）和超大规模集成电路（VLSI）。

对于数字集成电路来说，小规模集成电路是指集成度为 1～12 门/片或 10～100 个元件/片的集成电路，它主要是逻辑单元电路，如各种逻辑门电路、集成触发器等。

中规模集成电路是指集成度为 13～99 门/片或 100～1000 个元件/片的集成电路，它是逻辑功能部件，例如编码器、译码器、数据选择器、数据分配器、计数器、寄存器、算术逻辑运算部件、A/D 和 D/A 转换器等。

大规模集成电路是指集成度为 100～1000 门/片或 1000～100000 个元件/片的集成电路，它是数字逻辑系统，如微型计算机使用的中央处理器（CPU）、存储器（ROM、RAM）和各种接口电路（PIO、CTC）等。

超大规模集成电路是指集成度大于 1000 门/片或 10^5 个元件/片的集成电路，它是高集成度的数字逻辑系统，如各种型号的单片机，就是在一处硅片上集成了一个完整的微型计算机。

对于模拟集成电路来说，由于工艺要求高，电路又复杂，故通常将集成 50 个以下的元器件的集成电路称为小规模集成电路，集成 50～100 个元器件的集成电路称为中规模集成电路，集成 100 个以上元器件的就称作大规模集成电路。

20.1.4　集成电路的封装形式

封装就是指把硅片上的电路引脚用导线接引到外部引脚处，以便与其他器件连接。封装形式是指安装半导体集成电路芯片用的外壳。集成电路的常见封装形式如表 20-1 所示。

表 20-1　集成电路常见的封装形式

名　称	外　形	说　明
SOP		SOP 是英文 Small Outline Package 的缩写，即小外形封装。SOP 封装技术于 1968—1969 年由飞利浦公司开发成功，以后逐渐派生出 SOJ（J 型引脚小外形封装）、TSOP（薄小外形封装）、VSOP（甚小外形封装）、SSOP（缩小型 SOP）、TSSOP（薄的缩小型 SOP）及 SOT（小外形晶体管）和 SOIC（小外形集成电路）等
SIP		SIP 是英文 Single Inline Package 的缩写，即单列直插式封装。引脚从封装一个侧面引出，排列成一条直线。当装配到印制基板上时封装呈侧立状。引脚中心距通常为 2.54mm，引脚数从 2 至 23，多数为定制产品
DIP		DIP 是英文 Double Inline Package 的缩写，即双列直插式封装。插装型封装之一，引脚从封装两侧引出，封装材料有塑料和陶瓷两种。DIP 是最普及的插装型封装，应用范围包括标准逻辑 IC、存储器 LSI 和微机电路等

名　　称	外　　形	说　　明
PLCC		PLCC 是英文 Plastic Leaded Chip Carrier 的缩写，即塑封 J 引线芯片封装。PLCC 封装方式，外形呈正方形，32 引脚封装，四周都有引脚，外形尺寸比 DIP 封装小得多。PLCC 封装适合用 SMT 表面安装技术在 PCB 上安装布线，具有外形尺寸小、可靠性高的优点
TQFP		TQFP 是英文 Thin Quad Flat Package 的缩写，即薄塑封四边扁平封装。四边扁平封装（TQFP）工艺能有效利用空间，从而降低对印制电路板空间大小的要求。由于缩小了高度和体积，这种封装工艺非常适合对空间要求较高的应用，如 PCMCIA 卡和网络器件。几乎所有 ALTERA 的 CPLD/FPGA 都有 TQFP 封装
PQFP		PQFP 是英文 Plastic Quad Flat Package 的缩写，即塑封四边扁平封装。PQFP 封装的芯片引脚之间距离很小，引脚很细，一般大规模或超大规模集成电路采用这种封装形式，其引脚数一般都在 100 以上
TSOP		TSOP 是英文 Thin Small Outline Package 的缩写，即薄型小尺寸封装。TSOP 封装技术的一个典型特征就是在封装芯片的周围做出引脚，TSOP 适合用 SMT 技术（表面安装技术）在 PCB（印制电路板）上安装布线。采用 TSOP 封装时，寄生参数减小，适合高频应用，可靠性比较高
BGA		BGA 是英文 Ball Grid Array Package 的缩写，即球栅阵列封装。20 世纪 90 年代随着技术的进步，芯片集成度不断提高，I/O 引脚数急剧增加，功耗也随之增大，对集成电路封装的要求也更加严格。为了满足发展的需要，BGA 封装开始应用于生产

20.1.5　集成电路的引脚识别

集成电路的引脚很多，少则几个，多则几百个，各个引脚功能又不一样，所以在使用时一定要对号入座，否则集成电路不工作甚至烧坏。因此，一定要知道集成电路引脚的识别方法。

不管什么集成电路，它们都有一个标记指出第一引脚，常见的标记有小圆点、小凸起、缺口、缺角，找到该引脚后，逆时针依次为 2、3、4……，如图 20-3（a）所示。**对于单列或双列引脚的集成电路，若表面标有文字，识别引脚时正对标注文字，文字左下角为第 1 引脚，然后逆时针依次为 2、3、4……**，如图 20-3（b）所示。

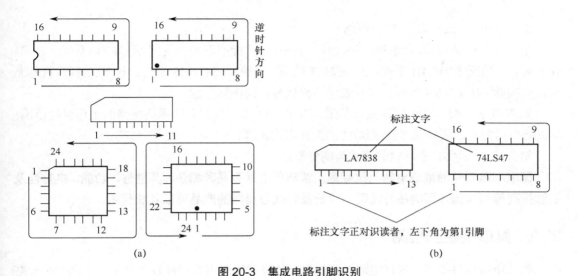

图 20-3　集成电路引脚识别

20.1.6　集成电路的型号命名方法

我国国家标准（国标）规定的半导体集成电路的型号命名方法由五部分组成，具体见表 20-2。

表 20-2　集成电路的型号命名方法及含义

第一部分		第二部分		第三部分	第四部分		第五部分	
用字母表示器件 符合国家标准		用字母表示器件类型		用阿拉伯数字表示 器件的系列和品种 代号	用字母表示器件的工 作温度范围		用字母表示器件的封装	
符号	意义	符号	意义		符号	意义	符号	意义
C	中国制造	T	TTL	TTL 分为:	C	0～70 ℃	W	陶瓷扁平
		H	HTL	54/74 ×××	E	−40～85 ℃	B	塑料扁平
		E	ECL	54/74H ×××	R	−55～85 ℃	F	全密封扁平
		C	CMOS	54/74L ×××	M	−55～125 ℃	D	陶瓷直插
		F	线性放大器	54/74LS ×××	G	−25～70 ℃	P	塑料直插
		D	音响、电视电路	54/74AS ×××	L	−25～85 ℃	J	黑陶瓷直插
		W	稳压器	54/74ALS ×××			L	金属菱形
		J	接口电路	54/74F ×××			T	金属圆形
		B	非线性电路	COMS 分为:			H	黑瓷低熔点玻璃
		M	存储器	4000 系列				
		S	特殊电路	54/74HC ×××				
		AD	模拟数字转换器	54/74HCT ×××				
		DA	数字模拟转换器					

例如：

$$\underset{(1)}{C}\ \underset{(2)}{T}\ \underset{(3)}{4}\ \underset{(4)}{020}\ \underset{(5)}{M}\ \underset{(6)}{D}$$

第一部分　（1）表示国家标准。

第二部分　（2）表示 TTL 电路。

第三部分　（3）表示系列品种代号。其中，1：标准系列，同国际 54/74 系列；2：高速系列，同国际 54H/74H 系列；3：肖特基系列，同国际 54S/74S 系列；4：低功耗肖特基系列，同国际 54LS/74LS 系列。（4）表示品种代号，同国际一致。

第四部分　（5）表示工作温度范围。C：0～70℃，同国际 74 系列电路的工作温度范围；M：−55～125℃，同国际 5 系列电路的工作温度范围。

第五部分　（6）表示封装形式为陶瓷直插。

国家标准型号的集成电路与国际通用或流行的系列品种相仿，其型号、功能、电特性及引脚排列等均与国外同类品种相同，因而品种代号相同的产品可以互相代用。

20.2　集成电路的检测

集成电路型号很多，内部电路千变万化，故检测集成电路好坏较为复杂。下面介绍一些常用的集成电路检测方法。

20.2.1　开路测量电阻法

开路测量电阻法是指在集成电路未与其他电路连接时，通过测量集成电路各引脚与接地引脚之间的电阻来判别好坏的方法。

集成电路都有一个接地引脚（GND），其他各引脚与接地引脚之间都有一定的电阻，由于同型号的集成电路内部电路相同，因此同型号的正常集成电路的各引脚与接地引脚之间的电阻均是相同的。根据这一点，可使用开路测量电阻的方法来判别集成电路的好坏。

在检测时，万用表拨至×100Ω 挡，红表笔固定接被测集成电路的接地引脚，黑表笔依次接其他各引脚，如图 20-4 所示，测出并记下各引脚与接地引脚之间的电阻；然后用同样的方法测出同型号的正常集成电路的各引脚对地电阻，再将两个集成电路各引脚对地电阻一一对

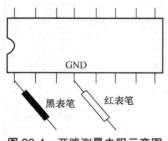

图 20-4　开路测量电阻示意图

照。如果两者完全相同，则说明被测集成电路正常；如果有引脚电阻差距很大，则说明被测集成电路损坏。在测量各引脚电阻时最好用同一挡位，如果因某引脚电阻过大或过小难以观察而需要更换挡位时，则测量正常集成电路的该引脚电阻时也要换到该挡位。这是因为集成电路内部大部分是半导体元件，不同的欧姆挡提供的电流不同，对于同一引脚，使用不同欧姆挡测量时内部元件导通程度有所不同，故不同的欧姆挡测量同一引脚得到的阻值可能有一定的差距。

采用开路测量电阻法判别集成电路好坏比较准确，并且对大多数集成电路都适用；其缺点是检测时需要找一个同型号的正常集成电路作为对照，解决这个问题的方法是平时多测量一些常用集成电路的开路电阻数据，以便以后检测同型号集成电路时作为参考。另外，也可查阅一些资料来获得这方面的数据。图 20-5 是一种常用的内部有四个运算放大器的集成电路 LM324，表 20-3 中列出其开路电阻数据。测量时使用数字万用表 200kΩ 挡，表中有两组数据，一组为红表笔接 11 引脚（接地引脚）、黑表笔接其他各引脚测得的数据，另一组为黑表

笔接 11 引脚、红表笔接其他各引脚测得的数据。在检测 LM324 好坏时，也应使用数字万用表的 200kΩ，再将实测的各引脚数据与表中数据进行对照，以判别所测集成电路的好坏。

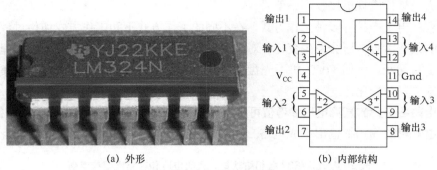

(a) 外形　　　　　　　　(b) 内部结构

图 20-5　集成电路 LM324

表 20-3　LM324 各引脚对地的开路电阻数据

引脚 项目	1	2	3	4	5	6	7	8	9	10	11	12	13	14
红表笔接 11 引脚/kΩ	6.7	7.4	7.4	5.5	7.5	7.5	7.4	7.5	7.4	7.4	0	7.4	7.4	6.7
黑表笔接 11 引脚/kΩ	150	∞	∞	19	∞	∞	150	150	∞	∞	0	∞	∞	150

20.2.2　在路检测法

在路检测法是指在集成电路与其他电路连接时检测集成电路的方法。

1. 在路直流电压测量法

在路直流电压测量法是在通电的情况下，用万用表直流电压挡测量集成电路各引脚对地电压，再与参考电压进行比较来判断故障的方法。

在路直流电压测量法使用要点如下。

（1）为了减小测量时万用表内阻的影响，尽量使用内阻高的万用表。例如，MF47 型万用表直流电压挡的内阻为 20kΩ/V，当选择 10V 挡测量时，万用表的内阻为 200kΩ。在测量时，万用表内阻会对被测电压有一定的分流，从而使被测电压较实际电压略低，内阻越大，对被测电路的电压影响就越小。MF50 型万用表直流电压挡的内阻较小，为 10kΩ/V，使用它测量时对电路电压影响较 MF47 型万用表更大。

（2）在检测时，首先测量电源引脚电压是否正常，如果电源引脚电压不正常，则可检查供电电路；如果供电电路正常，则可能是集成电路内部损坏，或者集成电路某些引脚外围元件损坏，进而通过内部电路使电源引脚电压不正常。

（3）在确定集成电路的电源引脚电压正常后，才可进一步测量其他引脚电压是否正常。如果个别引脚电压不正常，则先检测该引脚外围元件。若外围元件正常，则为集成电路损坏。如果多个引脚电压不正常，可通过集成电路内部大致结构和外围电路工作原理，分析这些引脚电压是否因某个或某些引脚电压变化引起，着重检查这些引脚外围元件。若外围元件正常，则为集成电路损坏。

（4）有些集成电路在有信号输入（动态）和无信号输入（静态）时某些引脚电压可能不

同，在将实测电压与该集成电路的参考电压对照时，要注意其测量条件，实测电压也应在该条件下测得。例如彩色电视机图纸上标注出来的参考电压通常是在接收彩条信号时测得的，实测时也应尽量让电视机接收彩条信号。

（5）有些电子产品有多种工作方式，在不同的工作方式下和工作方式切换过程中，有关集成电路的某些引脚电压会发生变化。对于这种集成电路，需要了解电路工作原理才能做出准确的测量与判断。例如 DVD 机在光盘出、光盘入、光盘搜索和读盘时，有关集成电路某些引脚电压会发生变化。

集成电路各引脚的直流电压参考值可以通过参看有关图纸或查阅有关资料来获得。表20-4列出了彩电常用的场扫描输出集成电路 LA7837 各引脚功能、直流电压和在路电阻参考值。

表 20-4 LA7837 各引脚功能、直流电压和在路电阻参考值

引　脚	功　能	直流电压/V	$R_{正}/k\Omega$	$R_{反}/k\Omega$
①	电源1	11.4	0.8	0.7
②	场频触发脉冲输入	4.3	18	0.9
③	外接定时元件	5.6	1.7	3.2
④	外接场幅调整元件	5.8	4.5	1.4
⑤	50Hz/60Hz 场频控制	0.2/3.0	2.7	0.9
⑥	锯齿波发生器电容	5.7	1.0	0.95
⑦	负反馈输入	5.4	1.4	2.6
⑧	电源2	24	1.7	0.7
⑨	泵电源提升端	1.9	4.5	1.0
⑩	负反馈消振电容	1.3	1.7	0.9
⑪	接地	0	0	0
⑫	场偏转功率输出	12.4	0.75	0.6
⑬	场功放电源	24.3	∞	0.75

注：表中数据在康佳 T5429D 彩电上测得。$R_{正}$ 表示红笔测量、黑笔接地时的电阻；$R_{反}$ 表示黑笔测量、红笔接地时的电阻。

2. 在路电阻测量法

在路电阻测量法是在切断电源的情况下，用万用表欧姆挡测量集成电路各引脚及外围元件的正、反向电阻值，再与参考数据相比较来判断故障的方法。

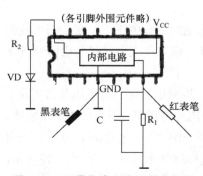

图 20-6　测量集成电路的在路电阻

在路电阻测量法使用要点如下。

（1）测量前一定要断开被测电路的电源，以免损坏元件和仪表，并避免测得的电阻值不准确。

（2）万用表×10kΩ 挡内部使用 9V 电池，有些集成电路工作电压较低，如 3.3V、5V，为了防止高电压损坏被测集成电路，测量时万用表最好选择×100Ω 挡或×1kΩ 挡。

（3）在测量集成电路各引脚电阻时，一根表笔接地，另一根表笔接集成电路各引脚，如图 20-6 所示，测得的阻值是该引脚外围元件（R_1、C）与集成电路内部电路及有关外围元件的并联值。如果发现个别引脚电阻与参考电阻

差距较大，先检测该引脚外围元件。如果外围元件正常，通常为集成电路内部损坏。如果多数引脚电阻不正常，说明集成电路损坏的可能性很大，但也不能完全排除这些引脚外围元件损坏的可能。

3. 在路总电流测量法

在路总电流测量法是指测量集成电路的总电流来判断故障的方法。

集成电路内部元件大多采用直接连接方式组成电路，当某个元件被击穿或开路时，通常对后级电路有一定的影响，从而使得整个集成电路的总工作电流减小或增大，测得集成电路的总电流后再与参考电流比较，过大、过小均说明集成电路或外围元件存在故障。电子产品的图纸和有关资料一般不提供集成电路总电流参考数据，该数据可在正常电子产品的电路中实测获得。

在路测量集成电路的总电流如图 20-7 所示。在测量时，既可以断开集成电路的电源引脚直接测量电流，也可以测量电源引脚的供电电阻两端电压，然后利用 $I=U/R$ 计算出电流值。

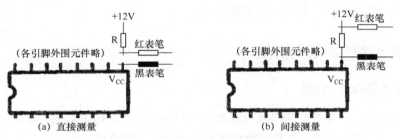

图 20-7　在路测量集成电路的总电流

20.2.3　排除法和代换法

不管是开路测量电阻法，还是在路检测法，都需要知道相应的参考数据。如果无法获得参考数据，可使用排除法和代换法。

1. 排除法

在使用集成电路时，需要给它外接一些元件，如果集成电路不工作，可能是集成电路本身损坏，也可能是外围元件损坏。**排除法是指先检查集成电路各引脚外围元件，当外围元件均正常时，外围元件损坏导致集成电路工作不正常的原因则可排除，故障应为集成电路本身损坏。**

排除法使用要点如下。

（1）在检测时，最好在测得集成电路供电正常后再使用排除法，如果电源引脚电压不正常，先检查修复供电电路。

（2）有些集成电路只需本身和外围元件正常就能正常工作，也有些集成电路（数字集成电路较多）还要求其他电路送有关控制信号（或反馈信号）才能正常工作，对于这样的集成电路，除了要检查外围元件是否正常外，还要检查集成电路是否接收到相关的控制信号。

（3）对外围元件集成电路，使用排除法更为快捷。对外围元件很多的集成电路，通常先检查一些重要引脚的外围元件和易损坏的元件。

2. 代换法

代换法是指当怀疑集成电路可能损坏时，直接用同型号正常的集成电路代换，如果故障消失，则为原集成电路损坏；如果故障依旧，则可能是集成电路外围元件损坏、更换的集成电路不良，也可能是外围元件故障未排除导致更换的集成电路又被损坏，还有些集成电路可能是未接收到其他电路送来的控制信号。

代换法使用要点如下。

（1）由于在未排除外围元件故障时直接更换集成电路，可能会使集成电路再次损坏。因此，对于工作在高电压、大电流下的集成电路，最好在检查外围元件正常的情况下才更换集成电路。对于工作在低电压下的集成电路，也尽量在确定一些关键引脚的外围元件正常的情况下再更换集成电路。

（2）有些数字集成电路内部含有程序，如果程序发生错误，即使集成电路外围元件和有关控制信号都正常，集成电路也不能正常工作。对于这种情况，可使用一些设备重新给集成电路写入程序，或更换已写入程序的集成电路。

20.3 集成电路的拆卸与焊接

20.3.1 直插式集成电路的拆卸

在检修电路时，经常需要从印制电路板上拆卸集成电路，由于集成电路引脚多，拆卸起来比较困难，拆卸不当可能会损害集成电路及电路板。下面介绍几种常用的拆卸集成电路的方法。

1. 用注射器针头拆卸

在拆卸集成电路时，可借助图 20-8 所示不锈钢空心套管或注射器针头（电子市场有售）来拆卸。拆卸方法如图 20-9 所示，用烙铁头接触集成电路的某一引脚焊点，当该引脚焊点的焊锡熔化后，将大小合适的套管套在该引脚上并旋转，让集成电路的引脚与印制电路板焊锡铜箔脱离，然后将烙铁头移开，稍后拔出不锈钢空心套管。这样，集成电路的一个引脚就与印制电路板铜箔脱离开来。再用同样的方法将集成电路其他引脚与电路板铜箔脱离，最后就能将该集成电路从电路板上拔下来。

图 20-8 不锈钢空心套管和注射器针头

图 20-9 用不锈钢空心套管拆卸多引脚元件

2. 用吸锡器拆卸

吸锡器是一种利用手动或电动方式产生吸力，将焊锡吸离电路板铜箔的维修工具。吸锡器如图 20-10 所示，图中下方吸锡器具有加热功能，又称吸锡电烙铁。

利用吸锡器拆卸集成电路的操作如图 20-11 所示，具体过程如下。

图 20-10　吸锡器

图 20-11　用吸锡器拆卸集成电路

① 将吸锡器活塞向下压至卡住。

② 用电烙铁加热焊点至焊料熔化。

③ 移开电烙铁，同时迅速把吸锡器吸嘴贴上焊点，并按下吸锡器按钮，让活塞弹起产生的吸力将焊锡吸入吸锡器。

④ 如果一次吸不干净，可重复操作多次。

当所有引脚的焊锡被吸走后，就可以从电路板上取下集成电路。

3. 用毛刷配合电烙铁拆卸

这种拆卸方法比较简单，拆卸时只需一把电烙铁和一把小毛刷即可。在使用该方法拆卸集成块时，先用电烙铁加热集成电路引脚处的焊锡，待引脚上的焊锡熔化后，马上用毛刷将熔化的焊锡扫掉，再用这种方法清除其他引脚的焊锡，当所有引脚焊锡被清除后，用镊子或小型一字螺丝刀撬下集成电路。

4. 用多股铜丝吸锡拆卸

在使用这种方法拆卸时，需要用到多股铜芯导线，如图 20-12 所示。

用多股铜丝吸锡拆卸集成电路的操作过程如下。

① 去除多股铜芯导线的塑胶外皮，将导线放在松香中用电烙铁加热，使导线沾上松香。

图 20-12　多股铜芯导线

② 将多股铜芯丝放到集成块引脚上用电烙铁加热，这样引脚上的焊锡就会被沾有松香的铜丝吸附，吸上焊锡的部分可剪去，重复操作几次就可将集成电路引脚上的焊锡全部吸走，然后用镊子或小型一字螺丝刀轻轻将集成电路撬下。

5. 增加引脚焊锡熔化拆卸

这种拆卸方法无须借助其他工具材料，特别适合拆卸单列或双列且引脚数量不是很多的集成电路。

用增加引脚焊锡熔化拆卸集成电路的操作过程如下。

在拆卸时，先给集成块电路一列引脚上增加一些焊锡，让焊锡将该列引脚所有的焊点连接起来，然后用电烙铁加热该列的中间引脚，并往两端移动，利用焊锡的热传导将该列所有引脚上的焊锡熔化，再用镊子或小型一字螺丝刀偏向该列位置轻轻将集成电路往上撬一点，再用同样的方法对另一列引脚加热、撬动，对两列引脚轮换加热，直到拆下为止。一般情况下，每列引脚加热两次即可拆下。

6.用热风拆焊台或热风枪拆卸

热风拆焊台和热风枪如图 20-13 所示，其喷头可以喷出温度达几百度的热风，利用热风将集成电路各引脚上的焊锡熔化，然后就可拆下集成电路。

图 20-13　热风拆焊台和热风枪

在拆卸时要注意，用单喷头拆卸时，应让喷头和所拆的集成电路保持垂直，并沿集成电路周围引脚移动喷头，对各引脚焊锡均匀加热，喷头不要触及集成电路及周围的外围元件，吹焊的位置要准确，尽量不要吹到集成电路周围的元件。

20.3.2　贴片集成电路的拆卸

贴片集成电路的引脚多且排列紧密，有的还四面都有引脚，在拆卸时若方法不当，轻则无法拆下，重则损坏集成电路引脚和电路板上的铜箔。贴片集成电路通常使用热风拆焊台或热风枪拆卸。

贴片集成电路拆卸的操作过程如下。

① 在拆卸前，仔细观察待拆集成电路在电路板的位置和方位，并做好标记，以便焊接时按对应标记安装集成电路，避免安装时出错。

② 用小刷子将贴片集成电路周围的杂质清理干净，再给贴片集成电路引脚上涂少许松香粉末或松香水。

③ 调好热风枪的温度和风速。温度开关一般调至 3～5 挡，风速开关调至 2～3 挡。

④ 用单喷头拆卸时，应注意使喷头和所拆集成电路保持垂直，并沿集成电路周围引脚移动，对各引脚均匀加热，喷头不可触及集成电路及周围的外围元件，吹焊的位置要准确，且不可吹到集成电路周围的元件。

⑤ 待集成电路的各引脚的焊锡全部熔化后，用镊子将集成电路掀起或夹走，且不可用力，否则极易损坏与集成电路连接的铜箔。

对于没有热风拆焊台或热风枪的维修人员，可采用以下方法拆卸贴片集成电路。

先给集成电路某列引脚涂上松香，并用焊锡将该列引脚全部连接起来，然后用电烙铁对焊锡加热，待该列引脚上的焊锡熔化后，用薄刀片（如刮须刀片）从电路板和引脚之间推进去，移开电烙铁等待几秒钟后拿出刀片，这样集成电路该列引脚就和电路板脱离了。再用同样的方法将集成电路其他引脚与电路板分离开，最后就能取下整个集成电路了。

20.3.3 贴片集成电路的焊接

贴片集成电路的焊接过程如下。

① 将电路板上的焊点用电烙铁整理平整，如有必要，可对焊锡较少的焊点进行补锡，然后用酒精清洁干净焊点周围的杂质。

② 将待焊接的集成电路与电路板上的焊接位置对好，先用电烙铁焊好集成电路对角线的四个引脚，将集成电路固定，并在引脚上涂上松香水或撒些松香粉末。

③ 如果用热风枪焊接，可用热风枪吹焊集成电路四周引脚，待电路板焊点上的焊锡熔化后，移开热风枪，引脚就与电路板焊点粘在一起了。如果使用电烙铁焊接，可在烙铁头上沾上少量焊锡，然后在一列引脚上拖动，焊锡会将各引脚与电路板焊点粘好。如果集成电路的某些引脚被焊锡连接短路，可先用多股铜线将多余的焊锡吸走，再在该处涂上松香水，用电烙铁在该处加热，引脚之间的剩余焊锡会自动断开，回到引脚上。

④ 焊接完成后，检查集成电路各引脚之间有无短路或漏焊，检查时可借助放大镜或万用表检测，若有漏焊，应用尖头烙铁进行补焊，最后用无水酒精将集成电路周围的松香清理干净。

第 21 章　信号发生器

信号发生器的功能是产生各种电信号。信号发生器的种类很多，根据用途可分为专用信号发生器和通用信号发生器。专用信号发生器是专为某种特定的用途设计的，如电视信号发生器、收音机信号发生器和电话信号发生器等。通用信号发生器具有通用性，常见的通用信号发生器有低频信号发生器、高频信号发生器和函数信号发生器。本章主要介绍低频信号发生器、高频信号发生器和函数信号发生器。

21.1　低频信号发生器

低频信号发生器用来产生 1Hz～1MHz 的低频正弦波信号。在检测低频电路的放大能力、频率特性时常用到低频信号发生器。低频信号发生器是信号发生器中应用最广泛的一种。

21.1.1　工作原理

低频信号发生器种类很多，但工作原理基本相同，其组成结构如图 21-1 所示。

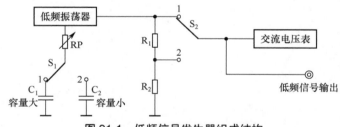

图 21-1　低频信号发生器组成结构

工作原理：

接通电源后，低频振荡器产生低频信号，该振荡器常采用 RC 桥式振荡器，它的振荡频率 $f=1/(2\pi RC)$。当频率选择开关 S_1 置于"1"位置时，容量大的电容 C_1 接入振荡器，振荡器振荡频率低，产生的低频信号频率就低；若将 S_1 置于"2"位置，容量小的电容 C_2 接入振荡器，振荡器振荡频率高，产生的低频信号频率就高，而调节可调电阻 RP 的阻值可连续改变振荡器的频率。

低频振荡器产生的低频信号送到 R_1、R_2 构成的衰减器，当衰减开关 S_2 置于"1"位置时，低频信号直接通过 S_2 送往后级电路；当衰减开关 S_2 置于"2"位置时，低频信号要经 R_1 衰减再通过 S_2 送往后级电路，由于经过衰减，所以送往后级电路的低频信号幅度小。

低频信号经过衰减器后分为两路：一路直接送到低频信号输出端；另一路送到交流电压表，驱动电压表指针摆动，指示输出低频信号的电压大小。

21.1.2　使用方法

低频信号发生器种类很多，使用方法大同小异，这里以 XD-2 型低频信号发生器为例来说明。XD-2 型低频信号发生器如图 21-2 所示，其中图 21-2（a）为实物图，图 21-2（b）为绘制示意图。

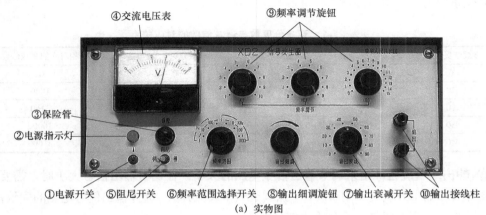

④交流电压表　　　　⑨频率调节旋钮

③保险管
②电源指示灯

①电源开关　⑤阻尼开关　⑥频率范围选择开关　⑧输出细调旋钮　⑦输出衰减开关　⑩输出接线柱

(a) 实物图

(b) 绘制示意图

图 21-2　XD-2 型低频信号发生器

1．面板说明

① **电源开关：用来接通和切断仪器内部电路的电源。**当开关拨向"ON"位置时接通电源，当开关拨向"OFF"位置时关闭电源。

② **电源指示灯：用于指示仪器是否接通电源。**当开关拨向"ON"位置时指示灯亮，当开关拨向"OFF"位置时指示灯灭。

③ **保险管：当仪器内部电路出现过流时，保险管熔断，保护内部电路。**

④ **交流电压表：用来指示输出低频信号电压的大小。**

⑤ **阻尼开关：用来调节电压表表针摆动阻力。**当开关拨向"快"位置时，表针受到阻力小，摆动速度快；当开关拨向"慢"位置时，表针受到阻力大，摆动速度慢。

⑥ **频率范围选择开关：用来调节输出信号的频率范围。**它有 1～10Hz、10～100Hz、100Hz～1kHz、1kHz～10kHz、10kHz～100kHz、100kHz～1000kHz 六个挡位。

⑦ **输出衰减开关：用来调节输出信号的衰减程度，衰减越大，输出信号越小。**它有 0、

10、20、30、40、50、60、70、80、90 十个衰减挡位，这里的衰减大小是以分贝（dB）为单位的，衰减分贝数与衰减倍数的关系是

$$衰减分贝数=20\lg（衰减倍数）$$

例如，选择衰减分贝数为 10dB，则输出信号被衰减了 3.16 倍。衰减分贝数与衰减倍数的对应关系如表 21-1 所示。

表 21-1　衰减分贝数与衰减倍数的对应关系

衰减分贝数/dB	相对应的衰减倍数	衰减分贝数/dB	相对应的衰减倍数
0	0	50	316
10	3.16	60	1000
20	10	70	3160
30	31.6	80	10000
40	100	90	31600

⑧ **输出细调旋钮：用来调节输出信号电压的大小。** 在调节输出信号大小时，需要将输出衰减开关和输出细调旋钮配合使用，先调节输出衰减开关，选择输出信号电压的大致范围，然后通过输出细调旋钮精确调节输出信号电压。

⑨ **频率调节旋钮：用来调节输出信号的频率。** 频率调节旋钮有三个，第一个旋钮有 10 个挡位（倍数为×1）、第二个旋钮有 10 个挡位（倍数为×0.1）、第三个旋钮有 15 个挡位（倍数为×0.01）。

⑩ **输出接线柱：用来将仪器内部的信号输出。** 它有红、黑两个接线柱，红接线柱为信号输出端，黑接线柱为接地端。

2．使用方法

XD-2 型低频信号发生器可以输出频率在 1Hz～1MHz、电压在 0～5V 的低频信号。下面以输出电压为 0.6V、频率为 13.8kHz 的低频信号为例来说明 XD-2 型低频信号发生器的使用方法，**具体操作步骤如下。**

第 1 步：开机前将输出细调旋钮置于最小值处（即逆时针旋到底），其目的是防止开机时输出信号幅度过大而打弯表针。

第 2 步：接通电源。 将电源开关拨到"ON"位置，接通仪器内部电路的电源，同时电源指示灯亮。

第 3 步：调节输出信号的频率。 先调节频率范围选择开关选择输出信号的频率范围，再调节面板上三个频率调节旋钮，使输出信号的频率为 13.8kHz，具体过程如下所述。

① 将频率范围选择开关拨至 10kHz～100kHz 挡。

② 将倍数为×1 的旋钮旋至"1"位置，将倍数为×0.1 的旋钮旋至"3"位置，将倍数为×0.01 的旋钮旋至"8"位置，这样输出的信号频率为

$$f = (1×1+0.1×3+0.01×8)×10\text{kHz} =1.38×10\text{kHz}=13.8\text{kHz}$$

第 4 步：调节输出信号的电压。 先调节输出衰减开关选择适当的衰减倍数，再调节输出细调旋钮，使输出信号电压为 0.6V，具体过程如下所述。

① 根据表 21-1 可知，当衰减分贝数为"10dB"时衰减倍数为 3.16，该挡可以输出 0～

1.58V（5/3.16V=1.58V）的信号，因此将输出衰减开关拨至 10dB 挡。

② 调节输出细调旋钮，同时观察电压表表针所指数值。根据

$$表针指示电压值=衰减倍数×实际输出电压=3.16×0.6V=1.896V$$

可知，当调节输出细调旋钮，让电压表表针指在 1.896V（接近 2V 处）时，仪器就会输出 0.6V 的信号。

通过以上调整，XD-2 型低频信号发生器从接线柱端输出电压为 0.6V、频率为 13.8kHz 的低频信号。

21.2　高频信号发生器

高频信号发生器用来产生 100kHz～30MHz 高频正弦波信号，它主要用于测量各种无线电接收机的灵敏度、选择性，另外也常作为检测高频电路的信号源。

21.2.1　工作原理

高频信号发生器种类很多，它们的工作原理基本相同，其组成结构如图 21-3 所示。

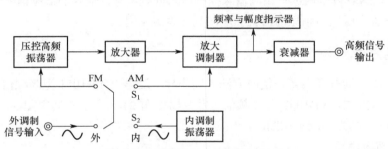

图 21-3　高频信号发生器组成结构

高频信号发生器可以产生高频等幅信号、高频调幅信号和高频调频信号，这三种信号的波形如图 21-4 所示。

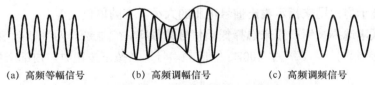

(a) 高频等幅信号　　　(b) 高频调幅信号　　　(c) 高频调频信号

图 21-4　高频信号发生器产生的三种信号的波形

三种信号的产生过程说明如下。

（1）高频等幅信号的产生

接通电源后，压控高频振荡器产生高频等幅信号，它经放大器放大后再送到放大调制器进一步放大，然后输出分为两路：一路去频率与幅度指示器，让指示器指示信号的频率和幅度值；另一路送到衰减器进行衰减，再送到高频信号输出插孔。

（2）高频调幅信号的产生

高频调幅信号是一种频率不变、幅度变化的高频信号，它是由低频信号（即调制信号）

调制高频等幅信号而得到的。根据调制信号来源不同，产生高频调幅信号有两种方式：内调制和外调制。若以内调制方式产生高频调幅信号，应将开关 S_1 置于"AM"位置、开关 S_2 置于"内"位置，内调制振荡器产生的低频信号经 S_1、S_2 送到放大调制器，此时放大调制器工作在调制状态，在调制器中低频信号调制高频等幅信号（来自压控高频振荡器），结果从调制器输出高频调幅信号送往后级电路。若以外调制方式产生高频调幅信号，应将开关 S_1 置于"AM"位置、开关 S_2 置于"外"位置，这时可以通过外调制输入插孔送入低频信号，输入的低频信号经 S_1、S_2 送到放大调制器，在调制器中调制高频等幅信号而得到高频调幅信号。

（3）高频调频信号的产生

高频调频信号是一种幅度不变、频率变化的高频信号，它是由低频信号（即调制信号）调制高频等幅信号而得到的。产生高频调频信号有两种方式：内调制和外调制。若以内调制方式产生高频调频信号，应将开关 S_1 置于"FM"位置、开关 S_2 置于"内"位置，内调制振荡器产生低频信号经 S_1、S_2 送到压控高频振荡器，控制它的振荡频率，低频信号正半周来时振荡频率高，负半周来时振荡频率低，结果从压控高频振荡器输出幅度不变、频率变化的高频调频信号。若以外调制方式产生高频调频信号，应将开关 S_1 置于"FM"位置、开关 S_2 置于"外"位置，这时可以通过外调制输入插孔送入低频信号，输入的低频信号经 S_1、S_2 送到压控高频振荡器，压控高频振荡器就会输出高频调频信号。

21.2.2 使用方法

高频信号发生器种类很多，使用方法大同小异，这里以 YB1051 型高频信号发生器为例来说明它的使用方法。YB1051 型高频信号发生器如图 21-5 所示，其中图 21-5（a）为实物图，图 21-5（b）则为绘制示意图。

1. 仪器面板说明

① **电源开关：用来接通和切断仪器内部电路的电源。**按下时接通电源，弹起时切断电源。

② **频率显示屏：用于显示输出信号的频率。**它旁边有"kHz"和"MHz"两个单位指示灯，当某个指示灯亮时，频率就选择该单位。

③ **幅度显示屏：用来指示输出信号电压的大小。**它的单位是 V。

④ **低频频率选择按钮：用来选择低频信号的频率。**它能选择两种低频信号：400Hz 和 1kHz。当按钮弹起时，内部产生 400Hz 的低频信号；当按下按钮时，内部产生 1kHz 的低频信号。

⑤ **低频衰减选择按钮：用来选择低频信号的衰减大小。**它有"10dB"和"20dB"两个按钮，按下时分别选择衰减数为 10dB 和 20dB。

⑥ **输入/输出选择按钮：用来选择低频输入/输出插孔的信号输入、输出方式。**当按钮弹起时，低频输入/输出插孔会输出低频信号；当按下按钮时，可以往低频输入/输出插孔输入外部低频信号。

⑦ **低频幅度调节旋钮：用来调节输出低频信号的幅度。**

⑧ **低频输入/输出插孔：它是低频信号输入、输出的通道。**当输入/输出选择按钮弹起时，该插孔输出低频信号；当输入/输出选择按钮按下时，外部低频信号可以从该插孔进入仪器。

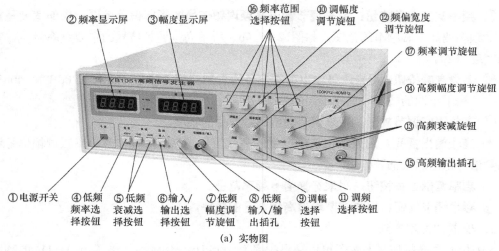

(a) 实物图

②频率显示屏 ③幅度显示屏 ⑯频率范围选择按钮 ⑩调幅度调节旋钮 ⑫频偏宽度调节旋钮 ⑰频率调节旋钮 ⑭高频幅度调节旋钮 ⑬高频衰减旋钮 ⑮高频输出插孔

①电源开关 ④低频频率选择按钮 ⑤低频衰减选择按钮 ⑥输入/输出选择按钮 ⑦低频幅度调节旋钮 ⑧低频输入/输出插孔 ⑨调幅选择按钮 ⑪调频选择按钮

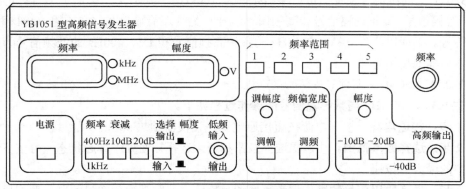

(b) 绘制示意图

图 21-5 YB1051 型高频信号发生器

⑨ **调幅选择按钮：用来选择调幅调制方式。**该按钮按下时选择内部调制方式为调幅调制。

⑩ **调幅度调节旋钮：用来调节输出高频调幅信号的调幅度。调幅度是指调制信号幅度与高频载波的幅度之比，**如图 21-6（a）所示，图中的 U_1 为调制信号半个周期的幅度，U_2 为高频载波半个周期的幅度，该调幅波的调幅度为

$$调幅度 = \frac{U_1}{U_2} \times 100\%$$

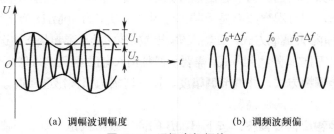

(a) 调幅波调幅度   (b) 调频波频偏

图 21-6 调幅度与频偏

⑪ **调频选择按钮：用来选择调频调制方式。**该按钮按下时选择内部调制方式为调频调制。

⑫ **频偏宽度调节旋钮：用来调节输出高频调频信号的频率偏移范围。**频偏宽度是指调频信号频率偏离中心频率的范围，如图 21-6（b）所示高频调频信号的中心频率为 f_0，它的频偏宽度为 Δf。

⑬ **高频衰减按钮：用来选择输出高频信号的衰减程度。**它有-10dB、-20dB 和-40dB 三个按钮，按下不同的按钮时选择不同的衰减数。

⑭ **高频幅度调节旋钮：用来调节输出高频信号的幅度。**

⑮ **高频输出插孔：用来输出仪器产生的高频信号。**高频等幅信号、高频调幅信号和高频调频信号都由这个插孔输出。

⑯ **频率范围选择按钮：用来选择信号频率范围。**

⑰ **频率调节旋钮：用来调节输出高频信号的频率。**

2．仪器的使用方法

YB1051 型高频信号发生器可以输出频率为 100kHz～40MHz、电压为 0～1V 的高频信号（高频等幅信号、高频调幅信号和高频调频信号），另外还能输出 0～2.5V 的 400Hz 和 1kHz 的低频信号。下面以产生 0.3V、30MHz 的各种高频信号和 1V、400Hz 的低频信号为例来说明信号发生器的使用方法。

（1）0.3V、30MHz 高频等幅信号的产生

产生 0.3V、30MHz 高频等幅信号的操作过程如下。

第 1 步：接通电源。按下电源按钮接通电源，让仪器预热 5min。

第 2 步：选择频率范围。让调幅选择按钮和调频选择按钮处于弹起状态，再按下频率范围选择中的最大值按钮。

第 3 步：调节输出信号频率。调节频率调节旋钮，同时观察频率显示屏，直到显示频率为 30MHz 为止。

第 4 步：调节输出信号的幅度。按下-10dB 的高频衰减按钮（信号被衰减 3.16 倍），再调节高频幅度旋钮，同时观察幅度显示屏，直到显示电压为 0.3V 为止。

这样就会从仪器的高频输出端输出 0.3V、30MHz 高频等幅信号。

（2）0.3V、30MHz 高频调幅信号的产生

产生 0.3V、30MHz 高频调幅信号的操作过程如下。

第 1 步：接通电源。按下电源按钮接通电源，让仪器预热 5min。

第 2 步：选择频率范围并调节输出信号频率。按下频率范围选择中的最大值按钮，然后调节频率调节旋钮，同时观察频率显示屏，直到显示频率为 30MHz 为止。

第 3 步：选择内/外调制方式。让输入/输出选择按钮处于弹起状态，选择调制方式为内调制。若按下该按钮，则选择外调制方式，需要从低频输入/输出插孔输入低频信号作为调制信号。

第 4 步：选择调幅方式，并调节调幅度。按下调幅选择按钮选择调幅方式，然后调节调幅度旋钮，调节调幅信号的调幅度。

第 5 步：调节输出信号幅度。按下-10dB 的高频衰减按钮，再调节高频幅度调节旋钮，同时观察幅度显示屏，直到显示电压为 0.3V 为止。

这样就会从仪器的高频输出端输出 0.3V、30MHz 高频调幅信号。

（3）0.3V、30MHz 高频调频信号的产生

产生 0.3V、30MHz 高频调频信号的操作过程如下。

第 1 步：接通电源。按下电源按钮接通电源，让仪器预热 5min。

第 2 步：选择频率范围并调节输出信号频率。按下频率范围选择中的最大值按钮，然后调节频率调节旋钮，同时观察频率显示屏，直到显示频率为 30MHz 为止。

第 3 步：选择内/外调制方式。让输入/输出选择按钮处于弹起状态，选择调制方式为内调制。若按下输入/输出选择按钮，则选择外调制方式，需要从低频输入/输出插孔输入低频信号作为调制信号。

第 4 步：选择调频方式，并调节频偏宽度。按下调频选择按钮选择调频方式，然后调节频偏调节旋钮，调节调频信号的频率偏移范围。

第 5 步：调节输出信号幅度。按下−10dB 的高频衰减按钮，再调节高频幅度调节旋钮，同时观察幅度显示屏，直到显示电压为 0.3V 为止。

这样就会从仪器的高频输出端输出 0.3V、30MHz 高频调频信号。

（4）1V、400Hz 低频信号的产生

产生 1V、400Hz 低频信号的操作过程如下。

第 1 步：接通电源。按下电源按钮接通电源，让仪器预热 5min。

第 2 步：选择低频信号的频率和输入/输出方式。让低频频率选择按钮处于弹起状态，内部产生 400Hz 的低频信号，再让输入/输出选择按钮处于弹起状态，选择方式为输出，这时从低频输入/输出插孔就会有 400Hz 的低频信号输出。

第 3 步：调节输出信号的幅度。调节低频幅度调节旋钮，使输出的低频信号幅度为 1V。

这样就会从仪器的低频输入/输出端输出 1V、400Hz 低频信号。

3. 特点与技术指标

（1）特点

- 输出频率和幅度采用数字显示。
- 具有载波稳幅、调频、调幅功能。
- 有较高的载波幅度和频率稳定度。

（2）技术指标

- 工作频率：0.1～40MHz。
- 输出幅度范围：1V 有效值，衰减 0～−70dB（细调衰减 10dB）。
- 输出幅度误差：±2dB（当频率大于 30MHz 时，另加±0.5dB）。
- 输出幅度显示误差：±5%。
- 控制方式：单片机控制。
- 调幅范围：0～60% 连续可调。
- 内调幅频率：400Hz 和 1kHz。
- 频偏范围（载波频率不小于 0.3MHz）：0～100 kHz 连续可调。
- 内调频频率：400Hz 和 1kHz。
- 音频频率：400Hz 和 1kHz。
- 音频输出幅度：最大 1V（有效值），衰减 0～40dB（细调衰减 10dB）。

21.3 函数信号发生器

函数信号发生器是一种能产生正弦波、三角波、方波、矩形波和锯齿波等周期性时间函数波形信号的电子仪器。它产生信号的频率范围可从几微赫到几十兆赫。函数信号发生器在电路实验和设备检测中应用十分广泛，不但在通信、广播、电视系统和自动控制系统中大量应用，还广泛用于其他非电测量领域。

21.3.1 工作原理

函数信号发生器产生多种信号的基本原理是先产生三角波信号，然后将三角波转换成方波、正弦波信号等其他信号。函数信号发生器的基本组成如图 21-7 所示。

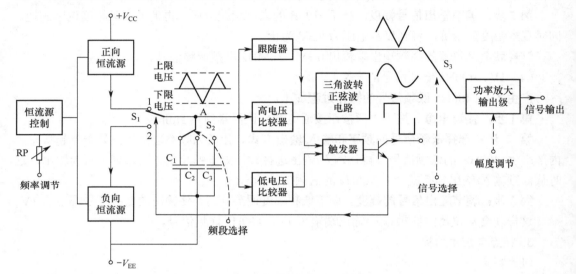

图 21-7 函数信号发生器的基本组成

工作原理说明如下。

（1）三角波的产生

在接通电源时，电容 C_1 两端电压为 0，正向恒流源产生的恒定电流经开关 S_1 的"1"和 S_2 对电容 C_1 充电，在 C_1 上充得上正下负的电压，A 点电压呈线性上升。当电压上升到上限电压时，高电压比较器输出高电平，该高电平加到触发器的复位端（即置"0"端），触发器复位，输出低电平，该低电平使三极管 VT 截止，VT 发射极为低电平，它使开关 S_1 由"1"位置切换至"2"位置，三角波上升阶段结束。

在 S_1 切换到"2"位置后，电容 C_1 开始通过 S_1 的"2"和负向恒流源恒流放电，C_1 上正下负电压线性下降，A 点电压随之线性下降；当 C_1 两端电压下降到 0 时，负向恒流源产生负向恒定电流由下往上对 C_1 充电，在 C_1 上充得上负下正的电压；A 点电压继续呈线性下降，当 A 电压下降到下限电压时，低电压比较器输出高电平，该高电平加到触发器的置位端（即置"1"端），触发器置位，输出高电平，该高电平使三极管 VT 导通，VT 发射极为高电平，它使开关 S_1 由"2"位置切换至"1"位置，三角波下降阶段结束。

在 S_1 切换到"1"位置后，正向恒流源产生的恒定电流对电容 C_1 充电，先逐渐中和 C_1 两端的上负下正的电压，A 点电压呈线性上升。当 C_1 两端电压被完全中和后，C_1 两端电压为 0，从而在 A 点形成一个周期的三角波信号。此后，正向恒流源又开始在 C_1 上充上正下负的电压，从而在 A 点得到连续的三角波信号。

（2）正弦波和方波的产生

在电路工作时，A 点会得到三角波信号，它经跟随器放大后分为两路：一路送往信号选择开关；另一路由三角波转正弦波电路平滑后转换成正弦波信号，再送往信号选择开关。在产生三角波的过程中，触发器会输出方波信号，它经三极管 VT 放大后输出，也送往信号选择开关。三种信号经信号选择开关选择一种后，再经功率放大输出级放大后送往仪器的信号输出端。

（3）信号的频段选择、频率调节、幅度调节和类型选择

S_2 为频段选择开关，通过 S_2 切换不同容量的电容可以改变三角波的频率。比如 C_2 容量较 C_1 大，当 S_2 接通 C_2 时，C_2 充电上升到上限电压需要的时间长，产生的三角波周期长，频率低，即 S_2 接入的电容容量越大，产生的信号频率越低。由于 S_2 切换的电容容量不连续，故 S_2 无法连续改变信号频率。

RP 为频率调节电位器，当调节电位器时，恒流源控制电路会改变正、负恒流源的电流大小，电容充电电流就会发生变化，电路形成的三角波频率也会变化。比如恒流源的电流变大，在电容容量不变的情况下，电容充到上、下限电压所需时间短，形成的三角波周期短，频率高。由于 RP 可以连续调节，它可以连续改变恒流源电流大小，从而可连续调节三角波频率。

S_3 为信号类型选择开关，它通过切换不同挡位来选择不同类型的信号。输出信号的幅度调节是通过改变功率放大输出级的增益来实现的，增益越高，输出信号幅度越大。

21.3.2　使用方法

函数信号发生器种类很多，使用方法大同小异，这里以 VC2002 型函数信号发生器为例说明。VC2002 型函数信号发生器可以输出正弦波、方波、矩形波、三角波和锯齿波五种基本函数信号，这些信号的频率和幅度都可以连续调节。

1．面板介绍

VC2002 型函数信号发生器如图 21-8 所示。

面板各部分功能说明如下。

① **信号输出插孔**：用于输出仪器产生的信号。

② **占空比调节旋钮**：用来调节输出信号的占空比。本仪器的占空比调节范围为 20%～80%。注：占空比是指一个信号周期内高电平时间与整个周期时间的比值，占空比为 50% 的矩形波为方波。

③ **频率调节旋钮**：用来调节输出信号的频率。

④ **幅度调节旋钮**：用来调节输出信号的幅度。

⑤ **20dB 衰减按钮**：当该键按下时，输出信号会被衰减 20dB（即衰减 10 倍）再输出。

⑥ **40dB 衰减按钮**：当该键按下时，输出信号会被衰减 40dB（即衰减 100 倍）再输出。

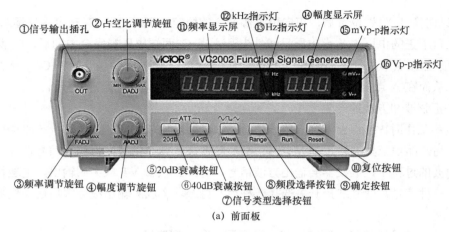

①信号输出插孔　②占空比调节旋钮　⑪频率显示屏　⑫kHz指示灯　⑭幅度显示屏
⑬Hz指示灯　⑮mVp-p指示灯　⑯Vp-p指示灯

⑤20dB衰减按钮
③频率调节旋钮　④幅度调节旋钮　⑥40dB衰减按钮　⑧频段选择按钮　⑨确定按钮　⑩复位按钮
⑦信号类型选择按钮

(a) 前面板

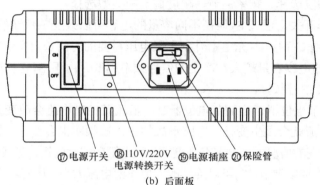

⑰电源开关　⑱110V/220V电源转换开关　⑲电源插座　⑳保险管

(b) 后面板

图 21-8　VC2002 型函数信号发生器

⑦ **信号类型选择按钮：用来选择输出信号的类型。** 当反复按压该键时，5 位 LED 频率显示屏的最高位会循环显示"1"、"2"、"3"，"1"表示选择输出信号为正弦波，"2"表示方波，"3"表示三角波。

⑧ **频段选择按钮：用来选择输出信号的频段。** 当反复按压该键时，5 位 LED 频率显示屏的最低位会循环显示频段 1、2、3、4、5、6、7，各频段的频率范围如下。

1 挡	0.2Hz～2Hz
2 挡	2Hz～20Hz
3 挡	20Hz～200Hz
4 挡	200Hz～2kHz
5 挡	2kHz～20kHz
6 挡	20kHz～200kHz
7 挡	200kHz～2MHz

在使用仪器时，先操作频段选择按钮选择好频段，再调节频率调节旋钮就可使仪器输出本频段频率范围内的任意频率信号。

⑨ **确定按钮：当仪器的各项调节好后，再按下此按钮，仪器开始运行，按设定输出信号，** 同时在显示屏上显示输出信号的频率和幅度。

⑩ **复位按钮**：当仪器出现显示错误或死机时，按下此按钮，仪器复位启动重新开始工作。

⑪ **频率显示屏**：用来显示输出信号的频率。它由 5 位 LED 数码管组成，是一个多功能显示屏。在进行信号类型选择时，最高位显示 1、2、3，分别代表正弦波、方波、三角波；在进行频段选择时，最低位显示 1、2、3、4、5、6、7，分别代表不同的频率范围；在输出信号时，显示输出信号的频率。

⑫ **kHz 指示灯**：当该灯亮时，表示输出信号频率以"kHz"为单位。

⑬ **Hz 指示灯**：当该灯亮时，表示输出信号频率以"Hz"为单位。

⑭ **幅度显示屏**：用来显示输出信号的幅度。

⑮ **mVp-p 指示灯**：当该灯亮时，表示输出信号幅度以"mV（峰峰值）"为单位。

⑯ **Vp-p 指示灯**：当该灯亮时，表示输出信号幅度以"V（峰峰值）"为单位。

⑰ **电源开关**：用来接通和切断仪器的电源。

⑱ **110V/220V 电源转换开关**：其功能是使仪器在 110V 或 220V 两种交流电源供电时都能正常使用。

⑲ **电源插座**：用来插入配套的电源插线，为仪器引入 110V 或 220V 电源。

⑳ **保险管**：当仪器内部出现过载或短路时，保险管内熔丝熔断，使仪器得到保护。该保险管熔丝的容量为 500mA/250V。

2. 使用说明

VC2002 型函数信号发生器的使用操作方法如下。

第一步：开机并接好输出测试线。将仪器后面板上的 110V/220V 电源转换开关拨至"220V"位置，然后给电源插座插入电源线并接通 220V 电源，再按下电源开关，仪器开始工作。接着在仪器的信号输出插孔上接好输出测试线。

第二步：设置输出信号的频段。反复按压频段选择按钮，同时观察频率显示屏最低位显示的频段号（1～7），选择合适的输出信号频段。

第三步：设置输出信号的信号类型。反复按压信号类型选择按钮，同时观察频率显示屏最高位显示的信号类型代码（1：正弦波；2：方波；3：三角波），选择好输出信号的类型。

第四步：按下"确定"按钮，仪器开始运行，在频率显示屏显示信号的频率，在幅度显示屏显示信号的幅度。

第五步：调节频率调节旋钮同时观察频率显示屏，使信号频率满足要求；调节幅度调节旋钮并观察幅度显示屏，使信号幅度满足要求。

第六步：调节占空比调节旋钮使输出信号占空比满足要求。方波的占空比为 50%，大于或小于该值则为矩形波；三角波的占空比为 50%，大于或小于该值则为锯齿波。

第七步：将仪器的信号输出测试线与其他待测电路连接，若连接后仪器的输出信号频率或幅度等发生变化，可重新调节仪器，直至输出信号满足要求为止。

3. 特点与技术指标

（1）特点

- 频率范围：0.2Hz～2MHz。

- 波形：正弦波、三角波、方波、矩形波、锯齿波。

- 5 位 LED 频率显示，3 位 LED 幅度显示。
- 频率幅度，占空比连续可调。
- 二段式固定衰减器：20dB/40dB。

（2）技术指标

- 频率范围：0.2Hz/2Hz/20Hz/200Hz/2kHz/20kHz/200kHz/2MHz。
- 幅度：2～20V（峰峰值），±20%。
- 阻抗：50Ω。
- 衰减：20dB/40dB。
- 显示：5 位 LED 频率显示同时 3 位 LED 幅度显示。
- 正弦波：失真度<2%。
- 三角波：线性度>99%。
- 方波：上升沿/下降沿时间<100ns。
- 时基：标称频率：12MHz；频率稳定度：$\pm 5 \times 10^{-5}$。
- 信号频率稳定度：<0.1%/min。
- 测量误差：≤0.5%。
- 电源：（220V/110V）±10%、（50Hz/60Hz）±5%、功耗≤15W。

第22章 毫伏表

万用表可以测量交流信号电压，但通常只限于测量频率为几百赫兹以下的正弦波信号电压，测量此频率以外的交流信号就不准确，并且不能测量幅度很小的交流信号。**毫伏表可以测量频率范围很宽的交流信号，另外因为它内部有放大电路，所以可以测量幅度很小的交流信号。**

22.1 模拟式毫伏表

模拟式毫伏表内部主要采用模拟电路，并且以指针式微安表作为指示器来指示被测电压的大小。

22.1.1 工作原理

模拟式毫伏表种类很多，从其工作原理来分，主要有放大–检波式、检波–放大式和外差式毫伏表三种类型。 三种类型毫伏表原理框图如图 22-1 所示。

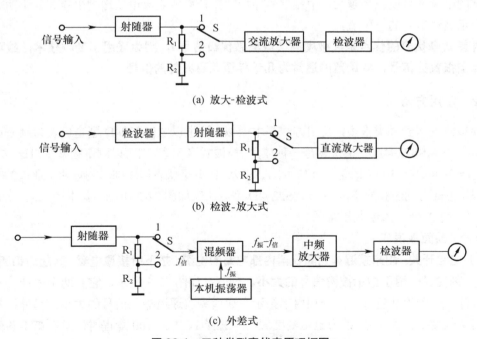

图 22-1 三种类型毫伏表原理框图

1．放大–检波式毫伏表

放大–检波式毫伏表原理框图如图 22-1（a）所示。

毫伏表内部常采用射随器作为输入电路，因为射随器（即共集电极放大电路）具有输入阻抗大、输出阻抗小的特点，采用它作为输入电路可以减小电压表对被测电路的影响。输入信号经射随器放大后送到衰减器，当交流信号小时，衰减开关 S 置于"1"位置；当交流信号大时，衰减开关 S 置于"2"位置。之后交流信号再送到交流放大器进行放大，然后去检波器，将交流信号转换成直流电压加到电流表，电流表指针偏转，指示被测信号的电压值。

放大–检波式毫伏表的优点是性能稳定、灵敏度高，缺点是测量频率范围受放大器带宽的限制，测量频率范围窄。

2．检波–放大式毫伏表

检波–放大式毫伏表原理框图如图 22-1（b）所示。

检波–放大式毫伏表先由检波器将交流信号转换成直流电压，然后经射随器放大后送到衰减器，再送到直流放大器放大，直流电压送到电流表，驱动电流表指针摆动，指示被测信号的电压值。

检波–放大式毫伏表的优点是测量频率范围宽，缺点是灵敏度低、稳定性较差。

3．外差式毫伏表

外差式毫伏表原理框图如图 22-1（c）所示。

被测交流信号经射随器放大和衰减器衰减后送到混频器，同时由本机振荡器产生本振信号也送到混频器，两者混频差拍（$f_振 - f_信$）后得到中频信号，被测信号幅度越大，混频差拍后得到的中频信号电压就越大，中频信号经检波器转换成直流电压送到电流表，驱动表针摆动，指示被测信号的电压值。

外差式毫伏表的优点是灵敏度高（可测微伏级信号），因为采用了变频技术，故可测量频率范围很宽的信号，测量范围通常为几千赫至几百兆赫的信号。

22.1.2　使用方法

模拟式毫伏表种类很多，使用方法基本类似，这里以 ASS2294D 型毫伏表为例来说明它的使用方法。ASS2294D 型毫伏表是一种放大–检波式毫伏表，它可以测量频率在 5Hz～2MHz、输入电压在 30μV～300V 的正弦波信号。ASS2294D 型毫伏表可以同时测量两个通道的输入信号，测量方式有同步和异步两种。ASS2294D 型毫伏表如图 22-2 所示，其中图 22-2（a）为实物图，图 22-2（b）为绘制示意图。

1．仪器面板说明

① 电源开关：用来接通和切断仪器内部电路的电源。按下时接通电源，弹起时切断电源。

② 刻度盘：用于指示被测信号的大小。 刻度盘如图 22-3 所示，它有两个表针，一个为黑色表针，一个为红色表针，分别用来指示左通道和右通道输入信号的大小。另外，刻度盘上有四条刻度线。第 1、2 条为电压刻度线，当选择 1、10、100 量程时，察看第 1 条刻度线（最大值为 1）；当选择 0.3、3、30、300 量程时，察看第 2 条刻度线（最大值为 3）。第 3 条为 dB（分贝）刻度线，最大值为 0，最小值为−20，在测量时，量程 dB 值与表针在该刻度线指示的 dB 值之和即为被测值。第 4 条为 dBm（分贝毫瓦）刻度线，0dBm 相当于 1mW，本刻度线很少使用。

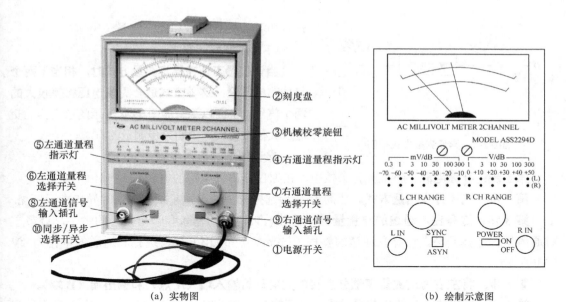

（a）实物图   （b）绘制示意图

图 22-2   ASS2294D 型毫伏表

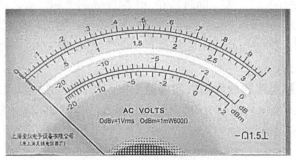

图 22-3   ASS2294D 型毫伏表的刻度盘

③ **机械校零旋钮：用来将表针的位置调到"0"位置。** 机械校零旋钮有红、黑两个，在测量前分别调节红、黑表针，使两个表针均指在"0"位置。

④ **右通道量程指示灯：用来指示右通道的量程挡位。**

⑤ **左通道量程指示灯：用来指示左通道的量程挡位。**

⑥ **左通道量程选择开关：用来选择左通道测量量程。** 当旋转该开关选择不同的量程时，左通道相应的量程指示灯会亮。

⑦ **右通道量程选择开关：用来选择右通道测量量程。** 当旋转该开关选择不同的量程时，右通道相应的量程指示灯会亮。

⑧ **左通道信号输入插孔：在使用左通道测量时，被测信号由该插孔输入。**

⑨ **右通道信号输入插孔：在使用右通道测量时，被测信号由该插孔输入。**

⑩ **同步/异步选择开关：用来选择同步和异步测量的方式。** 开关按下时选择"同步"测量方式，弹起时选择"异步"测量方式。

2．**仪器的使用方法**

ASS2294D 型毫伏表可以测量一个信号，也可以同时测量两个信号。测量两个信号的方

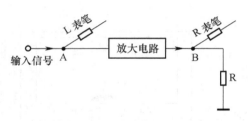

图 22-4　异步测量方式举例

式有两种：异步测量和同步测量。

（1）异步测量方式

当该仪器工作在异步测量方式时，相当于两个单独的电压表，这种方式适合测量电压相差较大的两个信号。下面以测量如图 22-4 所示的放大器的交流放大倍数为例来说明异步测量的方法。

异步测量的操作步骤如下。

第 1 步：开通电源。将电源开关按下，接通仪器内部电路的电源。

第 2 步：选择异步测量方式。让同步/异步选择开关处于弹起状态，这时异步指示灯亮。

第 3 步：选择左右通道的测量量程。估计放大电路的输入和输出信号的大小，调节左右通道量程选择开关，选择左通道的量程为 30mV（−30dB）挡，选择右通道的量程为 1V（0dB）挡。

第 4 步：将左右通道测量表笔分别接放大电路的输入端（A 点）和输出端（B 端）。

第 5 步：读出输入和输出信号的大小。观察刻度盘上黑表针指示的数值，发现黑表针指在最大值为 3 的刻度线的"2"处，同时指在 dB 刻度线的"−4"处，则输入信号的电压值为 20mV，dB 值为−30dB+(−4)dB=−34dB；再观察红表针指示的数值，发现红表针指在最大值为 1 的刻度线的"0.8"处，同时指在 dB 刻度线的"−2"处，则输出信号的电压值为 0.8V，dB 值为 0dB+(−2)dB=−2dB。

第 6 步：计算被测电路的放大倍数和增益。根据放大倍数 $A=U_o/U_i$，可求出被测电路的放大倍数为 0.8V/20mV=0.8/0.02=40；根据输出、输入信号的 dB 值之差，可求出被测电路的增益为−2dB−(−34dB)=32dB。

（2）同步测量方式

当该仪器工作在同步测量方式时，一个量程选择开关可以同时控制两个通道的量程，这种方式适合测量特性相同的两个电路的平衡程度。下面以测量图 22-5 所示的立体声双声道放大器的平衡程度为例来说明同步测量的方法。

同步测量的操作步骤如下。

第 1 步：开通电源。将电源开关按下，接通仪器内部电路的电源。

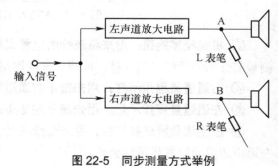

图 22-5　同步测量方式举例

第 2 步：选择同步测量方式。按下同步/异步选择开关，这时同步指示灯亮。

第 3 步：选择测量量程。因为仪器工作在同步方式时，一个量程选择开关可以同时控制两个通道的量程，调节其中一个量程选择开关，选择量程为 1V 挡，这时两个通道测量量程都为 1V。

第 4 步：测量左右通道的相似程度。给左右通道输入大小相同的信号，再将左右通道测量表笔分别接在左右声道放大电路的输出端（即 A 点和 B 点），然后观察刻度盘两个表针是否重叠。若重叠，说明两通道特性相同，否则特性有差异。两表针相隔越小，表明两通道特性越接近，可以直接观察两表针的间隔来读出两通道的不平衡程度。

（3）放大器功能

ASS2294D 型毫伏表除了有测量输入信号的功能外，还有对输入信号进行放大再输出功能。 在 ASS2294D 型毫伏表的后面板上有信号输出插座，如图 22-6 所示。

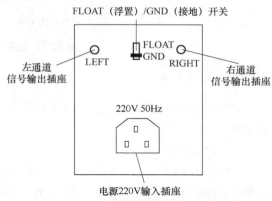

当 LIN 或 RIN 插孔输入信号时，毫伏表的表针除了会指示输入信号的电压外，还会对输入信号进行放大，再从后面板的 LEFT 或 RIGHT 插座输出。毫伏表处于不同的挡位时具有不同的放大能力，具体如表 22-1 所示。例如，当量程开关处于 1mV 挡时，毫伏表会对输入信号放大 100 倍（即 40dB），再从后面板相应的输出插座输出。

图 22-6　ASS2294D 型毫伏表的后面板

表 22-1　量程开关挡位与放大倍数对应表

量程开关	放大倍数	量程开关	放大倍数
300μV	316 倍（50dB）	10mV	10 倍（20dB）
1mV	100 倍（40dB）	30mV	3.16 倍（10dB）
3mV	31.6 倍（30dB）		

（4）浮置测量方式

有些电路采用平衡方式输出信号，在测量这种信号时，毫伏表要置于浮置测量方式。例如，双端输出的差动放大电路和 BTL 放大电路，它们的两个输出端中任意一端都没有接地，测量时要采用浮置测量方式，否则会引起测量不准确或损坏电路。采用浮置测量方式很简单，只要将毫伏表的 FLOAT（浮置）/GND（接地）开关置于 FLOAT 位置即可。

22.2　数字毫伏表

数字毫伏表又称数字电子电压表，它与模拟式毫伏表一样，都可以测量微弱的交流信号电压。 另外，除了采用数字方式外，内部还大量采用数字处理电路。数字毫伏表具有显示直观和测量精度高等优点。

22.2.1　工作原理

数字毫伏表的典型结构如图 22-7 所示。从图中可以看出，**数字毫伏表输入部分与模拟式毫伏表基本相同，都要将交流信号转换成相应大小的直流电压，但数字毫伏表还要用 A/D 转换器将直流电压转换成数字信号，再经数字电路处理后送到显示器，直观地将被测电压显示出来。**

图 22-7　数字毫伏表的典型结构

22.2.2　使用方法

数字毫伏表种类很多，使用方法大同小异，下面以 DF1930 型数字毫伏表为例来说明数字毫伏表的使用方法。

1. 面板介绍

DF1930 型数字毫伏表采用 4 位数字显示测量值，具有交流电压、dB 和 dBm 三种测量功能，测量量程可自动和手动转换。DF1930 型数字毫伏表的面板如图 22-8 所示。

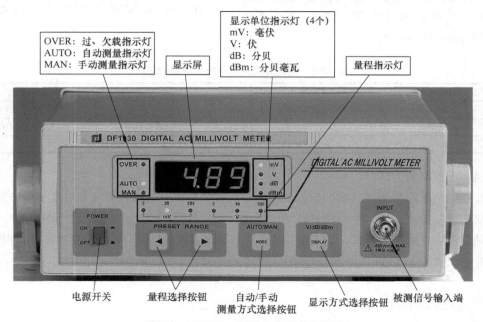

图 22-8　DF1930 型数字毫伏表的面板

面板各部分功能说明如下。

（1）电源开关（POWER）：用来接通和切换电源。按下为 ON，弹起为 OFF。

（2）量程选择按钮（PRESET RANGE）：用于选择测量量程。当仪器处于手动测量方式时，按压"◀"键，量程减小；按压"▶"键，量程增大。

（3）自动/手动测量方式选择按钮（AUTO/MAN）：用于选择测量方式。仪器开机后会自动处于"AUTO（自动测量）"方式，按压该键，会切换到"MAN（手动测量）"方式，再按压一次该键，又切换到"AUTO"方式。当处于自动测量方式时，仪器会根据输入信号幅度自动调整量程；而处于手动测量方式时，需要操作量程选择按钮来选择量程。

（4）显示方式选择按钮（V/dB/dBm）：用于选择显示单位。开机后显示单位为 V，不断按压该键，显示单位会以"V→dB→dBm"顺序循环切换，显示屏右方的单位指示灯会有相应的变化。

（5）被测信号输入端（INPUT）：用于输入被测信号。 在测量时需要在该端连接好相应的测试线，再接被测电路。

（6）过、欠载指示灯（OVER）：当处于"MAN（手动测量）"方式时，若显示屏显示的数字（不计小数点）大于 3100 或小于 290，该指示灯亮，表示当前的量程不合适。

（7）自动测量指示灯（AUTO）：当该灯亮时，表示仪器处于自动测量方式。

（8）手动测量指示灯（MAN）：当该灯亮时，表示仪器处于手动测量方式。

（9）显示屏：用于显示测量数值。 它由四位 LED 数码管组成，当显示的数字出现闪烁时，表示被测电压超出测量范围，显示的数字无效。

（10）显示单位指示灯：用于指示测量数值的单位。 它由 mV、V、dB、dBm 共 4 个指示灯组成，在操作显示方式按钮时，这些指示灯会指示测量数值单位。

（11）量程指示灯：用于指示量程。 它由 3mV、30mV、300mV、3V、30V、300V 共 6 个指示灯组成，在操作量程选择按钮时，这些指示灯用来指示 6 个量程挡。

2. 使用方法

DF1930 型数字毫伏表使用方法如下。

第一步：按下电源开关，对仪器进行短时间预热。 刚开机时，显示屏的数码管会亮，显示的数字大约有几秒的跳动，几秒后数字应该稳定下来。

第二步：选择测量方式。 开机后，仪器处于自动测量和电压显示方式，AUTO 指示灯和 V 指示灯都亮，若要选择手动测量方式，可操作"AUTO/MAN"按钮，使 MAN 指示灯变亮。

第三步：选择显示单位。 根据测量需要，操作"V/dB/dBm"按钮，同时观察 mV、V、dB、dBm 4 个指示灯，选择合适的测量显示单位。

第四步：选择测量量程。 在自动测量方式时，仪器会根据输入被测信号的大小自动选择合适的量程挡；在手动测量方式时，先估计被测信号的大小，再操作"◀"和"▶"键同时观察量程指示灯，选择合适的量程挡，量程挡应大于且最接近于被测信号电压。

第五步：给仪器输入被测信号。 将仪器的信号输入线与被测电路连接。

第六步：读数。 测量时，在显示屏上会显示测量值，右方亮起的灯指示其单位。如果显示屏显示的数字不闪烁且 OVER 灯不亮，表示仪器工作正常，此时显示的数字即为被测信号的值；如果 OVER 灯亮，表示当前测量数据误差很大，需要更换量程；如果显示的数字闪烁，表示被测电压已超出当前的量程，也必须更换量程。

3.特点与技术指标

（1）特点

- 采用单片机进行测量、数据处理和控制。
- 具有交流电压、dB 和 dBm 三种测量功能。
- 位数字显示。
- 测量量程可自动和手动转换。
- 采用轻触式控制开关，手感好，使用寿命长。

（2）技术指标

- 电压测量范围：100μV～400V。
- dB 测量范围：−79dB～50dB。
- dBm 测量范围：−77dBm～52dBm。
- 测量量程：3mV、30mV、300mV、3V、30V、300V。
- 频率范围：5Hz～2MHz。
- 最高测量分辨率：1μV。
- 噪声：输入短路时小于 15 个字。
- 交流测量串/共抑制比：大于 40/90dB。
- 输入阻抗：1MΩ/30pF。

第 23 章 示 波 器

示波器是一种应用极广泛的电子测量仪器，它不但能将被测电信号直观显示出来，还能测量交、直流电压的大小，并能测量交流信号的波形、幅度、频率和相位等参数。

23.1 示波器种类与波形显示原理

示波器是一种能将被测电信号波形直观显示出来的电子测量仪器。它可以测量交、直流电压的大小，测量交流信号的波形、幅度、频率和相位等参数，如果与其他有关的电子仪器（如信号发生器）配合，还可以检测电路是否正常。示波器是一种应用极为广泛的电子测量仪器。

23.1.1 示波器的种类

示波器的种类很多，按用途和性能可分为以下几类。

1. 通用示波器

通用示波器包括单踪示波器和双踪示波器。单踪示波器可测量一个信号的波形、幅度、频率和相位等参数。而双踪示波器不仅能同时测量两个信号的波形和参数，还可以对两个信号进行比较。通用示波器是应用最广泛的一种示波器。

2. 采样示波器

通用示波器测量频率很高的信号比较困难，而**采样示波器可以测量频率很高的信号，它可以看成是由采样电路和通用示波器组合而成的。**采样示波器利用采样原理将高频信号转换成低频信号，然后由通用示波器部分将低频信号显示出来。

3. 存储示波器和记忆示波器

普通示波器可以将被测信号实时显示出来，但如果撤掉输入信号，显示屏的信号会马上消失。而**存储示波器和记忆示波器在撤掉被测信号后，仍可以将信号保存并继续显示出来。**存储示波器是利用数字储存器将被测信号保存下来，记忆示波器则是采用具有记忆功能的示波管，被测信号波形仍可在示波管上继续保持。

存储示波器和记忆示波器具有保持功能，所以可以将瞬变过程、非周期变化和超低频信号保存下来，以便于仔细观察、比较分析和研究。

23.1.2 示波管的结构

示波器依靠示波管直观地将被测信号显示出来。示波管又称作阴极射线管（CRT），它的工作原理与电视机的显像管有点相似，其结构如图 23-1 所示。

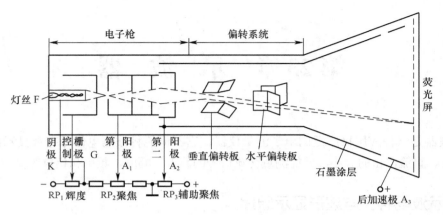

图 23-1　示波管的结构

1．示波管各部分说明

（1）灯丝 F：它的功能是通电发热，对阴极进行加热，使阴极能够发射电子。

（2）阴极 K：它是一个表面涂有氧化物的金属小圆筒，在灯丝加热的情况下，阴极的氧化层会发射出电子。

（3）控制栅极 G：又称调制栅极，简称栅极，它是一个前端开孔的金属圆筒，该极上加有比阴极更低的电压，其作用是控制阴极发射的电子数。由于电子的自由运动方向是低电位往高电位运动，如果让电子从高电位往低电位运动则会受到阻力，而阴极电位较栅极高，故阴极发射出来的电子通过栅极要受到一定的阻力，栅极电压越低，电子受到的阻力越大，通过栅极的电子越少，到达荧光屏的电子也越少，荧光屏光线更暗。

RP_1 称为辉度电位器，又称亮度电位器，调节 RP_1 能改变栅极电压，来控制到达荧光屏的电子数量，从而调节荧光屏的亮度。

（4）第一阳极 A_1 和第二阳极 A_2：它们中间都开有小孔，电子从小孔中通过，这两个阳极的作用是对阴极发射出来的电子束进行加速，同时进行聚焦，将很粗的电子束聚焦成很细的电子束，这样电子束在荧光屏上扫出来的信号波形更清晰。

RP_2 称为聚焦电位器，它可以调节第一阳极的电压；RP_3 称为辅助聚焦电位器，它可以调节第二阳极的电压。为了让荧光屏显示的波形清晰明亮，需要对 RP_2、RP_3 进行反复调节。

（5）垂直偏转板：又称 Y 轴偏转板，它由垂直方向的上下两块金属板组成，电子束从中间穿过，当给这两个金属板加有一定电压时，两金属板之间有垂直方向电场产生，该电场使电子束在垂直方向做偏转运动。

（6）水平偏转板：又称 X 轴偏转板，它由水平方向的左右两块金属板组成，电子束从中间穿过，当给这两个金属板加有一定电压时，电子束就会在水平方向做偏转运动。

（7）荧光屏：它是在荧光管正面的内层壁上涂上一层荧光粉而构成的。当电子束轰击荧光屏上的荧光粉时，荧光粉就会发光，电子数越多、速度越快，荧光粉就越亮。

2．示波管的工作过程

示波管的工作过程：首先给灯丝通电，灯丝开始发热，阴极因灯丝的加热而发射大量的电子；由于受栅极电压（较阴极低）的阻碍，只有一部分电子能穿过栅极；穿过栅极的电子受到第一阳极和第二阳极高电压的加速和聚焦后，形成密集、高速的电子束往荧光屏运动。电子束再经过垂直偏转板和水平偏转板，偏转板产生的电场变化，使电子束运动轨迹也随之变化，这种运动轨迹变化的电子束轰击荧光屏，就会在荧光屏上显示出波形。

23.1.3 示波器的波形显示原理

示波器是依靠示波管与电路配合来显示各种信号波形的。**示波管显示信号波形过程是：首先要让阴极发射电子，然后进行加速和聚焦，同时给垂直和水平偏转板加一定的电压，让电子束产生偏转并对荧光屏进行扫描，这样就会在荧光屏上显示出信号波形。**下面从几个方面来说明示波器的波形显示原理。

1. X 轴和 Y 轴偏转板都不加电压

如图 23-2（a）所示，X 轴和 Y 轴偏转板都不加电压时，阴极发射出来的电子束不会产生偏转，而是做直线运动轰击荧光屏中心，在荧光屏中心会出现一个亮点。

2. Y 轴偏转板不加电压，X 轴偏转板加锯齿波电压

由于 Y 轴偏转板不加电压，所以电子束在垂直方向不受电场力；而 X 轴偏转板加锯齿波电压，电子束在水平方向受到电场力作用而产生偏转，在屏幕上扫出一条水平亮线，如图 23-2（b）所示。

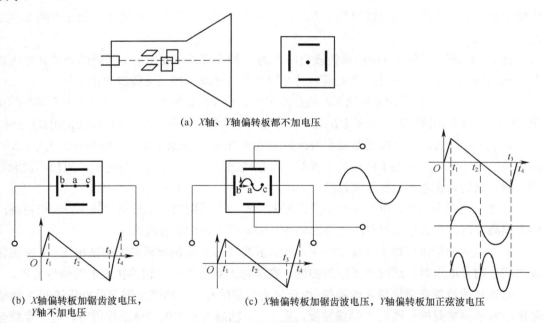

(a) X 轴、Y 轴偏转板都不加电压

(b) X 轴偏转板加锯齿波电压，Y 轴不加电压

(c) X 轴偏转板加锯齿波电压，Y 轴偏转板加正弦波电压

图 23-2 示波管波形显示原理

具体过程说明如下：

当 $0 \sim t_1$ 期间的锯齿波电压加到 X 轴偏转板时，偏转板产生电场，让电子束由荧光屏的 a 点（中心）扫到荧光屏的 b 点（左端）。

当 $t_1 \sim t_2$ 期间的锯齿波电压加到 X 轴偏转板时，偏转板产生电场，让电子束由 b 点扫到 a 点。

当 $t_2 \sim t_3$ 期间的锯齿波电压加到 X 轴偏转板时，偏转板产生电场，让电子束由 a 点扫到 c 点。

　　当 $t_3 \sim t_4$ 期间的锯齿波电压加到 X 轴偏转板时，偏转板产生电场，让电子束由 c 点扫到 a 点。

　　在 t_4 时刻以后，下一个周期的锯齿波电压到来，电子束又重复上述扫描过程，结果在荧光屏上出现一条亮线。

　　从锯齿波电压的波形可以看出，$0 \sim t_1$ 和 $t_3 \sim t_4$ 期间的时间很短，电子束运行的方向是由屏幕右端往左端扫动（即回扫），在这两段时间内阴极是不发射电子的，通常将这两段时间称为逆程；而 $t_1 \sim t_3$ 期间的时间很长，电子束是由屏幕左端往右端扫动，在这段时间内阴极发射电子，这段时间称为正程。荧光屏出现的亮线是正程期间阴极发射电子扫描出来的。

　　从上面的分析还可以看出，锯齿波电压周期越短（频率越高），电子束由荧光屏左端扫到右端的时间就越短。

　　同样的道理，如果给 Y 轴偏转板加锯齿波电压，X 轴偏转板不加电压，电子束只受 Y 轴偏转板产生的电场力作用，会在荧光屏上扫出一条垂直亮线。

**　　3. Y 轴偏转板加正弦波电压，X 轴偏转板加锯齿波电压**

　　当 Y 轴偏转板加正弦波电压、X 轴偏转板加锯齿波电压时，电子束在垂直和水平方向都受到偏转力，电子束就会在屏幕上扫出正弦波，如图 23-2（c）所示。

　　具体过程说明如下：

　　在 $0 \sim t_1$ 期间，锯齿波电压加到 X 轴偏转板，Y 轴偏转板无电压，X 轴偏转板产生电场，让电子束由荧光屏的 a 点直接扫到 b 点。此期间为逆程，阴极不发射电子，故 a 点到 b 点之间不会出现亮线。

　　在 $t_1 \sim t_2$ 期间，逐渐下降的锯齿波电压加到 X 轴偏转板，先上升后下降的正弦波电压加到 Y 轴偏转板，电子束在这两个电场力的作用下在荧光屏上扫出正弦波的正半周。

　　在 $t_2 \sim t_3$ 期间，反方向逐渐增大的锯齿波电压加到 X 轴偏转板，反方向先增大后减小的正弦波电压加到 Y 轴偏转板，电子束在这两个电场力的作用下在荧光屏上扫出正弦波的负半周。

　　在 $t_3 \sim t_4$ 期间，反方向逐渐减小的锯齿波电压加到 X 轴偏转板，Y 轴偏转板无电压，X 轴偏转板产生电场，让电子束由荧光屏的 c 点直接扫到 a 点。此期间为逆程，阴极不发射电子，故 c 点到 a 点之间不会出现亮线。

　　经过上述四个过程，电子束就在荧光屏上扫出一个周期的正弦波信号波形，如果正弦波频率提高一倍，那么在荧光屏上就会出现两个周期的正弦波信号波形。

　　从上面的分析可以得出这样的结论：**当给示波管的 X 轴偏转板加锯齿波电压、Y 轴偏转板加某个信号电压时，通过电子束的扫描，在屏幕上就会显示 Y 轴偏转板上的信号波形。**

　　示波器的波形显示原理是这样的：由示波器内部的扫描电路产生锯齿波电压送到 X 轴偏转板，然后将被测信号送到 Y 轴偏转板，在 X、Y 轴偏转板产生的电场作用下，电子束就会在荧光屏上扫出被测信号的波形。

23.2　单踪示波器

　　单踪示波器是一种价格便宜、操作简便的通用示波器，在进行一些要求不高的电子测量时常采用单踪示波器。

23.2.1　工作原理

单踪示波器主要由 Y 通道（又称 Y 轴偏转系统或垂直系统）、X 通道（又称 X 轴偏转系统或水平系统）、示波管和一些附属电路组成。单踪示波器的组成框图如图 23-3 所示。

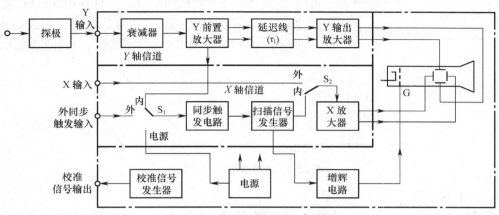

图 23-3　单踪示波器的组成框图

1．Y 通道

Y 通道主要由衰减器、Y 前置放大器、延迟线和 Y 输出放大器组成。它主要是将被测信号进行处理，再送到示波管的 Y 轴偏转板。

（1）衰减器

衰减器的功能是对输入的被测信号进行适当的衰减，以保证显示在荧光屏上的信号不至于过大而失真。衰减器常采用 RC 电路组成，常见的衰减器如图 23-4 所示。

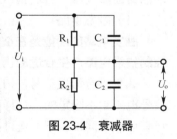

图 23-4　衰减器

图中电容的作用是对输入的信号进行补偿，可以让电路保持较宽的通频带。如果衰减器的 $R_1C_1=R_2C_2$，那么衰减器的衰减量与电容 C_1、C_2 的容量无关，输出电压为

$$U_o = \frac{R_2}{R_1 + R_2} \cdot U_i$$

例如，当 $R_1=2\text{M}\Omega$、$C_1=600\text{pF}$、$R_2=3\text{M}\Omega$、$C_2=400\text{pF}$，输入电压 $U_i=0.3\text{V}$ 时，输出电压为

$$U_o = \frac{R_2}{R_1 + R_2} \cdot U_i = \frac{3}{3+2} \times 0.3\text{V} = 0.18\text{V}$$

即输入电压 U_i 被衰减到 3/5 输出。

实际上，示波器中的衰减器由多个 RC 电路构成，可以通过开关切换不同的 RC 电路来对信号进行不同的衰减，从而适应各种不同电压的输入信号。

（2）Y 前置放大器

Y 前置放大器的作用是对衰减器送来的信号进行适当的放大。它放大输出的信号分为两路：一路送到延迟线；另一路送到触发电路。

（3）延迟线

延迟线的功能是对被测信号进行一定的延时，再送到后级电路。在 **Y** 通道设置延迟线

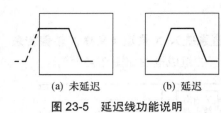

(a) 未延迟　　　　(b) 延迟

图 23-5　延迟线功能说明

后可以将荧光屏显示的波形由左端往中央移动一定的位置，这样可以避免在屏幕上显示的信号波形过于偏左而造成部分信号无法观察，如图 23-5 所示。

延迟线种类很多，由多级 LC 元件构成的 LC 延迟电路（又称集中参数延迟线）较为常见，这种延迟线如图 23-6 所示，输入信号经过 LC 电路后被延迟 t 时间后输出。

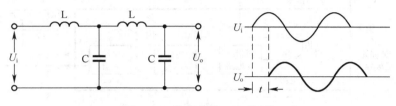

图 23-6　集中参数 LC 延迟线

（4）Y 输出放大器

Y 输出放大器常用差分放大电路，它具有较好的抗干扰性，它除了放大输入信号外，还会将一路输入信号分成相反的两路信号输出，分别送往 Y 轴的两个偏转板。

2．X 通道

X 通道主要由触发电路、扫描信号发生器和 X 放大器组成。它的主要作用是产生符合要求的锯齿波电压，再送到示波管的 X 轴偏转板。

（1）触发电路

触发电路的功能是在被测信号或外触发输入插孔输入信号的控制下，产生触发信号，去控制扫描电路产生合适的锯齿波电压。

如果没有触发信号，扫描信号发生器产生的锯齿波电压周期将是固定的，而输入的被测信号电压是不固定的，这样两个电压被送到 X、Y 轴偏转板控制电子束扫描，扫描出来的波形有可能不同步。下面通过图 23-7 所示的几种情况来分析这种问题。

图 23-7 中锯齿波电压 U_X 的周期用 T_X 表示，被测信号 U_Y 的周期用 T_Y 表示。

① 当 $T_X = nT_Y$ 时，若 $T_X = T_Y$，如图 23-7（a）所示。

在 $0 \sim t_2$ 期间，第一个周期的锯齿波电压 U_X 加到 X 轴偏转板，在此期间，第一个完整周期被测信号 U_{Y1} 送到 Y 轴偏转板，两个偏转板产生的电场控制电子束在荧光屏上扫出一个完整周期的被测信号，在 t_2 时刻，电子束由右端迅速返回左端。

在 $t_2 \sim t_4$ 期间，第二个周期的锯齿波电压 U_X 加到 X 轴偏转板，在此期间，第二个周期的被测信号 U_{Y1} 送到 Y 轴偏转板，电子束又从荧光屏左端开始往右扫出第二个周期的被测信号。U_{Y1} 信号的第二个周期与第一个周期波形相同，所以在荧光屏上扫出的两个周期的信号波形是重叠的，看起来只有一个周期的波形。

仍如图 23-7（a）所示，若 $T_X = 2T_{Y2}$。

在 $0 \sim t_2$ 期间，第一个周期的锯齿波电压 U_X 加到 X 轴偏转板，在此期间，第一、二个完整周期 U_{Y2} 信号送到 Y 轴偏转板，电子束在荧光屏上扫出第一、二个完整周期的 U_{Y2} 信号，在 t_2 时刻，电子束由右端迅速返回左端。

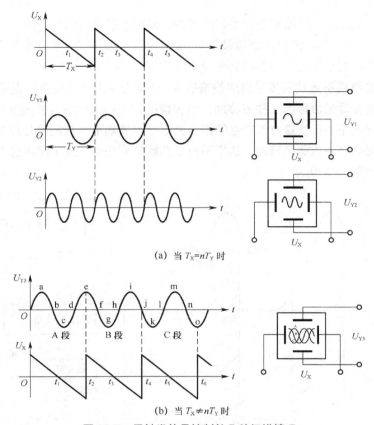

(a) 当 $T_X = nT_Y$ 时

(b) 当 $T_X \neq nT_Y$ 时

图 23-7　无触发信号控制的几种扫描情况

在 $t_2 \sim t_4$ 期间，第二个周期的锯齿波电压 U_X 加到 X 轴偏转板，在此期间，第三、四个周期的 U_{Y2} 信号送到 Y 轴偏转板，电子束又从荧光屏左端开始往右扫出第三、四个周期的 U_{Y2} 信号。U_{Y2} 信号的第一、二个周期与第三、四个周期波形相同，在荧光屏上扫出的第一、二个周期与第三、四个周期波形是重叠的，所以在荧光屏上看到两个周期的 U_{Y2} 信号波形。

扫描电压（锯齿波电压）的周期是被测信号周期的整数倍，这样在荧光屏上扫描出来的信号波形是稳定的，这种情况称为扫描电压与被测信号同步。

② 当 $T_X \neq nT_Y$ 时，如图 23-7（b）所示，图中 $T_X > T_Y$。

在 $0 \sim t_2$ 期间，第一个周期的锯齿波电压 U_X 加到 X 轴偏转板，在此期间，0～e 段（A 段）U_{Y3} 信号送到 Y 轴偏转板，电子束在荧光屏上扫出 0～e 段（A 段）U_{Y3} 信号，在 t_2 时刻，电子束由左端迅速返回右端。

在 $t_2 \sim t_4$ 期间，第二个周期的锯齿波电压 U_X 加到 X 轴偏转板，在此期间，e～j 段（B 段）U_{Y3} 信号送到 Y 轴偏转板，电子束在荧光屏上扫出 e～j 段（B 段）U_{Y3} 信号，在 t_4 时刻，电子束由左端迅速返回右端。

在 $t_4 \sim t_6$ 期间，第三个周期的锯齿波电压 U_X 加到 X 轴偏转板，在此期间，j～o 段（C 段）U_{Y3} 信号送到 Y 轴偏转板，电子束在荧光屏上扫出 j～o 段（C 段）U_{Y3} 信号，在 t_6 时刻，电子束由左端迅速返回右端。

由于 U_{Y3} 信号的 A（0～e）、B（e～j）和 C（j～o）三段信号波形不一致，所以它们是不重叠的，虽然这三段信号波形是先后扫出来的，但由于荧光粉的余辉效应（荧光粉发光后光辉能保留一定的时间），在扫完 C 段波形时，A、B 段波形还在发光，故在荧光屏上会看到三个重叠的波形，同时视觉上还会感到波形由左往右移动。

扫描电压的周期不是被测信号周期的整数倍，在荧光屏上会出现多段重叠的被测信号波形，同时还可能会看见波形由左往右移动，这种情况称为扫描电压与被测信号不同步。

在大多数情况下，示波器内部产生的锯齿波电压的周期不是被测信号周期的整数倍，荧光屏显示的波形会产生重叠和移动，这样不便于观察被测信号，为了解决这个问题，可以采用触发电路，如图 23-8 所示。

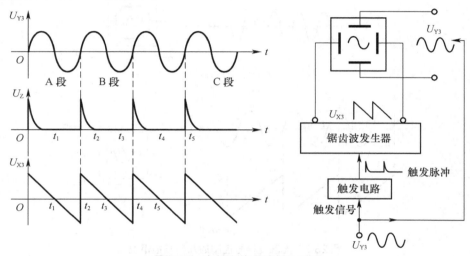

图 23-8　有触发信号控制的扫描

如果没有触发电路，锯齿波发生器处于失控工作状态，产生的锯齿波周期不是被测信号周期的整数倍，这样扫描出来的波形就会不同步，解决这个问题的方法是给锯齿波发生器加一个触发电路。被测信号 U_{Y3} 分为两路：一路直接送到 Y 轴偏转板；另一路送到触发电路，在 U_{Y3} 信号的每个周期的开始处，触发电路会产生一个触发脉冲，触发脉冲送到锯齿波发生器，让它结束上一个周期开始产生下一个周期的锯齿波电压，这样锯齿波电压就与 U_{Y3} 信号周期相等，在荧光屏上就扫出稳定同步的 U_{Y3} 信号的波形。

（2）扫描信号发生器

扫描信号发生器实际上是一个锯齿波发生器，它的功能是在触发脉冲的控制下产生符合要求的锯齿波电压。

（3）X 放大器

X 放大器的功能是放大锯齿波发生器送来的锯齿波电压，并把锯齿波电压送到 X 轴偏转板。

3．附属电路

（1）增辉电路

增辉电路的功能是在锯齿波电压的正程期间（此期间正好电子由荧光屏左端扫到右端），产生一个增辉脉冲送到示波管的栅极（或阴极），让阴极发射更多的电子对荧光屏进行扫描，这样扫出来的信号波形更明亮清晰。

（2）校准信号发生器

校准信号发生器的功能是产生频率和幅度都稳定的方波信号。将方波信号输入到示波器的Y 通道作为被测信号，在荧光屏显示出来，根据此信号显示的波形可对示波器进行调整和检修。

（3）电源

电源的功能是将 220V 的交流电压转换成各种直流电压，供给示波器内部各个电路用。

（4）开关

框图中有 S_1、S_2 两个开关。S_1 为触发信号切换开关，当置于"内"位置时，将被测信号作为触发信号；当置于"外"位置时，将外同步触发输入插孔送入的信号作为触发信号。S_2 为 X 轴输入选择开关，当置于"内"位置时，将内部锯齿波发生器产生的锯齿波电压送到 X 轴偏转板；当置于"外"位置时，将 X 输入插孔输入的信号送到 X 轴偏转板。

23.2.2　面板介绍

单踪示波器种类很多，但功能和使用方法基本相同，下面以 ST16 型单踪示波器为例进行说明。ST16 型单踪示波器面板如图 23-9 所示。

面板各部分说明如下。

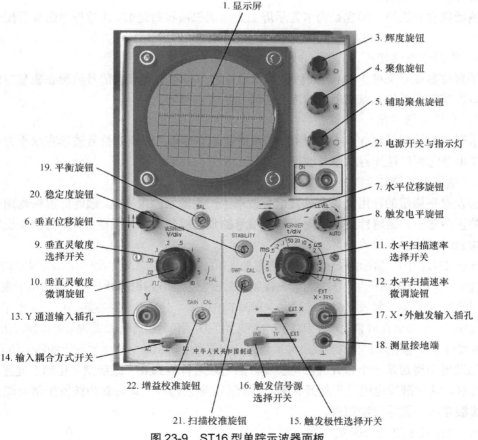

图 23-9　ST16 型单踪示波器面板

1．显示屏

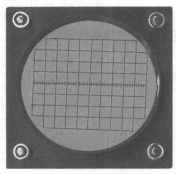

图 23-10　显示屏外形

显示屏用来直观显示被测信号波形。显示屏外形如图 23-10 所示，在显示屏上标有 8 行 10 列的坐标格，因为 ST16 型示波器采用了圆形显示屏，故屏幕四角各少一个坐标格，在屏幕正中央有一个十字架状的坐标，坐标将每个坐标格从横、纵方向分成五等份。

2．电源开关与指示灯

当电源开关拨至"ON"位置时，接通仪器内部电源，电源开关旁边的指示灯亮。

3．辉度旋钮

辉度旋钮又称亮度旋钮，其作用是调节显示屏上光点或扫描线的明暗程度。如果长时间不测量信号，应将辉度调小，这样做是为了防止光点或扫描线长时间停在屏幕上某处而使该处的荧光粉老化。

4．聚焦旋钮

聚焦旋钮的作用是调节显示屏上光点或扫描线的粗细，以便显示出来的信号清晰明亮。

5．辅助聚焦旋钮

辅助聚焦旋钮的作用也是调节显示屏上光点或扫描线的粗细，通常与聚焦旋钮配合起来使用。

6．垂直位移旋钮

垂直位移旋钮又称 Y 轴位移旋钮，其作用是调节屏幕上光点或信号波形在垂直方向的位置，即调节它可以让光点或信号波形在屏幕垂直方向移动。

7．水平位移旋钮

水平位移旋钮又称 X 轴位移旋钮，其作用是调节屏幕上光点或信号波形在水平方向的位置，即调节它可以让光点或信号波形在屏幕水平方向移动。

8．触发电平旋钮

触发电平旋钮的作用是调节触发信号波形上产生触发的电平值，顺时针旋转趋向于触发信号的正向部分，逆时针旋转趋向于触发信号的负向部分。下面以图 23-11 为例来说明触发电平与显示信号波形的关系。

在图 23-11 中，被测信号一路去 Y 通道处理再加到 Y 轴偏转板，另一路作为触发信号送到触发电路，让触发电路产生触发脉冲，去控制锯齿波发生器开始锯齿波正程（对应电子束从左端开始扫描）。如果调节触发电路中的触发电平调节电位器，让触发电路在触发信号 a 电平来时产生触发脉冲，结果会在屏幕上产生从 a 点电平开始的图示信号波形；如果调节电位器，让触发电路在触发信号 b 电平来时产生触发脉冲，结果会在屏幕上产生从 b 点电平开始的图示信号波形。

触发电平旋钮是一个带开关的电位器，当它顺时针旋到底（即旋到"自动"位置）时会断开开关，这时触发电路处于断开状态，不会产生触发脉冲，此时锯齿波发生器也能自动产生锯齿波电压，进行自动扫描。

9．垂直灵敏度选择开关

垂直灵敏度选择开关又称 Y 轴灵敏度步进开关，简称 V/div 开关，其作用是步进式调节

屏幕上信号波形的幅度。 垂直灵敏度选择开关如图 23-12 所示，它有 10 个挡位：第 1 挡是"标准信号测试"挡，另外是 0.02V/div～10V/div 等 9 个挡。

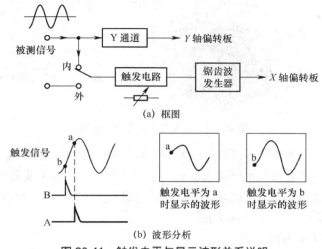

图 23-11　触发电平与显示波形关系说明

图 23-12　垂直灵敏度选择开关（V/div 开关）

同样的被测信号，选择的挡位越高，屏幕上显示的波形幅度就越小。灵敏度单位为 V/div，V/div 即伏/格，其含义是屏幕垂直方向上的每个坐标格表示多少伏电压，例如当垂直灵敏度选择开关置于"0.05V/div"挡时，信号波形在屏幕上垂直方向占了两格，那么该信号电压幅度为 0.05V/div×2=0.1V。

当垂直灵敏度选择开关置于"标准信号测试"挡时，示波器内部的标准信号发生器会产生一个 100mV 的方波信号，该信号送到 Y 通道，在屏幕上就会显示出此方波信号波形，供检查示波器是否正常以及进行垂直灵敏度和水平扫描速率校正。

10．垂直灵敏度微调旋钮

垂直灵敏度微调旋钮位于灵敏度选择开关上面， 如图 23-12 所示。**垂直灵敏度微调旋钮的作用是连续调节屏幕上信号波形的幅度。** 它通过改变 Y 通道放大器的增益来实现信号幅度的调节，微调范围大于 2.5 倍。**垂直灵敏度微调旋钮顺时针旋到底时为"校准"位置，在测量信号的具体电压值时要旋到此位置。**

11．水平扫描速率选择开关

水平扫描速率选择开关又称 X 轴扫描速率步进开关，简称 t/div 开关，其作用是步进式调节屏幕上信号波形在水平方向的宽度。 水平扫描速率选择开关如图 23-13 所示，它有

0.1μs/div～10ms/div 等 16 个挡位。

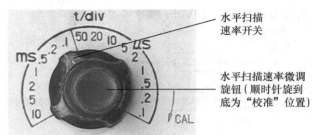

图 23-13　水平扫描速率选择开关

同样的被测信号，选择的挡位越高，屏幕上显示的信号波形就越窄。水平扫描速率单位是 t/div，即时间/格，其含义是电子束在屏幕的水平方向上扫 1 格需要的时间。例如，当水平灵敏度选择开关置于"2ms/div"挡时，一个周期的信号波形在屏幕上水平方向占了 4 格，那么该信号的一个周期时间为 2ms×4=8ms。

12．水平扫描速率微调旋钮

水平扫描速率微调旋钮位于水平扫描速率选择开关上面，如图 23-13 所示。**水平扫描速率微调旋钮的作用是连续调节屏幕上信号波形在水平方向的宽度。水平扫描速率微调旋钮顺时针旋到底时为"校准"位置，在测量信号周期和频率的具体值时要旋到此位置。**

13．Y 通道输入插孔

Y 通道输入插孔输入的信号在内部送到 Y 通道电路，在测量信号时，被测信号通常是从该插孔输入的。

14．输入耦合方式开关

输入耦合方式开关的作用是选择 Y 通道被测信号的输入耦合方式。它有"AC"、"接地"、"DC"三种方式。当开关拨到"AC"时，被测信号要经耦合电容隔离掉直流成分，只有交流成分去 Y 通道；当开关拨到"DC"时，被测信号直、交流成分都能去 Y 通道；当开关拨到"接地"时，输入端被接地，无信号去 Y 通道。

15．触发极性选择开关

触发极性选择开关的作用是选择触发信号是上升时触发还是下降时触发扫描电路。它有"+"、"−"、"X"三个挡位。当选择"+"时，触发信号上升时触发扫描；当选择"−"时，触发信号下降时触发扫描；当触发极性选择开关选择"X"、触发信号源选择开关（后面介绍）选择"外"时，将 X·外触发输入插孔送入的信号作为水平信号送到 X 轴偏转板。

16．触发信号源选择开关

触发信号源选择开关的作用是选择触发信号的来源。它有"内"、"电视场"、"外"三个方式。当选择"内"时，触发信号来源为 Y 通道的被测信号；当选择"电视场"时，Y 通道的被测信号要经过积分电路分出场同步信号，再把场同步信号作为触发信号；当选择"外"时，将 X·外触发输入插孔送入的信号作为触发信号。

17．X·外触发输入插孔

X·外触发输入插孔有两个功能：一是作为水平信号输入端，该端输入的信号直接送到 X

轴偏转板；二是作为外触发信号输入端，此时该端输入的信号去触发锯齿波发生器。

该插孔实现何种功能受触发极性选择开关和触发信号源选择开关的控制，当触发极性选择开关选择"X"、触发信号源选择开关选择"外"时，该插孔作为水平信号输入端；当触发信号源选择开关选择"外"、触发极性选择开关选择"X"以外的挡位时，该插孔作为外触发信号输入端。

18．测量接地端

为了防止示波器外壳带电，可以将此测量接地端接地。

ST16 型示波器除了具有上述常用的开关、旋钮和插孔外，还有一些在正常情况时不需调节的旋钮，这里简单介绍一下。

19．平衡旋钮

平衡旋钮的作用是调节 Y 通道输入放大器的直流电平，使之保持平衡状态。 当输入放大电路不平衡时，屏幕显示的光线会随 V/div 开关和微调旋钮的转换调节而在垂直方向移动，调节平衡旋钮可以将这种移动减到最小。

20．稳定度旋钮

稳定度旋钮的作用是通过改变扫描电路的工作状态，让扫描电路在无输入信号时处于待触发的临界状态，这样屏幕上的波形就能稳定地显示。 稳定度调节过程如下：

（1）将输入耦合方式转换开关置于"接地"位置，垂直灵敏度选择开关置于"0.02V/div"挡。

（2）用螺丝刀将稳定度电位器顺时针调到底，此时屏幕应出现扫描线，然后缓慢逆时针调节，直到扫描线正好消失，此位置表示扫描电路正好处于待触发的临界状态。

21．扫描校准旋钮

扫描校准旋钮的作用是调节 X 放大器的增益来校准时基扫描线。 校准过程如下：

（1）将 V/div 开关置于"标准信号测试"挡，让屏幕上出现 100mV 的方波信号，因为示波器产生的 100mV 的方波信号频率与市电频率一致，其频率为 50Hz，周期为 20ms，故将 t/div 开关置于"2ms"挡，同时把 t/div 微调旋钮顺时针旋到底。

（2）观察屏幕上的 100mV 的方波信号，然后调节扫描校准旋钮，直到屏幕上 100mV 方波信号的一个周期水平宽度恰好占 10div 时为止。

22．增益校准旋钮

增益校准旋钮的作用是调节 Y 放大器的增益来校准 Y 通道的灵敏度。 校准过程如下：

（1）将 V/div 开关置于"标准信号测试"挡，同时把垂直灵敏度微调旋钮顺时针旋到底（即旋到校准位置）。

（2）观察屏幕上的 100mV 的方波信号，然后调节增益校准旋钮，直到屏幕上的 100mV 的方波信号幅度恰好到 5div 时为止。

23.2.3　使用前的准备工作

下面以 ST16 型示波器为例来说明单踪示波器的使用方法。

示波器在使用前一般要做以下工作：

（1）开启电源。 让示波器电源插头接上 220V 交流电压，然后将电源开关拨到"ON"位置，电源指示灯亮。

（2）辉度和聚焦的调节。将 V/div 开关置于"标准信号测试"挡、t/div 开关置于"2ms"挡、触发信号源选择开关置于"内"位置，这时屏幕上应出现方波信号，如果没有，可将辉度调大，同时调节水平和垂直位移旋钮将方波信号移到屏幕中央。然后调节辉度旋钮和聚焦旋钮（包括辅助聚焦），让屏幕上的方波信号波形明亮清晰。

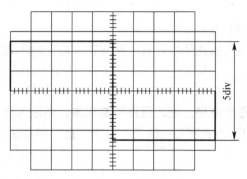

图 23-14 垂直灵敏度和扫描时基的校准

（3）垂直灵敏度和扫描时基的校准。若屏幕上显示的方波信号一个周期水平方向正好为 10div，垂直方向为 5div，如图 23-14 所示，就无须进行垂直灵敏度和扫描时基的校准。如果水平方向不为 10 div，就需要用螺丝刀调节扫描校准旋钮，直到方波信号一个周期占到水平 10div 为止；如果垂直方向不为 5 div，就需要调节增益校准旋钮，直到方波信号垂直方向占到 5div 为止。

（4）接入探极。将一个 10∶1 的探极插入 Y 通道输入插孔，被测信号由此探极进入示波器。

10∶1 的测量探极如图 23-15 所示。图 23-15（a）为测量探极的实物图，图 23-15（b）为探极内部电路，从探极内部电路可以看出，R_1、C_1 和 R_2、C_2 组成一个衰减器，输入电压 U_1 经探极衰减后得到电压 U_2 送到示波器内部，这里的 $U_2=U_1/10$。在探极上有一个衰减选择开关，当拨到"×10"挡时输入信号被衰减 10 倍，而拨到"×1"挡时，输入信号不被衰减，直接去示波器。

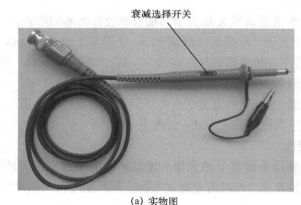

(a) 实物图

(b) 10∶1 探极内部电路

图 23-15 10∶1 测量探极

23.2.4　信号波形的测量

信号波形的测量是示波器最基本的功能，在检测电路时，通过示波器测量电路中有无信号和信号波形是否正常，可以判断电路有无故障。 下面以测量一个电路中的正弦波信号为例来说明信号波形的测量方法，测量过程如图 23-16 所示。

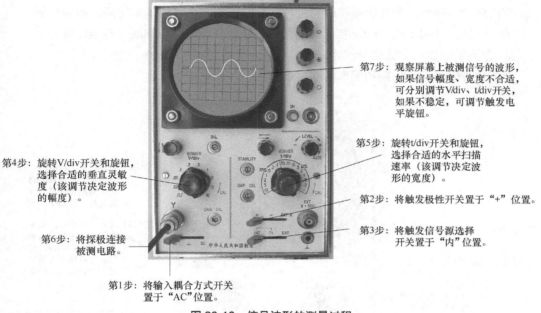

第7步：观察屏幕上被测信号的波形，
如果信号幅度、宽度不合适，
可分别调节V/div、t/div开关，
如果不稳定，可调节触发电
平旋钮。

第5步：旋转t/div开关和旋钮，
选择合适的水平扫描
速率（该调节决定波
形的宽度）。

第4步：旋转V/div开关和旋钮，
选择合适的垂直灵敏
度（该调节决定波形
的幅度）。

第2步：将触发极性开关置于"+"位置。

第3步：将触发信号源选择
开关置于"内"位置。

第6步：将探极连接
被测电路。

第1步：将输入耦合方式开关
置于"AC"位置。

图 23-16　信号波形的测量过程

信号波形的测量过程如下。

第 1~3 步：选择输入方式、触发极性和触发信号。 将输入耦合方式开关置于"AC"位置。将触发极性选择开关置于"+"位置。将触发信号源选择开关置于"内"。

第 4 步：选择合适的垂直灵敏度。 估计被测信号的电压值，通过 V/div 开关来选择合适的垂直灵敏度挡位。如果被测信号电压很低，可选择低挡位，否则选择高挡位；如果无法估计被测信号电压，为安全起见，将 V/div 开关置于最高挡 10V/div，若测量发现显示的波形小，再换到合适的低挡位测量。

第 5 步：选择合适的水平扫描速率。 估计被测信号的频率，通过 t/div 开关选择合适的水平扫描速率挡位。如果被测信号频率低，可选择低速率挡位（ms/div），否则选择高速率挡位（μs/div）；如果无法估计被测信号频率，可将 t/div 开关置于中间挡位测量。

第 6 步：将探极连接被测电路。 将探极的接地极与被测电路的接地端连接，将探极的信号极与被测电路信号端连接。

第 7 步：观察屏幕上被测信号的波形。 如果信号垂直幅度小，可以选择更低的 V/div 挡，否则选择更高挡；如果信号水平方向很密，可以选择 t/div 高速率挡，否则选择低速率挡；如果信号波形不稳定（移动），可调节触发电平旋钮，使信号波形稳定。选择好合适 V/div 挡、t/div 挡后，可一边观察屏幕上信号波形，同时调节 V/div 挡、t/div 挡上面的微调旋钮，将屏幕上信号波形调到最佳。

23.2.5 交流信号峰峰值、周期和频率的测量

示波器可以测量交流信号的峰峰值（峰峰值是指交流信号正峰和负峰之间的电压值），还可以测量交流信号的周期和频率。

交流信号峰峰值、周期和频率的测量与信号波形的测量过程基本相同，不同在于：

① 测量时，V/div 挡、t/div 挡上面的微调旋钮都要顺时针旋到底（校准位置）。

② 在测量完后，交流信号的峰峰值、周期和频率还要进行计算才能获得。

交流信号峰峰值、周期和频率的测量如图 23-17 所示。

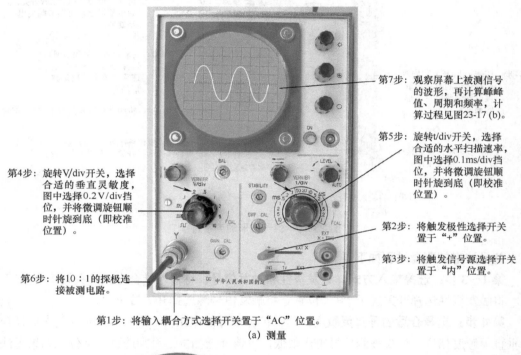

第7步：观察屏幕上被测信号的波形，再计算峰峰值、周期和频率，计算过程见图23-17 (b)。

第5步：旋转t/div开关，选择合适的水平扫描速率，图中选择0.1ms/div挡位，并将微调旋钮顺时针旋到底（即校准位置）。

第4步：旋转V/div开关，选择合适的垂直灵敏度，图中选择0.2 V/div挡位，并将微调旋钮顺时针旋到底（即校准位置）。

第2步：将触发极性选择开关置于"+"位置。

第3步：将触发信号源选择开关置于"内"位置。

第6步：将10：1的探极连接被测电路。

第1步：将输入耦合方式选择开关置于"AC"位置。

(a) 测量

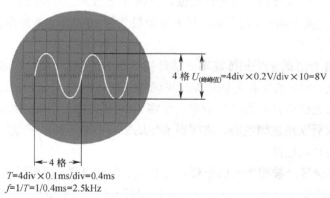

4 格 $U_{(峰峰值)}$=4div×0.2V/div×10=8V

←4 格→

T=4div×0.1ms/div=0.4ms
f=1/T=1/0.4ms=2.5kHz

(b) 计算

图 23-17 交流信号峰峰值、周期和频率的测量

交流信号峰峰值、周期和频率的测量过程如下。

第 1～3 步：选择输入方式、触发极性和触发信号。将输入耦合方式转换开关置于"AC"位置。将触发极性选择开关置于"+"位置。将触发信号源选择开关置于"内"位置。

第 4 步：选择合适的垂直灵敏度。估计被测信号的电压值，通过 V/div 开关来选择合适的垂直灵敏度挡位，并将 V/div 上面的微调旋钮顺时针旋到底。

第 5 步：选择合适的水平扫描速率。估计被测信号的频率，通过 t/div 开关选择合适的水平扫描速率挡位，并将 t/div 上面的微调旋钮顺时针旋到底。

第 6 步：将探极连接被测电路。将 10：1 的探极连接被测电路。

第 7 步：观察屏幕上被测信号的波形并根据屏幕上的波形计算各项值。如果屏幕上的信号不稳定，可调节触发电平旋钮使图形稳定。

（1）交流信号峰峰值的计算

图 23-17 中的交流分量的正峰与负峰距离为 4div，V/div 开关挡位为 0.2V/div，探极衰减为 10：1，那么交流分量的峰峰值为

$$U=4\text{div}\times0.2\text{V/div}\times10=8\text{V}$$

（2）周期和频率的计算

图 23-17 中的交流信号的一个周期占了 4div，t/div 开关挡位为 0.1ms/div，那么交流信号的周期为

$$T=4\text{div}\times0.1\text{ms/div}=0.4\text{ms}$$

交流信号的频率为

$$f=1/T=1/0.4\text{ms}=25000\text{Hz}=2.5\text{kHz}$$

23.2.6　含直流成分的交流信号的测量

示波器可以测量含直流成分的交流信号，包括直流成分的大小、交流成分的大小和交流信号某点的瞬时值。含直流成分的交流信号的测量过程如图 23-18 所示。

含直流成分的交流信号的测量过程如下。

第 1～4 步：将输入耦合方式开关置于"⊥"位置，将触发极性选择开关置于"+"位置，将触发信号源选择开关置于"内"位置，再将触发电平旋钮旋到"Auto"（自动）位置，这时屏幕上会出现一条水平扫描线。

第 5 步：估计被测信号的电压值，通过 V/div 开关来选择合适的垂直灵敏度挡位，并将 V/div 上面的微调旋钮顺时针旋到底。

第 6 步：估计被测信号的频率，通过 t/div 开关选择合适的水平扫描速率挡位，并将 t/div 上面的微调旋钮顺时针旋到底。

第 7 步：调节垂直位移旋钮，将水平扫描线移到合适的位置，作为零基准线（0V）。

第 8 步：将输入耦合方式开关切换到"DC"位置。

第 9 步：将 10：1 的探极连接被测信号。

第 10 步：观察屏幕上被测信号的波形并根据屏幕上的波形计算各项值。如果屏幕上的信号不稳定，可调节触发电平旋钮使图形稳定。

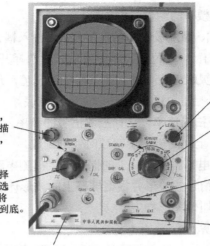

第4步：将触发电平旋钮旋到"Auto"（自动）位置。

第6步：旋转t/div开关，选择合适的挡位，图中选择0.1ms/div挡，并将微调旋钮顺时针旋到底。

第2步：将触发极性选择开关置于"+"位置。

第3步：将触发信号源选择开关置于"内"位置。

第7步：旋转垂直位移旋钮，将屏幕上的水平扫描线移到合适的位置，作零基准线。

第5步：旋转V/div开关，选择合适的挡位，图中选择0.2V/div挡，并将微调旋钮顺时针旋到底。

第1步：将输入耦合方式开关置于"⊥"位置。

(a) 设置

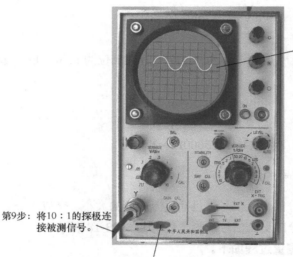

第10步：观察屏幕上被测信号的波形，再按图23-18(c)计算直流分量、交流分量和某点瞬时值。

第9步：将10：1的探极连接被测信号。

第8步：将输入耦合方式开关切换到"DC"位置。

(b) 测量

交流成分

直流成分

U_A

零基准线

$U_{交} = 3\text{div} \times 0.2\text{V} \times 10 = 6\text{V}$

$U_{直} = 2\text{div} \times 0.2\text{V} \times 10 = 4\text{V}$

$U_A = 4\text{div} \times 0.2\text{V} \times 10 = 8\text{V}$

(c) 计算

图 23-18 含直流成分的交流信号的测量过程

下面计算被测信号的直、交流分量和交流某点瞬时值。

（1）直流分量的计算

在图 23-18(c)中,直流分量的电平与零基准电平距离为 3div,V/div 开关挡位为 0.2V/div,探极衰减为 10：1，那么直流分量的电压大小为

$$U_直=3\text{div}\times0.2\text{V/div}\times10=6\text{V}$$

（2）交流分量的计算

在图 23-18（c）中，交流分量的正峰与负峰距离为 2div，V/div 开关挡位为 0.2V/div，探极衰减为 10：1，那么交流分量的峰峰值为

$$V=2\text{div}\times0.2\text{V/div}\times10=4\text{V}$$

（3）交流信号 A 点瞬时值的计算

在图 23-18（c）中，交流信号 A 点与零基准电平距离为 4div，V/div 开关挡位为 0.2V/div，探极衰减为 10：1，那么交流信号 A 点瞬时值为

$$U_A=4\text{div}\times0.2\text{V/div}\times10=8\text{V}$$

23.3　双踪示波器

在实际测量过程中，常常需要同时观察两个（或两个以上）频率相同的信号，以方便比较分析，这就要用到双踪（或多踪）示波器。多踪示波器和双踪示波器的原理基本相同，而双踪示波器应用更广泛，所以本节主要介绍双踪示波器。

23.3.1　工作原理

双踪示波器主要有两种：一种采用双束示波管的示波器；另一种是采用单束示波管的示波器。

双束示波管的双踪示波器采用一种双束示波管，如图 23-19 所示，内部有两个电子枪和偏转板，它们相互独立，但公用一个荧光屏，在测量时只要将两个信号送到各自的偏转板，两个电子枪发射出来的电子束就在荧光屏不同的位置分别扫出两个信号波形。

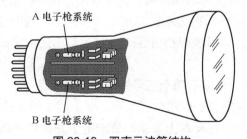

图 23-19　双束示波管结构

单束示波管的双踪示波器采用与单踪示波器一样的示波管，由于这种示波管只有一个电子枪，为了在荧光屏上同时显示两个信号波形，需要通过转换的方式来实现。

双束示波管的双踪示波器由于采用了成本高的双束示波管，并且有两套偏转电路和 Y 通道，所以测量时具有干扰少、各信号的调节方便、波形显示清晰明亮和测量误差小的优点，但因为它的价格贵、功耗大，所以普及率远远不如单束示波管的双踪示波器。这里主要介绍

广泛应用的单束示波管的双踪示波器。

1．多波形显示原理

单束示波管只有一个电子枪，要实现在一个屏幕上显示两个波形，可以采用两种扫描方式：一种是交替转换扫描；另一种是断续转换扫描。

（1）交替转换扫描

交替转换扫描是在扫描信号（锯齿波电压）的一个周期内扫出一个通道的被测信号，而在下一个周期内扫出另一个通道的被测信号。 下面以图 23-20 所示的示意图来说明交替转换扫描原理。

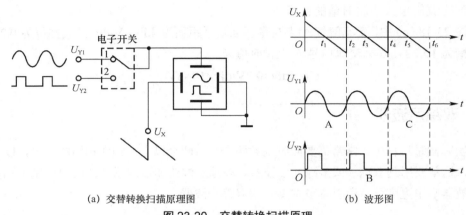

（a）交替转换扫描原理图　　　　　　　　（b）波形图

图 23-20　交替转换扫描原理

当 $0\sim t_2$ 期间的锯齿波电压送到 X 轴偏转板时，电子开关置于"1"位置，Y_1 通道的 U_{Y1} 信号的 A 段经开关送到 Y 轴偏转板，在屏幕上扫出 U_{Y1} 信号的 A 段。

当 $t_2\sim t_4$ 期间的锯齿波电压送到 X 轴偏转板时，电子开关切换到"2"位置，Y_2 通道的 U_{Y2} 信号的 B 段经开关送到 Y 轴偏转板，在屏幕上扫出 U_{Y2} 信号的 B 段。

当 $t_4\sim t_6$ 期间的锯齿波电压送到 X 轴偏转板时，电子开关又切换到"1"位置，Y_1 通道的 U_{Y1} 信号的 C 段经开关送到 Y 轴偏转板，在屏幕上扫出 U_{Y1} 信号的 C 段。

如此反复，U_{Y1} 和 U_{Y2} 信号的波形在屏幕被依次扫出，两个信号会先后显示出来，但由于荧光粉的余辉效应，U_{Y2} 信号波形扫出后 U_{Y1} 信号波形还在显示，故在屏幕上能同时看见两个通道的信号波形。

为了让屏幕上能同时稳定显示两个信号的波形，要满足：

① 要让两个信号能在屏幕不同的位置显示，要求两个通道的信号中直流成分不同。

② 要让两个信号能同时在屏幕上显示，要求电子开关切换频率不能低于人眼视觉暂留时间（约 0.04s），否则将会看到两个信号先后在屏幕上显示出来。所以这种方式不能测频率很低的信号。

③ 为了保证两个信号都能同步，要求两个被测信号频率都是锯齿波信号的整数倍。

由于交替转换扫描不是完整地将两个信号扫出来，而是间隔选取每个信号一部分进行扫描显示，对于周期性信号，因为每个周期是相同的，这种方式是可行的；但对于非周期性信号，每个周期的波形可能不同，这样扫描会漏掉一部分信号。

交替转换扫描不适合测量频率过低的信号和非周期信号。

（2）断续转换扫描

交替转换扫描不适合测量频率过低的信号和非周期信号，而采用**断续转换扫描**方式可以测这些信号。

断续转换扫描是先扫出一个通道信号的一部分（远小于一个周期），再扫出另一个通道信号的一部分，接着又扫出第一个通道信号的一部分，结果会在屏幕上扫出两个通道的断续信号波形。 下面以图 23-21 所示的示意图来说明断续转换扫描原理。

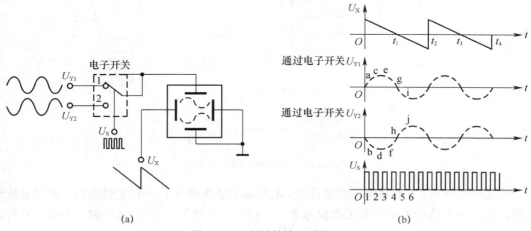

图 23-21　断续转换扫描原理

在图 23-21（a）中，电子开关受 U_S 信号的控制，当高电平来时，开关置于"1"位置；当低电平来时，开关置于"2"位置。

当 U_S 信号的第 1 个脉冲来时，开关 S 置于"1"位置，U_{Y1} 信号的 a 段到来，它通过开关加到 Y 轴偏转板，在屏幕上扫出 U_{Y1} 信号的 a 段。

当 U_S 信号的第 2 个脉冲来时，开关 S 置于"2"位置，U_{Y2} 信号的 b 段到来，它通过开关加到 Y 轴偏转板，在屏幕上扫出 U_{Y2} 信号的 b 段。

当 U_S 信号的第 3 个脉冲来时，开关 S 置于"1"位置，U_{Y1} 信号的 c 段到来，它通过开关加到 Y 轴偏转板，在屏幕上扫出 U_{Y1} 信号的 c 段。

当 U_S 信号的第 4 个脉冲来时，开关 S 置于"2"位置，U_{Y2} 信号的 d 段到来，它通过开关加到 Y 轴偏转板，在屏幕上扫出 U_{Y2} 信号的 d 段。

如此反复，U_{Y1} 和 U_{Y2} 信号的波形在屏幕被同时扫描显示出来，但由于两个信号不是连续而是断续扫描出来的，所以屏幕上显示出来两个信号波形也是断续的，如图 23-21（b）所示。如果开关控制信号 U_S 频率很高，那么扫描出来的信号相邻段间隔小，如果间隔足够小，眼睛难于区分出来，信号波形看起来就是连续的。

断续转换扫描的优点是在整个扫描正程内，两个信号都能同时被扫描显示出来，可以比较容易测出低频和非周期信号，但由于是断续扫描，故显示出来的波形是断续的，测量时可能会漏掉瞬变的信号。 另外，为了防止显示的波形断续间隙大，要求电子开关的切换频率远大于被测信号的频率。

2．双踪示波器的组成

双踪示波器的组成框图如图 23-22 所示。

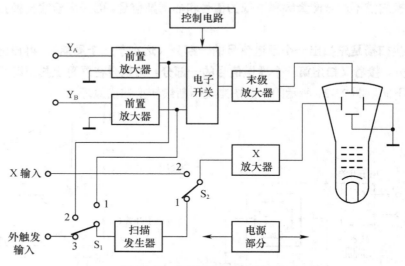

图 23-22　双踪示波器组成框图

从图中可以看出，**与单踪示波器比较，双踪示波器主要多了一个 Y 通道和电子开关控制电路。双踪示波器的电子开关工作状态有"交替"、"断续"、"A"、"B"和"A+B"几种。**下面分别介绍这几种工作状态。

（1）"交替"状态

当示波器工作在"交替"状态时，在扫描信号的一个周期内，控制电路让电子开关将 Y_A 通道与末级放大电路接通，在扫描信号的下一个周期来时，电子开关将 Y_B 通道与末级放大电路接通。在这种状态下，屏幕上先后显示两个通道被测信号，因为荧光粉的余辉效应，会在屏幕上同时看见两个信号波形。

（2）"断续"状态

当示波器工作在"断续"状态时，在扫描信号的每个周期内，控制电路让电子开关反复将 Y_A、Y_B 通道交替与末级放大电路接通，Y_A、Y_B 通道断续的被测信号经放大后送到 Y 轴偏转板。在这种状态下，屏幕上同时显示两个通道断续的被测信号。

（3）"A"状态

当示波器工作在"A"状态时，控制电路让电子开关将 Y_A 通道一直与末级放大电路接通，Y_A 通道的被测信号经放大后送到 Y 轴偏转板。在这种状态下，屏幕上只显示 Y_A 通道的被测信号。

（4）"B"状态

当示波器工作在"B"状态时，控制电路让电子开关将 Y_B 通道一直与末级放大电路接通，Y_B 通道的被测信号经放大后送到 Y 轴偏转板。在这种状态下，屏幕上只显示 Y_B 通道的被测信号。

（5）"A+B"状态

当示波器工作在"A+B"状态时，控制电路让电子开关同时将 Y_A、Y_B 通道与末级放大电路接通，Y_A、Y_B 通道两个被测信号经叠加再放大后送到 Y 轴偏转板。在这种状态下，屏幕上显示 Y_A、Y_B 通道被测信号的叠加波形。

23.3.2 面板介绍

双踪示波器的种类很多，但功能和使用方法基本相同，下面以 XJ4328 型双踪示波器为例来说明。XJ4328 型双踪示波器的面板如图 23-23 所示。

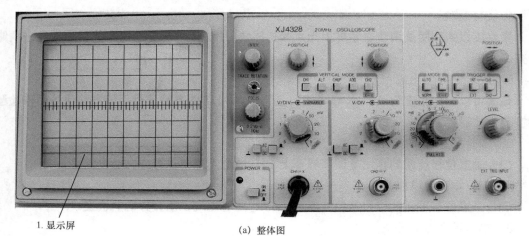

(a) 整体图

(b) 局部图

图 23-23 XJ4328 型双踪示波器的面板图

1. 显示屏

显示屏用来直观显示被测信号波形。 显示屏外形如图 23-24 所示，在显示屏上标有 8 行

10 列的坐标格，XJ4328 型双踪示波器采用方形屏，在屏幕正中央有一个十字架状的坐标，坐标将每个坐标格从横、纵方向分成五等份。

2．电源开关与指示灯

电源开关按下时为"ON"，接通仪器内部电源，电源开关旁边的指示灯发光。

3．辉度旋钮

辉度旋钮又称亮度旋钮，其作用是调节显示屏上光点或扫描线的明暗程度。

4．聚焦旋钮

聚焦旋钮的作用是调节显示屏上光点或扫描线的粗细，以便显示出来的信号看上去清晰明亮。

5．校准信号输出端

该端可以输出幅度为 0.2V（峰峰值）、频率为 1kHz 的方波信号。该方波信号用作检验和校准示波器。

6．CH₁ 垂直位移旋钮

CH_1 垂直位移旋钮的作用是调节屏幕上 CH_1 通道光迹在垂直方向的位置。

7．CH₂ 垂直位移旋钮

CH_2 垂直位移旋钮的作用是调节屏幕上 CH_2 通道光迹在垂直方向的位置。

8．垂直输入方式开关

垂直输入方式开关的作用是控制电子开关来选择被测信号输入方式。垂直输入方式开关如图 23-25 所示，**它可以选择 5 种方式。**

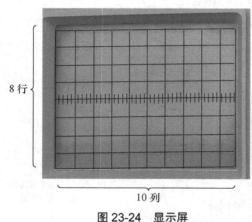

图 23-24　显示屏

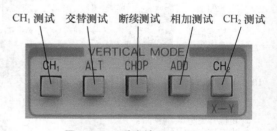

图 23-25　垂直输入方式开关

CH_1：单独显示 CH_1 通道（相当于 Y_A 通道）输入的信号。

CH_2：单独显示 CH_2 通道（相当于 Y_B 通道）输入的信号。

ALT（交替）：以交替转换的形式显示 CH_1、CH_2 通道输入的信号，适合测频率较高的信号。

CHOP（断续）：以断续转换的形式显示 CH_1、CH_2 通道输入的信号，适合测频率较低的信号。

ADD（相加）：将 CH_1、CH_2 通道信号叠加后显示出来。

9．CH$_1$ 垂直灵敏度开关及微调旋钮

CH$_1$ 垂直灵敏度开关的作用是可以步进式调节屏幕上 CH$_1$ 通道信号波形的幅度。 垂直灵敏度开关如图 23-26 所示，它按 1-2-5 分为 10 个挡位（5mV/DIV～5V/DIV）。

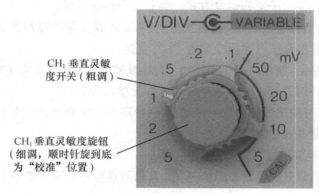

图 23-26　垂直灵敏度开关

垂直灵敏度微调旋钮位于灵敏度开关上面，其作用是连续调节屏幕上 CH$_1$ 通道信号波形的幅度。垂直灵敏度微调旋钮顺时针旋到底时为"校准"位置，在测量信号具体电压值时要旋到此位置。

10．CH$_1$ 输入耦合方式开关

CH$_1$ 输入耦合方式开关的作用是选择 CH$_1$ 通道被测信号的输入方式。 它有两个开关：左边一个为"接地"开关，按下将输入端接地；右边一个为"AC"、"DC"方式选择开关，按下选择"DC"，弹起选择"AC"。

11．CH$_1$ 输入插孔

该插孔将被测信号送入 CH$_1$ 通道。

12．CH$_2$ 垂直灵敏度开关及微调旋钮

CH$_2$ 垂直灵敏度开关的作用是步进式调节屏幕上 CH$_2$ 通道信号波形的幅度。

垂直灵敏度微调旋钮的作用是连续调节屏幕上 CH$_2$ 通道信号波形的幅度。垂直灵敏度微调旋钮顺时针旋到底时为"校准"位置，在测量信号的具体电压值时要旋到此位置。

13．CH$_2$ 输入耦合方式开关

CH$_2$ 输入耦合方式开关的作用是选择 CH$_2$ 通道被测信号的输入方式。 它有两个开关，能选择"接地"、"AC"、"DC"三种输入方式。

14．CH$_2$ 输入插孔

该插孔将被测信号送入 CH$_2$ 通道。

15．水平位移旋钮

水平位移旋钮的作用是调节屏幕上光迹在水平方向的位置，即调节它可以让光迹在屏幕水平方向移动。

16．扫描方式选择开关

扫描方式选择开关用于选择扫描工作方式。 按压按钮选择"AUTO（自动）"时，扫描电

路处于自激状态（无信号控制状态）；按压按钮选择"X-Y"位置并让垂直输入方式开关所有按钮都弹起时，可以让示波器进行 X-Y 方式测量，有关 X-Y 测量方式在后面会有介绍。

17．触发方式选择开关

触发方式选择开关用于选择触发方式，共有三个按钮开关。

"+/−"按钮：按钮弹起为"+"，按钮按下为"−"。测量正脉冲前沿及负脉冲后沿宜用"+"位置，测量负脉冲前沿及正脉冲后沿宜用"−"位置。

"INT/EXT"按钮：按钮弹起为"INT（内触发）"，触发信号取自 CH₁ 或 CH₂ 通道；按钮按下为"EXT（外触发）"，触发信号来自外触发输入插孔。

"CH₁/CH₂"按钮：按钮弹起为"CH₁"，触发信号取自 CH₁ 通道的信号；按钮按下为"CH₂"，触发信号取自 CH₂ 通道的信号

18．水平扫描速率选择开关及微调旋钮

水平扫描速率选择开关简称 t/DIV 开关，其作用是步进式调节屏幕上信号波形在水平方向的宽度。 水平扫描速率选择开关如图 23-27 所示，它按 1-2-5 形式从 0.5μs/DIV～0.2s/DIV 分为 18 个挡位。

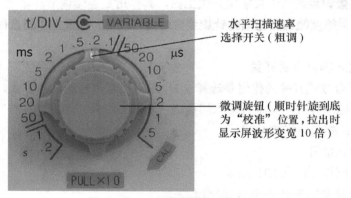

图 23-27　水平扫描速率选择开关

水平扫描速率微调旋钮位于水平扫描速率选择开关上面， 如图 23-27 所示，**其作用是连续调节屏幕上信号波形在水平方向的宽度，当它被拉出时，波形变宽 10 倍。水平扫描速率微调旋钮顺时针旋到底时为"校准"位置，在测量信号的具体周期值时要旋到此位置。**

19．触发电平旋钮

触发电平旋钮的作用是调节触发信号波形上产生触发的电平值，顺时针旋转趋向于触发信号的正向部分，逆时针旋转趋向于触发信号的负向部分，当逆时针旋至"LOCK（锁定）"位置时，触发点将自动处于被测波形的中心电平附近。

20．测量接地端

为了防止示波器外壳带电，可以在该处将仪器接地。

21．外触发输入插孔

该插孔用于输入外触发信号。

22．光线旋转旋钮

光线旋转旋钮的作用是调节扫描基线，让它与屏幕水平坐标平行。

23.3.3　使用前的准备工作

（1）使用注意事项：

① 在使用前要将示波器后面板上的"220/110V"的电源转换开关拨到"220V"位置；

② 输入端不要输入过高的电压；

③ 显示屏光迹辉度不要调得过亮。

（2）在接通电源前，请将面板上有关开关、按钮置于表 23-1 所示的位置，并将 10：1 的探极一端插入 CH_1 插孔。

表 23-1　面板控制件开机前的置位

面板控制件	置　　位	面板控制件	置　　位
垂直方式	CH_1	扫描方式	自动
AC、⊥、DC	AC 或 DC	触发源	CH_1
V/DIV	50mV/DIV	极性	+
X、Y 微调	校准	t/DIV	1ms/DIV
X、Y 位移	居中		

（3）按下电源开关，指示灯亮，同时屏幕上出现一条水平扫描线。

（4）将探极测量端接到校准信号输出端，这时屏幕会出现方波信号，然后调节辉度和聚焦旋钮，使方波信号清晰明亮。

23.3.4　一个信号的测量

双踪示波器有 CH_1 和 CH_2 两个垂直通道，在测量一个信号时可以利用任意一个通道，也可以用两个通道同时测量两个信号。

（1）用 CH_1 通道测量

用 CH_1 通道测量信号的操作过程如图 23-28 所示。

用 CH1 通道测量信号的操作过程如下。

第 1～3 步：选择通道、输入方式和触发方式。按下垂直输入方式开关中的"CH_1"按钮，选择 CH_1 通道；将 CH_1 输入耦合方式开关置于"AC"位置；将触发方式开关置于"内"位置和"CH_1"位置（即让两个按钮处于弹起状态）。

第 4 步：选择 CH_1 通道合适的垂直灵敏度挡位。估计被测信号的电压值，通过 CH_1 通道的 V/DIV 开关来选择合适的垂直灵敏度挡位。

第 5 步：选择合适的水平扫描速率挡位。估计被测信号的频率，通过 t/DIV 开关选择合适的水平扫描速率挡位。

第 6 步：将 CH_1 插孔探极与被测电路连接。将探极的接地极与被测电路的地相接，将探极的信号极与被测电路信号端连接。

第 7 步：观察屏幕上被测信号的波形。如果信号波形垂直幅度过大或过小，可转换为

V/DIV 挡，同时调节 V/DIV 挡上面的微调旋钮；如果信号水平方向过宽或过窄，可转换 t/DIV 挡位，同时调节 t/DIV 挡上面的微调旋钮；如果信号波形不同步，可调节触发电平旋钮，使信号波形稳定。

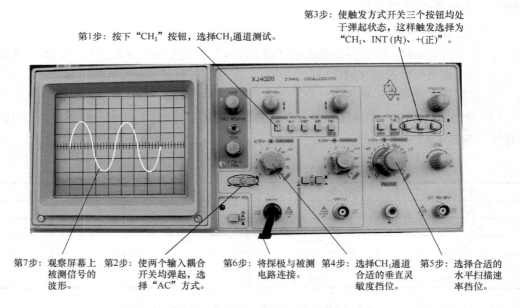

图 23-28　用 CH₁ 通道测量信号的操作过程

（2）用 CH₂ 通道测量

用 CH₂ 通道测量一个信号的方法与用 CH₁ 通道测量基本相同，其测量操作过程如图 23-29 所示。

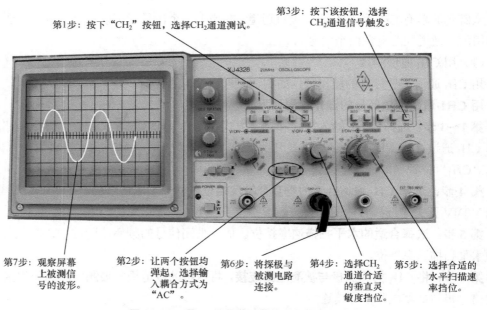

图 23-29　用 CH₂ 通道测量信号的操作过程

用 CH$_2$ 通道测量信号的操作过程如下。

第 1～3 步：选择通道、输入方式和触发方式。按下垂直输入方式开关中的"CH$_2$"按钮，选择 CH$_2$ 通道；将 CH$_2$ 输入耦合方式开关置于"AC"位置；将触发方式开关置于"INT（内）"位置和"CH$_2$"位置（将 CH$_2$ 按钮按下）。

第 4 步：选择 CH$_2$ 通道合适的垂直灵敏度挡位。估计被测信号的电压值，通过 CH$_2$ 通道的 V/DIV 开关来选择合适的垂直灵敏度挡位。

第 5 步：选择合适的水平扫描速率挡位。估计被测信号的频率，通过 t/DIV 开关选择合适的水平扫描速率挡位。

第 6 步：将 CH$_2$ 插孔探极与被测电路连接。将探极的接地极与被测电路的地相接，将探极的信号极与被测电路信号端连接。

第 7 步：观察屏幕上被测信号的波形。如果信号波形垂直幅度过大或过小，可转换 V/DIV 挡位，同时调节 V/DIV 挡上面的微调旋钮；如果信号水平方向过宽或过窄，可转换 t/DIV 挡位，同时调节 t/DIV 挡上面的微调旋钮；如果信号波形不同步，可调节触发电平旋钮，使信号波形稳定。

23.3.5 两个信号的测量（四种测量方式）

XJ4328 型双踪示波器两个信号的测量有四种方式：交替、断续、相加和 X-Y。

（1）交替方式测量

交替方式测量操作过程如图 23-30 所示。

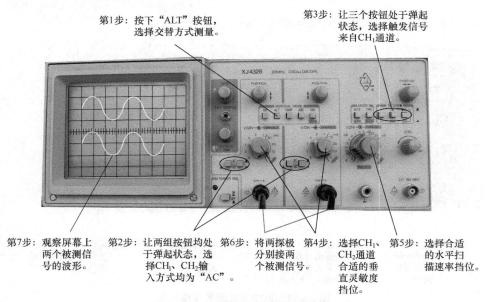

图 23-30 交替方式测量操作过程

交替方式测量的具体步骤如下。

第 1 步：选择交替测量方式。按下垂直输入方式开关中的"ALT"按钮，选择交替方式。

第 2、3 步：选择 CH$_1$、CH$_2$ 通道输入方式和触发方式。将 CH$_1$、CH$_2$ 输入方式开关都置于"AC"位置，将触发方式开关置于"内"位置和"CH₁"位置（即让 CH₁ 通道的信号作为触发信号）。

第 4 步：选择 CH₁、CH₂ 通道合适的垂直灵敏度挡位。 估计 CH₁、CH₂ 通道被测信号的电压值，通过 CH₁、CH₂ 通道的 V/DIV 开关来选择各自通道合适的垂直灵敏度挡位。

第 5 步：选择合适的水平扫描速率挡位。 估计被测信号的频率，通过 t/DIV 开关选择合适的水平扫描速率挡位。

第 6 步：从 CH₁、CH₂ 输入插孔输入两个被测信号。 将两个探极分别插入 CH₁ 输入插孔和 CH₂ 输入插孔，然后分别输入两个被测信号。

第 7 步：观察屏幕上显示的两个被测信号的波形并进行调节。 如果两个信号中某个信号波形垂直幅度过大或过小，可转换相应通道的 V/DIV 挡位，同时调节 V/DIV 挡上面的微调旋钮；如果信号波形水平方向过宽或过窄，可转换 t/DIV 挡位，同时调节 t/DIV 挡上面的微调旋钮；如果两个信号在屏幕上垂直方向距离过近或过远，可调节 CH₁ 或 CH₂ 通道的垂直位移旋钮将各自的信号移到合适的位置。

由于测量时选择 CH₁ 通道信号作为被测信号，所以两个信号中往往只有 CH₁ 信号是同步的，这是正常现象；如果 CH₁ 信号波形不同步，可调节触发电平旋钮，使信号波形稳定；如果需要 CH₂ 信号同步，可让触发方式开关选择"内"位置和"CH₂"位置。

（2）断续方式测量

断续方式测量与交替方式测量过程基本相同，测量操作过程如图 23-31 所示。

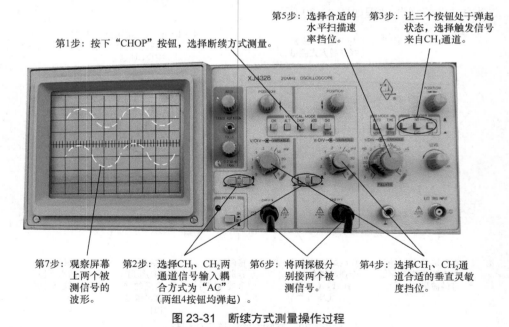

图 23-31　断续方式测量操作过程

断续方式测量的具体步骤如下。

第 1 步：选择断续方式测量。 按下垂直输入方式开关中的"CHOP"按钮，选择断续方式。

第 2、3 步：选择 CH₁、CH₂ 通道输入方式和触发方式。 将 CH₁、CH₂ 输入方式开关都置于"AC"位置，将触发方式开关置于"内"位置和"CH₁"位置。

第4步：选择 CH₁、CH₂ 通道合适的垂直灵敏度挡位。

第5步：选择合适的水平扫描速率挡位。

第6步：从 CH₁、CH₂ 输入插孔输入两个被测信号。

第7步：观察屏幕上显示的两个被测信号的波形并进行调节。由于断续方式扫描出来的两个信号是断续的，屏幕上显示出来的波形亮度较交替方式偏暗，如果选择低速率的水平扫描速率挡测量时，还会看见两个波形是由许多小点组成的。

（3）相加方式测量

相加方式测量是指将 CH₁、CH₂ 通道信号相加后再显示出来，测量操作过程如图 23-32 所示。

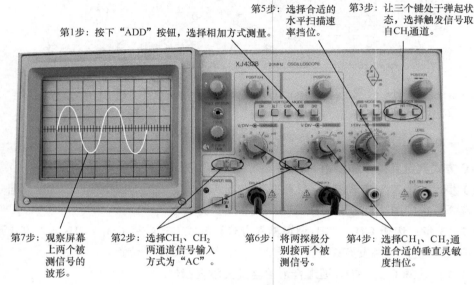

图 23-32　相加方式测量操作过程

相加方式测量具体步骤如下。

第1步：选择相加方式测量。按下垂直输入方式开关中的"ADD"按钮，选择相加测量方式。

第 2、3 步：选择 CH₁、CH₂ 通道输入方式和触发方式。将 CH₁、CH₂ 输入方式开关都置于"AC"位置，将触发方式开关置于"内"位置和"CH₁"位置。

第4步：选择 CH₁、CH₂ 通道合适的垂直灵敏度挡位。

第5步：选择合适的水平扫描速率挡位。

第6步：从 CH₁、CH₂ 输入插孔输入两个被测信号。

第7步：观察屏幕上被测信号的波形并进行调节。两个信号相加后在屏幕上会出现一个信号，如果两个被测信号相位、频率相同，相加后的信号相位、频率不变，但幅度会变大；如果两个被测信号相位、频率不相同，相加后得到的信号情况就比较复杂。

（4）X-Y 方式测量

X-Y 方式测量是将 CH₁ 通道的信号送到 X 轴偏转板（即用 CH₁ 通道的信号取代内部产

生的锯齿波电压），而 CH_2 通道的信号仍送到 Y 轴偏转板。X-Y 方式测量操作过程如图 23-33 所示。

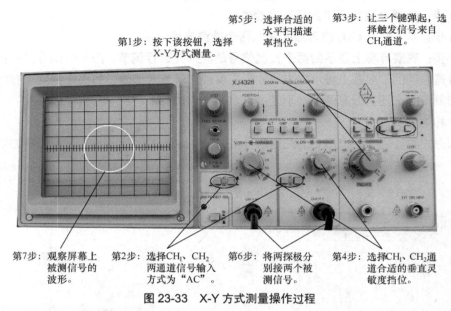

第5步：选择合适的水平扫描速率挡位。

第3步：让三个键弹起，选择触发信号来自 CH_1 通道。

第1步：按下该按钮，选择 X-Y 方式测量。

第7步：观察屏幕上被测信号的波形。

第2步：选择 CH_1、CH_2 两通道信号输入方式为"AC"。

第6步：将两探极分别接两个被测信号。

第4步：选择 CH_1、CH_2 通道合适的垂直灵敏度挡位。

图 23-33   X-Y 方式测量操作过程

X-Y 方式测量具体步骤如下。

第 1 步：选择 X-Y 方式测量。让垂直输入方式开关中所有的按钮都处于弹起状态，将扫描方式选择开关中的"X-Y"按钮按下，选择 X-Y 测量方式。

第 2、3 步：选择 CH_1、CH_2 通道输入方式和触发方式。将 CH_1、CH_2 输入方式开关都置于"AC"位置，将触发方式开关置于"内"位置和"CH_1"位置。

第 4 步：选择 CH_1、CH_2 通道合适的垂直灵敏度挡位。

第 5 步：选择合适的水平扫描速率挡位。

第 6 步：从 CH_1、CH_2 输入插孔输入两个被测信号。

第 7 步：观察屏幕上被测信号的波形并进行调节。在 X-Y 方式测量时，根据两个被测信号的不同，屏幕上会显示出各种各样的李沙育图形，图中是一个圆形。

23.3.6 相位的测量

与单踪示波器一样，双踪示波器可以测量交流信号的波形、峰峰值、瞬时值、直流成分的大小和周期、频率等，另外，双踪示波器还可以测量交流信号的相位。

双踪示波器可以测量两个频率相同信号之间的相位差，测量相位有两种常见的方法：波形比较法和李沙育图形法。

（1）波形比较法

波形比较法是让示波器以断续的方式测量出两个信号的波形，再将两个波形进行比较而计算出两个信号的相位差。

波形比较法的测量操作过程如图 23-34（a）所示，测量步骤如下。

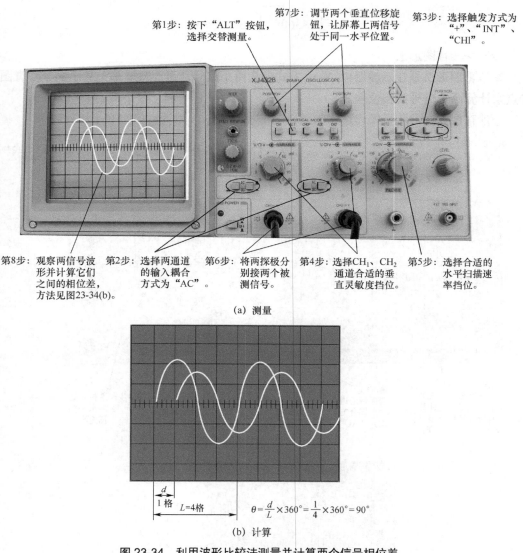

第7步：调节两个垂直位移旋钮，让屏幕上两信号处于同一水平位置。

第1步：按下"ALT"按钮，选择交替测量。

第3步：选择触发方式为"+"、"INT"、"CHI"。

第8步：观察两信号波形并计算它们之间的相位差，方法见图23-34(b)。

第2步：选择两通道的输入耦合方式为"AC"。

第6步：将两探极分别接两个被测信号。

第4步：选择CH₁、CH₂通道合适的垂直灵敏度挡位。

第5步：选择合适的水平扫描速率挡位。

(a) 测量

$$\theta = \frac{d}{L} \times 360° = \frac{1}{4} \times 360° = 90°$$

d
1 格 $L = 4$ 格

(b) 计算

图 23-34　利用波形比较法测量并计算两个信号相位差

第 1～5 步：对示波器进行操作，让它进行断续方式测量，具体见前面的断续测量方式操作过程。

第 6 步：用 CH₁（X）、CH₂（Y）通道的探极各引入一个被测信号。

第 7 步：调节 CH₁、CH₂ 通道垂直灵敏度开关和微调旋钮，使两个被测信号幅度相等或接近；调节 CH₁、CH₂ 通道垂直位移旋钮，让两个被测信号处于同一水平位置。

第 8 步：观察屏幕上两个信号波形并计算它们之间的相位差。图 23-34（b）所示为示波器显示的两个信号波形。

首先观察两信号中任意一个信号周期占有的水平长度 L，然后观察两个信号同一性质点的水平距离 d，那么两个信号的相位差 $\theta = \dfrac{d}{L} \times 360°$。图中信号的一个周期长度为 $L = 4\text{cm}$（4格），两个信号同一性质点的水平距离 $d = 1\text{cm}$（1格），那么两信号的相位差

$$\theta = \frac{d}{L} \times 360° = \frac{1}{4} \times 360° = 90°$$

（2）李沙育图形法

李沙育图形法是让示波器以 X-Y 方式测量两个信号，再观察屏幕上显示的李沙育图形特点来计算两个信号的相位差。

李沙育图形法的测量操作过程如图 23-35（a）所示，测量步骤如下。

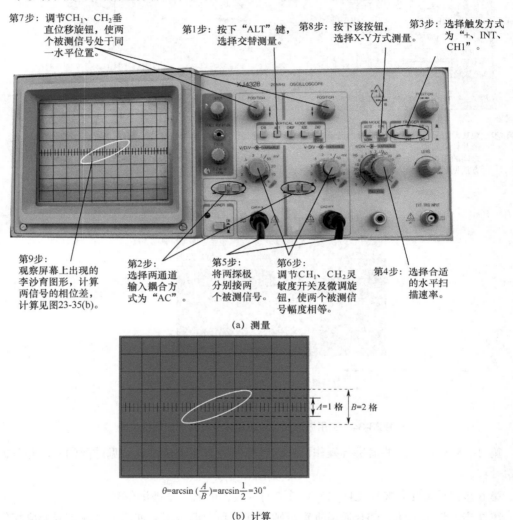

第7步：调节CH₁、CH₂垂直位移旋钮，使两个被测信号处于同一水平位置。

第1步：按下"ALT"键，选择交替测量。

第8步：按下该按钮，选择X-Y方式测量。

第3步：选择触发方式为"+、INT、CH1"。

第9步：观察屏幕上出现的李沙育图形，计算两信号的相位差，计算见图23-35(b)。

第2步：选择两通道输入耦合方式为"AC"。

第5步：将两探极分别接两个被测信号。

第6步：调节CH₁、CH₂灵敏度开关及微调旋钮，使两个被测信号幅度相等。

第4步：选择合适的水平扫描速率。

（a）测量

$$\theta = \arcsin\left(\frac{A}{B}\right) = \arcsin\frac{1}{2} = 30°$$

（b）计算

图 23-35　利用李沙育图形法测量并计算被测信号的相位差

第 1～4 步：对示波器进行操作，让它进行交替或断续方式测量。

第 5 步：用 CH₁（X）、CH₂（Y）通道的探极引入两个相位不同的被测信号。

第 6、7 步：调节 CH₁、CH₂ 通道垂直灵敏度开关和微调旋钮，使两个被测信号幅度相等；调节 CH₁、CH₂ 通道垂直位移旋钮，使两个被测信号处于同一水平位置。

第 8 步：选择 X-Y 方式测量。让垂直输入方式开关中所有的按钮都处于弹起状态，将扫描方式选择开关中的 X-Y 按钮按下，选择 X-Y 方式测量。

第 9 步：观察屏幕上显示的李沙育图形，再计算两信号的相位差。图 23-35（b）所示为示波器显示出来的李沙育图形。

首先观察李沙育图形的波形在 Y 轴的两截点的最大距离 A 及波形在 Y 轴上占最大的距离 B，再根据 $\theta = \arcsin(A/B)$ 就可以求出两个信号的相位差。图中的李沙育图形 A 为 1div，B 为 2div，那么两个信号的相位差

$$\theta = \arcsin \frac{A}{B} = \arcsin \frac{1}{2} = 30°$$

如果两个被测信号的相位相差 90°，$\theta = \arcsin \dfrac{A}{B} = \arcsin 1 = 90°$，李沙育图形是一个正圆。

图 23-36 所示为几种典型的李沙育相位差图形，测量时可作参考。

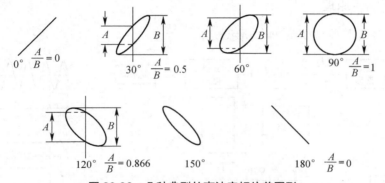

图 23-36 几种典型的李沙育相位差图形

第24章 频 率 计

频率计又称电子计数器,其基本功能是测量信号的频率和周期。频率计也是一种应用较广泛的电子测量仪器。

24.1 频率计的测量原理

24.1.1 频率测量原理

频率计频率测量原理如图 24-1 所示。

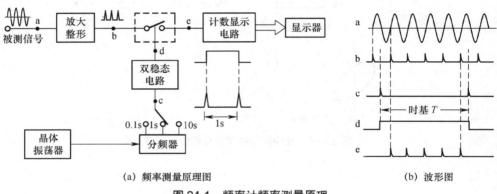

(a) 频率测量原理图　　　　　　　　　　(b) 波形图

图 24-1 频率计频率测量原理

被测信号(a 信号)经放大整形电路处理后得到图示的 b 信号,b 信号频率与 a 信号相同,它被送到闸门电路。闸门电路相当于一个受控的开关,d 信号高电平来时闭合,低电平来时断开。

与此同时,晶体振荡器产生一定频率的交流信号,该信号送到分频器,根据选择可以进行不同的分频,比如时基开关 S 置于"1s"位置时,分频器可以将振荡器产生的信号分频成周期 T=1s(频率 f=1Hz)的 c 信号。T=1s 的 c 信号送到双稳态电路,控制它产生脉冲宽度为 1s 的 d 信号,d 信号送到闸门电路,闸门打开(相当于开关闭合),打开时间为 1s,在闸门打开的期间,b 信号有五个脉冲通过闸门到计数显示电路,计数显示电路对它进行计数并在显示器上显示"5",就表示被测信号的频率 f=5/1=5Hz。

如果时基开关 S 置于"0.1s"位置,分频器会输出 T=0.1s 的 c 信号,该信号触发双稳态电路产生脉冲宽度为 0.1s 的 d 信号,去控制闸门电路使之打开时间持续 0.1s,如果在这段时间内 b 信号通过的脉冲个数为 5,计数显示电路计数后在显示器上显示"5",那么被测信号的频率 f=5/0.1=50Hz。

由此可见,**频率计测量频率的原理是:让计数电路计算被测信号在 t 时间内(如 10s 内)**

通过闸门的脉冲个数 N（如 50 个），那么被测信号的频率 $f=N/t$（$f=50/10\text{Hz}=5\text{Hz}$）。

24.1.2　周期测量原理

频率计周期测量原理如图 24-2 所示。

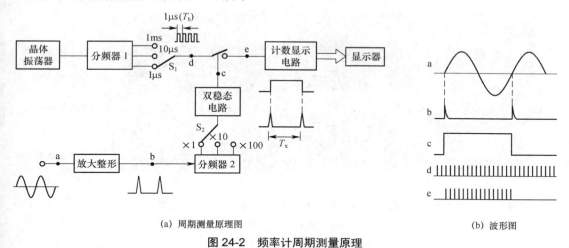

(a)　周期测量原理图　　　　　　　　　　　　　　　(b)　波形图

图 24-2　频率计周期测量原理

周期为 T_x 的被测信号（a 信号）经放大整形电路处理后得到图示的 b 信号，b 信号的周期与 a 信号的周期相同，它被送到分频器 2 进行分频，如果开关 S_2 置于"×1"位置，b 信号频率不改变（周期也仍为 T_x），它直接去触发双稳态电路，让它产生脉冲宽度为 T_x 的 c 信号，再去控制闸门电路打开。

与此同时，晶体振荡器产生一定频率的交流信号，该信号送到分频器 1，根据选择不同的分频可以得到不同的时标信号 T_b，比如开关 S_1 置于"1μs"位置时，分频器可以将振荡器产生的信号分频成周期为 $T_b=1\text{μs}$（频率为 1MHz）的 d 信号。

脉冲宽度为 T_x 的 c 信号送到闸门电路，闸门打开，打开时间为 T_x，在闸门打开的期间，d 信号有 N 个脉冲（比如 500 个）通过闸门到计数显示电路，计数显示电路对它进行计数并在显示器上显示"N（500）"，那么被测信号的周期 $T_x=N\times T_b=500\times1\text{μs}=500\text{μs}$。

如果开关 S_1 置于"1ms"位置，则分频器 1 对振荡器产生的信号分频后会输出 $T_b=1\text{ms}$ 的 c 信号；开关 S_2 置于"×10"位置，分频器 2 对被测信号分频会得到周期为 $10T_x$ 的信号，触发双稳态电路产生脉冲宽度为 $10T_x$ 的 d 信号，如果在 $10T_x$ 时间内 b 信号通过的脉冲个数为 N（如 500 个），计数显示电路计数后在显示器上显示"N（500）"，那么被测信号的周期 $T_x=N\times T_b/10=500\times1\text{ms}/10=50\text{ms}$。

由此可见，**频率计测量周期的原理是：让计数电路计算出 $10n$ 个被测信号周期内通过闸门的时标信号个数 N，若时标信号周期为 T_b，那么被测信号的周期 $T_x=N\times T_b/10n$。**

24.2　频率计的使用

频率计的种类很多，使用方法大同小异，下面以 VC2000 型频率计为例来介绍其使用方法。

24.2.1　面板介绍

VC2000 型频率计的面板图如图 24-3 所示。

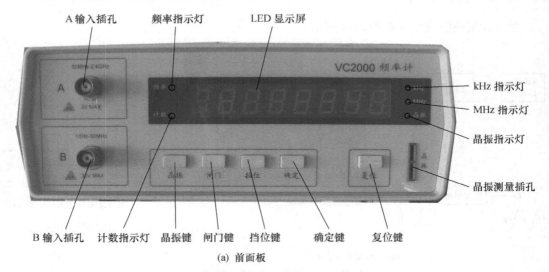

(a) 前面板

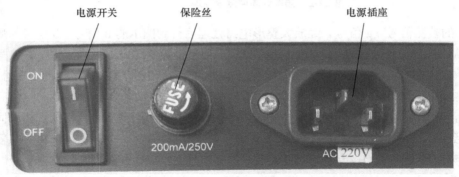

(b) 后面板

图 24-3　VC2000 型频率计的面板图

面板各部分说明如下。

（1）电源开关：其功能是接通和断开频率计内部电路的供电。

（2）电源插座：用来为仪器引入 220V 交流电压。

（3）保险丝：用来保护仪器，其容量为 200mA/250V。

（4）A 输入插孔：A 输入插孔为高频信号输入端，当测量 50MHz～2.4GHz 的高频信号时，被测信号应从该插孔输入。该输入插孔输入的信号电压不允许超过 3V。

（5）B 输入插孔：B 输入插孔为低频信号输入端，当测量 10Hz～50MHz 的信号时，被测信号应从该插孔输入。该输入插孔输入的信号电压不允许超过 30V。

（6）LED 显示屏：它是一个 8 位高亮度显示器，可以显示频率、计数和晶振频率等信息。

（7）频率指示灯：当该灯亮时，表示当前仪器处于频率测量状态。

（8）计数指示灯：当该灯亮时，表示当前仪器处于计数测量状态。

（9）kHz 指示灯：当该灯亮时，表示显示屏显示的数值以 kHz 为单位。

（10）MHz 指示灯：当该灯亮时，表示显示屏显示的数值以 MHz 为单位。

（11）晶振指示灯：当该灯亮时，表示当前仪器处于晶振测量状态。

（12）晶振测量插孔：在测晶振频率时，要将待测晶振插入该插孔。

（13）晶振键：在测量晶振时，应将该键按下；在不测晶振时，让该键弹起，让内部振荡电路停止工作，以免产生干扰。

（14）闸门键：用于设置闸门开启时间，共有四个闸门时间：0.1s、1s、5s 和 10s，闸门时间越长，测量精度越高，但测量所花时间也越长。当反复按闸门键时，可在 0.1s→1s→5s→10s→0.1s 之间循环切换，在切换的同时，显示屏上最左端两位会显示闸门时间。

（15）挡位键：用于设置测量挡位，共有五个挡位，反复按该键可以在这五挡之间切换，在切换时，显示屏最右端一位会显示挡位数。

第一挡：频率测量挡，用来测量 A 插孔输入的 50MHz～2.4GHz 的信号，同时 MHz 指示灯亮。

第二挡：频率测量挡，用来测量 B 插孔输入的 4MHz～50MHz 的信号，同时 MHz 指示灯亮。

第三挡：频率测量挡，用来测量 B 插孔输入的 10Hz～4MHz 的信号，同时 kHz 指示灯亮。

第四挡：计数测量挡，用来测量 B 插孔输入脉冲个数，同时计数指示灯亮。

第五挡：晶振测量挡，用来测量晶振插孔的晶振，同时晶振指示灯亮。

（16）确定键：每次选好闸门、挡位，再按"确定"键后，频率计开始工作。另外，每次开机或按"复位"键后，仪器自动进入上次按确定键后的工作状态。

（17）复位键：在测量时，如果出现不正常情况，可以按一下该键，仪器可以恢复正常。

24.2.2　使用方法

VC2000 型频率计可以测量 10Hz～2.4GHz 范围内的信号，它不但能测量频率，还可以测量脉冲的个数（计数）和晶振频率。下面就从频率、计数和晶振频率的测量三方面来介绍 VC2000 型频率计的使用方法。

1．频率的测量

下面以测量一个正弦波信号的频率为例来说明频率计的频率测量，频率测量的操作过程如图 24-4 所示。

频率测量的步骤如下。

第 1 步：接通电源。将电源开关按下，电源指示灯亮。

第 2 步：选择信号输入插孔。估计被测信号频率低于 50MHz，故选择 B 输入插孔，将测量探极插入 B 输入插孔。

第 3 步：选择测量挡位。按压几次挡位键，同时观察显示屏最右一位数字，因为选择 B 输入插孔，故显示数为 3，这样就将挡位设置为"频率 3"挡。

第 4 步：设置闸门时间。按几次闸门键，同时观察显示屏前两位数字，让显示数为 10，这样就将闸门时间设置为"10s"。

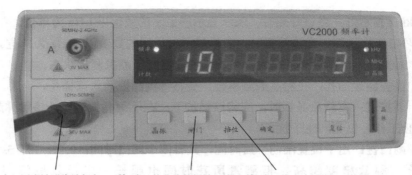

第2步：因为被测信号频率低于50MHz，故将测量探极插入B输入插孔。

第1步：接通电源（图中未示出）。

第4步：按几次闸门键，让显示屏前两位显示"10"，将测量时间设为10s。

第3步：按几次挡位键，让显示屏后一位显示"3"，同时频率和kHz指示灯亮，则选择挡位为"频率3"挡。

(a) 频率测量前的设置

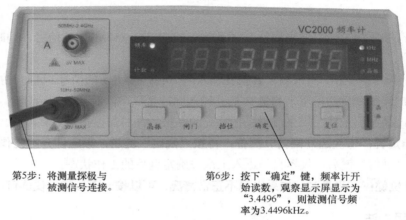

第5步：将测量探极与被测信号连接。

第6步：按下"确定"键，频率计开始读数，观察显示屏显示为"3.4496"，则被测信号频率为3.4496kHz。

(b) 测量过程示意

图24-4 频率测量的操作过程

第5步：将测量探极与被测信号连接。

第6步：按下"确定"键，并进行读数。前面五步操作完成后，按下"确定"键，频率计开始读数，在显示屏上会显示出被测信号的频率为3.4496kHz。

2．计数

频率计除了可以测量信号频率外，还可以测量一定时间内信号脉冲出现的个数。下面来测量一个信号在10s内有多少个脉冲出现，计数测量的操作过程如图24-5所示。

计数测量的操作步骤如下。

第1步：接通电源。将电源开关打开，电源指示灯亮。

第2步：选择B输入插孔，并将测量探极插入B输入插孔。

第3步：选择测量挡位。按压几次挡位键，同时观察显示屏最后一位数字，因为是计数测量，故显示数为"4"，这样就将挡位设置为"计数"挡。

第4步：设置测量时间（实际就是设置闸门时间）。按压几次闸门键，同时观察显示屏前两位数字，让显示数为"5.0"，这样就将测量时间设置为"5s"。

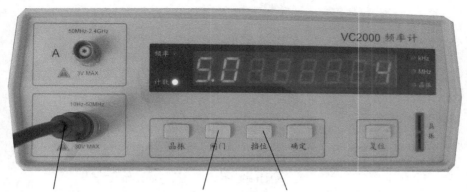

第2步：因为被测脉冲个数
不是很多，故将测
量探极插入B输入
插孔。

第1步：接通电源（图中未示出）

第4步：按几次闸门键，让
显示屏前两位显示
为"5.0"，测量时
间设为5s。

第3步：按几次挡位键，让显示屏
最后一位显示为"4"，同
时计数指示灯亮，则选
择了"计数"挡。

(a) 计数测量前的设置

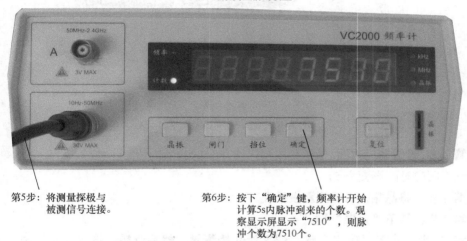

第5步：将测量探极与
被测信号连接。

第6步：按下"确定"键，频率计开始
计算5s内脉冲到来的个数。观
察显示屏显示"7510"，则脉
冲个数为7510个。

(b) 测量过程示意

图 24-5　计数测量的操作过程

第 5 步：将测量探极与被测信号连接。

第 6 步：按下"确定"键，并进行读数。前面五步操作完成后，按下"确定"键，频率计
开始计数，5s 后计数停止，在显示屏上显示出数字"7510"就是 5s 内被测信号的脉冲个数。

3. 晶振频率的测量

频率计还可以测晶振的频率。下面以测量一个晶振的频率来说明频率计测量晶振的过
程，操作过程如图 24-6 所示。

晶振频率的测量步骤如下。

第 1 步：接通电源。将电源开关打开，电源指示灯亮。

第 2 步：选择测量挡位。按压几次挡位键，同时观察显示屏最后一位数字，因为是测晶

振频率，故显示数为"5"，这样就将挡位设置为"晶振"挡。

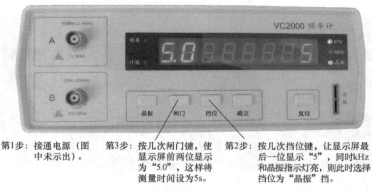

第1步：接通电源（图中未示出）。　第3步：按几次闸门键，使显示屏前两位显示为"5.0"，这样将测量时间设为5s。　第2步：按几次挡位键，让显示屏最后一位显示"5"，同时kHz和晶振指示灯亮，则此时选择挡位为"晶振"挡。

(a) 晶振测量前的设置

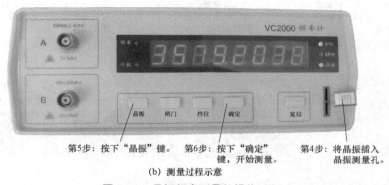

第5步：按下"晶振"键。　第6步：按下"确定"键，开始测量。　第4步：将晶振插入晶振测量孔。

(b) 测量过程示意

图 24-6　晶振频率测量的操作过程

第 3 步：设置闸门时间。 按压几次闸门键，同时观察显示屏前两位数字，让显示数为"5.0"，这样就将闸门时间设置为 5s。

第 4 步：将晶振插入晶振测量插孔。

第 5 步：按下"晶振"键。

第 6 步：按下"确定"键，频率计开始测量，然后读数。 图中显示屏显示的数字为"3579.2038"，由于 kHz 指示灯亮，故晶振的频率为 3579.2038kHz，即约为 3.58MHz。

晶振频率测量结束后，应再按一次"晶振"键，让内部电路停振，以免在测频率时产生干扰。

第25章 扫 频 仪

扫频仪全称为频率特性测试仪，其基本功能是测量电路的幅频特性。在测量电路的幅频特性时，扫频仪可以将幅频特性以曲线的形式在显示屏上直观地显示出来。

25.1 扫频仪的测量原理

25.1.1 电路幅频特性的测量

1. 幅频特性

电路的幅频特性是指当电路输入一定频率范围内的恒定信号电压时，其输出信号电压随频率变化的关系特性。下面以图 25-1 为例来说明幅频特性。

如图 25-1 所示，给被测电路输入 0～8MHz、电压均为 U_1 的各种信号，这些信号经被测电路后输出，输入、输出端信号都可以用横轴为频率 f、纵轴为电压 U 的曲线表示，这种曲线称为幅频特性曲线。

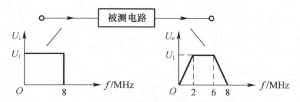

图 25-1 幅频特性曲线说明图

从幅频特性曲线可以看出，0～8MHz 等幅信号经被测电路后，输出的 2～6MHz 频率范围内的信号幅度最大且相等，而低于 2MHz 和高于 6MHz 的信号幅度都有减小，并且频率越高（高于 6MHz）或频率越低（低于 2MHz），输出信号幅度越小。

2. 幅频特性的测量方法

要测量电路的幅频特性，通常可以采用两种方法：一是点频法；二是扫频法。

（1）点频法

点频法是指用信号发生器依次给被测电路输入几种不同频率的信号，并用毫伏表在电路输出端测出这几个频率信号的电压值，然后将这些值以点的形式绘制在坐标中，再把各点连接起来就得到被测电路的幅频特性曲线。点频测量法如图 25-2 所示。

首先调节信号发生器，让它产生 1MHz 的信号送到被测电路输入端，再用毫伏表测出输出端的电压值，然后将电压值以点的形式绘制在坐标图中；以同样的方法，分别给被测电路输入 3MHz、5MHz 和 7MHz 的信号，测出它们输出的电压值，并把这些电压值绘制在坐标中；最后用平滑的线将这些点连接起来，就得到了图 25-2（b）所示的被测电路的幅频特性曲线。

(a) 测量接线　　　　　　(b) 点频法绘制的幅频特性曲线

图 25-2　点频测量法

　　点频法测量简单，不需要专用仪器，但测量时容易漏掉一些关键点，并且在测频点不多的情况下，绘制出来的幅频特性与电路真实的幅频特性有一定的差距。

　　（2）扫频法

　　扫频法是利用扫频仪给被测电路输入频率由低到高连续变化的信号，然后将被测电路输出的信号送回扫频仪进行处理，并以图示的方式将幅频特性曲线显示出来。扫频法的测量原理如图 25-3 所示。

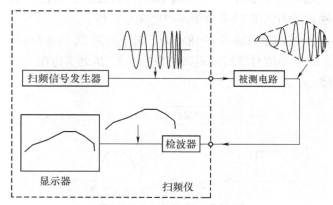

图 25-3　扫频法的测量原理

　　图中虚线框内的部分为扫频仪内部示意图。扫频信号发生器输出频率由低到高的信号，这些信号送到被测电路的输入端，经电路后输出，从图中可以看出，这些输出信号中的高低频部分幅度有一定的减小，它们又送回到扫频仪，经检波器检出其中的包络成分，再送到显示器（显示原理与示波器相同），将幅频特性曲线直观显示出来。

　　由于扫频仪中的扫频信号发生器能自动产生连续频率信号，并且能将被测电路的幅频特性直观显示出来，所以测量方便快捷。另外，**扫频法是动态自动测量，测量的幅频特性更接近被测电路的真实情况。因此在测量电路的幅频特性方面，扫频法得到广泛应用。**

25.1.2　扫频仪的结构与工作原理

　　扫频仪组成框图如图 25-4 所示。**扫频仪主要由扫频信号发生器、频标信号发生器、显示器和检波探头等组成。**

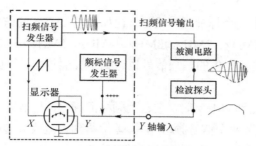

图 25-4　扫频仪组成框图

1. 扫频信号发生器

扫频信号发生器的作用是产生频率由低到高连续变化的扫频信号和锯齿波信号。扫频信号发生器的组成如图 25-5 所示。

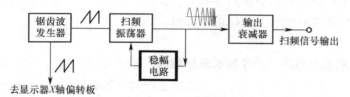

图 25-5　扫频信号发生器的组成

　　锯齿波发生器产生锯齿波电压，它一方面送到显示器的 X 轴偏转板，另一方面送到扫频振荡器控制其振荡频率，当送到振荡器的锯齿波电压逐渐上升时，振荡器输出的扫频信号频率由低逐渐升高，该信号经输出衰减器衰减后从扫频仪输出。

　　稳幅电路的作用是稳定扫频振荡器输出信号的幅度。如果振荡器产生的信号幅度大，稳幅电路对幅度大的信号进行处理得到一个控制电压，控制振荡器振荡减弱，输出的信号幅度减小，回到正常幅度。

2. 频标信号发生器

频标信号发生器又称频标电路，它的作用是产生频标信号（频率标尺），以便在显示屏上显示频率点。显示屏上的频标如图 25-6 所示。

频标显示在屏幕不同的位置表示不同的频率点，频标可以显示在水平扫描线上作为频率标尺，也可以显示在幅频曲线上，在显示屏上显示频标

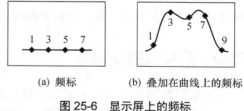

(a) 频标　　　　(b) 叠加在曲线上的频标

图 25-6　显示屏上的频标

可以方便读出在某一频率点或某一段频率范围内的幅频特性。

　　频标信号发生器的组成如图 25-7 所示。

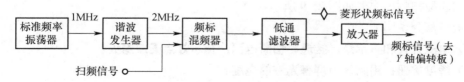

图 25-7　频标信号发生器的组成

标准频率振荡器产生一个标准频率信号，比如产生 1MHz 的信号，它经谐波发生器后输出基波及各次谐波，如 1MHz、2MHz、3MHz、4MHz、5MHz……它们送到频标混频器，与此同时，由扫频信号发生器产生的扫频信号也送到频标混频器。下面以 2MHz 频标为例来说明频标的产生过程。

当扫频信号频率变化到 2MHz 时，它送到频标混频器，与谐波发生器送来的 2MHz 的谐波信号进行混频差拍，由于两个信号频率相等，差拍得到直流成分，2MHz 的谐波信号与 2MHz 附近扫频信号（略低于和略高于 2MHz 的信号）差拍会得到低频信号，直流和低频信号由低通滤波器选出，得到一个菱形状的频标信号，经放大器放大后再送到 Y 轴偏转板，让显示器在屏幕上显示出 2MHz 的频标。

从上述分析可知，在产生 2MHz 频标信号时，扫频信号频率也为 2MHz，当 2MHz 扫频信号频率通过被测电路并经检波送到显示屏显示时，频标信号也恰好送到显示屏显示，这样在扫频信号 2MHz 频率处出现 2MHz 的频标点。

3．显示器

扫频仪的显示器与单踪示波器的显示器相同。 如图 25-8 所示，在工作时，若只有锯齿波电压送到 X 轴偏转板，Y 轴偏转板无电压，电子束仅受到水平方向的电场力作用，会从屏幕左端扫到右端，屏幕上会出现一条水平亮线。若在 X 轴偏转板加有锯齿波电压的同时，Y 轴偏转板也加有信号电压，则电子束除了受到水平方向力外，还受到垂直方向的力，电子束的扫描轨迹与 Y 轴信号电压波形一致。

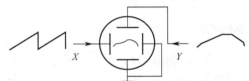

图 25-8　扫频仪显示器结构示意图

4．检波探头

检波探头是一种内含检波电路的测量探头，它对被测电路输出信号进行检波，滤掉其中的中高频成分，检出包络信号，再将包络信号送入扫频仪内部显示器的 Y 轴偏转板。 有些频仪内部已含有检波电路，就无须外接检波探头。

25.2　扫频仪的使用

扫频仪的型号很多，大多数扫频仪的基本功能是相同的，操作方法大同小异，这里以 BT-3G 型扫频仪为例来介绍扫频仪的使用。

25.2.1　面板介绍

BT-3G 型扫频仪面板如图 25-9 所示。

面板各部分说明如下。

（1）电源开关和指示灯：接通、切断电源，指示灯点亮或熄灭。

（2）辉度旋钮：用来调节屏幕光迹的亮度。

（3）聚焦旋钮：用来调节屏幕光迹的聚焦，使扫描线清晰明亮。

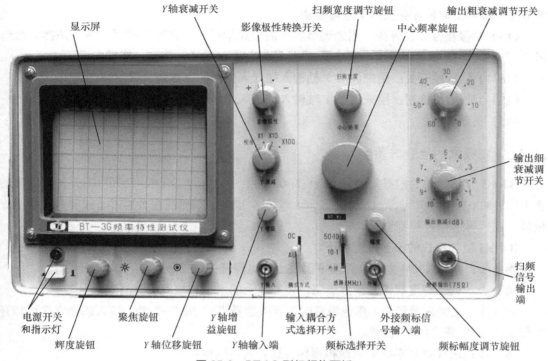

图 25-9　BT-3G 型扫频仪面板

（4）**Y 轴位移旋钮**：用来调节屏幕上的光迹在垂直方向上下移动。

（5）**Y 轴输入端**：被测电路输出的信号经检波后送入该插孔。

（6）**输入耦合方式选择开关**：用来选择输入信号的耦合方式，有"AC"和"DC"两挡。

（7）**频标选择开关**：有"50·10MHz"、"10·1MHz"和"外接"三挡。当选择"50·10MHz"挡时，显示屏会出现 50MHz 大频标和 10MHz 小频标，50MHz 大频标之间有间隔为 10MHz 的小频标；当选择"10·1MHz"挡时，显示屏会出现 10MHz 大频标和 1MHz 小频标，10MHz 大频标之间有间隔为 1MHz 的小频标；当选择"外接"挡时，可以从外接频标信号输入端送入频标信号。

（8）**外接频标信号输入端**：当频标选择开关选择"外接"挡时，可以通过该插孔将外部信号送入仪器作为频标信号。

（9）**频标幅度调节旋钮**：用来调节屏幕上频标的幅度。

（10）**扫频信号输出端**：用来输出扫频信号。

（11）**输出粗衰减调节开关**：用来调节输出扫频信号的衰减量（粗调），有 0dB、10dB、20dB、30dB、40dB、50dB、60dB 七挡，10dB 挡步进。

（12）**输出细衰减调节开关**：用来调节输出扫频信号的衰减量（细调），有 0dB、1dB、2dB、3dB、4dB、5dB、6dB、7dB、8dB、9dB、10dB 共 11 挡，1dB 挡步进。

（13）**扫频宽度调节旋钮**：用来调节屏幕上频标之间的距离，扫描显示的特性曲线也会水平方向展宽或收缩。

（14）**中心频率旋钮**：用来调节屏幕频标的位置，它与示波器的 X 轴位移旋钮相似，在调节时，屏幕上的频标会在水平方向移动。

（15）影像极性转换开关：用来调节屏幕图形显示形式，它有"+"和"−"两挡。当选择"+"挡时，图形正常显示；当选择"−"挡时，图形像经过镜子一样反向显示。

（16）Y 轴衰减开关：用来调节 Y 轴输入端送入信号的衰减量，采用步进调节。

（17）Y 轴增益旋钮：用来调节 Y 轴输入端送入信号的增益，采用连续调节。

（18）显示屏。

25.2.2 扫频仪的检查与调整

BT-3G 型扫频仪的扫描范围为 2Hz～300MHz，中心频率为 2Hz～250MHz，扫频宽度最宽大于 100MHz，最窄小于 1MHz。为了让测量更准确，扫频仪在使用时一般要先进行检查调整，然后再进行各种测量。

BT-3G 型扫频仪的检查过程如下。

第 1 步：接通 220V 电源，并按下面板上的电源开关，指示灯亮。

第 2 步：调节辉度旋钮和聚焦旋钮，使屏幕上的水平扫描线明亮清晰。

第 3 步：根据测量需要，影像极性转换开关选择"+"或"−"挡，输入耦合方式选择开关置于"AC"或"DC"位置。

第 4 步：进行零频率标记识别和频标检查。具体过程如下。

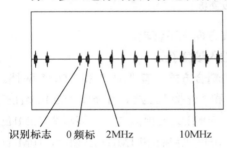

图 25-10　零频标识别

（1）将频标选择开关置于"10·1MHz"挡，将扫频宽度和频标幅度调到适中，再顺时针旋转中心频率旋钮，扫描线上的频标向右移动，当顺时针旋到底时屏幕上应出现零频标。零频标的特征是：它的左侧有一幅度较小的频标为识别标志，零频标右侧第一个为 2MHz 频标。确定了零频标后，向右依次是 2MHz、3MHz、4MHz……频标，满十出现一个大频标，如图 25-10 所示。然后逆时针旋转中心频率旋钮，屏幕上的频标向左移动，从零频标起至 300MHz 范围内各个频标应该清晰分明。

（2）将频标选择开关置于"50·10MHz"挡，左右调节中心频率旋钮，在全频段内每间隔 50MHz 会出现一个大频标，各个频标应该清晰分明。

（3）检查外接频标时，将频标选择开关置于"外接"挡，在外接频标信号输入端送入 30MHz 的连续波信号，输入幅度约 0.5V，此时在显示器上应出现指示 30MHz 的菱形标记。

第 5 步：进行扫频信号和扫频宽度的检查。

将扫频仪的 Y 轴衰减开关置于 0dB、机箱底部"通/断"开关置于"通"、频标选择开关置于"10·1MHz"位置，然后将一根 75Ω 射频电缆（配件）一端接仪器的扫频信号输出端，另一端接低阻检波器"75Ω"输入端，低阻检波器如图 25-11 所示。再用一根 50Ω 电缆将低阻检波器输出端与扫频仪 Y 轴输入端连接起来，调整 Y 轴增益旋钮，在显示屏上会出现如图 25-12 所示的图形（类似方框）。再旋转中心频率旋钮，屏幕上的扫描线和频标都相应地跟着移动，在整个扫频范围内扫频线应不产生较大的起伏。

图 25-11 低阻检波器

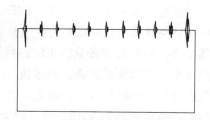

图 25-12 扫频信号和扫描宽度的检查

第 6 步：检查扫频线性。

将频标选择开关置于"50·10MHz"挡，调节扫频宽度调节旋钮，使扫频宽度为 100MHz，调节中心频率旋钮使频标位置如图 25-13 所示，则扫频线性：$\pm\dfrac{(A-B)}{A+B}\times100\%$ 应小于±10%。

第 7 步：检查扫频信号平坦度和衰减器。

仍将频标选择开关置于"50·10MHz"挡，调节扫频宽度调节旋钮，使扫频宽度为 100MHz，然后将衰减器置于 0dB，调节 Y 轴位移旋钮，使扫描基线显示在屏幕的底线上。再调节 Y 轴增益旋钮，让带有标记的信号线离底线轴约 6 格，调节中心频率旋钮，自零频标至 300MHz 找出最大幅度为 A，增加 1dB 衰减时，记下幅度 A 跌落至 B，然后将衰减开关调回到 0dB，这时在全频段（2～300MHz）内，扫频电压波动应落在 A 和 B 之间，如图 25-14 所示。

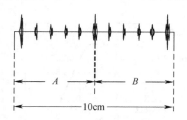

图 25-13 扫频线性的检查

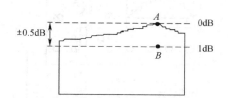

图 25-14 扫频信号平坦度和衰减器的检查

第 8 步：测量输出电平。

（1）将扫频仪粗、细衰减调节开关均置于 0dB，把中心频率调到 150MHz，扫频宽度调到最小。将机箱底部"通/断"开关于"断"位置。

（2）找一台超高频毫伏表，将其量程置于"1V"挡，并将它与扫频仪的扫频信号输出端相连，测量扫频仪输出信号的大小，正常测得输出电压应为 0.3V。测毕后，"通/断"开关仍恢复于"通"位置。

25.2.3 扫频仪的使用举例

下面以测量一个放大器的增益和通频带为例来说明 BT-3G 型扫频仪的使用方法。

1. 放大电路增益的测量

放大电路的增益测量步骤如下。

第 1 步：进行零分贝校正。 先将 75Ω 的射频电缆一端连接扫频信号输出插孔，另一端接低阻检波器"75Ω"输入端，用 50Ω 的检波电缆把低阻检波器输出端与扫频仪的 Y 轴输入端连接，再将输出衰减调节开关置于 0dB 挡，Y 轴衰减开关置校正挡，调节 Y 轴增益旋钮，让扫频电压线与基线之间的距离为整数格 H（一般取 $H=5$ 格）。

第 2 步：将经过零分贝校正的扫频仪与被测电路连接好，如图 25-15 所示。

第 3 步：调节衰减并读出测量值。 保持 Y 轴增益旋钮不动，调节输出粗、细衰减调节旋钮，使屏幕显示的幅频特性曲线的幅度正好为 H，则输出衰减的分贝值就等于被测电路的增益。例如，粗调衰减为 30dB，细衰减为 3dB，则增益 $A=33$dB。

2．放大电路带宽的测量

放大电路带宽的测量步骤如下。

第 1 步：将被测放大电路与扫频仪连接好。 连接方法如图 25-15 所示。

第 2 步：从屏幕上读出幅频特性曲线的下限频率 f_L 与上限频率 f_H，再计算出放大电路的带宽。 将频标选择开关置于 "10·1MHz" 挡，然后调节中心频率旋钮和扫频宽度调节旋钮，从屏幕上显示的幅频特性曲线上找到下限频率 f_L 与上限频率 f_H，再根据带宽 BW $= f_H - f_L$ 就能算出放大电路的带宽。

例如，从在图 25-16 的幅频特性曲线上，读出曲线中频段左侧弯曲下降到 0.707 所对应处为下限频率 $f_L=48$MHz、曲线右侧弯曲下降到 0.707 所对应处为上限频率 $f_H=56$MHz，则 BW $=56$MHz-48MHz$=8$MHz。

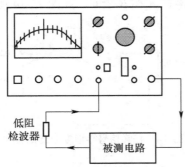

图 25-15　放大电路增益的测量

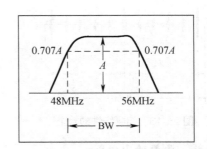

图 25-16　根据幅频特性曲线计算通频带

第26章 Q表与晶体管特性图示仪

26.1 Q表

高频 Q 表又称品质因素测量仪,是一种通用、多用途、多量程的高频阻抗测量仪器。它可以测量高频电感器、高频电容器及各种谐振元件的品质因数(Q 值)、电感量、电容量、分布电容、分布电感,也可测量高频电路组件的有效串(并)联电阻、传输线的特征阻抗、电容器的损耗角正切值、电工材料的高频介质损耗、介质常数等。因而高频 Q 表不但广泛用于高频电子元件和材料的生产、科研、品质管理等部门,也是高频电子和通信实验室的常用仪器。

26.1.1 Q表的测量原理

Q 表是利用谐振法原理来测量 L、C、Q 等参数的。

1. 谐振法测量原理

图 26-1 是一个串联谐振电路,其谐振频率为 f_0,当信号电压 U 的频率 $f=f_0$ 时,电路会发生谐振。

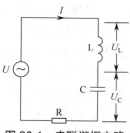

图 26-1　串联谐振电路

串联谐振电路谐振时,电路的电流最大,电容或电感上的电压是信号电压的 Q 倍,即

$$f = f_0 = \frac{1}{2\pi\sqrt{LC}} \tag{9-1}$$

$$U_C = U_L = QU \tag{9-2}$$

式(9-1)、式(9-2)中,f 为信号源频率,f_0 为 LC 电路的谐振频率,单位均为 Hz;U_C、U_L、U 分别为电容、电感和信号源两端的电压,单位均为 V;Q 为品质因素。

利用谐振频率公式,可在已知两个量的情况下求出另外一个量。

电感量的计算公式为
$$L_X = \frac{2.53\times10^4}{f_0^2 C_s} \tag{9-3}$$

电容量的计算公式为
$$C_X = \frac{2.53\times10^4}{f_0^2 L_s} \tag{9-4}$$

式(9-3)、式(9-4)中,f_0 为信号源的频率,单位为 MHz;L_S、L_X 分别为标准电感(电感量已知)和被测电感,单位均为 μH;C_S、C_X 分别为标准电容和被测电容,单位均为 pF。

当谐振电路发生谐振时,若信号源电压 U 已知,利用 $U_C=U_L=Q_U$ 可以很容易求出 Q 值,即

$$Q = \frac{U_C}{U} = \frac{U_L}{U}$$

例如 $U=1V$,电容或电感两端电压为 10V,那么电感的 Q 值为 10。

2. Q表的测量原理

Q表的内部电路比较复杂，图26-2为Q表电路简化图，U_S为频率可调信号源，C_S为可调电容，1、2端接被测电感，3、4端接被测电容，Q值指示电压表用来显示电容两端的电压值，当电路发生谐振时，Q值指示电压表的电压数值（无单位）即为Q值。

（1）Q值和电感量的测量

在测量电感的Q值或电感量时，将被测电感L_X接在1、2端，如图26-3所示，将信号

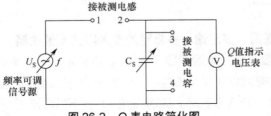

图26-2　Q表电路简化图

源调至某一合适的频率f_o，再调节C_S的容量，使LC电路发生谐振，此时Q值指示电压表的指示值最大，其指示值即为被测电感的Q值，被测电感的电感量可由 $L_X = \dfrac{2.53 \times 10^4}{f_o^2 C_S}$ 计算而获得。

（2）电容量的测量

在测量电容的容量时，先将一个电感L_S接在1、2端，如图26-4所示，然后将信号源调至某一合适的频率f_o，调节C_S的容量，使LC电路发生谐振，此时Q值指示电压表的指示值最大，记下此时C_S值（C_{S1}）；再将被测电容C_X接在3、4端（即与C_S并联），LC电路失谐，Q值指示电压表的指示值变小，将C_S容量慢慢调小，当LC电路又谐振时，Q值指示电压表指示值又达到最大，记下此时C_S值（C_{S2}）。

在测量过程中，由于两次谐振时信号源的频率和电感的电感量都没变化，故两次容量也应是一样的，即$C_{S1}=C_{S2}+C_X$，那么被测电容的容量$C_X=C_{S1}-C_{S2}$。

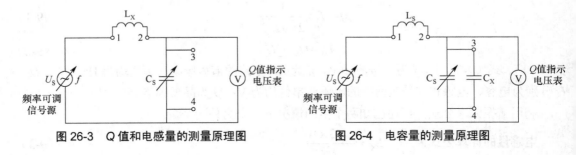

图26-3　Q值和电感量的测量原理图　　　　图26-4　电容量的测量原理图

26.1.2　QBG-3D型Q表的使用

QBG-3D型高频Q表是一种人机界面友好、测试精度高、测试速度快、性能优良的电子测量仪器，其高频信号源、Q值测定和显示部分运用了微机技术、智能化管理和数码方式锁定信号源频率，另外，采用了谐振回路自动搜索和测试频标自动设置技术，使得测试精度更高。

1. 主要技术指标

◆ Q值测量：1～999，三位数显，自动切换量程，可手动设置测量量程。

◆ 固有误差≤5%±满度值的2%。

◆ 工作误差≤7%±满度值的2%。

◆ 测试频率：20kHz～50MHz，五位数显，具有频标自动设置，自动搜索谐振点，Q 值合格设置，声光指示。

◆ 分辨率：$3 \times 10^{-5} \pm 1$ 个字。

◆ 调谐电容：主电容约 40～500pF。

◆ 微调电容：$-3pF \sim +3pF$，分辨率 0.2pF。

2. 面板介绍

QBG-3D 型高频 Q 表的面板如图 26-5 所示。

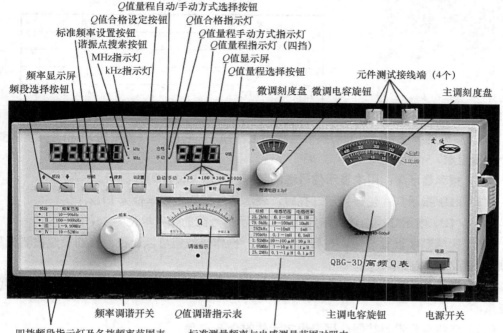

图 26-5　QBG-3D 型高频 Q 表的面板

面板各部分说明如下。

（1）电源开关：用于接通或切断仪器内部电源。

（2）主调电容旋钮：用来调节谐振电路主电容的容量，其容量值可察看其上方的主调刻度盘，容量调节范围为 40～500pF。

（3）主调刻度盘：它由两条刻度线组成，分别用来指示主调电容的容量值和谐振时对应的测试电感值。

（4）微调电容旋钮：用来调节谐振电路副电容的容量，该电容与主电容并联在一起，其容量值可察看上方的微调刻度盘，其容量调节范围为 $-3 \sim +3pF$。

（5）微调刻度盘：用来指示微调电容的容量值，容量范围为 $-3 \sim +3pF$。

（6）元件测试接线端：它由 4 个端子组成，如图 26-6 所示，左边 2 个端子（标有 L_X 字样）用来接被测电感，右边 2 个端子（标有 C_X 字样）用来接被测电容。

（7）标准测量频率与电感测量范围对照表：在测量电感的电感量时，可根据被测电感的可能电感量范围，对照该表来选择相应的标准测量频率。

（8）Q值调谐指示表：当该表指示的数值最大时，表示谐振电路发生谐振。

（9）频率调谐开关：用来调节测试信号的频率。

（10）四挡频段指示灯及各挡频率范围表：左边为 I、II、III、IV 四挡指示灯，当选择某挡时，该挡频段指示灯点亮；右边表格列出了四挡频段的频率范围。四挡频段及其频率范围如表 26-1 所示。

图 26-6　元件测试接线端

表 26-1　四挡频段及其频率范围

频　段	频率范围
● I	10～99kHz
● II	100～999kHz
● III	1～9.99MHz
● IV	10～52MHz

（11）频段选择按钮：用来切换信号源的工作频段，它由"↑（频段增）"和"↓（频段减）"两个按钮组成。

（12）频率显示屏：用来显示信号源的频率，采用 5 位数码管显示。

（13）kHz 指示灯：当该指示灯亮时，表示信号源的频率单位为 kHz。

（14）MHz 指示灯：当该指示灯亮时，表示信号源的频率单位为 MHz。

（15）标准频率设置按钮：在测量元件时，操作该按钮可以让仪器自动设定被测元件在某频段的标准测试频率。

（16）谐振点搜索按钮：在测量电感元件时，操作该按键可让仪器自动搜索到元件的谐振点频率。

（17）Q值合格设定按钮：用来设定元件的合格 Q 值。

（18）Q值量程自动/手动方式选择按钮：用来选择 Q 值量程方式，默认为 Q 值量程自动选择方式。

（19）Q值合格指示灯：用来指示被测电感元件的 Q 值是否合格

（20）Q值量程手动方式指示灯：用于指示 Q 值量程选择方式，指示灯亮表示手动方式。

（21）Q值显示屏：用来显示被测元件 Q 值的数值。

（22）Q值量程选择按钮：由"←"和"→"两个按钮组成，可进行低量程和高量程切换。

（23）Q值量程指示灯：由 4 个指示灯组成，分别用来指示 30、100、300 和 1000 四个量程。

3．使用方法

（1）电感 Q 值的测量

测量电感 Q 值的步骤如下。

① 将被测电感（线圈）接在仪器顶部的"L_X"接线柱上。

② 选择合适的测试信号频段并调节频率。例如，要测量电感在 25MHz 频率时的 Q 值，

可操作频段选择的"↑"或"↓"按钮，选择测试信号的工作频段为"IV"（该频段指示灯点亮，频率范围为 10～52MHz），然后调节频率调谐开关，使频率显示屏显示频率为 25MHz。

③ 调节微调电容旋钮，同时观察微调刻度盘，将容量调到 0。

④ 先调节主调电容旋钮，同时观察 Q 值显示屏的数值（或观察 Q 值调谐指示表的指示），当显示屏的数值达到最大（Q 值指示表的指针偏转也最大）时，说明电路发生谐振，停止调节主调电容旋钮，再调节微调电容旋钮，使 Q 值显示屏显示的最大值进一步精确，此时 Q 值显示屏显示的最大值即为被测电感在当前测试频率时的 Q 值。

（2）电感量的测量

测量电感的电感量步骤如下。

① 将被测电感（线圈）接在"L_X"接线柱上。

② 估计电感大约的电感量范围，按仪器面板上的"标准测量频率与电感测量范围对照表"选择一个标准测试频率，仪器的对照表如表 26-2 所示，然后将测试信号频率调到该标准频率。例如，估计被测电感的电感量范围为几十 mH，根据对照表可知标准测试频率应为 79.5kHz，操作频段选择的"↑"或"↓"按钮，选择测试信号的工作频段为"I"（频率范围为 10～99kHz），然后调节频率调谐开关，使频率显示屏显示频率为 79.5kHz。

表 26-2　标准测量频率与电感测量范围对照表

标频	电感范围	电感倍率	标频	电感范围	电感倍率
25.2kHz	0.1～1H	0.1H	2.52MHz	10～100μH	10μH
79.5kHz	10～100mH	10mH	7.95MHz	1～10μH	1μH
252kHz	1～10nH	1nH	25.2MHz	0.1～1μH	0.1μH
795kHz	0.1～1nH	0.1nH			

③ 调节微调电容旋钮，同时观察微调刻度盘，将容量调到 0。

④ 调节主调电容旋钮，使电路发生谐振（Q 值显示屏显示的数值最大），若此时主调刻度盘第 2 条电感量刻度线指示的电感值为 L_0，将它乘以对照表所指的电感倍率（10mH），结果就为被测电感的电感量，即 $L_X = L_0 \times 10\text{mH}$。

（3）电容的容量测量

主调电容的容量调节范围为 460pF（40～500pF），在测量容量小于 460pF 和大于 460pF 的电容时，要采用不同的方法。

对于容量小于 460pF 的电容，可采用以下方法进行测量。

① 选一个适当的电感接到"L_X"接线柱上。

② 调节微调电容旋钮，将其容量调到 0。

③ 调节主调电容旋钮，将容量调到 C_1，若被测电容容量值较大，要将主调电容的 C_1 值调到最大值附近；若被测电容容量值小，应将主调电容的 C_1 值调到最小值附近，以便使测量更精确。

④ 选择合适的测试信号频段并调节频率，使电路发生谐振，Q 值显示屏数值最大。

⑤ 将被测电容接在"C_X"接线柱上，调节主调电容旋钮，使电路再次发生谐振，设此

时主调电容的容量值为 C_2。

⑥ 被测电容的容量 $C_X = C_1 - C_2$。

对于容量大于 460pF 的电容，其测量方法如下。

① 选一个适当容量的标准电容器，将它接在"C_X"接线柱上，设其容量为 C_3。

② 选一个适当的电感接到"L_X"接线柱上。

③ 调节微调电容旋钮，将其容量调到 0。

④ 调节主调电容旋钮，将容量调到 C_1，若被测电容容量值较大，C_1 值要调到最大值附近；若被测电容容量值小，C_1 值应调到最小值附近。

⑤ 选择合适的测试信号频段并调节频率，使电路发生谐振，Q 值显示屏数值最大。

⑥ 取下标准电容，将被测电容接在"C_X"接线柱上，调节主调电容旋钮，使电路再次发生谐振，设此时主调电容的容量值为 C_2。

⑦ 被测电容的容量 $C_X = C_3 + C_1 - C_2$。

（4）线圈分布电容的测量

线圈分布电容的测量操作方法如下。

① **将被测线圈接在"L_X"接线柱上。**

② **将微调电容的容量调到 0。**

③ **调节主调电容旋钮，将容量值调到最大值，设容量值为 C_1，再调节测试信号频率，使电路发生谐振（即 Q 值最大），设谐振频率为 f_1。**

④ **将测试信号频率调到 nf_1，然后调节主调电容的容量，使电路再次发生谐振，设此时主调电容容量为 C_2。**

⑤ **线圈分布电容可用以下公式计算：**

$$C_0 = \frac{C_1 - n^2 C_2}{n^2 - 1}$$

例如，取 $n=2$，则线圈分布电容 $C_0 = (C_1 - 4C_2)/3$。

（5）Q 值合格设置功能的使用

当工厂需要大批量测试某同规格元件的 Q 值时，可使用 Q 值合格设置功能，当被测元件的 Q 值超过设置的合格 Q 值时，Q 值合格指示灯点亮同时仪器鸣叫提醒，这样可减轻工人视力疲劳，同时能提高测试速度。

Q 值合格设置功能的使用方法如下。

① **选择要求的测试信号频率。**

② **将一只合格的参照电感接到"L_X"接线柱上，再调节主调电容旋钮，将 Q 值显示屏的数值调到预定的合格 Q 值。**

③ **按一下 Q 值合格设定按钮，使 Q 值合格指示灯亮，同时仪器发出鸣叫声，Q 值合格设置工作结束。**

④ **取下"L_X"接线柱上的参照电感，换上被测电感，再往谐振点方向微调主调电容旋钮（Q 值会增大），如果被测电感的 Q 值大于设定的 Q 值，Q 值合格指示灯就亮，同时仪器发出鸣叫，表明被测电感的 Q 值合格。**

⑤ **若要取消 *Q* 值合格设置功能，只需拿去被测元件，待 *Q* 值数值变为 0 时，按一下 *Q* 值合格设定按钮即可。**

（6）标准频率设定按钮的使用

如果需要在标准频率点上测试元件，可以先操作频段选择按钮，选择好标准频率所在的工作频段，然后再按一下标准频率设定按键，仪器就会自动准确地设置好测试信号频率，这样可省去手动调节频率调谐开关。

（7）谐振点自动搜索功能的使用

如果无法估计被测电感元件的数值时，可利用谐振点自动搜索功能来寻找出元件的谐振频率点。**谐振点自动搜索功能的使用方法如下。**

① **将被测电感（线圈）接在"L_X"接线柱上。**

② **将主调电容旋钮调到中间位置上。**

③ **按一下谐振点搜索按钮，仪器进入搜索状态。**仪器会从最低工作频率一直搜索到最高工作频率，如果被测元件的谐振点在频率覆盖区间内，搜索结束后，将会自动停在元件的谐振频率点附近。

④ **如果要退出搜索状态，可再按一次搜索按钮，仪器就会退出搜索操作。**

（8）频率调谐开关的使用。

QBG-3D 的频率调谐采用了数码开关，它能根据操作者旋转开关的速度来自动调节频率变化的速率，当快速旋转开关时，频率变化速率加快；当缓慢调节开关时，频率变化速率也会慢下来。因此，当接近所需的频率时，应放缓开关的调节速度。当调节的频率超出工作频段的频率时，仪器会自动选择低一挡或高一挡频段工作。实际的各工作频段频率范围比面板上标注的频率范围略宽一些。

4. 使用注意事项

高频 *Q* 表是多用途的阻抗测量仪器，为了提高测量精度，除了要掌握正确的测试方法，还要注意以下事项。

① *Q* 表应水平放置，将 *Q* 值调谐指示表进行机械校零。

② 若需要较精确地测量，可在接通电源 30 分钟后再进行测试。

③ 调节主调电容旋钮时，特别注意当刻度调到最大或最小值时，不要用力继续再调。

④ 被测元件和测试电路接线柱之间的接线应尽量短、足够粗，并应接触良好、可靠，以减小因接线的电阻和分布参数所带来的测量误差。

⑤ 被测元件不要直接放在面板顶部，应离顶部 1cm 以上，必要时可用低耗损的绝缘材料（如聚苯乙烯等）做衬垫。

⑥ 测量时，手不得靠近被测元件，避免人体感应影响造成测量误差，有屏蔽的被测元件，其屏蔽罩应与低电位端的接线柱连接。

26.2　晶体管特性图示仪

晶体管特性图示仪又称半导体特性图示仪，是一种用来测量半导体元件（如三极管、场

效应管、晶闸管、单结晶管和二极管等）的特性曲线和有关参数的电子测量仪器。

26.2.1 工作原理

晶体管特性图示仪的电路结构较为复杂，下面以测量 NPN 型三极管的输出特性曲线为例来说明图示仪的基本工作原理。

三极管输出特性曲线用来反映三极管集–射极电压 U_{ce} 与集电极电流 I_c 之间的关系。该曲线可采用逐点测试法或动态测试法测得，晶体管特性图示仪采用动态测试法。

1. 逐点测试法

图 26-7（a）为三极管输出特性的逐点测试电路，微安表用来测量 I_b 电流，毫安表用来测量 I_c 电流，电压表用来测量 U_{ce} 电压。在测试时，先调节电源 E_b，让三极管 VT 的 $I_b=I_{b1}$，然后将电源 E_c 由 0V 开始逐渐调高，三极管的 U_{ce} 电压逐渐上升，流过三极管的 I_c 电流也逐渐增大。当 U_{ce} 达到 U_A 电压再继续上升 U_D 时，发现 I_c 电流增大很少，记下 U_A、I_A 和 U_D、I_D 的值。再以 U_{ce} 电压为横坐标、I_c 电流为纵坐标、I_b 为参变量绘制出三极管在 $I_b=I_{b1}$ 时的输出特性曲线，如图 26-7（b）所示。改变 I_b 的大小，再用同样的方法测量并绘制 I_b 等于 I_{b2}、I_{b3}、I_{b4} 时的输出特性曲线，三极管的特性曲线如图 26-7（c）所示。

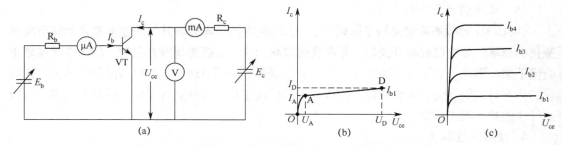

图 26-7　采用逐点测试法测试并绘制三极管输出特性曲线

2. 动态测试法

采用逐点测试法来获得三极管特性曲线的过程非常麻烦，**晶体管特性图示仪采用动态测试法，它由仪器的电路逐级改变 I_b 电流，连续改变 U_{ce} 电压，并能直观显示出三极管 I_b 电流为不同值时的 U_{ce}–I_c 曲线。**

三极管输出特性的动态测试电路如图 26-8 所示。图中，R_c 为集电极功耗限制电阻，用来限制 I_c 电流和 U_{ce} 电压；R_s 为取样电阻，阻值较小，对 I_c 电流影响很小，R_s 的功能是将 I_c 电流转换成电压，该电压送到示波管的 Y 轴偏转板，I_c 电流越大，取样电阻两端的电压越高；U_2 为扫描电压，用来为三极管提供先逐渐增大再逐渐减小的 U_{ce} 电压，U_2 通常由市电经全波整流获得；U_1 为梯形波电压，它由梯形波发生器产生，为三极管提供逐级变化的 I_b 电流。

在工作时，梯形波发生器产生梯形波电压 U_1，它经 R_b 送到三极管 VT 的基极，市电降压整流获得的 U_2 电压经 R_c 为 VT 提供 U_{ce} 电压。当 U_1 第一梯级电压到来时，VT 基极有 I_{b1} 电流流过，此时扫描电压 U_1 先逐渐上升，如图 26-8（b）所示，VT 的 U_{ce} 也逐渐上升，该电压送到示波管 X 轴偏转板，当 U_{ce} 电压上升到一定值时，VT 有 I_c 电流通过，其途径是：U_2 上→R_c→VT 的 c、e 极→R_s→U_2 下。I_c 电流在流经 R_s 时，R_s 两端产生电压，I_c 电流越大，R_s

两端的电压越高，该电压反映 I_c 电流大小，它加到示波管的 Y 轴偏转板，在 X、Y 轴偏转板电压作用下，电子束在示波管显示屏上扫出 $I_b=I_{b1}$ 时的三极管 U_{ce}-I_c 曲线。当 U_2 上升到最高时，电子束扫到显示屏最右端，然后 U_2 开始下降，U_{ce} 也下降，电子束回扫，回扫途径与正扫相同，U_2 下降到 0 时，电子束又回到原点。接着 U_1 第二梯级电压送到 VT 的基极，VT 有 I_{b2} 电流流过，U_2 又提供先上升后下降的电压，结果在示波管显示屏上又扫出 $I_b=I_{b2}$ 时的三极管 U_{ce}-I_c 曲线。以后工作与上述相同，这里不再叙述，三极管 VT 完整的输出特性曲线如图 26-8（a）示波管显示屏所示。

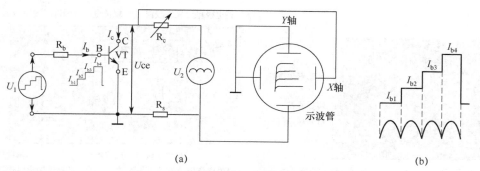

(a)　　　　　　　　　　　　　　　(b)

图 26-8　三极管输出特性的动态测试电路

26.2.2　XJ4810 型晶体管特性图示仪的使用

晶体管特性图示仪种类很多，这里以广泛使用的 XJ4810 型晶体管特性图示仪为例进行说明。

1. 面板介绍

XJ4810 型晶体管特性图示仪的实物外形如图 26-9 所示。

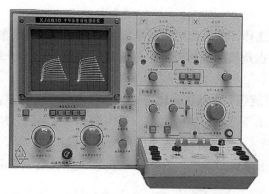

图 26-9　XJ4810 型晶体管特性图示仪的实物外形

面板各部分说明如下。

（1）电源开关及辉度调节旋钮：用来接通或切断电源并调节显示屏光迹的亮度，如图 26-10 所示。开关拉出接通仪器电源，旋转可以改变示波管光点亮度。

（2）电源指示灯：用来指示仪器通电情况。

（3）聚焦旋钮：调节旋钮可使光迹最清晰。

（4）辅助聚焦旋钮：功能与聚焦旋钮相同，两旋钮配合使用。

（5）显示屏：用来显示被测元件的特性曲线，显示屏上有 10×10 个小格，正中央有"十"字状的坐标刻度。

（6）集电极电压极性按钮：用来选择加到被测元件两端电压的极性，如图 26-11 所示。该按钮弹起极性为"＋"，按下极性为"－"。以图 26-8（a）为例，极性为"＋"时，三极管 C 极电压高于 E 极电压；极性为"－"时，C 极电压低于 E 极电压。测 NPN 型三极管极性选"＋"，测 PNP 型三极管时极性选"－"。

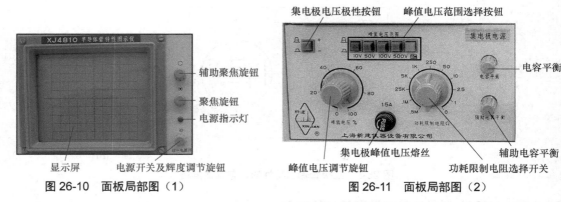

图 26-10　面板局部图（1）　　　　　图 26-11　面板局部图（2）

（7）集电极峰值电压熔丝：当施加给被测晶体管集电极峰值电压过高时，熔丝熔断，熔丝容量为 1.5A。

（8）峰值电压范围选择按钮：用来选择晶体管测试电压范围，相当于选择图 26-8 中的 U_2 电压范围，电压范围挡有 0～10V/5A、0～50V/1A、0～100V/0.5A、0～500V/0.1A 和 AC 挡，AC 挡的设置专为二极管或其他元件的测试提供正、反向扫描电压，以便能显示元件的正、反向特性曲线。

（9）功耗限制电阻选择开关：功耗限制电阻串联在被测晶体管的集电极电路中，用来限制晶体管的功耗，同时也是被测晶体管集电极的负载电阻，相当于图 26-8 中的电阻 R_c。功耗限制电阻可在 0～5MΩ 之间分 11 挡选择。

（10）峰值电压调节旋钮：它以百分比方式调节集电极峰值电压，调节范围为 0～100%，调节前先要选择峰值电压范围，例如峰值电压范围选择 0～10V，本旋钮置于 50，则提供的实际峰值电压为 5V。注意：当峰值电压范围由低挡更换高挡测试时，要先将峰值电压调节旋钮调到 0，再切换峰值电压范围挡，换挡后按需要将峰值电压逐渐调高到合适值，否则容易击穿被测晶体管。

（11）、（12）电容平衡和辅助电容平衡：用来减小仪器内部分布电容对测量的影响。在选择集电极电流高灵敏度挡时，若显示屏水平线出现分支时可调节这两个旋钮，使水平线重叠为一条。一般情况下，这两个旋钮无须经常调节。

（13）Y 轴选择（电流/度）开关：用来选择 Y 轴功能及灵敏度。当开关处于"I_R"功能区时，在测二极管反向电流时可让 Y 轴代表反向电流 I_R，该功能区有 0.2μA/div～5μA/div 共 5 挡，若选择 0.2μA/div 挡，表示显示屏在 Y 轴方向每格长度表示 0.2μA；当开关处于"I_c"

功能区时，在测量三极管时让可让 Y 轴代表电流 I_c，该功能区有 $10\mu A/div \sim 0.5A/div$ 共 15 挡；当选择 "$\sqcup\sqcap$" 挡时，可让 Y 轴代表基极电流或电压；当选择 "外接" 挡时，外接电压可通过仪器右侧板上的 Y 轴信号输入孔加给仪器的 Y 轴系统。

（14）Y 轴位移及电流/度倍率开关：用来调节显示屏轨迹在垂直方向的移动。 当开关拉出时，Y 轴放大器增益扩大 10 倍，Y 轴电流/度各挡 I_c 标值×0.1，同时电流/度×0.1 倍率指示灯亮。.

（15）电流/度×0.1 倍率指示灯：灯亮时，表示仪器进入电流/度×0.1 倍工作状态。

（16）Y 轴增益电位器：校正 Y 轴增益， 一般情况不用经常调节。

（17）X 轴增益电位器：校正 X 轴增益。

（18）X 轴位移旋钮：用来调节光迹在水平方向的移动。

（19）X 轴选择（电压/度）开关：用来选择 X 轴功能及灵敏度。 本开关可以使 X 轴代表集-射极电压（$0.05V/div \sim 50V/div$ 共 10 挡）、基极电压（$0.05V/div \sim 1V/div$ 共 5 挡）、基极电流和外接电压，共 17 挡。

（20）显示开关：它由转换、接地、校准三个开关组成，如图 26-12 所示， 其作用如下。

① **转换开关：用于同时转换集电极电压和阶梯信号的极性，以简化 NPN 管转测 PNP 管时的测试操作。**

② **接地开关：按下开关，X、Y 轴放大器输入端同时接地，用来确定显示屏光点的零基准点。**

③ **校准开关：按下开关，光点在 X、Y 轴方向移动的距离刚好为 10 度（即 10 格），** 若按下开关前光点在显示屏 10×10 方格区域的左下角，则按下开关后，光点将移到方格区域的右上角。如果光点在 X、Y 轴方向移动距离不准确，可调节 X、Y 轴增益电位器，以实现 10 度校正目的。

（21）"级/簇"调节旋钮：可在 0～10 范围内连续调节阶梯信号的级数， 如图 26-13 所示。

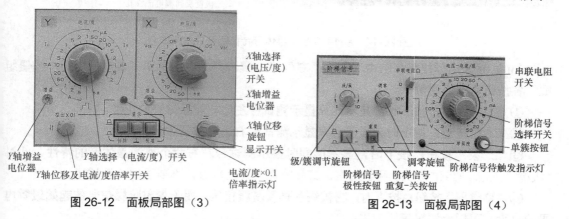

图 26-12　面板局部图（3）　　　　　　　　　　图 26-13　面板局部图（4）

（22）调零旋钮：用于测试前调整阶梯信号的起始级零电平的位置。 当显示屏上观察到基极阶梯信号后，按下测试台上测试选择的 "零电压" 按钮，观察并记住光点在显示屏上的停留位置，将 "零电压" 按钮复位后，再调节调零旋钮，使阶梯信号的起始级光点仍在该处，这样阶梯信号的零电位即被准确校正。

（23）阶梯信号选择开关：用来选择晶体管基极阶梯信号的每级电流或电压大小。 它分为电流区和电压区，在测试三极管时应选择电流区，电流区有 0.2μA/级～50mA/级共 17 挡；在测试场效应管时要选择电压区，电压区有 0.05V/级～1V/级共 5 挡。

（24）串联电阻开关：当阶梯信号选择开关置于电压/级的位置时，串联电阻将串联在被测管的输入电路中， 串联电阻可选择 0、10kΩ 或 1MΩ。

（25）阶梯信号重复-关按钮：按钮弹出时阶梯信号重复出现，用作正常测试；按钮按下为关，切断阶梯信号。

（26）阶梯信号待触发指示灯：重复-关按钮按下时灯亮，阶梯信号处于断开状态（又称待触发状态）。

（27）单簇按钮：其功能是让阶梯信号只出现一次后断开，可利用它瞬间作用的特性来观察被测管的各种极限特性。

（28）阶梯信号极性按钮：用于选择阶梯信号的极性。

（29）测试台： XJ4810 型半导体特性图示仪的测试台如图 26-14 所示。

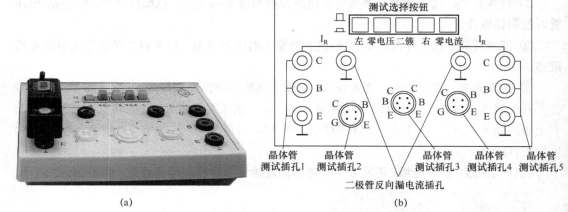

(a)　　　　　　　　　(b)

图 26-14　XJ4810 型半导体管特性图示仪的测试台

（30）测试选择按钮：它由"左"、"右"、"二簇"、"零电压"和"零电流"5 个按钮组成。 各按钮功能说明如下。

①**"左"按钮：按下时，显示屏只显示测试台左边被测晶体管的特性。**

②**"右"按钮：按下时，显示屏只显示测试台右边被测晶体管的特性。**

③**"二簇"按钮：按下时，显示屏同时显示测试台左右两个被测晶体管的特性，** 此时"级/簇"应置适当位置，以利于观察，二簇特性曲线比较时，不要误按单簇按钮。

④**"零电压"按钮：按下时，将被测晶体管基极接地，用于调整阶梯信号的起始级零电平的位置，可配合调零旋钮使用。**

⑤**"零电流"按钮：按下时，被测晶体管的基极处于开路状态，用于测量 I_{CEO} 特性。**

（31）晶体管测试插孔：它有 5 个测试插孔，以晶体管测试插孔 3 为中心将测试台插孔对称分成左右两部分。 测试插孔 1、5 插上专用插座（随机附件），可测试 F₁、F₂ 型管座的大功率晶体管；测试插孔 2、3 用作测试三极管、场效应管和晶闸管；测试插孔 4 常用作测试普通晶体管。

（32）I_R 插孔：二极管反向漏电流专用插孔，在测量时，二极管正极插入 I_R 接地插孔，负极接 C 插孔。

（33）仪器右侧板旋钮和插孔： 如图 26-15 所示，它由 1 个旋钮和 4 个插孔组成。

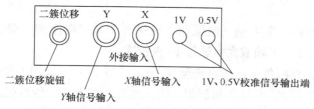

图 26-15　XJ4810 型半导体管特性图示仪的右侧板

① 二簇位移旋钮：在二簇显示时，可改变右簇曲线的位置，方便对配对晶体管进行各种参数比较。

② *Y* 轴信号输入：*Y* 轴选择开关置于"外接"位置时，*Y* 轴外接信号由此插座输入。

③ *X* 轴信号输入：*X* 轴选择开关置于"外接"位置时，*X* 轴外接信号由此插座输入。

④ 1V、0.5V 校准信号输出端：分别输出 1V、0.5V 的校准信号。

2. 测试注意事项

为了避免损坏被测元件和仪器内部线路，在测试时应注意下列事项。

① 测量前，应对被测管的主要直流参数应有一个大概的了解和估计，特别要了解被测管的集电极最大允许耗散功率 P_{CM}、最大允许电流 I_{CM} 和击穿电压 BU_{EBO}、BU_{CBO}。

② 选择好扫描和阶梯信号的极性，以适应不同管型和测试项目的需要。

③ 根据所测参数或被测管允许的集电极电压，选择合适的扫描电压范围。一般情况下，应先将峰值电压调至零，需要改变扫描电压范围时，也应先将峰值电压调至零。在测试元件反向特性时，功耗电阻要选大一些，同时将 *X*、*Y* 轴偏转开关置于合适挡位。测试时，扫描电压应从零逐步调节到需要值。

④ 对被测管进行必要的估算，以选择合适的阶梯电流或阶梯电压，一般宜先小一点，再根据需要逐步加大。测试时，不应超过被测管的集电极最大允许功耗。

⑤ 在进行 I_{CM} 测试时，一般采用单簇为宜，以免损坏被测管。

⑥ 在进行 I_C 或 I_{CM} 的测试中，应根据集电极电压的实际情况选择，不应超过本仪器规定的最大电流，如表 26-3 所示。

表 26-3　电压范围与允许最大电流对照表

电压范围/V	0～10	0～50	0～100	0～500
允许最大电流/A	5	1	0.5	0.1

⑦ 在进行高压测试时，应特别注意安全，电压应从零逐步调节到需要值。观察完毕，应及时将峰值电压调到零。

3. 仪器测量的基本操作步骤

XJ4810 型半导体管特性图示仪的基本操作步骤如下。

（1）按下电源开关，指示灯亮，预热 15 分钟。

（2）调节辉度、聚焦及辅助聚焦，使光点清晰明亮。

（3）将峰值电压旋钮调至零，根据测量需要，选择合择的峰值电压范围、极性和功耗电阻。

（4）根据测量需要，将 X 轴（电压/度）开关和 Y 轴（电流/度）开关置于合适的挡位，若是首次测量，应对 X、Y 轴放大器进行 10 度校准。

10 度校准过程：将峰值电压旋钮转至 0，光点应在显示屏 10×10 方格区域的左下角。若不在左下角，则可调节 X、Y 轴位移旋钮，将光点移到左下角。然后按下校准开关，正常光点马上从 10×10 方格区域的左下角移到右上角，即光点在 X、Y 轴方向移动的距离刚好为 10 度（即 10 格）。如果光点在 X、Y 轴方向移动距离不是 10 格，则可调节 X、Y 轴增益电位器，以实现 10 度校正。

（5）阶梯调零。若测试时要用阶梯信号，须进行阶梯调零。

正极性阶梯调零方法：将阶梯信号和集电极电压极性均置于"+"极性，将 X 轴选择（电压/度）开关置于某电压/度（如 1V/度），将 Y 轴选择（电流/度）开关置于"⊓"挡，将阶梯信号选择开关置于某电压/度（如 0.5V/度），在显示屏上观察到基极阶梯信号后，按下测试台上测试选择的"零电压"按钮，观察并记住光点在显示屏上的停留位置，将"零电压"按钮复位后，再调节调零旋钮，使阶梯信号的起始级光点仍在该处，这样阶梯信号的零电位即被准确校正。负极性阶梯调零与上述方法类似，只是将阶梯信号和集电极电压极性均置于"−"极性。

（6）根据测量需要，将阶梯信号选择开关置于合适的挡位，将极性、串联电阻置于合适挡位，调节级/簇旋钮，使阶梯信号为 10 级/簇，阶梯信号置"重复"位置。

（7）插上被测晶体管，缓慢地增大峰值电压，显示屏上即有曲线显示。

26.2.3 半导体元件的测量举例

1. 二极管的测量

（1）稳压二极管的测量

以 2CW19 型稳压二极管为例，查二极管参数手册得知 2CW19 稳定电压的测试条件 I_R=3mA。

稳压二极管的测量方法如下。

① 调节 X、Y 轴位移旋钮，将显示屏上的光点移到方格区域的正中心作为坐标零点。

② 按表 26-4 所示将仪器面板部件调到相应位置。

表 26-4 测量 2CW19 型稳压二极管时仪器部件的置位

部件	置位	部件	置位
峰值电压调节旋钮	AC、0～10V	X 轴选择（电压/度）开关	5V/度
功耗限制电阻选择开关	5 kΩ	Y 轴选择（电流/度）开关	1mA/度

③ 按图 26-16（a）所示方式将稳压二极管
插入测试台插孔。

④ 调节峰值电压旋钮，慢慢增大峰值电压，
在显示屏上出现图 26-16（b）所示的稳压二极管
正、反向特性曲线。

⑤ 识读参数。根据 X、Y 轴选择开关的置位
可知，方格区格 X 轴方向每格为 5V，Y 轴方向
每格为 1mA，从图 26-16（b）曲线可识读出稳
压二极管的正向压降约 0.7V，反向稳定电压约
12.5V。

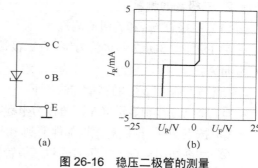

图 26-16　稳压二极管的测量

（2）整流二极管反向漏电电流的测量

以 2DP5C 型整流二极管为例，查二极管参数手册得知 2DP5 的反向电流应≤500nA。
整流二极管的测量方法如下。

① 将光点移到显示屏的中心作为坐标零点。

② 按表 26-5 将仪器面板部件调到相应位置。

表 26-5　2DP5C 型整流二极管测试时仪器部件的置位

部件	置位	部件	置位
峰值电压调节旋钮	0～10V	Y 轴选择（电流/度）开关	0.2μA/度
功耗限制电阻选择开关	1 kΩ	Y 轴倍率开关	拉出×0.1
X 轴选择（电压/度）开关	1V/度		

③ 按图 26-17（a）所示方式将整流二极管插入测试台 I_R 插孔。

④ 调节峰值电压旋钮，慢慢调大峰值电压，在显示屏上出现图 26-17（b）所示的整流
二极管反向漏电电流特性。

⑤ 识读参数。根据 X、Y 轴选择开关的置位可知，X 轴方向每格为 1V，Y 轴方向每格为
0.2μA×0.1，从图 26-17（b）曲线可识读出整流二极管反向漏电电流：I_R=4div×0.2μA×0.1（倍
率）=80 nA。

测量结果表明，被测管性能符合要求。

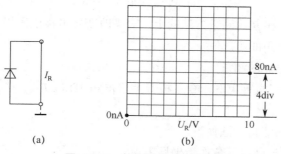

图 26-17　整流二极管的测量

2. 三极管的测量

（1）三极管 h_{FE} 和 β 值的测量

以 NPN 型 3DK2 晶体管为例，查三极管参数手册得知 3DK2 h_{FE} 的测试条件为 $U_{CE}=1V$、$I_C=10mA$。

三极管 h_{FE} 和 β 值的测量方法如下。

① 将光点移到显示屏左下角作为坐标零点。

② 按表 26-6 将仪器面板部件调到相应位置。

③ 按图 26-18（a）所示方式将三极管插入测试台插孔。

④ 调节峰值电压旋钮，慢慢增大峰值电压，在显示屏上出现图 26-18（b）所示的三极管特性曲线。

表 26-6　3DK2 晶体管 h_{FE}、β 测试时仪器部件的置位

部件	置位
峰值电压调节旋钮	0～10V
集电极电压极性按钮	+
功耗限制电阻选择开关	250Ω
X 轴选择（电压/度）开关	1V/度
Y 轴选择（电流/度）开关	1mA/度
阶梯信号极性按钮	+
阶梯信号重复-关按钮	重复
阶梯信号选择开关	20μA

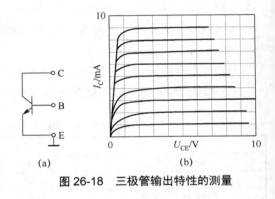

图 26-18　三极管输出特性的测量

⑤ 识读参数。根据 X、Y 轴选择开关的置位可知，显示屏 X 轴方向每格为 1V，Y 轴方向每格为 1mA，在图 26-18（b）中，最上面一条曲线对应的 I_B 值为 180μA（每条曲线为 20μA，不计最下面一条 $I_B=0$），当 X 轴电压 $U_{CE}=1V$、$I_B=180$μA 时，对应的 Y 轴 I_C 值约为 8.5mA，则三极管直流放大倍数

$$h_{FE}=\frac{I_C}{I_B}=\frac{8.5\text{mA}}{180\mu\text{A}}=\frac{8.5}{0.18}=47.2$$

当 X 轴电压 $U_{CE}=1V$、$I_B=160$μA 时对应的 Y 轴 I_C 值约为 7.5mA，则三极管交流放大倍数

$$\beta=\frac{\Delta I_C}{\Delta I_B}=\frac{(8.5-7.5)\text{mA}}{(180-160)\mu\text{A}}=\frac{1.0}{0.02}=50$$

PNP 型三极管 h_{FE} 和 β 的测量方法同上，只需改变集电极电压极性、阶梯信号极性、并把光点移至显示屏右上角即可。

（2）三极管反向电流的测量

以 NPN 型 3DK2 三极管为例，查三极管手册得知 3DK2 I_{CBO}、I_{CEO} 的测试条件为 U_{CB}、U_{CE} 均为 10V。

三极管反向电流的测量方法如下。

① 将光点移到显示屏左下角作为坐标零点。

② 按表 26-7 将仪器面板部件调到相应位置。

表 26-7　3DK2 三极管反向电流测量时仪器部件的置位

置位　　　　　项目 部件	I_{CBO}	I_{CEO}
峰值电压调节旋钮	0～10V	0～10V
集电极电压极性按钮	+	+
X 轴选择（电压/度）开关	2V/度	2V/度
Y 轴选择（电流/度）开关	10μA/度	10μA/度
Y 轴倍率开关	拉出×0.1	拉出×0.1
功耗限制电阻选择开关	5kΩ	5kΩ

③ 按图 26-19 所示方式将三极管插入测试台插孔，其中，图 26-19（a）为测 I_{CBO} 值接线方式，图 26-19（b）为测 I_{CEO} 值接线方式。

④ 调节峰值电压旋钮，将峰值电压逐渐调到 U_{CB}=10V，在显示屏上出现图 26-20 所示的三极管反向电流曲线。

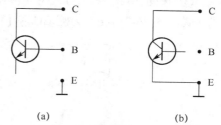

(a)　　　　　　(b)

图 26-19　三极管反向电流的测量接线方式

⑤ 识读参数。根据 X、Y 轴选择开关的置位可知，显示屏 X 轴方向每格为 2V，Y 轴方向每格为 10μA×0.1=1μA。在图 26-20（a）中，当 U_{CB}=10V 时，I_{CBO}=0.5μA；在图 26-20（b）中，当 U_{CE}=10V 时，I_{CEO}=1μA。

PNP 型晶体管的测试方法与 NPN 型晶体管的测试方法相同。测试时，可按测试条件适当改变挡位，并把集电极电压极性改为"－"，把光点调到显示屏的右下角（阶梯极性为"+"时）或右上角（阶梯极性为"－"时）即可。

（3）三极管击穿电压的测量

以 NPN 型 3DK2 晶体管为例，查三极管手册得知 3DK2 BU$_{CBO}$、BU$_{CEO}$、BU$_{EBO}$ 的测试条件 I_C 分别为 100μA、200μA 和 100μA。

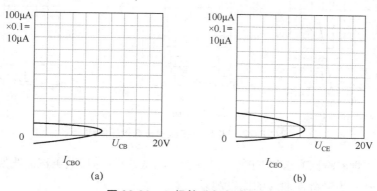

(a)　　　　　　　　(b)

图 26-20　三极管反向电流曲线

三极管击穿电压的测量方法如下。

① 将光点移到显示屏左下角作为坐标零点。

② 按表 26-8 将仪器面板部件调到相应位置。

表 26-8　3DK2 三极管击穿电压测试时仪器部件的置位

部件	置位 项目	BU_{CBO}	BU_{CEO}	BU_{EBO}
峰值电压调节旋钮		0～100V	0～100V	0～10V
集电极电压极性按钮		+	+	+
X 轴选择（电压/度）开关		10V/度	10V/度	1V/度
Y 轴选择（电流/度）开关		20μA/度	20μA/度	20μA/度
功耗限制电阻选择开关		1～5 kΩ	1～5 kΩ	1～5 kΩ

③ 按图 26-21 所示方式将三极管插入测试台插孔，其中图 26-21（a）为测 BU_{CBO} 值接线方式，图 26-21（b）为测 BU_{CEO} 值接线方式，图 26-21（c）为测 BU_{EBO} 值接线方式。

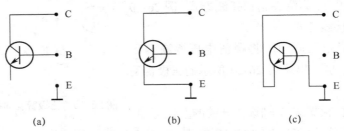

（a）　　　　　　　　　（b）　　　　　　　　　（c）

图 26-21　三极管击穿电压测试接线

④ 调节峰值电压旋钮，将峰值电压逐渐调高，在显示屏上出现图 26-22 所示的三极管击穿电压曲线。

⑤ 识读参数。在图 26-22（a）中，当 Y 轴 I_C=100μA 时，X 轴的偏移量为 BU_{CBO} 值，BU_{CBO}=70V；在图 26-22（b）中，当 Y 轴 I_C=200μA 时，X 轴的偏移量为 BU_{CEO} 值，BU_{CEO}=60V；在图 26-22（c）中，当 Y 轴 I_C=100μA 时，X 轴的偏移量为 BU_{EBO} 值，BU_{EBO}=6.8V。

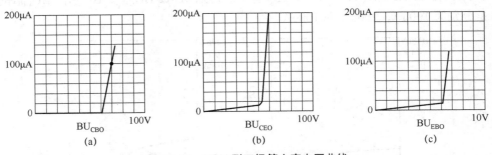

（a）　　　　　　　　　（b）　　　　　　　　　（c）

图 26-22　NPN 型三极管击穿电压曲线

PNP 型晶体管的测试方法与 NPN 型晶体管的测试方法相似。其测试曲线如图 26-23 所示。

（4）同型号三极管特性曲线的比较测量

以 NPN 型 3DG6 晶体管为例，查三极管参数手册得知 3DG6 晶体管输出特性的测试条件为 I_C=10mA、U_{CE}=10V。

同型号三极管特性曲线的比较测量方法如下。

① 将光点移到显示屏左下角作为坐标零点。

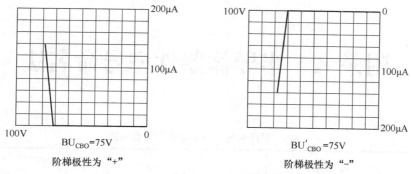

图 26-23　PNP 型三极管击穿电压曲线

② 按表 26-9 将仪器面板部件调到相应位置。

表 26-9　同型号三极管特性曲线比较测量时仪器部件的置位

部件	置位	部件	置位
峰值电压调节旋钮	0~10V	Y 轴选择（电流/度）开关	1 mA/度
集电极电压极性按钮	+	阶梯信号重复-关按钮	重复
功耗限制电阻选择开关	250Ω	阶梯信号选择开关	10μA/级
X 轴选择（电压/度）开关	1V/度	阶梯信号极性按钮	+

③ 按图 26-24（a）所示将两个同型号的三极管分别插入测试台左右插孔内。

④ 按下测试选择区域内的"二簇"按钮，并调节峰值电压旋钮，将峰值电压逐渐调高，在显示屏上同时出现两只三极管的输出特性曲线（二簇特性曲线），如图 26-24（b）所示。

⑤ 如果对同型号三极管配对要求很高时，可调节"二簇位移旋钮"，使右簇曲线左移，根据两簇曲线的重合程度可判定两者输出特性的一致程度。

场效应管的测量方法与三极管相似，由于三极管是电流控制型器件，而场效应管是电压控制型器件，所以测量场效应管输出特性时，应将阶梯信号选择（电压-电流/度）开关置于 V/度挡，选择测试插孔时，场效应管的 D、S、G 极分别插入 C、E、B 插孔。

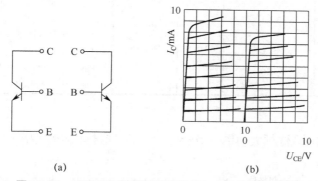

图 26-24　同型号三极管的测试接线与二簇输出特性曲线

附录 A 半导体器件型号命名法

A-1 国产半导体分立器件型号命名法

第一部分		第二部分		第三部分				第四部分	第五部分
用数字表示器件电极的数目		用汉语拼音字母表示器件的材料和极性		用汉语拼音字母表示器件的类型				用数字表示器件序号	用汉语拼音字母表示规格的区别代号
符号	意义	符号	意义	符号	意义	符号	意义		
2	二极管	A	N 型，锗材料	P	普通管	D	低频大功率管（f_a		
		B	P 型，锗材料	V	微波管		< 3MHz,P_c		
		C	N 型，硅材料	W	稳压管		≥1W）		
		D	P 型，硅材料	C	参量管	A	高频大功率管（f_a		
				Z	整流管				
3	三极管	A	PNP 型，锗材料	L	整流堆		≥3MHz,P_c		
		B	NPN 型，锗材料	S	隧道管		≥1W）		
		C	PNP 型，硅材料	N	阻尼管				
		D	NPN 型，硅材料	U	光电器件	T	半导体闸流管（可控硅整流器）		
		E	化合物材料	K	开关管				
				X	低频小功率管（f_a< 3MHz,P_c < 1W）	Y	体效应器件		
						B	雪崩管		
				G	高频小功率管（f_a≥ 3MHz,P_c < 1W）	J	阶跃恢复管		
						CS	场效应器件		
						BT	半导体特殊器件		
						FH	复合管		
						PIN	PIN 型管		
						JG	激光器件		

举例：

（1）锗材料 PNP 型低频大功率三极管

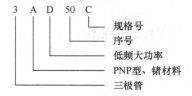

```
3  A  D  50  C
            └─ 规格号
        └─ 序号
      └─ 低频大功率
   └─ PNP型、锗材料
└─ 三极管
```

（2）硅材料 NPN 型高频小功率三极管

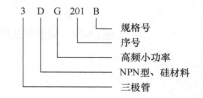

```
3  D  G  201  B
             └─ 规格号
         └─ 序号
      └─ 高频小功率
   └─ NPN型、硅材料
└─ 三极管
```

（3）N 型硅材料稳压二极管　　　　　（4）单结晶体管

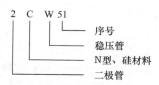

A-2　国际电子联合会半导体器件型号命名法

第一部分		第二部分				第三部分		第四部分	
用字母表示使用的材料		用字母表示类型及主要特性				用数字或字母加数字表示登记号		用字母对同一型号者分档	
符号	意义	符号	意义	符号	意义	符号	意义	符号	意义
A	锗材料	A	检波、开关和混频二极管	M	封闭磁路中的霍尔元件	三位数字	通用半导体器件的登记序号（同一类型器件使用同一登记号）	A B C D E Λ	同一型号器件按某一参数进行分档的标志
		B	变容二极管	P	光敏元件				
B	硅材料	C	低频小功率三极管	Q	发光器件				
		D	低频大功率三极管	R	小功率可控硅				
C	砷化镓	E	隧道二极管	S	小功率开关管	一个字母加两位数字	专用半导体器件的登记序号（同一类型器件使用同一登记号）		
		F	高频小功率三极管	T	大功率可控硅				
D	锑化铟	G	复合器件及其他器件	U	大功率开关管				
		H	磁敏二极管	X	倍增二极管				
R	复合材料	K	开放磁路中的霍尔元件	Y	整流二极管				
		L	高频大功率三极管	Z	稳压二极管即齐纳二极管				

举例：

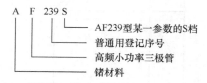

A-3　美国电子工业协会半导体器件型号命名法

第一部分		第二部分		第三部分		第四部分		第五部分	
用符号表示用途的类型		用数字表示 PN 结的数目		美国电子工业协会（EIA）注册标志		美国电子工业协会（EIA）登记顺序号		用字母表示器件分档	
符号	意义	符号	意义	符号	意义	符号	意义	符号	意义
JAN 或 J	军用品	1	二极管	N	该器件已在美国电子工业协会注册登记	多位数字	该器件在美国电子工业协会登记的顺序号	A B C D Λ	同一型号的不同档别
		2	三极管						
无	非军用品	3	三个 PN 结器件						
		n	n 个 PN 结器件						

举例：

（1）JAN2N2904

（2）1N4001

A-4 日本半导体器件型号命名法

第一部分		第二部分		第三部分		第四部分		第五部分	
用数字表示类型或有效电极数		S 表示日本电子工业协会（EIAJ）的注册产品		用字母表示器件的极性及类型		用数字表示在日本电子工业协会登记的顺序号		用字母表示对原来型号的改进产品	
符号	意义	符号	意义	符号	意义	符号	意义	符号	意义
0	光电（即光敏）二极管、晶体管及其组合管			A	PNP 型高频管				
				B	PNP 型低频管				
				C	NPN 型高频管				
				D	NPN 型低频管				
1	二极管			F	P 控制极可控硅	四位以上的数字	从 11 开始，表示在日本电子工业协会注册登记的顺序号，不同公司性能相同的器件可以使用同一顺序号，其数字越大表示越是近期产品	A	用字母表示对原来型号的改进产品
2	三极管、具有两个以上 PN 结的其他晶体管	S	表示已在日本电子工业协会（EIAJ）注册登记的半导体分立器件	G	N 控制极可控硅			B	
				H	N 基极单结晶体管			C	
				J	P 沟道场效应管			D	
				K	N 沟道场效应管			E	
				M	双向可控硅			F	
3 Λ Λ	具有四个有效电极或具有三个 PN 结的晶体管							Λ	
n−1	具有 n 个有效电极或具有 n−1 个 PN 结的晶体管								

举例：

（1）2SC502A（日本收音机中常用的中频放大管）

（2）2SA495（日本夏普公司 GF−9494 收录机用小功率管）

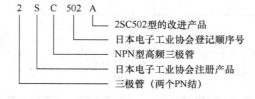

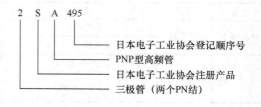

附录 B　常用三极管的性能参数与用途

型号	材料与极性	P_{CM}/W	I_{CM}/mA	BU_{CEO}/V	f_T/MHz	h_{FE}	主要用途
9011	硅 NPN	0.4	30	30	370	28～180	通用型，可作为高放
9012	硅 PNP	0.625	500	20		64～202	1W 输出，可作为功率放大
9013	硅 NPN		500	20			
9014			100	45	270	60～1000	低噪声放大通用型，低噪声
9015	硅 PNP	0.45	100	45	190	60～600	放大
9016	硅 NPN	0.4	25	20	620	28～198	低噪声，音频放大，振荡
9018			50	15	1100		
8050	硅 NPN	1	1.5A	25	190	85～300	高频功率放大
8055	硅 PNP		1.5A	25	200	60～300	
2N3903	硅 NPN	0.625	200	40	>250		通用型，与 3DK4B 管对应
2N3904					>300		
2N3905	硅 PNP			40	>200		通用型，与 3DK3F 管对应
2N3906					>250		
2N4124	硅 NPN	0.625	200	25	300		同 3DK40A
2N4401				4	>250		同 3DK4B
2N5401	硅 PNP	0.625	600	150	>100		放大，可作为视放
2N5551	硅 NPN			160			
2N6515			500	250	>40		高反压管
2SA708	硅 PNP	0.8	700	60	50	150	低放，中速开关
2SA733		0.25	150	50	180	200	通用，高、低放
2SA928A		1	2A	30	120		功率放大
2SC388A	硅 NPN	0.3	50	25	>300	20～200	高放，图像中放
2SC815		0.4	200	45	200	80	高放，中放振荡
2SC945		0.25	250	50	300	200	通用，高放振荡
2SC1008		0.8	700	60	50	150	放大，中速开关
2SC1187	硅 NPN	0.25	30	20	700	90	高放，图像中放
2SC1393A			20	30		100	低噪高放
2SC1674				20	600	90	高放，振荡混频
2SC1730			50	15	1100	100	VHF/UHF 振荡
2SC2310		0.2	200	150	230	100～320	低噪高放
2SC2330	硅 NPN	70	6A			60	功率放大
2SC2383		0.9	1A	160	>20	60～320	功放，场输出
2SC2500			2A	10	150	140～600	闪光灯专用
2SD417A		0.8	1A	30	130	200	功率放大
MPS2222		0.625	600	30	>250		通用型，高放
MPS2907			600	40	>200		
MPS5179		0.2	50	12	900		高频放大

型号	材料与极性	P_{CM}/W	I_{CM}/mA	BU_{CEO}/V	f_T/MHz	h_{FE}	主要用途
MPSA42	硅 NPN	0.625	500	300	>50		高压放大
MPSA92			500	300	>50		
2SA473		10	3A	30	100	70～240	功率放大
2SA614	硅 PNP	15	1A	55	30	80	功放，稳流
2SA634		10	3A	30	55	100	功率放大
2SA940		25	1.5A	150	4	75	场输出，放大
2SB540	锗 PNP	6	2A	50	5	120	场输出，功放
2SB596		30	4A	80	>3	40～240	功率放大
2SB708	硅 PNP	40	7A	80		40～200	功放，中速开关
2SB834		30	3A	60	9	100	
2SC1096		10	3A	30	65	60	
2SC1173	硅 NPN				100	70～240	功率放大
2SC1507		15	200	300	80	80	
2SC1520		10		250			
2SC2073		25	1.5A	150	4	75	功放，场输出
2SC2688		10	200	300	80	40～250	功率放大
2SD288		25	3A	55	35	100	功放，稳流
2SD362	硅 NPN	40	5A	150	10	45	功放，开关电路
2SD363		200	30A	250		30	功率放大
2SD401		20	2A	200	5	90	功放，场输出
2SD526		30	4A	80	8	40～240	功率放大
2SD888		50	6A	80		1000	功率放大